高职高专生物技术类专业系列教材

基础化学

主　编　范洪琼　沈泽智
副主编　刘群英　张伟彬　李　霞
参　编　（按姓氏笔画排序）
程　朕　郝会军　刘明娣
杨忠萍　崔凤芝　罗　婧

重庆大学出版社

内容提要

本书根据高职高专人才培养计划和教学内容的要求，将“无机化学”“分析化学”和“有机化学”进行了整合。全书共分11章，1—4章为无机化学部分，内容包括物质结构、化学反应速度与化学平衡、溶液与离子平衡、氧化还原与电极电势；5—7章为分析化学部分，内容包括定量分析概述、滴定分析、吸光光度分析法；8—10章为有机化学部分，内容包括烃、烃的衍生物和生物体内三大物质；11章为20个实用性强、应用广泛的实习实训。

本书以培养高素质劳动者和技术技能人才为目的，本着“实用为主、够用为度、应用为本”的原则，可作为农、林、牧、医、生物、食品等相关专业高职高专院校的教材，也可作为从事相关工作技术人员的学习参考资料。

图书在版编目(CIP)数据

基础化学/范洪琼，沈泽智主编. —重庆：重庆大学出版社，2015.8(2024.8重印)
高职高专生物技术类专业系列教材
ISBN 978-7-5624-9199-6

Ⅰ.①基… Ⅱ.①范…②沈… Ⅲ.①化学—高等职业教育—教材 Ⅳ.①O6

中国版本图书馆CIP数据核字(2015)第138295号

基础化学
主　编　范洪琼　沈泽智
策划编辑：袁文华
责任编辑：文　鹏　姜　凤　　版式设计：袁文华
责任校对：贾　梅　　责任印制：赵　晟
*
重庆大学出版社出版发行
出版人：陈晓阳
社址：重庆市沙坪坝区大学城西路21号
邮编：401331
电话：(023) 88617190　88617185(中小学)
传真：(023) 88617186　88617166
网址：http://www.cqup.com.cn
邮箱：fxk@cqup.com.cn(营销中心)
全国新华书店经销
重庆天旭印务有限责任公司印刷
*
开本：787mm×1092mm　1/16　印张：23.5　字数：587千
2015年8月第1版　2024年8月第7次印刷
印数：10 001—12 000
ISBN 978-7-5624-9199-6　定价：59.00元

高职高专生物技术类专业系列教材

※ 编委会 ※

（排名不分先后）

总 主 编　王德芝

编委会委员　陈春叶　池永红　迟全勃　党占平　段鸿斌

范洪琼　范文斌　辜义洪　郭立达　郭振升

黄蓓蓓　李春民　梁宗余　马长路　秦静远

沈泽智　王家东　王伟青　吴亚丽　肖海峻

谢必武　谢　昕　袁　亮　张俊霞　张　明

张媛媛　郑爱泉　周济铭　朱晓立　左伟勇

高职高专生物技术类专业系列教材
※ 参加编写单位 ※

（排名不分先后）

北京农业职业学院
重庆三峡医药高等专科学校
重庆三峡职业学院
甘肃酒泉职业技术学院
甘肃林业职业技术学院
广东轻工职业技术学院
河北工业职业技术学院
河南漯河职业技术学院
河南三门峡职业技术学院
河南商丘职业技术学院
河南信阳农林学院
河南许昌职业技术学院
河南职业技术学院
黑龙江民族职业学院
湖北荆楚理工学院
湖北生态工程职业技术学院
湖北生物科技职业学院
江苏农牧科技职业学院
江西生物科技职业学院
辽宁经济职业技术学院
内蒙古包头轻工职业技术学院
内蒙古大学鄂尔多斯学院
内蒙古呼和浩特职业学院
内蒙古医科大学
山东潍坊职业学院
陕西杨凌职业技术学院
四川宜宾职业技术学院
四川中医药高等专科学校
云南农业职业技术学院
云南热带作物职业学院

总 序

大家都知道，人类社会已经进入了知识经济的时代。在这样一个时代中，知识和技术比以往任何时候都扮演着更加重要的角色，发挥着前所未有的作用。在产品（与服务）的研发、生产、流通、分配等任何一个环节，知识和技术都居于中心位置。

那么，在知识经济时代，生物技术前景如何呢？

有人断言，知识经济时代以如下六大类高新技术为代表和支撑，它们分别是电子信息、生物技术、新材料、新能源、海洋技术、航空航天技术。是的，生物技术正是当今六大高新技术之一，而且地位非常“显赫”。

目前，生物技术广泛地应用于医药和农业，同时在环保、食品、化工、能源等行业也有着广阔的应用前景，世界各国无不非常重视生物技术及生物产业。有人甚至认为，生物技术的发展将为人类带来“第四次产业革命”；下一个或者下一批“比尔·盖茨”们，一定会出在生物产业中。

在我国，生物技术和生物产业发展异常迅速，“十一五”期间（2006—2010 年）全国生物产业年产值从 6 000 亿元增加到 16 000 亿元，年均增速达 21.6%，增长速度几乎是我国同期 GDP 增长速度的 2 倍。到 2015 年，生物产业产值将超过 4 万亿元。

毫不夸张地讲，生物技术和生物产业正如一台强劲的发动机，引领着经济发展和社会进步。生物技术与生物产业的发展，需要大量掌握生物技术的人才。因此，生物学科已经成为我国相关院校大学生学习的重要课程，也是从事生物技术研究、产业产品开发人员应该掌握的重要知识之一。

培养优秀人才离不开优秀教师，培养优秀人才离不开优秀教材，各个院校都无比重视师资队伍和教材建设。多年的生物学科经过发展，已经形成了自身比较完善的体系。现已出版的生物系列教材品种也较为丰富，基本满足了各层次各类型的教学需求。然而，客观上也存在一些不容忽视的不足，如现有教材可选范围窄，有些教材质量参差不齐、针对性不强、缺少行业岗位必需的知识技能等，尤其是目前生物技术及其产业发展迅速，应用广泛，知识更新快，新成果、新专利急剧涌现，教材作为新知识、新技术的载体应与时俱进，及时更新，才能满足行业发展和企业用人提出的现实需求。

正是在这种时代及产业背景下，为深入贯彻落实《国家中长期教育改革和发展规划纲要（2010—2020 年）》和《教育部 农业部 国家林业局关于推动高等农林教育综合改革的若干意见》（教高〔2013〕9 号）等有关指示精神，重庆大学出版社结合高职高专的发展及专业教学基本要求，组织全国各地的几十所高职院校，联合编写了这套“高职高专生物技术类专业系列规划教材”。

从“立意”上讲，本套教材力求定位准确、涵盖广阔，编写取材精炼、深度适宜、分量适中、案例应用恰当丰富，以满足教师的科研创新、教育教学改革和专业发展的需求；注重图文并茂，深入浅出，以满足学生就业创业的能力需求；教材内容力争融入行业发展，对接工作岗位，以满足服务产业的需求。

编写一套系列教材，涉及教材种类的规划与布局、课程之间的衔接与协调、每门课程中的内容取舍、不同章节的分工与整合……其中的繁杂与辛苦，实在是“不足为外人道”。

正是这种繁杂与辛苦，凝聚着所有编者为本套教材付出的辛勤劳动、智慧、创新和创意。教材编写团队成员遍布全国各地，结构合理、实力较强，在本学科专业领域具有较深厚的学术造诣及丰富的教学和生产实践经验。

希望本套教材能体现出时代气息及产业现状，成为一套将新理念、新成果、新技术融入其中的精品教材，让教师使用时得心应手，学生使用时明理解惑，为培养生物技术的专业人才，促进生物技术产业发展做出自己的贡献。

是为序。

全国生物技术职业教育教学指导委员会委员
高职高专生物技术类专业系列教材总主编　王德芝

2014 年 5 月

zongxu

前言

根据教育部《关于加强高职高专教育人才培养工作的意见》《关于加强高职高专教育教材建设的若干意见》等文件精神，高等职业教育必须针对课程内容与职业标准、教学过程与生产过程开展课程和教材改革，提高人才培养的针对性、实效性。

《基础化学》是一门实用性很强的学科，是农、林、牧、医、生物、食品等专业的一门重要的专业基础课，对培养学生的创新能力和提高综合素质起着举足轻重的作用。在重庆大学出版社的精心策划和组织下，编者以高职高专教育的培养目标为依据，从高职学生的特点和认知规律出发，用多年来的教学与实践经验编写了本书。

本书在编写过程中，着重突出以下特色：

1. 满足专业需要，突出实用性。

通过对农、林、牧、医、生物、食品等专业进行化学知识需求的调研后，融通和整合了无机化学、分析化学、有机化学的内容。在保证理论体系相对完整的前提下，对实用性不强的内容进行了删减，着重体现理论"必须""够用"，重视技能培养的原则。在确保科学性、系统性的基础上，突出实用性，强调学生技能和动手能力的培养，以能力为本、实际为矢。

2. 结合学生特点，注重合理性。

根据高职学生的知识结构和认知规律，编写中避开了烦琐的公式推导，删减了过深的反应机理，降低了起点和难度，内容深度、广度适中。整本教材重点突出、概念准确、语言简练、深入浅出，方便学生自学。

3. 力求教材创新，彰显特色性。

本书广泛吸纳编写人员在教学实践中积累的研究成果和学科发展的最新成就，充分体现"新"和"精"。在体例设计上，每章前设有"学习目标"栏目，指导学生有目标、有重点地进行预习和认知；每章后有"本章小结""目标检测"，便于学生复习、消化课堂知识和及时检查学习效果；增设的知识拓展，有助于扩展学生的知识面，提高学习兴趣。

本书由重庆三峡职业学院范洪琼（第3章、第6章、附录）、沈泽智（绪论、第3章、附录）担任主编，北京农业职业学院刘群英（第9章）、河南商丘职业技术学院张伟彬（第8章）、呼和浩特职业学院李霞（第2章、第6章）担任副主编，参加编写工作的还有湖北生态工程职业技术学院程朕（第5章、第7章）、潍坊职业学院郝会军（实习实训）、三门峡职业技术学院刘明娣（第4章）、内蒙古大学鄂尔多斯学院杨忠萍（第1章、第6章）、北京农业职业学院崔凤芝（第10章）、信阳农林学院罗婧（第9章、实习实训）。全书由范洪琼、沈泽智、刘群英负责统稿。

由于时间仓促，水平有限，书中疏漏和不妥之处在所难免，恳请读者批评指正。

编　者

2014年7月

目 录 CONTENTS

绪 论

第 1 章　物质结构

第 2 章　化学反应速率与化学平衡

第 3 章　溶液与离子平衡

第 4 章　氧化还原与电极电势

第 5 章　定量分析的概述

第 6 章　滴定分析法

第 7 章　吸光光度分析法

第 8 章　烃

第 9 章　烃的衍生物

第 10 章　生物体中的重要化合物

实习实训

绪论

【学习目标】

- 了解化学学科的发展过程,激发学生学习化学的兴趣。
- 了解化学与人类的关系,了解物理量及物理量的计量单位。
- 明确无机及分析化学的任务,掌握其学习方法。

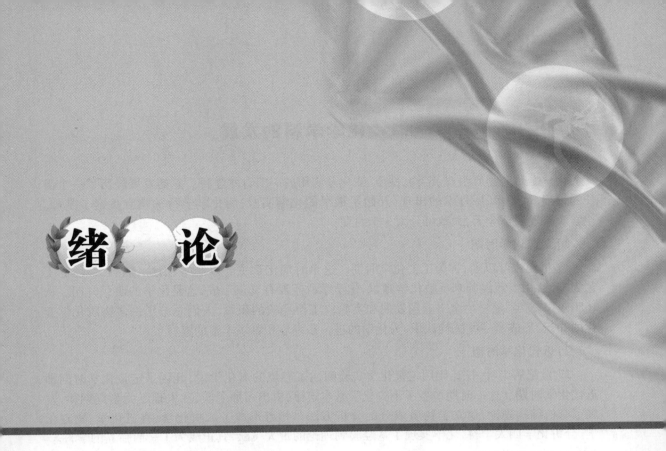

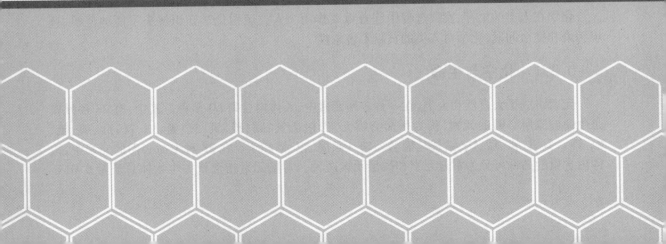

0.1 化学学科的发展

化学是研究物质组成、结构、性质、变化及应用的一门自然学科。它的发展经历了一个漫长的过程,炼金术、炼丹术的出现,开始了最早的化学实验,为化学学科的建立奠定了基础。化学学科发展至今天,大致可分为3个时期:

1)工艺化学时期

17世纪中叶以前,称为工艺化学时期。这个时期化学主要以制陶、冶金、酿酒、染色等工艺为基础,用实践经验来反映化学知识,化学学科还没有真正形成,这是化学的萌芽时期。从1650—1775年,随着冶金工业的发展和实验室工作经验的积累,人们总结了许多物质化学变化的知识,形成了一些感性认识,为化学的进一步发展积蓄了丰富的素材。

2)近代化学时期

17世纪后半叶,拉瓦锡用定量化学实验阐述了燃烧的氧化学说,开创了定量化学时期即近代化学时期。这一时期产生了不少化学基本定律,提出了原子学说,发现了元素周期律,发展了有机结构理论,建立了物质成分的分析方法。相继形成了无机化学、有机化学、物理化学、分析化学四大学科,化学实现了从经验到理论的重大飞跃,真正成为了一门独立的学科。

3)现代化学时期

20世纪初,世界经济的高速发展,电子理论和量子力学的诞生、X射线和放射性元素的发现为化学在20世纪的进展创造了条件,另一方面,化学又向生物学、医学、天文学和地质学等其他学科渗透,数学方法及计算机技术在化学领域中的应用,推动了化学学科的飞速发展,促使化学这门学科进入现代化学时期。

在20世纪20年代以后,化学由传统的四大学科体系,发展为无机化学、有机化学、物理化学、分析化学、生物化学、高分子化学、核放射性化学七大学科体系。同时,与化学相关的边缘学科,如地球化学、海洋化学、大气化学、环境化学、宇宙化学、星际化学等也相继诞生。化学已被公认为“21世纪的中心科学”。

0.2 化学与人类的关系

化学在人类的生存、发展过程中起着重要作用。人类运用化学知识解决了能源危机、环境污染和社会问题,化学对人类的贡献不容忽视。

0.2.1 化学与生命

元素组成了大自然和人类,在一百多种元素中,人体内含有60多种。其中,有28种元素是生命健康所必需的元素,称为生命必需元素,包括氢、硼、碳、氮、氧、氟、钠、镁、硅、磷、硫、氯、钾、钙、钒、铬、锰、铁、钴、镍、铜、锌、砷、硒、溴、钼、锡和碘。在28种生命必需的元素中,按体内含量的高低可分为常量元素和微量元素两种。常量元素指含量占生物体总质量0.01%

以上的元素。有氧、碳、氢、氮、磷、硫、氯、钾、钠、钙和镁,这 11 种元素共占人体总质量的 99.95%。微量元素指含量占生物体总质量 0.01% 以下的元素,如铁、硅、锌、铜、溴、锡、锰等。

生命必需元素必须通过饮食来维持,人的生命质量与饮食营养有极大的关系。营养是指人类不断从外界摄取食物,经体内消化吸收、新陈代谢来满足自身生理需要、维持身体生长发育和各种生理功能的全过程。我们把食物中含有能被人体消化、吸收和利用的具有营养作用的物质称为营养素。人体生命活动所必需的营养素包括 7 大类,即水、矿物质、蛋白质、脂肪、糖、维生素和膳食纤维。

1)水

水是生命的源泉,是人类赖以生存和发展不可缺少的重要物质资源之一。水能调节体温和润滑组织,作为体内营养物质的溶剂和运输的载体,人体内的水分大约占到体重的 65%。人的生命一刻也离不开水,没有水,食物中养料不能被吸收,氧气不能运到所需部位,废物不能排出体外,新陈代谢会停止,人将死亡。因此,水在生命演化中起着重要的作用。

2)矿物质

矿物质是人体内无机物的总称,又称为无机盐或灰分。约占人体体重的 5%,矿物质是酶系统的活化剂,是构成机体组织的重要材料,它能调节体液平衡、酸碱平衡,是人体必需的元素。矿物质在人体内不能自行合成,必须通过膳食进行补充,在我国居民膳食中较易缺乏的矿物质主要有:钙、铁、锌、碘、硒。

3)蛋白质

蛋白质是由氨基酸组成的具有一定构架的高分子化合物。它由 20 多种基本氨基酸组成,其中 8 种是成年人必不可少,而机体内又不能合成的。必须通过食物来摄取的氨基酸,称为必需氨基酸。这 8 种必需氨基酸是:色氨酸、苏氨酸、蛋氨酸、缬氨酸、赖氨酸、亮氨酸、异亮氨酸和苯丙氨酸。人们发现组氨酸为婴儿所必需,因此,婴儿的必需氨基酸为 9 种。氨基酸与生命活动有着密切的关系,是生物体内构成蛋白质分子的基本单位,蛋白质有五大功能:

①产生热量。1 g 蛋白质可以产生 4 000 cal 能量。

②修补、建造组织。这是蛋白质在人体里最重要的功能之一,其他营养素无法取代。

③构成分泌液、激素、抗体、血浆蛋白质等。维持正常渗透压、调节体内酸碱平衡。

④携带其他物质,帮助吸收、运输。

⑤提供必需氨基酸、完成生理功用。蛋白质含量占人体重量的 16% ~20%。蛋白质是生命的物质基础,没有蛋白质就没有生命。

4)脂类

脂类是人体的重要组成成分,占人体体重的 14% ~19%。脂类是油脂和类脂的总称。油脂主要是油和脂肪,一般把常温下是液体的称为油,常温下是固体的称为脂肪。类脂主要是磷脂、糖脂、胆固醇及胆固醇酯等。脂类的生理功能如下:

①供能和储能作用。脂类是人体最丰富的能量来源,1 g 脂肪可以产生 9 000 cal 能量,为等量糖和蛋白质的 2 倍,同时也是体内能量的储存库,人体的能量除供生理代谢及体力活动需要外,多余的转化为脂肪储存在体内,必要时可为机体提供能量。

②作为细胞膜结构的基本原料,用于激素的合成。

③为机体提供生长发育所必需的脂肪酸,提高免疫功能。

④保护作用。脂肪的不导热性可以防止体温散失过快,起到保温的作用。

⑤构成人体细胞的组成成分。

5)糖类

糖类是多羟基醛、多羟基酮以及能水解而生成多羟基醛或多羟基酮的有机化合物,糖类是人体三大主要营养素之一,是人体热能的主要来源,人体所需的能量70%左右由糖提供。此外,糖还是构成组织和保护肝脏功能的重要物质。由于糖属酸性物质,吃糖过量会改变人体血液的酸碱度,呈酸性体质,减弱人体白血球对外界病毒的抵御能力,使人易患多种疾病。有些专家认为,食糖过多比烟和含酒精的饮料对人体的危害还要大,容易导致心脏病、高血压、血管硬化症及脑溢血、糖尿病的发病。

6)维生素

维生素又称维他命,是维持人体生命活动必需的一类有机物。它分为水溶性和脂溶性两大类。维生素是多种酶的活性成分,通过酶的作用来调控人体的物质代谢和能量代谢。当人体缺少某种维生素时,代谢就不能正常进行,容易生发疾病。

7)膳食纤维

膳食纤维是一种不能被人体消化的碳水化合物,分为非水溶性和水溶性纤维两大类。膳食纤维对促进良好的消化和排泄固体废物有着举足轻重的作用。适量地补充纤维素,可使肠道中的食物增大变软,促进肠道蠕动,从而加快排便速度,防止便秘和降低肠癌的风险。另外,纤维素还可调节血糖,有助于预防糖尿病。又可以减少消化过程中对脂肪的吸收,从而降低血液中胆固醇、甘油三脂的水平,起到防治高血压、心脑血管疾病的作用。

保持人体健康,七大营养素缺一不可,过剩同样有害。

0.2.2 化学与生活

随着生产力的发展、科学技术的进步,化学与人们生活越来越密切。在日常生活中,化学无时不在各项活动中体现,蒸馒头时放些小苏打,用酸除去水垢,用氢氟酸雕画玻璃,用泡沫灭火器灭火,用“王水”检验金子是否纯。化学给人类生活带来了变化,使人类生活充满着乐趣,下面介绍一些生活中的化学知识。

1)食盐的防腐

食盐的主要成分是氯化钠,是最常用的一种调味品,不仅能增加食物的味道,也有良好的防腐能力。肉加点盐就可长期放置,不腐蚀、不变质。食物腐败是由于微生物细菌的作用,只要控制生物细菌的生长就能防止食物腐败。由于食盐溶液的渗透压大于微生物细菌中细胞溶液的渗透压,当渗透压大的溶液和渗透压小的溶液间以半透膜(如细胞膜)隔开时,溶剂分子将从渗透压小的一方向渗透压大的一方渗透。所以,在食盐溶液存在下,微生物细菌细胞中的水分子将不断向食盐溶液中渗透,导致细菌细胞失水干枯而死,起到防腐作用。

2)食醋的用途

食醋是一种很好调味品,化学名字叫乙酸。生活中有很广泛的用途:

(1)调味作用

人们在烹调菜肴时缺不了醋,醋可增加菜肴的鲜、甜、香。在烹制食品过程中加点醋,可保护食品中的维生素C不被破坏;做鱼时加点醋,可以解除腥味,软化鱼刺;煮排骨加点醋,可以增大排骨中的钙质和磷质在汤中的溶解度,有利于人体对钙、磷的吸收;过咸的食物加点醋,可降低咸味。

(2)防病作用

醋不仅有开胃进食、消食化积的作用,还能促进唾液和胃液的分泌,患有低酸性胃病的人食用少量的醋,可以补充体内胃酸。醋有抑菌和杀菌作用,可以预防流行性感冒,起预防肠道疾病的功效。醋又有软化血管、降低胆固醇的作用,是中老人的一种保健佳品。

(3)其他作用

生活中醋的作用也不少,醋能恢复光泽、消除异味。旧的铜、铝制品,用醋涂擦后清洗,就能重新光亮;发生霉变的毛巾,可用醋除去霉味;衣服上沾染的水果汁,用醋泡后可以搓洗掉;壶中有了水垢,也能用醋浸泡后除去。

食醋虽然好处很多,但成年人每天的摄入量也不可过量,应在20~40 g,最多不宜超过100 g;过多地摄入醋容易引起牙齿的腐蚀和脱钙,所以吃醋应小心,特别不要空腹时吃醋,以免胃酸过多而伤胃。

3)衣服的除污

当衣服上沾染了汗渍,可在10%的食盐水中浸泡一会儿,然后再用肥皂洗涤;当衣服上沾染了油渍,可用汽油搓洗,待汽油挥发完后油渍也会随之消失;当衣服上沾染了蓝墨水,可将有蓝墨水污渍部位放在2%的草酸溶液中浸泡几分钟,然后用洗涤剂洗除;当衣服上沾染了血渍,可将有血渍的部位用双氧水或者漂白粉水浸泡一会儿,然后搓洗;当衣物上沾染了万能胶渍,可用丙酮或香蕉水滴在胶渍上反复刷洗,再用清水漂洗;当衣物上沾染了酱油渍,可用冷水搓洗,再用洗涤剂洗涤;当衣服上沾染了汤汁或乳汁,可用丙酮润湿擦洗,然后用2%的氨水溶液搓洗,最后用水清洗。

4)菠菜与豆腐

菠菜中的维生素种类多、含量高,常吃菠菜对健康很有益。但不要把菠菜和豆腐放在一起做菜,菠菜中含有草酸,而豆腐中含有石膏($CaSO_4$)和卤水($MgCl_2$),草酸与$CaSO_4$和$MgCl_2$相遇就发生了化学反应,生成了不溶于水的草酸镁或草酸钙,沉积在血管壁上,影响血液循环。

5)蒸锅水

蒸馒头或蒸食物后剩余的水称为蒸锅水。蒸锅水不能喝也不能煮饭或烧菜,由于水里含有微量的硝酸盐,长时间加热,水分蒸发,硝酸盐的浓度相对地增加,而且它受热会分解成亚硝酸盐。特别是多次蒸食物的蒸锅水,食物中的硝酸盐和亚硝酸盐也会随着蒸菜水流入锅中,使亚硝酸盐含量更高。亚硝酸盐对人体健康有害,它能使人体血液里的血红蛋白变性,不能再与氧气结合,导致缺氧,亚硝酸盐还是一种强烈的致癌性物质。所以,蒸锅水不能喝。

0.3 物理量和计量单位

物理量是量度物理属性或描述物体运动状态及其变化过程的量。各种物理量都有它们的量度单位，而物理量的单位通常称为计量单位，计量单位是为定量表示同种量的大小而约定的定义和采用的特定量，它是衡量物理量的标准。

生产和科研中，经常会用一些物理量来表示物质及其运动的多少、大小等。例如，1 m 布、2 kg 糖、30 s 等。有了米、千克、秒这样的计量单位，就能表达这些物质的量。世界各国，由于文化发展的不同，往往会形成各自的单位制，例如，英国的英制、法国的米制。因而同一个物理量可用不同的单位来表示。例如，压强的单位有千克/厘米^2、磅/英寸^2、标准大气压、毫米汞柱、巴、托等。这对于国际科学技术的交流是非常不方便的，因此，实行统一标准就很有必要。

0.3.1 国际单位制

目前，世界各国通行的单位制是由国际法制计量组织在 1960 年第 11 届国际计量大会通过、制定的国际单位制（简称 SI），国际单位是一种十进制进位系统制，它具有统一性、简明性、实用性、合理性、精确性及继承性等优点。

在国际单位制中，通常把少数几个相互独立的物理量叫作基本物理量，简称基本量。其余可由基本量导出的物理量叫作导出物理量，简称导出量。国际单位制共有 7 个基本量：长度、质量、时间、电流、热力学温度、物质的量及发光强度。其他的量都可以由这 7 个基本量通过乘、除、微分或积分等数学运算导出。

国际制单位中的物理量对应的计量单位分两类：基本单位和导出单位 。共有 7 个 SI 基本单位和 19 个 SI 导出单位。（见表 0.1 和表 0.2）

表 0.1　SI 基本单位

量的名称	单位名称	单位符号
长度	米	m
质量	千克（公斤）	kg
时间	秒	s
电流	安（培）	A
热力学温度	开（尔文）	K
物质的量	摩（尔）	mol
发光强度	坎（德拉）	cd

注：基本单位是构成单位制中其他单位的基础。

表 0.2　SI 导出单位

量的名称	单位名称	单位符号	其他表示或例
频率	赫（兹）	Hz	s^{-1}
力、重力	牛（顿）	N	$kg \cdot m \cdot s^{-2}$
压力、压强、应力	帕（斯卡）	Pa	N/m
能、功、热	焦（耳）	J	$N \cdot m$
功率、辐射通量	瓦（特）	W	$J \cdot s$
电 荷 量	库（仑）	C	$A \cdot s$
电位、电压、电动势	伏（特）	V	W/A

续表

量的名称	单位名称	单位符号	其他表示或例
电容	法(拉)	F	C/V
电阻	欧(姆)	Ω	V/A
电导	西(门子)	S	A/V
磁通量	韦(伯)	Wb	V · s
磁通量密度,磁感应强变	特(斯拉)	T	Wb/m^2
电感	亨(利)	H	Wb/A
摄氏温度	摄氏度	℃	K
光通量	流(明)	Im	cd · sr
光照度	勒(克斯)	Ix	Im/m^2
放射性活变	贝可(勒尔)	Bq	s^{-1}
吸收剂量	戈(瑞)	Gy	J/kg
剂量当量	希(沃特)	Sv	J/kg

注:导出单位是由基本单位按物理量之间的关系,用算式导出的单位。

第十一届国际计量会议承认平面角和立体角及相应单位弧度和球面度是SI中独立类单位,称为SI辅助单位(见表0.3)。第十二届国际计量会议,保留了辅助单位在SI中的独立性,把它们放在包括弧度和球面度在内的导出单位里。用于构成十进制倍数和分数单位的词头,见表0.4。

表0.3 SI辅助单位

量的名称	单位名称	单位符号
平面角	弧度	rad
立体角	球面度	sr

注:辅助单位既可作基本单位使用,又可作导出单位使用。

表0.4 用于构成十进制倍数和分数单位的词头

所表示的因数	词头名称	符号表示	所表示的因数	词头名称	符号表示
10^{18}	艾(可萨)	E	10^{-1}	分	d
10^{15}	柏(它)	P	10^{-2}	厘	c
10^{12}	太(拉)	T	10^{-3}	毫	m
10^{9}	吉(咖)	G	10^{-6}	微	μ
10^{6}	兆	M	10^{-9}	纳(诺)	n
10^{3}	千	k	10^{-12}	皮(可)	p
10^{2}	百	h	10^{-15}	飞(母托)	f
10	十	da	10^{-18}	阿(托)	a

0.3.2 法定计量单位

法定计量单位是国家以法令的形式和规定使用的计量单位。我国于 1984 年就发布了《关于在我国统一实行法定计量单位的命令》,进一步统一了计量制度,我国的法定计量单位是以国际单位制(SI)为基础,同时有国家选定的非国际单位制单位,见表 0.5。

表 0.5 国家选定的非国际单位制单位

量的名称	单位名称	单位符号	换算关系和说明
时间	分	min	1 min=60 s
	(小)时	h	1 h=60 min=3 600 s
	天(日)	d	1 d=24 h
	年	a	1 a=365 d
(平面)角	(角)秒	(″)	1″=(π/648 000) rad
	(角)分	(′)	1′=60″
	度	(°)	1°=60′
旋转速度	转/分	r/min	1 r/min=(1/60) s^{-1}
长度	海里	n mile	1 n mile=1 852 m (只用于航行)
速度	节	kn	1 kn=1 n mile/h=(1 852/3 600) m/s (只用于航行)
质量	吨 原子质量单位	t u	1 t=10^3 kg 1 u≈1.650 565×10^{-27} kg
体积	升	L (l)	1 L=1 dm^3=10^{-3} m^3
能	电子伏	eV	1 eV≈1.602 189 2×10^{-19} J
级差	分贝	dB	
线密度	特(克斯)	tex	1 tex=1 g/km
面积	公顷	hm^2	1 hm^2=10^4 m^2

我们把两个或两个以上的单位用相乘、相除的形式组合而成的新单位称作组合单位。组合单位可以由国际单位制单位和国家选定的非国际制单位构成,也可以是它们的十进制倍数或分数单位。例如:

电量:单位量“千瓦小时”(kW·h)

应力:单位量牛顿/毫米^2(N/mm^2)

物质的量浓度:SI 制单位为 mol/m^3;分析化学中常用 mol/dm^3;习惯上用法定单位 mol/L。

力矩:单位量“牛顿米”符号应为 N·m,而不宜写成 m·N,以免误解为毫牛顿。

20 摄氏度:单位量符号为 20 ℃,但不能写成并读成“摄氏 20 度”。

30 km/h: 应读成“30 千米每小时”。

凡是通过相乘构成的组合单位在加词头时,应加在组合单位中的第一单位之前。如力矩 N·m,加词头 k,应写成 kN·m,不写成 N·km。

0.4 基础化学的任务和学习方法

基础化学是根据高职高专院校相关专业的实际需要，对无机化学、分析化学及有机化学教学内容进行优化整合而组成的一个新的教学体系，基础化学主要介绍无机化学、分析化学和有机化学的基础知识、基本原理和基本操作。在化学的各门分支学科中，无机化学是研究单质和化合物（碳氢化合物及其衍生物除外）的组成、结构、性质和反应的学科；有机化学是研究碳氢化合物及其衍生物的组成、结构、性质和反应的学科；分析化学是研究物质组成及其含量的测定原理、测定方法和操作技术的学科。

鉴于高职高专院校化学教学学时少、内容需求精的特点，基础化学的教学任务是通过学习，掌握化学的基本理论、基本知识、基本技能。无机化学的主要任务是对所有元素及其化合物的性质和它们的反应进行实验研究和理论解释；分析化学包括定性分析和定量分析两大内容，定性分析的任务是鉴定物质的化学组成（或成分），定量分析的任务是测定物质中有关组分的含量；有机化学的主要任务是掌握有机物的一般特点、结构性质、命名方法、反应规律。基础化学教学能培养学生严谨的科学态度、全面分析解决问题的能力，是高职高专院校教学体系的重要组成部分。

基础化学是一门重要的专业基础课，内容非常丰富。该课程既有化学的基础理论、基本知识，又有学生必须掌握的基本技能，要学好该课程一定要做到理论与实际操作的有机结合。

基于此，基础化学的学习方法有：

（1）重视理论，强化基础

基础化学的理论知识在生活和工作中应用广泛，我们的衣、食、住、行，环境的保护，工农业生产中“三废”的处理等，都涉及基础化学的相关理论和基本知识。所以，注重基本理论和基础知识的理解与应用，有利于学好基础化学这门学科。

（2）理清脉络，系统归纳

基础化学内容多，涉及范围广，学习难度大，在学习中应做到课前预习、课后复习，对每章内容进行归纳总结，弄清每章的基本概念、基本原理、基本公式等主要内容，将知识系统化。

（3）规范操作，联系实际

基础化学是一门以实习实训为基础的强化操作的学科，许多理论和规律都是从实践中总结出来的。学习中既要重视理论知识的学习，又要重视操作技能的训练，规范操作和熟练技术直接影响实习实训的效果，同时，规范操作和熟练技术也能培养学生实事求是、严谨治学的科学态度。

（4）勤学善思，踏实刻苦

天才在于勤奋，虚心求学、不耻下问是成功的基础。要取得好的成绩是没有捷径的，只有靠自己的不断努力和勤奋踏实，大学的学习要变被动为主动，它注重主动获取知识，注重知识的可持续性，要加强自学能力和独立分析和解决问题的能力培养。此外，有目的地看一些杂志或参考书，有助于加深对某一知识的理解，拓宽自己的知识面。

目标检测0

一、填空题

1. 化学是研究物质________、________、________、________及应用的一门自然学科。

2. 化学科学的发展经历了________________、________________、________________3个时期。

3. 人体内含有60多种元素。其中,有______种元素是生命健康所必需的元素,称为生命必需元素。按体内含量的高低可分为______元素和______元素。

4. 营养素在人体内的功能有3个方面:一是作为__________物质,二是作为__________物质,三是作为__________物质。

5. 人体生命活动所必需的营养素包括__________、__________、__________、__________、__________、__________、__________七大类。

6. 造成水体污染的原因主要有:__________、__________和农业污水等的污染。

7. 大气污染的危害已经遍及全球,对全球大气的影响主要体现在__________破坏,__________的形成和__________效应。

二、判断题

1. m不属于SI基本单位。 ( )

2. 化学被公认为21世纪的中心科学。 ( )

3. 微量元素是指含量占生物体总质量0.01%以上的元素。 ( )

4. 蛋白质是由氨基酸组成的高分子化合物,是人体热能的主要来源。 ( )

5. 温室效应主要是由于二氧化碳气体大量排入大气造成的,因此节能减排、提倡低碳有利于改善温室效应。 ( )

6. 法定计量单位是由国家法律承认、具有法定地位的计量单位。 ( )

三、选择题

1. 下列哪门化学是属于现代化学时期七大学科体系之一?( )

A. 环境化学　B. 海洋化学　C. 大气化学　D. 核放射性化学

2. 下列元素中( )是生命健康所必需的微量元素。

A. K　B. Fe　C. O　D. H

3. 食醋在生活中的用途很多,食醋的作用下列错误的是( )。

A. 防腐作用　B. 调味作用　C. 防病作用　D. 消除异味作用

4. 引起全球气温变暖,形成温室效应的气体是( )。

A. CO　B. CO_2　C. O_3　D. SO_2

5. 蒸锅水不能喝是由于水里含有微量的下列哪种物质?( )

A. 钙、镁离子　B. 水垢　C. 亚硝酸盐　D. 氢氧根离子

6. 我国法定计量单位的主体是( )单位。

A. SI基本　B. SI导出　C. SI　D. 非SI

7. kg是( )。

A. SI基本单位　B. SI辅助单位　C. SI导出单位　D. SI单位的倍数单位

四、问答题

1. 为什么菠菜和豆腐不能放在一起做菜?

2. 基础化学的任务是什么?

第 1 章

物质结构

【学习目标】

● 认识原子的微观结构,了解核外电子运动状态的描述方法,掌握4个量子数的概念及意义。

● 掌握核外电子排布的一般规律,能熟练写出核外电子排布式和价电子构型。

● 掌握原子的价电子层结构与元素周期系的关系。

● 掌握离子键、共价键、分子间作用力以及氢键的特征。

1.1 原子结构

原子最早是哲学上抽象的概念,随着人类认识的进步,原子逐渐从抽象的概念成为科学的理论。原子是物质发生化学反应的基本微粒,物质的许多化学性质和物理性质主要是由原子的内部结构决定的,因此,要研究物质的化学、物理运动规律,掌握物质的性质和物质发生的化学反应以及物质性质与结构之间的关系,就必须研究原子结构,特别是原子核外的电子层结构。

1.1.1 原子结构的认识

英国化学家道尔顿在1803年提出近代原子学说,其要点是:一切化学元素都是由不能再分割的微粒——原子组成的,原子是保持元素化学性质的最小单元。

1897年英国物理学家汤姆森确认阴极射线是带有负电荷的微观粒子——电子,并测定了电子的电荷与质量之比(1.759×10^{8} C/g),并证明这种粒子存在于任何物质中;1909年美国物理学家密立根测定了电子的电量为 1.602×10^{-19} C,从而计算出一个电子的质量等于 9.11×10^{-28} g,约为氢原子质量的1/183 6。原子是电中性的,电子带负电,那么原子中必然含有带正电荷的组成部分,且正电荷总量等于电子所带的负电荷总电量。1911年,英国物理学家卢瑟福的 α 散射实验,提出含核原子模型:原子的质量几乎全部集中在带有正电荷的微粒——原子核上,核的直径只有原子直径的万分之一,带负电的电子像地球围绕太阳运转一样围绕着原子核高速运转。同时发现中子不带电荷,进而确立近代原子结构模型。

原子很小,原子核更小,但整个原子的质量几乎都集中在原子核上,而电子的质量仅仅约为质子质量的1/1836。现代科学已经知道,原子是由位于中心的原子核和绕核运动的电子所构成的;原子核由一定数目的质子和中子构成;每个质子带一个单位的正电荷,每一个电子带一个单位的负电荷,中子不带电。原子内的质子数和核外电子数相等,故所带的电量相等且电性相反,整个原子不显电性。

1.1.2 电子运动状态的描述

核外电子以极高的速度、在极小的空间作不停止的运转,不遵循宏观物体的运动规律,既不能测出在某一时刻的位置、速度,又不能描画出它的运动轨迹,因此,科学上采用统计(见图1.1)的方法研究电子在核外出现的概率。

为了形象地表示电子在原子核外空间的分布情况,人们常用单位体积内小黑点的疏密程度来表示电子在原子核外单位体积内出现概率的大小,如图1.1所示。核空间一定范围内电子出现的机会的多少,好像带负电荷的云雾笼罩在原子核周围,人们形象地称为电子云。

不同轨道上的电子,电子云的形状不同,s电子的电子云形状是以原子核为中心的球体,是球形的;p电子云呈纺锤形(或无柄哑铃形);d电子云是花瓣形;f电子云更为复杂,如图1.2

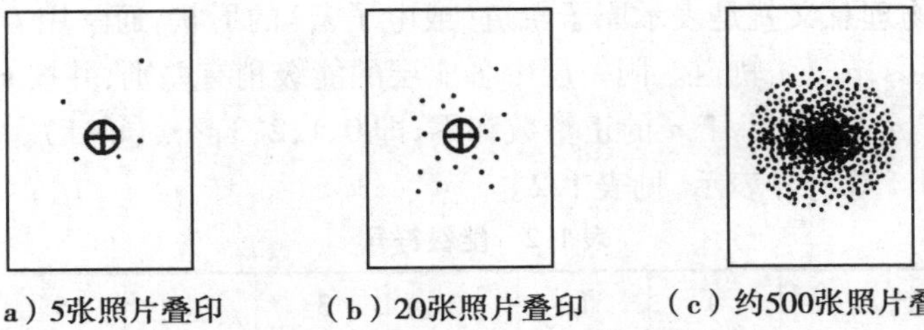
(a) 5张照片叠印
(b) 20张照片叠印
(c) 约500张照片叠印

图 1.1 电子云图片

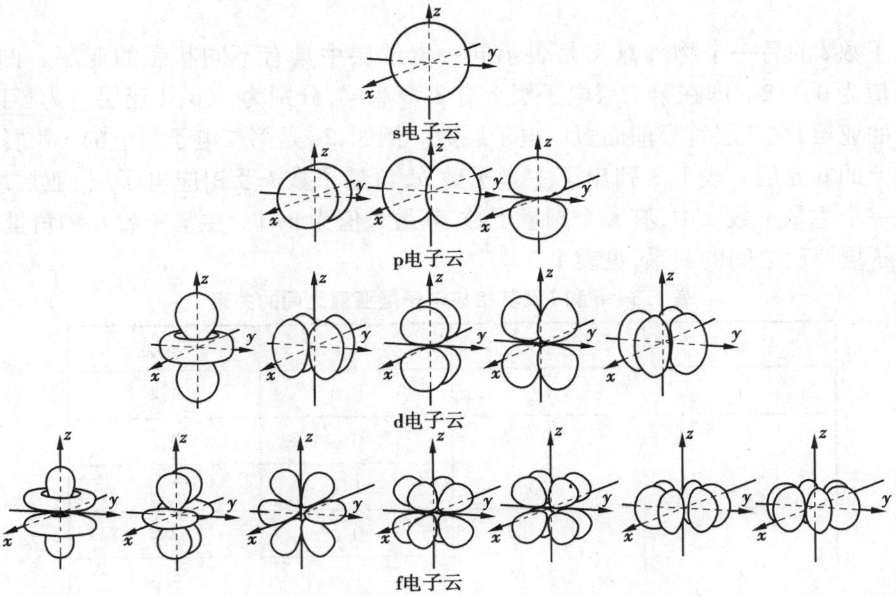

图 1.2 电子云的形状

所示。

量子力学中单个电子的空间运动状态称为原子轨道,原子中电子的运动状态可以用4个量子数(即主量子数、角量子数、磁量子数和自旋量子数)来描述。

1) 主量子数

主量子数是确定原子中电子离核远近(平均距离)和决定电子能量高低的主要参数。通常用 n 表示。n 值越大,表示电子离核的平均距离越远,所处状态的能级越高。n 可取的数值为1,2,3,4,…迄今 n 的最大值为7。$n=1$ 表示能量最低、离核最近的第一层,以此类推。

在光谱学上常用大写拉丁字母K,L,M,N,O,P,Q代表电子层数,见表1.1。

表 1.1 电子层

主量子数 n	1	2	3	4	5	6	7
电子层符号	K	L	M	N	O	P	Q

2) 角量子数

角量子数是决定轨道角动量的大小,或者说它是决定轨道或电子云的空间形状的。即角量子数的一个重要物理意义就是表示原子轨道(或电子云)的形状,通常用 l 表示。$l=0,1,2,3$ 时的轨道分别称为 s,p,d,f 轨道。同一层中各亚层的能级稍有差别,并按 s,p,d,f 的顺序增高。l 的取值取决于 n,l 可取小于 n 的正整数和零,即 $0,1,2,3,\cdots,(n-1)$。按光谱学上的习惯 l 还可以用 s,p,d,f 等符号表示,见表 1.2。

表 1.2　能级符号

角量子数 l	0	1	2	3	4	5	…
能级符号	s	p	d	f	g	h	…

角量子数 l 的另一个物理意义是表示同一电子层中具有不同状态的亚层。例如,$n=3$ 时,l 可取值为 0,1,2。即在第三层电子层上有 3 个亚层,分别为 s,p,d 亚层。为了区别不同电子层上的亚层,在亚层符号前面冠以电子层数。例如,2s 是第二电子层上的 s 亚层,3p 是第三电子层上的 p 亚层。表 1.3 列出了主量子数 n,角量子数 l 及相应电子层、亚层之间的关系。在每一个主量子数 n 中,有 n 个副量子数,其最大值为 $n-1$。主量子数 n 和角量子数 l 及其相应电子层亚层之间的关系,见表 1.3。

表 1.3　n 和 l 及其相应电子层亚层之间的关系

n	电子层	l	亚层
1	1	0	1 s
2	2	0	2 s
		1	2 p
3	3	0	3 s
		1	3 p
		2	3 d
4	4	0	4 s
		1	4 p
		2	4 d
		3	4 f

3)磁量子数

磁量子数是决定电子云或原子轨道在空间的取向(伸展方向),与电子的能量高低及原子轨道的形状没有关系,通常用 m 表示。m 的取值取决于 l,可取的数值为 $0,\pm1,\pm2,\pm3,\cdots,\pm l$,共可取 $(2l+1)$ 个整数,m 的每一个值表示原子轨道的一个伸展方向,对应于一个原子轨道。一个亚层中,m 有几个可能的取值,该亚层就只能有几个不同伸展方向的同类原子轨道或电子云。例如,当 $l=0$ 时,m 为 0,表示 s 亚层只有一个轨道,即 s 轨道;$l=1$ 时,$m=-1,0,+1$ 3 个值,表示 p 亚层有 3 个不同伸展方向的轨道,即 p_x,p_y,p_z;$l=2$ 时,$m=-2,-1,0,+1,+2$ 这 5 个值,表示 d 亚层有 5 个不同伸展方向的。同理,可推知 $l=3$ 时的 f 亚层有 7 个不同伸展方向的轨道,见表 1.4。

表 1.4　磁量子数的允许取值及轨道数目

l	0	1	2	3
m	0	±1,0	±2,±1,0	±3,±2,±1,0
轨道数目	1	3	5	7

4）自旋量子数

用高分辨率的光谱仪在无外磁场的情况下观察氢原子光谱时，发现原先的一条谱线又分裂为两条靠得很近的谱线。这实际上又反映出两个不同的状态，为了解释这一现象，又提出了另一个量子数即自旋量子数，自旋量子数是描述轨道电子特征的量子数，常用 m_s 表示，其允许的取值为±1/2，它说明电子自旋量子数有两种取向，代表电子的两种自旋状态，一般用"↑"和"↓"表示。

根据 4 个量子数可以确定核外电子的运动状态，也可以确定各电子层中电子可能的状态数，见表 1.5。

表 1.5　核外电子运动的可能状态数

主量子数（n）	1	2		3			4			
电子层符号	K	L		M			N			
角量子数（l）	0	0	1	0	1	2	0	1	2	3
轨道符号（nl）	1s	2s	2p	3s	3p	3d	4s	4p	4d	4f
磁量子数（m）	0	0	0	0	0	0	0	0	0	0
			±1		±1	±1		±1	±1±2	±1±2
						±2				±3
亚层轨道数（$2l+1$）	1	1	3	1	3	5	1	3	5	7
各轨道电子数	2	2	6	2	6	10	2	6	10	14
电子层总轨道数（n^2）	1	4		9			16			
每层最大容量（$2n^2$）	2	8		18			32			

1.1.3　核外电子排布

根据光谱实验数据和量子力学理论总结、归纳得出：多电子原子中核外电子排布应遵从两个原理和一条规则，即能量最低原理、泡利不相容原理和洪特规则。

1）能量最低原理

多电子原子在基态时，核外电子总是尽可能地优先占据能量最低的轨道，占满能量低的轨道后才依次进入能量较高的轨道。

当主量子数 n 相同时，随着角量子数的增大，轨道能量升高。例如：

$$E n\mathrm{s}<E n\mathrm{p}<E n\mathrm{d}<E n\mathrm{f}$$

当轨道角量子数相同时,随着主量子数的增大,原子轨道的能量依次升高。例如:

$$E1s<E2s<E3s$$

当主量子数 n 和轨道角动量量子数 l 都不同时,则可能会有能级交错现象。例如:

$$E4<E3d<E4p$$

按照能量最低原理,电子在原子轨道中的填充顺序为:1s,2s,2p,3s,3p,4s,3d,4p,5s,4d,5p,6s,4f,5d,6p,7s,5f,6d,7p,…,如图 1.3 所示。

2)泡利不相容原理

泡利指出,在同一原子中不可能有 4 个量子数完全相同的 2 个电子同时存在,称为泡利不相容原理。也就是每一种运动状态的电子只能有 1 个,即在同一个轨道里最多只能容纳自旋方向相反的 2 个电子。根据这一原理,s 轨道可容纳 2 个电子,p,d,f 轨道依次最多可容纳 6,10,14 个电子;并可以推算出每个电子层最多容纳的电子总数是 $2n^2$ 个。

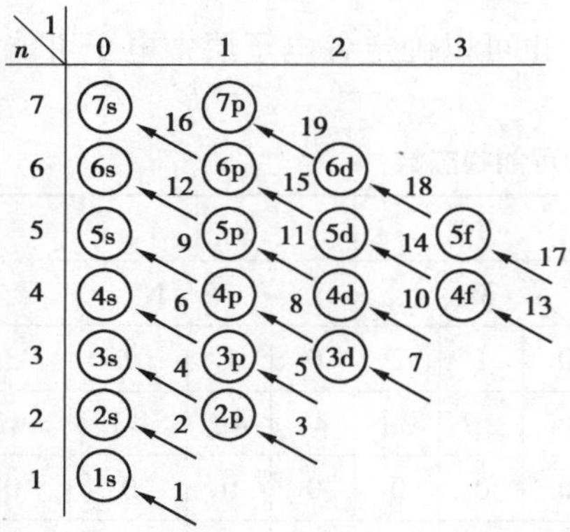

图 1.3　多电子原子电子填充顺序

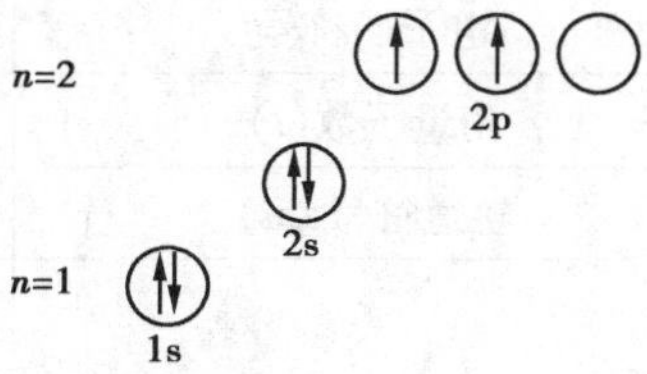

图 1.4　碳原子核外电子排布

3)洪特规则

洪特规则,是电子在能量相同的轨道(即等价轨道)上排布时,总是尽可能以相同的自旋状态分占不同的轨道。例如,碳原子的电子排布为 $1s^2 2s^2 2p^2$,如图 1.4 所示。

2p 轨道上的 2 个电子,排布在 2p 亚层的 2 个 2p 轨道上且自旋方向相同。这可解释为,若同在 1 个轨道上,电子间有排斥能,而分散排列其排斥能较小。

作为对洪特规则的补充,电子排布在能级相等轨道上的全充满、半充满和全空状态比较稳定。常见的轨道全充满、半充满和全空的结构分别为全充满:p^6,d^{10},f^{14};半充满:p^3,d^5,f^7;全空:p^0,d^0,f^0。如铁离子 Fe^{3+}($3d^5$)和亚铁离子 Fe^{2+}($3d^6$)对比看,从 $3d^6 \rightarrow 3d^5$ 才稳定,这和亚铁离子不稳定易被氧化的事实相符合。根据洪特规则铬的电子排布式应为 $1s^2\ 2s^2\ 2p^6 3s^2\ 3p^6\ 3d^5\ 4s^1$,而不是 $3d^4\ 4s^2$。基态原子的电子排布见表 1.6。

表 1.6 基态原子的电子排布

原子序数	元素	电子构型	原子序数	元素	电子构型	原子序数	元素	电子构型
1	H	$1s^{1}$	41	Nb	[Kr] $4d^{4}5s^{1}$	81	Tl	[Xe]
2	He	$1s^{2}$	42	Mo	[Kr] $4d^{5}5s^{1}$	82	Pb	$4f^{14}5d^{10}6s^{2}6p^{1}$
3	Li	[He] $2s^{1}$	43	Tc	[Kr] $4d^{5}5s^{2}$	83	Bi	[Xe]
4	Be	[He] $2s^{2}$	44	Ru	[Kr] $4d^{7}5s^{1}$	84	Po	$4f^{14}5d^{10}6s^{2}6p^{2}$
5	B	[He] $2s^{2}2p^{1}$	45	Rh	[Kr] $4d^{8}5s^{1}$	85	At	[Xe]
6	C	[He] $2s^{2}2p^{2}$	46	Pd	[Kr] $4d^{10}$	86	Rn	$4f^{14}5d^{10}6s^{2}6p^{3}$
7	N	[He] $2s^{2}2p^{3}$	47	Ag	[Kr] $4d^{10}5s^{1}$	87	Fr	[Xe]
8	O	[He] $2s^{2}2p^{4}$	48	Cd	[Kr] $4d^{10}5s^{2}$	88	Ra	$4f^{14}5d^{10}6s^{2}6p^{4}$
9	F	[He] $2s^{2}2p^{5}$	49	In	[Kr]$4d^{10}5s^{2}$	89	Ac	[Xe]
10	Ne	[He] $2s^{2}2p^{6}$	50	Sn	$5p^{1}$	90	Th	$4f^{14}5d^{10}6s^{2}6p^{5}$
11	Na	[Ne] $3s^{1}$	51	Sb	[Kr]	91	Pa	[Xe]
12	Mg	[Ne] $3s^{2}$	52	Te	$4d^{10}5s^{2}5p^{2}$	92	U	$4f^{14}5d^{10}6s^{2}6p^{6}$
13	Al	[Ne]$3s^{2}3p^{1}$	53	I	[Kr]	93	Np	[Rn] $7s^{1}$
14	Si	[Ne] $3s^{2}3p^{2}$	54	Xe	$4d^{10}5s^{2}5p^{3}$	94	Pu	[Rn]$7s^{2}$
15	P	[Ne] $3s^{2}3p^{3}$	55	Cs	[Kr]	95	Am	[Rn]$6d^{1}7s^{2}$
16	S	[Ne] $3s^{2}3p^{4}$	56	Ba	$4d^{10}5s^{2}5p^{4}$	96	Cm	[Rn] $6d^{2}7s^{2}$
17	Cl	[Ne] $3s^{2}3p^{5}$	57	La	[Kr]	97	Bk	[Rn] $5f^{2}6d^{1}7s^{2}$
18	Ar	[Ne] $3s^{2}3p^{6}$	58	Ce	$4d^{10}5s^{2}5p^{5}$	98	Cf	[Rn] $5f^{3}6d^{1}7s^{2}$
19	K	[Ar] $4s^{1}$	59	Pr	[Kr]	99	Es	[Rn] $5f^{4}6d^{1}7s^{2}$
20	Ca	[Ar] $4s^{2}$	60	Nd	$4d^{10}5s^{2}5p^{6}$	100	Fm	[Rn] $5f^{6}7s^{2}$
21	Sc	[Ar] $3d^{1}4s^{2}$	61	Pm	[Xe]$6s^{1}$	101	Md	[Rn] $5f^{7}7s^{2}$
22	Ti	[Ar] $3d^{2}4s^{2}$	62	Sm	[Xe] $6s^{2}$	102	No	[Rn] $5f^{7}6d^{1}7s^{2}$
23	V	[Ar] $3d^{3}4s^{2}$	63	Eu	[Xe] $5d^{1}6s^{2}$	103	Lr	[Rn] $5f^{9}7s^{2}$
24	Cr	[Ar] $3d^{5}4s^{1}$	64	Gd	[Xe]	104	Rf	[Rn] $5f^{10}7s^{2}$
25	Mn	[Ar] $3d^{5}4s^{2}$	65	Tb	$4f^{1}5d^{1}6s^{2}$	105	Db	[Rn] $5f^{11}7s^{2}$
26	Fe	[Ar] $3d^{6}4s^{2}$	66	Dy	[Xe] $4f^{3}6s^{2}$	106	Sg	[Rn] $5f^{12}7s^{2}$
27	Co	[Ar] $3d^{7}4s^{2}$	67	Ho	[Xe] $4f^{4}6s^{2}$	107	Bh	[Rn] $5f^{13}7s^{2}$
28	Ni	[Ar] $3d^{8}4s^{2}$	68	Er	[Xe] $4f^{5}6s^{2}$	108	Hs	[Rn] $5f^{14}7s^{2}$
29	Cu	[Ar] $3d^{10}4s^{1}$	69	Tm	[Xe] $4f^{6}6s^{2}$	109	Mt	[Rn] $5f^{14}6d^{1}7s^{2}$
30	Zn	[Ar] $3d^{10}4s^{2}$	70	Yb	[Xe] $4f^{7}6s^{2}$	110	Ds	[Rn] $5f^{14}6d^{2}7s^{2}$
31	Ga	[Ar]	71	Lu	[Xe]	111	Rg	[Rn] $5f^{14}6d^{3}7s^{2}$
32	Ge	$3d^{10}4s^{2}4p^{1}$	72	Hf	$4f^{7}5d^{1}6s^{2}$	112	Uub	[Rn] $5f^{14}6d^{4}7s^{2}$
33	As	[Ar]	73	Ta	[Xe] $4f^{9}6s^{2}$	113	Uut	[Rn] $5f^{14}6d^{5}7s^{2}$
34	Se	$3d^{10}4s^{2}4p^{2}$	74	W	[Xe] $4f^{10}6s^{2}$	114	Uuq	[Rn] $5f^{14}6d^{6}7s^{2}$
35	Br	[Ar]	75	Re	[Xe] $4f^{11}6s^{2}$	115	Uup	
36	Kr	$3d^{10}4s^{2}4p^{3}$	76	Os	[Xe] $4f^{12}6s^{2}$	116	Uuh	
37	Rb	[Ar]	77	Ir	[Xe] $4f^{13}6s^{2}$	117	Uus	
38	Sr	$3d^{10}4s^{2}4p^{4}$	78	Pt	[Xe] $4f^{14}6s^{2}$	118	Uuo	
39	Y	[Ar]	79	Au	[Xe]	119	Uue	
40	Zr	$3d^{10}4s^{2}4p^{5}$	80	Hg	$4f^{14}5d^{1}6s^{2}$			
		[Ar]			[Xe]			

续表

原子序数	元素	电子构型	原子序数	元素	电子构型	原子序数	元素	电子构型
		$3d^{10}4s^24p^6$			$4f^{14}5d^26s^2$			
		[Kr] $5s^1$			[Xe] $4f^{14}5d^36s^2$			
		[Kr] $5s^2$			[Xe] $4f^{14}5d^46s^2$			
		[Kr] $4d^15s^2$			[Xe] $4f^{14}5d^56s^2$			
		[Kr] $4d^25s^2$			[Xe] $4f^{14}5d^66s^2$			
					[Xe] $4f^{14}5d^76s^2$			
					[Xe] $4f^{14}5d^96s^1$			
					[Xe] $4f^{14}5d^{10}6s^1$			
					[Xe] $4f^{14}5d^{10}6s^2$			

核外电子分布一般可按上述规则写出，如 Fe 的电子构型：$1s^22s^22p^63s^23p^63d^64s^2$。通常为了简化组态的表示方法，采用原子实加价层表示，即

$$\text{Fe}\quad [\text{Ar}]\,3d^64s^2$$

这里原子实[Ar]是指 Fe 的原子核及基态时 Ar 的核外电子组态。注意，虽然电子排布顺序是先 4s 后 3d，但在表达式中，通常还是要求将主量子数小的写在前面。

电子在原子轨道中的填充次序，在最外层常出现不规则的现象，出现这种现象的原因部分是由于满足 d 和 f 轨道为全充满和半充满的需要，另外可能还与原子序数的增加有关。

1.1.4 原子的电子层结构与元素周期系

门捷列夫发明元素周期表后，人们发现新元素的步伐不断加快。现在，元素周期表中元素的数量已经排到了 119 号，其中中国人修订了周期表中的 10 个元素。

1）原子的电子层结构与周期的划分

元素周期表中共有 7 行，每一行元素组成一个周期，共有 7 个周期。从各元素原子的电子层结构可知，当主量子数 n 依次增加时，n 每增加 1 个数值就增加一个新的电子层，周期表上就增加一个周期。每个周期的长短是不同的，周期表中存在一个两种元素的超短周期，两个各有 8 种元素的短周期，这 3 个周期都是短周期，元素的最外层电子结构分别为 $1s^{1\sim2}$、$2s^{1\sim2}2p^{1\sim6}$ 和 $3s^{1\sim2}3p^6$；周期表中还有两个各有 18 种元素的长周期，其最外层电子结构分别为 $4s^{1\sim2}3d^{1\sim10}4p^{1\sim6}$ 和 $5s^{1\sim2}4d^{1\sim10}5p^{1\sim6}$；接下来的一个周期为含有镧系元素的长周期，包括 32 种元素，其最外层电子结构为 $6s^{1\sim2}4f^{1\sim14}5d^{1\sim10}6p^{1\sim6}$；最后一个周期是不完整周期，其最外层电子结构为 $7s^{1\sim2}5f^{1\sim14}6d^{1\sim}\cdots$。元素周期表之所以这样划分在于元素所在的周期数等于该元素

原子的核外电子层数。即：

元素周期数=元素核外电子层数=最外层电子的主量子数

除第一周期外，每一个周期都是从一种非常活泼的金属元素开始，从左到右元素的金属性逐渐减弱，最后递变成非金属元素，即以碱金属元素开始，以稀有气体元素结束。元素的性质呈现这种周期性变化的原因是在周期表上（除第一周期外），从左到右每一周期元素原子的最外层电子数都是由1递增到8，相应的电子结构重复着 ns^1 带 ns^2np^6 的变化规律。由于元素的性质主要取决于原子的电子层结构尤其是最外层的电子数，所以元素周期律是原子内部结构周期性变化的反映。周期表中各周期的元素数目见表1.7。

表1.7　各周期的元素数目

周期	元素数目	能级组	能级组所含能级	电子最大容量
1	2	1	1s	2
2	8	2	2s 2p	8
3	8	3	3s 3p	8
4	18	4	4s 3d 4p	18
5	18	5	5s 4d 5p	18
6	32	6	6s 4f 5d 6p	32
7	33（未完）	7	7s 5f 6d 7p（未完）	32（未满）

2）原子的电子层结构与族的划分

元素周期表中共有18个纵行，分为7个主族、7个副族、1个零族和1个Ⅷ族。按电子填充顺序，最后电子若填入最外层的 ns、np 轨道的称为主族元素；电子最后填入次外层 $(n-1)$d 或倒数第三层 $(n-2)$f 的称为副族元素。第Ⅷ族元素的外层电子构型是 $(n-1)d^{6\sim10}ns^{0\sim2}$，包括3个纵行，共9种元素。

主族：周期表中共有7个主族，用ⅠA～ⅦA（罗马数字）表示，凡内层轨道全充满，最后1个电子填入 ns 或 np 亚层上的元素都是主族元素。主族元素的价层电子总数等于主族数，即 ns、np 两个亚层上电子数目的总和等于主族数。例如，元素 $_{13}Al$，核外电子排布是 $1s^22s^22p^63s^23p^1$，电子最后填入3p亚层，价层电子构型为 $3s^23p^1$，价层电子数为3，故 $_{13}Al$ 为ⅢA族元素。

副族元素：周期表中共有7个副族，用ⅠB～ⅦB（罗马数字）表示，凡最后一个电子填入 $(n-1)$d 或 $(n-2)$f 亚层上的都属于副族，也称过渡元素，其中镧系和锕系称为内过渡元素，副族元素全是金属元素。ⅢB～ⅦB族元素，价电子总数等于最外层 ns 电子数与次外层 $(n-1)$d 电子数目的总和，也等于其副族数。例如，元素 $_{25}Mn$ 的填充次序是 $1s^22s^22p^63s^23p^63d^54s^2$，价层电子构型是 $3d^54s^2$，所以是ⅦB族。ⅠB、ⅡB族由于其 $(n-1)$d 亚层已经填满，因此最外层的s亚层上电子数等于其副族数。例如，元素 $_{29}Cu$ 的填充次序是 $1s^22s^22p^63s^23p^63d^{10}4s^1$，价层电子构型是 $3d^{10}4s^1$，所以是ⅠB族。

零族元素：是稀有气体，其最外层也已填满，呈稳定结构。

Ⅷ族：它处在周期表的中间，共有3个纵列。最后1个电子填在 $(n-1)$d 亚层上，也属于过渡元素。但它们外层电子的构型是 $(n-1)d^{6\sim10}ns^{0\sim2}$，电子总数是8～10。此族多数元素在化学反应中的价数并不等于族数。

3)原子的电子层结构与元素的分区

根据元素的价电子构型,可以把周期表中的元素分成5个区,如图1.5所示。

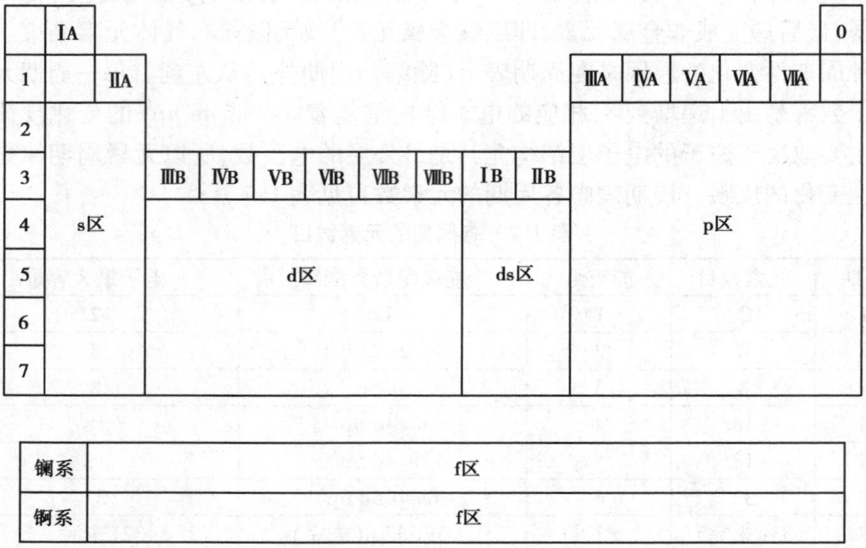

图1.5　周期表中元素的分区

①s区:指最后1个电子填充在s轨道上的元素,价电子构型为$ns^{1\sim2}$,位于周期表的左侧,包括ⅠA和ⅡA。它们在化学反应中易失去电子形成+1或+2价离子,为活泼金属。

②p区:指最后1个电子填充在p轨道上的元素,价电子构型为$ns^2np^{1\sim6}$,位于长周期表右侧,包括ⅢA~ⅧA。s区和p区元素的共同特点是最后一个电子都填入最外电子层,最外层电子总数等于族数。

③d区:价电子构型为$(n-1)d^{1\sim9}ns^{1\sim2}$,最后1个电子一般填充在$(n-1)$d轨道上的元素(少数例外,如Pd),位于周期表的中部。这些元素有可变化的化合价,包括ⅢB~ⅦB和Ⅷ族。当价电子总数为3~7时,与相应的副族数对应;价电子总数为8~10时,为Ⅷ族。

④ds区:价电子构型为$(n-1)d^{10}ns^{1\sim2}$,即次外层d轨道是充满的,最外层s轨道上有1~2个电子,包括ⅠB和ⅡB。ds区元素的族数等于最外层ns轨道上的电子数。

⑤f区:最后一个电子填充在$(n-2)$f轨道上,价电子构型为$(n-2)f^{0\sim14}(n-1)d^{0\sim2}ns^2$或$(n-2)f^{0\sim14}ns^2$,包括镧系和锕系元素,由于本区的元素较多,故常将其列于周期表下方。

1.1.5　元素基本性质的周期性

元素的性质取决于原子的电子层结构。由于原子的电子层结构随着原子序数的递增呈现周期性的变化,因此,元素的性质如原子半径、电离能、电子亲和能和电负性等也呈现明显的周期性变化。

1)原子半径

一般来说,常用的原子半径有共价半径、金属半径及范德华半径3种。

同种元素的两个原子以共价单键连接时,它们核间距离的一半称为共价半径;金属晶体中相邻两个金属原子核间距离的一半称为金属半径;当两个原子之间没有形成化学键而只靠分子间作用力(范德华力)互相接近时,两个原子核间距离的一半,称为范德华半径。属原子采用金属半径,非金属原子采用共价半径,稀有气体的原子为范德华半径。一些元素的原子半径见表1.8。

表1.8 原子半径

ⅠA	ⅡA	ⅢB	ⅣB	ⅤB	ⅥB	ⅦB		Ⅷ		ⅠB	ⅡB	ⅢA	ⅣA	ⅤA	ⅥA	ⅦA	0
H																	He
37																	54
Li	Be											B	C	N	O	F	Ne
156	105											91	77	71	60	67	80
Na	Mg											Al	Si	P	S	Cl	Ar
186	160											143	117	111	104	99	96
K	Ca	Sc	Ti	V	Cr	Mn	Fe	Co	Ni	Cu	Zn	Ga	Ge	As	Se	Br	Kr
231	197	161	154	131	125	118	125	125	124	128	133	123	122	116	115	114	99
Rb	Sr	Y	Zr	Nb	Mo	Tc	Ru	Rh	Pd	Ag	Cd	In	Sn	Sb	Te	I	Xe
243	215	180	161	147	136	135	132	132	138	144	149	151	140	145	139	138	109
Cs	Ba	La	Hf	Ta	W	Re	Os	Ir	Pt	Au	Hg	Tl	Pb	Bi	Po	At	Rn
265	210	169	154	143	137	138	134	136	139	144	147	189	175	155	167	145	140
镧系元素																	
La	Ce	Pr	Nd		Pm	Sm	Eu	Gd	Tb	Dy	Ho	Er		Tm	Yb	Lu	
187	183	182	181	~	181	180	199	179	176	175	174	173	~	173	194	172	

注:引自 MacMillian. Chemical and Physical Data (1992)。

同一族中,随着原子序数的增加原子半径逐渐增大。主族元素递变规律十分明显,过渡元素的变化不明显。原子半径自上而下电子层数增多,原子半径增大,核电荷数逐渐增加,吸引电子能力增强,原子半径减小,综合考虑同一主族元素的原子半径自上而下逐渐增大,副族元素的原子半径自上而下变化不明显。特别是镧系以后的各元素,第六周期元素原子半径比同族第五周期元素的原子半径增加不多,有的甚至减少。如 Zr-Hf、Nb 和 Ta、Mo 和 W 等,它们的原子半径十分相近,这是由于镧系收缩的结果。镧系元素从左到右原子半径逐渐减小的现象,称为镧系收缩。

同一周期中,原子半径的变化有两个因素在起作用:从左到右随着核电荷数的增加,原子核对外层电子的吸引力增强,使原子半径逐渐减小;另外,随着核外电子数的增加,电子间的相互排斥力也增强,使得原子半径增大,这是两个作用相反的因素。但是,由于增加的电子不足以完全屏蔽增加的核电荷,因而从左向右有效核电核数逐渐增加,原子半径逐渐减小。主族元素变化明显,过渡元素由左向右原子半径缩小的程度比主族元素要小得多。ⅠB、ⅡB 元素(ds 区)原子半径略有增大,此后又逐渐减小。这是因为随着核电荷的增加,新增加的电子填充到了次外层,镧系和锕系元素新增加的电子填充到了倒数第三层,而决定原子大小的是最外层电子,内层电子对它的屏蔽作用要比最外层电子间的屏蔽作用大得多,所以同一周期过渡元素自左向右有效核电荷增加比较少,原子半径缩小的趋势就比较缓慢。对于 d^{10} 电子构型,因为就较大的屏蔽作用,故ⅠB、ⅡB 元素原子半径略有增加,f^7 和 f^{14} 构型也有类似的情况。

2)电离能

电离能常用 I_i 表示。基态气体原子失去最外层一个电子成为气态+1 价正离子所需要的最小能量,称为元素的第一电离能。再从正离子相继逐个失去电子所需的最小能量则称为第二、第三电离能……各级电离能符号分别用 I_1,I_2,I_3 等表示,它们的数值关系是 $I_1<I_2<I_3\cdots$这是由于

随着离子电荷的递增,离子半径递减,失去电子需要的能量也递增。表1.9是周期表中各元素的第一电离能。元素原子的第一电离能随着原子序数的递增呈现明显的周期性变化。

表1.9 元素的第一电离能 单位:kJ/mol

ⅠA	ⅡA	ⅢB	ⅣB	ⅤB	ⅥB	ⅦB	Ⅷ			ⅠB	ⅡB	ⅢA	ⅣA	ⅤA	ⅥA	ⅦA	0
H 1310																	He 2370
Li 519	Be 900											B 799	C 1096	N 1401	O 1310	F 1680	Ne 2080
Na 494	Mg 736											Al 577	Si 786	P 1080	S 1000	Cl 1260	Ar 1520
K 418	Ca 590	Sc 632	Ti 661	V 648	Cr 653	Mn 716	Fe 762	Co 757	Ni 736	Cu 745	Zn 908	Ga 577	Ge 762	As 966	Se 941	Br 1140	Kr 1350
Rb 402	Sr 548	Y 636	Zr 669	Nb 653	Mo 694	Tc 699	Ru 724	Rh 745	Pd 803	Ag 732	Cd 866	In 556	Sn 707	Sb 833	Te 870	I 1010	Xe 1170
Cs 376	Ba 540	La 169	Hf 531	Ta 760	W 779	Re 762	Os 841	Ir 887	Pt 866	Au 891	Hg 1010	Tl 590	Pb 716	Bi 703	Po 812	At 920	Rn 1040
镧系元素																	
La	Ce	Pr	Nd		Pm	Sm	Eu	Gd	Tb	Dy	Ho	Er		Tm	Yb	Lu	
538	528	523	530	~	536	543	547	592	564	572	581	589	~	597	603	524	

注:引自 Huheey J E, Inorganic Chemistry: Principles of Structure and Reactivity. 2nd Ed 和 CRC, Handbook of Chemistry and Physics 73rd Ed(1992—1993).

电离能的大小主要取决于原子的核电荷、半径和原子构型。掌握电离能的周期性变化需要注意以下3点:

①在同一周期,电离能变化的总趋势是自左向右逐渐增大。正是这种趋势造成金属活泼性按同一方向降低,各周期元素的电离能均以碱金属和稀有气体元素为最小和最大。

②在同一族,电离能变化的总趋势是由上向下逐渐减小。这种趋势造成金属活泼性按同一方向增强。综合两种变化趋势 Fr 应该是所有元素中金属活泼性最强的。

③仔细观察图1—6中的曲线不难发现,Be 和 Mg(s 亚层全满)、N 和 P(p 亚层半满)、Zn 和 Cd 及 Hg(s 亚层和 d 亚层全满)的电离能高于各自左右的两种元素。电离能曲线的这一特征似乎与全满、半满亚层的相对稳定性有关。

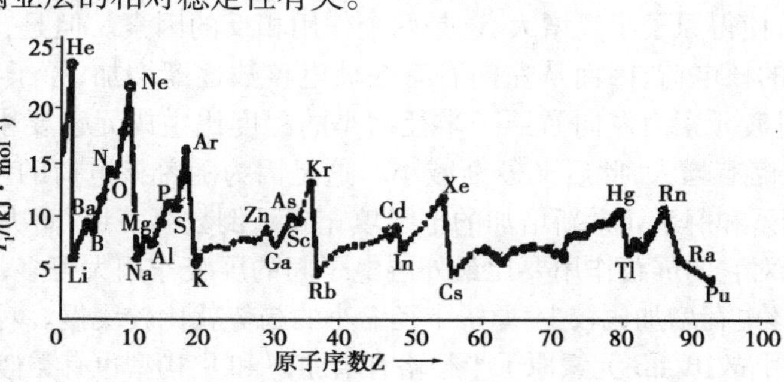

图1.6 元素的第一电离能的周期性变化

3)电子亲和能

元素的电子亲和能常用 E_A 表示。元素一个基态的气态原子得到一个电子形成-1价气态负离子时所放出的能量称为该元素的第一电子亲和能,用 E_{A1} 表示。与此相类似,元素的第

二电子亲和能 E_{A2} 以及第三电子亲和能 E_{A3}……其数值可用来衡量原子获得电子的难易。一般元素 $E_{A1}<0$，表示得到一个电子形成负离子时放出能量；个别元素 $E_{A1}>0$，表示得电子时要吸收能量，这说明该元素的原子变成负离子很困难。

同一周期中，从左向右原子半径逐渐减小，最外层电子数逐渐增多，易结合电子形成稳定结构，因此元素的电子亲和能逐渐增大，且同周期中以卤素的电子亲和能最大；同一主族从上到下元素的电子亲和能逐渐减小，元素的电子亲和能越大，原子获得电子的能力就越强（即非金属越强）。表 1.10 列出了元素的第一电子亲和能。

表 1.10 元素的第一电子亲和能

单位：kJ/mol

H -72.7							He +48.2
Li -59.6	Be +48.2	B -26.7	C -121.9	N +6.75	O -141.0	F -328.0	Ne +115.8
Na -52.9	Mg +38.6	Al -42.5	Si -133.6	P -72.1	S -200.4	Cl -349.0	Ar +96.5
K -48.4	Ca +28.9	Ga -28.9	Ge -115.8	As -78.2	Se -195.0	Br -324.7	Kr +96.5
Rb -46.9	Sr +28.9	In -28.9	Sn -115.8	Sb -103.2	Te -190.2	I -295.1	Xe +77.2

注：引自 Hotop H and Linederger W C, J. *Phys. chem. Ref. Data*, 14, 731(1985).

4）电负性

有些元素形成化合物时，既不是完全失去电子，也不是完全得到电子，如 NH_3 中的 N 和 H。因此，不能仅仅用电离能来衡量元素的金属性或电子亲和能来衡量元素的非金属性，需要把两者结合起来考虑。鲍林在 1932 年引入电负性的概念。所谓电负性是指元素的原子在分子中吸引成键电子对的能力，电负性大，原子在分子中吸引成键电子对的能力强，反之就弱。鲍林是根据热化学的数据和分子的键能计算出电负性的数值，见表 1.11。

表 1.11 元素电负性

H 2.18																
Li 0.98	Be 1.57											B 2.04	C 2.55	N 3.04	O 3.44	F 3.98
Na 0.93	Mg 1.31											Al 1.61	Si 1.90	P 2.19	S 2.58	Cl 3.16
K 0.82	Ca 1.00	Sc 1.36	Ti 1.54	V 1.63	Cr 1.66	Mn 1.55	Fe 1.80	Co 1.88	Ni 1.91	Cu 1.90	Zn 1.65	Ga 1.81	Ge 2.01	As 2.18	Se 2.55	Br 2.96
Rb 0.82	Sr 0.95	Y 1.22	Zr 1.33	Nb 1.60	Mo 2.16	Tc 1.90	Ru 2.28	Rh 2.20	Pd 2.20	Ag 1.93	Cd 1.69	In 1.73	Sn 1.96	Sb 2.05	Te 2.10	I 2.66
Cs 0.79	Ba 0.89	La 1.10	Hf 1.30	Ta 1.50	W 2.36	Re 1.90	Os 2.20	Ir 2.20	Pt 2.28	Au 2.54	Hg 2.00	Tl 2.04	Pb 2.33	Bi 2.02	Po 2.00	At 2.20

注：引自 Lide D R, ed. MacMillian. Chemical and Physical Data (1992).

元素电负性也呈周期性的变化:同一周期中,从左至右电负性递增;同一主族中,从上往下电负性递减,副族元素电负性无明显的变化规律。

元素电负性的大小可用以衡量元素的金属性和非金属性的强弱。一般来说,金属元素的电负性在2.0以下,非金属元素的电负性在2.0以上,但这不是一个严格的界限。电负性数据和其他键参数结合,可以预计化合物中化学键的类型。

1.1.6 元素周期表的应用

原子结构决定了元素的性质及元素在周期表中的位置;元素在周期表中的位置反映了该元素的原子结构和一定的性质;由元素的性质可推知该元素在周期表中的位置及原子结构。可用图1.7表示。

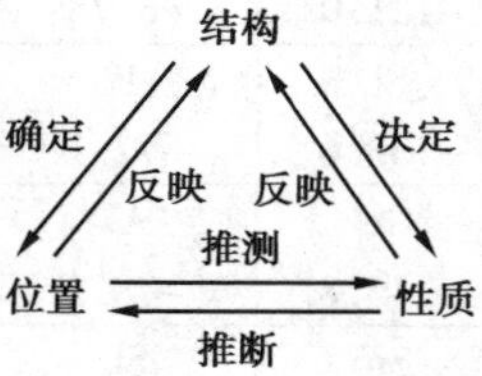

图1.7 元素的原子结构

【例题1.1】 A、B、C为短周期元素,在周期表中所处位置如图1.8所示。A、C两元素的原子核外电子数之和等于B原子的质子数。B原子核内质子数和中子数相等。

(1)写出A、B、C三种元素的名称________、________、________。

(2)B位于元素周期表第______周期,第______族。

(3)C的原子结构示意图为________________。

(4)比较B、C的原子半径,B________C,写出A的气态氢化物与B的最高价氧化物对应水化物反应的化学方程式______________________________。

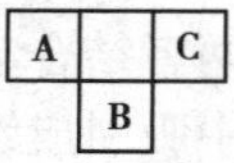

图1.8

分析:本题考查根据元素在元素周期表中的位置推断元素,再根据元素在周期表中的位置分析元素性质的递变。元素推断是元素周期律和元素周期表的核心。依据题意A、B、C为短周期元素,从A、B、C的相对位置看,A、C只能处在第二周期,而B处在第三周期。设A的原子序数为$x-1$,则C的原子序数为$x+1$,B的原子序数为$x+8$,则有$(x-1)+(x+1)=x+8$故$x=8$。所以A、B、C的原子序数分别为7、16、9,对应的元素分别为N、S、F。S的原子半径比同主族的O要大,而O比同周期的F大,因此,S的原子半径大于F的原子半径。

答案:(1)氮 硫 氟 (2)3 ⅥA (3)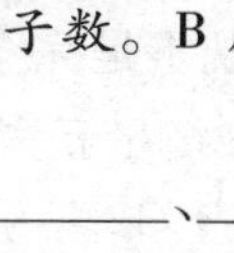

(4)> $2NH_3 + H_2SO_4 = (NH_4)_2SO_4$

【例题 1.2】 表中列出 10 种元素在周期表中的位置,按要求回答下列各题。

周期＼族	Ⅰ	Ⅱ	Ⅲ	Ⅳ	Ⅴ	Ⅵ	Ⅶ	0
2				⑥		⑦		
3	①	③	⑤				⑧	⑩
4	②	④					⑨	

(1)化学性质最不活泼的元素符号是________,金属性最强的单质与水反应的化学方程式是____。

(2)①③⑤三种元素最高价氧化物的水化物中碱性最强的物质的化学式是________________。

(3)元素①形成稳定氧化物在呼吸面具中供氧时的化学方程式是____________________,该化合物的焰色反应为________色。

(4)②③⑤三种元素形成的离子,离子半径由大到小的顺序是________>________>________。

(5)元素⑧的单质和石灰乳作用可制成有漂白和消毒作用的漂白粉,用化学方程式表示漂白粉在潮湿空气中起漂白作用的原理______________________________。

(6)医学证明,人体缺钙易患多种疾病,特别是儿童和中老年人应经常补钙,在各种补钙制剂中钙元素呈__________态(填游离态或化合态)。

(7)在元素①③⑤中化学性质最活泼的元素是__________,设计简单的化学实验证明你的结论____。

答案: (1) Ar、$2K+2H_2O \xlongequal{} 2KOH+H_2\uparrow$　(2) NaOH

(3) $2Na_2O_2+2CO_2 \xlongequal{} Na_2CO_3+O_2$　黄　(4) $K^+>Mg^{2+}>Al^{3+}$

(5) $CO_2+Ca(ClO)_2+H_2O \xlongequal{} CaCO_3\downarrow+2HClO$　(6) 化合

(7) Na　比较它们从水中置换出氢的难易

1.2　分子结构

分子是物质独立存在并保持其化学性质的最小微粒。分子的性质取决于分子的化学组成和分子的结构。分子的结构通常包括两个方面的内容:一是分子中原子间产生的相互作用力,即化学键;二是分子中原子在空间的排列,即空间构型。

1.2.1 化学键

分子中直接相邻原子间产生的强烈相互作用称为化学键,化学键有离子键、共价键和金属键3类。通常可用化学键的键参数来反映化学键的性质,我们把表征化学键的性质的某些物理量,如键长、键角、键能等称为键参数。它们在理论上可以由量子力学计算而得,也可以由实验测得。键参数可用来粗略而方便地定性、半定量确定分子的形状,解释分子的某些性质。

1)键长

分子中成键原子间的平均距离称为键长,键长的单位为m或pm。键长的数据由实验(主要是分子光谱与热化学)测定。由实验结果得知,相同原子在不同分子中形成相同类型的化学键时,键长相近。共价键的键长有一定的守恒性,表1.12中列出了一些共价键的键长和键能的数据。键长数据越大,表明两个原子间的平衡距离越远,原子间相互结合的能力越弱。如H—F、H—Cl、H—Br、H—I的键长依次增大,键的强度依次减弱,热稳定性也依次下降。

表1.12 某些键能和键长的数据(298.15 K)

共价键	键长/pm	键能/($kJ \cdot mol^{-1}$)	共价键	键长/pm	键能/($kJ \cdot mol^{-1}$)
H—H	74.2	436.00	F—F	141.8	154.8
H—F	91.8	565±4	Cl—Cl	198.8	239.7
H—Cl	127.4	431.20	Br—Br	228.4	190.16
H—Br	140.8	362.3	I—I	266.6	198.95
H—I	160.8	294.6	C—C	154	345.6
O—H	96	458.8	C═C	134	602±21
S—H	134	363±5	C≡C	120	835.1
N—H	101	386±8	O═O	120.7	493.59
C—H	109	411±7	N≡N	109.8	941.69

相同的成键原子所组成的单键和多键的键长并不相等。如碳原子之间可形成单键、双键和叁键,键长依次缩短,键的强度渐增。

2)键能

键能指常温常压下,将1 mol理想气体分子AB拆开为中性气态原子A和B所需要的能量称为AB键的键能,符号用E_{A-B}表示,单位为kJ/mol。键能越大,化学键越牢固,含有该键的分子越稳定。双键的键能比单键的键能大得多,但不等于单键键能的两倍;同样,三键键能也不是单键键能的3倍。表1.12中列出了一些共价键的键能值。

3)键角

分子中相邻的共价键之间的夹角称为键角,通常用符号θ表示,键角的数据可以用分子光谱和X射线衍射法测得。

键角和键长是反映分子空间构型的重要参数。如果知道了某分子内全部化学键的键长和键角的数据，那么这些分子的几何构型便可确定。例如，NH_3 中的 N—H 键的键角为 107°18′，N—H 键的键长为 101.9 pm，因此，NH_3 的几何构型为三角锥形。

1.2.2 离子键理论

有活泼金属元素和活泼非金属元素组成的化合物（如 NaCl，KF，MgO 等），在通常情况下，大多数都是以晶体形式存在，具有较高的熔点和沸点，在熔融状态或溶于水后其水溶液均能导电，为了能够说明这类化合物的原子之间相互作用的本质，1916 年德国化学键科塞尔（W. Kossel）提出了离子键的概念。

1）离子键的形成和特征

当电负性值较小的活泼金属（如碱金属元素的原子）和电负性值较大的活泼非金属（如卤素元素的原子）相互靠近时，它们都有达到稳定的电子结构的倾向，电负性小的原子将失去价电子而形成正离子，电负性大的原子将得到电子而形成负离子，正、负离子之间由于静电引力而互相吸引，但当正、负离子充分接近时，离子之间又将产生排斥力。当吸引力和排斥力相等时，整个体系的能量降到最低，正、负离子之间即形成了稳定的化学键。这种由正、负离子之间的静电作用而形成的化学键称为离子键。从离子键的形成过程可以看离子键的本质是静电作用力。正是由于离子键是由正、负离子通过静电作用相连接，因此，决定了离子键的特点是没有方向性也没有饱和性。没有方向性是指离子的电荷分布是球形对称的，它可以在空间任何方向吸引带相反电荷的离子，并不存在在某一方向上吸引力更强的问题。没有饱和性是指只要空间位置许可，每个离子可以吸引尽可能多的带相反电荷的离子，当然，离子吸引带相反电荷的离子数目不是任意的，是有一定数目的。

离子键是活泼金属元素和活泼非金属元素的原子之间形成的，其形成的必要条件是相互化合的元素原子之间的电负性差足够大，电负性差越大，所形成的离子键越强，化学键中离子键的成分就越大。一般来说，当两种元素的电负性差值大于 1.7 时，可判断它们之间形成离子键，该化合物为离子型化合物。当两种元素的电负性差值小于 1.7 时，则可判断它们之间主要形成共价键，该物质为共价化合物。当然，电负性差值 1.7 并不是离子型化合物和共价型化合物的截然界线。

2）离子的特点

离子型化合物的性质和离子键的强度有关，而离子键的强度又与正、负离子的性质有关，因此离子的性质在很大程度上决定着离子型化合物的性质。一般离子具有 3 个重要的特征：离子的电荷、离子的半径和离子的电子层构型。

（1）离子的电荷

离子的电荷是指原子在形成离子化合物的过程中失去或获得电子数。正离子通常只由金属原子形成，其电荷等于中性原子失去电子的数目。此外，还有一些带正电荷的原子团（如 NH_4^+）等。负离子通常只由非金属原子形成，其电荷等于中性原子获得电子的数目；同样也还有带负电荷的原子团（如 SO_4^{2-}、CO_3^{2-} 等）。一般来说，离子电荷的多少直接影响离子键的强弱，阴、阳离子所带的电荷越高，离子键的强度就越大，化合物越稳定，其晶体的熔点就越高。

(2)离子的半径

离子的半径是指离子晶体中正、负离子接触的半径。在离子化合物中相邻的正、负离子的静电吸引作用和它的核外电子之间以及原子核之间的排斥作用达到平衡时,正、负离子间保持的最短距离称为核间距,用符号 d 表示,可用 X 射线衍射法测定。核间距可看成是相邻两个离子半径之和,即 $d=\gamma^{+}+\gamma^{-}$。如图 1.9 所示。

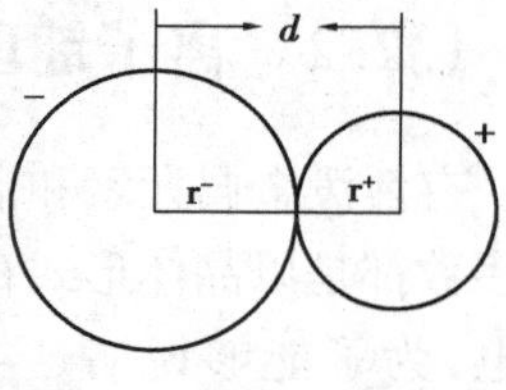

图 1.9 离子的核间距

离子半径具有如下规律:

①在周期表中,同一主族自上而下电子层数依次增多,具有相同电荷的离子半径也依次增大。如:

$$Li^{+}<Na^{+}<K^{+}<Rb^{+}<Cs^{+}$$

②在同一周期中,主族元素随着核电荷数递增,正离子的电荷数越高,半径越小;负离子的电荷数越高,半径越大。如:

$$Na^{+}>Mg^{2+}>Al^{3+};S^{2-}>Cl^{-}$$

③同一元素的正离子半径小于它的原子半径,简单的负离子半径大于它的原子半径,正离子半径一般较小,为 10 ~ 170 pm;负离子半径一般较大,为 130 ~ 250 pm。

④同一元素形成几种不同电荷的正离子时,电荷高的正离子半径小。如:

$$\gamma Fe^{3+} < \gamma Fe^{2+}$$

⑤对等电子离子而言,离子半径随负电荷的降低和正电荷的升高而减小。如:

$$O^{2-}> F^{-}> Na^{+}>Mg^{2+}> Al^{3+}$$

离子半径的大小是决定离子型化合物中正、负离子静电引力的重要因素之一,也就是决定离子型化合物的离子键强弱的重要因素之一。离子半径越小,离子间的引力就越大,离子化合物的熔点、沸点也越高。

(3)离子的电子构型

能形成典型离子键的正、负离子的外层电子构型一般都是 8 电子的,称为 8 电子构型。例如,在离子化合物 NaCl 中,Na^{+}和 Cl^{-}的外层电子构型分别是 $2s^22p^6$ 和 $3s^23p^6$。对于正离子来说,除了 8 电子构型的以外,还有其他类型的外层电子构型,主要是:

①2 电子构型:离子外层电子构型为 $1s^2$,如 Li^{+}、Be^{2+}等。

②8 电子构型:离子外层电子构型为 ns^2np^6,如 Cl^{-}、K^{+}等。

③18 电子构型:离子外层电子构型为 $ns^2np^6\ nd^{10}$,如 Zn^{2+}、Cd^{2+}、Ag^{+}等。

④18+2 电子构型:离子的次外电子层为 18 个电子,最外电子层为 2 个电子,电子构型为 $(n-1)s^2(n-1)p^6(n-1)d^{10}\ ns^2$,如 Pb^{2+}、Sn^{2+}等。

⑤不饱和电子构型:最外层为 9 ~ 17 个电子的离子,外层电子构型为 $ns^2np^6nd^{1\sim9}$,如 Fe^{2+}、Mn^{2+}等。

1.2.3 共价键理论

离子键理论能够很好地解释许多离子化合物的形成和性质,但它不能说明同种元素的原子单质分子(如 H_2、O_2)的形成,也不能说明电负性相近元素原子也能形成稳定的分子(如 H_2O)。1916 年,美国化学家路易斯(G. N. Lewis)提出:分子中每个原子应具有稳定的稀有气体原子的电子层结构。这种稳定结构通过原子间共用一对或若干对电子来实现。这种分子中原子间通过共用电子对结合而成的化学键称为共价键。该理论初步揭示了共价键和离子键的区别,但无法阐述共价键的本质。1927 年,海特勒(Heitler)和伦敦(London)用量子力学处理 H_2 分子结构,才从理论上初步阐明了共价键的本质;后由鲍林等人发展形成了现代价键理论。

1)共价键

分子中的原子都有形成稀有气体电子结构的趋势,求得本身的稳定,而达到这种结构,并非通过电子转移形成离子键来完成,而是通过共用电子对来实现。这种原子间通过共用电子对所形成的化学键,称为共价键。形成共价键的元素可以是同种或不同种非金属元素。如 H_2 和 HF 的形成:

$$H\cdot + \cdot H \longrightarrow H:H$$

$$H_{\times} + \cdot\ddot{\underset{\cdot\cdot}{F}}: \longrightarrow H\underset{\times}{\cdot}\ddot{\underset{\cdot\cdot}{F}}:$$

成键原子半径越小,共价键越强,断开键需要的能量就越高。

2)共价键的特征

(1)共价键的饱和性

原子在形成共价分子时所形成的共价键数目,取决于它所具有的未成对电子的数目。因此,一个原子有几个未成对电子(包括激发后形成的未成对电子),便可与几个自旋方向相反的未成对电子配对成键,此为共价键的饱和性。

两个氢原子通过自旋方向相反的 1s 电子配对形成 H—H 单键结合成 H_2 分子后,就不能再与第三个 H 原子的未成对电子配对了。氮原子有 3 个未成对电子,可与 3 个氢原子的自旋方向相反的未成对电子配对形成 3 个共价单键,结合成 NH_3。

(2)共价键的方向性

一个原子与周围原子形成共价键有一定的角度,根据原子轨道最大重叠原理,在形成共价键时,原子间总是尽可能沿着原子轨道最大重叠方向成键。由于原子轨道在空间有一定的取向,除了 s 轨道呈球形对称外,p、d、f 轨道都有一定的伸展方向。s-p、p-p、p-d 原子轨道的重叠都有方向性。在成键时为了达到原子轨道的最大限度的重叠,形成的共价键必然会有一定的方向性。共价键的方向性决定着分子的空间构型,因而影响分子的性质。

1.2.4 金属键

1916 年,荷兰科学家洛伦茨提出"自由电子"理论,认为在金属晶体中存在"自由电子"。由于金属原子的电离能和电负性都比较小,容易失去电子而形成阳离子和自由电子,金属原子脱落来的价电子形成遍布整个晶体的"自由流动的电子",阳离子整体共同吸引自由电子而结合在一起,形成金属键。这种在金属晶体中,金属阳离子和自由电子之间的较强的相互作用称为金属键。

金属键不同于一般的共价键,其特征是没有方向性和饱和性,这是由于自由电子可以在金属中自由运动。

影响金属键强弱的因素包括金属元素的原子半径和单位体积内自由电子的数目。一般金属元素的原子半径越小,单位体积内自由电子数目越大,金属键越强,金属晶体的硬度越大,熔、沸点越高。如同一周期金属原子半径越来越小,单位体积内自由电子数增加,故熔点越来越高,硬度越来越大;同一主族金属原子半径越来越大,单位体积内自由电子数减少,故熔点越来越低,硬度越来越小。

1.2.5 分子间作用力和氢键

化学键是指分子或晶体内部原子或离子间的强烈的作用力,但并不包括其他所有的作用力。气态分子在一定条件下可以凝聚成液体,液体在一定条件下可以凝结为固体,这说明分子与分子之间也存在某种相互吸引的作用力,即分子间作用力。这种分子间作用力是荷兰物理学家范德华(Van der Waals)在1930年研究真实气体的行为时提出的,所以这种力又称为范德华力。分子间作用力对物质性质存在一定的影响,分子间作用力越大,物质的熔沸点越高,硬度越大;溶质和溶剂的分子间作用力越大,则溶质在溶剂中的溶解度也越大。

1)氢键

氢键是指分子中与高电负性原子X以共价键相连的H原子,和另一个分子中的高电负性原子Y之间所形成的一种弱的相互作用,氢键常用X—H…Y来表示。氢键的作用力比化学键弱,但比范德华力强,氢键既存在于分子之间(称为分子间氢键),也可存在于分子内部(称为分子内氢键)。

2)氢键的特点

氢键具有饱和性和方向性,氢键的方向性是指形成氢键X—H…Y时,X、H、Y尽可能在同一直线上,这样可使X与Y间距离最远,它们间的排斥力量最小,氢键的饱和性是指一个X—H分子只能与一个Y形成氢键,当X—H分子与一个Y形成氢键X—H…Y后,如果再有一个Y接近时,则这个原子受到氢键X—H…Y上的X、Y的排斥力远大于H对它的吸引力,不可能形成第2个氢键。

氢键的强弱与X和Y的电负性大小有关,X、Y的电负性越大,则形成的氢键越强。此外,氢键的强弱也与X和Y的半径大小有关;较小的原子半径有利于形成较强的氢键。例如,F原子的电负性最大,半径又小,形成的氢键最强。Cl原子的电负性虽大,但原子半径较大,因而形成的氢键很弱。C原子的电负性较小,一般不易形成氢键。根据电负性大小,形成氢键的强弱顺序如下:

$$F—H\cdots F>O—H\cdots O>N—H\cdots F>N—H\cdots O>N—H\cdots N$$

即X、Y的电负性越大,氢键越强,X、Y半径越小,氢键越强。

3)氢键对物质性质的影响

(1)氢键对化合物沸点和熔点的影响

化合物生成分子间氢键,将使化合物的沸点和熔点升高。因为要使液体汽化,必须破坏分子间氢键,需要消耗较多的能量;要使晶体熔化,也要破坏一部分分子间的氢键,也需要消耗较多的能量。因此,形成分子间氢键的化合物的沸点和熔点都比没有形成氢键的同类化合物要高。

化合物生成分子内氢键，必然使形成分子间氢键的机会减少，因此与形成分子间氢键的化合物相比较，其沸点和熔点就会降低。例如，邻硝基苯酚的熔点为 45 ℃，而间硝基苯酚和对硝基苯酚的熔点分别为 96 ℃和 114 ℃。这是因为固态的间硝基苯酚和对硝基苯酚中存在分子间氢键，熔融时必须破坏一部分分子间氢键，因此熔点较高。而固态的邻硝基苯酚存在分子内氢键，不能再形成分子间氢键，所以熔点较低。

(2) 氢键对化合物溶解度的影响

如果溶质分子与溶剂分子形成分子间氢键，则溶质在溶剂中的溶解度增大。例如，乙醇与水任意互溶，HF 和 NH_3 在水中的溶解度较大，就是这个原因。

(3) 氢键对化合物密度的影响

液体分子间若形成氢键，有可能发生缔合现象，例如，液态 HF，在通常条件下，除了正常简单的 HF 分子外，还有通过氢键联系在一起的复杂分子 $(HF)_n$。这种若干个简单分子联成复杂分子而又不会改变原物质化学性质现象，称为分子缔合。分子缔合的结果会影响液体的密度。水分子之间也有缔合，冰就是温度降到 0 ℃以下时水分子的巨大缔合物。

知识拓展

原子结构模型的演变

原子结构模型是科学家根据自己的认识，对原子结构的形象描摹，一种模型代表了人类对原子结构认识的一个阶段。人类认识原子的历史是漫长的，也是无止境的。原子结构模型的演变过程如下：

(1) 道尔顿原子模型（1803 年）

原子是组成物质的基本的粒子，它们是坚实的、不可再分的实心球体。

(2) 汤姆生原子模型（1904 年）

原子是一个平均分布着正电荷的粒子，其中镶嵌着许多电子，中和了正电荷，形成中性原子，俗称“枣糕式”模型。

(3) 罗瑟福原子模型（1911 年）

在原子的中心有一个带正电荷的核，它的质量几乎等于原子的全部质量，电子在它的周围沿着不同的轨道运转，就像行星围绕太阳运转。

(4) 玻尔原子模型（1913 年）

电子在原子核外空间的一定轨道路上绕核作高速圆周运动。目前又提出了电子云模型等。

本章小结

一、微观粒子运动的基本状态

用 4 个量子数来描述。

二、核外电子排布的填充规则

1. 能量最低原理：电子优先进入能量最低的轨道，以使体系能量最低。

2. 泡利不相容原理：在同一原子中没有运动状态完全相同的电子。

3. 洪特规则：电子在等价原子轨道排布时，总是尽可能分占不同的轨道，且自旋方向相同。另外等价轨道电子全充满、半充满或全空的状态是比较稳定的。

三、元素周期表及分区、原子的电子层结构特点和元素的典型性质

1. s 区元素：最外层电子的结构是 ns^1 或 ns^2，它包括ⅠA 族和ⅡA 族元素。这些原子都很容易失去外层的 1 个或 2 个电子，形成+1 或+2 氧化数的化合物。

2. p 区元素：最外层电子的结构是 $ns^2np^1 \rightarrow ns^2np^6$ 的元素，包括ⅢA→ⅧA 的主族元素。p 区元素大部分是非金属元素。

3. d 区元素：这些元素原子的价电子层构型为 $(n-1)d^{1\sim9}ns^{1\sim2}$，包括从ⅢB 到ⅦB 族的所有元素。d 区元素被称为过渡元素。该区元素都是金属元素，化学性质较相似。

4. ds 区元素：这一区元素原子的价电子层构型为 $(n-1)d^{10}ns^{1\sim2}$，包括ⅠB 和ⅡB 族元素。

5. f 区元素：包括镧系和锕系元素。f 区元素被称为内过渡元素。

6. 原子半径变化规律：

①同周期自左至右随着原子序数的增加，原子半径递减；

②同族元素，原子半径从上到下依次增大。

7. 电离能变化规律：

同一周期中，元素电离能变化的趋势，一般是随着原子序数的增加而递增，但这种递增趋势并非单调递增而是曲折上升。

同一主族元素中，自上而下，随着原子半径的增大，第一电离能依次减小。具有半充满和全充满的电子结构的元素其电离能较高。

8. 电子亲和能的变化规律：

同周期元素，自左向右随着原子序数的增加，元素电子亲和能也增加。

同族元素，同族中自上而下基本上是随着原子半径的增加，电子亲和能减小。但 p 区第二周期元素的电子亲和能一般比第三周期元素小。这是因为第二周期非金属元素的原子半径非常小，电子密度很大，电子间排斥作用大，以致当加合一个电子形成阴离子时由于电子间强烈的排斥作用使放出的能量减小。

9. 电负性变化规律：同一周期从左向右电负性增大，同族元素自上而下电负性减小。

目标检测1

一、填空题

1. 人类已发现一百多种元素，决定元素种类的是原子核内的________，同种元素原子核内含有相同的________数。

2. 24 号元素的核外电子排布式为________，属于第________周期，第________族，________区，主要表现为________性。

3. 原子中，电子排布为 $1s^22s^22p^63s^23p^63d^{10}4s^2$ 的元素符号是________，位于第________周期，第________族。

4. 判断下列原子的电子排布式是否正确；如不正确，说明它违反了什么原理？

(1) $Al:1s^22s^22p^63s^13p^2$ ________　(2) $Cl:1s^22s^22p^63s^23p^5$ ________

(3) $S:1s^22s^22p^63s^33p^3$ ________　(4) $K:1s^22s^22p^63s^23p^63d^1$ ________

(5) $_{24}Cr:1s^22s^22p^63s^23p^63d^44s^2$ ________

5. 填写下列空白。

原子序数	电子排布式	各层电子数	周期	族	区	金属还是非金属
15						
23						
53						

6. 填写下列空白。

元素	周期	族	最高氧化值	电子排布式	价层电子构型	原子序数
A	3	ⅡA				
B	5	ⅦB				
C	4	ⅡB				

二、判断题

1. P 区元素的原子填充电子时是先填入 3d，然后 4s，所以失电子时也按此顺序。（　）
2. 原子或离子结合电子都是放热的，所以亲和能 Y 为负值。（　）
3. 分子轨道中电子的能量是由 4 个量子数决定的。（　）
4. 元素的电离能(I_1)越大，金属性也越强。（　）
5. 任何原子中，电子的能量只与主量子数有关。（　）
6. 主量子数为 3 时，有 3s、3p、3d 三条原子轨道。（　）
7. 元素的电负性越小，其非金属性就越强。（　）
8. 主量子数为 4 时，有 4p、4s、4d 三条原子轨道。（　）
9. 离子化合物中，各原子间都以离子键结合。（　）
10. 金属与非金属组成的化合物一定是典型的离子化合物。（　）

11. 含有共价键的分子，其固态时，属于分子晶体。 ( )

三、选择题

1. 下列有关电子云和原子轨道的说法正确的是( )。

A. 原子核外的电子像云雾一样笼罩在原子核周围，故称电子云

B. s 能级的原子轨道呈球形，处在该轨道上的电子只能在球壳内运动

C. p 能级的原子轨道呈纺锤形，随着能层的增加，p 能级原子轨道也在增多

D. 与 s 电子原子轨道相同，p 电子原子轨道的平均半径随能层的增大而增大

2. 下列各原子或离子的电子排列式错误的是( )。

A. Na^+:$1s^2 2s^2 2p^6$ B. F^-:$1s^2 2s^2 2p^6$

C. N^{3+}:$1s^2 2s^2 2p^6$ D. O^{2-}:$1s2^2 s2^2 p^6$

3. 1998 年 7 月 8 日，我国科学技术名称审定委员会公布了 101～109 号元素的中文命名。而早在 1996 年 2 月，德国达姆斯特重离子研究所就合成出当时最大的人造元素，它是由$^{70}_{30}Zn$撞入一个$^{208}_{82}Pb$ 的原子核，并立即释放出一个中子而产生的一种新元素的原子。该元素的原子核内所含质子数是( )。

A. 111 B. 112 C. 113 D. 114

4. 若某原子在处于能量最低状态时，外围电子排布为 $4d^1 5s^2$，则下列说法正确的是( )。

A. 该元素原子处于能量最低状态时，原子中共有 3 个未成对电子

B. 该元素原子核外共有 5 个电子层

C. 该元素原子的 M 能层共有 8 个电子

D. 该元素原子最外层共有 3 个电子

5. 下列基态原子或离子的电子排布式错误的是( )。

A. K:$1s^2 2s^2 2p^6 3s^2 3p^6 4s^1$ B. F^-:$1s^2 2s^2 2p^6$

C. Fe:$1s^2 2s^2 2p^6 3s^2 3p^6 3d^5 4s^3$ D. Kr:$1s^2 2s^2 2p^6 3s^2 3p^6 3d^{10} 4s^2 4p^6$

6. 某元素的原子最外电子层排布是 $5s^2 5p^1$，该元素或其化合物不可能具有的性质是( )。

A. 该元素单质是导体 B. 该元素单质在一定条件下能与盐酸反应

C. 该元素的氧化物的水合物显碱性 D. 该元素的最高化合价呈+5 价

7. 以下能级符号不正确的是( )。

A. 3s B. 3p C. 3d D. 3f

8. 下列关于核外电子排布的说法不合理的是( )。

A. 族的划分与原子的价电子数目和价电子的排布密切相关

B. 周期中元素的种数与原子的能级组最多容纳的电子有关

C. 稀有气体元素原子的最外层电子排布 $ns^2 np^6$ 的全充满结构，所以具有特殊稳定性

D. 同一副族内不同元素原子的电子层数不同，其价电子排布一定也完全不同

9. 下列有关认识正确的是( )。

A. 各能级的原子轨道数按 s、p、d、f 的顺序分别为 1、3、5、7

B. 各能层的能级都是从 s 能级开始至 f 能级结束

C. 各能层含有的能级数为 $n-1$

D. 各能层含有的电子数为 $2n^2$

10. 一个价电子构型为 $2s^22p^5$ 的元素,下列有关它的描述正确的有(　　)。

A. 原子序数为 8　　B. 电负性最大

C. 原子半径最大　　D. 第一电离能最大

11. 氯、溴、碘的性质随原子序数增加而增加的有(　　)。

A. 第一电离能　　B. 离子半径

C. 单质分子中的键能　　D. 电负性

12. 下列说法中正确的是(　　)。

A. 第三周期中钠的第一电离能最小　　B. 铝的第一电离能比镁的第一电离能大

C. 在所有元素中氟的第一电离能最大　　D. 钾的第一电离能比镁的第一电离能大

13. x,y 为两种元素的原子,x 的阴离子与 y 的阳离子具有相同的电子层结构,由此可知(　　)。

A. x 的原子半径大于 y 的原子半径　　B. x 的电负性大于 y 的电负性

C. x 的氧化性小于 y 的氧化性　　D. x 的第一电离能小于 y 的第一电离能

14. 下列关于原子半径的周期性变化描述不严谨的是(　　)。

A. 元素的原子半径随元素原子序数的递增呈周期性变化

B. 同周期元素随着原子序数的递增,元素的原子半径从左到右逐渐减小

C. 同主族元素随着原子序数的递增,元素的原子半径自上而下逐渐增大

D. 电子层数相同时,有效核电荷数越大,对外层电子的吸引作用越强

15. 下列事实中能证明氯化氢是共价化合物的是(　　)。

A. 液态氯化氢不导电　　B. 氯化氢极易溶于水

C. 氯化氢不易分解　　D. 氯化氢溶液可以电离

16. 离子半径依次变小的是(　　)。

A. F^-、Na^+、Mg^{2+}、Al^{3+}　　B. Na^+、Mg^{2+}、Al^{3+}、F^-

C. Al^{3+}、Mg^{2+}、Na^+、F^-　　D. F^-、Al^{3+}、Mg^{2+}、Na^+

17. 有下列两组命题

B 组命题正确且能用 A 组命题加以正确解释的是(　　)。

A. Ⅰ①、Ⅳ④　　B. Ⅱ②、Ⅳ④　　C. Ⅱ②、Ⅲ③　　D. Ⅰ①、Ⅲ③

A 组	B 组
Ⅰ. H—I 键键能大于 H—Cl 键键能	①HI 比 HCl 稳定
Ⅱ. H—I 键键能小于 H—Cl 键键能	②HCl 比 HI 稳定
Ⅲ. HI 分子间作用力大于 HCl 分子间作用力	③HI 沸点比 HCl 高
Ⅳ. HI 分子间作用力大于 HCl 分子间作用力	④HI 沸点比 HCl 低

18. 关于氢键的下列说法中正确的是(　　)。

A. 每个水分子内含有两个氢键

B. 在水蒸气、水、冰中都含有氢键

C. 分子间能形成氢键使物质的熔沸点升高

D. HF 的稳定性很强，是因为其分子间能形成氢键

19. 下列氢键从强到弱的顺序正确的是(　　)。

①O—H…O　②N—H…N　③F—H…F　④O—H…N

A. ①②③④　　B. ③①④②　　C. ③②④①　　D. ③④①②

20. 实现下列变化时，需要克服相同类型作用力的是(　　)。

A. 水晶和干冰的熔化　　B. 食盐和醋酸钠的熔化

C. 液溴和液汞的汽化　　D. HCl 和 NaCl 溶于水

21. H_2O 的沸点是 100 ℃，H_2Se 的沸点是-42 ℃，可用下列哪项原因来解释(　　)。

A. 范德华力　　B. 共价键　　C. 离子键　　D. 氢键

22. 具有饱和性和方向性的是(　　)。

A. 氢键　　B. 离子键　　C. 共价键　　D. 金属键

23. 下列化合物中存在氢键的有(　　)。

A. CH_4　　B. BF_3　　C. H_2S　　D. HAc

四、简答题

1. 某一元素的原子序数为 26，问：

(1) 该元素原子的电子总数是多少？

(2) 它的电子排布式和价电子构型是怎样的？

(3) 它属于第几周期？第几族？最高价氧化物的化学式是什么？

2. 有 A、B、C、D 4 种元素，其价电子数依次为 1、2、6、7，其电子层数依次减少。已知 D^- 的电子层结构与 Ar 原子相同，A 和 B 次外层各有 8 个电子，C 次外层有 18 个电子。试判断这 4 种元素。

(1) 原子半径从小到大的顺序；

(2) 第一电离能由小到大的顺序；

(3) 电负性由小到大的顺序；

(4) 金属性由弱到强的顺序。

第2章

化学反应速率与化学平衡

【学习目标】

- 掌握化学反应的本质。
- 了解化学反应速率的概念及表示方法，理解影响化学反应速率的因素。
- 建立化学平衡的概念，掌握化学平衡的特征。
- 理解浓度、温度、压强对化学平衡的影响，掌握化学平衡移动的原理。
- 掌握化学平衡的简单计算。
- 了解化学反应速率和化学平衡原理在社会生产中的应用。

化学反应从人类使用火就开始了,火就是从化学反应中获得的。火在人类文明的发展中起了很重要的作用。我们知道燃烧是指可燃物与空气中的氧气发生的一种发光、发热剧烈的氧化反应。但是,仅仅知道这些知识是远远不够的,还需要继续研究诸如燃烧反应的本质是什么?燃烧是否一定要有氧气参加?如何提高燃烧效率?如何防治燃烧产物对大气造成的污染等。这些问题,与在本章中所学习的化学反应知识有密切的关系。

2.1　化学反应类型

2.1.1　什么叫化学反应

分子破裂成原子,原子得到或失去电子就形成离子,原子或离子重新排列组合生成新物质的过程,称为化学反应。在化学反应中常伴有发光、发热、变色、生成沉淀物等现象,判断一个反应是否为化学反应的依据是看反应是否生成新的物质。

例如,$2H_2+O_2 \overset{\triangle}{=\!=\!=} 2H_2O$ 反应有新物质水生成,常伴有发光、发热现象。

例如,$Ag^++Cl^- =\!=\!= AgCl\downarrow$(白)反应有新物质氯化银白色沉淀生成。

2.1.2　化学反应的类型

根据物质的组成和性质,将物质分成单质、氧化物、酸、碱、盐等若干不同类型,现在同样也可以从不同的角度把化学反应分成若干类。

根据反应物和生成物的类别以及反应前后物质种类的多少,把化学反应分为化合反应、分解反应、置换反应和复分解反应。这就是我们通常所说的 4 种基本类型的反应,见表 2.1。

表 2.1　4 种基本类型的反应

反应类型	表达式	举　例
化合反应	$A+B =\!=\!= AB$	$C+O_2 \overset{点燃}{=\!=\!=} CO_2$
分解反应	$AB =\!=\!= A+B$	$2KClO_3 \underset{\triangle}{\overset{MnO_2}{=\!=\!=}} 2KCl+3O_2\uparrow$
置换反应	$A+BC =\!=\!= AC+B$	$CuO+H_2 \overset{\triangle}{=\!=\!=} Cu+H_2O$
复分解反应	$AB+CD =\!=\!= AD+CB$	$NaOH+HCl =\!=\!= NaCl+H_2O$

显然,4 种基本类型的分类方法是一种重要的分类方法。但这种分类方法主要是从形式上划分的,因此,不能较深入地反映化学反应的本质,也不能包括所有的化学反应。

从化学反应的本质进行考虑,将化学反应分为氧化-还原反应和非氧化-还原反应。下面,我们以氧化铜和氢气在加热条件下进行的反应为例分析化学反应的本质:

得到氧，被氧化

$$CuO + H_2 \overset{\triangle}{=\!=\!=} Cu + H_2O$$

失去氧，被还原

在氢气与氧化铜的反应中，氧化铜失去氧发生还原反应，氢气得到氧发生氧化反应。这两个截然相反的过程在这个反应中是同时发生的，即在化学反应中，一种物质与氧化合，同时必然有另一种物质中的氧被夺去。也就是说，有一种物质被氧化，必然有另一种物质被还原。像这样一种物质被氧化，另一种物质被还原的反应称为氧化还原反应。

氧化还原反应与元素化合价的升降有关：

化合价升高，被氧化

$$\overset{+2}{Cu}O + \overset{0}{H_2} \overset{\triangle}{=\!=\!=} \overset{0}{Cu} + \overset{+1}{H_2}O$$

化合价降低，被还原

在这个反应中，铜元素的化合价由+2 价降低到 0 价，氧化铜被还原；氢元素的化合价由 0 价升高到+1 价，氢气被氧化。

通过分析可以得出这样的结论：物质所含元素化合价升高的反应是氧化反应，物质所含元素化合价降低的反应是还原反应。有元素化合价升降的化学反应是氧化还原反应。

用元素化合价升降的观点不仅能分析得氧和失氧间关系的反应，还能分析虽没有得氧和失氧关系，但元素化合价在反应前后有变化的反应。我们以钠和氯气的反应为例进行分析：

化合价升高，被氧化

$$2\overset{0}{Na} + \overset{0}{Cl_2} =\!=\!= 2\overset{+1}{Na}\overset{-1}{Cl}$$

化合价降低，被还原

元素化合价的升降与电子得失或偏移有密切关系。由此可以推论，氧化还原反应与电子的转移有密切关系。

钠原子的最外电子层上有 1 个电子，氯原子的最外电子层上有 7 个电子。当钠与氯气反应时，钠原子失去 1 个电子成为钠离子，氯原子得到 1 个电子成为氯离子，钠离子与氯离子静电作用从而结合成氯化钠离子化合物，如图 2.1 所示。

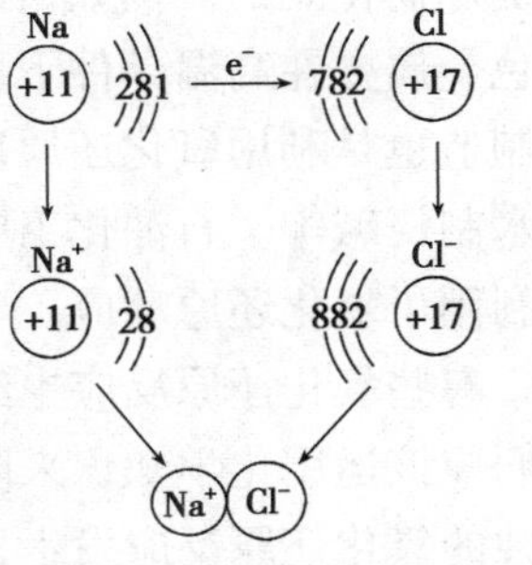

图 2.1　氯化钠的形成示意图

在钠与氯气的反应中，钠失去 1 个电子，化合价从 0 价升高到+1 价，被氧化；氯得到 1 个电子，化合价从 0 价降低到-1 价，被还原。

对于氯气与氢气的反应，在电子转移过程中，哪一种元素的原子都没有完全失去或完全得到电子，他们之间只有共用电子对，发生电子对的偏移，且共用电子对偏离氢原子而偏向氯原子，生成的氯化氢是共价化合物。氢元素的化合价从 0 价升高到+1 价，被氧化；氯元素的化合价从 0 价降低到-1 价，被还原。

化合价升高，被氧化

$$H_2 + Cl_2 = 2HCl$$

化合价降低，被还原

综上所述，我们可以给氧化还原反应更为本质的定义：有电子转移（得失或偏移）的反应是氧化还原反应；没有电子转移的反应是非氧化还原反应。在氧化还原反应中，氧化剂是得到电子（或电子对偏向）的物质，所含元素的化合价降低；还原剂是失去电子（或电子对偏离）的物质，所含元素的化合价升高。

常用作氧化剂的物质有 O_2、Cl_2、浓硫酸、HNO_3 等；常用作还原剂的物质有活泼的金属单质如 Al、Zn、Fe 以及 C、H_2、CO 等。氧化还原反应是一类重要的化学反应，它与 4 种基本类型的反应关系，如图 2.2 所示。

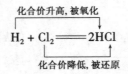

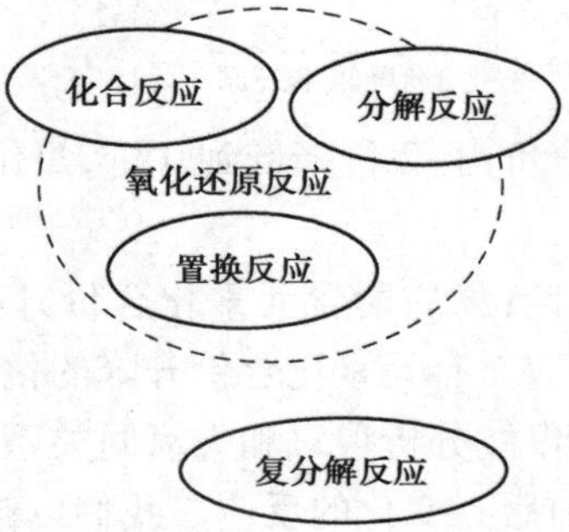

图 2.2　4 种基本类型的反应与氧化还原反应

在日常生活、工农业生产中，氧化还原反应都有广泛的应用。人和动物的呼吸作用、植物的光合作用、食物在人体中被消化等都离不开氧化还原反应。我们通常应用的干电池、蓄电池以及在空间技术上应用的高能电池都发生着氧化还原反应，把化学能变成电能，或把电能变成化学能。在社会生产中，我们所需要的各种各样的金属，都是通过氧化还原反应从矿石中提炼而得到的。例如，各种活泼的有色金属要用电解或置换的方法制备；黑色金属和其他有色金属要在高温条件下用还原的方法制备；贵重金属常用湿法还原等。许多重要化工产品的制造也是利用氧化还原反应，如合成氨、合成盐酸、接触法制硫酸、氨氧化法制硝酸、电解食盐水制烧碱等。石油化工中常用到催化去氢、催化加氢、链烃氧化制羧酸、环氧树脂的合成等也利用了氧化还原反应。

有些氧化还原反应也给人类带来了危害，如易燃物的自燃、食物的腐败、钢铁的锈蚀等。我们应该运用化学知识来防止这类氧化还原反应的发生或减慢其进程。例如，为了防止钢铁锈蚀的氧化还原反应发生，常常要在钢铁表面喷漆或在钢铁中加入一些其他元素制成合金以减慢或防止锈蚀等。

2.2　化学反应速率

各种化学反应进行的速率差别较大，有些反应瞬间就能完成，比如，火药的爆炸于瞬间完成;中和反应和沉淀反应在分秒之内可以实现。而有些却需要较长时间,塑料的分解要几百年,大自然中溶洞的形成,煤、石油的形成则需要上万年甚至几十万年。这些都说明不同的化学反应具有不同的反应速率。

2.2.1 化学反应速率的概念及表示方法

化学反应速率是衡量化学反应进行快慢程度的物理量。通常用单位时间内反应物浓度的减少或生成物浓度的增加来表示。化学反应速率的单位常用 mol/(L · min)或mol/(L · s)表示。对于气相反应来说,化学反应的速率也可以用气体分压/米^3 表示。对于恒容反应

$$aA+bB \longrightarrow dD+eE$$

在恒温条件下,反应速率($\bar{v}_i$)表示为

$$\bar{v}_i=\frac{\Delta c_i}{\Delta t} \tag{2.1}$$

式中 Δc_i——物质 i 在时间间隔 Δt 内的浓度变化。

因为反应物的浓度随时间的变化不断减少,为使反应速率为正值,所以用反应物浓度变化来表示平均速率时,必须在式子中加一个负号,如

$$\bar{v}_A=-\frac{c(A)_2-c(A)_1}{t_2-t_1}=-\frac{\Delta c(A)}{\Delta t}$$

$$\bar{v}_B=-\frac{c(B)_2-c(B)_1}{t_2-t_1}=-\frac{\Delta c(B)}{\Delta t}$$

用生成物浓度来表示,则

$$\bar{v}_D=-\frac{c(D)_2-c(D)_1}{t_2-t_1}=-\frac{\Delta c(D)}{\Delta t}$$

$$\bar{v}_E=-\frac{c(E)_2-c(E)_1}{t_2-t_1}=-\frac{\Delta c(E)}{\Delta t}$$

【例题 2.1】 298 K 下 N_2O_5 的分解反应 $2N_2O_5 \longrightarrow 4NO_2(g)+O_2(g)$ 中各物质的浓度与反应时间的对应关系如表中所示。试计算以各物质的浓度表示的平均速率。

t/s c/(mol · L^{-1})	0	100	300	700
$c(N_2O_5)$	2.10	1.95	1.70	1.31
$c(NO_2)$	0	0.30	0.80	1.58
$c(O_2)$	0	0.08	0.20	0.40

解 分别以 N_2O_5,NO_2,O_2 的浓度变化来表示反应速率

$$\bar{v}(N_2O_5)=-\frac{\Delta c(N_2O_5)}{\Delta t}=-\frac{1.31-1.70}{700-300}=0.98\times10^{-3}(\text{mol/(L · s)})$$

$$\bar{v}(NO_2) = -\frac{\Delta c(NO_2)}{\Delta t} = -\frac{1.58-0.80}{700-300} = 1.95\times10^{-3}(\text{mol/(L}\cdot\text{s}))$$

$$\bar{v}(O_2) = -\frac{\Delta c(O_2)}{\Delta t} = -\frac{0.40-0.20}{700-300} = 0.50\times10^{-3}(\text{mol/(L}\cdot\text{s}))$$

以上计算结果表明，同一反应的反应速率，当以不同物质的浓度变化来表示时，其数值可能会有所不同，但它们之间的比值恰好等于反应方程式中各物质化学式前的计量数之比，如例题2.1中

$$\bar{v}(N_2O_5):\bar{v}(NO_2):\bar{v}(O_2)=0.98\times10^{-3}:1.95\times10^{-3}:0.50\times10^{-3}=2:4:1$$

对于恒容反应

$$a\text{A}+b\text{B} \longrightarrow d\text{D}+e\text{E}$$

其平均化学反应速率为

$$\bar{v} = -\frac{1}{a}\frac{\Delta c(\text{A})}{\Delta t} = -\frac{1}{b}\frac{\Delta c(\text{B})}{\Delta t} = \frac{1}{d}\frac{\Delta c(\text{D})}{\Delta t} = \frac{1}{e}\frac{\Delta c(\text{E})}{\Delta t} \tag{2.2}$$

化学反应速率是在一段时间间隔内的平均速率。在这段时间间隔内的每一时刻，反应速率是不同的。要确切地描述某一时刻的反应速率，必须使时间间隔尽量的小，当 $\Delta t \to 0$ 时，反应速率就是这一瞬间的真实速率，称为瞬时速率。

在一些教科书中常把化学反应速率称为化学反应速度，这是不妥当的。因为速度(velocity)是矢量，有方向性；而速率(rate)是标量，无方向性可言。在本章中，我们一律采用标量“速率”来表示浓度随时间的变化率。

2.2.2 化学反应速率理论

化学反应的过程实质上就是反应物分子中的原子重新组合成生成物分子的过程，也就是反应物分子中化学键的断裂、生成物分子中化学键的形成过程。旧键的断裂和新键的形成都是通过反应物分子(或离子)的相互碰撞来实现的，如果反应物的分子(或离子)相互不接触、不碰撞，就不可能发生化学反应。因此，反应物分子(或离子)间的碰撞是反应发生的先决条件。以气体反应为例，任何气体中分子间的碰撞次数都是非常巨大的。在101 kPa和500 ℃时，0.001 mol/L的HI气体，每升气体中，分子碰撞达每秒 3.5×10^{28} 次之多。如果每次碰撞都能发生化学反应，HI的分解反应瞬间就能完成，而事实并不是这样的。又如，在常温常压下，H_2 和 O_2 的混合物可以长时间放置而不发生明显的反应，可见反应物分子的每次碰撞不一定都能发生化学反应，能够发生化学反应的碰撞是很少的。通常把能够发生化学反应的碰撞称为有效碰撞，把能够发生有效碰撞的分子称为活化分子。活化分子具有比普通分子更高的能量，在碰撞时有可能克服原子间的相互作用而使旧键断裂。但活化分子碰撞时，也不是每一次都能起反应的，还必须在有合适的取向时的碰撞才能使旧键断裂。例如，HI分子的分解反应为

$$2HI \xlongequal{\triangle} H_2+I_2$$

也有可能有以下几种碰撞，如图2.3所示。

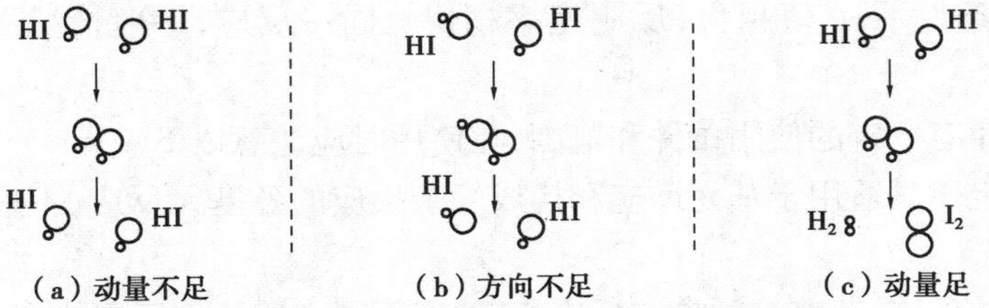

图 2.3 HI 分子的几种碰撞模式

在图 2.3(a)中,HI 分子没有足够的能量,因此碰撞过轻,两个分子又彼此弹离;在图 2.3(b)中,由于碰撞没有合适方取向,因此两个分子也彼此弹离;在图 2.3(c)中,分子具有足够的能量且碰撞的取向合适,成为活化分子的有效碰撞,因此导致 H—I 键的断裂及 H—H 键和 I—I 键的形成,即 HI 发生分解反应,生成了 H_2 和 I_2。

活化分子具有最低能量($E_{最低}$)与反应物分子具有的平均能量($E_{平均}$)的差称为活化能,用 E_a 表示。

$$E_a = E_{最低} - E_{平均} \tag{2.3}$$

在一定温度下,每个反应都有特定的活化能。反应的活化能越大,反应速率就越慢;反应的活化能越小,反应速率就越快。一般地,化学反应的活化能 $E_a = 60 \sim 250$ kJ/mol,若 $E_a < 40$ kJ/mol,则反应速率快得难以测定;若 $E_a > 250$ kJ/mol,则反应速率慢得难以察觉。

2.2.3 影响化学反应速率的因素

化学反应速率的大小,首先取决于反应物的本性。例如,无机物之间的反应一般比有机物之间的反应快得多;分子之间进行的反应一般较慢,而溶液中离子之间进行的反应一般较快。对于给定的化学反应,除了反应物的本性外,影响化学反应速率的因素还有:反应物的浓度、压力(主要针对有气体参加的反应)、反应时的温度及催化剂等。

1) 浓度对化学反应速率的影响

在其他条件不变时,对某一反应来说,活化分子在反应物分子中所占的百分数是一定的,因此单位体积内活化分子的数目与单位体积内反应物分子的总数成正比,也就是和反应物的浓度成正比。当反应物浓度增大时,单位体积内分子数增多,活化分子数也相应增大。比如,原来每单位体积里有 100 个反应物的分子,其中只有 5 个活化分子,如果每单位体积内的反应物分子增加到 200 个,其中必定有 10 个活化分子,那么单位时间内的有效碰撞次数也相应增多,化学反应速率就增大。因此,增大反应物的浓度可以增大化学反应速率。

对于基元反应,在一定温度下,其反应速率与各反应物浓度以它反应分子系数为幂次方浓度的乘积成正比,这一规律称为质量作用定律。

例如,在一定的温度下,基元反应:$a\mathrm{A}+b\mathrm{B} \longrightarrow d\mathrm{D}+e\mathrm{E}$

$$v = kc_{\mathrm{A}}^{a} \cdot c_{\mathrm{B}}^{b} \tag{2.4}$$

上式是质量作用定律的数学表达式,也称为速率方程。式中 v 为反应的瞬时速率,物质的浓度为瞬时浓度,k 称为速率常数。速率常数 k 是化学反应在一定温度下的特征常数。当反应物浓度都为 1 mol/L 时,$v=k$。所以速率常数 k 就是某反应在一定温度下,反应物浓度为单位浓度时的反应速率。速率常数与反应物的本性和温度等因素有关,不随反应物浓度改变而改变。在相同条件下，k 值越大，反应速率越快。同一反应，一般情况下，温度升高，k 值增大。

质量作用定律有一定的使用条件和范围，在使用时应注意以下 4 点：

①质量作用定律只适用于基元反应和构成复杂反应的各基元反应，不适用于复杂反应的总反应。

②稀溶液中的反应，若有溶剂参与反应，其浓度不写入质量作用定律表示式。

③有固体或纯液体参加的多相反应，若它们不溶于其他介质，则其浓度不写入质量作用定律表示式。

④气体的浓度可以用分压代替。

2）压强对化学反应速率的影响

对于气体反应来说，压强对化学反应速率的影响实质上是浓度的影响。当温度一定时，一定量气体的体积与其所受的压强成反比。这就是说，如果气体的压强增大到原来的 2 倍，气体的体积就缩小到原来的 1/2，单位体积内的分子数就增大到原来的 2 倍，如图 2.4 所示。因此，增大压强，就是增加单位体积中反应物的物质的量，即增大反应物的浓度，因而可以增大化学反应速率。相反，减小压强，气体的体积就扩大，浓度减小，因而化学反应速率也减小。

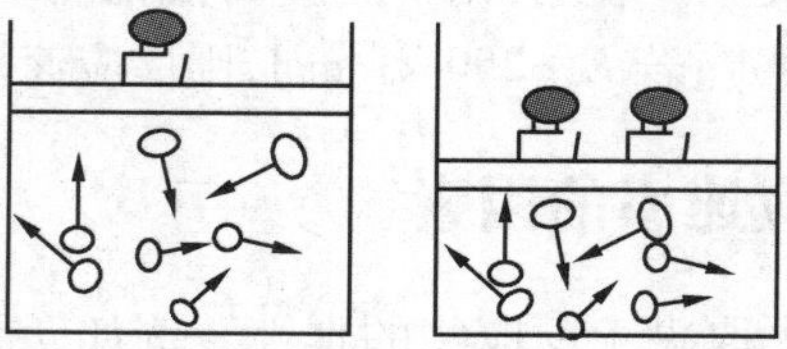

图 2.4　压强大小与一定气体分子所占体积示意图

如果参加反应的物质是固体、液体或溶液时，由于改变压强对它们体积改变的影响很小，因而对它们浓度改变的影响也很小，可以认为，改变压强对它们的反应速率无影响。

3）温度对化学反应速率的影响

温度是影响化学反应速率的重要因素之一。在浓度一定时，升高温度，反应物分子的能量增大，使一部分原来能量较低的分子变成活化分子，从而增加了反应物分子中活化分子的百分数，使有效碰撞次数增多，因而使化学反应速率增大。当然，由于温度升高，会使分子的运动加快，这样单位时间里反应物分子间的碰撞次数增加，反应也会相应地加快，但这不是反应加快的主要原因，而前者是反应加快的主要原因。

1889 年，瑞典物理化学家阿伦尼乌斯（S. Arrhenius）在总结了大量实验数据的基础上，指出化学反应速率 k 与温度之间的定量关系为

$$k = A\mathrm{e}^{-\frac{E_a}{RT}} \tag{2.5}$$

其对数式表示为

$$\ln k = \ln A - \frac{E_a}{RT} \tag{2.6}$$

$$\lg k = \lg A - \frac{E_a}{2.303RT} \tag{2.7}$$

式中　k——速率常数；

E_a——反应的活化能，kJ/mol；

T——热力学温度，K；

R——气体常数；

A——碰撞频率因子。

上述3个式子均称为阿伦尼乌斯方程式。

一般地，当化学反应的温度变化不大时，E_a和A可以看成是常数。若反应在温度T_1时的速率常数为k_1，在温度T_2时的速率常数为k_2，则由式(2.3)，得

$$\ln k_1 = \ln A - \frac{E_a}{2.303RT_1}$$

$$\ln k_2 = \ln A - \frac{E_a}{2.303RT_2}$$

两式相减，得

$$\ln \frac{k_2}{k_1} = \frac{E_a}{2.303R}\left(\frac{1}{T_1} - \frac{1}{T_2}\right) = \frac{E_a}{2.303R}\left(\frac{T_2 - T_1}{T_2 T_1}\right) \tag{2.8}$$

这样，对于某反应若已知其在温度T_1时的反应速率k_1和温度T_2时的反应速率k_2，即可求出此反应的活化能E_a；若已知某反应的活化能E_a，也可求出此反应在任一温度下的反应速率常数k。

【例题2.2】 对于下列反应：$2N_2O_5(g) \longrightarrow 4NO_2(g) + O_2(g)$，其碰撞频率因子$A=4.3\times10^{13}$/s，$E_a=103.3$ kJ/mol，求27 ℃时的速率常数k。

解 根据阿伦尼乌斯公式：

$$\lg k = \lg A - \frac{E_a}{2.303RT}$$

将数据代入公式，得

$$\lg k = \lg 4.3 \times 10^{13} - \frac{103.3 \times 1\,000}{2.303 \times 8.31 \times 300} = -4.36$$

$$k = 4.36\times10^{-5}$$

用同样的方法，可以计算出37 ℃和127 ℃时的速率常数分别为1.66×10^{-4}和1.38。可以看出，当温度升高10 ℃时，反应速率常数大约增加为原来的4倍；升高100 ℃时，反应速率常数大约增加为原来的3×10^4倍。

阿伦尼乌斯公式不仅说明了反应速率与温度的关系，而且还可以说明活化能对反应速率的影响。对于活化能大小不同的两个反应，升高温度时具有较大的活化能的反应，其反应速率常数增加的倍数比活化能低的反应增加的倍数大。也就是说，升高温度更有利于活化能较高的反应。

4）催化剂对反应速率的影响

在化学反应中，能改变化学反应速率而其自身的质量和化学组成在反应前后保持不变的物质称为催化剂。能加快反应速率的催化剂称为正催化剂；能减慢反应速率的催化剂称为负

催化剂。如果没有特别注明,通常所说的催化剂,都是指正催化剂。催化剂改变化学反应速率的作用称为催化作用。在催化剂作用下进行的反应,称为催化反应。

催化剂能加快反应速率的原因是:在催化反应过程中,它能降低反应所需要的能量,这样就会使更多的反应物分子成为活化分子,大大增加单位体积内反应物分子中活化分子所占的百分数,从而使反应速率大大加快。

由于催化剂能成千上万倍地增大化学反应速率,因此,催化剂在现代化工生产中占有极为重要的地位。据初步统计,约有85%的化学反应需要使用催化剂,有很多反应还必须靠使用性能优良的催化剂才能进行。

综上所述,对于同一个化学反应,条件不同时,反应速率会发生变化。除了浓度(对于有气体参加的反应,改变压强相当于改变浓度)、温度、催化剂等外界因素对反应速率都有较大的影响外,反应物颗粒的大小、溶剂的性质等也会对化学反应速率产生影响。在适当条件下,人们还可以利用光、超声波甚至磁场来改变某个反应的速率。

2.3 化学平衡

在化工生产中,对于一个化学反应,我们不仅要考虑通过各种方法提高反应速率,使反应物尽快地转化为生成物,同时还必须考虑使反应物尽可能多地转化为生成物,增加单位时间的产量,提高原料的利用率。这就涉及反应进行的程度问题——化学平衡。

2.3.1 可逆反应与化学平衡

化学平衡是研究可逆反应的变化规律,在实际进行的化学反应中,反应物几乎完全能转变为生成物的仅占少数。例如,氯酸钾的分解反应为

$$2KClO_3 \xrightarrow[\triangle]{MnO_2} 2KCl+3O_2\uparrow$$

通常认为,KCl 不能和 O_2 反应生成 $KClO_3$。把只能向一个方向进行的反应称为不可逆反应。例如,合成氨的反应,在 873 K 和 20.2 MPa 的条件下,以铁作催化剂,H_2 和 N_2 按体积比为3∶1混合于密闭容器内进行反应,氢气和氮气化合可以生成氨气;在相同条件下,氨气也能分解生成氢气和氮气,氢气、氮气生成氨气和氨气的分解反应可以合并写成下列形式:

$$3H_2+N_2 \xrightleftharpoons[\text{催化剂}]{\text{高温高压}} 2NH_3$$

通常把由反应物到生成物的反应,即从左向右进行的反应称为正反应;把由生成物到反应物的反应,即从右向左进行的反应称为逆反应。这两个反应同时发生,在一定条件下,既能向正方向进行,又能向相反方向进行的反应,称为可逆反应。即可逆反应是同时向两个方向进行的反应,绝大多数反应都是可逆的。在合成氨的反应中,反应开始时,H_2 和 N_2 的浓度最大,NH_3 的浓度为零,正反应的速率($v_{正}$)最大,而逆反应的速率($v_{逆}$)为零。反应进行一段时间后,H_2、N_2 合成为 NH_3,一旦有 NH_3 生成,逆反应立即发生,$v_{逆}$ 逐渐增大,同时,由于 N_2、H_2 的浓度减少,$v_{正}$ 逐渐减少;当反应体系中氨的含量达到一定量时,必然出现正、逆反应速率相

等($v_{正}=v_{逆}$)。此时,单位时间内由 N_2、H_2 合成 NH_3 的分子数等于相同时间内 NH_3 分解为 N_2、H_2 的分子数,反应体系中各种物质的浓度不再发生变化,正、逆反应达到了平衡状态。密闭容器中,可逆反应在一定条件下进行到正、逆反应速率相等时的状态,称为化学平衡,如图 2.5 所示。

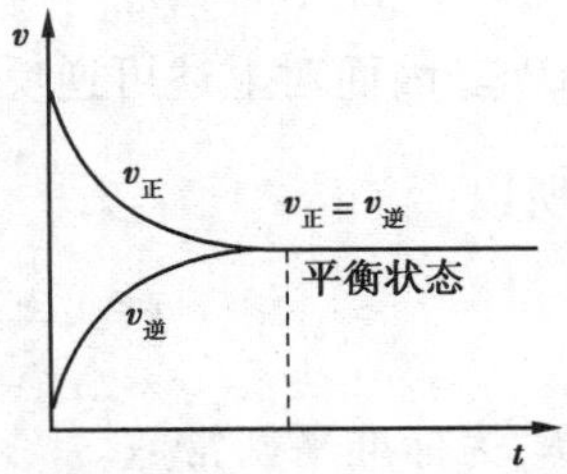

图 2.5　可逆反应的正逆反应速率变化示意图

化学平衡具有以下特点:

①化学平衡状态最主要的特征是可逆反应的正、逆反应速率相等。可逆反应达到平衡后,只要外界条件不变,反应体系中各物质的量不随时间而改变。

②化学平衡是一种动态平衡。反应体系达到平衡后,实际上反应并没有终止,正反应和逆反应始终在进行着,只是由于单位时间内各物质(生成物和反应物)的生成量和消耗量相等,从而使各物质的浓度都保持不变,反应物与生成物处于动态平衡。

③化学平衡是有条件的。化学平衡只能在一定的外界条件下才能保持,当外界条件改变时,原平衡就会被破坏,随后在新的条件下建立起新的平衡。

④化学平衡可双向达到。由于反应是可逆的,因而化学平衡既可由反应物开始达到平衡,也可由产物开始达到平衡。

2.3.2　化学平衡常数及计算

可逆反应达到化学平衡时,各物质的浓度在一定的条件下是一个不变的值。那么,各物质的浓度之间有什么关系呢?

大量实验证明,在一定温度下,任何可逆反应:

$$a\mathrm{A}+b\mathrm{B} \rightleftharpoons m\mathrm{M}+n\mathrm{N}$$

达到化学平衡时,生成物浓度以它反应分子系数为幂次方的乘积与反应物浓度以它反应分子系数为幂次方的乘积的比值是一个常数,这个常数称为化学平衡常数,简称平衡常数,用 K 表示。

如以上反应是在溶液中进行,则平衡常数表达式为

$$K_c=\frac{c_{\mathrm{M}}^m \cdot c_{\mathrm{N}}^n}{c_{\mathrm{A}}^a \cdot c_{\mathrm{B}}^b} \tag{2.9}$$

若反应物与生成物均为气体,在平衡时,各物质的分压分别为 p_{A}、p_{B}、p_{M}、p_{N},则有

$$K_p=\frac{p_{\mathrm{M}}^m p_{\mathrm{N}}^n}{p_{\mathrm{A}}^a p_{\mathrm{B}}^b} \tag{2.10}$$

式中　K_c 和 K_p——分别为浓度平衡常数和压力平衡常数。

K_c 和 K_p 都是从实验数据得到的,也称为实验平衡常数。它是反应的特征常数,表明反应进行程度的大小。K 越大,反应进行的程度越大;反之,K 越小,反应进行的程度越小。平衡常数 K_c 与反应的温度有关,而与反应物的浓度无关。为便于与热力学函数联系和有关平衡的计算,通常反应中的浓度要用相对浓度 $\frac{c}{c^{\ominus}}$,压力要用相对压力 $\frac{p}{p^{\ominus}}$ 来代替,其中 $c^{\ominus}=1\ \mathrm{mol/L}$,

$p^{\ominus}=100$ kPa。因而对上述可逆反应平衡表达式可表示为：$K_c^{\ominus}=\dfrac{(c_M/c^{\ominus})^m\cdot(c_N/c^{\ominus})^n}{(c_A/c^{\ominus})^a\cdot(c_B/c^{\ominus})^b}$，因 $c^{\ominus}=$ 1 mol/L，所以

$$K_c^{\ominus}=\frac{c_M^m\cdot c_N^n}{c_A^a\cdot c_B^b},\ K_p^{\ominus}=\frac{(p_M/p^{\ominus})^m\cdot(p_N/p^{\ominus})^n}{(p_A/p^{\ominus})^a\cdot(p_B/p^{\ominus})^b} \tag{2.11}$$

其中，$K_c^{\ominus}$、$K_p^{\ominus}$为标准平衡常数。

书写和应用标准平衡常数应注意：

①平衡常数表达式中各物质的浓度（或分压），必须是在系统达到平衡状态时相应的值。

②平衡常数表达式要与计量方程式相对应。同一个化学反应，用不同计量方程式表示时，平衡常数表达式不同，得到的数值也不相同。

③有纯固体和纯液体参加的可逆反应，纯固体和纯液体的浓度为常数 1，不必写入 $K^{\ominus}$ 的表达式中。例如：

$$CO_2(g)+C(s)\rightleftharpoons 2CO(g)$$

则平衡常数表示为

$$K_c^{\ominus}=\frac{c_{CO}^2}{c_{CO_2}} \tag{2.12}$$

④稀溶液中的反应，如果有水参加，水的浓度也视为常数 1。但是反应中有气相水或非水溶液中有水参加（或有水生成）的反应，水的浓度不可视为常数。例如：

$$CO(g)+H_2O(g)\rightleftharpoons CO_2(g)+H_2(g)$$

则平衡常数表示为

$$K_c^{\ominus}=\frac{c_{CO_2}\cdot c_{H_2}}{c_{CO_2}\cdot c_{H_2O}} \tag{2.13}$$

化学反应在一定条件下达到平衡时，通过实验测定各物质的平衡浓度或平衡分压，即可计算出该反应的平衡常数。工业生产中正是根据这种平衡关系来计算有关物质的平衡浓度以及反应物的转化率。

【例题 2.3】 在下列平衡体系中，$CO(g)+H_2O(g)\rightleftharpoons CO_2(g)+H_2(g)$，反应容器为 1 L，1 103 K 时 $K_c=1.0$，若 CO 的起始浓度为 2 mol/L，H_2O 的起始浓度为 3 mol/L，达到平衡时，各物质的浓度为多少？CO 的转化率（指平衡时已转化了的某反应物的量与转化前该反应物的量之比）为多少？

解 设此体系达到平衡时，有 x mol/L CO 转化为 CO_2，则

$$CO(g)+H_2O(g)\rightleftharpoons CO_2(g)+H_2(g)$$

	$CO(g)$	$H_2O(g)$	$CO_2(g)$	$H_2(g)$
$c_{起始}$	2	3	0	0
$c_{平衡}$	$2-x$	$3-x$	x	x

$$K_c^{\ominus}=\frac{c_{CO_2}\cdot c_{H_2}}{c_{CO_2}\cdot c_{H_2O}}=\frac{x^2}{(2-x)(3-x)}$$

$$x=1.2(\text{mol/L})$$

$$c_{CO}=2-x=0.8(\text{mol/L})$$

$$c_{H_2O}=3-x=1.8(mol/L)$$

$$c_{H_2}=c_{CO}=x=1.2(mol/L)$$

$$CO\ 转化率=\frac{1.2}{2}\times100\%=60\%$$

答:达到平衡时,CO,H_2O,H_2,CO_2 的浓度分别为

$c_{CO}=0.8$ mol/L,$c_{H_2O}=1.8$ mol/L,$c_{H_2}=c_{CO}=1.2$ mol/L,CO 的转化率为 60%。

【例题 2.4】 在 440 ℃,$H_2(g)+I_2(g)\rightleftharpoons 2HI(g)$ 的平衡常数为 49.5,已知0.200 mol H_2 和0.200 mol I_2 置于10.0 L 密闭容器中,待反应达成平衡后,各物质的平衡浓度分别为多少?

解 设此体系达到平衡时,有 x mol/L H_2 转化为 HI,则

$$H_2(g)+I_2(g)\rightleftharpoons 2HI(g)\quad K_c=49.5$$

$$氢的\ c_{起始}=\frac{0.200\ mol}{10.0\ L}=0.020\ (mol/L)$$

$$碘的\ c_{起始}=\frac{0.200\ mol}{10.0\ L}=0.020\ (mol/L)$$

	$H_2(g)$	$+I_2(g)\rightleftharpoons$	$2HI(g)$
$c_{起始}$	0.020	0.020	0
$c_{平衡}$	$0.020-x$	$0.020-x$	$2x$

$$K_c^{\ominus}=\frac{c_{HI}^2}{c_{H_2}\cdot c_{I_2}}=\frac{(2x)^2}{(0.020-x)(0.020-x)}=49.5$$

$$\frac{2x}{0.020-x}=7.04$$

$$x=0.016\ (mol/L)$$

则平衡浓度为

$$c_{H_2}=0.020-0.016=0.004(mol/L)$$

$$c_{I_2}=0.020-0.016=0.004(mol/L)$$

$$c_{HI}=2\times0.0156=0.0312(mol/L)$$

答:当达成平衡时 $c_{H_2}=c_{I_2}=0.004$ mol/L,$c_{HI}=0.031\ 2$ mol/L。

【例题 2.5】 在催化剂存在下,将2.00 mol SO_2 和1.00 mol O_2 的混合物在2 L的容器中加热至1 000 K,当体系处于平衡时,SO_2 的转化率为 46%,求该温度下的 K_c。

解

$$SO_2(g)+\frac{1}{2}O_2\rightleftharpoons SO_3(g)$$

	$SO_2(g)$	$+\frac{1}{2}O_2\rightleftharpoons$	$SO_3(g)$
$c_{起始}$	1.00	0.50	0
$c_{平衡}$	0.54	0.27	0.46

$$K_c^{\ominus}=\frac{c_{SO_3}}{c_{SO_2}\cdot c_{O_2}^{1/2}}=\frac{0.46}{0.54\times\sqrt{0.27}}=1.64$$

答：在 1 000 K 时，K_c 等于 1.64。

2.3.3 化学平衡的移动

化学平衡只是可逆反应在一定条件下一种相对的、暂时的稳定状态。如果改变浓度、压强、温度等反应条件，正、逆反应速率不再相等，达到平衡的反应混合物里各组分的浓度也会随着改变，导致原有的平衡发生破坏，经过一定时间后从而达到新的平衡状态。通常把可逆反应中旧化学平衡的破坏、新化学平衡的建立过程称为化学平衡的移动。

研究化学平衡，目的就是要利用外界条件的改变，使旧的化学平衡破坏，建立新的较理想的化学平衡，从而增加反应物的转化率，提高生成物的产量。下面着重讨论浓度、压强和温度对化学平衡的影响。

1）浓度对化学平衡的影响

当化学反应达到平衡时，其他条件不变，只要改变任何一种反应物或生成物的浓度，都会引起化学平衡的移动。例如，氯化铁与硫氰化钾起反应，生成血红色的硫氰化铁和氯化钾，这个反应可表示为

$$\underset{\text{黄色}}{FeCl_3}+\underset{\text{无色}}{3KSCN}\rightleftharpoons\underset{\text{红色}}{Fe(SCN)_3}+\underset{\text{无色}}{3KCl}$$

在平衡混合物中，当加入 $FeCl_3$ 或 KSCN 溶液后，溶液的颜色会变深。这说明，增大任何一种反应物浓度都促使化学平衡向正反应的方向移动，生成更多的硫氰化铁。通过实验还可以证明：平衡时，减小任何一种生成物的浓度，平衡也会向正反应的方向移动。

浓度对化学平衡的影响可概括为：在其他条件不变的情况下，增大反应物的浓度或减小生成物的浓度，都可以使平衡向着正反应的方向移动；增大生成物的浓度或减小反应物的浓度，都可以使平衡向着逆反应的方向移动。在化工生产中，往往采用增大容易取得的或成本较低的反应物浓度的方法，使成本较高的原料得到充分利用，从而提高某反应物的转化率。例如，在硫酸生产中，常用过量的空气使二氧化硫充分氧化生成更多的三氧化硫。

2）压力对化学平衡的影响

固态或液态物质的体积，受压强的影响很小，可以忽略不计。因此，平衡混合物都是固体或液体时，改变压力，化学平衡不发生移动。而对于有气体参加的可逆反应，当处于化学平衡状态时，改变压力就可能使化学平衡发生移动。现以合成氨的反应为例，说明压力对平衡的影响。氨合成的反应方程式为

$$N_2+3H_2\rightleftharpoons 2NH_3$$

由反应式可知，反应物的气体总分子数为 4 mol，产物的气体总分子数为 2 mol，反应前后气体分子总数是有变化的。

在一定温度下，当上述反应达到平衡时，各组分的平衡分压为 p_{H_2}、p_{N_2}、p_{NH_3}，则有

$$K_p^{\ominus}=\frac{p_{NH_3}^2}{p_{N_2}\cdot p_{H_2}^3} \tag{2.14}$$

若平衡体系的总压力增加到原来的2倍，则各组分的分压分别为：$2p_{H_2}$、$2p_{N_2}$、$2p_{NH_3}$于是

$$\frac{(2p_{NH_3})^2}{2p_{N_2}\cdot(2p_{H_2})^3}=\frac{4p_{NH_3}^2}{16p_{N_2}\cdot p_{H_2}^3}=\frac{1}{4}k_p^{\ominus} \tag{2.15}$$

上式表明，体系已经不再处于平衡状态，反应必须朝着生成氨（即分子数减少）的正方向进行。在反应进行的过程中，随着p_{NH_3}的不断增大，p_{H_2}和p_{N_2}下降，最后建立新的平衡。

若将平衡体系的总压力降低到原来的1/2，则各组分的分压也分别减为原来的1/2，即$\frac{1}{2}p_{H_2}$、$\frac{1}{2}p_{N_2}$、$\frac{1}{2}p_{NH_3}$，则

$$\frac{\left(\frac{1}{2}p_{NH_3}\right)^2}{\frac{1}{2}p_{N_2}\cdot\left(\frac{1}{2}p_{H_2}\right)^3}=\frac{\frac{1}{4}p_{NH_3}^2}{\frac{1}{16}p_{N_2}\cdot p_{H_2}^3}=4k_p^{\ominus} \tag{2.16}$$

上式表明，体系已经不再处于平衡状态，反应必须朝着生成氨分解（即分子数增大）的逆反应方向进行。在反应进行的过程中，随着NH_3的不断分解，p_{NH_3}不断下降，p_{H_2}和p_{N_2}不断升高，最后又建立新的平衡。

由此可见，对于一个反应前后气体分子总数有变化的反应来说，在其他条件不变的情况下，增大压强，化学平衡向着气体体积缩小的方向移动；减小压强，化学平衡向着气体体积增大的方向移动。

在有些可逆反应中，反应前后气体分子总数没有变化。例如，

$$2HI(g) \rightleftharpoons H_2(g)+I_2(g)$$

在该反应式中，反应物的气体总分子数为2 mol，产物的气体总分子数也为2 mol，反应前后气体分子总数没有变化。在一定温度下，改变体系的压力对平衡是否有影响呢?

假设上述反应在恒温下达到平衡时，各组分的分压分别为：p_{HI}、p_{H_2}、p_{I_2}，则

$$k_p^{\ominus}=\frac{p_{H_2}\cdot p_{I_2}}{p_{HI}^2} \tag{2.17}$$

当体系的总压力增加到原来的2倍时，各组分的分压分别为：$2p_{HI}$、$2p_{H_2}$、$2p_{I_2}$，此时，压力平衡常数表达式中的分子和分母总是同倍数的增大，所以增加体系的压力，并不影响平衡。同理，当体系的总压力减小到原来的1/2时，压力平衡常数表达式中的分子和分母总是同倍数的减小，也不影响平衡。

由此可见，在恒温下有气体参加的可逆反应中，如果气态反应物总分子数和气态生成物的总分子数相等，增加或减小压力对平衡没有影响。

3）温度对化学平衡的影响

温度对化学平衡的影响与前两种情况有着本质的区别。改变浓度或压力只能使平衡点改变，而温度的变化却导致平衡常数值的改变，从而影响平衡移动。例如，合成氨反应属放热反应，该反应的平衡常数随温度的变化而变化，见表2.2。

表 2.2　合成氨反应的平衡常数随温度的变化情况

T/K	473	573	673	773	873	973
K	4.4×10^{-2}	4.9×10^{-3}	1.9×10^{-4}	1.6×10^{-5}	2.8×10^{-6}	4.8×10^{-7}

由表 2.2 可知，对于一个可逆反应来说，如果是放热反应，升高温度，平衡常数减小，平衡向逆反应方向进行。如果是吸热反应，升高温度，平衡常数增大，平衡向正反应方向进行。

综上所述，在一个可逆反应的平衡体系中，如果改变影响平衡的一个条件（如浓度、温度、压力等），平衡就向能够减弱这种改变的方向移动，这一原理称为平衡移动原理也称勒夏特列原理。该原理适用于已达到平衡的体系，不适用于非平衡体系。平衡移动原理对所有的动态平衡都适用，如后面将要学习的电离平衡也适用。但这个原理也有局限性，虽然能用它判断平衡移动的方向，但不能用它判断建立新平衡所需要的时间，以及在平衡建立过程中各物质间的数量关系等。

由于催化剂能够同等程度地增加正反应速率和逆反应速率，因此，它对化学平衡的移动没有影响。也就是说，催化剂不能改变达到化学平衡状态的反应混合物的组成，但是使用催化剂，能够改变反应达到平衡所需的时间。

在生物体内存在很多平衡。如医院里临床输氧抢救病人就利用了平衡移动原理。人体血液中血红蛋白（HHb）具有输氧功能，能和肺部的氧气结合生成氧合血红蛋白（$HHbO_2$）。氧合血红蛋白又可随血液流经全身组织，将氧气放出。输氧抢救就是增强氧气的浓度，有利于正反应进行，使血液中含较多 $HHbO_2$，可在全身组织中较多地放出 O_2，供病人所需。

知识拓展

化学模拟生物固氮

NH_3 和许多铵盐都是重要的化学肥料。这是因为 N 是构成蛋白质的一种基本元素，也是农作物生长的主要营养元素之一。自然界里含有大量的氮元素，但占空气体积 78% 的 N_2 却不能被植物直接利用，如能变成铵态的氮，就能被植物吸收。要把 H_2 和空气中的 N_2 转变为 NH_3，正如前面所介绍的一样，需要有耐高温、高压的器材和设备以及大量的动力等。那么能不能在常温、常压条件下，把空气中的 N_2 转变为铵态氮呢？几十年来，人们曾进行了大量的努力，希望在温和条件下实现氨的合成，但一直还没有成功。然而，某些豆科植物的根部有根瘤菌共生。根瘤菌能起固氮作用，即摄取空气中的 N_2 并使它转化为 NH_3 等，为植物直接吸收，这就叫作生物固氮现象。生物固氮是在常温、常压下进行的，实际上，地球上的 N_2 的固定，绝大部分是通过生物固氮进行的。据不完全统计，全世界工业合成氮肥中的氮约定只占固氮总质量的 20%。那么，人们能不能向大自然学到这种本领呢？这就需要研究如何模拟生物的功能，把生物功能的原理用于化学工业生产，借以改善现有的并创造崭新的化学工艺过程。如果化学模拟生物固氮成功，不仅可以大大提高氮肥工业的效率，发展农业生产，同时还会对很多化学工业产生深远的影响。

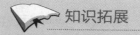

·本章小结·

一、化学反应

分子可分成原子，原子得到或失去电子就形成离子，原子、离子重新排列组合构成新物质的过程，称为化学反应。在化学反应中常伴有发光、发热、变色、生成沉淀物等现象。

二、化学反应速率

化学反应速率是表明化学反应进行的快慢的物理量。通常是用单位时间内反应物浓度的减小或生成物浓度的增大来表示，其单位常用 mol/(L·min)或 mol/(L·s)表示。

参加化学反应的物质的性质是决定化学反应速率的主要因素，不同的物质参加的化学反应，具有不同的反应速率。此外，温度、浓度、压强和催化剂等也能影响化学反应速率。

当碰撞的分子具有足够的能量和合适的取向时，才能发生化学反应。反应物中活化分子所占的百分数越大，有效碰撞的次数越多，反应进行得就越快。增加反应的温度、浓度、压强(对有气体存在的反应)和使用性能良好的催化剂，都能增加反应物分子间的有效碰撞次数，因而都能增大化学反应速率。

三、化学平衡

1. 化学平衡

一定温度下，在一个密闭容器里进行的可逆反应，当正反应和逆反应的化学反应速率相等时，即达到了化学平衡。化学平衡是动态平衡，可以从正反应达到，也可以从逆反应达到。在平衡状态时，平衡混合物里各组分的浓度保持不变。

对于可逆反应：

$$aA+bB \rightleftharpoons mM+nN$$

达到平衡时：

$$K^{\ominus}=\frac{c_M^m \cdot c_N^n}{c_A^a \cdot c_B^b}$$

式中 K——该反应的平衡常数，它只随温度的改变而改变。

当浓度、温度等条件改变时，化学平衡即被破坏，并将在新的条件下建立新的平衡状态，这就是化学平衡的移动。

2. 化学平衡移动原理(勒夏特列原理)

如果改变影响平衡的一个条件(如浓度、温度、压力等)，平衡就向能够使这种改变减弱的方向移动。具体分述如下：

浓度：增大反应物浓度或减小生成物浓度，平衡向正反应方向移动；减小反应物浓度或增大生成物浓度，平衡向逆反应方向移动。

温度：升高温度，平衡向吸热反应方向移动；降低温度，平衡向放热反应方向移动。

压力：增大压力，平衡向气体体积缩小方向移动；减小压力，平衡向气体体积增大方向移动。

催化剂对化学平衡的移动没有影响。

目标检测2

一、填空题

1. 反应 $3Fe(s)+4H_2O \rightleftharpoons Fe_3O_4(s)+4H_2(g)$，在一可变的容积的密闭容器中进行，试回答：

(1) 增加Fe的量，其正反应速率的变化是__________（填增大、不变、减小，以下相同）。

(2) 将容器的体积缩小一半，其正反应速率__________，逆反应速率__________。

(3) 保持体积不变，充入 N_2 使体系压强增大，其正反应速率__________，逆反应速率__________。

(4) 保持压强不变，充入 N_2 使容器的体积增大，其正反应速率__________，逆反应速率__________。

2. 某学生为了探究锌与盐酸反应的过程中速率变化。在100 mL稀盐酸中加入足量的锌粉，标准状况下测得数据累计值如下：

时间/min	1	2	3	4	5
氢气体积/mL	50	120	232	290	310

(1) 在0~1，1~2，2~3，3~4，4~5 min时间段中：

反应速率最大的时间段是__________，原因为____________________；

反应速率最小的时间段是__________，原因为____________________。

(2) 在2~3 min时间段内，用盐酸的浓度变化表示的反应速率为________________。

(3) 为了减缓反应速率但不减少产生氢气的量，在盐酸中分别加入等体积的下列溶液：

A. 蒸馏水　B. $NaSO_4$ 溶液　C. $NaNO_3$ 溶液　D. $CuSO_4$ 溶液　E. Na_2CO_3 溶液

你认为可行的是__________________。

3. 把除去氧化膜的镁条放入盛有一定浓度稀HCl的试管中，发现 H_2 的生成速率 v 随时间 t 变化，如右图所示，其中，$t_1 \sim t_2$ 速率变化的原因是__________，$t_2 \sim t_3$ 速率变化的原因是__________。

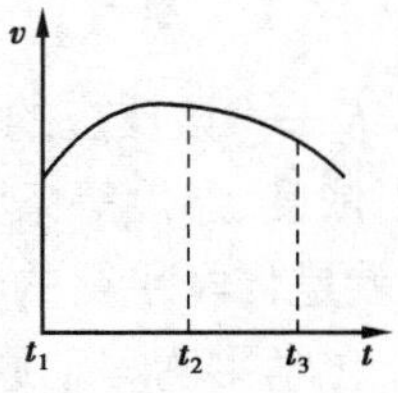

H_2 的生成速率 v 随时间 t 的变化图

4. 某化学反应 $A(g)+3B(g)=2C(g)$ 在2 L的密闭容器内进行反应，经过5 min后A的物质的量减少了 a mol，则 $v(A)$________ $v(B)$________ $v(C)$________ $v(A):v(B):v(C)=$________________。

5. 合成氨的反应如下：$N_2+3H_2 \rightleftharpoons 2NH_3+Q$，为提高氨的生成速率应采取的措施是：

(1)__________　(2)__________　(3)__________　(4)__________。

6. 对于 $A+2B(g) \rightleftharpoons nC(g)$，$\Delta H<0$。在一定条件下达到平衡后，改变下列条件，请回答：

(1) A量的增减，平衡不移动，则A为________态。

(2) 增压，平衡不移动，当 $n=2$ 时，A为________态；当 $n=3$ 时，A为________态。

(3) 若A为固态，增大压强，C的组分含量减少，则 n________。

(4)升温，平衡向右移动，则该反应的逆反应为________热反应。

7. 将4 mol SO_3 气体和4 mol NO 置于2 L容器中，一定条件下发生如下可逆反应(不考虑 NO_2 和 N_2O_4 之间的相互转化)：$2SO_3(g) \rightleftharpoons 2SO_2(g)+O_2(g)$；$2NO(g)+O_2(g) \rightleftharpoons 2NO_2(g)$。

(1)当上述系统达到平衡时，O_2 和 NO_2 的物质的量分别为 $n(O_2)=0.1$ mol、$n(NO_2)=3.6$ mol，则此时 SO_3 气体的物质的量为____________。

(2)当上述系统达到平衡时，欲求其混合气体的平衡组成，则至少还需要知道两种气体的平衡浓度，但这两种气体不能同时是 SO_3 和________，或NO和________(填它们的分子式)。

(3)在其他条件不变的情况下，若改为起始时在1 L容器中充入2 mol NO_2 和2 mol SO_2，则上述两反应达到平衡时，$c(SO_2)_{平}$=____________ mol/L。

8. 甲烷蒸气转化反应为：$CH_4(g)+H_2O(g) \rightleftharpoons CO(g)+3H_2(g)$，工业上可利用此反应生产合成氨原料气 H_2。已知温度、压强和水碳比 $\left[\frac{n(H_2O)}{n(CH_4)}\right]$ 对甲烷蒸气转化反应的影响如下图所示。

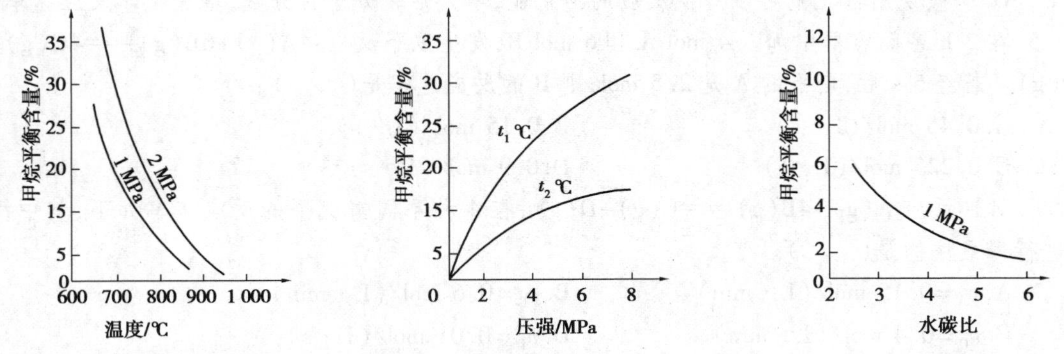

(a)水碳比为3　　(b)水碳比为3　　(c)800 ℃

温度、压强、水碳比对甲烷蒸气转化反应的影响

(1)该反应平衡常数K的表达式为____________________。

(2)升高温度，平衡常数K__________(选填"增大""减小"或"不变"，下同)，降低反应的水碳比，平衡常数K__________。

(3)图(b)中，两条曲线所示温度的关系是：t_1 ____ t_2(选填>、=或<)；在图(c)中画出压强为2 MPa时，CH_4 平衡含量与水碳比之间的关系曲线。

(4)工业生产中使用镍作催化剂。但要求原料中含硫量小于 $5\times10^{-7}\%$，其目的是__________。

二、选择题

1. 反应 $A(g)+3B(g) \rightleftharpoons 2C(g)+2D(g)$，在不同情况下测得反应速率，其中反应速率最快的是(　　)。

A. $v_D=0.4$ mol/(L·s)　　B. $v_C=0.5$ mol/(L·s)

C. $v_B=0.6$ mol/(L·s)　　D. $v_A=0.15$ mol/(L·s)

2. 人体正常的血红蛋白中应含二价铁离子(Fe^{2+})。若误食亚硝酸盐(如 $NaNO_2$)，则导致血红蛋白中二价铁离子(Fe^{2+})转化为三价铁离子(Fe^{3+})，从而使人中毒。服用维生素C可解除亚硝酸盐中毒，下列叙述正确的是(　　)。

A. 亚硝酸盐是还原剂　　B. 维生素 C 是还原剂

C. 维生素 C 将 Fe^{3+} 还原为 Fe^{2+}　　D. 亚硝酸盐被氧化

3. 已知 $4NH_3+5O_2 \rightleftharpoons 4NO+6H_2O$ 若反应速率分别用 v_{NH_3}、v_{O_2}、v_{NO}、v_{H_2O} mol/(L·min)表示，则正确的是(　　)。

A. $\frac{4}{5}v_{NH_3}=v_{O_2}$　　B. $\frac{5}{6}v_{O_2}=v_{H_2O}$

C. $\frac{2}{3}v_{NH_3}=v_{H_2O}$　　D. $\frac{4}{5}v_{O_2}=v_{NO}$

4. 下列说法正确的是(　　)。

A. 增大压强，活化分子百分数增大，化学反应速率一定增大

B. 升高温度，活化分子百分数增大，化学反应速率可能增大

C. 加入反应物，使活化分子百分数增大，化学反应速率增大

D. 一般使用催化剂可以降低反应的活化能，增大活化分子百分数，增大化学反应速率

5. 在 2 L 密闭容器中加入 4 mol A 和 6 mol B，发生以下反应：$4A(g)+6B(g) \rightleftharpoons 4C(g)+5D(g)$。若经 5 s 后，剩下的 A 是 2.5 mol，则 B 的反应速率是(　　)。

A. 0.45 mol/(L·s)　　B. 0.15 mol/(L·s)

C. 0.225 mol/(L·s)　　D. 0.9 mol/(L·s)

6. 可逆反应 $A(g)+4B(g) \rightleftharpoons C(g)+D(g)$，在 4 种不同情况下的反应速率如下，其中反应进行得最快的是(　　)。

A. $v_A=0.15$ mol/(L·min)　　B. $v_B=0.6$ mol/(L·min)

C. $v_C=0.4$ mol/(L·min)　　D. $v_D=0.01$ mol/(L·s)

7. 同质量的锌与盐酸反应，欲使反应速率增大，选用的反应条件正确的组合是(　　)。

反应条件：①锌粒；②锌片；③锌粉；④5% 盐酸；⑤10% 盐酸；⑥15% 盐酸；⑦加热；⑧用冷水冷却；⑨不断振荡；⑩迅速混合后静置。

A. ③⑥⑦⑨　　B. ③⑤⑦⑨　　C. ①④⑧⑩　　D. ②⑥⑦⑩

8. 设 $C+CO_2 \rightleftharpoons 2CO$（正反应吸热，反应速率为 v_1）；（正反应放热，反应速率为 v_2）。对于上述反应，当温度升高时，v_1 和 v_2 的变化情况为(　　)。

A. 同时增大　　B. 同时减小

C. v_1 增加，v_2 减小　　D. v_1 减小，v_2 增大

9. 从植物花中可提取一种简写为 HIn 的有机物，它在水溶液中因存在下列平衡：

HIn(溶液，红色) $\rightleftharpoons$ H^+(溶液，无色)+In^-(溶液，黄色)而用作酸碱指示剂。往该溶液中加入 Na_2O_2 粉末，则溶液颜色为(　　)。

A. 红色变深　　B. 黄色变浅　　C. 黄色变深　　D. 褪为无色

10. 下列说法中有明显错误的是(　　)。

A. 对有气体参加的化学反应，增大压强体系体积减小，可使单位体积内活化分子数增加，因而反应速率增大

B. 升高温度，一般可使活化分子的百分数增大，因而反应速率增大

C. 活化分子之间发生的碰撞一定为有效碰撞

D. 加入适宜的催化剂，可使活化分子的百分数大大增加，从而成千上万倍地增大化学反应的速率

11. 在一定条件下，可逆反应 $N_2+3H_2 \rightleftharpoons 2NH_3+Q$ 达到平衡。当单独改变下述条件后，有关叙述错误的是(　　)。

A. 加催化剂，$v_{正}$ 和 $v_{逆}$ 都发生变化，且变化的倍数相等

B. 加压 $v_{正}$ 和 $v_{逆}$ 都增大，且 $v_{正}$ 增大倍数大于 $v_{逆}$ 增大倍数

C. 降温，$v_{正}$ 和 $v_{逆}$ 都减小，且 $v_{正}$ 减小倍数小于 $v_{逆}$ 减小倍数

D. 增大 c_{N_2}，$v_{正}$ 和 $v_{逆}$ 都增大，且 $v_{正}$ 增大倍数大于 $v_{逆}$ 增大倍数

12. 在 2 L 的密闭容器中，发生以下反应：$2A(g)+B(g) \rightleftharpoons 2C(g)+D(g)$。若最初加入的 A 和 B 都是 4 mol，在前 10 s A 的平均反应速度为 0.12 mol/(L·s)，则 10 s 时，容器中 B 的物质的量是(　　)。

A. 1.6 mol　　B. 2.8 mol　　C. 2.4 mol　　D. 1.2 mol

13. 在 $2A+B \rightleftharpoons 3C+5D$ 反应中，表示该反应速率最快的是(　　)。

A. $v_A=0.5$ mol/(L·s)　　B. $v_B=0.3$ mol/(L·s)

C. $v_C=0.8$ mol/(L·s)　　D. $v_D=1$ mol/(L·s)

14. 在一密闭容器中充入一定量的 N_2 和 H_2，经测定反应开始后的 2 s 内氢气的平均速率：$v_{H_2}=0.45$ mol/(L·s)，则 2 s 末 NH_3 的浓度为(　　)。

A. 0.50 mol/L　　B. 0.60 mol/L

C. 0.45 mol/L　　D. 0.55 mol/L

15. 将 0.5 mol PCl_5 充入体积为 1 L 的密闭容器中，发生反应 $PCl_5 \rightleftharpoons PCl_3+Cl_2$，一段时间后测得 PCl_5 的浓度为 0.3 mol/L，且这段时间内的平均反应速率 $v(PCl_5)=0.4$ mol/(L·min)，则这段时间为(　　)。

A. 1.33 min　　B. 0.75 min　　C. 30 s　　D. 15 s

16. 下列情况下，反应速率相同的是(　　)。

A. 等体积 0.1 mol/L HCl 和 0.1 mol/L H_2SO_4 分别与 0.2 mol/L NaOH 溶液反应

B. 等质量锌粒和锌粉分别与等量 1 mol/L HCl 反应

C. 等体积等浓度 HCl 和 HNO_3 分别与等质量的 Na_2CO_3 粉末反应

D. 等体积 0.2 mol/L HCl 和 0.1 mol/L H_2SO_4 与等量等表面积等品质石灰石反应

17. 硫代硫酸钠($Na_2S_2O_3$)与稀 H_2SO_4 溶液时发生如下反应：$Na_2S_2O_3+H_2SO_4 = Na_2SO_4+SO_2+S\downarrow+H_2O$，下列反应速率最大的是(　　)。

A. 0.1 mol/L $Na_2S_2O_3$ 和 0.1 mol/L H_2SO_4 溶液各 5 mL，加水 5 mL，反应温度 10 ℃

B. 0.1 mol/L $Na_2S_2O_3$ 和 0.1 mol/L H_2SO_4 溶液各 5 mL，加水 10 mL，反应温度 10 ℃

C. 0.1 mol/L $Na_2S_2O_3$ 和 0.1 mol/L H_2SO_4 溶液各 5 mL，加水 10 mL，反应温度 30 ℃

D. 0.2 mol/L $Na_2S_2O_3$ 和 0.1 mol/L H_2SO_4 溶液各 5 mL，加水 10 mL，反应温度 30 ℃

18. 对于在一密闭容器中进行如下反应：$C(s)+O_2(g) = CO_2(g)$ 下列说法错误的是(　　)。

A. 将木炭粉碎成粉末状可以加快化学反应速率

B. 升高温度可以加快化学反应速率

C. 增加压强可以加快化学反应速率

D. 增加木炭的量可以加快化学反应速率

19. 设 $C+CO_2 \rightleftharpoons 2CO-Q_1$ 反应速率为 v_1，$N_2+3H_2 \rightleftharpoons 2NH_3+Q_2$ 反应速率为 v_2，对于上述反应，当温度升高时，v_1 和 v_2 的变化情况为(　　)。

A. 同时增大　　B. 同时减小　　C. 增大，减小　　D. 减小，增大

20. 对某一可逆反应来说，使用催化剂的作用是(　　)。

A. 提高反应物的平衡转化率　　B. 以同样程度改变正逆反应速率

C. 增大正反应速率，降低逆反应速率　　D. 改变平衡混合物的组成

21. 反应 $3X(g)+Y(g) \rightleftharpoons Z(g)+2W(g)$ 在 2 L 密闭容器中进行，5 min 后 Y 减少了 0.1 mol，则此反应的平均速率 v 为(　　)。

A. $v_X=0.03$ mol/(L · min)　　B. $v_Y=0.02$ mol/(L · min)

C. $v_Z=0.10$ mol/(L · min)　　D. $v_W=0.20$ mol/(L · min)

22. 下列有关化学反应速率的说法正确的是(　　)。

A. 用铁片和稀硫酸反应制取氢气时，改用98%的浓硫酸可以加快产生氢气的速率

B. 100 mL 2 mol/L 的盐酸跟锌片反应，加入适量的氯化钠溶液，反应速率不变

C. SO_2 的催化氧化是一个放热的反应，所以升高温度，反应速率减慢

D. 汽车尾气中的 NO 和 CO 可以缓慢反应生成 N_2 和 CO_2，减小压强反应速率减慢

23. 对于 $CH_3COOC_2H_5+OH^- \rightleftharpoons CH_3COO^-+C_2H_5OH$ 的反应达到平衡后，加入盐酸，以下说法正确的是(　　)。

A. 平衡正向移动　　B. 平衡逆向移动

C. 平衡不移动　　D. 反应速度不变

24. 在体积不变的密闭容器中发生 $2NO+O_2 \rightleftharpoons 2NO_2$ 反应，并达到平衡，若升温体系的颜色变浅，则下列说法正确的是(　　)。

A. 正反应是吸热的　　B. 正反应是放热的

C. 升温后，1 mol 混合气的质量变大　D. 升温后，气体密度变小

25. 可逆反应 $N_2+3H_2 \rightleftharpoons 2NH_3$ 的正逆反应速率可用各反应物或生成物浓度的变化来表示。下列关系中能说明反应已达到平衡状态的是(　　)。

A. $v_{正}(N_2)=v_{逆}(NH_3)$　　B. $3v_{正}(N_2)=v_{正}(H_2)$

C. $2v_{正}(H_2)=3v_{逆}(NH_3)$　　D. $v_{正}(N_2)=3v_{逆}(H_2)$

26. 某温度下，在密闭容器中发生如下反应：$2A(g)+B(g) \rightleftharpoons 2C(g)$，若开始时充入 2 mol C气体，达到平衡时，混合气体的压强比起始时增大了20%；若开始时只充入 2 mol A 和 1 mol B 的混合气体，达到平衡时 A 的转化率为(　　)。

A. 20%　　B. 40%　　C. 60%　　D. 80%

27. 在 4 L 密闭容器中充入 6 mol A 气体和 5 mol B 气体，在一定条件下发生反应：$3A(g)+B(g) \rightleftharpoons 2C(g)+xD(g)$，达到平衡时，生成了 2 mol C，经测定 D 的浓度为 0.5 mol/L，下列判断正确的是(　　)。

A. $x=1$

B. B 的转化率为 20%

C. 平衡时 A 的浓度为 1.50 mol/L

D. 达到平衡时，在相同温度下容器内混合气体的压强是反应前的85%

28. 有一处于平衡状态的反应：$X(s)+3Y(g) \rightleftharpoons 2Z(g)$，$\Delta H<0$。为了使平衡向生成Z的方向移动，应选择的条件是(　　)。

①高温　②低温　③高压　④低压　⑤加催化剂　⑥分离出Z

A. ①③⑤　　B. ②③⑤　　C. ②③⑥　　D. ②④⑥

29. 下列措施不能使 $FeCl_3+3KSCN \rightleftharpoons Fe(SCN)_3+3KCl$ 平衡发生移动的是(　　)。

A. 加少量KCl固体　　B. 加固体 $Fe_2(SO_4)_3$

C. 加NaOH　　D. 加Fe粉

30. 某温度下，在固定容积的密闭容器中，可逆反应 $A(g)+3B(g) \rightleftharpoons 2C(g)$ 达到平衡时，各物质的物质的量之比为 $n(A):n(B):n(C)=2:2:1$。保持温度不变，以2:2:1的物质的量之比再充入A、B、C，则(　　)。

A. 平衡不移动

B. 再达平衡时，$n(A):n(B):n(C)$ 仍为2:2:1

C. 再达平衡时，C的体积分数增大

D. 再达平衡时，正反应速率增大，逆反应速率减小

31. 在一定条件下，可逆反应 $N_2+3H_2 \rightleftharpoons 2NH_3+Q$ 达平衡。当单独改变下述条件后，有关叙述错误的是(　　)。

A. 加催化剂，$v_{正}$、$v_{逆}$ 都发生变化，且变化的倍数相等

B. 加压，$v_{正}$、$v_{逆}$ 都增大，且 $v_{正}$ 增大倍数大于 $v_{逆}$ 增大倍数

C. 降温，$v_{正}$、$v_{逆}$ 都减小，且 $v_{正}$ 减小倍数小于 $v_{逆}$ 减小倍数

D. 增大 $[N_2]$，$v_{正}$、$v_{逆}$ 都增大，且 $v_{正}$ 增大倍数大于 $v_{逆}$ 增大倍数

32. 向 $Cr_2(SO_4)_3$ 的水溶液中，加入NaOH溶液，当pH=4.6时，开始出现 $Cr(OH)_3$ 沉淀，随着pH的升高，沉淀增多，但当pH≥13时，沉淀消失，出现亮绿色的亚铬酸根离子(CrO_2^-)。其平衡关系如下：

$$\underset{紫色}{Cr^{3+}}+3OH^- \rightleftharpoons \underset{灰绿色}{Cr(OH)_3} \rightleftharpoons \underset{亮绿色}{CrO_2^-}+H^++H_2O$$

向0.05 mol/L的 $Cr_2(SO_4)_3$ 溶液50 mL中，加入1.0 mol/L的NaOH溶液50 mL，充分反应后，溶液中可观察到的现象为(　　)。

A. 溶液为紫色　　B. 溶液中有灰绿色沉淀

C. 溶液为亮绿色　　D. 无法判断

三、计算题

1. 已知合成氨反应为：$N_2+3H_2 \rightleftharpoons 2NH_3$，在一定温度下，向1 L密闭容器中，加入2 mol N_2 和5 mol H_2，一定条件下使之反应，经过2 min后测得 NH_3 为0.4 mol，求以 N_2、H_2、NH_3 表示的反应速率以及三者之比。

2. 将6 mol H_2 和3 mol CO充入容积为0.5 L的密闭容器中，进行如下反应：

$2H_2(g)+CO(g) \rightleftharpoons CH_3OH(g)$，6 s末时容器内压强为开始时的0.6倍。试计算：H_2 的反应速率是多少？

第3章
溶液与离子平衡

【学习目标】

- 掌握溶液的组成和常用浓度的表示方法，能应用物质的量浓度、质量分数进行计算，熟悉浓度的换算。
- 理解电解质的概念，掌握弱酸弱碱的电离平衡及溶液酸碱度的计算方法。
- 掌握缓冲溶液的组成及缓冲原理，掌握缓冲溶液的配制方法。
- 掌握盐类水解的类型及影响盐类水解平衡的因素。
- 理解配合物的结构和配位平衡。

3.1 物质的量

物质的量是国际单位制中 7 个基本物理量之一,它和“长度”“质量”“时间”等概念一样,是一个物理量的整体名词,其意义是表示粒子量数的多少。对宏观物质数量的多少可以用个数来描述,如一个苹果,十个同学。而微观物质数量的多少通常是用物质的量来描述,物质的量就是表示微观粒子数目多少的一个物理量。其符号常用 n 表示,单位为摩尔(mol),简称摩。摩尔与千克、米一样,是一个单位,它是物质的量这个物理量的单位。在意大利化学家阿伏伽德罗推导出阿伏伽德罗常数后,摩尔便像一座桥梁把单个的、肉眼看不见的微粒跟大数量的微粒集体、可称量的物质联系起来了,1 mol 任何物质均含有阿伏伽德罗常数个微粒。阿伏伽德罗常数用 N_0 表示,其数值为 6.02×10^{23}。如 1 mol H_2O 含有 6.02×10^{23} 个水分子,含有 6.02×10^{23} 个氧原子,含有 1.806×10^{24} 个原子。1 mol H_2SO_4 含有 6.02×10^{23} 个硫酸分子,含有 6.02×10^{23} 个硫酸根离子,含有 1.204×10^{24} 个氢离子,含有 1.806×10^{24} 个离子,含有 4.214×10^{24} 个原子。

【例题 3.1】 下列叙述中,正确的是(　　)?

A. 1 mol 任何物质都含有 6.02×10^{23} 个分子

B. 0.012 kg ^{12}C 中含有约 6.02×10^{23} 个碳原子

C. 1 mol 水中含有 2 mol 氢和 1 mol 氧

D. 1 mol Ne 含有 6.02×10^{24} 个电子

解 A 的叙述是错误的;因为物质可由分子组成(如水),也可由离子组成(如 NaCl),还可由原子直接构成的(如金刚石),物质不一定都是分子。B 的叙述是正确的;碳是由原子构成的,0.012 kg 12C 中所含的碳原子数为阿伏伽德罗常数,其近似值为 6.02×10^{23} 个/mol。C 的叙述是错误的;使用摩尔表示物质的量时,应指明粒子的种类,是氢原子和氧原子,氢和氧不明确。D 的叙述是正确的;氖原子核外有 10 个电子,则 1 mol Ne 也应含有 $10\times6.02\times10^{23}$ 个电子。

答:B 和 D 的叙述是正确的。

由于不同粒子的质量不同,因此,1 mol 不同物质的质量也不同;1 mol 碳的质量是 12 g,1 mol水的质量是 18 g,1 mol 物质的质量在数值上等于该物质的原子量、分子量或离子的式量。1 mol 物质的质量称为该物质的摩尔质量,用 M 表示,单位为 g/mol。如 Fe 摩尔质量为 56 g/mol,H_2O 的摩尔质量为 18 g/mol,OH^- 的摩尔质量为 17 g/mol。摩尔质量是物质的质量与物质的量相联系的纽带,它们的关系可以用下列公式来反映。

$$物质的量=\frac{物质的质量}{摩尔质量} \tag{3.1}$$

$$n=\frac{m(\mathrm{g})}{M(\mathrm{g/mol})}$$

式中　n——物质的量,mol;

m——物质的质量,g;

M——摩尔质量,g/mol。

【例题 3.2】　90 g 水相当于多少摩尔水分子?

解　水的摩尔质量是 18 g/mol

$$n=\frac{m}{M}=\frac{90}{18}=5(\mathrm{mol})$$

答:90 g 水相当于 5 mol 水分子。

【例题 3.3】　4 mol H_2SO_4 有多少克 H_2SO_4? 有多少个 H_2SO_4 分子? 多少摩尔 H^+? 多少摩尔离子? 多少个 SO_4^{2-}?

解　H_2SO_4 的摩尔质量是 98 g/mol

$m=n\times M=4\times98=392(\mathrm{g})$　　　H_2SO_4 分子个数 $=n$

$N_0=4\times6.02\times10^{23}=2.408\times10^{24}$(个)

$n_{H^+}=4\times2=8(\mathrm{mol})$　　　$n_{离子}=4\times3=12(\mathrm{mol})$

SO_4^{2-} 的个数 $=4\times6.02\times10^{23}=2.408\times10^{24}$(个)

答:4 mol H_2SO_4 有 392 g H_2SO_4;有 2.408×10^{24} 个 H_2SO_4 分子;有 8 mol H^+;有 12 mol 离子;有 2.408×10^{24} 个 SO_4^{2-}。

对于气体物质,不仅具有质量和数量,还要占有一定的空间,具有一定的体积。在标准状况下,1 mol 任何气体所占的体积都约为 22.4 L,这个体积称为该气体的摩尔体积,用 V_m 表示,单位是 L/mol。使用时应注意:

①必须是标准状况(即 0 ℃和 101.325 kPa),不同的温度或不同的压强,气体的体积不同,根据温度、压强对气体分子间平均距离的影响规律知,温度升高一倍或压强降低一半,分子间距将增大一倍,体积增大一倍;温度降低一半或压强增大一倍,分子间距将减小一半,体积减小一倍。

②"任何气体"既包括纯净物又包括气体混合物。

③22.4 L 是个近似数值。

④气体摩尔体积的单位是 L/mol 而不是 L。

【例题 3.4】　5.1 g 氨有多少摩尔的氨? 在标准状况下它的体积是多少升?

解　氨的摩尔质量是 17 g/mol

$$n_{NH_3}=\frac{5.1}{17}=0.3(\mathrm{mol})$$

$$V_{NH_3}=n_{NH_3^+}\times V_m=0.3\times22.4=6.72(L)$$

答:5.1 g 氨有0.3 mol 的氨;在标准状况下它的体积是6.72 L。

【例题3.5】 实验室用锌与稀盐酸反应制氢气,在标准状况下生成了3.36 L 氢气。试问需要多少摩尔的锌和盐酸?

解 设需要x mol 的锌和y mol 的盐酸。

$$Zn+2HCl=\!=\!=ZnCl_2+H_2$$

1 mol　2 mol　　　22.4 L

x　　y　　　　3.36 L

$$x=\frac{1\times3.36}{22.4}=0.15(mol)$$

$$y=2x=0.30(mol)$$

答:需要0.15 mol 的锌和0.30 mol 的盐酸。

3.2 溶液的浓度

溶液的浓度是指一定量的溶液里所含溶质的量。溶液的浓度是反映溶液浓稀程度的标准,它表达了溶液中溶质跟溶剂存在的量的关系,溶液中溶质含量越多,溶液的浓度相应越大。根据溶液中溶液和溶质的表示形式不同,溶液的浓度有多种表示方法,如物质的量浓度、质量分数(百分百浓度)、质量摩尔浓度、质量浓度、PPm 浓度等。

化学反应的实质是溶液中溶质之间的反应,利用化学反应进行定量分析时,浓度用物质的量浓度来表示更为方便,因此,下面主要介绍物质的量浓度。所谓物质的量浓度是指用1 L溶液中所含溶质物质的量来表示的浓度,即物质的量浓度就是溶质B的物质的量(mol)与溶液体积(L)之比。其表达式为

$$c_B=\frac{n_B}{V} \tag{3.2}$$

式中 c_B——溶液的物质的量浓度,mol/L;

n_B——溶质B的物质的量,mol;

V——溶液的体积,L。

【例题3.6】 将23.4 g NaCl 溶于水中,配成250 mL 溶液,计算所得溶液中溶质的物质的量浓度。

解 NaCl 的物质的量

$$n=\frac{m}{M}=\frac{23.4}{58.5}=0.4(mol)$$

NaCl 溶液物质的量浓度

$$c=\frac{n}{V}=\frac{0.4}{0.25}=1.6(\text{mol/L})$$

答:NaCl 溶液中溶质的物质的量浓度为 1.6 mol/L。

物质的量、质量、微粒数目、气体体积、物质的量浓度它们之间的关系如图 3.1 所示。

微粒数目（个）

$$N_0 \times \quad \Big\Vert \quad \div N_0$$

质量（g） $\xrightarrow[\times 摩尔质量]{\div 摩尔质量}$ **物质的量（mol）** $\xrightarrow[\div 气体摩尔体积]{\times 气体摩尔体积}$ **气体体积（L标准状态）**

$$\text{溶液体积(L)} \times \quad \Big\Vert \quad \div \text{溶液体积(L)}$$

物质的量浓度（mol/L）

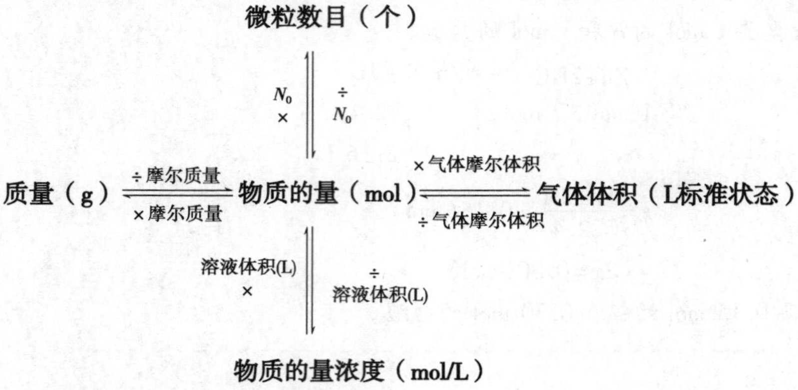

图 3.1　物质的量、质量、微粒数目、气体体积及物质的量的浓度之间的关系

物质的量浓度与质量分数(ω_B)之间是可以换算的,其换算公式为

$$c_B=\frac{\rho_B w_B}{M_B}\times 1\ 000 \tag{3.3}$$

式中　c_B——物质的量浓度;

　　　ρ_B——溶液的密度;

　　　w_B——物质的质量分数;

　　　M_B——溶质的摩尔质量。

【例题3.7】　求密度为 1.84 g/mL,质量分数为 0.98 的浓硫酸的物质的量浓度。

解　浓硫酸的物质的量浓度为

$$c_B=\frac{\rho_B w_B}{M_B}\times 1\ 000=\frac{1.84\times0.98}{98}\times 1\ 000=18.4(\text{mol/L})$$

答:质量分数为 0.98 的浓硫酸的物质的量浓度为 18.4 mol/L。

溶液浓度的配制在实际工作中应用也相当广泛,化学上把用化学物品和溶剂(一般是水)配制成需要浓度的溶液的过程称为溶液浓度的配制。溶液浓度的配制使用的仪器主要有:容量瓶、天平(吸量管)、药匙、烧杯、玻璃棒、胶头滴管。溶液浓度的配制一般分为 6 个步骤:计算→称量(量取)→溶解→移液→定容→摇匀。图 3.2 为溶液配制操作示意图。

1)计算

溶质为固体时,计算所需固体的质量;溶质是液体时,计算所需液体的体积。如配制 0.1 mol/L 的 NaOH 溶液 500 mL,应称取 NaOH 的质量 $m=0.1\times0.5\times40=2$ g。如用密度为 1.19 g/mL、质量分数为 36.5% 的浓盐酸配制 250 mL、0.1 mol/L 的盐酸溶液。应取盐酸的量为 $v=m/\rho=(0.25\times0.1\times36.5)/(36.5\%\times1.19)=2.1$ mL。

2)称量或量取

固体试剂用分析天平或电子天平(为了与容量瓶的精度相匹配)称量,液体试剂用吸量管量取。

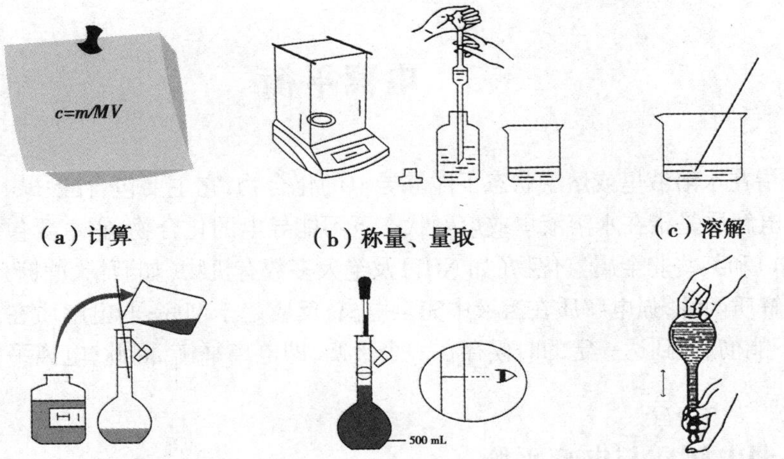

(a)计算　(b)称量、量取　(c)溶解
(d)移液　(e)定容　(f)摇匀

图 3.2　溶液配制操作示意图

3)溶解

将称好的固体放入烧杯,用适量(20~30 mL)蒸馏水溶解,用玻棒搅拌加速溶解,冷却至室温。

4)移液

将烧杯中冷却后的溶液转移到容量瓶。由于容量瓶的颈较细,为了避免液体洒在外面,用玻璃棒引流,玻璃棒不能紧贴容量瓶瓶口,棒底应靠在容量瓶瓶壁刻度线下。转移后,并用蒸馏水洗涤小烧杯和玻璃棒 2~3 次,将洗涤液一并注入容量瓶。

5)定容

在容量瓶中继续加水至距刻度线 2~3 cm 处,改用胶头滴管滴加至刻度(液体凹液面最低处与刻度线相切)。

6)摇匀

把定容好的容量瓶瓶塞塞紧,用食指顶住瓶塞,用另一只手的手指托住瓶底,把容量瓶倒转和摇动几次,混合均匀。由于容量瓶不能长时间盛装溶液,故将配得的溶液转移至试剂瓶中,贴好标签(标签上应注明药品名称和溶液的浓度),放到相应的试剂柜中。

【例题 3.8】 如何配制 0.10 mol/L 的氢氧化钠溶液 100 mL?

解 已知 $c_{NaOH}=0.10\ mol/L, V_{NaOH}=100\ mL=0.1\ L, M_{NaOH}=40\ g/mol$

$$m_{NaOH}=c_{NaOH}V_{NaOH}M_{NaOH}=0.1\times0.1\times40=0.4(g)$$

答:在分析天平上精确称取 0.4 g 固体氢氧化钠,在小烧杯内用少量的蒸馏水溶解,将溶解后的溶液转移到 100 mL 的容量瓶中,用蒸馏水冲洗烧瓶 2~3 次,冲洗后的液体一并转移到容量瓶内,加水至刻度线 2~3 cm 处时,用胶头滴管滴加至刻度线,摇匀即可。

3.3 电离平衡

电解质是指在水溶液里或熔融状态下能够导电的化合物,它主要包含酸、碱、盐、水、活泼金属氧化物。非电解质是指在水溶液里或熔融状态下不能导电的化合物,它主要包含非金属氧化物(如 CO_2,SO_2)和某些非金属氢化物(如 NH_3)及绝大多数有机物(如酒精、蔗糖)。电解质有强电解质和弱电解质两种,强电解质在溶液中完全电离,反应趋于彻底;弱电解质在溶液中只有部分电离,反应不能彻底,到达一定的时候存在一个平衡,即电离平衡,因此,电离平衡只有弱电解质才存在。

3.3.1 弱电解质与电离平衡

根据电解质的电离程度,电解质一般可分为强电解质和弱电解质。电解质的强弱也与溶剂有关,例如,乙酸在水中为弱电解质,而在液氨中则为强电解质;LiCl 和 KI 晶体,在水中为强电解质,在醋酸中却是弱电解质。本书讨论的电解质强弱是对水溶液而言。通常把在水溶液中完全电离的电解质称为强电解质,在水溶液中只有部分电离的电解质称为弱电解质。强电解质在水溶液中完全电离,电离过程是不可逆的,不存在电离平衡,溶液中的电解质主要以正、负离子的形式存在。强电解质主要有:强酸(如 HNO_3、H_2SO_4、HCl、HI、$HClO_4$)、强碱(如 NaOH、KOH、$Ba(OH)_2$)和大多数盐(如 $CaCO_3$、$CuSO_4$)。弱电解质在水溶液中部分电离,电离过程是可逆的,存在电离平衡,溶液中的电解质是以分子、正负离子的形式共存。弱电解质主要有:弱酸(如 HAc、H_2CO_3、HCN)、弱碱(如 $NH_3\cdot H_2O$、CH_3NH_2)和水,以及少数盐。如醋酸铅、氯化汞。表 3.1 进行了强电解质与弱电解质的比较。

表 3.1 强电解质与弱电解质的区别

区　别	强电解质	弱电解质
电离程度	完全电离	部分电离
电离过程	不可逆	可逆
溶液中粒子	离子	分子、离子
同条件下导电性	强	弱
物质类别	强酸、强碱、大多数盐	弱酸、弱碱、水

必须说明，电解质导电能力不仅与电解质强弱有关，还与电解质的溶解性、离子浓度和所带电荷有关，强电解质并非导电能力强。

电解质在水溶液中形成自由移动离子的过程称为电离或解离。电解质的电离可以用电离方程式来表示，通常把用化学式和离子符号表示电离过程的式子称为电离方程式。

在书写电离方程式时，要特别注意：电离方程式中，阴阳离子所带正负电荷的总数必须相等；强电解质用箭头（或等号）、弱电解质用可逆号表示。

强电解质的电离方程式：

$$HCl \longrightarrow H^+ + Cl^-$$

$$NaCl \longrightarrow Na^+ + Cl^-$$

$$NaOH \longrightarrow Na^+ + OH^-$$

$$H_2SO_4 \longrightarrow 2H^+ + SO_4^{2-}$$

$$MgCl_2 \longrightarrow Mg^{2+} + 2Cl^-$$

弱电解质的电离方程式：

$$HAc \rightleftharpoons H^+ + Ac^-$$

$$NH_3 \cdot H_2O \rightleftharpoons NH_4^+ + OH^-$$

$$H_2O \rightleftharpoons H^+ + OH^-$$

多元弱酸的电离是分步进行的，以第一步为主，例如，

$$H_2S \rightleftharpoons H^+ + HS^-$$

$$HS^- \rightleftharpoons H^+ + S^{2-}$$

多元弱碱的电离也是分步进行的，一般简化为一步，例如，

$$Mg(OH)_2 \rightleftharpoons Mg^{2+} + 2OH^-$$

强酸的酸式盐一步电离，弱酸的酸式盐分步电离，第一步不可逆，以后步步可逆，且一步比一步的电离程度小。

$$KHSO_4 \longrightarrow K^+ + H^+ + SO_4^{2-}$$

$$NaHCO_3 \longrightarrow Na^+ + HCO_3^-$$

$$HCO_3^- \rightleftharpoons H^+ + CO_3^{2-}$$

弱电解质溶于水时，在水分子的作用下，弱电解质分子电离出离子，而离子又可以重新结合成分子。因此，弱电解质的电离过程是可逆的。它具有相反的两种趋向，最终达到平衡。在一定条件（如温度、浓度）下，当电解质分子电离成离子的速率和离子重新结合生成分子的速率相等时，溶液中电解质分子的浓度与离子的浓度均处于相对稳定状态，电离过程就达到了平衡状态，这种平衡称为电离平衡。

电离平衡属于化学平衡中的一种，它是相对的、暂时的，有条件的动态平衡。当外界条件改变时电离平衡就发生移动，在新条件下建立起新的电离平衡。日常生活、工农业生产和科学研

究中,常常会遇到有关电离平衡的知识。例如,酸的强弱的判断,盐溶液的酸碱性,人体体液的 pH 与健康的关系等。

3.3.2 水的电离平衡

水是重要的溶剂,许多生命现象都与水溶液内的反应有关。水本身也能够发生电离,有微弱的导电能力,属于极弱的电解质。水的电离通常可简写为

$$H_2O \rightleftharpoons OH^- + H^+$$

当水的电离处于平衡时:

$$K_i^{\ominus} = \frac{c_{H^+} c_{OH^-}}{c_{H_2O}} \tag{3.4}$$

式中 $K_i^{\ominus}$——水的电离平衡常数。

水的电离是极难发生的。实验测得:25 ℃时 1 L 纯水含有 55.6 mol 的水分子,其中只有 1.0×10^{-7} mol 的水分子发生了电离,由于水分子电离出的 H^+ 和 OH^- 数目在任何情况下总相等,电离前后 H_2O 的物质的量几乎不变,所以 $c_{H^+} \cdot c_{OH^-} = K_i^{\ominus} \cdot c_{H_2O}$,$K_i^{\ominus}$ 和 c_{H_2O} 都是常数,其乘积仍然为常数,合并常数项得:$c_{H^+} \cdot c_{OH^-} = K_w^{\ominus}$;$K_w^{\ominus}$ 称为水的标准离子积常数,简称水的离子积。它表明在一定温度下,水中的 H^+ 离子和 OH^- 离子浓度之间的关系。在 25 ℃时,水中的 H^+ 浓度和 OH^- 浓度都是 1.0×10^{-7} mol/L,所以,水的离子积常数为

$$K_w^{\ominus} = c_{H^+} \cdot c_{OH^-} = 1.0\times10^{-14}$$

水的电离过程是一个吸热过程,升高温度,水的电离度增大,水的离子积也随之增大,即 $K_w^{\ominus}$ 值随温度升高而增大。

就水而言,在 25 ℃时,$K_w^{\ominus} = 1.0\times10^{-14}$;在 60 ℃时,$K_w^{\ominus} = 9.6\times10^{-14}$;在 100 ℃时,$K_w^{\ominus} = 1.0\times10^{-12}$。100 ℃时,由于 $K_w^{\ominus} = 1.0\times10^{-12}$ 水中的 H^+ 浓度和 OH^- 浓度相等,都是 1.0×10^{-6} mol/L,溶液显中性。

水的离子积只与物质本性和温度有关,而与浓度无关。在室温范围内,$K_w^{\ominus}$ 值变化不大,一般采用 $K_w^{\ominus} = 1.00\times10^{-14}$。在酸性或碱性溶液中,水的电离平衡仍然存在,$H^+$ 浓度或者 OH^- 浓度两者中若有一个增大,则另一个便减小,达到新的平衡时,虽然 H^+ 和 OH^- 浓度不等,但溶液中 $c_{H^+} \cdot c_{OH^-} = K_w^{\ominus}$ 这一关系式仍然存在。因此水的标准离子积常数不仅适用于纯水,对于任何酸性或碱性电解质的稀溶液同样适用。水的标准离子积常数 $K_w^{\ominus}$ 是计算水溶液中 c_{H^+} 和 c_{OH^-} 的重要依据。

【例题 3.9】 计算 25 ℃时,0.01 mol/L NaOH 溶液中 c_{H^+} 是多少?

解 NaOH 溶液是强电解质,完全电离,所以 $c_{OH^-} = 0.01$ mol/L

$$c_{H^+} \cdot c_{OH^-} = K_w^{\ominus} = 1.0\times10^{-14}$$

$$c_{H^+} = 10^{-12} (\text{mol/L})$$

答:0.01 mol/L NaOH 溶液中 c_{H^+} 是 10^{-12} mol/L。

【例题3.10】 在0.1 mol/L的HCl溶液中,c_{OH^-}为多少?溶液中溶质HCl电离的c_{H^+}与水电离的c_{H^+}之比是多少?

解 因为在任何溶液中$K_w^\ominus = c_{H^+} \cdot c_{OH^-} = 1\times10^{-14}$(无温度说明时,一般指25 ℃)。溶液中的$OH^-$全部来自于水的电离,而$H^+$来自于水的电离和溶质HCl的电离。由于溶质HCl电离的c_{H^+}远大于水电离的c_{H^+},因而溶液中总的c_{H^+}可近似等于溶质HCl电离的c_{H^+},即$c_{H^+} = 0.1$ mol/L$=1\times10^{-1}$ mol/L。

由$K_w^\ominus = c_{H^+} \cdot c_{OH^-} = 1\times10^{-14}$可得:$c_{OH^-} = 1\times10^{-13}$ mol/L。

溶液中的c_{OH^-}是水电离的c_{OH^-}等于水电离的c_{H^+},因而溶液中溶质HCl电离的c_{H^+}与水电离的c_{H^+}之比为:$c_{盐酸H^+}/c_{水H^+} = 10^{-1}/1\times10^{-13} = 1\times10^{12}$。

答:在0.1 mol/L的HCl溶液中,c_{OH^-}为1×10^{-13} mol/L。HCl电离的c_{H^+}与水电离的c_{H^+}之比是1×10^{12}。

3.3.3 弱酸、弱碱的电离平衡

水是一种弱电解质,弱酸、弱碱也是常见的弱电解质。弱电解质在溶液中要电离,存在电离平衡,下面重点讨论一元弱酸、一元弱碱的电离。例如,乙酸是一种典型的一元弱酸,在水溶液中存在下列平衡:

$$HAc \rightleftharpoons H^+ + Ac^-$$

根据化学平衡原理,未电离的乙酸分子浓度和溶液中的氢离子、乙酸根离子浓度间存在以下关系:

$$K_a^\ominus = \frac{c_{H^+} \cdot c_{Ac^-}}{c_{HAc}} \tag{3.5}$$

式中 $K_a^\ominus$——弱酸的标准电离平衡常数,简称为弱酸电离常数。

同理:一元弱碱的电离类似,如氨水的电离平衡:

$$NH_3 \cdot H_2O \rightleftharpoons NH_4^+ + OH^-$$

其电离常数表达式为

$$K_b^\ominus = \frac{c_{NH_4^+} \cdot c_{OH^-}}{c_{NH_3 \cdot H_2O}} \tag{3.6}$$

式中 $K_b^\ominus$——弱碱的标准电离平衡常数,简称为弱碱电离常数。

弱酸弱碱的电离常数表示了弱酸、弱碱的电离趋势,$K_a^\ominus$、$K_b^\ominus$数值越大表示电离的趋势越大,$K_a^\ominus$、$K_b^\ominus$的数值反映了弱酸、弱碱的相对强弱,电离常数是平衡常数的一种表示形式,同平衡常数一样只与温度有关而与浓度无关。

表示弱电解质的电离程度,既可用电离平衡常数,还可用离解度来表示。离解度是指弱电解质达到电离平衡时,已电离的弱电解质分子数和电离前弱电解质的分子总数之比。离解度通常用α表示。其表达式为

$$\alpha = \frac{c'}{c} \times 100\% \tag{3.7}$$

式中　c——弱酸或弱碱的原始浓度；

　　c'——已离解的弱酸或弱碱的浓度。

离解度的大小也可反映弱电解质的相对强弱。离解度除与电解质本性有关外，还与溶液的浓度等因素有关。同一弱电解质溶液，浓度越小，离解度越大。弱电解质的离解度随溶液浓度的降低而增大。所以用离解度反应弱酸、弱碱的强弱时，应在相同浓度下比较。

α 和 $K_i(K_a、K_b)$都能反映弱酸、弱碱的电离能力。K_i 只与温度有关，不随浓度变化；α 除了与温度有关，还与溶液的浓度有关；电离常数和离解度相互之间是有联系的。下面以 HAc 的电离平衡为例。

设 HAc 浓度为 c，离解度为 α，则：

$$HAc \rightleftharpoons H^+ + Ac^-$$

初始浓度：　c　　0　　0

平衡浓度：　$c-c\alpha$　　$c\alpha$　　$c\alpha$

$$K_a^\ominus = \frac{c\alpha \cdot c\alpha}{c - c\alpha} = \frac{(c\alpha)^2}{c(1-\alpha)}$$

当 $\frac{c}{K_a^\ominus} \geqslant 500$ 时，$\alpha < 10^{-2}$，所以 $1-\alpha \approx 1$，$K_a^\ominus \approx c\alpha^2$。

故得离解度与弱酸电离常数关系式为

$$\alpha \approx \sqrt{\frac{K_a^\ominus}{c}} \tag{3.8}$$

同理，离解度与弱碱电离常数的关系式为

$$\alpha \approx \sqrt{\frac{K_b^\ominus}{c}} \tag{3.9}$$

上式表明，弱电解质的离解度与离解常数的平方成正比，与浓度平方根成反比。由公式知，溶液越稀，离解度越大。

【例题 3.11】　计算 0.10 mol/L HAc 溶液中的 H^+ 浓度及离解度 α（已知 $K_{HAc}^\ominus = 1.8\times10^{-5}$）。

解　设已电离的 HAc 浓度为 x mol/L，则 $c_{H^+} = c_{Ac^-} = x$ mol/L。

$$HAc \rightleftharpoons H^+ + Ac^-$$

初始浓度：　0.10　　0　　0

平衡浓度：　$0.10-x$　　x　　x

$$K_{HAc}^\ominus = \frac{c_{H^+} \cdot c_{Ac^-}}{c_{HAc}}$$

$$\frac{x^2}{0.10-x} = 1.8\times10^{-5}$$

$K^{\ominus}_{HAc}$比较小，$0.10-x\approx0.10$，$x^2=1.8\times10^{-5}$，得 $x=1.34\times10^{-3}$，故

$$c_{H^+}=1.34\times10^{-3}(\text{mol/L})$$

$$\alpha=\frac{c'}{c}\times100\%=\frac{1.34\times10^{-3}}{0.10}\times100\%=1.34\%$$

答：0.10 mol/L HAc 溶液中的 H^+ 浓度为 1.34×10^{-3} mol/L，离解度为 1.34%。

3.4 溶液的酸碱性和 pH 值

3.4.1 溶液的酸碱性和 pH 值的概念

在水溶液中，始终存在 H^+ 和 OH^-，溶液显酸性、中性还是碱性，取决于溶液中 c_{H^+} 和 c_{OH^-} 的相对大小，根据氢离子和氢氧根离子浓度的相对大小可判断溶液的酸碱性。$c_{H^+}>c_{OH^-}$ 溶液呈酸性，c_{H^+} 越大，酸性越强；$c_{H^+}=c_{OH^-}$ 溶液呈中性；$c_{H^+}<c_{OH^-}$ 溶液呈碱性，c_{OH^-} 越大，碱性越强。在一定温度下，水溶液中氢离子和氢氧根离子的物质的量浓度之积为常数，这一常数称为水的标准离子积常数，简称离子积常数，用 $K^{\ominus}_w$ 表示。只要知道溶液中氢离子（或氢氧根离子）的浓度，就可计算溶液中氢氧根离子（或氢离子）的浓度，在 25 ℃时，水的离子积常数 $K^{\ominus}_w$ 为 1.0×10^{-14}，纯水中 $c_{H^+}=c_{OH^-}=10^{-7}$ mol/L。

即：当 $c_{H^+}>10^{-7}$ mol/L，$c_{OH^-}<10^{-7}$ mol/L，溶液呈酸性。

当 $c_{H^+}=10^{-7}$ mol/L，$c_{OH^-}=10^{-7}$ mol/L，溶液呈中性。

当 $c_{H^+}<10^{-7}$ mol/L，$c_{OH^-}>10^{-7}$ mol/L，溶液呈碱性。

例如，室温下测得某溶液中的 c_{H^+} 为 1.0×10^{-5} mol/L，根据 $K^{\ominus}_w=c_{H^+}\cdot c_{OH^-}=1.0\times10^{-14}$ 可求得该溶液中 $c_{OH^-}=1.0\times10^{-9}$ mol/L，此时溶液呈酸性。

在稀溶液中，c_{H^+} 或 c_{OH^-} 较小，直接用 c_{H^+} 和 c_{OH^-} 表示溶液的酸碱性很不方便。这时溶液的酸碱性可用 pH 值或 pOH 值来表示。pH 值是指氢离子浓度的负对数；其表达式为：$pH=-\lg c_{H^+}$。pOH 值是指氢氧根离子浓度的负对数；其表达式为：$pOH=-\lg c_{OH^-}$。由于常温下，在水溶液中：

$$K^{\ominus}_w=c_{H^+}\cdot c_{OH^-}=1.00\times10^{-14}$$

将等式两边各项分别取负对数，得

$$-\lg c_{H^+}-\lg c_{OH^-}=-\lg K^{\ominus}_w$$

令 $pK^{\ominus}_w=-\lg K^{\ominus}_w$，$pK^{\ominus}_w=14.00$，则

$$pH+pOH=14$$

pH 值是用来表示水溶液酸碱性的一种标度。

例如，在 25 ℃时，纯水中 $c_{H^+}=c_{OH^-}=10^{-7}$ mol/L，所以 pH=7，此时溶液显中性。

当溶液中 $c_{H^+}>c_{OH^-}$，溶液显酸性；在 25 ℃时，$c_{H^+}>10^{-7}$ mol/L，pH<7 时，且 pH 越小，溶液的酸性越强。

当溶液中 $c_{H^+}<c_{OH^-}$，溶液显碱性；在 25 ℃时，$c_{H^+}<10^{-7}$ mol/L，pH>7 时，且 pH 越大，溶液的碱性越强。

pH 值的范围一般为 0～14，对于 pH<0 的强酸溶液或 pH>14 的强碱溶液用 pH 值表示溶液的酸碱性就很不方便，一般就直接用 c_{H^+} 或 c_{OH^-} 表示溶液的酸碱性。

pH 在生命活动中极为重要，维持人和动物生存的酶、植物的生长，都只有在适宜的 pH 条件下，才能进行。表 3.2 列出了一些重要溶液的 pH 值。

表 3.2　一些重要溶液的 pH 值

溶　液	pH	溶　液	pH
标准饮用水	6.5～8.5	柠檬汁	2.2～2.4
人的血液	7.35～7.45	橙汁	3.0～4.0
人的唾液	6.5～7.5	葡萄酒	2.8～3.8
人尿	4.8～8.4	啤酒	4.0～5.0
胃液	1.0～1.5	咖啡	5.0
胆液	7.8～8.6	食醋	3.0
牛奶	6.3～6.6	西红柿汁	4.0～4.4
鸡蛋清	7.6～8.0	苹果	2.9～3.3
乳酪	4.8～6.4	白菜	5.2～5.4
海水	7.0～7.5	马铃薯	5.6～6.0

【例题 3.12】　计算 5.0×10^{-5} mol/L NaOH 溶液的 pH。

解　氢氧化钠为强电解质，在溶液中全部电离

$$NaOH = Na^+ + OH^-$$

$$c_{OH^-} = 5.0\times10^{-5}(\text{mol/L})$$

$$pOH = \lg c_{OH^-} = -\lg 5.0\times10^{-5} = 4.30$$

$$pH = pK_w^{\ominus} - pOH = 14.00 - 4.30 = 9.70$$

答：5.0×10^{-5} mol/L NaOH 溶液的 pH 为 9.70。

【例题 3.13】　计算 0.01 mol/L 盐酸溶液的 pH 值和 pOH 值？稀释 100 倍后的 pH 值是多少？

解　(1) 盐酸是强电解质，$c_{HCl}=c_{H^+}=0.01=10^{-2}$ mol/L

$pH=-\lg c_{H^+}$　　　$pH=-\lg 10^{-2}=2$

$pH+pOH=14$　　　$pOH=12$

(2) 当盐酸溶液稀释 100 倍后，$c_{H^+}=0.01\div100=10^{-4}$ mol/L

$$pH=-\lg c_{H^+} \qquad pH=-\lg 10^{-4}=4$$

答：0.01 mol/L 盐酸溶液 pH 值是 2，pOH 值是 12；稀释 100 倍后 pH 值是 4。

当酸碱溶液浓度很小时，不能忽略水的电离。例如，求 1.00×10^{-8} mol/L 的盐酸溶液的 pH 值，认为 $c_{H^+}=1.00\times10^{-8}$ mol/L，pH=8，这显然是错误的。$c_{H^+}=(1.00\times10^{-8}+1.00\times10^{-7})\ \text{mol/L}>10^{-7}$，$pH<7$。

【例题 3.14】 当 pH=4 的盐酸溶液稀释 10^2、10^5 倍时，计算其 pH 值。

解 pH=4，$c_{H^+}=10^{-4}$ mol/L

(1) 根据稀释规律，当稀释 10^2 倍时：

$$c_{H^+}=10^{-4}/10^{2}=10^{-6}(\text{mol/L})(\text{忽略水的电离}) \qquad pH=6$$

(2) 当稀释 10^5 倍时：这时需考虑水的电离。溶液的氢离子浓度等于盐酸电离的氢离子浓度与水电离的氢离子浓度的和。稀释后溶液的 c_{H^+} 浓度为

$$c_{H^+}=10^{-4}/10^{5}+10^{-7}=10^{-9}+10^{-7}\approx10^{-7}(\text{mol/L}) \qquad pH=7$$

答：pH=4 的盐酸溶液稀释 10^2 倍 pH 值为 6，稀释 10^5 倍 pH 值接近 7。

3.4.2 一元弱酸、弱碱溶液 pH 值的计算

设一元弱酸 HA 溶液，起始浓度为 c mol/L，则有

$$HA \rightleftharpoons H^+ + A^-$$

起始浓度(mol/L)	c	0	0
平衡浓度(mol/L)	$c-c_{H^+}$	c_{H^+}	c_{A^-}

$$K_a^{\ominus}=\frac{c_{H^+}\cdot c_{A^-}}{c-c_{H^+}}$$

因为 $c_{H^+}=c_{A^-}$，所以：
$$K_a^{\ominus}=\frac{c_{H^+}^2}{c-c_{H^+}} \tag{3.10}$$

整理，得 $c_{H^+}{}^2+K_a^{\ominus}\cdot c_{H^+}-K_a^{\ominus}\cdot c=0$

$$c_{H^+}=\frac{-K_a^{\ominus}+\sqrt{K_a^{\ominus2}+4c\cdot K_a^{\ominus}}}{2}$$

当 $c/K_a^{\ominus}\geqslant500$ 或 $\alpha\leqslant5\%$ 时，$c-c_{H^+}\approx c$

式(3.10)可简化为 $K_a^{\ominus}=\dfrac{c_{H^+}^2}{c}$

H^+ 浓度的计算的近似公式：

$$c_{H^+}=\sqrt{c\cdot K_a^{\ominus}} \tag{3.11}$$

同理：一种一元弱碱溶液 OH^- 浓度的计算公式：

$$c_{OH^-}=\frac{-K_b^{\ominus}+\sqrt{K_b^{\ominus 2}+4c\cdot K_b^{\ominus}}}{2} \tag{3.12}$$

当 $c/K_b^{\ominus}\geqslant 500$ 或 $\alpha\leqslant 5\%$ 时,式(3.3)可用简化为近似公式:

$$c_{OH^-}=\sqrt{c\cdot K_b^{\ominus}} \tag{3.13}$$

【例题 3.15】 计算 25 ℃时,0.10 mol/L HAc 溶液中的 HAc、H^+、Ac^- 的浓度及溶液 pH 值,并计算 HAc 的离解度 α。($K_a^{\ominus}=1.75\times10^{-5}$)

解 设已离解的 HAc 浓度为 x mol/L

$$HAc \rightleftharpoons H^+ + Ac^-$$

初始浓度(mol/L):　0.10　0　0

平衡浓度(mol/L):　$0.10-x$　x　x

$$K_a^{\ominus}=\frac{c_{H^+}\cdot c_{Ac^-}}{c_{HAc}}=\frac{x^2}{0.10-x}$$

当 $\dfrac{c}{K_a^{\ominus}}\geqslant 500$ 时,$0.10-x\approx 0.10$

$$c_{H^+}=\sqrt{c\cdot K_a^{\ominus}}$$

$$x=\sqrt{0.10K_a^{\ominus}}=1.3\times10^{-3}(\text{mol/L})$$

$$c_{H^+}=c_{Ac^-}=1.3\times10^{-3}(\text{mol/L})$$

$$pH=-\lg c_{H^+}=-\lg(1.3\times10^{-3})=2.89$$

$$\alpha_{HAc}=\frac{1.3\times10^{-3}}{0.10}\times100\%=1.3\%$$

答:25 ℃时,0.10 mol/L HAc 溶液中的 HAc 浓度近似为 0.10 mol/L,H^+ 和 Ac^- 的浓度均为 1.3×10^{-3} mol/L,溶液的 pH 值为 2.89,HAc 的离解度 α 为 1.3%。

3.5 同离子效应与缓冲溶液

3.5.1 同离子效应

同离子效应,其实质就是离子浓度对电离平衡的影响。如乙酸溶液中存在下列电离平衡:

$$HAc \rightleftharpoons H^+ + Ac^-$$

若向乙酸溶液中加入少许固体乙酸钠(NaAc),由于 Ac^- 离子浓度的增大,平衡向生成 HAc 分子的一方移动,导致乙酸离解度降低。

又如,氨水中存在下列电离平衡:

$$NH_3\cdot H_2O \rightleftharpoons NH_4^+ + OH^-$$

若向氨水中加入少许固体NH_4Cl,由于NH_4^+离子浓度的增大平衡向生成$NH_3 \cdot H_2O$分子的方向移动,结果降低了氨的离解度。

由此可知,在弱电解质溶液中加入与弱电解质具有相同离子的强电解质时,将使弱电解质的离解度降低,这种现象称为同离子效应。

【例题3.16】 求0.10 mol/L醋酸溶液的离解度?若在此溶液中加入固体醋酸钠(设溶液体积不变),使其浓度为0.10 mol/L,此时溶液的离解度又是多少?

解 (1)0.10 mol/L醋酸溶液的离解度:

$$\alpha = \sqrt{\frac{K_a^{\ominus}}{c}} = \sqrt{\frac{1.76 \times 10^{-5}}{0.10}} = 1.3\%$$

(2)加入固体醋酸钠后,NaAc完全电离,溶液中HAc和Ac^-的起始浓度都为0.10 mol/L,即

$$HAc \rightleftharpoons H^+ + Ac^-$$

	HAc	H^+	Ac^-
初始浓度(mol/L)	0.10	0	0.10
平衡浓度(mol/L)	$0.10-c_{H^+}$	c_{H^+}	$0.10+c_{H^+}$

$$K_a^{\ominus} = \frac{c_{H^+} \cdot (0.10 + c_{H^+})}{0.10 - c_{H^+}} = 1.76 \times 10^{-5}$$

因$c_{H^+} \ll 0.10$,故:$0.10-c_{H^+} \approx 0.10$,$0.10+c_{H^+} \approx 0.10$

上式整理,得$\frac{c_{H^+} \times 0.10}{0.10} = 1.76 \times 10^{-5}$,$c_{H^+} = 1.76 \times 10^{-5}$(mol/L)

离解度 $\alpha' = \frac{c_{H^+}}{c_{HAc}} \times 100\% = \frac{1.76 \times 10^{-5}}{0.10} \times 100\% \approx 0.018\%$

答:0.10 mol/L醋酸溶液的离解度为1.3%;加入固体醋酸钠后,溶液的离解度是0.018%。

计算结果表明:HAc溶液中加入NaAc后,其离解度比不加NaAc时,降低了74倍。

3.5.2 缓冲溶液

1)缓冲溶液的概念及pH值的计算

汽车突然加速、减速会产生惯性,为防止惯性,坐汽车须系安全带,安全带起的是缓冲作用。一般的水溶液会呈现不同的酸碱性,即酸性、碱性或中性,若在水溶液中加酸、加碱或稀释会引起原有pH值的改变。而有一种溶液能缓冲pH值的改变,正如安全带能缓冲惯性一样,我们把这种能够抵抗外加少量酸、碱或适量稀释,本身的pH值不发生明显改变的溶液称为缓冲溶液。把缓冲溶液所具有的这种性质称为缓冲性,缓冲溶液保持pH值不变的作用称为缓冲作用。缓冲溶液在生命活动中具有重要的意义,动植物的生长发育都需要保持一定的pH值。如大多数植物在pH>9和pH<3.5的土壤中就不能生长,人类血液的pH值必须在7.35~7.45,稍有偏离就会生病甚至死亡。

纯水的 pH 值为 7，只要在纯水中加入很少的酸或碱，pH 便会发生很大的变化，纯水没有抵抗 pH 值变化的能力。如向 1 L 纯水中加 1 mL 1 mol/L 的 HCl，此溶液的 pH 值立即变为 3；向 1 L纯水中加入 40 mg 的 NaOH，溶液的 pH 值立即变为 11。如果以缓冲溶液替代纯水，则结果完全不同。缓冲溶液一般是由弱酸和弱酸盐、弱碱和弱碱盐以及多元酸的两种盐组成。如 HAc-NaAc、NH_4Cl-$NH_3 \cdot H_2O$、NaH_2PO_4-$NaHPO_4$ 等。

缓冲溶液的 pH 值计算公式推导（以 HAc-NaAc 缓冲对为例）：

$$HAc \rightleftharpoons H^+ + Ac^-$$

$$NaAc \longrightarrow Na^+ + Ac^-$$

$$K_a^\ominus = \frac{c_{H^+} \cdot c_{Ac^-}}{c_{HAc}} \qquad c_{H^+} = K_a^\ominus \cdot \frac{c_{HAc}}{c_{Ac^-}}$$

根据近似处理，$c_{HAc} = c_{弱酸}$，$c_{Ac^-} = c_{弱酸盐}$

$$c_{H^+} = K_a^\ominus \cdot \frac{c_{弱酸}}{c_{弱酸盐}}$$

等式左右取负对数（-lg），经整理，得

$$pH = pK_a^\ominus + \lg \frac{c_{弱酸盐}}{c_{弱酸}} \tag{3.14}$$

同理，对于 NH_3-NH_4Cl 缓冲对，得

$$pOH = pK_b^\ominus + \lg \frac{c_{弱碱盐}}{c_{弱碱}} \tag{3.15}$$

【例题 3.17】 血浆中测得 $c_{HCO_3^-} = 2.5 \times 10^{-2}$ mol/L，$c_{H_2CO_3} = 2.5 \times 10^{-3}$ mol/L，求血浆的 pH 值（已知 H_2CO_3 的 $K_{a_1}^\ominus = 4.3 \times 10^{-7}$）。

解 根据公式 $$pH = pK_{a_1}^\ominus + \lg \frac{c_{HCO_3^-}}{c_{H_2CO_3}}$$

$$= \lg 4.3 \times 10^{-7} + \lg \frac{2.5 \times 10^{-2}}{2.5 \times 10^{-3}}$$

$$= 6.37 + 1.0 = 7.37$$

答：血浆的 pH 值为 7.37。

【例题 3.18】 普通细胞中 $c_{HPO_4^{2-}} = 2.4 \times 10^{-3}$ mol/L，$c_{H_2PO_4^-} = 1.5 \times 10^{-3}$ mol/L，求细胞液的 pH 值。

解 H_2PO_4 的 $K_{a_1} = 6.23 \times 10^{-8}$ $\qquad pK_{a_1} = 7.21$

$$pH = pK_{a_1} + \lg \frac{c_{HPO_4^{2-}}}{c_{H_2PO_4}}$$

$$= 7.21 + \lg \frac{2.4 \times 10^{-3}}{1.5 \times 10^{-3}} = 7.21 + 0.204 = 7.41$$

答：细胞液的 pH 值为 7.41。

2)缓冲溶液的缓冲原理

缓冲溶液之所以具有缓冲性,是因为缓冲溶液中含有足够量的抵抗外加酸的成分即抗酸成分,又含有足够量的抵抗外加碱的成分即抗碱成分。通常把抗酸成分和抗碱成分称为缓冲对。根据缓冲组分的不同,缓冲溶液主要有以下3种类型:

①弱酸及其弱酸盐(如 HAc-NaAc);

②弱碱及其弱碱盐(如 $NH_3 \cdot H_2O$-NH_4Cl);

③多元酸的两种盐(如 Na_2CO_3-$NaHCO_3$,NaH_2PO_4-$NaHPO_4$)。

现以相同浓度的 HAc-NaAc 缓冲溶液为例来说明缓冲溶液的缓冲原理。

$$NaAc \longrightarrow Na^+ + Ac^- \tag{1}$$

$$HAc \rightleftharpoons H^+ + Ac^- \tag{2}$$

NaAc 是强电解质,在溶液中完全电离;HAc 是弱电解质,在溶液中部分电离,由于同离子效应,HAc 的电离度降低,HAc 在溶液中主要以分子存在。因此,溶液中存在大量的 Ac^-离子和大量的 HAc 分子。

当向该溶液中加入少量强酸时,H^+和溶液中大量 Ac^-结合成 HAc,使式(2)的平衡向左移动,溶液中 H^+浓度几乎没有升高,pH 值基本保持不变。Ac^-是该缓冲溶液的抗酸成分。

当向该溶液中加入少量强碱时,OH^-和溶液中的 H^+结合成 H_2O,使式(2)的平衡向右移动,HAc 进一步电离,H^+浓度几乎没有降低,pH 值基本保持不变。HAc 是该缓冲溶液的抗碱成分。

当加水稍加稀释时,弱酸的 H^+浓度降低,但电离度增大,溶液中的 H^+浓度几乎没有变化,缓冲溶液的 pH 值基本保持不变。

应当指出的是,缓冲溶液的缓冲能力是有一定限度的。如果向其中加入大量强酸或强碱,当溶液中的抗酸成分或抗碱成分消耗将尽时,它就没有缓冲能力了。

3)缓冲溶液的选择和配制

在实际工作中,经常会用到一定 pH 值的缓冲溶液,所以掌握缓冲溶液的配制方法是必须的。缓冲溶液的选择和配制可按下列步骤进行:

①选择合适的缓冲对。即所选缓冲对中弱酸的 pK_a(或弱碱的 pK_b)与所要配制的缓冲溶液的 pH 值(或 pOH 值)尽量接近。如配制 pH=5 的缓冲溶液,可选择 HAc-NaAc 缓冲对,因为 $pK_{HAc}=4.75$,接近所配缓冲溶液的 pH 值;欲配制 pH=9 的缓冲溶液,可选择 $NH_3 \cdot H_2O$-NH_4Cl 缓冲对,因为 $pK_{NH_3 \cdot H_2O}=4.75$,pH=14-4.75=9.25,接近所配缓冲溶液的 pH 值。

②根据 $pH=pK_a+\lg c_{盐}/c_{酸}$(或者 $pOH=pK_b+\lg c_{盐}/c_{酸}$)计算出所需酸(或碱)和盐的浓度比值,以配得所需的缓冲溶液。

在配置缓冲溶液时,倘若 $c_{弱酸盐}=c_{弱酸}$,则 $c_{弱酸盐}$与 $c_{弱酸}$可用 $V_{盐}$与 $V_{酸}$代替,于是上面的公式可以变换为

$$pH=pK_a^\ominus+\lg\frac{V_{盐}}{V_{酸}} \tag{3.16}$$

【例题3.19】 如何配制1 000 mL pH=5.00的缓冲溶液?

解 缓冲溶液的pH=5.00,而HAc的$pK_{HAc}=4.75$,彼此接近,所以可选择HAc-NaAc缓冲对。为计算的方便,取原始浓度相同的HAc和NaAc。

若使用缓冲对的原始浓度相同,则缓冲对的浓度比等于体积比。

根据公式 $$pH=pK_a+\lg\frac{c_{盐}}{c_{酸}}$$

$$5.00=4.75+\lg\frac{V_{NaAc}}{V_{HAc}}$$

$$\lg V_{NaAc}/V_{HAc}=0.25 \qquad V_{NaAc}/V_{HAc}=1.8$$

设用HAc V mL,$1\,000-V=1.8\,V$

所以$V=360$ mL即$V_{HAc}=360$ mL,则$V_{NaAc}=1\,000-360=640$ mL。

答:用640 mL NaAc溶液和360 mL物质的量浓度相同的HAc溶液混合均匀即可配成1 000 mL pH=5.00的缓冲溶液。

【例题3.20】 如何配制1 000 mL pH=9.00的缓冲溶液?

解 缓冲溶液的pH=9.00,而$NH_3\cdot H_2O$的$pK_b=4.75$,$pH=14-pK_b=14-4.75=9.25$彼此接近,所以可以选择$NH_3\cdot H_2O$-NH_4Cl缓冲对。为了计算的方便,可以取原始浓度相同的$NH_3\cdot H_2O$和NH_4Cl。

若使用缓冲对的原始浓度相同,则缓冲对的浓度比等于体积比。

根据公式 $$pOH=pK_b+\lg\frac{c_{盐}}{c_{酸}}$$

$$pOH=14-pH=14-9=5$$

$$5=4.75+\lg\frac{V_{盐}}{V_{酸}}$$

$$\lg\frac{V_{NH_4Cl}}{V_{NH_3\cdot H_2O}}=0.25 \qquad \lg\frac{V_{NH_4Cl}}{V_{NH_3\cdot H_2O}}=1.8$$

设用$NH_3\cdot H_2O$ V mL,$1\,000-V=1.8\,V$

所以$V=360$ mL即$V_{NH_3\cdot H_2O}=360$ mL,则$V_{NH_4Cl}=1\,000-360=640$ mL。

答:用640 mL NH_4Cl溶液和360 mL物质的量浓度相同的$NH_3\cdot H_2O$溶液混合均匀即可配成1 000 mL pH=9.00的缓冲溶液。

3.6 盐类水解平衡

盐是酸碱中和反应的产物,不同类型的盐其水溶液呈现出不同的酸碱性,有的显酸性,有的显碱性,有的显中性。原因是盐溶于水后电离出来的阴离子或阳离子与水电离出的 H^+ 或 OH^- 作用生成了弱酸或弱碱,使水的电离平衡发生移动,导致溶液中 H^+ 或 OH^- 浓度不相等,从而呈现出不同的酸碱性。我们把溶液中盐的离子跟水所电离出来的 H^+ 或 OH^- 生成弱电解质的过程叫作盐类的水解。

3.6.1 盐类水解的类型

盐类水解的类型见表 3.3。

表 3.3 盐类水解的类型

盐 类	实 例	能否水解	引起水解的离子	溶液的酸碱性
强碱弱酸盐	NaAc	能	弱酸阴离	溶液呈碱性
强酸弱碱盐	NH_4Cl	能	弱碱阳离	溶液呈酸性
强酸强碱盐	NaCl	不能	无	溶液呈中性
弱酸弱碱盐	NH_4Ac	能	全部	决定 $K_a^\ominus$、$K_b^\ominus$ 强弱

1) 强碱弱酸盐的水解

以 NaAc 为例:

$$NaAc \longrightarrow Na^+ + Ac^-$$

$$+$$

$$H_2O \rightleftharpoons OH^- + H^+$$

$$\Downarrow$$

$$HAc$$

溶液中 $c_{OH^-} > c_{H^+}$,溶液显碱性。

NaAc 水解的实质是: $NaAc+H_2O \rightleftharpoons HAc+NaOH$

$$Ac^-+H_2O \rightleftharpoons HAc+OH^- \qquad (3)$$

结论:强碱弱酸盐水解,溶液显碱性。

盐类水解的程度可以用水解度来表示,由反应式(3)得

$$K_h = \frac{c_{HAc} \cdot c_{OH^-}}{c_{Ac^-}} \qquad K_h = \frac{K_w}{K_a}$$

$$c_{OH^-} = \sqrt{K_h \cdot c} = \sqrt{\frac{K_w \cdot c}{K_a}} \qquad (3.17)$$

式中 K_h——水解常数,是衡量盐水解程度的大小。

由式(3.17)可以看出,形成盐的酸越弱,K_a 越小,K_h 越大,碱性越强;盐的浓度越大,其溶液的碱性越强。

盐类的水解程度,除了可用 K_h 表示外,还可用水解度 h 来表示:

$$h = \frac{\text{已水解的盐的浓度}}{\text{盐的原始浓度}} \times 100\% \qquad (3.18)$$

2)强酸弱碱盐的水解

以 NH_4Cl 为例:

$$NH_4Cl \Longrightarrow NH_4^+ + Cl^-$$

$$+$$

$$H_2O \Longrightarrow OH^- + H^+$$

$$\Updownarrow$$

$$NH_3 \cdot H_2O$$

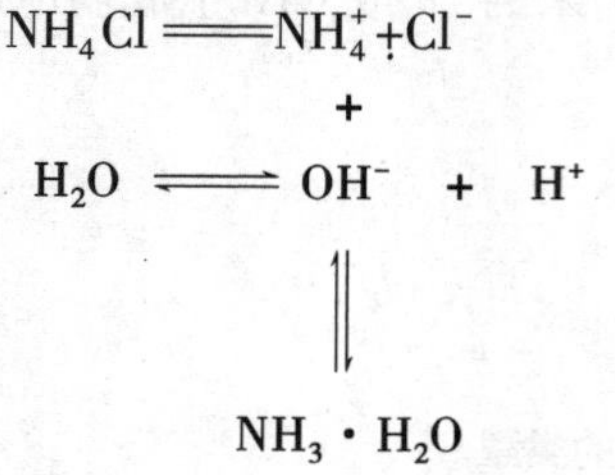

溶液中 $c_{H^+} > c_{OH^-}$,溶液显酸性。

$$NH_4Cl + H_2O \Longrightarrow NH_3 \cdot H_2O + HCl$$

NH_4Cl 水解的实质是: $\qquad NH_4^+ + H_2O \Longrightarrow NH_3 \cdot H_2O + H^+$ (4)

结论:强酸弱碱盐水解,溶液显酸性。

与弱酸强碱盐水解情况类似,由反应式(4)可得

$$c_{H^+} = \sqrt{K_h \cdot c} = \sqrt{\frac{K_w \cdot c}{K_b}} \qquad (3.19)$$

3)弱酸弱碱盐的水解

以 NH_4Ac 为例:

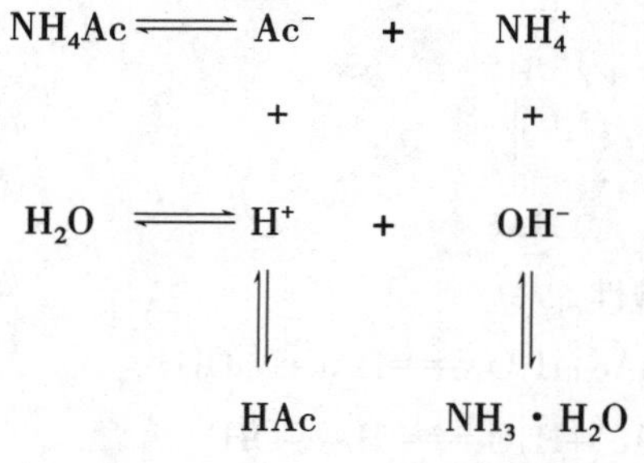

$$NH_4Ac \Longrightarrow Ac^- + NH_4^+$$

$$+ \qquad\qquad +$$

$$H_2O \Longrightarrow H^+ + OH^-$$

$$\Updownarrow \qquad\qquad \Updownarrow$$

$$HAc \qquad NH_3 \cdot H_2O$$

$$NH_4Ac + H_2O \Longrightarrow NH_3 \cdot H_2O + HAc$$

NH_4Ac 水解的实质是: $\qquad NH_4^+ + Ac^- + H_2O \Longrightarrow NH_3 \cdot H_2O + HAc$

溶液的酸碱性取决于水解生成的两种弱电解质的相对强弱,也就是取决于它们的电离常数的大小。由于 $K_{HAc} \approx K_{NH_3 \cdot H_2O}$,所以 NH_4Ac 溶液水解呈中性。如 NH_4F 溶液水解,对应的弱酸是 HF,$K_{HF} > K_{NH_3 \cdot H_2O}$ 所以 NH_4F 溶液水解呈酸性。

盐类水解的是中和反应的逆反应,中和反应趋于完全,其盐类的水解反应是微弱的,所以表示盐类水解的离子方程式不用"$=$",而是用"$\Longrightarrow$"。盐类的水解程度一般都很小,通常不会生成沉淀和气体,因此,盐类水解的离子方程式中一般不标"↓"或"↑"的气标,也不把生成物(如 $NH_3 \cdot H_2O$、H_2CO_3 等)写成其分解产物的形式。

多元弱酸的酸根离子水解是分步进行的,且以第一步水解为主,例如,Na_2CO_3 的水解,第一步:$CO_3^{2-} + H_2O \Longrightarrow HCO_3^- + OH^-$;第二步:$HCO_3^- + H_2O \Longrightarrow H_2CO_3 + OH^-$。多元弱碱的阳离子水解

复杂,可看成是一步水解,例如,Fe^{3+}的水解:$Fe^{3+}+3H_2O \rightleftharpoons Fe(OH)_3+3H^+$。

多元弱酸的酸式酸根离子既有水解倾向又有电离倾向,以水解为主的,溶液显碱性;以电离为主的溶液显酸性。例如,HCO_3^-、HPO_4^{2-} 在溶液中以水解为主,其溶液显碱性;HSO_3^-、$H_2PO_4^-$ 在溶液中以电离为主,其溶液显酸性。

能发生双水解的离子组,一般来说水解都比较彻底,不形成水解平衡。水解方程式用"$=\!=\!=$"连接,生成物沉淀、气体的状态都要标明,即标上"↓""↑"符号。如 $NaHCO_3$ 溶液与 $Al_2(SO_4)_3$溶液混合的水解方程式:$Al^{3+}+3HCO_3^- = Al(OH)_3\downarrow+3CO_2\uparrow$,类似的还有:$Al^{3+}$与 CO_3^{2-}、HCO_3^-、S^{2-}、HS^-、SiO_3^{2-}、AlO_2^-;Fe^{3+}与 CO_3^{2-}、HCO_3^-、SiO_3^{2-}、AlO_2^-;NH_4^+ 与 SiO_3^{2-}、AlO_2^- 等。

【例题 3.21】 计算 0.10 mol/L NH_4Cl 溶液的 pH 值。

解 NH_4Cl 为强酸弱碱盐,水解方程式为

$$NH_4^+ + H_2O \rightleftharpoons NH_3\cdot H_2O + H^+$$

起始浓度 c_0(mol/L)	0.10	0	0
平衡浓度 c(mol/L)	$0.10-x$	x	x

$$K_h^{\ominus}=K_w^{\ominus}/K_b^{\ominus}=1.0\times10^{-14}/1.8\times10^{-5}=5.6\times10^{-10}$$

$$K_h^{\ominus}=\frac{c_{NH_3\cdot H_2O}c_{H^+}}{c_{NH_4^+}}=\frac{x^2}{0.10-x}$$

由于 $K_h^{\ominus}$很小,可作近似计算 $0.10-x\approx0.10$

$$x=\sqrt{K_h^{\ominus}\times0.10}=7.5\times10^{-6}(\text{mol/L})$$

$$c'_{H^+}=7.5\times10^{-6}(\text{mol/L})$$

$$pH=-\lg c'_{H^+}=-\lg(7.5\times10^{-6})=5.12$$

答:0.10 mol/L NH_4Cl 溶液的 pH 为 5.12。

【例题 3.22】 计算 0.10 mol/L NaAc 溶液的 pH 和水解度。

解 (1)NaAc 为强碱弱酸盐,水解方程式为

$$Ac^- + H_2O \rightleftharpoons HAc + OH^-$$

起始浓度 c_0(mol/L)	0.10	0	0
平衡浓度 c(mol/L)	$0.10-x$	x	x

$$K_h^{\ominus}=K_w^{\ominus}/K_{a(HAc)}^{\ominus}=\frac{1.0\times10^{-14}}{1.75\times10^{-5}}=5.7\times10^{-10}$$

$$=c'_{HAc}\cdot c'_{OH^-}/c'_{Ac^-}=x^2/(0.10-x)$$

因 $K_h^{\ominus}$很小,可作近似计算 $0.10-x\approx0.10$,所以 $c'_{OH^-}=7.5\times10^{-6}$ mol/L

$$pH=14-pOH=14+\lg(7.5\times10^{-6})=8.88$$

$$h=(7.5\times10^{-6}/0.10)\times100\%=7.5\times10^{-3}\%$$

答:0.10 mol/L NaAc 溶液的 pH 为 8.88,水解度是 $7.5\times10^{-3}\%$。

3.6.2 影响盐类水解的因素

影响盐类水解的内因是盐本身的性质。盐溶液碱越弱，对应阳离子水解程度越大，溶液酸性越强，对应弱碱阳离子浓度越小；盐溶液酸越弱，酸根阴离子水解程度越大，溶液碱性越强，对应酸根离子浓度越小，即越弱越水解。

影响盐类水解的外因还有温度、浓度、酸碱度。盐的水解反应是吸热反应，升高温度水解程度增大；盐的浓度越小，一般水解程度越大，加水稀释盐的溶液，可以促进水解；盐类水解后，溶液会呈不同的酸、碱性，因此，控制溶液的酸、碱性，可以促进或抑制盐的水解，故在盐溶液中加入酸或碱都能影响盐的水解。

盐类水解的应用也较为广泛。如分析盐溶液的酸碱性，并比较酸碱性的强弱；相同浓度的 Na_2CO_3、$NaHCO_3$ 溶液均显碱性，且碱性 $Na_2CO_3>NaHCO_3$。配制某些能水解的盐溶液时要注意防止水解；如配制 $FeCl_3$ 溶液时，要向该溶液中加入适量的盐酸。通过盐类水解知识，判断溶液中的离子能否大量共存；如能发生双水解的离子不能大量共存。盐类水解知识能解释与水解有关的现象。如将活泼的金属放在强酸弱碱盐的溶液里，会有气体产生；热的纯碱溶液有较好的去污能力；明矾有净水作用；泡沫灭火器的原理；铵态氮肥使用时不宜与草木灰混合使用等。

3.7 配位离解平衡

3.7.1 配合物的概述

在 $CuSO_4$ 溶液中加入氨水，开始有蓝色沉淀产生，继续加入过量氨水，沉淀溶解，得到深蓝色溶液，经分析证明 $Cu(OH)_2$ 沉淀与 $NH_3 \cdot H_2O$ 进一步反应生成了 $[Cu(NH_3)_4]SO_4$ 深蓝色溶液。其原因是，$Cu(OH)_2$ 沉淀电离的 Cu^{2+} 与 NH_3 以配位键结合生成了更加稳定的复杂离子 $[Cu(NH_3)_4]^{2+}$，通常把复杂离子 $[Cu(NH_3)_4]^{2+}$ 中的 Cu^{2+} 称为中心离子，NH_3 称为配位分子，像这种由中心离子（或原子）和配体分子（或离子）以配位键相结合而形成的复杂分子或离子，通常称为配位单元。如 $[Co(NH_3)_6]^{3+}$、$[Cr(CN)_6]^{3-}$、$Ni(CO)_4$ 都是配位单元。配位单元可以是阳离子、阴离子、中性分子，分别称为配位阳离子、配位阴离子、配位分子。凡是含有配位单元的化合物称配位化合物，简称配合物。如 $[Co(NH_3)_6]Cl_3$、$K_3[Cr(CN)_6]$、$Ni(CO)_4$。

配合物是由内界和外界组成的。以 $[Cu(NH_3)_4]SO_4$ 为例，$[Cu(NH_3)_4]^{2+}$ 是配合物的内界，SO_4^{2-} 是配合物的外界，如图 3.3 所示。

图 3.3　配合物的内界和外界

又如，$K_4[Fe(CN)_6]$，内界 $[Fe(CN)_6]^{3-}$，外界 K^+。配合物可以无外界，但不能没有内界。

如[$Ni(CO)_4$]。

配合物的内界是由中心离子和一定数目的配位体形成的配位单元。中心离子是配合物的形成主体，多为金属（过渡金属）离子，也可以是原子，它能提供接纳孤对电子的空轨道。如Fe^{3+}、Fe^{2+}、Co^{2+}、Ni^{2+}、Cu^{2+}、Co 等。配位体是含有孤对电子的阴离子或分子，如NH_3、H_2O、Cl^-、Br^-、I^-、CN^-、CNS^-等。配位体中给出孤对电子与中心离子直接形成配位键的原子，称为配位原子。配位单元中，中心离子周围与中心离子直接成键的配位原子的个数称为配位数。如配位化合物[$Cu(NH_3)_4$]SO_4 的内界为[$Cu(NH_3)_4$]$^{2+}$，中心离子 Cu^{2+} 的周围有4个配位体 NH_3，每个 NH_3 中有一个 N 原子与 Cu^{2+} 配位，N 是配体原子，Cu 的配位数为4，如图3.4所示。

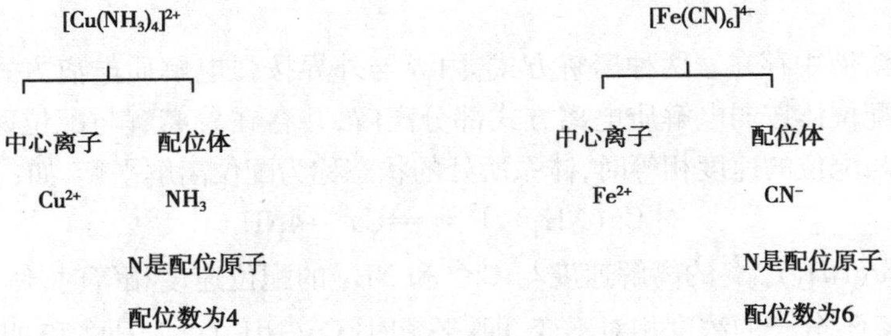

图3.4　配位单元的组成

配位体常分为单齿配位体和多齿配位体（简称单齿配体和多齿配体）两种。单齿配体是指一个配位体中只能提供一个配位原子与中心离子成键。如CN^-、H_2O、NH_3、CO、Cl^-等均是单齿配体。配位原子分别是 N、O、N、C 和 Cl，它们直接与中心原子键合。多齿配体是指有两个或两个以上配位原子与中心离子成键。如乙二胺 $H_2NCH_2CH_2NH_2$ 是双齿配体，配位原子是两个 N 原子；乙二胺四乙酸根（简称 $EDTA^{4-}$）$(—OOCCH_2)_2N—CH_2—CH_2—N(CH_2COO—)_2$ 是六齿配体，配位原子是两个 N 和四个羧基上的 O。配位体为负离子或是中性分子，偶尔也有正离子（如 NH_2NH^+）。例如，Fe^{2+} 和 $6CN^-$ 配位产生[$Fe(CN)_6$]$^{4-}$ 配位阴离子，Cu^{2+} 和 $4NH_3$ 产生[$Cu(NH_3)_4$]$^{2+}$配位阳离子，它们各与带相反电荷的阳离子或阴离子组成配合物。中性配位体本身就是配合物，例如，Pt^{2+}和 $2NH_3$ 及 $2Cl^-$产生[$Pt(NH_3)_2Cl_2$]，Ni 和4CO 产生[$Ni(CO)_4$]。

配合物种类繁多，结构复杂，因此对配合物的命名通常采用系统命名法。下面先介绍配离子的命名。配离子命名的原则：

①命名配离子时，配位体的名称放在前，中心离子（或中心原子）名称放在后。

②配位体和中心原子的名称之间用“合”字相连。

③中心原子为离子，在金属离子的名称之后附加带圆括号的罗马数字，以表示离子的价态。

④用中文数字在配位体名称之前表明配位数。

⑤如果配合物中有多个配位体，配位体命名的排列次序为：阴离子配位体在前，中性分子配位体在后；无机配位体在前，有机配位体在后。同类配位体中，按配位原子的元素符号在英文字母表中的次序分出先后，在前面的先命名。配位原子相同，配体中原子个数少的在前面。不同配位体的名称之间用圆点分开。例如，[$Cu(NH_3)_4$]$^{2+}$称四氨合铜(Ⅱ)配离子，[$PtCl_3(NH_3)$]$^-$称三氯·一氨合铂(Ⅱ)配离子，[$PtCl_3(C_2H_4)$]$^-$称三氯·(乙烯)合铂(Ⅱ)配离子，[$Co(NH_3)_5(H_2O)$]$^{3+}$称五氨·一水合钴(Ⅲ)配离子，[$Pt(Py)(NH_3)(NO_2)(NH_2OH)$]$^+$称一硝

基·一氨·一羟氨·吡啶合铂(Ⅱ)配离子。

配合物的命名是把配离子视为简单离子,在配离子与其他离子间加"化"字或"酸"字,命名时先阴离子,后阳离子,配阴离子看成是酸根。例如,$[Cu(NH_3)_4]SO_4$ 称硫酸四氨合铜(Ⅱ),$[Pt(NH_3)_2Cl_2]$称二氯·二氨合铂(Ⅱ),$[Ag(NH_3)_2]OH$ 称氢氧化二氨合银(Ⅰ),$K[PtCl_3(C_2H_4)]$称三氯·(乙烯)合铂(Ⅱ)酸钾,$H_2[PtCl_6]$ 称六氯合铂(Ⅳ)酸$[Co(NH_3)_5(H_2O)]Cl_3$称三氯化五氨·一水合钴(Ⅲ)。实际上,有的配合物也常用习惯命名(俗名)如 $K_4[Fe(CN)_6]$称黄血盐,$K_3[Fe(CN)_6]$称赤血盐 ,$Fe_4[Fe(CN)_6]_3$ 称普鲁士蓝。

3.7.2 配位离解平衡

配合物在水溶液中存在着两种离解方式,内界与外界按强电解质电离方式全部离解;内界中的中心离子和配位体按弱电解质电离方式部分离解,并存在着离解与配位两个相反的过程,当配位离子离解与配位的速度相等时,体系所处的状态称为配位离解平衡,如:

$$[Cu(NH_3)_4]^{2+} \rightleftharpoons Cu^{2+} + 4NH_3$$

当配离子$[Cu(NH_3)_4]^{2+}$的离解速度与 Cu^{2+}和 NH_3 的配位速度相等时,体系就处于平衡状态,溶液中相关离子、分子的浓度相对不变,即:平衡时$[Cu(NH_3)_4]^{2+}$、Cu^{2+}和 NH_3 的浓度不变。

配离子在溶液中处于配位离解平衡时,可用离解平衡常数(不稳定常数)$K^{\ominus}_{f不稳}$或稳定常数 $K^{\ominus}_{f稳}$来反映溶液中配离子与分子、离子的关系。$K^{\ominus}_{f不稳}$越大配离子越不稳定,$K^{\ominus}_{f稳}$越大配离子越稳定。$K^{\ominus}_{f不稳}$与 $K^{\ominus}_{f稳}$为反比例函数关系,即 $K^{\ominus}_{f不稳}=\dfrac{1}{K^{\ominus}_{f稳}}$。

$$Cu^{2+} + 4NH_3 \rightleftharpoons [Cu(NH_3)_4]^{2+}$$

$$K^{\ominus}_{f稳}=\frac{c_{[Cu(NH_3)_4]^{2+}}}{c_{Cu^{2+}} \cdot c^4_{NH_3}} \tag{3.20}$$

在水溶液中,配离子的稳定性是相对的,当外界条件发生变化时,配位平衡发生移动,在新的条件下建立新的平衡。配离子从一个平衡状态变化到另一个平衡状态的过程称为配位平衡的移动。导致配位平衡移动的因素主要有:

1)溶液酸度对配位离解平衡的影响

配位体为酸根离子或弱碱,当溶液中氢离子浓度增加,酸度增大,配位体容易生成弱酸,使配位平衡向离解方向移动,降低了配合物的稳定性。即:酸度增大会引起配位体浓度下降,导致配合物的稳定性降低。这种现象通常称为配位体的酸效应。

例如,在酸性介质中,F^-离子能与 Fe^{3+}离子生成$[FeF_6]^{3-}$配离子,$[FeF_6]^{3-}$配离子又要电离成 F^-离子与 Fe^{3+}离子,存在配位离解平衡。当酸度过大(c_{H^+}>0.5 mol/L)时,由于 H^+与 F^-结合生成了 HF 分子,降低了溶液中 F^-的浓度,使$[FeF_6]^{3-}$配离子大部分解离成 Fe^{3+},原有的平衡被破坏。反应如下:

$$[FeF_6]^{3-} \rightleftharpoons Fe^{3+} + 6F^-$$

$$+$$

$$6H^+ \rightleftharpoons 6HF$$

总反应为：$[FeF_6]^{3-}+6H^+ \rightleftharpoons Fe^{3+}+6HF$

$$K^{\ominus}=\frac{c_{Fe^{3+}} \cdot c_{HF}^6}{c_{[FeF_6]^{3-}} \cdot c_{H^+}^6}=\frac{c_{Fe^{3+}} \cdot c_{HF}^6}{c_{[FeF_6]^{3-}} \cdot c_{H^+}^6} \times \frac{c_{F^-}^6}{c_{F^-}^6}=\frac{1}{K_{稳}^{\ominus} \cdot (K_a^{\ominus})^6} \tag{3.21}$$

当溶液中氢离子浓度降低，酸度降低，金属离子发生水解生成氢氧化物沉淀，配离子稳定性下降，这种作用称为金属离子的水解作用。

$$Fe^{3+}+3H_2O \rightleftharpoons Fe(OH)_3$$

故酸度太高或太低都影响配离子的稳定性，必须控制溶液的酸度在合适的范围内。上式反应中，酸度对配位反应的影响程度与配离子的稳定常数有关，与配位剂生成的弱酸的强度有关。

2）沉淀反应对配位离解平衡的影响

沉淀反应与配位平衡实质是沉淀剂和配位剂共同争夺中心离子的过程。例如，用浓氨水可将氯化银溶解。这是由于沉淀物中的金属离子与所加的配位剂形成了稳定的配合物，导致沉淀的溶解，其过程为

$$AgCl(s) \rightleftharpoons Ag^+ + Cl^-$$

$$+$$

$$2NH_3 \rightleftharpoons [Ag(NH_3)_2]^+$$

即 $$AgCl(s)+2NH_3 \rightleftharpoons [Ag(NH_3)_2]^+ + Cl^-$$

该反应的平衡常数为

$$K^{\ominus}=\frac{c_{[Ag(NH_3)_2^+]} \cdot c_{Cl^-}}{c_{NH_3}^2}=\frac{c_{[Ag(NH_3)_2^+]} c_{Cl^-} \cdot c_{Ag^+}}{c_{NH_3}^2 \cdot c_{Ag^+}}=K_{稳}^{\ominus} \cdot K_{sp}^{\ominus} \tag{3.22}$$

例如，在$[Cu(NH_3)_4]^{2+}$溶液中加入Na_2S溶液，就有CuS沉淀生成，配离子原有平衡被破坏，其过程可表示为

$$[Cu(NH_3)_4]^{2+} \rightleftharpoons Cu^{2+} + 4NH_3$$

$$+$$

$$S^{2-} \rightleftharpoons CuS\downarrow$$

总反应为

$$[Cu(NH_3)_4]^{2+}+S^{2-} \rightleftharpoons CuS\downarrow+4NH_3$$

$$K^{\ominus}=\frac{c_{NH_3}^4}{c_{[Cu(NH_3)_4]^{2+}} \cdot c_{S^{2-}}}=\frac{c_{NH_3}^4}{c_{[Cu(NH_3)_4]^{2+}} \cdot c_{S^{2-}}} \times \frac{c_{Cu^{2+}}}{c_{Cu^{2+}}}$$

$$=\frac{1}{K_{[Cu(NH_3)_4]^{2+}}^{\ominus} \cdot K_{sp(CuS)}^{\ominus}}$$

由上述两个平衡常数表达式可以看出，沉淀能否被溶解或配合物能否被破坏，主要取决于沉淀物的$K_{sp}^{\ominus}$和配合物$K_{稳}^{\ominus}$的值。同时，还取决于所加的配位剂和沉淀剂的用量。

【例题 3.23】 计算完全溶解0.01 mol 的 AgCl 和完全溶解0.01 mol 的 AgBr，至少需要1 L 多大浓度的氨水？已知 AgCl 的 $K_{sp}^{\ominus}=1.8\times10^{-10}$，AgBr 的 $K_{sp}^{\ominus}=5.0\times10^{-13}$，$[Ag(NH_3)_2]^+$的 $K_{稳}^{\ominus}=1.12\times10^7$。

解 假定 AgCl 溶解全部转化为$[Ag(NH_3)_2]^+$，则氨一定是过量的。因此，可忽略$[Ag(NH_3)_2]^+$的离解产生的 NH_3，所以平衡时$[Ag(NH_3)_2]^+$的浓度为 0.01 mol/L，Cl^-的浓度为 0.01 mol/L，反应为

$$AgCl+2NH_3 \rightleftharpoons [Ag(NH_3)_2]^+ + Cl^-$$

$$K^{\ominus}=\frac{c_{[Ag(NH_3)_2]^+}c_{Cl}}{c_{NH_3}^2}=\frac{c_{[Ag(NH_3)_2]^+}c_{Cl^-}}{c_{NH_3}^2}\times\frac{c_{Ag^+}}{c_{Ag^+}}$$

$$=K_{稳[Ag(NH_3)_2]^+}^{\ominus}\times K_{sp\ AgCl}^{\ominus}=1.12\times10^7\times1.8\times10^{-10}$$

$$=2.02\times10^{-3}$$

$$c_{NH_3}=\sqrt{\frac{c_{[Ag(NH_3)_2]^+}\cdot c_{Cl^-}}{2.02\times10^{-3}}}=\sqrt{\frac{0.01\times0.01}{2.02\times10^{-3}}}=0.22(mol/L)$$

在溶解的过程中与 AgCl 反应需要消耗氨水的浓度为 2×0.01＝0.02 mol/L，所以氨水的最初浓度为：0.22+0.02＝0.24 mol/L。

同理，完全溶解0.01mol 的 AgBr，设平衡时氨水的平衡浓度为 y mol/L

$$AgCl+2NH_3 \rightleftharpoons [Ag(NH_3)_2]^+ + Cl^-$$

$$K^{\ominus}=\frac{c_{[Ag(NH_3)_2]^+}c_{Br^-}}{c_{NH_3}^2}=\frac{c_{[Ag(NH_3)_2]^+}c_{Br^-}}{c_{NH_3}^2}\times\frac{c_{Ag^+}}{c_{Ag^+}}$$

$$=K_{稳[Ag(NH_3)_2]^+}^{\ominus}\times K_{sp\ AgBr}^{\ominus}=1.12\times10^7\times5.0\times10^{-13}$$

$$=5.99\times10^{-6}$$

$$c_{NH_3}=\sqrt{\frac{c_{[Ag(NH_3)_2]^+}\cdot c_{Br^-}}{5.99\times10^{-6}}}=\sqrt{\frac{0.01\times0.01}{5.99\times10^{-6}}}=4.09(mol/L)$$

所以，溶解0.01 mol 的 AgBr 需要的氨水的浓度是4.09+0.02＝4.11 mol/L。

可以看出，同样是0.01mol 的固体，由于两者的 $K_{sp}^{\ominus}$相差较大，导致溶解需要的氨水的浓度有很大的差别。

【例题 3.24】 向0.1 mol/L 的$[Ag(CN)_2]^-$配离子溶液（含有0.10 mol/L 的 CN^-）中加入 KI 固体，假设 I^-的最初浓度为0.1 mol/L，有无 AgI 沉淀生成？（已知$[Ag(CN)_2]^-$的 $K_{稳}^{\ominus}=1.0\times10^{21}$，AgI 的 $K_{sp}^{\ominus}=8.3\times10^{-17}$）

解 设$[Ag(CN)_2]^-$配离子离解所生成的 $c_{Ag^+}=x$ mol/L

	Ag^+ +	2 CN^- $\rightleftharpoons$	$[Ag(CN)_2]^-$
初始浓度(mol/L)	0	0.10	0.10
平衡浓度(mol/L)	x	$2x+0.10$	$0.10-x$

$[Ag(CN)_2]^-$解离度较小,故 $0.10-x\approx 0.1$,代入 $K^{\ominus}_{稳}$表达式得

$$K^{\ominus}_{稳}=\frac{c_{[Ag(CN)_2]^-}}{c^2_{CN}\cdot c_{Ag^+}}=\frac{0.10}{x(0.10)^2}=1.0\times 10^{21}$$

解得　$x=1.0\times 10^{-20}$ mol/L,即 $c_{Ag^+}=1.0\times 10^{-20}$ mol/L

$$c_{Ag^+}\cdot c_{I^-}=1.0\times 10^{-20}\times 0.1=1.0\times 10^{-21}<K^{\ominus}_{sp(AgI)}=8.3\times 10^{-17}$$

答:向 0.1 mol/L 的$[Ag(CN)_2]^-$配离子溶液(含有 0.10 mol/L 的 CN^-)中加入 KI 固体,没有 AgI 沉淀产生。

3)配位平衡之间的转化

在配位反应中,一种配离子可以转化成更稳定的配离子,即平衡向生成更难解离的配离子方向移动。两种配离子的稳定常数相差越大,则转化反应越容易发生。

如$[HgCl_4]^{2-}$与 I^-反应生成$[HgI_4]^{2-}$,$[Fe(NCS)_6]^{3-}$与 F^-反应生成$[FeF_6]^{3-}$,其反应式如下:

$$[HgCl_4]^{2-}+4I^- \rightleftharpoons [HgI_4]^{2-}+4Cl^-$$

$$[Fe(NCS)_6]^{3-}+6F^- \rightleftharpoons [FeF_6]^{3-}+6SCN^-$$

血红色　　　　　　　　无色

这是由于,$K^{\ominus}_{稳[HgI_4]^{2-}}>K^{\ominus}_{稳[HgCl_4]^{2-}}$;$K^{\ominus}_{稳[FeF_6]^{3-}}>K^{\ominus}_{稳[Fe(NCS)_6]^{3-}}$之故。

【例题 3.25】　计算反应$[Ag(NH_3)_2]^+ +2CN^- \rightleftharpoons [Ag(CN)_2]^- +2NH_3$ 的平衡常数,并判断配位反应进行的方向。

解　查表得,$K^{\ominus}_{稳}[Ag(NH_3)_2]^+=1.12\times 10^7$,$K^{\ominus}_{稳}[Ag(CN)_2]^-=1.0\times 10^{21}$

$$K^{\ominus}=\frac{c_{[Ag(CN)_2]^-}\cdot c^2_{NH_3}}{c_{[Ag(NH_3)_2]^+}\cdot c^2_{CN^-}}=\frac{c_{[Ag(CN)_2]^-}\cdot c^2_{NH_3}}{c_{[Ag(NH_3)_2]^+}\cdot c^2_{CN^-}}\cdot\frac{c_{Ag^+}}{c_{Ag^+}}$$

$$=\frac{K^{\ominus}_{稳[Ag(CN)_2]^-}}{K^{\ominus}_{稳[Ag(NH_3)_2]^+}}=\frac{1.0\times 10^{21}}{1.0\times 10^{7}}=9.09\times 10^{13}$$

答:反应向生成$[Ag(CN)_2]^-$的方向进行。

通过以上讨论我们得知,形成配合物后,物质的溶解性、酸碱性、颜色等都会发生改变。在溶液中,配位解离平衡常与沉淀溶解平衡、酸碱平衡等发生相互竞争。利用这些关系,使各平衡相互转化,可以实现配合物的生成或破坏,以达到科学实验或生产实践的需要。

知识拓展

波尔多液的故事

“波尔多液”是一种杀菌剂，能防治果树、水稻、棉花、烟草等不同植物的病菌。波尔多液是由硫酸铜、生石灰和水按比例 1∶1∶100 混合配制而成，它的发现有一段有趣的故事。

1882 年的秋天，法国人米拉德氏发现波尔多城附近很多葡萄树都受到病菌的侵害，只有公路两旁的几行葡萄树依然果实累累，没有遭到危害。他感到奇怪，就去请教管理这些葡萄树的园工。园工告诉他，他们把白色的石灰水和蓝色的硫酸铜溶液分别洒到路旁的葡萄树上，在葡萄叶上留下白色和蓝色的痕迹，使过路人以为是喷洒了毒药，从而打消偷食葡萄的念头。

米拉德氏经过这件事情的启发，用石灰水和硫酸铜溶液对其他植物进行反复试验，终于发现了石灰水和硫酸铜溶液的混合物几乎对所有植物病菌均有杀菌作用，为了纪念在波尔多城所得的启发，米拉德氏就把由硫酸铜、生石灰和水按一定比例制成的溶液称为“波尔多液”。

本章小结

一、物质的量

1. 物质的量是国际单位制中 7 个基本物理量之一，它是对宏观物质量数的多少的描述。

2. 1 mol 任何物质均含有阿伏伽德罗常数个微粒。阿伏伽德罗常数用 N_0 表示，其数值为 6.02×10^{23}。

3. 1 mol 物质的质量称为该物质的摩尔质量，用 M 表示，单位为 g/mol。

摩尔质量、物质的质量、物质的量的关系：

$$物质的量=\frac{物质的质量}{摩尔质量}$$

$$n=\frac{m}{M}$$

式中 n——物质的量，mol；

m——物质的质量，g；

M——摩尔质量，g/mol。

4. 在标准状态下，1 mol 任何气体所占的体积都约为 22.4 L，我们把这个体积称为该气体的摩尔体积，用 V_m 表示，L/mol。

二、溶液的浓度

1. 溶液的浓度是指一定量的溶液里所含溶质的量。

2. 物质的量浓度是指1 L溶液中所含溶质物质的量来表示的浓度。其表达式为

$$c_B=\frac{n_B}{V}$$

物质的量、质量、微粒数目、气体体积、物质的量浓度之间的关系如下：

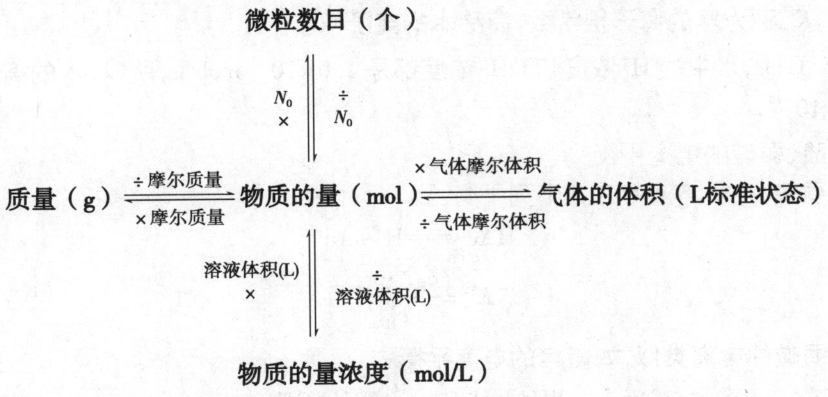

物质的量溶液浓度的配制：一般分6个步骤，即计算⟶称量（量取）⟶溶解⟶移液⟶定容⟶摇匀。

三、电离平衡

1. 电解质是指在水溶液里或熔融状态下能够导电的化合物。

2. 根据电解质的电离程度，电解质一般可分为强电解质和弱电解质。在水溶液中完全电离的电解质称为强电解质，在水溶液中只有部分电离的电解质称为弱电解质。

强电解质与弱电解质的区别

	强电解质	弱电解质
电离程度	完全电离	部分电离
电离过程	不可逆	可逆
溶液中粒子	离子	分子、离子
同条件下导电性	强	弱
物质类别	强酸、强碱、大多数盐	弱酸、弱碱、水

电解质在水溶液中形成自由移动离子的过程称为电离或解离。电解质的电离可以用电离方程式来表示，把用化学式和离子符号表示电离过程的式子称为电离方程式。

3. 在一定条件，当电解质分子电离成离子的速率和离子重新结合生成分子的速率相等时，溶液中电解质分子的浓度与离子的浓度均处于相对稳定状态，电离过程就达到了平衡状态，这种平衡称为电离平衡。电离平衡是相对的、暂时的、有条件的动态平衡。

4. 水的电离平衡

$$H_2O \rightleftharpoons OH^- + H^+$$

当水的电离处于平衡时：

$$K_i^{\ominus}=\frac{c_{H^+}c_{OH^-}}{c_{H_2O}}$$

$$c_{H^+}\cdot c_{OH^-}=K_w^{\ominus}$$

其中，$K_w^{\ominus}$称为水的离子积常数，简称水的离子积。

在25 ℃时，水中的H^+浓度和OH^-浓度都是1.0×10^{-7} mol/L，所以，水的离子积常数$K_w^{\ominus}=1.0\times10^{-14}$。

5. 弱酸、弱碱的电离平衡

一元弱酸，在水溶液中存在下列平衡：

$$HAc \rightleftharpoons H^+ + Ac^-$$

$$K_a^{\ominus}=\frac{c_{H^+}\cdot c_{Ac^-}}{c_{HAc}}$$

一元弱碱的电离类似，如氨水的电离平衡：

$$NH_3\cdot H_2O \rightleftharpoons NH_4^+ + OH^-$$

$$K_b^{\ominus}=\frac{c_{NH_4^+}\cdot c_{OH^-}}{c_{NH_3\cdot H_2O}}$$

近似公式：

$$\alpha\approx\sqrt{\frac{K_a^{\ominus}}{c}},\quad \alpha\approx\sqrt{\frac{K_b^{\ominus}}{c}}$$

四、溶液的酸碱性和 pH 值

1. 根据氢离子和氢氧根离子浓度的相对大小可判断溶液的酸碱性。

2. $c_{H^+}>c_{OH^-}$溶液呈酸性，c_{H^+}越大，酸性越强；$c_{H^+}=c_{OH^-}$溶液呈中性；$c_{H^+}<c_{OH^-}$溶液呈碱性，c_{OH^-}越大，碱性越强。

在浓度数值非常小时，常用溶液中氢离子浓度的负对数（pH）来表示溶液的酸碱性。

$$pH=-\lg c_{H^+}$$

例如，在25 ℃时，纯水中$c_{H^+}=10^{-7}$mol/L，所以pH=7，此时溶液显中性。当溶液中$c_{H^+}>10^{-7}$mol/L，pH<7时，溶液显酸性，且pH越小，溶液的酸性越强。当溶液中$c_{H^+}<10^{-7}$mol/L，pH>7时，溶液显碱性，且pH越大，溶液的碱性越强。

五、同离子效应与缓冲溶液

1. 在弱电解质溶液中加入与弱电解质具有相同离子的强电解质时，将使弱电解质的离解度降低，这种现象称为同离子效应。

2. 能够抵抗外加少量酸、碱或适量稀释，本身的pH值不发生明显的改变，这种溶液称为缓冲溶液。缓冲溶液具有缓冲性，是因为缓冲溶液中含有抗酸成分和抗碱成分。缓冲溶液主要有3种类型：弱酸及其弱酸盐、弱碱及其弱碱盐、多元酸的酸式盐及其次级盐。缓冲溶液pH值的计算公式为

$$pH = pK_a + \lg \frac{c_{盐}}{c_{酸}}$$

$$pOH = pK_b + \lg \frac{c_{盐}}{c_{酸}}$$

其中，$c_{酸}$、$c_{碱}$ 和 $c_{盐}$ 为缓冲溶液中的弱酸、弱碱和弱碱盐的起始浓度。

六、盐类水解平衡

1. 盐溶于水后电离出来的阴离子或阳离子与水电离出的 H^+ 或 OH^- 作用生成弱电解质的反应称为盐类的水解。

2. 盐类水解的类型：强碱弱酸盐水解显碱性；强酸弱碱盐水解显酸性；弱酸弱碱盐的水解溶液的酸碱性取决于水解生成的两种弱电解质的相对强弱，也就是取决于它们的电离常数的大小；强碱强酸盐不水解。

3. 盐类水解的计算

一元弱酸强碱盐　$c'_{OH^-} = \sqrt{K_h^{\ominus} \cdot c'_{盐}} = \sqrt{K_w^{\ominus}/K_a^{\ominus} \cdot c'_{盐}}$

一元强酸弱碱盐　$c'_{H^+} = \sqrt{K_h^{\ominus} \cdot c'_{盐}} = \sqrt{K_w^{\ominus}/K_b^{\ominus} \cdot c'_{盐}}$

4. 影响盐类水解的因素

影响盐类水解的主要因素应该是盐本身的性质，这是内因。其次影响盐类水解的因素还有温度、浓度、酸碱度，这是外因。

七、配位离解平衡

1. 配位化合物

由中心离子（或原子）和几个配体分子（或离子）以配位键相结合而形成的复杂分子或离子，通常称为配位单元。凡是含有配位单元的化合物都称作配位化合物，简称配合物。

2. 配离子命名

①命名配离子时，配位体的名称放在前，中心离子（或中心原子）名称放在后。

②配位体和中心原子的名称之间用“合”字相连。

③中心原子为离子，在金属离子的名称之后附加带圆括号的罗马数字，以表示离子的价态。

④用中文数字在配位体名称之前表明配位数。

⑤如果配合物中有多个配位体，配位体命名的排列次序为：阴离子配位体在前，中性分子配位体在后；无机配位体在前，有机配位体在后。同类配位体中，按配位原子的元素符号在英文字母表中的次序分出先后，在前面的先命名。配位原子相同，配体中原子个数少的在前面。不同配位体的名称之间用圆点分开。

3. 配位离解平衡

当配位和离解反应的速率相等时，体系所处的状态称为配位离解平衡。配离子从一个平衡状态变化到另一个平衡状态的过程称为配位平衡的移动。导致配位平衡移动的因素有：溶液酸度对配位离解平衡的影响，沉淀反应对配位离解平衡的影响，配位平衡之间的转化。

目标检测3

一、名词解释

弱电解质;化学平衡;水的离子积;离解常数;离解度;水解常数;水解度;同离子效应;缓冲溶液

二、填空题

1. 下列哪些物质是电解质,哪些是非电解质?

①金属铜 ②固态 NaCl ③O_2 ④H_2SO_4 ⑤盐酸 ⑥酒精水溶液 ⑦HCl

⑧熔融状态的 KNO_3 ⑨葡萄糖 ⑩SO_2 ⑪$NaHSO_4$ ⑫$Fe(OH)_3$

电解质__________ 非电解质__________

2. 电解质是指在______溶液里或______状态下能够导电的化合物,电解质根据它的电离程度可分为______和______。

$MgCl_2$ 的电离方程式为__________。

3. 浓度是指一定量的溶液里所含______的量,用 1 L 溶液中所含溶质物质的量来表示的浓度称______浓度,单位为______。

4. 将铁片投入稀硫酸中,溶液中______离子数目减少,______离子数目增加,______离子数目不变化。反应的离子方程式为__________。

5. 在 25 ℃时,当溶液中 $c_{H^+}>10^{-7}$mol/L,pH ______ 7 时,溶液显______性,且 pH 越小,溶液的______越强。当溶液中 $c_{H^+}<10^{-7}$mol/L,pH ______ 7 时,溶液显______性,且 pH 越大,溶液的______越强。

6. pH=2 的某酸稀释 100 倍,pH ______ 4,pH=12 的某碱稀释 100 倍,pH ______ 10。室温时,将 pH=5 的 H_2SO_4 溶液稀释 10 倍,$c_{H^+}:c_{SO_4^{2-}}=$______,将稀释后的溶液再稀释 100 倍,$c_{H^+}:c_{SO_4^{2-}}=$______。

7. 血液的正常 pH 值范围是______,若超出这个范围人就会出现不同程度的______或______。

8. 写出下列配合物的化学式:

(1)六氟合铝(Ⅲ)酸__________;

(2)二氯化三乙二胺合镍(Ⅱ)__________;

(3)氯化二氯·四水合铬(Ⅲ)__________;

(4)六氰合铁(Ⅱ)酸铵__________。

9. 配合物 $Ni(CO)_4$ 中配位体是______;配位原子是______;配位数是______;命名为__________。

10. 配合物 $K_3[Al(C_2O_4)_3]$ 的配位体是______,配位原子是______,配位数是______,命名为__________。

三、判断题

1. 饱和溶液一定是浓溶液,但浓溶液有可能是不饱和溶液。 ( )

2. 溶液的浓度是反映溶液浓稀程度的标准。 ( )

3. 物质的量浓度与质量摩尔浓度的数值几乎相等。 ( )

4. 水的标准离子积常数 $K_w^\ominus$ 为 1×10^{-14}。 ( )

5. 水的标准离子积常数 $K_w^\ominus$ 是计算水溶液中 c_{H^+} 和 c_{OH^-} 的重要依据。 ( )

6. pH 值等于 6，则溶质为弱酸。 ( )

7. pH 值相同的强酸与弱酸中，c_{H^+} 物质的量浓度相同。 ( )

8. 缓冲溶液就是能抵抗外来酸碱影响，保持 pH 绝对不变的溶液。 ( )

9. 缓冲溶液被稀释后，溶液的 pH 基本不变，故缓冲容量基本不变。 ( )

10. 混合溶液一定是缓冲溶液。 ( )

11. HAc 溶液和 NaOH 溶液混合可以配成缓冲溶液，条件是 NaOH 比 HAc 的物质的量适当过量。 ( )

12. 因 NH_4Cl-$NH_3\cdot H_2O$ 缓冲溶液的 pH>7，所以不能抵抗少量的强碱。 ( )

13. 配合物由内界和外界两部分组成。 ( )

14. 配离子的 $K_f^\ominus$ 越大，该配离子的稳定性越大。 ( )

四、选择题

1. 下列说法正确的是( )。

A. 氯化钠溶液能导电，氯化钠溶液是电解质。

B. 固态氯化钠不导电，但氯化钠是电解质。

C. 铜能导电，所以铜是电解质。

D. $BaSO_4$ 的水溶液不能导电，所以 $BaSO_4$ 是非电解质。

2. 把 25 ℃含有少量未溶解 KNO_3 晶体的饱和溶液加热到 80 ℃，变成不饱和溶液，这时溶液的浓度是( )。

A. 不变　　B. 增大　　C. 减少　　D. 无法判断

3. 在一定温度下稀释某一饱和溶液时，下列各量不变的是( )。

A. 溶液的质量　　B. 溶剂的质量

C. 溶质的质量　　D. 溶液的浓度

4. 将 50 g10% 的硫酸溶液跟 50 g 20% 的硫酸溶液混合后，溶液的浓度为( )。

A. 不变　　B. 5%　　C. 15%　　D. 30%

5. 在 25 ℃时，下列溶液中碱性最强的是( )。

A. pH=11 的溶液　　B. $c_{OH^-}=0.12$ mol/L 的溶液

C. 1 L 溶液中含有 4 g NaOH 的溶液　　D. $c_{H^+}=1\times10^{-10}$ mol/L 的溶液

6. 下列叙述正确的是( )。

A. 在醋酸溶液的，pH=a 将此溶液稀释 1 倍后，溶液的 pH=b，则 $a>b$

B. 在滴有酚酞溶液的氨水里，加入 NH_4Cl 至溶液恰好无色，则此时溶液的 pH<7

C. 1.0×10^{-3} mol/L 盐酸的 pH=3.0，1.0×10^{-8} mol/L 盐酸的 pH=8.0

D. 1 mL pH=1 的盐酸与 100 mL NaOH 溶液混合后 pH=7，则 NaOH 溶液的 pH=11

7. 在 1 mol/L 的稀盐酸中通入 H_2S 气体，并使之饱和，已知 $c_{H_2S}=0.1$ mol/L，则溶液中 H^+

的浓度为(　　)。

A. 1 mol/L　　B. 1.1 ~1.2 mol/L

C. 1.2 mol/L　　D. 无法确定

8. 在 25 ℃时,某稀溶液的 $c_{H^+}=1\times10^{-13}$ mol/L。下列有关该溶液的说法正确的是(　　)。

A. 该溶液一定呈酸性

B. 该溶液酸碱性不能判断

C. 该溶液的 pH 值为 1

D. 该溶液的 pH 值为 13

9. 物质的量浓度均为 0.01 mol/L 的一元酸和一元碱两种溶液,其 pH 分别为 3 和 12,两种溶液等体积混合后溶液的 pH(　　)。

A. ≥7　　B. >7　　C. ≤7　　D. =7

10. 下列溶液一定呈中性的是(　　)。

A. pH=7 溶液

B. 由强酸、强碱等物质的量反应得到的溶液

C. $c_{H^+}=c_{OH^-}$ 的溶液

D. 非电解质溶于水得到的溶液

11. 下列溶液肯定呈酸性的是(　　)。

A. 含 H^+ 的溶液　　B. 能使酚酞显无色的溶液

C. pH<7 的溶液　　D. $c_{OH^-}<c_{H^+}$ 的溶液

12. 常温下,某溶液中由水电离产生的 $c_{H^+}=1\times10^{-11}$ mol/L,则该溶液的 pH 可能是(　　)。

A. 4　　B. 7　　C. 8　　D. 11

13. 下列说法中正确的是(　　)。

A. Na_2CO_3 水解的主要产物有 CO_2

B. 醋酸铵溶液呈中性,是由于醋酸铵不会发生水解

C. 盐的水解可视为中和反应的逆反应

D. 某些盐的水溶液呈中性,这些盐一定是强酸强碱盐

14. 关于盐类水解反应的说法正确的是(　　)。

A. 溶液呈中性的盐一定是强酸强碱生成的盐

B. 含有弱酸根离子的盐的水溶液一定呈碱性

C. 盐溶液的酸碱性主要决定于形成盐的酸和碱的酸碱性相对强弱

D. 同浓度的 NH_4Cl 和 NaCl pH 之和大于 14

15. 实验室在配制硫酸铁溶液时,先把硫酸铁晶体溶解在稀 H_2SO_4 中,再加水稀释至所需浓度,如此操作的目的是(　　)。

A. 促进硫酸铁水解　　B. 抑制硫酸铁水解

C. 提高溶液的 pH　　D. 提高硫酸铁的溶解度

16. 在下列各组离子中,能大量共存的是(　　)。

A. Ag^+、NO_3^-、Na^+、Cl^-　　B. K^+、HCO_3^-、Cl^-、Al^{3+}

C. NO_3^-、Fe^{2+}、H^+、Br^-　　D. K^+、Cl^-、SO_4^{2-}、NH_4^+

五、写出下列物质的电离方程式

1. $Mg(NO_3)_2$　　2. H_2SO_4　　3. $Ba(OH)_2$　　4. $NaHCO_3$

5. HAc　　6. $NH_3 \cdot H_2O$　　7. H_3PO_4　　8. $Cu(OH)_2$

六、将下列离子方程式改写成相应的化学方程式

1. $S^{2-}+2H^+ \longrightarrow H_2S\uparrow$

2. $Cu^{2+}+S^{2-} \longrightarrow CuS\downarrow$

3. $Zn+Cu^{2+} \longrightarrow Cu+Zn^{2+}$

七、写出下列反应的离子方程式

1. Na_2CO_3 溶液与 $Ba(OH)_2$ 溶液反应

2. 稀硝酸与 $Cu(OH)_2$ 反应

3. 铁片加入 $CuSO_4$ 溶液中

八、简答题

1. 试选用一简单方法,测定酒精里是否含有水?

2. 在一定温度下,两杯氯化钠溶液,它们的密度不同,能知道它们的浓度是否相同吗?

3. 怎样读出量筒里液体的体积数?

4. 有两瓶 pH=3 的 HCl 和 CH_3COOH。现只有石蕊试液、酚酞试液、pH 试纸和蒸馏水。简述如何用最简便的实验方法来判断哪瓶是强酸。

5. 物质的量溶液配制步骤和使用的仪器。

6. 缓冲溶液是如何发挥缓冲作用的?

7. 何谓 pH,pOH 及 $pK_w^\ominus$? 三者之间有什么关系?

8. 影响盐类水解的因素有哪些? 增大或抑制盐类的水解作用在实际工作中有哪些应用? 举例说明。

9. 下列盐的水溶液显酸性、碱性还是中性? 说明理由,并写出有关水解方程式?

(1)硫酸铵;(2)硫化钾;(3)氯化钾;(4)碳酸氢钠。

10. 锅炉水垢的主要成分为 $CaCO_3$、$CaSO_4$、$Mg(OH)_2$,在处理水垢时,通常先加入饱和 Na_2CO_3 溶液浸泡,然后再向处理后的水垢中加入 NH_4Cl 溶液,请你思考:

加入饱和 Na_2CO_3 溶液后,水垢的成分发生了什么变化? 说明理由;NH_4Cl 溶液的作用是什么? 请描述所发生的变化。

11. 为什么医学上常用 $BaSO_4$ 作为内服造影剂"钡餐",而不用 $BaCO_3$ 作为内服造影剂"钡餐"?

九、计算题

1. 配置 1 000 mL 溶质质量分数为 10% 的稀硫酸,需要溶质质量分数为 98% 的浓硫酸多少毫升? (10% 的稀硫酸的密度为 1.07 g/cm^3,98% 的为 1.84 g/cm^3)? 需要多少克水?

2. 将 100 g 质量分数为 95.0% 的浓硫酸缓缓加入 400 g 水中,配制成溶液,测得此溶液的密度为 1.13 g/cm^3,计算溶液的:(1)质量分数;(2)物质的量浓度;(3)质量摩尔浓度;(4)硫酸和水的摩尔分数。

3. 在 25 ℃时，pH=1 的盐酸溶液 1 L 与 pH=4 的盐酸溶液 1 000 L 混合，混合后溶液的 pH 值等于多少？

4. 在 25 ℃时，100 mL 0.6 mol/L 的盐酸与等体积 0.4 mol/L 的 NaOH 溶液混合后，溶液的 pH 值等于多少？

5. 已知在室温下，醋酸的电离度为 2%，其电离平衡常数为 $K_a=1.75\times10^{-5}$。试计算醋酸的物质的量的浓度。

6. 若欲使氨水溶液中氢氧根离子浓度为 1.5×10^{-3} mol/L，氨水浓度应为多少？

7. 计算下列各溶液的 pH：

(1) 0.010 mol/L HCl 溶液；

(2) 0.010 mol/L HCN 溶液；

(3) 0.010 mol/L NaOH 溶液；

(4) 0.010 mol/L $NH_3\cdot H_2O$ 溶液。

8. 以 pH 为 0.7 的 HCl 溶液和 pH 为 13.6 的 NaOH 溶液制备 100 mL pH=12 的溶液，问每种溶液各需要多少毫升？

9. 现有 NH_3 和 NH_4Cl 组成的缓冲溶液，试计算：

(1) 若 $c_{NH_3}/c_{NH_4^+}=4.5$，该缓冲溶液的 pH 等于多少？

(2) 当该缓冲溶液的 pH=9.00 时，$c_{NH_3}/c_{NH_4^+}$ 等于多少？

10. 若配置 500 mL pH 为 9 且含铵离子浓度为 1 mol/L 的缓冲溶液，需要密度为 0.904 g/cm^{-3}，含氨 26% 的浓氨水多少毫升和固体 NH_4Cl 多少克？

第4章 氧化还原与电极电势

【学习目标】

- 掌握氧化还原的本质及氧化还原反应方程式的配平。
- 熟悉电极电势的概念、影响因素及应用。
- 能利用能斯特方程式计算非标准状态下的电极电势。

4.1 氧化还原反应的基本概念

氧化还原反应是自然界普遍存在的一类化学反应,它不仅在工农业生产和日常生活中具有重要意义,而且对生命过程也具有重要作用。生物体内的许多反应都直接或间接地与氧化还原反应相关。

4.1.1 氧化数

氧化还原反应是物质间有电子转移(电子得失或共用电子对偏移)的反应。在氧化还原反应中,物质失去电子的反应是氧化反应,物质得到电子的反应是还原反应。这两个反应是相互依存、同时发生的,可见氧化还原反应的实质是反应物之间电子的得失。

许多氧化还原反应只是发生了电子偏移,为了更准确地描述和研究氧化还原反应,国际应用化学联合会于1970年提出了氧化数的概念,以氧化数来表示各元素在化合物中所处的化合状态。氧化数是指元素在形式上或外观上所带的电荷数。根据此定义,确定氧化数的规则如下:

①单质中元素的氧化数为零。如 H_2、O_2、Fe 等物质中元素的氧化数都为零。

②氢在一般化合物中的氧化数为+1。如 H_2O、HCl 等物质中氢的氧化数为+1。但在金属氢化物(如 $LiAlH_4$)和硼氢化物(如 B_2H_6)中为-1。

③氧的氧化数一般为 2,但在过氧化物(如 H_2O_2)中为-1,在超氧化物(如 NaO_2)中为 1/2。

④氟的氧化数皆为-1,碱金属的氧化数皆为+1,碱土金属的氧化数皆为+2。

⑤简单离子的氧化数等于离子的电荷。如 Ca^{2+} 中钙的氧化数为+2。

⑥在共价化合物中,共用电子对偏向于电负性大的元素的原子,原子的“形式电荷数”即为它们的氧化数,如 HCl 中的 H 的氧化数为+1,Cl 的氧化数为-1。

⑦分子或离子的总电荷数等于各元素氧化数的代数和。分子的总电荷数等于零。

4.1.2 氧化还原电对及氧化还原半反应

1)氧化和还原

凡是物质的氧化数有变化的反应,就称为氧化还原反应,元素氧化数升高的变化称为氧化,氧化数降低的变化称为还原。

2)氧化剂和还原剂

在氧化还原反应中,如果组成某物质的原子或离子氧化数升高,此物质为还原剂。还原剂使另一物质还原,其本身在反应中被氧化,它的反应产物称为氧化产物;反之,如果组成某物质的原子或离子氧化数降低,则为氧化剂。氧化剂使另一物质氧化,其本身在反应中被还原。它的反应产物称为还原产物。

3）氧化还原电对与半反应

氧化和还原过程是同时进行的，所以典型的氧化还原反应可由一个氧化反应和一个还原反应组成。例如反应

$$Zn+Cu^{2+} \rightleftharpoons Zn^{2+}+Cu$$

是由Zn失去2个电子成为Zn^{2+}的氧化反应和Cu^{2+}得2个电子成为Cu的还原反应组成，上述反应可分别表示为

$$Zn-2e^{-} \rightleftharpoons Zn^{2+} \qquad 氧化反应$$

$$Cu^{2+}+2e^{-} \rightleftharpoons Cu \qquad 还原反应$$

将这两个反应合并消去电子则可称为总的氧化还原反应。这里我们把上述的氧化反应或还原反应称为氧化还原反应的半反应。

半反应中氧化数较高的物质称为氧化态（如Zn^{2+}）；氧化数较低的物质称为还原态（如Zn）。半反应中的氧化态和还原态是彼此依存、相互转化的，这种共轭的氧化还原体系称为氧化还原电对，电对用"氧化态/还原态"表示，如Cu^{2+}/Cu。半反应可用通式表示为

$$氧化型+ne^{-} \longrightarrow 还原型$$

4.1.3 氧化还原反应方程式的配平

配平氧化还原反应式要遵循两项守恒原则：即反应前后原子数目守恒、电荷数守恒。配平氧化还原反应式常用的方法有氧化数法和离子-电子法两种。

1）氧化数法

根据氧化还原反应中元素氧化数的改变，按照氧化数增加数与氧化数降低数必须相等的原则来确定氧化剂和还原剂分子式前面的系数，再根据质量守恒定律配平非氧化还原部分的原子数目。

如配平硫化亚铜与硝酸反应的化学方程式，步骤如下：

①写出未配平的反应式，并将有变化的氧化数注明在相应的元素符号的上方。

$$\overset{+1}{Cu_2}\overset{-2}{S}+H\overset{+5}{N}O_3 \longrightarrow \overset{+2}{Cu_2}(NO_3)_2+H_2\overset{+6}{S}O_4+\overset{+2}{N}O\uparrow$$

②按最小公倍数的原则，即氧化剂氧化数降低总和等于还原剂氧化数升高总和，在氧化剂和还原剂分子式中乘以适当的系数，使二者绝对值相等。

氧化数升高数：	Cu	$2\times[(+2)-(+1)]=+2$	$\times 3=30$
	S	$(+6)-(-2)=+8$	
氧化数降低数：	N	$(+2)-(+5)=-3$	

③将系数分别写入还原剂和氧化剂的化学式中，并配平氧化数有变化的元素原子个数：

$$3\overset{+1}{Cu_2}\overset{-2}{S}+10H\overset{+5}{N}O_3 \longrightarrow 6\overset{+2}{Cu}(NO_3)_2+3H_2\overset{+6}{S}O_4+10\overset{+2}{N}O\uparrow$$

④配平其他元素的原子数，必要时可加上适当数目的酸、碱及水分子。上式右边有12个未被还原的NO_3^-，所以左边要增加12个HNO_3，即

$$3\overset{+1}{Cu_2}\overset{-2}{S}+22H\overset{+5}{N}O_3 \longrightarrow 6\overset{+2}{Cu}(NO_3)_2+3H_2\overset{+6}{S}O_4+10\overset{+2}{N}O\uparrow$$

⑤再检查氢和氧原子数，显然在反应式右边应配上8个H_2O，两边各元素的原子数目相等后，把箭头改为等号。即

$$3\overset{+1}{Cu_2}\overset{-2}{S}+22H\overset{+5}{N}O_3 = 6\overset{+2}{Cu}(NO_3)_2+3H_2\overset{+6}{S}O_4+10\overset{+2}{N}O\uparrow+8H_2O$$

2)离子-电子法

离子-电子法是根据在氧化还原反应中，氧化剂和还原剂得失电子总数相等的原则来配平的（适用于配平水溶液中的反应）。

配平原则：①氧化剂与还原剂得失电子总数必定相等；

②反应前后每种元素的原子个数必须相等。

如用离子-电子法配平高锰酸钾和亚硫酸钾在稀硫酸中的反应

$$KMnO_4+K_2SO_3+H_2SO_4 \xrightarrow{H^+} MnSO_4+K_2SO_4+H_2O$$

步骤如下：

①将化学反应式改写成离子反应

$$MnO_4^-+SO_3^{2-}+SO_4^{2-} \longrightarrow Mn^{2+}+SO_4^{2-}+H_2O$$

②将离子反应分解为两个半反应

还原半反应 $MnO_4^- \longrightarrow Mn^{2+}$

氧化半反应 $SO_3^{2-} \longrightarrow SO_4^{2-}$

③配平半反应。首先配平原子数，然后再加上适当电子数配平电荷数。

$$MnO_4^-+8H^++5e^- \longrightarrow Mn^{2+}+4H_2O$$

$$SO_3^{2-}+H_2O-2e^- \longrightarrow SO_4^{2-}+2H^+$$

④找出得失电子数的最小公倍数，将半反应各项分别乘以相应系数，使得失电子数相等，然后两式相加、整理，即得配平的离子反应方程式：

$$MnO_4^-+8H^++5e^- \longrightarrow Mn^{2+}+4H_2O \quad \times 2$$

$$SO_3^{2-}+H_2O-2e^- \longrightarrow SO_4^{2-}+2H^+ \quad \times 5$$

⑤加上未参与氧化还原反应的离子，改写成分子方程式，核对两边各元素原子数相等，完成方程式配平。

$$2KMnO_4+5K_2SO_3+3H_2SO_4 = 2MnSO_4+6K_2SO_4+3H_2O$$

在半反应方程式中，如果反应物和生成物内所含的氧原子数目不同，可根据介质的酸碱性，分别在半反应方程式中加 H^+ 或 OH^- 或 H_2O，并利用水的解离平衡使方程式两边的氧原子数相等。不同介质条件下配平氧原子的经验规则见表4.1。

表4.1 配平氧原子的经验规则

介质条件	比较反应方程式两边氧原子数	配平时左边应加入物质	生成物
酸 性	(1)左边O多	H^+	H_2O
	(2)左边O少	H_2O	H^+
碱 性	(1)左边O多	H_2O	OH^-
	(2)左边O少	OH^-	H_2O
中性（或弱碱性）	(1)左边O多	H_2O	OH^-
	(2)左边O少	H_2O（中性）	H^+
		OH^-（弱碱性）	H_2O

注：此表引自叶芬霞主编，《无机及分析化学》，高等教育出版社。

4.2 原电池和电极电势

4.2.1 原电池的组成及电极反应

1)原电池的组成

当把锌片插入 $CuSO_4$ 溶液后,可以看到锌逐渐溶解,同时在锌片上不断有红色的铜沉积,且 $CuSO_4$ 溶液的蓝色逐渐变浅。这是由于发生了以下的氧化-还原反应:

$$Zn + Cu^{2+} \rightleftharpoons Zn^{2+} + Cu$$

由于 Zn 片与 $CuSO_4$ 溶液接触,电子从 Zn 直接转移给 Cu^{2+},电子的转移是无秩序的,反应放出的化学能转变成热能。随着反应的进行,溶液的温度慢慢升高。

如采用图 4.1 的装置,就可证实在此反应中确有电子的转移;在一个烧杯中放入 $ZnSO_4$ 溶液并插入锌片;在另一个烧杯中放入 $CuSO_4$ 溶液并插入铜片,两个烧杯中的溶液用盐桥(一个倒置的 U 形管,管内装满用饱和 KCl 溶液和 3% 琼脂做成的凝胶)连接起来,再用导线连接锌片和铜片,在导线之间串一检流计。此时可见检流计的指针发生偏转,这说明反应中确有电子的转移,这种借助于氧化还原反应而产生电流的装置,也就是将化学能转变为电能的装置称为原电池。

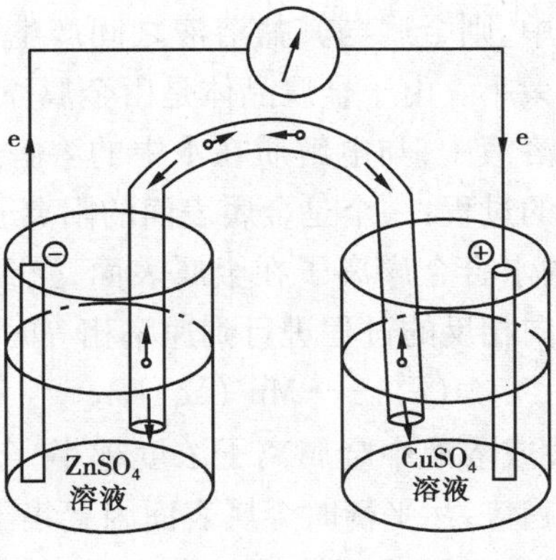

图 4.1 铜锌原电池

由检流计指针偏转方向可知,电子从锌极流向铜极,也就是电流由正极(电子流入的电极)流向负极(电子流出的电极)。

在两极发生的反应(电极反应或半电池反应)为:

负极(Zn): $Zn - 2e^- \rightleftharpoons Zn^{2+}$ 氧化反应

正极(Cu): $Cu^{2+} + 2e^- \rightleftharpoons Cu$ 还原反应

电池反应: $Zn + Cu^{2+} \rightleftharpoons Zn^{2+} + Cu$

每一种原电池都是由两个“半电池”所组成。例如,Cu-Zn 原电池就是由 Zn 和 $ZnSO_4$ 溶液、Cu 和 $CuSO_4$ 溶液所构成的两个"半电池"所组成。每个半电池含有同一元素不同氧化数的两种物质,其中高氧化数的物质称为氧化型物质,如 Cu-Zn 原电池中锌半电池的 Zn^{2+} 和铜半电池的 Cu^{2+};低氧化数的称为还原型物质,如锌半电池的 Zn 和铜半电池的 Cu。同一种元素的氧化型物质和还原型物质构成氧化还原电对,如 Zn^{2+}/Zn,Cu^{2+}/Cu。非金属单质及其相应的离子,也可以构成氧化还原电对。

2)原电池的表示及书写规定

(1)原电池的表示

为了应用方便,通常用电池符号来表示一个原电池的组成,如铜锌原电池可表示为

$$(-)\mathrm{Zn} \mid \mathrm{ZnSO_4}(C_1) \parallel \mathrm{CuSO_4}(C_2) \mid \mathrm{Cu}\ (+)$$

(2)电池符号书写有如下规定

①一般把负极写在左边,正极写在右边。

②用"|"表示界面,"‖"表示盐桥。

③要注明物质的状态,气体要注明其分压,溶液要注明其浓度。如不注明,一般指 1 mol/L或 101.33 kPa。

④某些电极反应没有导电材料,需插入惰性电极,如 Fe^{3+}/Fe^{2+},O_2/H_2O 等,通常用铂作惰性电极。惰性电极在电池符号中也要表示出来。

3)电极电势

构成原电池的两个电极的电势是不相等的,电极的电势是怎样产生的呢?

如果把金属放入其盐溶液中,则金属与其盐溶液之间产生了电势差,电势差可用来衡量金属的阳离子获得电子能力的大小。由于金属晶体是由金属原子、金属离子和自由电子所组成,因此,如果把金属放在其盐溶液中,与电解质在水中的溶解过程相似,在金属与其盐溶液的接触面上就会发生两个不同的过程:一个是金属表面的阳离子受极性水分子的吸引而进入溶液的过程;另一个是溶液中的水合金属离子在金属表面,受到自由电子的吸引而重新沉积在金属表面的过程。当两种方向相反的过程进行到速率相等时,即达到动态平衡:

$$\mathrm{M(s)} \longrightarrow \mathrm{Mn^{+}(aq)} + ne$$

不难理解,如果金属越活泼或溶液中金属离子浓度越小,金属溶解的趋势就越大于溶液中金属离子沉积到金属表面的趋势,达平衡时金属表面因聚集了金属溶解时留下的自由电子而带负电荷,溶液则因金属离子进入溶液而带正电荷,这样由正、负电荷相互吸引的结果,在金属与其盐溶液的接触面处就建立起由带负电荷的电子和带正电荷的金属离子所构成的双电层。

上述情况的结果,都是在金属与其盐溶液的界面形成双电层,如图 4.2 所示,这时金属与其盐溶液之间就产生了电势差。这种金属与其盐溶液之间的电势差称为电极电势,可用符号 E 表示,单位为 V。

电极电势的大小,主要取决于构成电极的物质的本性。就金属电极而言,金属越活泼,离解成离子的趋势就越大,达到平衡时电极电势就越低;反之,电极电势就越高。因此,电极电势可用来衡量金属在水溶液中失去电子能力的大小,即其还原能力的大小。另外,电极电势还与温度、离子活度、介质等因素有关。

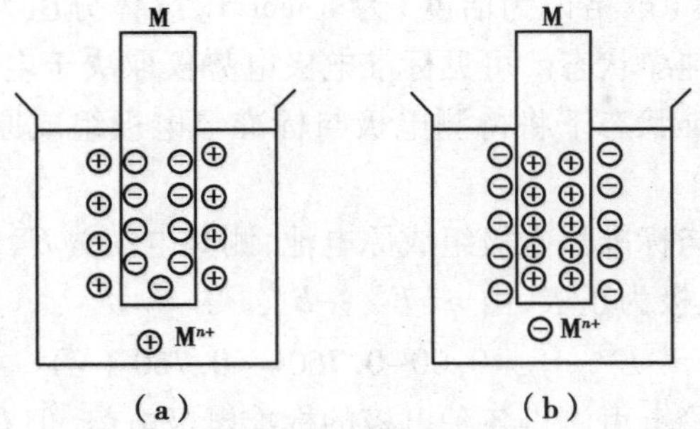

图 4.2 双电层示意图

4.2.2 标准电极电势和影响电极电势的因素

1)标准氢电极

迄今为止,人们还无法测定出电极电势的绝对值,只能测出其相对值。要测定各电极电势的相对值,就必须选用一个能用的参比电极,通常选用的参比电极为标准氢电极,如图 4.3 所示。

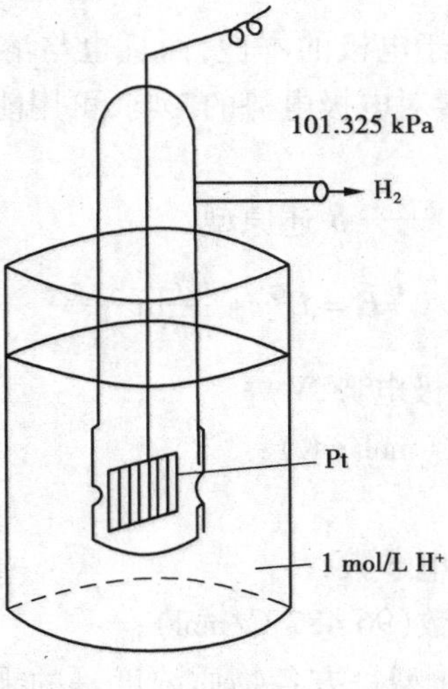

图 4.3 标准氢电极

所谓标准氢电极,就是将铂片表面镀上一层蓬松多孔的铂黑,放入 H^+ 活度为 mol/L 的酸溶液中,在 298.15 K 时不断地通入压力为 101.325 kPa 的纯氢气流,使铂黑吸附的氢气达到饱和,并使溶液也被 H_2 所饱和。这时,被铂黑吸附的 H_2 和溶液中的 H^+ 建立起了平衡:

$$2H^+ + 2e \rightleftharpoons H_2$$

被 101.325 kPa 氢气饱和的铂片和 H^+ 活度为 mol/L 的酸溶液之间所产生的电势差,就是标准氢电极的标准电极电势,规定为零。即 $E^\ominus(H^+/H_2) = 0.000$ V。有了这一规定,其他电极的标准电极电势就可以测定了。

2)标准电极电势的测定

电极处于标准状态时的电极电势称为标准电极电势,用符号 $E^\ominus$ 表示。电极的标准状态是指组成电极的离子浓度（严格说为活度）为 1 mol/L，气体分压为 101.33 kPa，温度通常为 298.15 K，液体或固体为纯净状态。可见标准电极电势仅取决于电极的本性。测定某电极的标准电极电势时，可在标准状态下将待测电极与标准氢电极组成原电池，通过测量原电池的电动势来求得。

例如，将标准锌电极与标准氢电极组成原电池，测其电动势 $E^{\ominus}=0.760$ V。由电流的方向可知，锌为负极，标准氢电极为正极，由 $\varepsilon=E^{\ominus}_{(+)}-E^{\ominus}_{(-)}$ 得

$$E^{\ominus}_{Zn^{2+}/Zn}=0.00-0.760=-0.760\ (V)$$

运用同样的方法，理论上可测得各种电极的标准电极电势，但有些电极与水剧烈反应，不能直接测得，可通过热力学数据间接求得。附录中列出了一些常用电极在 298.15 K 时的标准电极电势。

标准电极电势是物质在水溶液中作氧化剂或还原剂强弱的标度。$E^{\ominus}$ 值越小，电对中的还原态越易失去电子，是越强的还原剂。$E^{\ominus}$ 值越大，电对中的氧化态越易获得电子，是越强的氧化剂。

$E^{\ominus}$ 值反映的是电对在标准状态下得失电子的倾向，它取决于电极反应中物质的本质，而与反应式中的化学计量数无关。

3）能斯特方程式及电极电势的影响因素

电极电势的大小，不但决定于电极的本性，而且也与溶液中离子的活度、气体的压力、介质和温度等因素有关。这些因素对电极电势的影响，可用能斯特（Nernst）方程来表示。

（1）能斯特方程式

对电极反应：a 氧化型 $+\ ne^{-} \longrightarrow b$ 还原型

$$E=E^{\ominus}+\frac{RT}{nF}\ln\frac{c^{a}_{氧化型}}{c^{b}_{还原型}} \tag{4.1}$$

式中 E——非标准状态时的电极电势，V；

R——气体常数，8.314 J/(mol·K)；

T——热力学温度，K；

n——电极反应中转移的电子数；

F——法拉第（Farday）常数（96 487 C/mol）；

$c^{a}_{氧化型}$——电极反应中氧化型一方各物质浓度幂的乘积，$c^{b}_{还原型}$ 为电极反应中还原型一方各物质浓度幂的乘积，其中，各物质浓度的指数等于电极反应式中相应各物质的化学计量数。

当 $T=298.15$ K 时，将 R、F 的数值代入能斯特方程式，可得

$$E=E^{\ominus}+\frac{0.059}{n}\lg\frac{c^{a}_{氧化型}}{c^{b}_{还原型}} \tag{4.2}$$

应用能斯特方程式应注意以下两点：

①如果电对中某一物质是固体或纯液体或水溶液中的 H_2O，它们的浓度为常数，不写入能斯特方程式中。

②如果反应有气体参加，应将气体的分压与标准压力（101.33 kPa）的比值代入能斯特方程式中。

(2)电极电势的影响因素

①酸度对电极电势的影响

对于有 H^+ 或 OH^- 参加的反应,溶液酸度的改变也会使电极电势发生变化,甚至在有的电极反应中酸度会成为控制电极电势的决定因素。

【例题4.1】 已知 $Cr_2O_7^{2-}+14H^++6e \rightleftharpoons 2Cr^{3+}+7H_2O, E^\ominus=1.33\ V, c_{Cr_2O_7^{2-}}=c_{Cr^{3+}}=1\ mol/L$,求 $c_{H^+}=1\ mol/L$ 和 $c_{H^+}=0.001\ mol/L$ 时的 $E_{Cr_2O_7^{2-}/Cr^{3+}}$ 值。

解 当 $c_{H^+}=1\ mol/L$ 时,

$$E_{Cr_2O_7^{2-}/Cr^{3+}}=E^\ominus_{Cr_2O_7^{2-}}+\frac{0.059}{6}\lg\frac{c_{Cr_2O_7^{2-}}\cdot c_{(H^+)^{14}}}{c_{(Cr^{3+})^2}}$$

$$=1.33+\frac{0.059}{6}\lg\frac{1\times1^{14}}{1^2}=1.33\ (V)$$

当 $c_{H^+}=0.001\ mol/L$ 时,

$$E_{Cr_2O_7^{2-}/Cr^{3+}}=E^\ominus_{Cr_2O_7^{2-}}+\frac{0.059}{6}\lg\frac{c_{Cr_2O_7^{2-}}\cdot c_{(H^+)^{14}}}{c_{(Cr^{3+})^2}}$$

$$=1.33+\frac{0.059}{6}\lg\frac{1\times0.001^{14}}{1^2}=0.92\ (V)$$

计算结果表明,当 c_{H^+} 从 1 mol/L 下降到 0.001 mol/L 时,该电对的标准电极减小了 0.41 V。随着酸度的减小,使 $Cr_2O_7^{2-}$ 的氧化能力大大降低。也就是说,在强酸性溶液中重铬酸钾能氧化的某些物质,在弱酸性溶液中就不一定能氧化了。这也是许多氧化还原反应要在一定的酸度条件下才能进行的原因。

②浓度对电极电势的影响

由能斯特方程式可知,物质的浓度会影响电极电势的大小。对指定的电极来说,氧化型物质的浓度越大,则电极电势值越大。相反,还原型物质的浓度越大,则电极电势值越小。

【例题4.2】 $Fe^{3+}+e^- \rightleftharpoons Fe^{2+}, E^\ominus_{Fe^{3+}/Fe^{2+}}=0.771\ V$,求 $c_{Fe^{3+}}=1\ mol/L, c_{Fe^{2+}}=0.001\ mol/L$ 时,$E_{Fe^{3+}/Fe^{2+}}$ 的值。

解
$$E_{Fe^{3+}/Fe^{2+}}=E^\ominus_{Fe^{3+}/Fe^{2+}}+\frac{0.0592}{1}\lg\frac{c_{Fe^{3+}}}{c_{Fe^{2+}}}$$

$$=0.771+\frac{0.0592}{1}\lg\frac{1}{0.001}$$

$$=0.949(V)$$

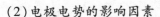

4.3 电极电势的应用

标准电极电势是化学中重要的数据之一。它可以将物质在水溶液中进行的氧化还原反应系统化。本节将从以下几个方面说明电极电势的应用。

4.3.1 用电极电势比较氧化剂和还原剂的相对强弱

1)根据电极电势表中 $E^{\ominus}$ 值的大小,可判断氧化剂和还原剂的相对强弱

【例题 4.3】 根据标准电极电势,在下列电对中找出最强的氧化剂和最强的还原剂,并列出下列各氧化型物质的氧化能力和各还原型物质的还原能力强弱的次序。

$$MnO_4^-/Mn^{2+};Fe^{3+}/Fe^{2+};I_2/I^-$$

解 由附录中查出各电对的标准电极电势为

$$E^{\ominus}_{Cr_2O_7^{2-}/Cr^{3+}}=1.33\ V \qquad E^{\ominus}_{Fe^{3+}/Fe^{2+}}=0.77\ V \qquad E^{\ominus}_{I_2/I^-}=0.54\ V$$

由 $E^{\ominus}$ 值的大小可知:

氧化型物质氧化能力强弱次序:

$$Cr_2O_7^{2-}>Fe^{3+}>I_2$$

还原型物质还原能力强弱次序:

$$I^->Fe^{2+}>Cr^{3+}$$

例题 4.3 是利用标准电极电势判断。如果已有具体条件,可根据条件电极电势进行分析。

2)用电极电势判断氧化还原反应进行的方向

根据电极电势的大小,可以预测氧化还原反应进行的方向。

【例题 4.4】 $Pb^{2+}+Sn \rightleftharpoons Pb+Sn^{2+}$,当(1)$c_{Sn^{2+}}=c_{Pb^{2+}}=1$ mol/L;(2)$c_{Sn^{2+}}=1$ mol/L,$c_{Pb^{2+}}=0.1$ mol/L。判断该反应进行的方向。

解 (1)由于各离子活度均为 1 mol/L,故可用其两个电极的标准电极电势判断反应方向。

$$E^{\ominus}(负极)= E^{\ominus}_{Sn^{2+}/Sn}=-0.136(V)$$

$$E^{\ominus}(正极)= E^{\ominus}_{Pb^{2+}/Pb}=-0.123(V)$$

$$E^{\ominus}(正极)> E^{\ominus}(负极)$$

答:该反应能自发正向进行。

(2)由于 $c_{Pb^{2+}}=0.1$ mol/L,且两个电极的标准电极电势相差很小,故需求出 E 值予以判断。

$$E_{Pb^{2+}/Pb}=E^{\ominus}_{Pb^{2+}/Pb}+\frac{0.059}{2}c_{Pb^{2+}}$$

$$=0.126+\frac{0.059}{2}\lg 10^{-1}=-0.156(V)$$

$$E(正极)=E_{Pb^{2+}/Pb}=-0.156(V)$$

$$E(负极)=E^{\ominus}_{Sn^{2+}/Sn}=-0.136(V)$$

$$E(正极)<E(负极)$$

答:该反应能逆向自发进行。

由例题4.4可知,当两个电极的标准电极电势相差不大时,各物质的浓度对反应方向起决定作用。这时就可以人为的控制反应条件,使反应向着所需要的方向进行。

3)用电极电势判断氧化还原反应进行的程度

任意一个化学反应完成的程度可以用平衡常数来衡量。氧化还原反应的平衡常数可以通过两个电对的标准电极电势求得。

【例题4.5】 计算Sn-Pb原电池反应的平衡常数。

解 $Sn + Pb^{2} \rightleftharpoons Sn^{2+} + Pb$

达到平衡时: $K=\frac{c_{Sn^{2+}}}{c_{Pb^{2+}}}$

$$E_{Pb^{2+}/Pb}=E^{\ominus}_{Pb^{2+}/Pb}+\frac{0.059}{2}\lg c_{Pb^{2+}}$$

$$E_{Sn^{2+}/Sn}=E^{\ominus}_{Sn^{2+}/Sn}+\frac{0.059}{2}\lg c_{Sn^{2+}}$$

平衡时:$E_{Pb^{2+}/Pb}=E_{Sn^{2+}/Sn}$

$$E^{\ominus}_{Pb^{2+}/Pb}+\frac{0.059}{2}\lg c_{Pb^{2+}}=E^{\ominus}_{Sn^{2+}/Sn}+\frac{0.059}{2}\lg c_{Sn^{2+}}$$

$$\lg\frac{c_{Sn^{2+}}}{c_{Pb^{2+}}}=\frac{2[E^{\ominus}_{Pb^{2+}/Pb}-E^{\ominus}_{Sn^{2+}/Sn}]}{0.059}=\frac{2[-0.126-(-0.136)]}{0.059}=0.34$$

即 $\lg K=0.34$,得 $K=2.2$

这表明金属锡与铅盐溶液的反应,进行到 Sn^{2+} 浓度是 Pb^{2+} 浓度的2.2倍时,就已达到了平衡,显然,这一反应进行得很不完全。

推广到一般情况,298.15 K时,任意氧化还原反应的平衡常数和对应电对的 $E^{\ominus}$ 值的关系可写成如下通式:

$$\lg K^{\ominus}=\frac{n\Delta E^{\ominus}}{0.0592} \tag{4.3}$$

氧化还原反应平衡常数 $K^{\ominus}$ 值的大小是直接由氧化剂和还原剂两电对的标准电极电势差决定的。电势差越大,反应也越完全。

以上讨论说明由电极电势可以判断氧化还原反应进行的方向和程度。但需指出,由电极电势的大小不能判断反应速率的快慢。一般来说,氧化还原反应的速率比中和反应和沉淀反应的速率要小一些,特别是结构复杂的含氧酸盐参加的反应更是如此。有的氧化还原反应。两个电对的电极电势差足够大,反应似乎应进行得很完全,但由于速率很小,几乎观察不到反应的发生。例如,在酸性 $KMnO_4$ 溶液中,加纯 Zn 粉,虽然电池反应的标准电极电势差为 2.27 V,但 $KMnO_4$ 的紫色却不容易褪掉。这是由于该反应速率非常慢。

知识拓展

化学电源

借助氧化还原反应把化学能直接转变为电能的装置称为化学电源,简称电池。从理论上说,任何一个能自发进行的氧化还原反应都可组成电池而产生电流,但从实用的角度考虑,化学电源应具备以下特点:供电方便,电压稳定,设备简单,使用寿命较长,造价较便宜,应用广泛等。目前,常用的化学电源有干电池、微型电池等。此外,对燃料电池的研究也不断取得进展。下面主要介绍微型电池。

微型电池也是一种蓄电池,因其体积很小,形状像纽扣,又称为纽扣电池。它由正极、负极盖、绝缘密封圈、隔离膜、负极活性材料和正极活性材料共 6 部分组成。例如,电子手表中使用的银-锌电池,其正极壳和负极盖都是由不锈钢制成的;正极活性材料是 Ag_2O 和少量石墨的混合物(石墨的作用是导电剂);负极活性材料是锌-汞齐;电解质溶液采用氢氧化钾浓溶液;绝缘密封圈是由尼龙注塑成型并涂上密封剂;隔离膜是一种有机高分子材料(如羧甲基纤维素等)。银-锌微型电池的电压可达 1.56 V。

常用的微型电池还有 Zn-MnO_2 电池、Li-MnO_2 电池等。它们具有电压平稳、使用寿命长及储存性好等优点,因此,广泛应用在电子手表、液晶显示的计算器、小型助听器上。大型纽扣电池昂贵,但高能,用于人造卫星、宇宙火箭、空间电视转播站等。锂-碘电池可应用在心脏起搏器中。

·本章小结·

1. 在反应过程中,氧化数发生变化的化学反应称为氧化还原反应。表示氧化、还原过程的方程式分别称为氧化反应和还原反应,统称为半反应。

2. 在氧化还原反应中,如果组成某物质的原子或离子氧化数升高,称此物质为还原剂。还原剂使另一物质还原,其本身在反应中被氧化,它的反应产物称为氧化产物;反之,称为氧化剂。氧化剂使另一物质氧化,其本身在反应中被还原,它的反应产物称为还原产物。

3. 配平氧化还原反应式常用的方法如下:

氧化数法:根据在氧化还原反应中,氧化剂元素氧化数降低的总数与还原剂中元素氧化数升高的总数相等的原则来配平反应式。

离子电子法:根据在氧化还原反应中,氧化剂和还原剂得失电子总数相等的原则来配平反应式。

4. 规定标准氢电极的电极电势为零,即 $E^{\ominus}_{H^+/H_2}=0.000$ V。

电极处于标准状态时的电极电势称为标准电极电势,用符号 $E^{\ominus}$ 表示。

电极的标准状态是指组成电极的离子浓度(严格说为活度)为 1 mol/L,气体分压为 101.33 kPa,温度通常为 298.15 K,液体或固体为纯净状态。

利用电极电势可判断氧化剂和还原剂的相对强弱、判断氧化还原反应进行的方向、判断氧化还原反应进行的限度。

5. 能斯特方程式是浓度、酸度对电极电势的影响式。

改变介质的酸度,电极电势必随之改变,从而改变电对物质的氧化还原能力。

对指定的电极来说,氧化型物质的浓度越大,则电极电势值越大。相反,还原型物质的浓度越大,则电极电势值越小。

目标检测4

一、填空题

1. 已知:$E^{\ominus}_{Hg^{2+}/Hg}=0.788$ V,$E^{\ominus}_{Cu^{2+}/Cu}=0.337$ V,将铜片插入 $Hg(NO_3)_2$ 溶液中,将会有________析出。其反应方程式为____________,若将上述两电对组成原电池,当增大 $c_{Cu^{2+}}$ 时,其 E 将变________,平衡将向________移动。

2. 若可逆反应 $Pb+Sn^{2+} \rightleftharpoons Pb^{2+}+Sn$ 逆向进行,则 $E^{\ominus}_{Pb^{2+}/Pb}$_______ $E^{\ominus}_{Sn^{2+}/Sn}$。(填“>”或“<”)

二、选择题

1. 利用标准电极电势表判断氧化还原反应进行的方向,正确的说法是(　　)。

A. 氧化型物质与还原型物质起反应

B. $E^{\ominus}$ 较大电对的氧化型物质与 $E^{\ominus}$ 较小电对的还原型物质起反应

C. 氧化性强的物质与还原性弱的物质起反应

D. 还原性强的物质与还原性弱的物质起反应

2. 在实验室里配制 $FeCl_3$ 溶液时,为防止水解,经常加入一些(　　)。

A. 铁钉　　B. Fe^{2+}　　C. Fe^{3+}　　D. 盐酸

三、判断题

1. 标准氢电极的电势为零,是实际测定的结果。(　　)

2. 原电池工作一段时间后,其两极电极电势差将发生变化。(　　)

3. 查得 $E^{\ominus}_{A^+/A}>E^{\ominus}_{B^+/B}$,则可以判定在标准状态下 $B^++A \rightleftharpoons B+A^+$ 是自发进行的。(　　)

四、简答题

1. 什么叫电极电势和标准电极电势？举例说明测定电极电势的原理。
2. 影响电极电势的主要因素有哪些？
3. 根据什么来判断氧化剂或还原剂的强弱？
4. 由标准电极电势表查出下列电极反应的标准电极电势并回答以下问题：

$MnO_4^- + 8H^+ + 5e \rightleftharpoons Mn^{2+} + 4H_2O$

$Ce^{4+} + e \rightleftharpoons Ce^{3+}$

$Fe^{2+} + 2e \rightleftharpoons Fe$

$Ag^+ + e \rightleftharpoons Ag$

(1)上述物质中，哪种物质是最强的还原剂？哪种物质是最强的氧化剂？

(2)哪种物质可将 Fe^{2+} 还原为 Fe？

(3)哪种物质可将 Ag^+ 还原为 Ag？

5. 当溶液中 H^+ 浓度增加时，下列氧化剂的氧化能力如何变化，为什么？

(1) Cl_2　　(2) $Cr_2O_7^{2-}$　　(3) Fe^{3+}　　(4) MnO_4^-

6. 根据标准电极电势解释下列现象：

(1) Fe^{3+} 能腐蚀 Cu，Cu^{2+} 又能腐蚀 Fe；

(2)在 Sn^{2+} 盐溶液中加 Sn 能防止空气将 Sn^{2+} 氧化；

(3) Cu^+ 在水溶液中不稳定；

(4)在 $K_2Cr_2O_7$ 溶液中加入 $FeSO_4$ 后，$K_2Cr_2O_7$ 的橙色褪去。

7. 根据标准电极电势判断在标准状态时，下列反应能否正向进行？

(1) $Zn + Pb^{2+} \longrightarrow Zn^{2+} + Pb$

(2) $2Fe^{3+} + Cu \longrightarrow 2Fe^{2+} + Cu^{2+}$

(3) $I_2 + 2Fe^{2+} \longrightarrow 2I^- + 2Fe^{3+}$

(4) $I_2 + 2Br^- \longrightarrow Br_2 + 2I^-$

五、计算题

1. 分别计算 0.100 mol/L $KMnO_4$ 和 0.100 mol/L $K_2Cr_2O_7$ 在 H^+ 浓度为 1.0 mol/L 介质中，还原一半时的电势。计算结果说明了什么？[已知 $E^{\ominus}_{MnO_4^-/Mn^{2+}} = 1.45$ V，$E^{\ominus}_{Cr_2O_7^{2-}/Cr^{3+}} = 1.00$ V]

2. 根据标准电极电势，计算 25 ℃时下列反应的平衡常数，并判断反应进行的程度。

(1) $Zn + Fe^{2+} \rightleftharpoons Zn^{2+} + Fe$

(2) $2Fe^{3+} + 2Br^- \rightleftharpoons 2Fe^{2+} + Br_2$

第5章

定量分析的概述

【学习目标】

- 了解定量分析的任务和作用，以及定量分析的主要方法和程序。
- 掌握定量分析中各种误差的来源及表示方法，明确精密度、准确度的概念及两者之间的关系。
- 掌握减免误差的方法，提高分析准确度。
- 掌握有效数字的概念及运算规则，并能在实践中灵活运用。

5.1 定量分析的任务和作用

分析化学是人们获取物质的化学组成与结构信息的科学,分析化学的任务是对物质进行组成分析和结构鉴定。物质组成的分析,主要包括定性与定量两个部分。定性分析的任务是确定物质由哪些组分(元素、离子、基团或化合物)组成;定量分析的任务是确定物质中有关组分的含量。

5.1.1 定量分析的分类

定量分析根据测定原理和操作方式,可分为化学分析法和仪器分析法。

1)化学分析法

化学分析法是以物质的化学反应为基础的分析方法,主要有重量分析法和滴定分析法。

(1)重量分析法

重量分析的过程包括了分离和称量两个过程。在重量分析中,一般先采用适当的方法,使被测组分以单质或化合物的形式从试样中与其他组分分离。根据分离的方法不同,重量分析法又可分为沉淀法、挥发法和萃取法。

(2)滴定分析法

滴定分析是将一种已知其准确浓度的试剂溶液(称为标准溶被)滴加到被测物质的溶液中,直到化学反应完全时为止,然后根据所用试剂溶液的浓度和体积求得被测组分含量的分析方法。根据化学反应的类型,滴定分析可分为酸碱滴定法、沉淀滴定法、配位滴定法和氧化还原滴定法。

重量分析法和滴定分析法是最早应用于定量分析的分析方法,其特点是所用仪器简单,测定结果准确,应用范围广泛。但对样品中的微量组分的分析往往无能为力,也不能够满足快速分析的需要。

2)仪器分析法

仪器分析法也称物理化学分析,它是以物质的物理性质和物理化学性质为基础的分析方法。由于这类分析都要使用特殊的仪器设备,所以一般称为仪器分析法。常见的仪器分析方法有:光学分析法、电化学分析法、色谱分析法等。

(1)光学分析法

光学分析法是根据物质的光学性质建立起来的一种分析方法。主要有:分子光谱法(如比色法、紫外-可见分光光度法、红外光谱法等)、原子光谱法(如原子发射光谱法、原子吸收光谱法等)、光声光谱法、化学发光分析法等。

(2)电学分析法

电学分析法是根据被分析物质溶液的电化学性质建立起来的一种分析方法。主要有:电位分析法、电导分析法、电解分析法、极谱法和库仑分析法等。

(3)色谱分析法

色谱分析法是一种分离与分析相结合的方法。主要有:气相色谱法、液相色谱法、离子色谱法。

随着科学技术的发展,近年来,质谱法、核磁共振波谱法、X射线、电子显微镜分析以及毛细管电泳等大型仪器分析法也已成为强大的分析手段。仪器分析由于具有快速、灵敏、自动化程度高和分析结果信息量大等特点,从而备受青睐。

若按物质的属性来分类,分析方法可分为无机分析和有机分析。无机分析的对象是无机化合物,有机分析的对象是有机化合物。若按被测组分的含量来分类,分析方法又可分为常量组分分析、微量组分分析和痕量组分分析。若按所取试样的量来分类,分析方法还可分为常量试样分析、微量试样分析和超微量试样分析。

一般常量分析采用化学分析法,而微量分析则采用仪器分析法。目前分析化学正朝着从常量、微量分析到微粒分析;从总体分析到微区分析;从宏观到微观结构分析;从简单体系到复杂体系分析等方面发展和完善。

5.1.2 定量分析的程序

定量分析的程序,一般有取样、样品的制备、分解、干扰组分的分离、分析测定、数据处理及评价等多个环节。

1)取样

在实际分析工作过程中,首先要保证采集的试样均匀性和代表性,否则,无论分析工作做得多么认真、准确,都毫无意义。如果提供无代表性的试样,则会带来难以估计的后果。例如,取几块含金量很高的矿石作分析,根据这个结果,去开采一个实际含金量很低、根本没有开采价值的矿山,必定导致人力、物力的浪费。通常,分析的对象是大量的、很不均匀的(如矿石、土壤等),而分析所取的试样量很少。另外,分析的对象也是多种多样,有气体、液体、固体等。在进行分析测定之前,必须根据具体情况,做好试样的采集和处理,然后再进行分析工作。

2)试样的分解

在实际分析工作中,除干法分析外,通常要先将试样分解,把待测组分定量转为溶液后再进行测定。在分解试样的过程中,应遵循以下原则:试样的分解必须完全;在分解试样的过程中,待测组分不能有损失;不能引入待测组分和干扰物质。根据试样的性质和测定方法的不同,常用的分解方法有溶解法、熔融法和干式灰化法等。

3)干扰组分的分离

若试样组成简单,测定时,各组分之间互不干扰,则将试样制成溶液后,即可选择合适的分析方法进行直接测定。但实际工作过程中,试样的组成往往较为复杂,测定时彼此相互干扰。所以,在测定某一组分之前,常需进行干扰组分的分离。如果待测成分含量很小,分离工作就显得更加重要,不仅要把干扰排除,被测组分也不能有损失。对于微量或痕量组分的测定,在分离干扰的同时,还需把被测组分富集,以提高分析方法的灵敏度。常用的分离方法有沉淀分离法、挥发法、萃取法、离子交换树脂法和色谱分离法等。

4)分析方法的选择

随着科学技术的快速发展,新的分析方法不断问世,对同一样品、同一物质的测定,有着不同的多种分析方法。为使分析结果满足准确度、灵敏度等方面的要求,应根据实际情况,从测定的具体要求、被测组分含量、被测组分的性质、干扰物质的影响、实验室设备和技术条件等几个方面来考虑,选择合适的分析方法。

5)数据的处理及结果的评价

整个分析过程的最后一个环节是计算待测组分的含量,并同时对分析结果进行评价,判断分析结果的准确度、灵敏度、选择性等是否达到要求。

5.2 定量分析误差

在定量分析的各种测试中,由于使用仪器设备精度的限制、试剂纯度的差异、分析方法的不完善、测试环境的变化等客观因素的影响,以及测试人员经验、技术的主观差异,测试结果不可能与真实值完全一致,这种差别即为误差。

误差是客观存在、难以避免的,随着科学的进步和人们技能的提高,误差可以控制在一个极小的范围内。

5.2.1 误差的分类

在定量分析工作中,根据误差产生的原因及性质不同,误差可分为两类,即系统误差和偶然误差。

1)系统误差

系统误差是分析过程中的某些确定原因造成的,服从一定函数规律的误差。根据其产生的原因,又可分为以下4类:

(1)方法误差

由于所选择的分析方法本身不完善而产生的误差。例如,发生的副反应及诱导反应、反应进行不完全、重量分析中沉淀少量溶解、滴定分析中的滴定误差等,都会使测定结果与真实值之间产生差异。

(2)仪器误差

由于所用仪器本身不够准确所引起的误差。如天平两臂不等长、移液管刻度不准确或未经校准的砝码等,这些都会使测定结果不准确。

(3)试剂误差

由于所用试剂不纯而引起的误差。如蒸馏水中含有微量杂质,使用的试剂中含有微量的被测组分或是存在干扰测量的杂质等。

(4)操作误差

由于分析工作者操作不标准而引起的误差。是由于分析者掌握操作规程与控制条件的习惯与偏见造成的。如读滴定管数值时偏高或偏低,滴定终点颜色辨别偏深或偏浅。

分析者操作不当所造成的"过失"不是操作误差,是错误操作。

2)偶然误差

偶然误差是由于一些难以控制的因素随机波动而产生的误差。例如,由于室温、气压、湿度的波动,仪器性能出现的微小变化。偶然误差服从统计学规律,遵循正态分布(见图5.1),即正误差与负误差出现的概率相同;小误差出现的次数多,大误差出现的次数少,个别特大误差出现的次数极少。

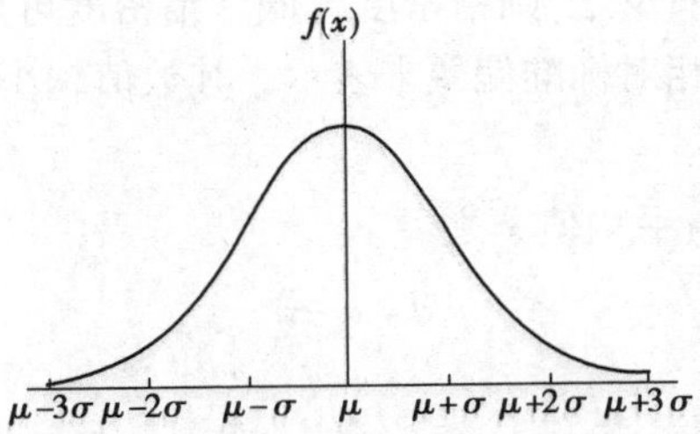

图5.1 偶然误差大小分布图

μ——真值;$f(x)$——出现概率

系统误差与偶然误差的区别是系统误差具有确定性,在相同条件下,多次测量同一量时,误差的绝对值和方向保持恒定;当条件改变时,误差也按照确定的规律变化。而偶然误差则具有随机性,误差的绝对值和符号不以一定的方式变化。

误差是用来表示定量分析结果准确度的量度,即定量分析的结果与真值的符合程度。由于实际测定时试样中待测组分的真实值往往是不知道的(测量的目的就是为了测得真实值),因此处理实际问题时常常在尽量减小系统误差的前提下,将多次平行测量值的平均值当作真实值。个别测量值与平均值之间的差值,称为偏差。偏差是表示一组分析结果的精密度,偏差可以用平均偏差和标准偏差两种方法来表示。

误差与偏差的含义不同,必须加以区别,分析过程中,就是尽量让偏差接近误差,用精密度代替准确度。

5.2.2 误差的表示方法

为了表示误差,人们引入了准确度和精密度的概念。准确度是指测量结果的正确性,准确度高表示系统误差小;而精密度表示测量结果的重演程度,精密度高表示偶然误差小。

1)准确度与误差

准确度表示分析值与真实值的接近程度。准确度越高,分析值与真实值就越接近。根据这个概念,人们常用绝对误差和相对误差来表示误差。

(1)绝对误差

绝对误差δ是指测量值χ与真实值μ之差。

$$\delta = \chi - \mu \tag{5.1}$$

(2)相对误差

相对误差是指绝对误差在真实值中所占的百分比,即绝对误差除以真实值的百分数。

$$相对误差=\frac{\delta}{\mu}\times 100\%=\frac{x-\mu}{\mu}\times 100\% \qquad (5.2)$$

绝对误差和相对误差都有大小、正负之分,正值表示分析结果偏高,负值表示分析结果偏低。

2)精密度与偏差

精密度是在相同条件下对同一样品多次平行分析的各个分析值彼此间的接近程度。各分析值彼此间越接近,精密度越高;反之,则精密度越低。精密度可用绝对偏差、相对偏差、平均偏差、相对平均偏差、标准偏差和相对标准偏差来表示。其数值越小,则说明结果的精度越高。

(1)绝对偏差

绝对偏差 d 为分析值 x_i 与平均值 $\bar{x}$ 之差。

$$d=x_i-\bar{x} \qquad (5.3)$$

(2)相对偏差

相对偏差 d_r 是指绝对偏差 d 在平均值 $\bar{x}$ 中所占的百分数,即绝对偏差除以平均值的百分数。

$$d_r=\frac{d}{\bar{x}}\times 100\% \qquad (5.4)$$

(3)平均偏差

平均偏差 $\bar{d}$ 为各单个偏差绝对值的平均值。平均偏差无正、负号。

$$\bar{d}=\frac{\sum_{i=1}^{n}|x_i-\bar{x}|}{n} \quad (n\text{ 为测定次数}) \qquad (5.5)$$

(4)相对平均偏差

相对平均偏差 $\bar{d}_r$ 为平均偏差占测量平均值的百分率。

$$\bar{d}_r=\frac{\bar{d}}{\bar{x}}\times 100\% \qquad (5.6)$$

(5)标准偏差

标准偏差 S 是衡量测量值分散程度的参数。使用标准平均偏差是为了突出较大偏差对测定结果的影响。

$$S=\sqrt{\frac{\sum_{i=1}^{n}(x_i-\bar{x})^2}{n-1}} \quad (n\text{ 为测定次数}) \qquad (5.7)$$

(6)相对标准偏差

相对标准偏差 RSD 是指标准偏差占平均值的百分率。

$$RSD=\frac{S}{\bar{x}}\times 100\% \qquad (5.8)$$

准确度与精密度的关系:准确度高,精密度一定高,精密度是保证准确度的先决条件。精密度高不一定准确度高,因为可能存在系统误差。好的测量结果,要求准确度高。

【例题 5.1】 甲、乙、丙、丁 4 人分别对同一样品进行分析,每人分析 4 次,其结果与真值间的关系如图 5.2 所示。请对他们 4 人的分析准确度和精密度作出评判。

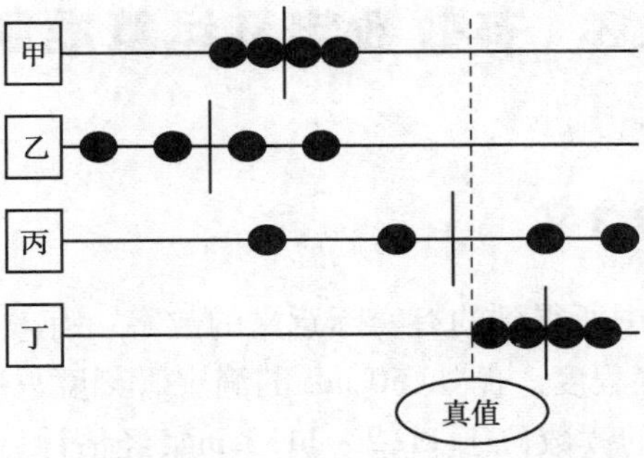

图 5.2 样品分析图

解 甲:精密度高,但准确度较低;

乙:准确度和精密度均很差;

丙:几次分析值相差甚远,说明精确度很差。虽然最终因正、负抵消,结果和真值很接近,但这纯属巧合,并不可靠,不能认为是准确度高。

丁:精确度和准确度均较高。

5.2.3 提高分析准确度的方法

分析结果的准确度直接受各种误差的制约,要想提高准确度,必须设法减免在分析过程中的各种误差。对于偶然误差,可通过规范操作,仔细分析,进行多次平行试验结果的平均值来减免。即:增加平行分析次数,取多次测试的平均值,是减小偶然误差的最好方法。系统误差可通过下列方法减免。

1) 校准仪器

因仪器不准确造成的系统误差,可通过校准仪器消除。特别是在精密试验中,必须对仪器(如移液管、砝码等)进行校准。

2) 空白试验

空白试验是指在只有试剂,而无样品的情况下,按测定样品的方法、步骤进行分析,所得结果为空白值。空白值旨在检查分析试剂、蒸馏水、器皿和环境带入杂质对分析结果的影响。将分析结果扣除空白值,即为较准确的结果。

3) 对照试验

采用标准样品进行分析测试,将分析结果与已知结果进行对照,以确定系统误差是否存在及正负情况。

4) 改进分析方法

分析方法的改进,应在准确可靠的前提下,抓住存在的主要问题,使分析更加完善,并力求快速简便。如在滴定分析中,指示剂变色不敏锐,造成分析结果不准确,就应从提高指示剂敏锐方面加以改进。

5.3 有效数字及运算准则

5.3.1 有效数字的含义

有效数字是指分析工作中所得到的有实际意义的数字。有效数字的位数,不仅表示数量的大小,也代表着测量的精确程度。例如,50 mL 的滴定管刻度只准确到 0.1 mL,读数时可估读到 0.01 mL。假设观察到的读数位于 11.2 ~ 11.3 mL,经估计,最终读数为 11.25 mL,前三位为准确数字,最后一位"5"是估读的,是不准确数字,该数字有可能应该为"4",也可能为"6",有±1 个单位的差异。可见,有效数字是由准确数字和最后一位不准确数字组成的。

5.3.2 有效数字的位数

在判断有效数字位数时,对数字"0"应特别注意。"0"是否是有效数字,应根据情况而定。数字中间的"0"是有效数字;以"0"开头的小数,非 0 数字前的"0"不是有效数字;小数结尾的"0"是有效数字;整数结尾的"0",要看"0"的意义而定。

13 678	五位有效数字
0.100 0	四位有效数字
10.0%	三位有效数字
0.030	两位有效数字
2×10^5	一位有效数字

在数字中,凡无意义的"0"都应该略去,写成相应的指数形式,如"7 680 000"在写成 7.68×10^6 时,有效数字为三位;写成 $7\ 680\times10^3$ 时,有效数字为四位。

在转换单位时,有效数字位数应保持不变,如 20.00 mL 变换为 0.020 00 L。

常数 π、e 及 $\sqrt{2}$ 等,其有效位数可根据需要确定。

5.3.3 有效数字的运算规则

在处理数据时,常遇到一些有效数字位数不相同的数据,对于这些数据,在计算前应先进行修约处理,以舍去多余的尾数,这样不仅可以节省计算时间,也可以避免误差累积。其数字修约的基本原则如下:

1)"四舍六入五留双"

这种方法比传统的"四舍五入"法更加合理。具体为:有效数字确定后,多余位数一律舍弃,当被修约数≥6 时,进位;当被修约数≤4 时,舍去;当被修约数=5 时,且其后还有不为 0 的数字,进位;当被修约数=5 时,其后数字为 0,若进位后有效数字末位为偶数,则进位,若进位后为奇数,则舍弃。

2)修约要一次到位

如果对数字进行分次修约,得到的结果可能是错误的。例如,将5.234 9修约为三位有效数字,应为5.23。若分次修约:5.234 9→5.235→5.24,错误。

3)运算规则

(1)加减法

几个数据相加或相减时,其和或差的误差是各个分析值绝对误差的传递结果。因此,计算结果的绝对误差必须和数据中绝对误差最大的数据相当。即计算结果有效数字的保留位数,应以其中小数点后位数最少(即绝对误差最大)的数据为准,先修约多的位数,再进行计算。

【例题5.2】 计算0.012 1、25.64、1.057 82的和。
修约为 $0.01+25.64+1.06=26.71$

【例题5.3】 计算18.215 4、2.561、4.52、1.00的和。
修约为 $18.22+2.56+4.52+1.00=26.30$

(2)乘除法

几个数据相乘除时,其结果的误差是各个分析值绝对误差的传递结果。故它们的积或商的有效数字位数,应以有效数字位数最少者为准,先修约多的位数,再进行计算。

【例题5.4】 计算0.022 1、31.62、1.354 2的积。
修约为 $0.022\,1\times31.6\times1.35\approx0.943$

由于平均值的精度较高,所以在计算时,平均值的有效数字位数可以增加一位。常数π、e及$\sqrt{2}$等有效数字位数不应少于参与计算的有效数字最少的位数。

在对一个样品的多次平行测定所得的一组数值里,有时会出现与其他数值相比明显偏高或偏低的数值,这种数值称为逸出值或离群值。如果该数值属于实验过失所致,就应在数据统计时将其舍弃。如何判断数值是否属于实验过失,可用统计检验方法决定其取舍。统计检验是用样本的测定值来推断总体的特征,既然是推断,自然不可能有100%的把握,因此,在作统计推断时,应指明统计推断的可靠程度,即置信度。在分析化学中,常选择95%的置信度作为统计推断的标准。

下面介绍一种常见的统计检验方法:Q检验法。Q检验法比较简单,适用于3~10次的实验测定。其计算方法为

$$Q_{\text{计}}=\frac{|x_{\text{逸出}}-x_{\text{相邻}}|}{x_{\max}-x_{\min}} \tag{5.9}$$

具体操作方法如下:

①将各个数据从小到大排列；

②计算最大值与最小值之差；

③计算逸出值和与其接近的数据(即相邻值)之差；

④计算出 $Q_{计}$；

⑤根据平行测定的次数(n)和置信度(常取95%)查表(见表5.1)，得到 $Q_{表}$ 值。若 $Q_{计} \geq Q_{表}$，则该逸出值应舍弃，否则就应保留。

表5.1　95%置信度下的 Q 值表

n	3	4	5	6	7	8	9	10
$Q_{表}$	0.97	0.84	0.73	0.64	0.59	0.54	0.51	0.49

【例题5.5】　测定NaOH浓度时，平行测定了5次，其结果分别为0.201 6 mol/L、0.201 56 mol/L、0.201 26 mol/L、0.201 46 mol/L和0.202 06 mol/L。试用 Q 检验法确定0.202 0是否应该舍弃。

解　$Q_{计} = \dfrac{|x_{逸出} - x_{相邻}|}{x_{max} - x_{min}} = \dfrac{0.202\,0 - 0.201\,6}{0.202\,0 - 0.201\,2} = 0.50$

查表，$n=5$ 时，$Q_{表}=0.73$

答：因为 $Q_{计} < Q_{表}$，所以0.202 0不能被舍弃。

知识拓展

误差与"蝴蝶效应"

"蝴蝶效应"的概念，是气象学家罗伦兹1963年提出的。1963年冬天的一次试验中，美国麻省理工学院气象学家罗伦兹用计算机求解仿真地球大气的13个方程式。平时，他只需将温度、湿度、压力等气象数据输入，计算机就会依据3个内建的微分方程式，计算出下一刻可能的气象数据，因此模拟出气象变化图。这一天，为了更细致地考察结果，进一步了解某段记录的后续变化，在一次科学计算时，罗伦兹对初始输入数据的小数点后第四位进行了四舍五入。他把一个中间解0.506取出，提高精度到0.506 127再送回。当时，计算机处理数据资料的速度不快，在结果出来之前，足够他喝一杯咖啡并和友人闲聊一阵。在1 h后，罗伦兹回来再看时大吃一惊：两次计算结果却偏离了十万八千里！前后结果的两条曲线相似性完全消失了。仔细验算后发现计算机并没有毛病，问题出在他输入的数据差了0.000 127，而这个细微的差别却造成天壤之别的结果。罗伦兹发现，由于误差会以指数形式增长，一个微小的误差随着不断推移造成了巨大的差异。后来，罗伦兹在一次演讲中提出了这一问题。他认为，在大气运动过程中，即使各种误差和不确定性很小，也有可能在过程中将结果积累起来，经过逐级放大，形成巨大的大气运动。

本章小结

一、定量分析的概念

1. 定量分析主要包括化学分析和仪器分析，前者所用仪器简单，后者分析更加快捷。

2. 定量分析程序是取样、样品制备、分解、干扰组分分离、分析测定、结果计算及评价。

二、系统误差和偶然误差

1. 系统误差：具有单向性，主要由方法、仪器、试剂、操作4个原因引起。减免系统误差，应从校准仪器、空白试验、对照试验、改进分析方法等方面着手。

2. 偶然误差：大小、方向不一定，但服从统计规律，呈正态分布。

三、准确度与精密度

1. 准确度：分析结果与真实值的接近程度，常用误差和相对误差来表示。

2. 精密度：相同条件下对同一样品多次平行分析的各分析值彼此间的接近程度。常用平均偏差、相对平均偏差、标准偏差和相对标准偏差来表示。

3. 准确度与精密度的关系：准确度高，精密度一定好，精密度是保证准确度的先决条件。在消除系统误差后，精密度高的分析结果非常可靠。

四、有效数字

有效数字是指在分析工作中实际上能测量到的数字，也就是说，有效数字是分析中所得到的有实际意义的数字。要正确记录有效数字，并对其进行正确的修约和计算。

目标检测5

一、填空题

1. 用沉淀法测定试剂中Ca的含量，但$CaCO_3$微溶于水，导致分析值比真值偏低，这种误差属于________误差。

2. 容量瓶由于每次实验时室温不等，导致体积稍有改变，而给实验结果带来的误差，属于________误差。

3. 天平砝码长期使用，出现磨损，导致重量下降，所带来的误差属于________误差。

4. 测量某物质含量时，所用的溶剂中含有微量的该被测物质，导致分析值偏高，这种误差属于________误差。

5. 滴定管读数误差为±0.02 mL。若滴定中用去标准溶液体积各为2 mL，读数相对误差各是________；若滴定中用去标准溶液体积各为20 mL，读数相对误差各是________。

6. 标定HCl溶液所用的NaOH标准溶液吸收了CO_2，会造成________误差。

7. 数字0.033 0包含________位有效数字。

8. 将15.454 6修约为2位有效数字，结果为________。

二、选择题

1. 误差的正确定义是(　　)。
A. 某一测量值与其算术平均值之差　B. 含有误差之值与真值之差
C. 测量值与真实值之差　D. 错误值与其真值之差

2. 下列措施属于减免偶然误差的是(　　)。
A. 空白试验　B. 对照试验　C. 校准仪器　D. 增加平行测量次数

3. 空白试验的主要目的是消除(　　)。
A. 方法误差　B. 试剂误差　C. 操作误差　D. 仪器误差

4. 滴定管的读数误差为±0.01 mL,若滴定时消耗滴定液 20 mL,则相对误差为(　　)。
A. ±0.005%　B. ±0.01%　C. ±0.05%　D. ±0.5%

5. 酸碱滴定实验中,若标准溶液 HCl 浓度偏低,分析得出的 NaOH 浓度会出现(　　)。
A. 正误差　B. 负误差　C. 正偏差　D. 负偏差

6. 下列数值中,不是四位有效数字的是(　　)。
A. −202 0　B. $228\ 0\times10^2$　C. 10.00%　D. 0.031 5

7. 下列说法不正确的是(　　)。
A. 测定结果的精密度好,准确度不一定好
B. 测定结果的精密度好,准确度一定好
C. 测定结果准确度高,其精密度必然很好
D. 测定结果准确度不好,其精密度可能很好

8. 滴定分析要求相对误差为±0.1%。若称取试样的绝对误差为±0.000 2 g,则一般至少应称取试样的质量是(　　)。
A. 0.1 g　B. 0.2 g　C. 0.3 g　D. 0.4 g

三、判断题

1. 化学分析法应用广泛,结果准确,分析速度比仪器分析更快捷。(　　)
2. 由于不能得到准确的真值,所以常用多次平行测量的平均值代替真值。(　　)
3. 分析过程中,取样要保证有代表性。(　　)
4. 准确度往往用偏差来表示,精确度往往用误差来表示。(　　)
5. 天平两臂不等长带来的误差,可以用校准仪器来消除。(　　)

四、简答题

1. 提高分析结果准确度的方法有哪些?
2. 简述"四舍六入五留双"规则。

五、计算题

1. 某铁矿石中铁的质量分数为 39.19%,若甲的测定结果(%)为:39.12、39.15、39.18;乙的测定结果(%)为:39.19、39.24、39.28。试比较甲、乙两人测定结果的准确度和精密度(精密度以标准偏差和相对标准偏差表示)。

2. 依照有效数字的运算规则,计算 0.358、25.36、8.445 2、1.265 4 这个数字的乘积。

3. 依照有效数字的运算规则,计算 7.993 6÷0.996 7−5.02 的结果。

第6章
滴定分析法

【学习目标】

- 了解滴定分析的基本概念,掌握滴定反应的基本条件。
- 掌握滴定分析方法的基本原理,了解滴定分析的方法及应用。
- 掌握标准溶液的配制方法及分析结果的计算。
- 了解滴定分析指示剂的变色原理和选择方法。
- 了解滴定分析方法在实际生产和生活中的应用。

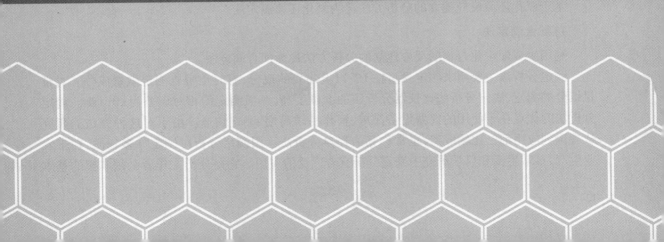

6.1 滴定分析法概述

6.1.1 滴定分析的基本概念

滴定分析法就是将一种已知准确浓度的试剂溶液通过滴定管滴加到被测物质的溶液中，直到所加试剂与被测物质按化学计量关系完全反应为止。然后根据所加试剂的浓度和体积，计算出被测物质的含量。

这种已知准确浓度的试剂溶液称为标准溶液，或称滴定剂。将标准溶液通过滴定管逐滴加入被测物质溶液中去的过程称为滴定。把加入的标准溶液与被测物质按化学计量关系完全反应的时刻称为化学计量点，或称为理论终点。化学计量点是借助于指示剂颜色的变化来确定的，我们把指示剂发生颜色改变的时刻称为滴定终点，简称终点。化学计量点和滴定终点的概念是不同的。化学计量点是根据化学反应关系确定的理论点，而滴定终点是实验时依据指示剂的颜色变化确定的实验值。由于指示剂的颜色变化只能在化学计量点附近，而不一定恰好在理论终点变色。所以，化学计量点和滴定终点不一定恰好相符，通常是不一致的，它们之间存在一个很小的差别，这两者之间的差别为滴定误差，或称终点误差。终点误差的大小决定于指示剂的性能和用量。在滴定分析中必须学会选择合适的指示剂，使滴定终点尽可能地和化学计量点相一致，才能获得较准确的分析结果。

6.1.2 滴定分析的方法分类

根据化学反应类型的不同，滴定分析主要分为以下 4 种方法：

1）酸碱滴定法

以酸碱反应为基础而建立的分析方法称为酸碱滴定法。

2）沉淀滴定法

利用沉淀反应进行的滴定分析法称为沉淀滴定法。

3）氧化还原滴定法

基于氧化还原反应建立的分析方法称为氧化还原滴定法。

4）配合滴定法

利用生成配位化合物的反应建立的分析方法称为配合滴定法。

滴定分析法主要用来测定含量在1%以上物质的成分，有时也可以测定微量成分。对常量组分的测定，滴定分析法比仪器分析法的准确度高，一般测定的相对误差为±0.1%。滴定分析法的优点在于使用的仪器设备简单、操作易学简便，测定快速。由于对这种方法的研究从理论到应用都已比较成熟，也常称其为经典分析法。用滴定分析可测定许多物质，在工农业生产、日常生活和科学研究中滴定分析有着广泛的应用。它是分析工作者必须掌握的基本分析方法。

6.1.3 滴定分析对化学反应的要求和滴定方式

1)滴定分析对化学反应的要求

滴定分析是以化学反应为基础的,但并不是所有的化学反应都可用于滴定分析,适合滴定分析的反应必须具备以下3个条件:

(1)反应必须定量地完成

滴定分析法所依据的化学反应必须严格按照一定的化学方程式进行,不能有副反应发生,反应要进行完全,通常要达到99.9%以上。这是定量分析进行定量计算的前提。

(2)反应必须迅速完成

滴定反应要能在瞬间完成,对于速度慢的反应,有时可通过加热或加入催化剂等办法来加快反应速度。

(3)反应必须有适当的方法确定滴定终点

在滴定分析中只有极少数标准溶液,如高锰酸钾本身的颜色可以指示终点外,绝大多数滴定反应需要加入合适的指示剂,或用其他方法(如电位滴定、电导滴定等)确定终点。

2)滴定分析的方式

滴定分析常用的滴定方式有以下4种:

(1)直接滴定法

把标准溶液直接滴加到被测试样溶液中的方法称为直接滴定法。凡是能满足滴定分析上述3个条件要求的反应,都可用标准溶液直接滴定被测物质。直接滴定法是常见的一种滴定方式。例如,用盐酸标准溶液滴定未知含量的碱溶液,用高锰酸钾标准溶液滴定亚铁盐等都是直接滴定法。

(2)返滴定法

当被测物是固体或与标准溶液反应较慢,或没有适宜的指示剂时,可采用返滴定法。即先向待测物质溶液中加入已知过量的标准溶液,待反应完成后。再用另一种标准溶液滴定剩余的前一种标准溶液。例如,用 $AgNO_3$ 滴定 Cl^- 时,缺乏合适的指示剂,此时可加过量的 $AgNO_3$ 标准溶液使 Cl^- 沉淀完全后,再用 NH_4SCN 标准溶液返滴过剩的 Ag^+,以 Fe^{3+} 指示剂,出现 $[Fe(SCN)]^{2+}$ 的淡红色,即为终点。然后用 $AgNO_3$ 和 NH_4SCN 标准溶液的浓度和体积计算出 Cl^- 的含量。其反应方程式为

$$NaCl + AgNO_3 \xlongequal{} AgCl\downarrow + NaNO_3$$

$$AgNO_3 + NH_4SCN \xlongequal{} AgSCN\downarrow + NH_4NO_3$$

$$Fe^{3+} + SCN^- \xlongequal{} [Fe(SCN)]^{2+}$$

(3)置换滴定法

对于不按确定的反应式进行(伴有副反应)的反应,可以不直接滴定被测物质,而是先用适当试剂与被测物质起置换反应,得到另一生成物,再用标准溶液滴定此生成物,这种滴定方法称为置换滴定法。例如,硫代硫酸钠不能直接滴定重铬酸钾及其他氧化剂,因为重铬酸钾等氧化剂将 $S_2O_3^{2-}$ 氧化为 $S_4O_6^{2-}$ 或 SO_4^{2-},没有一定的计量关系,无法计算。但是,如果在

$K_2Cr_2O_7$的酸性溶液中加入过量 KI,使生产一定量的 I_2,从而就可用 $Na_2S_2O_3$ 标准溶液进行滴定。其反应式为

$$Cr_2O_7^{2-}+6I^-+14H^+ \xlongequal{} 2Cr^{3+}++3I_2+7H_2O$$
$$2NaS_2O_3+I_2 \xlongequal{} 2NaI+Na_2S_4O_6$$

(4)间接滴定法

有时被测物质并不能直接与标准溶液作用,但却能和另一种可以与标准溶液直接作用的物质反应,这时便可采用间接法进行滴定。例如,Ca^{2+}既不能直接被酸或碱滴定,也不能直接和氧化剂作用,就只能采用间接法滴定。可先利用 ${C_2O_4}^{2-}$ 使其沉淀为 CaC_2O_4,分离后用 H_2SO_4 溶解沉淀,便得到与 Ca^{2+}等物质量的 $H_2C_2O_4$,用 $KMnO_4$ 标准溶液滴定 $H_2C_2O_4$ 从而间接算出 Ca^{2+}的含量。其反应为

$$Ca^{2+}+{C_2O_4}^{2-} \xlongequal{} CaC_2O_4\downarrow$$
$$CaC_2O_4+H_2SO_4 \xlongequal{} CaSO_4+H_2C_2O_2$$
$$2MnO_4^-+5{C_2O_4}^{2-}+16H^+ \xlongequal{} 2Mn^{2+}+10CO_2\uparrow+8H_2O$$

通过返滴定法、置换滴定法、间接滴定法的应用,大大扩展了滴定分析的应用范围,丰富了滴定分析的内容。

6.1.4 滴定分析中的标准溶液

标准溶液浓度的表示方法:在滴定分析中,不论采用哪种滴定方式,都离不开标准溶液,否则就无法计算分析结果。标准溶液浓度的表示方法,主要有以下两种:

(1)物质的量浓度 c

$$c=\frac{n}{V} \tag{6.1}$$

式中 c——物质的量浓度,mol/L;

n——物质的量,mol;

V——溶液的体积,L。

(2)滴定度 T

滴定度一般有两种表示方法:一种是以每毫升标准溶液中含有标准物质的克数来表示,符号为 T_s(s 是标准物质的化学式);另一种是以每毫升标准溶液相当于被测物质的克数来表示,符号为 $T_{s/x}$(x 是被测物质的化学式)。例如,1 L 溶液含有 NaOH 40.00 g,则此 NaOH 溶液的滴定度 $T_{NaOH}=0.04$ g/mL。如果用此溶液去测定 HCl 含量时,也可用被测物质 HCl 来表示,即 NaOH 对 HCl 的滴定度。$T_{NaOH/HCl}=0.036\ 46$ g/mL。例如,用 NaOH 标准溶液测定 HCl 时,设消耗 NaOH 的体积为 32.05 mL。那么用滴定度就可计算出 HCl 的质量为

$$HCl(g)=T_{NaOH/HCl}\times V=0.036\ 46\times 32.05=1.169(g)$$

用这种方法表示标准溶液的浓度时,计算很方便,它适用于大批样品的分析。

标准溶液的配制和浓度的标定:标准溶液的配制方法有直接配制和间接配制两种。

(1)直接配制法

准确称取一定量的纯物质,用适量的蒸馏水溶解后,定量地转移到容量瓶中,加水稀释到刻度。根据称取纯物质的质量和溶液的体积,即可算出该标准溶液的准确浓度。例如,欲配

制 0.1 mol/L 的 NaCl 标准溶液 1000 mL,可在分析天平上准确称取纯 NaCl 5.844 g 置于烧杯中,加适量蒸馏水溶解后,转移到 1 000 mL 的容量瓶中,烧杯用蒸馏水洗 2～3 次合并到容量瓶中,再加水稀释至刻度。摇匀即得准确浓度是 0.100 0 moL/L 的 NaCl 溶液。

可直接用来配制标准溶液的纯物质称为基准物质,或称基准试剂。基准物质必须具备下列条件:

①试剂纯度要高。一般要求纯度在 99.9% 以上,其中杂质含量应少到可以忽略不计。

②物质的组成固定。即物质的称量形式必须精确地符合一定的化学式。如草酸 $H_2C_2O_4 \cdot 2H_2O$,称量时的结晶水含量必须与化学式相符合。

③性质稳定。基准物质在配制和储存过程中应不易发生变化。例如,在烘干时不分解,称量时不易吸湿,不因氧化还原而变质等。

滴定分析中常用的基准物质见表 6.1。

表 6.1 滴定分析常用的基准物质

基准物质	使用前的干燥条件	标定对象
Na_2CO_3	270 ℃±10 ℃除去水、CO_2	酸
$Na_2B_4O \cdot 10H_2O$	室温保存在装有蔗糖和 NaCl 溶液的密闭器皿中	酸
$KHC_8H_4O_4$	100～125 ℃除去 H_2O	碱
$Na_2C_2O_4$	150～200 ℃除去 H_2O	$KMnO_4$
$K_2Cr_2O_7$	100～110 ℃除去 H_2O	$Na_2S_3O_3$
As_2O_3	室温保存于干燥器皿中	$KMnO_4$
Cu	室温保存于干燥器皿中	EDTA
Zn	室温保存于干燥器皿中	EDTA
NaCl	500～600 ℃除去 H_2O	$AgNO_3$

(2)间接配制法(标定法)

在实际应用中,有许多用来配制标准溶液的物质,达不到基准物质的条件。例如配制 NaOH 标准溶液,因其易吸湿水分和 CO_2,称得的质量不能代表纯净 NaOH 的质量,故配制时就必须采用间接法。即先配成接近于所需浓度的溶液,然后再用基准物质测出该溶液的准确浓度。这种利用基准物质来测定标准溶液浓度的过程称为“标定”。

标定标准溶液浓度的方法有两种:

①用基准物质标定。称取一定量的基准物质,溶解后用待标定的溶液滴定,然后根据待标定的溶液所消耗的体积和称取的基准物质的质量即可算出该溶液的准确浓度。大多数标准溶液是通过这种标定的方法测量其准确浓度的。

为了使标定做得更准确,选用的基准物质和被标定物质之间的反应,除了要满足滴定反应的 3 个条件外,最好基准物质还有较大的摩尔质量,因为摩尔质量越大,称取的量越多,称量误差就越小。

②与标准溶液进行比较。准确吸取一定量的待标定溶液,用一种标准溶液去滴定;或者反过来,准确吸取一定量的标准溶液,用待标定溶液滴定。根据滴定至终点时,两种溶液所消

耗的体积及标准溶液的浓度，就可计算出待标定溶液的准确浓度。使用这种方法时，要求标准溶液浓度的准确度要高，否则就会直接影响待标定溶液浓度的准确性。因此，应尽量采用基准物质标定法。

标定时，不论采用哪种方法，一般要求应平行做3~4次，取其平均值，标定的相对偏差要小于±0.1%。配制和标定溶液的量器，必要时需进行校正。

标定好标准溶液后要在试剂瓶上贴好标签妥善存放。溶液保存于瓶中，由于蒸发，在瓶的内壁上会有水滴凝聚，使溶液浓度发生变化，因此在每次使用前应将溶液摇匀。对于一些不够稳定的溶液，应根据它们的性质装在不同材质、颜色的试剂瓶中，存放在适宜的地点。

6.1.5 滴定分析结果的计算方法

滴定分析结果的计算依据是滴定剂与被测物之间的量比关系。例如：

$$a\,\mathrm{A} + b\,\mathrm{B} \longrightarrow c\,\mathrm{C}$$

滴定剂　　被测物　产物

若滴定时，标准溶液A的浓度用 c_A，消耗A的体积用 V_A 表示，则A的物质的量为

$$n_A = c_A \cdot V_A \times 10^{-3}$$

根据量比关系，可知被测物B物质的量为

$$n_B = \frac{b}{a} \cdot n_A = \frac{b}{a} \cdot c_A \cdot V_A \times 10^{-3}$$

于是

$$m_B = \frac{b}{a} \cdot c_A \cdot V_A \times 10^{-3} \times M_B$$

则被测物质B的质量分数为

$$w_B = \frac{W_B}{W} \times 100\% = \frac{\frac{b}{a} \cdot c_A \cdot V_A \times 10^{-3} \times M_B}{W} \times 100\% \qquad (6.2)$$

式中　m_B——被测组分B的质量，g；

W——试样质量，g；

w_B——试样中B组分的质量分数，%；

c_A——标准溶液的量浓度，mol/L；

V_A——标准溶液的体积，mL；

M_B——B组分的摩尔质量，g/mol；

【例题6.1】 用HCl标准溶液测定含中性组分的 Na_2CO_3：$2HCl+Na_2CO_3 = 2NaCl+H_2CO_3$

解 滴定时只要测出消耗HCl溶夜的体积 V_{HCl} 再根据标准HCl溶液的浓度 c_{HCl}。就可根据上述关系式求出 Na_2CO_3 的量，由反应关系式可知

$$a=2, b=1$$

则

$$m_{Na_2CO_3}=\frac{1}{2}c_{HCl}\cdot V_{HCl}\cdot M_{Na_2CO_3}\times 10^{-3}$$

$$w_{Na_2CO_3}=\frac{\frac{1}{2}\cdot c_{HCl}\cdot V_{HCl}\cdot M_{Na_2CO_3}\times 10^{-3}}{W}\times 100\%$$

6.2 酸碱滴定法

酸碱滴定法是以酸碱中和反应为基础的滴定分析法。一般酸碱以及能与酸碱直接或间接发生反应的物质,都可利用酸碱滴定法进行测定。在农林牧业分析中,常用酸碱滴定法测定土壤、肥料、果品饲料等样品的酸碱度、氮磷的含量,农药中的游离酸等,酸碱滴定法是一种常用的滴定分析法。

在酸碱滴定中,最重要的是要估计被测物质能否被准确滴定,滴定过程中溶液的 pH 值变化情况如何,怎样选择合适的指示剂来确定滴定终点。下面就酸碱指示剂的性能,滴定曲线和指示剂的选择等作一介绍。

6.2.1 酸碱指示剂

借助于颜色的改变来指示溶液 pH 的物质称为酸碱指示剂。由于酸碱反应一般无外观变化,通常需加入指示剂来判断测定的终点。又由于反应完全时溶液不一定都显中性,因此要正确选择指示剂,就必须了解酸碱滴定中所用指示剂的性能,以及在滴定过程中溶液 pH 值的变化。

1)酸碱指示剂的变色原理

酸碱指示剂多是有机弱酸或有机弱碱,它们的分子和电离后产生的离子具有不同的颜色,现以弱酸型指示剂(常用 HIn 表示)为例,说明其变色原理。在溶液中酸碱指示剂有如下电离平衡:

$$\underset{\text{酸式色}}{HIn} \longrightarrow H^+ + \underset{\text{碱式色}}{In^-}$$

指示剂离解后的酸式色和碱式色是两种结构和颜色不同的成分。二者的比例变化受 c_{H^+} 变化的影响,当溶液中 c_{H^+} 增加时,电离平衡向左移动而呈现酸式色,当 c_{H^+} 降低时,平衡向右移动而呈现碱式色。可见溶液中 c_{H^+} 的改变会使指示剂颜色发生变化。

例如,酚酞是有机弱酸,在水溶液中发生如下离解:

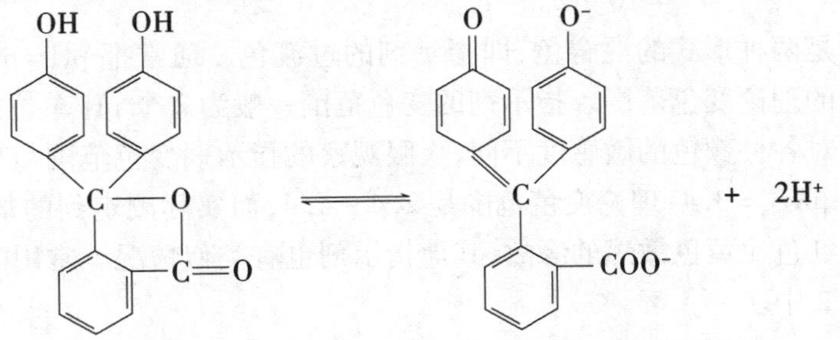

无色(酸式色,内酯式)　　红色(碱式色,醌式)

酚酞在酸性溶液中平衡向左移动，溶液呈无色；在碱性溶液中平衡向右移动，溶液由无色变为红色。

2）酸碱指示剂的变色范围

现以弱酸型指示剂为例，说明指示剂变色与溶液 pH 变化的关系。设 HIn 为弱酸型指示剂，HIn 在溶液中的离解平衡如下：

$$HIn \longrightarrow H^+ + In^-$$

指示剂的离解平衡常数为

$$K_{HIn}=\frac{c_{H^+}\cdot c_{In^-}}{c_{HIn}} \text{或} \frac{K_{HIn}}{c_{H^+}}=\frac{c_{In^-}}{c_{HIn}}$$

则 $c_{H^+}=K_{HIn}\cdot c_{HIn}/c_{In^-}$

$$pH=pK_{HIn}-\log c_{HIn}/c_{In} \tag{6.3}$$

c_{In^-}和 c_{HIn}分别为指示剂碱式色结构和酸式结构的浓度。在一定条件下 K_{HIn}为常数，而指示剂的颜色取决于$\frac{c_{In^-}}{c_{HIn}}$，该比例的大小只与 c_{H^+}浓度有关。所以溶液颜色的变化仅由 c_{H^+}决定。即在不同 pH 的介质中，指示剂呈现不同的颜色。

当$\frac{c_{In^-}}{c_{HIn}}=1$ 时，即两种结构形式浓度相等，这时溶液呈现指示剂酸式色和碱式的混合色。$pH=pK_{HIn}$，此时的 pH 称为指示剂的理论变色点。当 pH 发生变化时，就会引起某一种结构浓度超过另一种结构的浓度，从而发生颜色的变化。但并非该比值的微小变化就能使人观察到溶液颜色的变化，因为人眼辨别颜色的能力是有一定限度的。实验证明只有当一种颜色的浓度是另一种的 10 倍时，才能看出浓度大的存在形式的颜色，而看不出浓度小的存在形式的颜色。那么，一般以酸式色和碱式色浓度相差 10 倍为基准，可导出指示剂的颜色变化与溶液 pH 的关系如下：

$$\frac{K_{HIn}}{c_{H^+}}=\frac{c_{In^-}}{c_{HIn}}\leqslant\frac{1}{10} \quad c_{H^+}\geqslant 10K_{HIn} \quad pH\leqslant pK_{HIn}-1$$

人眼只能看到酸式色

$$\frac{K_{HIn}}{c_{H^+}}=\frac{c_{In^-}}{c_{HIn}}\geqslant 10 \quad c_{H^+}\leqslant K_{HIn}/10 \quad pH\geqslant pK_{HIn}+1$$

人眼只能看到碱式色

$$\frac{1}{10}\geqslant\frac{K_{HIn}}{c_{H^+}}=\frac{c_{In^-}}{c_{HIn}}\geqslant 10 \quad pH=pK_{HIn}\pm 1$$

此时看到的是两种形式的混合色，即指示剂的过渡色。通常把 $pH=pK_{HIn}\pm 1$ 的 pH 变化范围称为指示剂的理论变色范围。指示剂的变色范围一般为 2 个 pH 单位。

实际上人眼对各种颜色的敏感度不同，人眼观察的指示剂变色范围与理论变色范围有区别。如甲基橙的 $pK_{HIn}=3.4$，理论变色范围是 2.4～4.4，而实际测定到的却是 3.1～4.4。这就是因为人眼对红色比黄色敏感的缘故，其他指示剂也有类似情况。常用酸碱指示剂及其变色范围列于表 6.2 中。

表 6.2 常用酸碱指示剂及其变色范围

指示剂	变色范围 pH	颜色		pK	浓度	用量（滴/10 mL）
		酸色	碱色			
百里酚蓝	1.2～2.8	红	黄	1.65	0.1%的20%酒精溶液	1～2
甲基橙	3.1～4.4	红	黄	3.4	0.1%或0.5%水溶液	1
溴酚蓝	3.0～4.6	黄	紫	4.1	0.1%的20%酒精溶液或其钠盐水溶液	1
甲基红	4.4～6.2	红	黄	5.0	0.1%的60%酒精溶液或其钠盐水溶液	1
溴百里酚蓝	6.2～7.6	黄	蓝	7.3	0.1%的20%酒精溶液或其钠盐水溶液	1
中性红	6.8～8.0	红	黄橙	7.4	0.1%的60%酒精溶液	1
酚酞	8.0～10.0	无	红	9.1	1%的90%酒精溶液	1～3
百里酚酞	9.4～10.6	无	蓝	10.0	0.1%的90%酒精溶液	1～2

从表6.2中可知，由于各种指示剂的电离平衡常数不同，各种指示剂的变色范围也不相同。由于表中所列变色范围是由目视判断得到的实验值。而每个人的眼睛对颜色的敏感度不同，所以不同资料报道的变色范围也略有差异。

3）混合指示剂

在酸碱滴定中，有时需要将滴定终点限制在很窄的 pH 范围内，这时可采用混合指示剂。混合指示剂是利用颜色之间的互补作用，在终点时使颜色变化更为敏锐。

混合指示剂有两种配方：

①由两种或两种以上的指示剂混合而成。

②由某种指示剂和一种惰性染料组成。

混合指示剂具有变色敏锐，变色范围窄和终点易于观察等特点，广泛 pH 试纸就是用混合指示剂制成的。配制混合指示剂必须严格控制各组分的比例。常见混合指示剂列于表6.3中。

表 6.3 常用酸碱混合指示剂

指示剂组成	变色点（pH）	酸色	碱色	备注
1份0.1%甲基黄酒精溶液 1份0.1%亚甲基蓝酒精溶液	3.25	蓝紫	绿	pH 3.4 绿 pH 3.2 蓝紫
1份0.1%甲基橙水溶液 1份0.25%青色蓝二石黄酸钠水溶液	4.1	紫	黄绿	
3份0.2%甲基红酒精溶液 2份0.2%亚甲基蓝酒精溶液	5.4	红紫	绿	pH 5.2 紫 pH 5.6 绿
1份0.1%中性红酒精溶液 1份0.1%亚甲基蓝酒精溶液	7.0	蓝紫	绿	
1份百里酚蓝50%的酒精溶液 3份0.1%酚酞50%酒精溶液	9.0	黄	紫	黄→绿→紫

6.2.2 酸碱滴定曲线及指示剂的选择

酸碱滴定的终点是借助指示剂的变色来判断的,而指示剂的变色与溶液的 pH 有关。为了在某滴定过程中选择合适的指示剂,就必须知道在这一滴定过程中溶液 pH 的变化情况,特别是在化学计量点附近加入一滴酸或碱所引起的 pH 变化。

由于酸碱的强弱不同,中和生成的盐可能有不同程度的水解。因此,在滴定过程中溶液的 pH 变化情况不同,化学计量点时 pH 也不同。若用标准溶液的加入量为横坐标,以对应的 pH 值为纵坐标,绘制关系曲线,这种曲线称为酸碱滴定曲线。下面分别讨论几种类型的酸碱滴定曲线和选择指示剂的原则。

1)强碱强酸之间的相互滴定

现以 0.100 0 mol/L NaOH 溶液滴定 20.00 ml,0.1 mol/L HCl 溶液为例,说明在滴定过程中,溶液 pH 的变化情况,其反应如下:

$$NaOH + HCl = NaCl + H_2O$$

$$OH^- + H^+ = H_2O$$

为了便于说明,通常把滴定过程中溶液的 pH 变化划分为 4 个阶段来分析,即滴定前、化学计量之前,化学计量点时和化学计量点后。

(1)滴定前

滴定前溶液的 pH 应由 HCl 溶液的初始浓度决定。由于 HCl 是强酸,在水溶液中全部理解。$c_{H^+}=0.100\ 0$ mol/L,故 pH=1.00。

(2)化学计量点前

溶液的组成为 HCl,NaCl,H_2O,由剩余 HCl 溶液的浓度决定溶液的 pH。

设当加入 18.00 mL NaOH 溶液时,溶液中还剩余 2.00 mL HCl 未被中和:

$$c_{H^+}=\frac{(20.00-18.00)\times 0.100\ 0}{20.00+18.00}=5.26\times 10^{-3}(\text{mol/L})$$

$$pH = 2.28$$

当加入 19.98 mL NaOH 溶液时(化学计量点前-0.1%),溶液中只剩下 0.02 mL HCl(约半滴)未被中和:

$$c_{H^+}=\frac{(20.00-19.98)\times 0.100\ 0}{20.00+19.98} = 5.00\times 10^{-5}(\text{mol/L})$$

$$pH = 4.30$$

(3)化学计量点时

当加入 20.00 mL NaOH 时,溶液中的 HCl 被全部中和,溶液的组成是 NaCl 和 H_2O,溶液中的 H^+浓度完全取决于 H_2O 的离解,即

$$c_{H^+} = c_{OH^-} = 10^{-7}(\text{mol/L})$$

$$pH = 7.00$$

(4)化学计量点后

溶液的组成为 NaOH、NaCl 和 H_2O,pH 由过量 NaOH 的量决定。当加入 20.02 mL NaOH

时(化学计量点后+0.1%),这时溶液中过量 NaOH 为 0.02 mL。则

$$c_{OH^+}=\frac{0.02\times0.100}{20.00+20.02}=5\times10^{-5}(\text{mol/L})$$

$$\text{pOH}=4.30 \qquad \text{pH}=9.70$$

根据上述方法,计算可以得到不同滴定点的 pH,将结果列于表 6.4 中。然后以 NaOH 溶液的加入量为横坐标,以其对应的 pH 为纵坐标,绘制滴定曲线如图 6.1 所示。

表 6.4　0.100 0 mol/L NaOH 滴定 0.1000 mol/L HCl 的 pH 的变化

加入 NaOH 量/mL	HCl 被滴定百分数/%	$[H^+]/(mol\cdot L^{-1})$	pH	备　注
0.00	0.00	1.00×10^{-1}	1.00	
18.00	90.00	5.26×10^{-3}	2.28	
19.80	99.00	5.02×10^{-4}	3.30	
19.98	99.90	5.00×10^{-5}	4.30	相对误差为-0.1%
20.00	100.00	1.00×10^{-7}	7.00	理论终点
20.02	100.10	2.00×10^{-10}	9.70	相对误差为+0.1%
22.00	110.0	2.10×10^{-12}	11.68	
40.00	200.0	3.00×10^{-13}	12.52	

从表 6.4 和图 6.1 可知,在滴定开始时,溶液中存在着较多的 HCl,pH 升高十分缓慢。随着滴定的不断进行,溶液中的 HCl 含量不断减少,pH 的升高逐渐增快,尤其是滴定接近化学计量点时,溶液中 HCl 的量已极小,pH 很快升高。从滴定开始到加入 19.80 mL NaOH 溶液时,溶液的 pH 只改变了 2.3 个单位,而 NaOH 从 19.80 mL 加入 19.98 mL(NaOH 约增加了 0.18 mL),pH 就改变了 1 个单位,变化速度明显加快了。此时再加入 1 滴(约 0.04 mL) NaOH,即 NaOH 溶液过量 0.02 mL,pH 产生很大变化,由 4.30~9.70,增大 5.4 个 pH 单位,溶液由酸性变为碱性。如再加入 NaOH 溶液,所引起的 pH 变化越来越小,曲线趋于平缓。

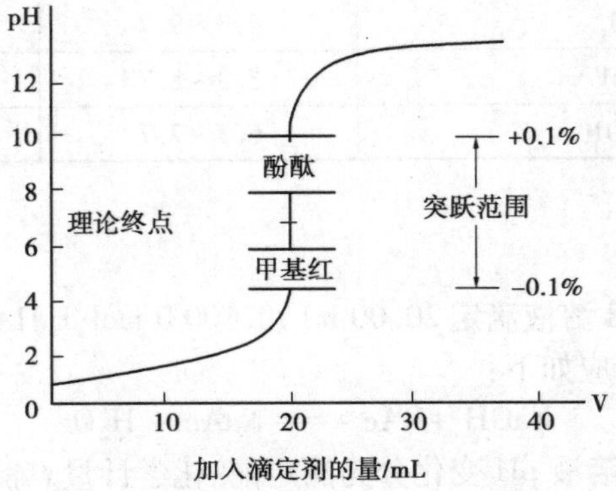

图 6.1　0.1 mol/L 的强酸强碱滴定曲线

由此可见,在化学计量点前后,从剩余 0.02 mL HCl 到过量 0.02mL NaOH,即滴定由 NaOH 不足 0.1% 到过量 0.1%,溶液的 pH 从 4.30 增加到 9.70,实现了由量变到质变的过程。这种在化学计量点附近由 1 滴标准溶液所引起溶液 pH 的急剧变化,称为滴定突跃。将

化学计量点前后±0.1%误差范围内产生的 pH 变化数值，称为滴定突跃范围。

滴定分析中，指示剂的选择很重要。滴定突跃范围就是选择指示剂的依据。选择指示剂的原则是：凡指示剂的变色范围全部或部分落在滴定突跃范围之内，都可以作为这一滴定的指示剂。在上例中甲基红（pH=4.4～6.6），酚酞（8.0～10.0）都是适用的指示剂。用甲基橙（pH=3.1～4.4）也可以，但误差稍大。

由滴定突跃的计算可以看出，滴定突跃范围的大小，还与酸碱溶液的浓度有关，标准溶液的浓度增加，可增大突跃的 pH（见图 6.2）。

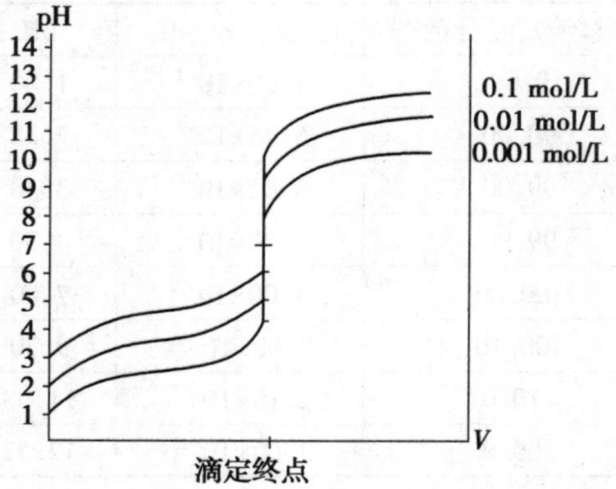

图 6.2　滴定突跃随溶液浓度的变化

浓度缩减 10 倍，突跃范围相应减少 2 个 pH 单位，见表 6.5。溶液的浓度越大，突跃范围越大，可供选择的指示剂就越多，但试剂的耗用量也增大，滴定带来的误差也变大。溶液的浓度减小，突跃范围变小。供选用的指示剂减少，若酸碱溶液的浓度太小，则突跃范围不明显，就无法用指示剂确定终点。因此，常用标准溶液的浓度一般控制在 0.01～0.1 mol/L。

表 6.5　不同浓度 NaOH 滴定相应浓度 HCl 时突跃范围

NaOH 和 HCl 的浓度/($mol \cdot L^{-1}$)	突跃范围（pH）	突跃范围的大小
1.0	3.3～10.7	7.4 个 pH 单位
0.1	4.3～9.7	5.4 个 pH 单位
0.01	5.3～8.7	3.4 个 pH 单位
0.001	6.3～7.7	1.4 个 pH 单位

2）强碱滴定一元弱酸

以 0.100 0 mol/L NaOH 溶液滴定 20.00 mL、0.100 0 mol/L HAc 溶液为例，说明滴定过程中溶液 pH 的变化。滴定反应如下：

$$NaOH + HAc \longrightarrow NaAc + H_2O$$

同样地，把滴定过程中溶液 pH 变化分为滴定前、化学计量点前、化学计量点时、化学计时点后 4 个阶段进行计算。

（1）滴定前

未加 NaOH 溶液，溶液中 c_{H^+} 全部由 HAc 的离解决定。

$$c_{H^+} = \sqrt{K_a \cdot c} = \sqrt{1.8 \times 10^{-5} \times 0.100\,0} = 1.34 \times 10^{-3}(mol/L)$$

$$pH = 2.87$$

(2)化学计量点前

滴定生成的NaAc和剩下的HAc构成缓冲溶液,按 $c_{H^+}=K_a \cdot \frac{c_{HAc}}{c_{Ac^-}}$ 计算 pH。当滴加18.00 mL NaOH 溶液时

$$c_{HAc}=\frac{(20.00-18.00)\times0.100}{20.00+18.00}=5\times10^{-3}(\text{mol/L})$$

$$c_{Ac^-}=\frac{18.00\times0.100}{20.00+18.00}=5\times10^{-2}(\text{mol/L})$$

$$c_{H^+}=1.85\times10^{-5}\times\frac{5\times10^{-3}}{5\times10^{-2}}=1.8\times10^{-6}(\text{mol/L})$$

$$\text{pH}=5.7$$

(3)化学计量点时

溶液全部生成NaAc,体积增大一倍。

所以 $c_{Ac^-}=0.100\ 0\times\frac{1}{2}=0.050\ 00(\text{mol/L})$

$$c_{OH^-}=\sqrt{K_b\cdot c}=\sqrt{\frac{K_w}{K_a}\cdot c}=\sqrt{\frac{1.0\times10^{-14}}{1.8\times10^{-5}}\times0.050\ 00}=5.27\times10^{-6}(\text{mol/L})$$

$$\text{pOH}=5.27$$

$$\text{pH}=14-5.27=8.73$$

(4)化学计量点后

滴加过量NaOH溶液,溶液pH由过量NaOH来计算。当加入20.02 mL,NaOH溶液时

$$c_{OH^-}=\frac{(20.02-20.00)\times0.100\ 0}{20.02+20.00}=5\times10^{-5}(\text{mol/L})$$

$$\text{pOH}=4.30$$

$$\text{pH}=14-4.30=9.70$$

将计算结果列于表6.6中。

表6.6 0.1 mol/L NaOH 滴定0.100 0 mol/L HAc 溶液 pH 的变化

NaOH 加入量/mL	HAc 被滴定程度/%	pH	备 注
0.00	0.00	2.87	
18.00	90.00	5.71	
19.98	99.90	7.74	相对误差-0.1%
20.00	100.00	8.73	理论终点
20.02	100.10	9.70	相对误差+0.1%
20.20	101.0	10.70	
22.00	110.0	11.68	
40.00	200.0	12.52	

然后以NaOH的加入量为横坐标,以其对应的pH为纵坐标,绘制滴定曲线,如图6.3所示。

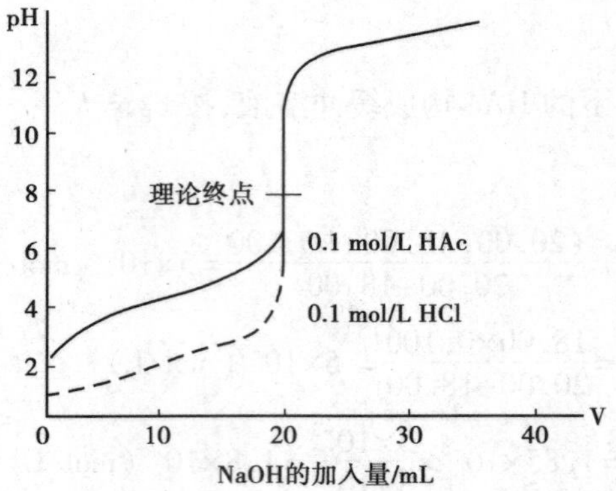

图 6.3　0.100 0 mol/L NaOH 滴定 20.00 mL 0.100 0 mol/L HAc 的滴定曲线

由滴定曲线图 6.3 可知,和强碱滴定强酸相比,具有以下 4 个特点:

①滴定前,pH 比强碱滴定强酸高近 2 个单位,因为 HAc 的强度比同浓度的 HCl 弱。

②由于产物为 NaAc 溶液,使理论终点的 pH 不为 7.00,而是 8.73,使滴定曲线的下半部分同强碱滴定强酸相比有一个明显的上移。

③由于突跃范围一般在 7.74 ~ 9.70,在碱性区域中,只能选用酚酞、百里酚酞等在弱碱性溶液中变色的指示剂。

④理论终点之后,溶液 pH 的变化规律与强碱滴定强酸的情况相同,所以这时它们的滴定曲线基本重合。

滴定突跃范围的大小不但与酸碱浓度有关,也与酸碱强度有关。酸越强即 K_a 越大,滴定的突跃范围就越大;反之,酸越弱,突跃范围越小,直至不能用合适的指示剂确定终点。一般认为,在 0.1 mol/L 左右的浓度下,被滴定的弱酸的 K_a 应大于或等于 10^{-7},也就是说,一元弱酸的 $c \cdot K_a \geqslant 10^{-8}$ 才能直接被准确滴定,这就是一元弱酸能否被强碱直接准确滴定的依据。

3) 强酸滴定一元弱碱

以 0.100 0 mol/L HCl 溶液滴定 20.00 mL 0.100 0 mol/L 氨水为例。滴定过程中溶液的 pH 变化,如图 6.4 所示。这类滴定曲线与强碱滴定弱酸相似,但 pH 变化情况相反。

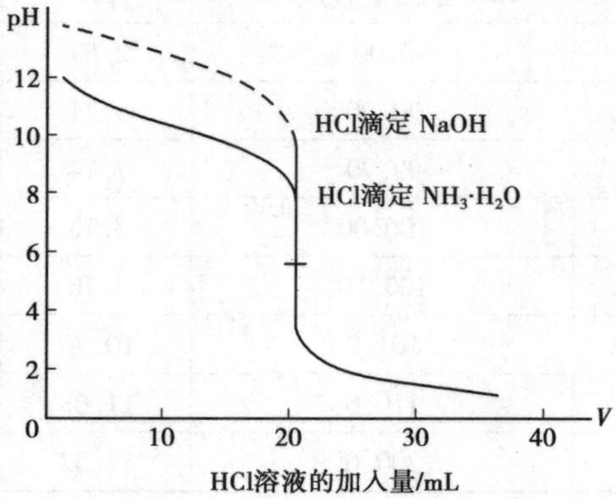

图 6.4　强酸滴定强碱、弱碱滴定曲线比较图

(1)滴定前

$$c_{OH^-}=\sqrt{K_b \cdot c}=1.35\times10^{-3}(\text{mol/L})$$

$$pOH=2.87$$

$$pH=11.13$$

(2)化学计量点前

当加入了 19.98 mL HCl 时,溶液为 $NH_3 \cdot H_2O$-NH_4Cl 组成的缓冲溶液:

$$c_{OH^-}=K_b\frac{c_{NH_3 \cdot H_2O}}{c_{NH_4^+}}=1.80\times10^{-5}\times\frac{0.02\times0.1000}{19.98\times0.1000}$$

$$=1.8\times10^{-8}(\text{mol/L})$$

$$pOH=7.75$$

$$pH=6.25$$

(3)化学计量点

溶液为 NH_4Cl 溶液,此时溶液体积增大一倍

则 $c_{NH_4Cl}=0.100\times0.5=0.05\ (\text{mol/L})$

$$c_{H^+}=\sqrt{K_a \cdot c}=\sqrt{\frac{K_b}{K_c} \cdot c}=5.3\times10^{-6}$$

$$pH=5.28$$

(4)化学计量点后

与强酸强碱滴定相同　pH=4.30

由于滴定突跃范围的 pH 为 4.30~6.25,在酸性范围内。显然,甲基红(pH=4.4~6.2)是合适的指示剂。如果用酚酞,则会造成很大的误差。所以用标准溶液滴定弱酸时,宜用酚酞作指示剂;用标准溶液滴定弱碱时,宜用甲基红或甲基橙作指示剂。与强碱滴定弱酸相似,被滴定的碱越弱,则突跃范围越小。只有当 $c \cdot K_b \geqslant 10^{-8}$时,才能用标准溶液直接进行滴定。

多元弱酸弱碱在水中分步电离,除了需要讨论其滴定突跃外,还需讨论各步电离能否被分别滴定,能否全步滴定而相互不干扰以及能有几个突跃和如何选择指示剂等问题。本书对多元弱酸碱的滴定不作讨论。

6.2.3　酸碱滴定法的应用

1)酸碱标准溶液的配制和标定

在酸碱滴定中,一般用强酸强碱配制标准溶液。最常用的标准溶液是 HCl 溶液和 NaOH 溶液,但它们都不是基准物质,所以只能用间接法配制,即先配制成近似所需浓度的溶液,然后再用基物质进行标定。

【例题 6.2】 0.1 mol/L HCl 标准溶液的配制与标定。

解 配制方法：用吸量管吸取浓 HCl（密度为 1.19 g/cm^3）9 mL，滴入清洁的容量瓶中，用蒸馏水稀释至 1 000 mL，塞紧瓶盖充分摇匀。

标定 HCl 的常用基准物质有：无水碳酸钠和硼砂（$Na_2B_4O_7 \cdot 10H_2O$）。硼砂较易得纯品，不易吸水，比较稳定，摩尔质量较大（381.37 g/mol），故由称量造成的相对误差较小。

硼砂与 HCl 反应为

$$2HCl + Na_2B_4O_7 \cdot 10H_2O = 2NaCl + 4H_3BO_3 + 5H_2O$$

HCl 与硼砂反应的物质的量比是 2∶1，反应产物 H_3BO_3 是弱酸，化学计量点显酸性，可选用甲基红或甲基橙作指示剂。

硼砂标定 HCl 的计算公式为

$$c_{HCl} = \frac{2 \times M \times 1000}{M_{Na_2N_4O_7 \cdot 10H_2O} \cdot V_{HCl}}$$

式中 m——硼砂称量的质量，g；

M——硼砂的摩尔质量，g/mol；

V——终点时消耗的 HCl 的体积，mL。

【例题 6.3】 0.1 mol/L NaOH 标准溶液的配制与标定。

解 配制方法：在天平上称取分析纯固体 NaOH 约 4g 于小烧杯中，加少量 H_2O 溶解，移入洁净的容量瓶中，用蒸馏水稀释至 100 0 mL，用橡皮塞塞住瓶口，充分摇匀。

标定 NaOH 的物质有：草酸和邻苯二甲酸氢钾（$KHC_8H_4O_4$），常用的是邻苯二甲酸氢钾，这种基准物质可用重结晶法制得纯品，不含结晶水，不吸潮，容易保存。由于摩尔质量较大，标定时由称量而造成的相对误差也较小，因而是一种良好的基准物质。

NaOH 与邻苯二甲酸氢钾的反应为

$$NaOH + KHC_8H_4O_4 = KNaC_8H_4O_4 + H_2O$$

反应按 1∶1 定量进行，产物 $KNaC_8H_4O_4$ 是一个弱碱，化学计量点时溶液呈弱碱性，可用酚酞作指示剂指示滴定终点。

NaOH 浓度的计算公式为

$$c_{NaOH} = \frac{m \times 1\,000}{M_{KHC_8H_4O_4} \cdot V_{NaOH}}$$

式中 M——邻苯二甲酸氢钾的摩尔质量，g/mol；

m——邻苯二甲酸氢钾的称量质量，g；

V——终点时消耗的 NaOH 的体积，mL。

标定时，一般应平行测定 3 份，其滴定结果的相对误差不得大于 0.2%，标定好的标准溶液应密闭，妥善保存。标定时的实验条件应与此标准溶液测定某组分时的条件尽量一致，以抵消因条件影响所造成的误差。

还应注意的是，间接配制和直接配制时所使用的仪器有区别。例如，间接配制时可使用量筒、量杯、托盘天平等仪器，而直接配制时必须使用容量瓶、移液管、分析天平等精密仪器。

2）酸碱滴定法的应用

（1）土壤、肥料中氮含量测定

酸碱滴定法中经常要进行铵态氮的分析测定工作，分析时先通过不同方法将其他形态的氮转化为铵态氮。由于铵态氮的主要成分是 NH_4^+，而 NH_4^+ 酸性太弱，不能直接用 N_aOH 标准溶液滴定。但 NH_4^+ 能与甲醛（HCHO）作用定量地转移出 H^+：

$$4NH_4^+ + 6HCHO = (CH_2)_6N_4 + 4H^+ + 6H_2O$$

然后用 NaOH 标准溶液滴定转移出的 H^+。由于一个 NH_4^+ 转换出一个 H^+，而一个 NH_4^+ 中含一个 N 原子。因此，滴定时消耗标准溶液 NaOH 的物质的量，等于 H^+ 的物质的量，也间接地等于 N 的物质的量，所以样品中的 N 的含量按下式计算：

$$N\text{ 含量} = \frac{c_{NaOH} \times V_{NaOH} \times \frac{14.01}{1\ 000}}{m} \times 100\% \qquad (6.4)$$

式中 $c_{NaOH} \cdot V_{NaOH}$——耗用 NaOH 标准溶液的物质的量；

W——试样的质量，g；

14.01——N 的摩尔质量。

滴定终点时溶液为 $(CH_2)_6N_4$ 水溶液，呈弱碱性，应选用酚酞做指示剂。滴定时，甲醛必须是中性的，铵盐中不应含有游离酸。否则，必须进行预处理，不然会给测定结果带来较大的误差。

（2）农产品中总酸度的测定

农产品的果蔬中所含酸的种类和含量皆随其种类、品种和成熟度变化很大。一定酸度的含量可以增加其风味，但过量时又显示出不良品质。总酸度是指食品中所有酸性物质的总量，包括已离解的酸的浓度和未离解的酸的浓度。

农产品中的有机酸用标准碱液滴定时，被中和成盐类。

$$RCOOH + NaOH = RCOONa + H_2O$$

以酚酞为指示剂，滴定至溶液呈淡红色 0.5 min 不褪为终点。根据所耗标准碱液的浓度和体积，可计算样品中酸的含量。

6.3 氧化还原滴定法

氧化还原滴定法是以氧化还原反应为基础的滴定分析方法。它的应用很广泛，可以用来直接测定氧化剂和还原剂，也可以用来间接测定一些能与氧化剂或还原剂定量反应的物质。

6.3.1 氧化还原滴定曲线

在酸碱滴定过程中，我们研究的是溶液中 pH 值的改变，在氧化还原滴定过程中，要研究的则是由氧化剂和还原剂所引起的电极电势的改变。这种电势改变的情况，可以用与其他滴定法相似的滴定曲线来表示。

在氧化还原滴定中，随着滴定剂的加入，被滴定物质的氧化型和还原型的浓度逐渐改变，有关电对的电极电势也随之改变。以溶液的电极电势为纵坐标，加入的滴定剂为横坐标作图，得到的曲线称为氧化还原滴定曲线。滴定曲线可通过实验的方法测得的数据进行描绘，也可应用能斯特方程进行计算，求出相应的数据。

图 6.5 是以 0.100 0 mol/L $Ce(SO_4)_2$ 溶液在 1 mol/L H_2SO_4 溶液中滴定 0.100 0 mol/L $FeSO_4$ 溶液的滴定曲线。滴定反应为

$$Ce^{4+}+Fe^{2+}\xrightarrow{1\ mol/L\ H_2SO_4}Ce^{3+}+Fe^{2+}$$

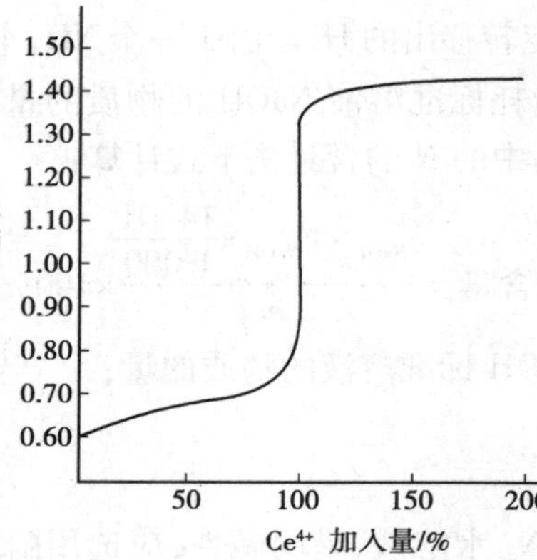

图 6.5　0.100 0 mol/L $Ce(SO_4)_2$ 溶液
滴定 0.100 0 mol/L $FeSO_4$ 溶液的滴定曲线

滴定前，溶液虽然是 0.100 0 mol/L 的 Fe^{2+} 溶液，但是由于空气中氧的氧化作用，不可避免地会有痕量 Fe^{3+} 存在，组成 Fe^{3+}/Fe^{2+} 电对。但是由于 Fe^{3+} 的浓度不定，故此时的电位也就无法计算。

滴定开始后，溶液中存在两个电对，根据能斯特方程式，两个电对电极电势分别为

$$E_{Fe^{3+}/Fe^{2+}}=E^{\ominus'}_{Fe^{3+}/Fe^{2+}}+0.059\lg\frac{c_{Fe^{3+}}}{c_{Fe^{2+}}}$$

$$E_{Ce^{4+}/Ce^{3+}}=E^{\ominus'}_{Ce^{4+}/Ce^{3+}}+0.059\lg\frac{c_{Fe^{4+}}}{c_{Fe^{3+}}}$$

其中，$E^{\ominus}_{Fe^{3+}/Fe^{2+}}=0.68(V)$　　$E^{\ominus'}_{Ce^{4+}/Ce^{3+}}=1.44(V)$

在滴定过程中，每加入一定量的滴定剂，反应达到一个新的平衡，此时两个电对的电极电势相等。因此，溶液中各平衡点的电势可选用便于计算的任何一个电对来计算。

滴定开始到化学计量点前，溶液中存在过量的 Fe^{2+}，滴定过程中电极电势的变化可更具 Fe^{3+}/Fe^{2+} 电对来计算，此时，$E_{Fe^{3+}/Fe^{2+}}$ 值随溶液中 $c_{Fe^{3+}}/c_{Fe^{2+}}$ 的改变而变化。当滴定了 99.9% 的 $c_{Fe^{2+}}$ 时：

$$c_{Fe^{3+}}/c_{Fe^{2+}}=999/1\approx10^3$$

$$E=E^{\ominus'}_{Fe^{3+}/Fe^{2+}}+0.059\lg\frac{c_{Fe^{3+}}}{c_{Fe^{2+}}}=0.68+0.059\ \lg 10^3=0.86(V)$$

化学计量点时，两个电对的电极电势相等，可通过两个电对的浓度关系来计算。令化学

计量点时的电势为 E_{sp}，则

$$E_{sp}=E^{\ominus'}_{Fe^{3+}/Fe^{2+}}+0.059\lg\frac{c_{Fe^{3+}}}{c_{Fe^{2+}}}$$

$$E_{sp}=E^{\ominus'}_{Ce^{4+}/Ce^{3+}}+0.059\lg\frac{c_{Ce^{4+}}}{c_{Ce^{3+}}}$$

两式相加，得

$$2E_{sp}=E^{\ominus'}_{Ce^{4+}/Ce^{3+}}+E^{\ominus'}_{Fe^{3+}/Fe^{2+}}+0.059\lg\frac{c_{Ce^{4+}}\cdot c_{Fe^{3+}}}{c_{Ce^{3+}}\cdot c_{Fe^{2+}}}$$

由滴定反应方程式可知，计量点时：$c_{Ce^{3+}}=c_{Fe^{3+}}$　　$c_{Ce^{4+}}=c_{Fe^{2+}}$　则

$$E_{sp}=\frac{0.68+1.44}{2}=1.06(\mathrm{V})$$

对于一般的氧化还原滴定反应：

$$n_2\,氧化型_1+n_1\,还原型_2 \rightleftharpoons n_2\,还原型_1+n_1\,氧化型_2$$

其半反应及标准电极电势（或条件电势）分别为

氧化型$_1$ + n_1e^- ══ 还原型$_1$　　$E_1^{\ominus'}$

氧化型$_2$ + n_2e^- ══ 还原型$_2$　　$E_2^{\ominus'}$

其计量点电势为

$$E_{sp}=\frac{n_1E_1^{\ominus'}+n_2E_2^{\ominus'}}{n_1+n_2} \tag{6.5}$$

化学计量点后，Fe^{2+}几乎全部被氧化成 Fe^{3+}，Fe^{2+}不易直接求得，但由加入过量 Ce^{4+}的百分数，可知 $c_{Ce^{4+}}/c_{Ce^{3+}}$的值，此时，按 $c_{Ce^{4+}}/c_{Ce^{3+}}$电对计算电极电势。例如，当加入过量 0.1% Ce^{4+}时

$$E_{sp}=E^{\ominus'}_{Ce^{4+}/Ce^{3+}}+0.059\lg\frac{c_{Ce^{4+}}}{c_{Ce^{3+}}}=1.26(\mathrm{V})$$

由上面的计算可知，从化学计量点前 Fe^{2+}剩余 0.1% 到化学计量点后 Ce^{4+}过量 0.1%，溶液的电极电势由 0.86 V 突跃至 1.26 V，升高了 0.40 V，这个突变称为滴定电势突跃。电势突跃的大小和氧化剂与还原剂两电对的条件电极电势的差值有关。条件电极电势相差越大，电势突跃越大；反之亦然。电势突跃的范围是选择氧化还原指示剂的依据。

6.3.2　氧化还原滴定法的指示剂

在氧化还原滴定法中，除了用电位法确定终点外，还可根据所使用的标准溶液的不同，选用不同类型的指示剂来确定滴定终点。

氧化还原滴定法中，常用的指示剂有以下 3 种类型。

1）自身指示剂

在氧化还原滴定中，有些标准溶液或被滴定的物质本身有颜色，如果反应后变为无色或浅色物质，那么滴定时就不必另加指示剂。这种利用本身的颜色变化起指示作用的指示剂称为自身指示剂。如在高锰酸钾滴定法中，MnO_4^- 本身显紫红色，可它滴定无色或浅色的还原剂溶液，在滴定中 MnO_4^- 被还原为无色的 Mn^{2+}，滴定到化学计量点时，只要 MnO_4^- 稍微过量就可使溶液显粉红色，表示已到达了滴定终点。实验表明，$KMnO_4$ 的浓度约为 2×10^{-6} mol/L 时，就

可以看到溶液呈粉红色；$KMnO_4$ 滴定无色或浅色的还原剂溶液，不须外加指示剂，$KMnO_4$ 是自身指示剂。如 $KMnO_4$ 在酸性条件下滴定 Fe^{2+}，反应方程式如下：

$$MnO_4^-(\text{紫红色}) + 5Fe^{2+} + 8H^+ = Mn^{2+}(\text{肉色,近无色}) + 5Fe^{3+} + H_2O$$

2）特殊指示剂

有些物质本身不具氧化还原性，但能与氧化剂或还原剂产生特殊的颜色，因而可以指示滴定终点。如可溶性淀粉与碘反应，生成深蓝色化合物，当 I_2 被还原为 I^- 时，深蓝色消失。因此在碘量法中，可用淀粉溶液作指示剂。在室温下，用淀粉可检出约 10^{-5} mol/L 的碘溶液。温度升高，灵敏度降低。有时又称淀粉是碘量法的专属指示剂。

3）氧化还原指示剂

这类指示剂的氧化型和还原型具有不同的颜色，在氧化还原滴定时，在化学计量点附近，指示剂由氧化型转变为还原型，或由还原型转变为氧化型，从而引起溶液颜色突变，指示终点。

以 In(Ox) 和 In(Red) 分别表示指示剂的氧化型和还原型，则其半反应的能斯特方程式分别为

$$In(Ox) + ne^- = In(Red)$$

$$E = E_{In}^{\ominus\prime} + \frac{0.059}{n}\lg\frac{c_{In(Ox)}}{c_{In(Red)}}$$

其中，$E_{In}^{\ominus\prime}$ 为指示剂的标准电极电势，当溶液中氧化还原电对的电势改变时，指示剂的氧化型和还原型的浓度比也会随之改变，因而使溶液的颜色发生变化。

与酸碱指示剂的变化情况类似，当 $c_{In(Ox)}/c_{In(Ox)} \geqslant 10$ 时，溶液呈现氧化型的颜色，此时

$$E \geqslant E_{In}^{\ominus\prime} + \frac{0.059}{n}\lg 10 = E_{In}^{\ominus\prime} + \frac{0.059}{n}$$

当 $c_{In(Ox)}/c_{In(Ox)} \leqslant 10$ 时，溶液呈现还原型的颜色，此时

$$E \leqslant E_{In}^{\ominus\prime} + \frac{0.059}{n}\lg\frac{1}{10} = E_{In}^{\ominus\prime} + \frac{0.059}{n}$$

因此，氧化还原指示剂理论变色的电势范围为

$$E_{In}^{\ominus\prime} + \frac{0.059}{n} \tag{6.6}$$

表 6.7 列出了一些常见的氧化还原指示剂。在选择指示剂时，应使指示剂的条件电极电势尽量与化学计量点电极电势一致，以减小终点误差。

表 6.7　一些氧化还原指示剂的条件电极电势及颜色变化

指示剂	$E_{In}^{\ominus\prime}/V$ ($c_{H^+}=1$ mol/L)	颜色变化	
		氧化态	还原态
亚甲基蓝	0.36	蓝	无色
二苯胺	0.76	紫	无色
二苯胺磺酸钠	0.84	紫红	无色
邻苯氨基苯甲酸	0.89	紫红	无色
邻二氮菲-亚铁	1.06	浅蓝	红
硝基邻二氮菲-亚铁	1.25	浅蓝	紫红

在实际滴定中，指示剂的变色范围应包括在99.9%～100.1%（即指示剂的变色范围应落在滴定突跃范围之内），对于对称电对组成的氧化还原反应，应满足

$$E_2^{\ominus'}+\frac{0.059\times3}{n_2}<E_{In}<E_1^{\ominus'}-\frac{0.059\times3}{n_1}$$

此式为选择氧化还原指示剂的依据。

6.3.3 常用的氧化还原滴定法

氧化还原滴定法是应用最广泛的滴定分析法之一，它可用于无机物和有机物含量的直接或间接测定。

由于氧化还原滴定剂的种类繁多，氧化还原能力强度各不相同，因此，可根据待测物质的性质来选择合适的滴定剂，这是氧化还原滴定法得到广泛应用的主要原因。作为滴定剂，要求它在空气中保持稳定，因此，能用作滴定剂的还原剂不多，常用的有 $Na_2S_2O_3$ 和 $FeSO_4$ 等。而氧化剂作为滴定剂的应用十分广泛，常用的有：$KMnO_4$、$K_2Cr_2O_7$、I_2、$KBrO_3$、$Ce(SO_4)_2$ 等。一般根据滴定剂的名称来命名氧化还原滴定法。下面简要介绍常用的几种方法。

1）高锰酸钾法

（1）高锰酸钾法概述

高锰酸钾法是利用高锰酸钾作滴定剂的一种氧化还原滴定法。高锰酸钾法的优点是 $KMnO_4$ 氧化能力强、应用广泛，本身呈深紫色，用它滴定无色或浅色溶液时，不需另加指示剂。高锰酸钾法的缺点是试剂常含有少量杂质，溶液不够稳定；又由于 $KMnO_4$ 的氧化能力强，可以和很多的还原性物质发生反应，故干扰较严重。

$KMnO_4$ 是一种强氧化剂，在不同酸度条件下，其氧化能力不同。一般控制溶液的 H^+ 为 1～2 mol/L。酸度过高会导致 $KMnO_4$ 分解，酸度过低会产生 MnO_2 沉淀。调节酸度时用硫酸调节，因为硝酸具有氧化性，会消耗还原剂；盐酸具有还原性，会被 $KMnO_4$ 氧化。

在强酸性溶液中与还原剂作用，MnO_4^- 被还原为 Mn^{2+}

$$MnO_4^- + 8H^+ + 5e^- \rightleftharpoons Mn^{2+} + 4H_2O \qquad E^{\ominus}=1.51(V)$$

在微酸性、中性或弱碱性溶液中，MnO_4^- 被还原为 MnO_2

$$MnO_4^- + 2H_2O + 3e^- \rightleftharpoons MnO_2 + 4OH^- \qquad E^{\ominus}=0.59(V)$$

在 NaOH 浓度大于 2mol/L 的碱性溶液中，MnO_4^- 被还原为 MnO_4^{2-}

$$MnO_4^- + e^- \rightleftharpoons MnO_4^{2-} \qquad E^{\ominus}=0.564(V)$$

（2）高锰酸钾溶液的配制和标定

市售 $KMnO_4$ 常含有二氧化锰及其他杂质，纯度一般为99%～99.5%，达不到基准物质的要求。同时，蒸馏水中也常含有少量的还原性物质，$KMnO_4$ 会与之逐渐反应生成 $Mn(OH)_2$ 沉淀。这些生成物以及热、光、酸碱等外界条件的改变均会促使 $KMnO_4$ 溶液进一步分解，因此 $KMnO_4$ 标准溶液大多采用间接法配制。

$KMnO_4$ 标准溶液配制方法如下：称取稍多于理论量的 $KMnO_4$ 溶于一定体积的蒸馏水中，加热至沸腾，保持微沸约 1 h，然后放置 2～3 d，使溶液中可能存在的还原性物质完全氧化，用微孔玻璃漏斗或玻璃棉滤去析出的沉淀，滤液储于棕色瓶中，在暗处保存。然后用基准物质

标定溶液。

如需要浓度较稀的 $KMnO_4$ 溶液，可用蒸馏水将 $KMnO_4$ 溶液临时稀释并标定后使用，但不能长期储存。

标定 $KMnO_4$ 的基准物质有：$Fe(NH_4)_2(SO_4)_2 \cdot 6H_2O$、$As_2O_3$、$Na_2C_2O_4$、$H_2C_2O_4 \cdot H_2O$ 和纯金属铁丝等。其中 $Na_2C_2O_4$ 因不含结晶水，没有吸湿性，受热稳定，易于提纯，最为常用。$Na_2C_2O_4$ 在 105～110℃烘干约 2 h，冷却后，即可使用。

在 H_2SO_4 溶液中，MnO_4^- 与 $C_2O_4^{2-}$ 反应如下：

$$2MnO_4^- + 5C_2O_4^{2-} + 16H^+ = 2Mn^{2+} + 10CO_2\uparrow + 8H_2O$$

为了使反应能够定量而较快地进行，应注意以下滴定条件：

①温度。此反应在室温下反应速度极慢，因此，常需加热至 70～85 ℃时进行滴定，但温度不宜过高，若超过 90 ℃，会使部分 $H_2C_2O_4$ 分解

$$H_2C_2O_4 \longrightarrow CO_2\uparrow + CO\uparrow + H_2O$$

②酸度。酸度过低，MnO_4^-会部分分解生成 MnO_2；酸度过高，会促使草酸分解。一般滴定开始时，最佳酸度为 0.5～1 mol/L。为防止 MnO_4^- 氧化 Cl^- 的反应发生，应在硫酸介质中进行。

③滴定速度。若开始时滴定速度太快，加入的 $KMnO_4$ 来不及与 $C_2O_4^{2-}$ 反应，而发生分解反应使标定结果偏低，且生成 MnO_2 棕色沉淀影响终点观察。

$$4MnO_4^- + 4H^+ = 4MnO_2\downarrow + 3O_2\uparrow + 2H_2O$$

④催化剂。开始加入的几滴 $KMnO_4$ 溶液褪色较慢，随着滴定产物 Mn^{2+}的生成，反应速度逐渐加快。因此，常在滴定前加入几滴 $MnSO_4$ 作为催化剂。

⑤指示剂。$KMnO_4$ 自身可作为滴定时的指示剂，但使用浓度低至 0.002 mol/L $KMnO_4$ 溶液作为滴定剂时，应加入二苯胺磺酸钠或 1,10-邻二菲-Fe(Ⅱ)等指示剂来确定终点。

⑥滴定终点。用 MnO_4 溶液滴定至终点后，溶液中出现的粉红色不能持久，这是因为空气中的还原性气体和灰尘都能使 MnO_4^- 还原，使溶液的粉红色逐渐消失。所以，滴定时溶液中出现的粉红色如在 0.5～1 min 内不褪色，即已达到滴定终点。

(3)高锰酸钾法的应用

①直接法测定 H_2O_2。在酸性溶液中 H_2O_2 被 $KMnO_4$ 定量氧化，其反应式为

$$2MnO_4^- + 5H_2O_2 + 6H^+ = 2Mn^{2+} + 5O_2\uparrow + 8H_2O$$

可加少量 Mn^{2+}催化反应。

市售过氧化氢为 30% 的水溶液，浓度过大，必须经过适当稀释后方可滴定。H_2O_2 样品还时常加有少量乙酰苯胺、尿素或丙乙酰胺等作稳定剂，这些物质也有还原性，能使终点滞后，造成误差。在这种情况下，以采用碘量法测定为宜。

其他还原性物质，如亚铁盐、亚砷酸盐、亚硝酸盐、过氧化物及草酸盐等也可用 $KMnO_4$ 直接滴定法来测定。

②返滴定法测定 MnO_2 等。MnO_2 与 $C_2O_4^{2-}$ 的反应是测定 MnO_2 的基础，其反应式为

$$MnO_2 + C_2O_4^{2-} + 4H^+ = Mn^{2+} + 2CO_2\uparrow + 2H_2O$$

加入一定量的 $Na_2C_2O_4$ 溶液于试样中，加入 H_2SO_4 并加热，待反应完全后，用 $KMnO_4$ 标

准溶液返滴定剩余的 $C_2O_4^{2-}$，可求得 MnO_2 的含量。

采用返滴定法，还可以测定如：MnO_4^-、PbO_2、CrO_4^-、$S_2O_8^{2-}$、ClO_3^-、BrO_3^- 和 IO_3^- 等强氧化剂。

③间接法测定 Ca^{2+}。先用 $C_2O_4^{2-}$ 将 Ca^{2+} 全部沉淀为 CaC_2O_4，沉淀经过滤、洗涤后溶于稀硫酸，然后用 $KMnO_4$ 标准溶液滴定生成的 $H_2C_2O_4$，间接测得 Ca^{2+} 的含量。此外，Ba^{2+}、Zn^{2+} 和 Cd^{2+} 等金属盐，都可用间接滴定法来测定含量。

④测定某些有机化合物。在强碱性溶液中，$KMnO_4$ 与某些有机物反应后，还原为绿色的 MnO_4^{2-}。利用这一反应，可用高锰酸钾法测定某些有机化合物。

以测定甘油为例。将一定量的碱性(2 mol/L NaOH) $KMnO_4$ 标准溶液与含有甘油的试液反应：

$$\underset{OH}{\underset{|}{H_2C}}-\underset{OH}{\underset{|}{CH}}-\underset{OH}{\underset{|}{CH_2}} + 14MnO_4^- + 20OH^- \xlongequal{\quad} 3CO_3^{2-} + 14MnO_4^{2-} + 14H_2O$$

待反应完全后，将溶液酸化 MnO_4^{2-} 岐化成 MnO_4^- 和 MnO_2，加入过量、计量的还原剂标准溶液，使所有的锰还原为 Mn^{2+}，再用 $KMnO_4$ 标准溶液滴定剩余的还原剂。计算出甘油的含量。

甲醇、甲醛、甲酸、甘油、乙醇酸、酒石酸、柠檬酸、水杨酸、葡萄糖等均可用此法测定含量。

2）重铬酸钾法

(1)重铬酸钾法概述

重铬酸钾法是用重铬酸钾作滴定剂的一种氧化还原滴定法。$K_2Cr_2O_7$ 是一种常用的氧化剂，在酸性介质中的半反应为

$$Cr_2O_7^{2-} + 14H^+ + 6e^- \xlongequal{\quad} Cr^{2+} + 7H_2O$$

$K_2Cr_2O_7$ 法与 $KMnO_4$ 法相比有如下特点：

①$K_2Cr_2O_7$ 易提纯，较稳定，在 140～150 ℃干燥后，可作为基准物质直接配制标准溶液。

②$K_2Cr_2O_7$ 标准溶液非常稳定，可长期保存在密闭容器内，溶液浓度不变。

③室温下 $K_2Cr_2O_7$ 不与 Cl^- 作用，故可以在 HCl 介质中作滴定剂。

④$K_2Cr_2O_7$ 本身不能作为指示剂，需外加指示剂。常用二苯胺磺酸钠或邻苯氨基苯甲酸作指示剂。

$K_2Cr_2O_7$ 法的最大缺点：六价铬是致癌物，废水会污染环境，应对实验产生的废水加以处理，不能直接排放。

(2)重铬酸钾法的应用

重铬酸钾法有直接滴定法和间接滴定法之分，对有机试样，常在其硫酸溶液中加入过量的重铬酸钾标准溶液，加热至一定温度，冷后稀释，再用硫酸亚铁铵标准溶液返滴定，如测电镀液中的有机物，可用二苯胺磺酸钠作指示剂。以铁矿中全铁的测定为例。

重铬酸钾法主要用于测定 Fe^{2+}，是铁矿石中全铁量测定的标准方法。

试样加热分解，先用 $SnCl_2$ 在热浓 HCl 中将 Fe(Ⅲ)还原为 Fe(Ⅱ)，冷却后用 $HgCl_2$ 氧化过量的 $SnCl_2$，此时溶液中析出 Hg_2Cl_2 丝状的白色沉淀。然后加入 1～2 mol/L 的硫酸、磷酸混合酸，以二苯胺磺酸钠为指示剂，用重铬酸钾溶液滴定 Fe(Ⅱ)，终点为溶液由浅绿变为紫红色。

其中加入硫酸的目的是保证足够酸度。加入磷酸的目的是与滴定过程中生成的 Fe(Ⅲ)作用,生成$[Fe(PO_4)_2]^{3-}$(无色)配离子,消除 Fe(Ⅲ)的黄色,有利于观察终点;并且可以降低铁电对的电极电势,使二苯胺磺酸钠变色点的电势落在滴定的突跃范围内。这是测铁的经典方法,简便、快速、准确,但汞有毒,环境污染严重。

3)碘量法

(1)碘量法概述

碘量法是以 I_2 作为氧化剂或以 I^- 作为还原剂进行测定的分析方法。由于固体碘分子在水中的溶解度很小且易挥发,常把碘分子溶于过量 KI 溶液中,以 I_2 及 I_3^- 的形式存在,其半反应为 $I_3^-+2e^- = 3I^-$,为简化并强调化学计量关系,一般仍简写成 I_2。

由于 I_3^-/I^- 电对的 $E^\ominus=0.545\ V$,I_3^- 是较弱的氧化剂,I^- 是中等强度的还原剂。用碘标准溶液直接滴定 SO_3^{2-}、As(Ⅲ)、$S_2O_3^{2-}$,维生素 C 等较强的还原剂,这种方法称为直接碘量法或碘滴定法。而利用 I^- 的还原性,使它与许多氧化性物质如 $Cr_2O_7^{2-}$、MnO_4^{2-}、BrO_3^-、H_2O_2 等反应,定量地析出 I_2,然后用 $Na_2S_2O_3$ 溶液滴定 I_2,以间接地测定这些氧化性物质,这种方法称为间接碘量法或滴定碘法。

碘量法 I_3^-/I^- 电对的可逆性好,其电极电势在很宽的 pH 范围内不受溶液酸度及其他配位剂的影响,且副反应少。碘量法采用的淀粉指示剂,灵敏度较高。这些优点使得碘量法的应用非常广泛。

碘量法的两个主要误差来源是:碘分子易挥发及在酸性溶液中 I^- 容易被空气氧化。为了减少碘分子的挥发和碘离子与空气的接触,滴定最好在碘量瓶中进行,且置于暗处,滴定时不需剧烈摇荡。为了防止 I^- 被氧化,一般反应后应立即滴定,且滴定是在中性或弱酸性溶液中进行。

(2)标准溶液的配制和标定

碘量法中使用的标准溶液是碘液和硫代硫酸钠溶液。

①碘标准溶液的配制。市售碘不纯,用升华法可得到纯碘分子,用它可直接配成标准溶液,但由于碘分子的挥发性及对分析天平的腐蚀性,一般将市售配制成近似浓度,再标定。

配制方法:将一定量碘分子与 KI 一起置于研钵中,加少量水研磨,使碘分子全部溶解,再用水稀释至一定体积,放入棕色瓶保存,避免碘液与橡皮等有机物接触,否则碘易与有机物作用,也要防止碘液见光,否则会使碘溶液浓度改变。

碘的浓度可用三氧化二砷(砒霜)作基准物来标定,砒霜难溶于水,用氢氧化钠溶解,再加入足够的 HCl 使其呈弱酸性,然后加入碳酸氢钠保持溶液的 pH 约为 8,淀粉为指示剂进行滴定,溶液中出现蓝色时为终点。

碘的浓度也可用标定好的硫代硫酸钠标液来标定。

②硫代硫酸钠的配制和标定。硫代硫酸钠含有结晶水、易风化,并含少量 S、Na_2CO_3、Na_2SO_4、Na_2SO_3、NaCl 等杂质,不能作为基准物质,只能采用间接法配制,配制好的硫代硫酸钠也不稳定,因为水中溶有 CO_2 成弱酸性,而硫代硫酸钠在酸性溶液中会缓慢分解,水中微生物会消耗硫代硫酸钠中的 S,空气会氧化还原性较强的硫代硫酸钠。

硫代硫酸钠溶液的配制方法:使用新煮沸并冷却了的蒸馏水,煮沸的目的是除去水中溶解的CO_2、O_2,并杀死细菌,同时加入少量碳酸钠使溶液呈弱酸性,以抑制细菌生长,将配好的溶液置于棕色瓶中以防光照分解,一段时间后应重新标定,如发现浑浊(硫沉淀),应重配或过滤再标定。

$K_2Cr_2O_7$、KIO_3 等基准物质常用来标定 $Na_2S_2O_3$ 的浓度。称取一定量上述基准物质,在酸性溶液中以过量的KI作用,析出I_2,以淀粉为指示剂,用$Na_2S_2O_3$ 溶液滴定,有关反应式如下:

$$Cr_2O_7^{2-} + 6I^- + 14H^+ \xlongequal{} 2Cr^{3+} + 3I_2\downarrow + 7H_2O$$

或

$$IO_3^- + 5I^- + 6H^+ \xlongequal{} 3I_2\downarrow + 3H_2O$$

(3)碘量法滴定方式及应用

①直接碘量法。凡是能被碘直接氧化的物质,只要反应速率足够快,就可采用直接碘量法进行测定。如硫化物、亚硫酸盐、亚砷酸盐、亚锡酸盐、亚锑酸盐、安乃近、维生素C等。

例如,维生素C的测定:维生素C中的烯二醇具有还原性,能被I_2定量地氧化成二酮基。

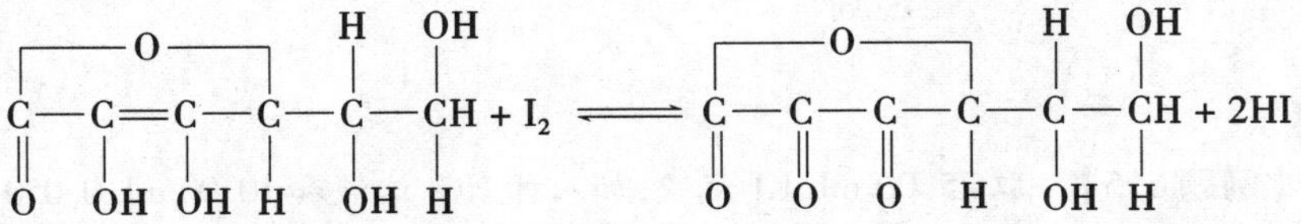

由于维生素C的还原性很强,碱性条件下很容易被空气氧化,所以滴定时加入一些醋酸,以淀粉为指示剂,用碘标准溶液进行滴定。

②返滴定碘量法。为了使被测定的物质与I_2充分作用并达到完全,先加入过量I_2溶液,然后再用硫代硫酸钠标准溶液返滴定剩余的I_2。例如,甘汞、甲醛、焦亚硫酸钠、蛋氨酸、葡萄糖等具有还原性的物质,都可用本法进行测定。此外,像安替比林、酚酞等能和过量I_2溶液产生取代反应的物质,以及制剂中的咖啡因等能和过量I_2溶液生成络合物沉淀的物质,也可用本法测定含量。

应用本法时,一般都在条件完全相同的情况下做一空白滴定(不加样品,加入定量的I_2溶液,用硫代硫酸钠标准溶液滴定),这样既可免除一些仪器、试剂及用水误差,又可从空白滴定与回滴的差数求出被测物质的含量,而无须标定I_2标准溶液。

③间接碘量法。利用碘离子的还原性测定氧化性物质的方法。先使氧化性物质与过量KI反应定量析出碘分子,然后用硫代硫酸钠滴定I_2,求得待测组分含量。

利用这一方法可以测定很多氧化性物质,如ClO_3^-、ClO^-、CrO_4^{2-}、IO_3^-、BrO_3^-等,以及能与CrO_4^{2-}生成沉淀的阳离子,如Pb^{2+}、Ba^{2+}等,所以滴定I_2法应用相当广泛。

6.3.4 氧化还原滴定结果的计算

氧化还原反应较为复杂,往往同一物质在不同条件下反应,会得到不同的产物。因此,在计算氧化还原滴定结果时,首先应正确表达有关的氧化还原反应,根据反应式确定化学计量系数,然后进行计算。

【例题6.4】 称取软锰矿0.321 6 g，分析纯的$Na_2C_2O_4$ 0.368 5 g，共置于同一烧杯中，加入H_2SO_4，并加热；待反应完全后，用0.024 00 mol/L $KMnO_4$溶液滴定剩余的$Na_2C_2O_4$，消耗$KMnO_4$溶液11.26 mL。计算软锰矿中MnO_2的质量分数。

解 有关反应式为

$$MnO_2+C_2O_4^{2-}(过)+4H^+ \xrightarrow{\triangle} Mn^{2+}+2CO_2+2H_2O+C_2O_4^{2-}(剩)$$

$$w_{MnO_2}=\frac{\dfrac{2m_{Na_2C_2O_4}}{M_{Na_2C_2O_4}}-5c_{KMnO_4}\cdot V_{KMnO_4}M\left(\dfrac{1}{2}MnO_2\right)}{m_s}\times 100\%$$

$$=\frac{\left(\dfrac{2\times 0.368\ 5}{134.0}-5\times 0.024\ 00\times 11.26\times 10^{-3}\right)\times\dfrac{86.94}{2}}{0.321\ 6}\times 100\%$$

$$=56.08\%$$

【例题6.5】 取25.00 mL KI试液，加入稀HCl溶液和10.00 mL 0.050 00 mol/L KIO_3溶液，析出的I_2经煮沸挥发释出。冷却后，加入过量的KI与剩余的KIO_3反应，析出的I_2用0.100 8 mol/L $Na_2S_2O_3$标准溶液滴定，耗去21.14 mL。试计算试液中KI的浓度。

解 挥发阶段和测定阶段均涉及同一反应：

$$IO_3^-+5I^-+6H^+ = 3I_2+3H_2O$$

滴定反应为 $I_2+2S_2O_3^{2-} = S_4O_6^{2-}+2I^-$

各物质之间的计量关系为 $IO_3^- \sim 5I^-$，$IO_3^- \sim 3I_2 \sim 6S_2O_3^{2-}$

$$c_{KI}=\frac{\left(c_{KIO_3}V_{KIO_3}-\dfrac{1}{6}c_{Na_2S_2O_3}V_{Na_2S_2O_3}\right)\times 5}{V_{KI}}$$

$$=\frac{\left(0.050\ 00\times 10.00\times 10^{-3}-\dfrac{1}{6}\times 0.100\ 8\times 21.14\times 10^{-3}\right)\times 5}{25.00\times 10^{-3}}$$

$$=0.028\ 96(mol/L)$$

【例题6.6】 称取含有苯酚的试样0.500 0 g。溶解后加入0.100 0 mol/L $KBrO_3$溶液（其中含有过量KBr）25.00 mL，并加HCl酸化，放置。待反应完全后，加入KI。滴定析出的I_2消耗了0.100 3 mol/L $Na_2S_2O_3$溶液29.91 mL。计算试样中苯酚的质量分数。

解 $BrO_3^-+5Br^-+6H^+ = 3Br_2+3H_2O$

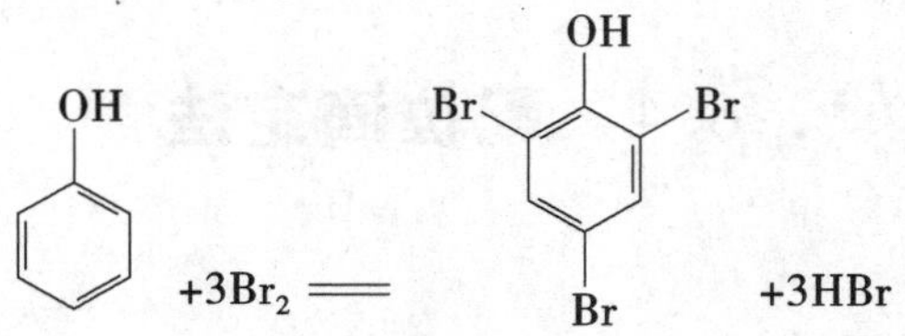

$2I^- + Br_2 \!=\!=\!= I_2 + 2Br^-$　　　$I_2 + 2S_2O_3^{2-} \!=\!=\!= 2I^- + S_4O_6^{2-}$

化学计量关系：

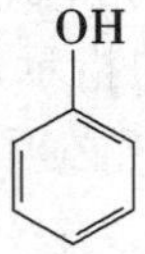

$$\sim 3Br_2 \sim 3I_2 \sim 6S_2O_3^{2-}$$

$$w_{(苯酚)} = \frac{[6c(KBrO_3)V(KBrO_3) - c(Na_2S_2O_3)V(Na_2S_2O_3)]M\left(\frac{1}{6}苯酚\right)}{m_s} \times 100\%$$

$$= \frac{(6 \times 0.100\,0 \times 25.00 - 0.100\,3 \times 29.91) \times \frac{94.11}{6}}{0.500\,0 \times 10^3} \times 100\%$$

$$= 37.64\%$$

【例题 6.7】 大桥钢梁的衬漆用红丹作填料，红丹的主要成分为 Pb_3O_4。称取红丹试样 0.100 0 g，加盐酸处理成溶液后，铅全部转化为 Pb^{2+}。加入 K_2CrO_4 使 Pb^{2+} 沉淀为 $PbCrO_4$。将沉淀过滤、洗涤后，再溶于酸，并加入过量的 KI。以淀粉为指示剂，用 0.100 0 mol/L $Na_2S_2O_3$ 标准溶液滴定生成的 I_2，用去 13.00 mL。求红丹中 Pb_3O_4 的质量分数。

解　有关反应式为

$$Pb_3O_4 + 2Cl^- + 8H^+ \!=\!=\!= 3Pb^{2+} + Cl_2\uparrow + 4H_2O$$

$$Pb^{2+} + CrO_4^{\ 2-} \!=\!=\!= PbCrO_4\downarrow$$

$$2PbCrO_4 + 2H^+ \!=\!=\!= 2Pb^{2+} + Cr_2O_7^{\ 2-} + H_2O$$

$$Cr_2O_7^{\ 2-} + 6I^- + 14H^+ \!=\!=\!= 2Cr^{3+} + 3I_2 + 7H_2O$$

$$2S_2O_3^{\ 2-} + I_2 \!=\!=\!= 2I^- + S_4O_6^{\ 2-}$$

各物质之间的计量关系为

$$2Pb_3O_4 \sim 6Pb^{2+} \sim 6PbCrO_4 \sim 3Cr_2O_7^{\ 2-} \sim 9I_2 \sim 18S_2O_3^{2-}$$

即　　$Pb_3O_4 \sim 9\ S_2O_3^{2-}$

故 Pb_3O_4 在试样中的含量为

$$w_{Pb_3O_4} = \frac{\frac{1}{9}(c_{Na_2S_2O_3}V_{Na_2S_2O_3})M_{Pb_3O_4}}{m_s} \times 100\%$$

$$= \frac{\frac{1}{9} \times 0.100\,0 \times 13.00 \times 10^{-3} \times 685.6}{0.100\,0} \times 100\% = 99.03\%$$

6.4　配位滴定法

6.4.1　配位滴定概述

以配位反应为基础、以配位剂为标准溶液的滴定分析法称为配位滴定法。它是将配合剂配成标准溶液,直接或间接滴定被测物,并选用适当的指示剂来指示滴定终点。用于配位滴定的反应除应能满足一般滴定分析对反应的要求外,还必须具备以下条件:

①配位反应必须迅速且有适当的指示剂指示终点。

②配位反应严格按一定的反应式定量进行,只生成一种配位比的配位化合物。

③生成的配位化合物要相当稳定,以保证反应进行完全。

单齿(单基)配体与金属离子形成的简单配位化合物稳定性较差,且化学计量关系不易确定,大多数不能用于配位滴定。而多齿配体与金属离子形成具有环状结构的螯合物,稳定性较高,符合配位滴定反应的要求。其中应用最广泛的是 EDTA 作为标准溶液的配位滴定分析方法。本节主要讨论 EDTA 滴定法。

6.4.2　EDTA 的性质及配合物的特点

1)EDTA 的性质

乙二胺四乙酸简称 EDTA,其分子式为:

$$\text{HOOCH}_2\text{C} \diagdown \atop \text{HOOCH}_2\text{C} \diagup \!\!\! N\!-\!CH_2\!-\!CH_2\!-\!N\! \diagup \text{CH}_2\text{COOH} \atop \diagdown \text{CH}_2\text{COOH}$$

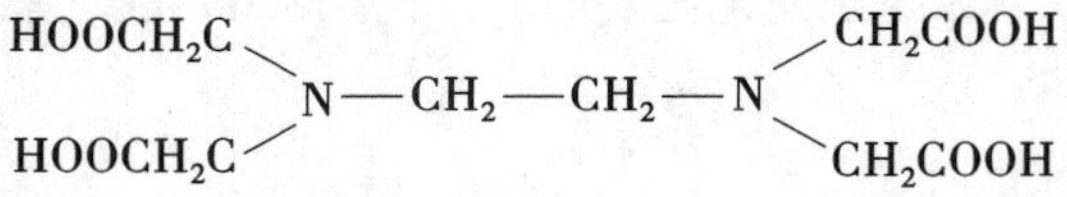

EDTA 是四元酸,溶解度较小(22 ℃时每 100 mL 水能溶解 0.02 g),难溶于酸和一般的有机溶剂,易溶于氨水和 NaOH 溶液,并生成相应的盐。通常都用它的二钠盐(符号 $Na_2H_2Y \cdot 2H_2O$)表示,习惯上仍简称 EDTA,它在水中的溶解度较大,22 ℃每 100 mL 可溶解 11.1 g,此溶液浓度约为 0.3 mol/L,pH 为 4.2。

在水溶液中可分步离解,其电离式为

$$H_4Y^- \rightleftharpoons H_3Y^- \rightleftharpoons H_2Y^{2-} \rightleftharpoons HY^{3-} \rightleftharpoons Y^{4-}$$

其各级电离常数分别为:$K_1 = 1.0 \times 10^{-2}$,$K_2 = 2.14 \times 10^{-3}$,$K_3 = 6.72 \times 10^{-7}$,$K_4 = 5.5 \times 10^{-11}$。从各级电离常数看,第一级和第二级电离常数值较大。因此,它具有二元中强酸的性质。由于 EDTA 在水中分四步电离,所以在任何酸度下,EDTA 的水溶液中总是同时存在着 H_4Y、H_3Y^-、H_2Y^{2-}、HY^{3-}、Y^{4-} 5 种形式。由于酸度不同,常以其中某一种形式存在为主。

EDTA 存在形式和酸度的关系见表 6.8。

表 6.8 EDTA 存在形式和酸度的关系

溶液的 pH 值	< 2	2 ~ 2.7	2.7 ~ 6.2	6.2 ~ 10.3	> 10.3
主要存在形式	H_4Y	H_3Y^-	H_2Y^{2-}	H_3Y^{3-}	Y^{4-}

2) EDTA 与金属离子形成配位化合物的特点

(1) 普遍性

EDTA 有 6 个配位原子,几乎能与所有的金属离子形成配合物。以 M 表示金属离子,其配合反应可表示如下:

$$\begin{matrix} M^{2+} & & & MY^{2-} & \\ M^{3+} & + H_2Y^{2-} & \rightleftharpoons & MY^{-} & + 2H^+ \\ M^{4+} & & & MY & \end{matrix}$$

这是由于分子中两个叔胺基和四个羧基都具有与金属离子配合的能力,它既可作为四基配位体,也可作为六基配位体,配合能力很强,绝大多数的金属离子均能与 EDTA 形成多个五元环的配合物。

(2) 组成一定

EDTA 与金属离子(不考虑离子的电荷)形成的配合物配位比一般为 1:1,使分析结果的计算简单化,滴定时所消耗 EDTA 的物质的量就等于被测金属离子的物质的量。如:

$$M^{2+} + H_2Y^{2-} \rightleftharpoons MY^{2-} + 2H^+$$

少数高价金属离子与之配合时,不是以 1:1结合的。例如,与五价钼形成的配合物是 2:1 结合的。

(3) 稳定性高

EDTA 与金属离子形成多个五元环,由于合效应,使其形成的配合物,稳定性都很高。

(4) 带电易溶

EDTA 与金属离子形成的配位化合物大多带电荷,能溶于水,使滴定能在水中进行。

(5) 无色金属离子与 EDTA 形成无色配合物

有时金属离子与 EDTA 形成颜色更深的配合物。

3) 酸度对 EDTA 滴定的影响

从配位反应

$$M + H_2Y^{2-} \longrightarrow MY^{2-} + 2H^+$$

从反应式中可以看出,反应进行的完全程度与溶液中 H^+浓度有关,当 H^+浓度增大时,平衡向左移动,配合物离解。K_f 值越大,该配合物完全离解所需的 H^+ 浓度就越大,例如,$[FeY]^-$的 $K_f = 1.26 \times 10^{25}$,表明$[FeY]^-$很稳定,即使在 pH = 1 的酸性溶液中也能稳定存在,无显著离解现象。而$[MgY]^{2-}$的 $K_f = 5.0 \times 10^8$,其稳定性很小,当 pH 在 4 ~ 5 时,几乎完全离解,因此,配合滴定时,必须严格控制溶液的 pH,这不仅可使反应定量地进行,还可提高反应的选择性。

可以算出用 EDTA 滴定各种金属离子时的最低 pH。以 pH 对 $\lg K_{MY}$ 作图,即得 EDTA 滴定一些金属离子所允许的最低 pH 曲线,如图 6.6 所示,此曲线称为酸效应曲线。

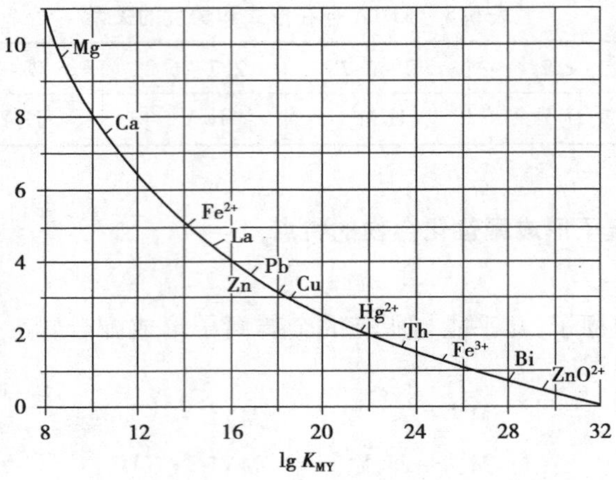

图 6.6　酸效应曲线图

从图 6.6 的曲线上可以看出：

①进行各种离子滴定时的最低 pH。如果小于该 pH，就不能配位或配位不完全，滴定不能定量地进行。如滴定 Fe^{3+}，pH 必须大于 1；滴定 Zn^{2+}，pH 就必须大于 4。

②在一定 pH 范围内，哪些离子可被滴定，哪些离子会有干扰？如在 pH＝10 附近滴定 Mg^{2+}时，Ca^{2+}或 Mn^{2+}等位于 Mg^{2+}上面的离子都会有干扰，它们均可同时被滴定。

③利用控制溶液酸度的办法能在同一种溶液中进行选择滴定或连续滴定。如当溶液中含有 Bi^{3+}、Zn^{2+}、Mg^{2+}时，可用甲基百里酚蓝作指示剂，在 pH＝1.0 时，用 EDTA 滴定 Bi^{3+}，然后在 pH＝5.0～6.0 时，连续滴定 Zn^{2+}，最后在 pH＝10.0～11.0 时滴定 Mg^{2+}。

实际上，滴定时所采用的 pH，要比允许的最低 pH 稍高一些，这样可使被滴定的金属离子配合更完全。但 pH 过高，会引起金属离子的水解，生成羟基配合物，甚至氢氧化物，妨碍配合物的形成。不同金属离子用 EDTA 滴定时，都有一定范围的限制，不在这个范围，都不能进行滴定。此外，选择 pH 时还需考虑指示剂变色的需要。

6.4.3　金属指示剂

配合滴定法和其他滴定法一样，终点到达时，需用合适的指示剂来确定。因为在配合滴定中，指示剂是指示被滴定溶液中金属离子浓度变化的，所以称为金属指示剂。

1）金属指示剂的变色原理

金属指示剂是一种显色剂（有机染料），能与被滴定的金属离子生成与其本身颜色不同的配位化合物，而其稳定性比金属离子与 EDTA 形成的配位化合物要小。在 EDTA 滴定中，将少量指示剂加入待测金属离子溶液中，一部分金属离子与指示剂形成有色配位化合物：

$$\underset{\text{甲色}}{\mathrm{M} + \mathrm{In}} \rightleftharpoons \underset{\text{乙色}}{\mathrm{M\text{-}In}}$$

上述方程式（不考虑电荷）中，M 代表金属离子，In 代表指示剂，此时溶液显 M-In 的颜色（乙色）。滴定过程中，金属离子逐渐被配位，与 EDTA 形成配位化合物。当达到化学计量点时，EDTA 从 M-In 中夺取 M，使 In 游离出来，溶液由 M-In 颜色（乙色）变为 In 的颜色（甲色），指示终点的到达。

$$\underset{\text{乙色}}{\text{M-In}} + \text{EDTA} \rightleftharpoons \text{M-EDTA} + \underset{\text{甲色}}{\text{In}}$$

2)金属指示剂应具备的条件

①指示剂与金属离子的反应必须灵敏、快速,且具有良好的可逆性。

②M-In 的稳定性要适当。M-In 的稳定性太弱,会使 EDTA 提前从其中将 In 游离出来,使终点提前;M-In 的稳定性太强,使终点拖后,甚至使 EDTA 不能从其中夺取金属离子,从而不改变颜色,无法指示滴定终点。因此,滴定分析中指示剂的选择很重要。

③指示剂应具有一定的选择性,即在一定的条件下,只对一种或几种离子发生显色反应,同时,指示剂应比较稳定,便于储存和使用。

3)常用金属指示剂

金属指示剂有很多,在此只介绍两种:

(1)铬黑 T

铬黑 T 简称 EBT,化学名称:1-(1-羟基-2-萘基偶氮基)-6-硝基-2-萘酚-4-磺酸钠,其结构如下:

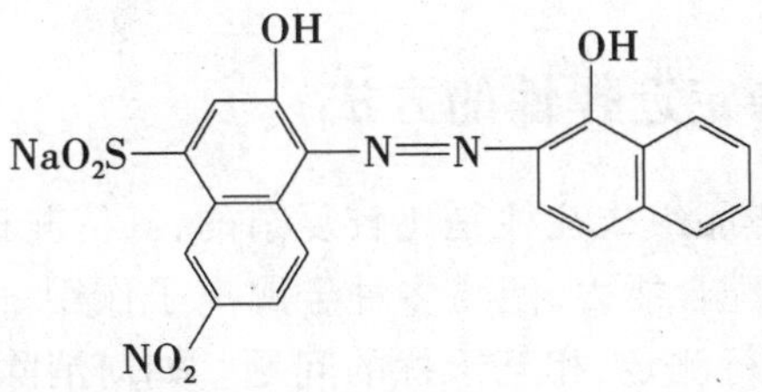

铬黑 T 溶于水时,在溶液中有下列酸碱平衡:

H_2In^-	$\rightleftharpoons$	HIn^{2-}	$\rightleftharpoons$	In^{3-}
紫红色		蓝色		橙色
pH<6		pH=7~11		pH>12

在不同的 pH 水溶液中,铬黑 T 呈现不同的颜色。铬黑 T 与 Mg^{2+}、Zn^{2+}、Cd^{2+}、Mn^{2+}、Ca^{2+}等二价金属离子形成稳定的配位化合物;在 pH=7~11 的溶液中配位化合物呈现红色。此时铬黑 T 显蓝色,颜色变化明显,所以,铬黑 T 只能在 pH=7~11 范围内使用,最适宜的酸度是 pH=9~10.5。滴定过程中,颜色变化为:酒红→紫色→蓝色。Al^{3+}、Fe^{3+}、Co^{3+}、Ni^{2+}、Cu^{2+}、Ti^{4+}等对指示剂有封闭作用。

铬黑 T 固体性质稳定,但其水溶液只能保存几天,因此,常将铬黑 T 与干燥的 NaCl 或 KNO_3 等中性盐按 1:100 混合,配成固体混合物,也可配成三乙醇胺溶液使用。

(2)钙指示剂

钙指示剂又称 NN 或称钙红。化学名称是:2-羟基-1-(2-羟基-4-磺酸基-1-萘基偶氮基)-3-萘甲酸。其结构如下:

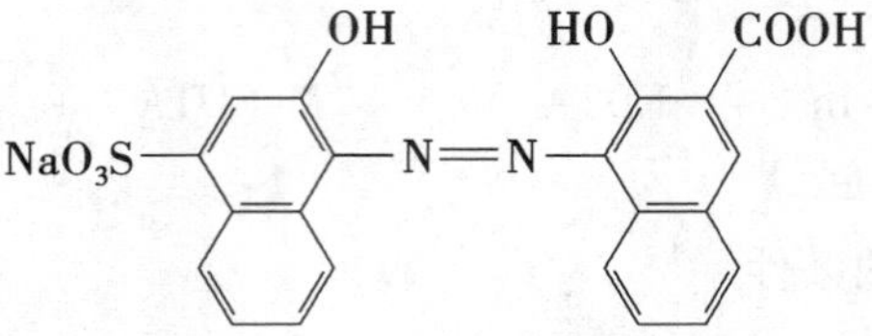

钙指示剂

钙指示剂纯品为紫黑色粉末，较稳定，其水溶液或乙醇溶液均不稳定，故一般与 NaCl 按 1∶100混合研为粉末后使用。

钙指示剂的颜色变化为

$$\underset{\substack{\text{酒红色}\\ pH<8.0}}{H_2In^-} \rightleftharpoons \underset{\substack{\text{蓝色}\\ pH=8\sim13.0}}{HIn^{2-}} \rightleftharpoons \underset{\substack{\text{浅粉红色}\\ pH>13.0}}{In^{3-}}$$

钙指示剂在 pH 为 8～13 间与 Ca^{2+}形成酒红色配位化合物，指示剂自身呈现纯蓝色。因此，当 pH 介于 8～13 时，用 EDTA 滴定 Ca^{2+}，终点时溶液呈蓝色。

配位滴定常用的指示剂除铬黑 T、钙指示剂外，还有二甲酚橙、PAN、酸性络蓝 K 等，在此不一一介绍。

6.4.4 提高配位滴定选择性的方法

在实物分析中，遇到的样品组成往往是比较复杂的，其待测试液中会有多种金属离子共存。由于 EDTA 具有很强的配合能力，能与多种金属离子作用，而得到广泛应用。同时也带来了多种金属离子共存时进行测定，相互干扰的问题。如何消除干扰，成为配合滴定中要解决的重要问题。提高配合滴定的选择性，就是要设法消除共存离子（N）的干扰，以便准确地滴定待测金属离子（M）。常用的方法有以下几种：

1）控制溶液酸度

溶液酸度不仅影响被测离子与所形成配合物的性，也同样影响干扰离子 N 与 EDTA 所形成配合物的稳定性。因此，所要控制的溶液酸度，应既能保持 $c_M K'_{Fmy} \geqslant 10^6$，$c_N K'_{Fny} \leqslant 10^3$，这样就能准确滴定 M 而 N 不发生干扰。也可以利用酸效应曲线，找出滴定 M 时的最高允许酸度及 N 存在下滴定 M 的最低允许酸度，从而确定 pH 的范围。

2）利用掩蔽作用

若被测离子和干扰离子与 EDTA 形成配合物的稳定性相差不多，就不能利用控制酸度的办法准确滴定。此时可利用掩蔽剂来降低干扰离子的浓度以消除干扰。

这种利用化学反应而不经分离消除干扰的方法称为掩蔽。实质上是加入一种试剂，使干扰离子失去正常的性质，使其以另一种形式存在于体系中，从而降低该体系中干扰物质的浓度。常用的掩蔽方法有配位掩蔽法、沉淀掩蔽法和氧化还原掩蔽法。

（1）配位掩蔽法

这种方法是利用干扰离子与掩蔽剂生成更为稳定的配合物。此法在配位滴定中应用广泛。例如，测定水中 Ca^{2+}、Mg^{2+}含量时，Fe^{3+}、Al^{3+}对测定干扰。若先加入三乙醇胺与 Fe^{3+}、Al^{3+}

生成更稳定的配合物,就可以在 pH=10 时直接测定水的总硬度。

(2)沉淀掩蔽

这种方法是利用干扰离子和掩蔽剂形成沉淀,以降低干扰离子的浓度,消除干扰。例如,用 EDTA 配位滴定法测定水中钙硬度时,可以加入 NaOH 溶液,使 pH>12,则 Mg^{2+} 生成 $Mg(OH)_2$沉淀,而不干扰 EDTA 滴定 Ca^{2+}。

(3)氧化还原掩蔽法

这种方法利用氧化还原反应改变干扰离子价态以消除干扰。例如,测定 Bi^{3+},Fe^{3+}混合溶液中的 Bi^{3+}含量。由于 $\lg K'_{f\,BiY^-}=27.94$,$\lg K'_{f\,FeY^-}=25.1$,其两者的稳定常数相差很小,因此,Fe^{3+}干扰 Bi^{3+} 的测定。若在溶液中加入抗坏血酸或盐酸羟胺,将 Fe^{3+} 还原为 Fe^{2+},由于 $\lg K'_{f\,FeY^{2-}}$比 $\lg K'_{f\,FeY^-}$要小得多[$\lg K'_{FeY^{2-}}=14.3$,$\lg K'_{FeY^-}=25.1$],所以能消除 Fe^{3+}的干扰。

3)利用解蔽作用

用适当的方法把已被掩蔽的离子解除掩蔽,使之游离出来的作用称为解蔽作用。例如,有待测离子 Zn^{2+}和 Mg^{2+}共存时,可先加入 KCN 使 Zn^{2+}形成$[Zn(CN)_4]^{2-}$配合离子而掩蔽起来,待在 pH=10 的条件下用 EDTA 单独滴定 Mg^{2+}后,再加入甲醛破坏$[Zn(CN)_4]^{2-}$,反应如下:

$$[Zn(CN)_4]^{2-}+4HCHO+4H_2O \xlongequal{} Zn^{2+}+4H_2(HO)C\text{-}CN+4OH^-$$

然后调节 pH=5~10,用 EDTA 继续滴定释放出来的 Zn^{2+}。

6.4.5 配位滴定法的应用

1)EDTA 标准溶液的配制和标定

由于蒸馏水中或容器壁可能污染有金属离子,所以 EDTA 标准溶液大都采用间接法配制,即先粗配成近似浓度的溶液,然后用基准物质标定。常用的 EDTA 标准溶液的浓度为 0.01~0.05 mol/L,一般用 $Na_2H_2Y \cdot 2H_2O$ 配制,其摩尔质量为 372.2 g/mol。例如,预配制 0.01 mol/L的 EDTA 标准溶液 500 mL,其方法如下:在台秤上粗称分析纯的 $Na_2H_2Y \cdot 2H_2O$ 1.9 g 溶于 200 mL 温水中,冷却后用蒸馏水稀释至 500mL 摇匀,保存在试剂瓶中,贴上标签备用。

标定 EDTA 的基准物质很多,如金属纯锌、铜、ZnO、$CaCO_3$ 和 $MgSO_4 \cdot 7H_2O$ 等,实验室中多采用金属锌为基准物质。先采用稀 HCl 洗涤金属锌 2~3 次,除去表面氧化层,然后用蒸馏水洗净,再用丙酮漂洗 2 次,沥干后于 110 ℃烘 5 min 备用。

标定可选用二甲酚橙(XO)指示剂在 pH=5~6 条件下进行,终点由红色变为亮黄色,很敏锐;如选用络黑 T 在 pH=10 的 $NH_4Cl\text{-}NH_3 \cdot H_2O$ 缓冲溶液中进行,终点由红色变为蓝色。由于 EDTA 通常与各种价态的金属离子以 1:1配位,因此,不论是标定还是测定,结果的计算都比较简单。

对标定: $N + Y \xlongequal{} NY$ (N 代表金属离子)

$$c_Y=\frac{m_N\times 1\,000}{M\times V_Y} \tag{6.7}$$

对测定：
$$w_N = \frac{c_Y V_Y \cdot M}{m \times 1\ 000} \times 100\% \qquad (6.8)$$

2）应用实例——水总硬度和钙、镁离子含量的测定

天然水中含有Ca^{2+}、Mg^{2+}、Fe^{2+}、Zn^{2+}、Cu^{2+}、Mn^{2+}等离子，但除了Ca^{2+}、Mg^{2+}外其他金属离子的含量甚微，可忽略不计，所以测定水的总硬度就是测定水中Ca^{2+}、Mg^{2+}的总量。以铬黑T为指示剂，在pH=10的NH_4Cl-$NH_3 \cdot H_2O$缓冲液中进行。

测定时，先取一定量的水样，在pH=10的NH_4Cl-$NH_3 \cdot H_2O$缓冲溶液中进行测定，可测得Ca^{2+}、Mg^{2+}的总量。移取一定量的水样。先用6 mol/L的NaOH调节水样的pH≈12，使Mg^{2+}生成$Mg(OH)_2$沉淀后加入钙指示剂，终点时溶液由红色变为蓝色，可测得Ca^{2+}的含量，从而得到水的总硬度以及Ca^{2+}、Mg^{2+}的含量等数据。

知识拓展

近代化学的奠基人——波义耳

1627年1月25日，在英国爱尔兰的芒斯特的一个贵族家里，诞生了一个小男孩，他就是后来举世闻名的化学家和物理学家波义耳。

波义耳幼年时期就显示出非凡的记忆力和语言才能。父亲非常喜欢小波义耳，给他请来最好的家庭教师，还将他送到意大利和瑞士去学习。但是，波义耳并不满足这种贵族子弟的优裕生活，不愿把自己宝贵的青春消磨在舒适安逸的生活里，他希望自己在科学上有所作为。

1645年，波义耳刚满18岁，他在多尔塞特定居了7年，博览科学、哲学、神学等方面的书籍，并开始了科学实验工作。后来他迁居牛津。1654年，他建立了牛津大学实验室，开始全力从事科学研究。

波义耳非常重视科学实验的作用。他的许多科学发现，都是从实验中获得的。有一次他做实验，偶然把一滴盐酸洒到一朵紫罗兰的花瓣上。他赶紧把花放进水杯里冲洗，不一会，花瓣竟由紫变红了。这使波义耳很惊奇，他用其他各种酸做同样的试验，结果紫罗兰同样都由紫色变成红色。这一发现使波义耳大为兴奋，他用碱做试验，发现碱也能使紫罗兰改变颜色。善于思考的波义耳，不仅用多种花朵泡出各种浸液，还用药草、藓苔、树皮和许多植物的根，泡出很多不同颜色的浸液进行试验，发现一种从石蕊苔藓提取的紫色浸液，遇酸会变红，遇碱则变蓝。就这样，他发明鉴别酸与碱的指示剂——石蕊试纸，为科学研究工作带来了很大的方便。波义耳还根据实验阐明了气压升降的原理，并发现了气体的体积随压强而改变的规律，后来在物理学中被称为波义耳定律。

波义耳逝世于1691年。他一生中有很多著作，主要有《关于空气弹性的物理机械实验》《怀疑的化学家》《关于颜色的实验和考虑》等。他批判了当时点金术士的唯心主义"元素"观，将元素定义为未能分解的物质，使化学研究开始建立在科学的基础上，恩格斯曾指出："波义耳把化学确立为科学。"

本章小结

一、基本概念

1. 滴定分析是化学分析法的一种。滴定分析过程中需掌握标准溶液、滴定、化学计量点、滴定终点、终点误差、基准物质、标定等基本概念。

2. 滴定分析常用的滴定方式有:直接滴定法、返滴定法、置换滴定法等。

3. 标准溶液是滴定分析的必须工具,它的配制方法有直接配制法和间接配制法两种。即可用基准物质直接配制标准溶液,也可先粗略配制成近似所需浓度的溶液,再用基准物质或其他标准溶液进行标定。

二、滴定分析的四种方法

1. 酸碱滴定法

以酸碱中和反应为基础建立的滴定分析方法称为酸碱滴定法。它又可根据不同的酸碱反应类型分为不同的滴定。

酸碱指示剂是酸碱滴定过程中必备的试剂,它是借助于颜色的改变从而指示溶液pH的物质。

在酸碱滴定过程中,随着酸或碱用量的变化,溶液的pH在不断变化,pH的变化规律可用滴定曲线表示。在滴定曲线中表示的化学计量点附近有一个pH突变过程,称为滴定突跃。±0.1%相对误差范围内产生的pH变化称为突跃范围。这个范围是选择酸碱指示剂的依据。

选择酸碱指示剂的原则:使酸碱指示剂的变色范围全部或部分地落在滴定曲线的突跃范围之内。

2. 氧化还原滴定法

根据氧化还原反应进行的滴定分析称为氧化还原滴定法。氧化还原反应是一种电子转移反应,常伴有副反应发生。滴定时要严格控制反应条件。

常用的氧化还原滴定法有:高锰酸钾法、重铬酸钾法、碘量法3种。

氧化还原指示剂有:自身指示剂、氧化还原指示剂、特殊指示剂3类。

3. 配位滴定法

根据配位反应建立的滴定分析法称为配位滴定法。

EDTA是一种多齿配位体,可与大多数金属离子形成1:1的配合物,是配位滴定法中最常用的滴定剂。

溶液的酸度是影响配位滴定的重要因素。通过控制酸度;利用掩蔽或解蔽的方法可有效提高配位滴定的选择性。

配位滴定中使用的指示剂称为金属指示剂。金属指示剂本身是配位体,其游离态和配位化合物具有不同的颜色,可在滴定前后发生颜色的变化。

常用的金属指示剂有:铬黑T和钙指示剂。

目标检测 6

一、名词解释

标准溶液;滴定;化学计量点;滴定终点;终点误差;基准物质;标定;酸碱指示剂;突跃;突跃范围

二、填空题

1. 滴定分析法按化学反应类型不同,可分为__________、__________、__________、__________4 种方法。

2. 基准物质必须具备__________、__________、__________等特点。标准溶液的配制有__________、__________两种方法。氢氧化钠标准溶液的配制需用__________法。

3. 酸碱指示剂变色的内因是__________,外因是溶液__________的改变。酸碱指示剂的变色范围一般为__________个 pH 单位,影响指示剂变色范围的因素有__________、__________、__________等。混合指示剂有__________、__________、__________等特点。

4. 酸碱滴定曲线指的是__________,滴定曲线的突跃范围指的是__________。

5. NaOH 标准溶液需用__________配制,铵盐中 N 含量的测定(甲醛法)方法是__________方式。

6. 常用氧化还原滴定法是__________、__________、__________3 种。

7. 氧化还原滴定中常用的 3 种指示剂的类型是__________、__________、__________。淀粉溶液属于__________指示剂。

8. EDTA 的化学名称为__________;分子中有__________个配位原子;与金属离子形成配合物的配位比一般为__________;并且形成多个__________环,稳定性很高。

9. 提高配位滴定选择性的方法通常是__________、__________。

10. 定性分析的任务是__________,定量分析的任务是__________,分析化学依据分析原理和使用仪器的不同分为__________和__________分析法。

11. 用 0.100 0 mol/L 的氢氧化钠溶液滴定 20.00 mL 0.010 00 mol/L 的盐酸溶液,常选用__________作为指示剂,终点颜色由__________变为__________。

12. 配位化合物是中心离子和配为体以__________键结合成的复杂离子或分子。配位体分为__________和__________两类。其中滴定分析用的 EDTA 属于__________。

13. 选择指示剂的依据是______________________________。滴定分析中常用标准溶液的浓度大多控制在____________。

14. EDTA 与金属离子形成配合物的特点是____________、____________、____________。

三、判断题

1. 化学计量点和滴定终点两个概念的本质没有区别。 ( )

2. 在滴定分析中必须有适当的方法确定滴定终点。 ( )

3. 滴定分析法通常适于微量成分的测定。 ( )

4. 滴定分析中标准溶液的浓度一般控制在 1 mol/L 以上。 ( )

5. 滴定分析的相对误差一般控制在 $\pm 0.1\% \sim 0.2\%$。 ( )

6. 用强碱滴定一元弱酸时,化学计量点的 pH 值等于7。 ( )
7. 氧化还原滴定都必须在强酸性溶液中完成。 ( )
8. 使用钙指示剂时溶液的 pH 值应调控在 8~13。 ( )
9. 滴定结束后应将滴定管内剩余的液体放回原试剂瓶中待继续使用。 ( )
10. 配位滴定中必须严格控制溶液的酸度才能确保测定结果的可靠。 ( )
11. 若滴定管在装液前不用所装溶液润洗,就会使测定结果偏高。 ( )
12. 所谓终点误差是由于操作者终点判断失误造成的。 ( )
13. 一个滴定反应的完全程度只要达到90%以上即可用于滴定分析。 ( )
14. 用移液管移取液体时其管尖存留的液体也应一并吹出。 ( )
15. 滴定分析法主要适用于高含量组分的测定。 ( )
16. 酸碱指示剂的变色范围均为两个 pH 单位。 ( )
17. 指示剂的变色范围必须完全和滴定的突跃范围一致时才可选用。 ( )

四、选择题

1. 下列物质中,可直接配制标准溶液的是( )。
A. 盐酸　B. $K_2Cr_2O_7$　C. NaOH　D. $KMnO_4$
2. 下列对滴定反应的要求中错误的是( )。
A. 反应中不能有副反应
B. 必须有合适的方法确定滴定终点
C. 反应较慢时,等待反应完成后,确定终点即可
D. 滴定反应的完全程度要求达99.9%以上
3. 用 NaOH 标准溶液滴定 HAc 时,化学计量点偏碱性,应选用的指示剂是( )。
A. 甲基橙　B. 甲基红　C. 中性红　D. 酚酞
4. 一分子的 EDTA 可提供的配位原子个数为( )。
A. 3　B. 5　C. 6　D. 4
5. 使用铬黑指示剂时,应控制的 pH 范围是( )。
A. 8~12　B. 6~8　C. 7~11　D. 10~13
6. 用 EDTA 滴定法测定水中的 Ca^{2+} 时,选用下面的方法消除 Mg^{2+} 的干扰( )。
A. 配位掩蔽法　B. 沉淀掩蔽法　C. 氧化还原掩蔽法　D. 萃取掩蔽法
7. EDTA 与金属离子形成的配合物的配位比一般为( )。
A. 1:1　B. 1:2　C. 2:1　D. 1:3
8. 用 0.100 0 mol/L NaOH 标准溶液滴定 20.00 mL 0.100 0 mol/L HAc 溶液时 pH 突跃是( )。
A. 6.25~4.30　B. 7.00~9.70　C. 4.30~9.70　D. 4.30~7.70
9. 高锰酸钾法滴定中,酸化溶液的酸应使用( )。
A. 盐酸　B. 硝酸　C. 硫酸　D. 醋酸
10. 化学计量点和滴定终点的关系,正确的表述是( )。
A. 相差越大误差越小　B. 相差越小误差越大
C. 相差越大误差越大　D. 两者必须一致

11. 配制 1 000 mL 0.1 mol/L 盐酸 HCl 溶液，应取质量分数为 36.5%，密度为 1.19 g/cm^3 的浓盐酸(　　)。

A. 8.4 mL　　B. 0.84 mL　　C. 1.84 mL　　D. 18.4 mL

12. 如果容量瓶的瓶底存有少量的蒸馏水，则配制成溶液的浓度会(　　)。

A. 偏高　　B. 偏低　　C. 无影响　　D. 无法确定

13. 下列不能用酸式滴定管盛装的溶液是(　　)。

A. $KMnO_4$ 溶液　　B. HCl 溶液　　C. $K_2Cr_2O_7$ 溶液　　D. NaOH 溶液

14. 在滴定分析中，一般用指示颜色的变化来判断化学计量点的到达，在指示剂变色时停止滴定的这一点称为(　　)。

A. 化学计量点　　B. 滴定终点　　C. 滴定误差　　D. 滴定分析

五、计算题

1. 欲配制 500 mL 浓度为 0.100 0 mol/L 盐酸溶液，应取浓 HCl(密度为 1.19，质量分数 36.5%)多少毫升？

2. 要使滴定误差不大于±0.1%，那么标准溶液的体积消耗至少应是多少毫升？

3. 用硼砂标定盐酸溶液时，准确称取硼砂 0.486 2 g，滴定时消耗 24.78 mL 至甲基红终点，计算该盐酸溶液的准确浓度。

4. 有 0.467 2 g 中性铵盐样品，将其完全溶解后，再加入适量 40% 的中性甲醛水溶液，用 0.102 4 mol/L 的 NaOH 标准溶液滴定至酚酞变为无色，用去 NaOH 溶液 26.40 mL，计算原铵盐样品中 N 的含量。

5. 欲配制 500 mL 0.100 0 mol/L $k_2Cr_2O_7$ 标准溶液，应称取 $k_2Cr_2O_7$ 基准物质多少克？

6. 纯 $Na_2C_2O_4$ 0.120 0 g，在酸性溶液中用高锰酸钾滴定时用去 19.74 mL $KMnO_4$ 溶液。计算高锰酸钾溶液的浓度。

7. 取 100.00 mL 水样，以铬黑 T 为指示剂，在 pH=10 时用 0.010 6 mol/L EDTA 标准溶液滴定，消耗 31.30 mL。另取 100.00 水样，加 NaOH 变成碱性，Mg^{2+} 成 $Mg(OH)_2$ 沉淀，用 EDTA 标准溶液 19.20 mL 滴定至钙指示剂变色为终点。计算水的总硬度(以 CaO mg/L 表示)及水中钙和镁的含量。

第7章

吸光光度分析法

【学习目标】

- 理解物质对光的选择性吸收作用及郎伯-比尔定律。
- 了解显色反应的要求、显色条件的选择及其影响因素。
- 熟悉吸光光度法测量条件的选择。
- 掌握目视比色法和分光光度法的原理及操作要领。
- 能运用标准曲线法、对照样品比较法进行分析测定。

7.1 吸光光度法的基本原理

7.1.1 光与物质颜色的关系

许多溶液在阳光下呈现不同的颜色,而这些五彩缤纷的颜色背后,反映了物质的什么特性?实验证明,溶液的显色,是由于对光的选择性吸收作用造成的。

光是一种电磁波,具有波动性和粒子性,当某种物质受到光的照射时,光的能量就会传递到物质的分子上,这就是物质对光的吸收作用。不同的物质因其结构不同,对不同波长光的吸收也会不同。

人们所能看见的光称为可见光,其波长范围为 400 ~ 760 nm。白光(日光、日光灯光等)是由不同颜色的光混合而成的复合光。白光经过分光设备,可分为红、橙、黄、绿、青、蓝、紫 7 种单色光。不仅这 7 种颜色的光可以共同混合成白光,如果把适当颜色的两种光按一定的强度比混合,也可得到白光,这两种单色光即可称为互补色光。具体关系如图 7.1 所示,直线相连的两种光即为互补光。对于物质来说,物质之所以呈现出不同的颜色,是由于它们吸收了某种单色光,而使自身显现出被吸收颜色的互补色。以高锰酸钾溶液为例,因其吸收了白光中的绿色光,而呈现出紫红色。假如某溶液对各种颜色的光吸收程度相同,该溶液就是无色透明的。

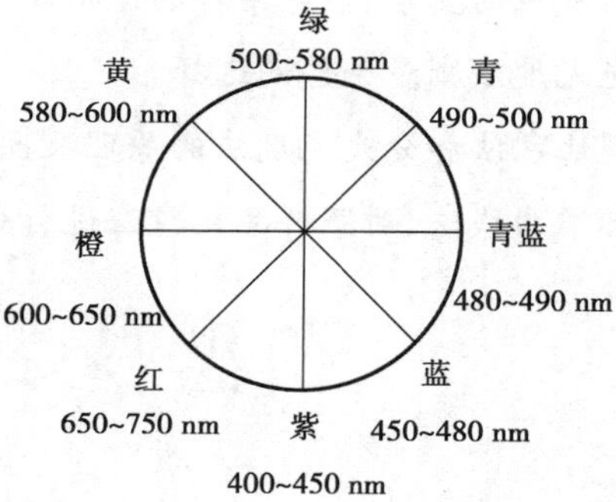

图 7.1 互补色示意图

如果将各种波长的单色光依次通过某物质的溶液,测量该溶液对各波长光的吸收程度,以吸光度 A 为纵坐标,以波长为横坐标,可得到一条曲线,称为吸收光谱曲线(见图 7.2),其光吸收程度最大处的波长称为最大吸收波长,用 λ_{max} 表示。不同物质的吸收光谱曲线不同,可作为物质定性鉴别的依据。

同时,当有色溶液浓度变化时,溶液颜色也会随之变化,浓度越高,溶液颜色越深。这是因为当物质浓度不同时,对相应波长的光的吸收程度也会不同(见图 7.3)。因此,在分析实践中,以一定波长的光通过某物质的溶液,测量该物质对光的吸收程度,也就可以测出该物质的含量。这种方法称为吸光光度分析法。

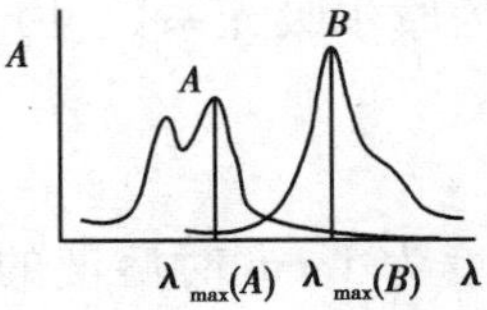

图7.2 吸收光谱曲线

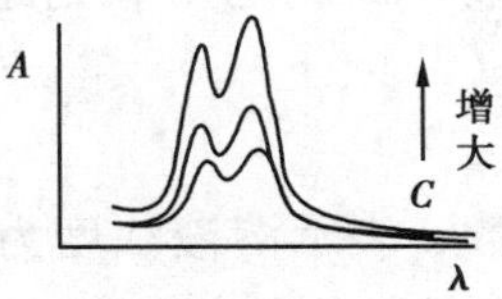

图7.3 吸光光度分析法

吸光光度法的特点：

①灵敏度高。吸光光度法测定溶液浓度的下限一般为 $10^{-6}\sim10^{-5}$ mol/L，相当于质量分数的0.001%～0.000 1%。

②准确度较高。吸光光度法的相对误差一般为2%～5%，虽然比重量分析、滴定分析法低，但对于微量成分的测定，已完全能满足要求。因为在浓度很低的情况下，重量分析法和滴定分析法也很难准确测定，甚至是无法测定。

③应用范围广。几乎所有的无机离子和许多有机化合物都能通过吸光光度法测定其含量。

④操作简便快捷。吸光光度法所用设备不复杂，操作简便，进行分析时，一般只进行显色和测吸光度两个步骤，即可得到分析结果。

7.1.2 光的吸收定律——朗伯-比尔定律

实践证明，如果保持入射光线强度不变，有色溶液对光的吸收程度与该溶液的浓度、液层的厚度有关。朗伯和比尔分别于1768年和1859年研究了有色溶液的吸光程度与溶液浓度和液层厚度的关系，奠定了吸光光度法理论的基石。

当一束平行的单色光通过含有吸光物质的溶液后，透过溶液射出的光线强度会有所减弱。透过光强度 I 与入射光强度 I_0 之比称为透射比，又称透光率，用 T 表示。数学表达式为

$$T=\frac{I}{I_0} \tag{7.1}$$

T 越大，表示溶液对光的吸收程度越小；反之，则越大。

透射比倒数的对数称为吸光度，用 A 表示为

$$A=\lg\frac{I_0}{I}=\lg\frac{1}{T} \tag{7.2}$$

A 代表了溶液对光的吸收程度，是量纲为1的量；A 越大，则溶液对光的吸收越大，反之，则越小。

朗伯-比尔定律指出，当一束平行的单色光通过均匀的、非散射的含有吸光物质的溶液时，溶液的吸光度与溶液的浓度和液层厚度的乘积成正比。即

$$A=kbc \tag{7.3}$$

式中 A——吸光度；

k——比例常数；

b——液层厚度；

c——溶液浓度。

当溶液浓度以 mol/L 表示时,则此时的吸收系数称为摩尔吸光系数,用 ε 表示。则为其数学表达式为

$$A=\varepsilon bc \tag{7.4}$$

摩尔吸光系数 ε 表示溶液浓度为 1 mol/L,液层厚度为 1 cm 时溶液的吸光度,单位为 L/(mol · cm)。它是各种吸光物质对一定波长单色光吸收的特征常数,可作为定性分析的参考和估量定量分析方法的灵敏度。ε 越大,方法的灵敏度越高。因此,在吸光光度分析中,为提高分析的灵敏度,一般选择 ε 较大的物质,并以其最大吸收波长作为入射光工作波长。

使用朗伯-比尔定律时,应注意溶液的浓度。在高浓度($c > 0.01$ mo/L)时,吸光物质的分子或离子间平均距离缩小,使相邻吸光微粒相互影响,改变它们对特定波长光的吸收能力,使吸光度与浓度之间的线性关系发生偏离。当 $c \leqslant 0.01$ mol/L,微粒间的相互作用可忽略不计,所以一般认为朗伯-比尔定律仅适用于稀溶液。

7.2 显色反应和显色剂

7.2.1 显色反应的要求

在吸光光度分析时,不是所有的待测物质都具备颜色,对于无色的物质,可加入显色剂使其变成有色物质,然后进行测定。

被测物质在某一试剂的作用下,生成有色化合物(或配合物)或使该试剂颜色变化的反应,称为显色反应,而这类试剂就称为显色剂。对于显色反应,一般应满足以下条件:

1)灵敏度高

吸光光度法通常用于测量微量组分,所以灵敏度高的显色反应更为有利。灵敏度的高低,可从摩尔吸光系数(ε)的高低来判断。ε 越大,灵敏度越高。但对于高含量的组分测定,则不一定要选择灵敏度高的显色反应。

2)选择性好

一种显色剂最好只和一种被测组分发生显色反应,以减少干扰。或产生的干扰离子容易被消除,再或者产生的干扰离子与生成的有色化合物的最大吸收波长(λ_{max})相隔较远。

3)生成的有色化合物性质稳定

生成的有色化合物不易受外界环境的影响,如在日光照射条件下不发生变化、不与空气中的 O_2 和 CO_2 反应等。

4)有色化合物与显色剂之间色差要大

这样显色时变化鲜明,试剂空白一般较小,可提高测定的准确度。一般要求有色化合物与显色剂的最大吸收波长之差在 60 nm 以上。

7.2.2 影响显色反应的因素

1)显色剂的用量

吸光光度分析中,为使显色反应尽量反应完全,加入的显色剂常常需要过量。但过量太多的显色剂容易引起副反应,影响测定结果。同时,不少显色剂本身具有颜色,过量太多会使空白增高。

所以,显色剂的适宜用量,要通过实验来确定,实验方法是在几个相同组分中加入不同量的显色剂,分别测定其吸光度,绘制吸光度与显色剂用量的关系曲线(见图7.4)。在曲线的平坦处选取一个适当的显色剂用量(稍稍过量)。

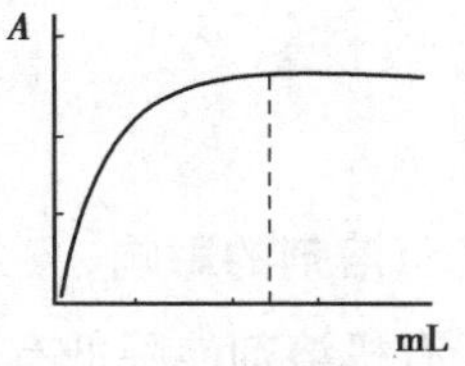

图7.4 吸光度与显色剂用量的关系曲线

2)溶液的酸度

溶液的酸度对显色反应的影响很大,这是由于它可以直接影响金属离子和显色剂的存在以及所形成的有色络合物的组成和稳定性。溶液酸度的影响主要体现在以下几个方面:

①对显色剂本身颜色的影响。不少有机显色试剂在不同的酸碱度下,颜色不同,有的颜色可能干扰到有色配合物的颜色。例如,偶氮胂Ⅲ,在 $pH \leqslant 3$ 时,呈玫瑰红色;在 $7 \geqslant pH \geqslant 4$ 时,呈紫色;在 $pH > 7$ 时,呈蓝色。

②对显色剂浓度的影响。由于不少有机显色剂呈弱酸,因而溶液中的酸度影响其离解度,即其浓度,进而影响显色反应的反应程度。

③对金属离子价态的影响。很多高价态金属离子容易水解,在酸度较小的情况下,能形成碱式盐或氢氧化物沉淀,影响测定。

④对配合物组成的影响。对于一些逐级生成配合物的显色反应,酸度不同,配合物的配合比不同,其颜色也不同。例如,磺基水杨酸与 Fe^{3+} 的显色反应,在不同的酸度条件下,可生成1∶1、1∶2和1∶3共3种颜色的配合物。在这种情况下,必须控制适宜的酸度,才能获得较好的分析结果。

选择显色反应适宜的酸度范围,可通过绘制酸度曲线来确定。其方法如下:待测组分及显色剂浓度不变,通过改变溶液的pH值,绘制吸光度与pH值的关系曲线(见图7.5),选择曲线平坦部分对应的pH值范围作为最佳酸度范围。

3)显色温度

显色反应一般在室温下进行,但也有的反应需要加热至一定温度才能进行。在温度较高时,有色物质易于分解。为此,不同显色反应需要通过实验找出适宜的温度。

4)显色时间

大多数显色反应需要经过一定的时间才能反应完全,其时间的长短又与温度有关。例如,硅钼蓝法测硅,在室温下需要10 min以上,而在沸水浴中只需30 s。有的有色物质生成后,性质相当稳定,这类反应的测定时间比较宽松;而有的有色物质生产后,久置可能发生变化,就需要在显色后尽快测定完毕。

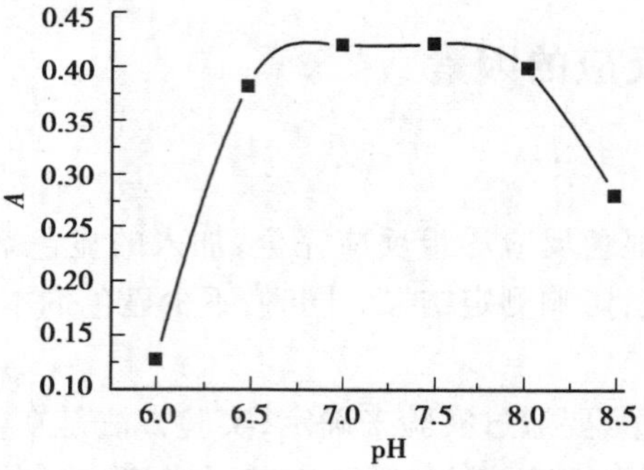

图 7.5　吸光度与 pH 值的关系曲线

5）溶剂的影响

有机溶剂能降低有色配合物的离解度，从而提高显色反应的灵敏度。同时有机溶剂还能提高显色反应的速率，以及影响有色配合物的溶解度和组成。如用氯代磺酚 S 测定 Nb，在水溶液中显色需要几个小时，加入丙酮后只需 30 min。

6）溶液中干扰离子的影响及消除方法

溶液中干扰离子的存在对吸光光度法测定的影响主要有：

①干扰离子本身有颜色，影响测定。例如，Cu^{2+} 显蓝色、Co^{2+} 显红色、Fe^{3+} 显黄色。

②干扰离子与显色剂生成有色配合物，使测定结果偏高。例如，用 H_2O_2 测定 Ti^{4+} 时，Mo^{6+}、Ce^{4+} 等与 H_2O_2 同样能形成黄色配合物，从而干扰实验结果。

③干扰离子与显色剂生成无色配合物，消耗显色试剂而使被测离子与显色剂反应不完全。例如，用水杨酸测 Fe^{3+} 时，Al^{3+}、Cu^{2+} 离子就会产生此类影响。

④干扰离子与被测离子形成离解度小的化合物。例如，用 SCN^- 测定 Fe^{3+} 时，由于 F^- 的存在，能与 Fe^{3+} 形成 $[FeF_6]^{3-}$，从而影响测定结果。

⑤干扰离子具有强氧化性或还原性时，易破坏显色剂。例如，Mn^{7+}、V^{5+} 存在时，能破坏偶氮胂Ⅲ，影响显色。

消除干扰的方法，主要有以下 4 种：

①控制溶液的酸度。许多显色剂是有机弱酸，控制溶液的酸度就可以控制显色剂的浓度，使某种金属离子显色，而使其余一些金属离子不能生成有色配合物。例如，以水杨酸测定 Fe^{3+} 时，Cu^{2+} 也能形成黄色配合物。但两种配合物的离解常数不一样，当溶液 pH = 2.5 时，Cu^{2+} 不能与水杨酸生成配合物，而 Fe^{3+} 则能完全形成有色配合物。

②加入掩蔽剂。在显色试剂中加入一种能与干扰离子反应，生成无色配合物的试剂，也是消除干扰的常见方法。例如，用硫氰酸盐测定 Co^{2+} 时，Fe^{3+} 会产生干扰，可加入氟化物，使 Fe^{3+} 形成无色的 $[FeF_6]^{3-}$，即可消除干扰。此外，还可利用氧化还原反应，改变干扰离子的价态，从而消除干扰。例如，用硫氰酸盐测定钼，加入还原剂，将产生干扰的 Fe^{3+} 还原为 Fe^{2+}，Fe^{2+} 不能与 SCN^- 发生显色反应。这样就能去除 Fe^{3+} 的干扰。

③分离干扰离子。在没有合适的掩蔽试剂时，可采用沉淀法、离子交换法、溶剂萃取法等分离方法去除干扰离子。

④利用参比溶液。某些干扰离子带来的影响，可用参比溶液抵消。例如，用铬天青 S 测

定 Al^{3+} 时，Ni^{2+}、Cr^{3+} 会对测定形成干扰。为此，可取部分溶液加入少量氟化铵，与 Al^{3+} 生成 AlF_6^{3-} 以此作为参比溶液进行测定，从而消除干扰。

7.2.3 吸光光度法测量条件的选择

选择适当的测量条件，是获得准确结果的重要前提。吸光光度法测量条件的选择，主要应做到以下 3 点：

1）选择合适波长的入射光

有色物质对各种波长的光有选择性吸收，为使测定结果有较高的灵敏度和准确度，入射光的波长选择要以摩尔吸光系数最大、灵敏度最高为原则。根据吸收曲线，选择最大吸光度的波长。但如果在该波长处，溶液中其他离子也有吸收，则会形成干扰。这时，就需要选择其他非最大吸收的波长，以排除干扰。这样虽然牺牲了一定的灵敏度，但分析的准确度得到了保证。所以入射光波长的选择原则可以用“吸收最大，干扰最小”来概括。

例如，用丁二酮肟光度法测定钢中的镍，络合物丁二酮肟镍的最大吸收波长为 470 nm，但试样中的铁用酒石酸钠掩蔽后，在 470 nm 处也有一定吸收（见图 7.6），干扰镍的测定。为避免铁的干扰，可以选择波长 520 nm 进行测定，虽然镍测定的灵敏度有所降低，但酒石酸铁不干扰镍的测定。

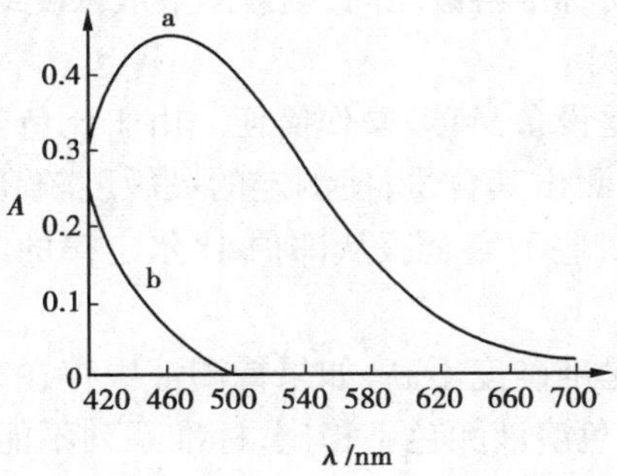

图 7.6 用丁二酮肟

a—丁二酮肟镍；b—酒石酸铁

2）控制吸光度的读数范围

吸光度在 0.2～0.8 时，测量的准确度较高。因此，需要将吸光度的读数控制在此范围内，以得到准确度更高的结果。为此，可计算而且控制样品的量，含量高时，少取样或稀释试液；含量低时，可多取样或萃取富集。此外，如果溶液已经进行了显色反应，还可通过改变比色皿的厚度，来调节吸光度的大小。

3）选择适当的参比溶液

参比溶液是用来调节仪器工作零点的。能否正确的选择参比溶液，对测定的结果影响较大。选择方法如下：

①如果样品溶液、试剂、显色剂均无色，可用蒸馏水作为参比溶液。

②如果显色剂无色，而样品溶液中含有其他有色离子，因采用不加显色剂的样品溶液作为参比溶液。

③如果显色剂和试剂均有颜色,可将一份试液加入适当的掩蔽剂,将被测组分掩蔽起来,使之不再发生显色反应,然后把显色剂按操作程序加入试剂,以此作为参比溶液,以消除干扰。

7.3 吸光光度分析的方法

7.3.1 目视比色法

用眼睛比较溶液颜色的深浅以测定物质含量的方法,称为目视比色法。

常用的目视比色法是标准系列法。这种方法就是使用一套由同种材料制成的,大小形状相同的平底玻璃管(称为比色管,其容量有10、25、50、100 mL这4种)。在这套比色管中逐一加入浓度逐渐增加的标准溶液、相同体积的显色剂和辅助试剂,然后稀释至同一刻度,形成颜色从浅到深的标准色阶。另取一只同样大小的比色管,在其中加入待测溶液与和标准色阶相同体积的显色剂和辅助试剂,稀释到同样刻度。之后从比色管管口垂直向下观察其颜色,并与标准色阶比较。若被测溶液颜色深浅与标准色阶中某一溶液相同,则说明两者浓度相同;若被测溶液颜色深浅介于两份标准溶液之间,则被测溶液浓度约为两标准溶液浓度的算术平均值。

目视比色法的主要优点是设备简单、操作简便。由于比色管较长,在垂直观察时液层较厚,对于颜色很淡的溶液也能测出其含量,使测定的灵敏度较高。且目视比色法在自然光下进行,且测定条件完全相同,一些不完全服从郎伯-比尔定律的溶液,也能用目视比色法或吸光光度法进行测定。

目视比色法的主要缺点是准确度不高,如果待测液中存在第二种有色物质,甚至会无法进行测定。另外,由于许多有色溶液颜色不稳定,标准系列不能久存,经常需在测定时配制,比较麻烦。虽然可采用其某些稳定的有色物质(如重铬酸钾、硫酸铜和硫酸钴等)配制永久性标准系列,或利用有色塑料、有色玻璃制成永久色阶,但由于它们的颜色与试液的颜色往往有差异,也需要进行校正。

7.3.2 分光光度法

1)基本原理

分光光度法是用棱镜或光栅作为分光器,用狭缝分出波长很窄的一束光。这种单色光波长范围比较窄,一般在5 nm作用,因此测定的灵敏度、选择性和准确性都比较高。

由于单色光的纯度很高,因此,可用分光光度法绘制出比较精细的吸收光谱曲线,再选择适当的波长进行测定,可准确的测出待测组分的含量。

2)分光光度计的基本部件

分光光度计一般由光源、分光系统、比色皿(吸收池)、检测系统4个部分组成(见图7.7)。

(1)光源

常用的光源为6~12 V的低压钨丝灯泡,电源由变压器供给,且电压必须保持稳定,以保持光源强度的稳定。因此,许多分光光度计上都采用磁饱和稳压变压器作为电源。另外,为使通过待测溶液的光线是平行光束,分光光度计上都附有聚光透镜。

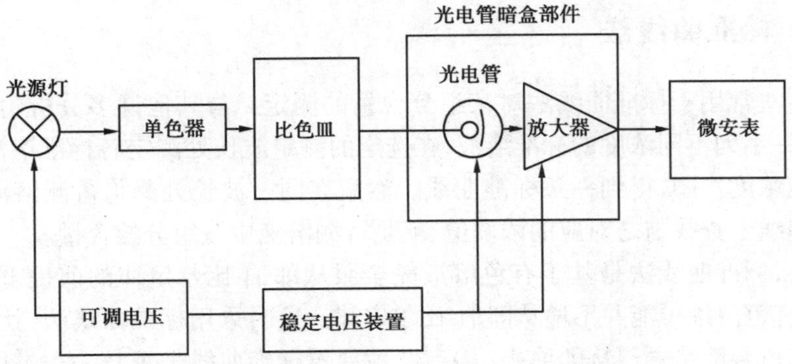

图7.7 分光光度计中常用的检测器

(2)分光系统

这是一种能把光源发出的复合光按照波长的不同进行色散,并能分出所需波长的单色光的光学装置。其一般包含狭缝、色散元件、反光镜等。色散元件用棱镜或光栅做成。棱镜有玻璃棱镜和石英棱镜,玻璃棱镜的色散范围在360~700 nm,石英棱镜的色散范围在200~1 000 nm,光栅色散的波长范围更宽,但分出的单色光强度较弱。

(3)比色皿(吸收池)

用透明、无色的光学玻璃制造,大多数为长方形,也有圆柱形的。分光光度计一般配有厚度为0.5、1、2、3、5 cm的一套比色皿,以供选用。在使用前,最好对标识同等厚度的比色皿进行检验。检验方法为:将同等浓度的某溶液分别装入比色皿,放入分光光度计,在光源强度和波长不变的情况下,观察检流计的透光读数是否一致,如果一致,则比色皿厚度相等。

(4)检测系统

这是把透光比色皿后的透过光强度转为电信号的装置。分光光度计中常用的检测器包括光电管、放大器及检流计。光电管是一种两极管,在阴极管上涂有光敏物质,光敏物质在受光线照射时会放出电子,形成阴极流向阳极的电流,且电流大小与受光照的强度成正比。由于光电管产生的电流很小,需要用放大装置将其放大,才能使用微安表(检流计)进行测量。分光光度计中的检流计属于精密仪器,灵敏度可达10^{-9}A。为保护检流计,使用中要防止震动或大电流通过。当仪器不使用时,必须将检流计开关指向零位,使其短路。

3)分光光度计的分类

按工作波长范围的不同,分光光度计可分为可见光分光光度计(400~760 nm)、紫外-可见分光光度计(200~760 nm)及红外分光光度计(760~40 000 nm)。可见,紫外分光光度计主要用于无机和有机物的含量分析,红外分光光度计则主要用于有机物的结构分析。

7.4 吸光光度法的运用

7.4.1 标准曲线法

吸光光度法常用于标准曲线法对某组分含量的测定。与其他许多分析中的标准曲线法类似，要配制一系列不同浓度的标准溶液，在选定的测定波长处测定各标准溶液的吸光度，以吸光度对溶液浓度作图，得到一条标准曲线。然后在同一波长处测得待测溶液的吸光度，并据此在标准曲线上查找与之对应的浓度值，就是待测溶液中该组分的含量。

必须指出，标准曲线法是基于有色溶液完全服从郎伯-比尔定律的前提下的。但在某些情况下，一些有色溶液可能并不遵从郎伯-比尔定律。这时采用标准曲线法，就会产生一定的误差。检验有色溶液是否遵从郎伯-比尔定律，就要看标准曲线是否是一条过原点的直线，如果是，则说明该色溶液是遵从郎伯-比尔定律；如果标准曲线是一条直线，但不过原点，则说明参比溶液的选取有误；如果标准曲线是一条的曲线，则说明该有色溶液出现了偏离郎伯-比尔定律的现象。

偏离郎伯-比尔定律的原因有很多，基本可归为物理原因和化学原因两大类。

1）物理原因

①单色光不纯。严格意义上，郎伯-比尔定律只对同一波长的单色光才成立，但在实际工作中，仪器得到的入射光是有一定波长范围的，并非纯粹的单色光。因此，会导致对郎伯-比尔定律的偏离。

②入射光非平行或被散射。入射光不是平行入射，也就不是垂直通过比色皿，会导致比色皿实际厚度增加，吸光度增大。另外，溶液中可能存在胶粒或悬浮颗粒时，入射光散射，实测吸光度增大，导致对郎伯-比尔定律的偏离。

2）化学原因

①溶液浓度过大。吸光物质的分子或离子间平均距离缩小，使相邻吸光微粒相互影响，改变它们对特定波长光的吸收能力，使吸光度与浓度之间的线性关系发生偏离。

②溶液中有色物质的缔合、解离、互变异构、络合等现象，都可能会导致对郎伯-比尔定律的偏离。

7.4.2 对照样品比较法

绘制吸光光度法的标准曲线需要配置和测定一系列不同浓度的标准溶液，这项工作有时候会显得比较麻烦。既然在有色溶液完全服从郎伯-比尔定律时，标准曲线为过原点的直线，那么，从理论上讲，只要测定任意一个浓度的标准溶液，就可以确定这条直线的斜率，从而得出标准曲线。据此，可以用先配制一份标准溶液，加入显色剂，并测定其吸光度，以此作为对照样品。再用完全一致的方法对待测溶液显色，测定其吸光度，最后用以下方法计算待测溶液的浓度：

$$c_x = \left(\frac{A_x}{A_r}\right) \times c_r \qquad (7.5)$$

式中 c_x——待测溶液的溶度；

A_x——对照待测溶液的吸光度；

A_r——对照样品的吸光度；

c_r——对照样品的溶度。

需要注意的是，由于只采用了一个对照样品作为测定依据，计算出的待测溶液浓度结果可能会有误差。特别是待测溶液浓度与对照样品浓度差距较大时，误差可能会较大。所以，在使用对照样品比较法时，待测溶液浓度与对照样品浓度相差不能超过10%。如果发现两者差距过大，应重新配置对照样品溶液。

7.4.3 应用实例

1)邻二氮菲吸光光度法测铁

(1)实验原理

邻二氮菲(phen)和 Fe^{2+} 在 pH 3 ~ 9 的溶液中，生成一种稳定的橙红色络合物 $Fe(phen)_3^{2+}$，其 $\lg K=21.3$，508 nm 处 $\varepsilon=1.1\times10^4$ L/(mol·cm)，铁含量在 0.1 ~6 μg/mL 范围内遵守比尔定律，其吸收曲线如图7.8所示。显色前需用盐酸羟胺或抗坏血酸将 Fe^{3+} 全部还原为 Fe^{2+}，然后再加入邻二氮菲，并调节溶液酸度至适宜的显色酸度范围。有关反应如下：

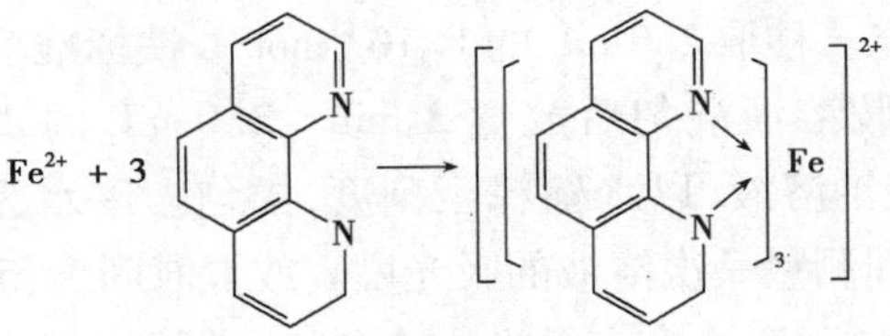

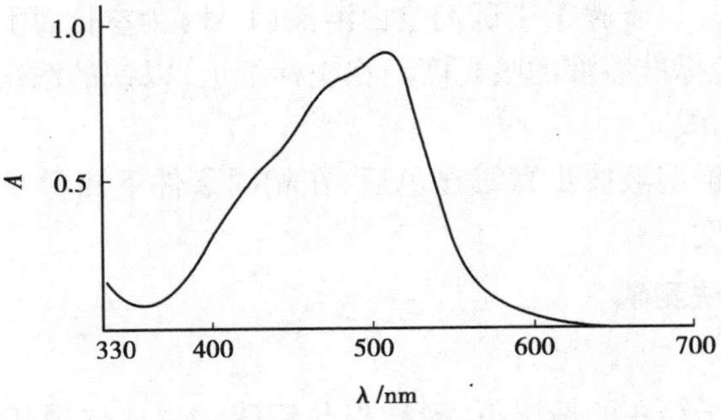

图7.8 邻二氮菲—铁(Ⅱ)的吸收曲线

$$2Fe^{3+}+2NH_2OH \cdot HCl = 2Fe^{2+}+N_2\uparrow+2H_2O+4H^++2Cl^-$$

(2)仪器和试剂

①仪器：分光光度计、容量瓶、移液管等。

②试剂：1×10^{-3} mol/L 铁标准溶液；100 g/L 盐酸羟胺水溶液；1.5 g/L 邻二氮菲水溶液(避光保存，溶液颜色变暗时即不能使用)；1.0 mol/L 乙酸钠溶液；0.1 mol/L 氢氧化钠溶液。

(3)实验步骤

①显色标准溶液的配制。在序号为1~6的6支50 mL容量瓶中,用吸量管分别加入0、0.20、0.40、0.60、0.80、1.0 mL铁标准溶液(含铁0.1 g/L),分别加入1 mL的100 g/L盐酸羟胺溶液,摇匀后放置2 min,再各加入2 mL 1.5 g/L邻二氮菲溶液、5 mL 1.0 mol/L乙酸钠溶液,以水稀释至刻度,摇匀。

②吸收曲线的绘制。在分光光度计上,用1 cm吸收池,以试剂空白溶液(1号)为参比,在440~560 nm,每隔10 nm测定一次待测溶液(5号)的吸光度A,以波长为横坐标,吸光度为纵坐标,绘制吸收曲线,从而选择测定铁的最大吸收波长。

③显色剂用量的确定。在7支50 mL容量瓶中,各加2.0 mL 10^{-3} mol/L铁标准溶液和1.0 mL 100 g/L盐酸羟胺溶液,摇匀后放置2 min。分别加入0.2、0.4、0.6、0.8、1.0、2.0、4.0 mL的1.5 g/L邻二氮菲溶液,再各加5.0 mL的1.0 mol/L乙酸钠溶液,以水稀释至刻度。以水为参比,在选定波长下测量各溶液的吸光度。以显色剂邻二氮菲的体积为横坐标、相应的吸光度为纵坐标,绘制吸光度-显色剂用量曲线,确定显色剂的用量。

④溶液适宜酸度范围的确定。在9支50 mL容量瓶中各加入2.0 mL的1×10^{-3} mol/L。铁标准溶液和1.0 mL的100 mol/L盐酸羟胺溶液,摇匀后放置2 min。各加2 mL的1.5 g/L邻二氮菲溶液,然后从滴定管中分别加入0、2.00、5.00、8.00、10.00、20.00、25.00、30.00、40.00 mL的0.1 mol/L NaOH溶液,以水稀释至刻度,摇匀。用精密pH试纸或酸度计测量各溶液的pH。以水为参比,在选定波长下,用1 cm吸收池测量各溶液的吸光度。绘制A-pH曲线,确定适宜的pH范围。

⑤配合物稳定性的研究。移取2.0 mL的1×10^{-3} mol/L铁标准溶液于50 mL容量瓶中,加入1.0 mL 100 g/L盐酸羟胺溶液混匀后放置2 min。2.0 mL的1.5 g/L邻二氮菲溶液和5.0 mL的1.0 mol/L。乙酸钠溶液,以水稀释至刻度,摇匀。以水为参比,在选定波长下,用1 cm吸收池,每放置一段时间测量一次溶液的吸光度。放置时间为:5 min,10 min,30 min,1 h,2 h,3 h。以放置时间为横坐标、吸光度为纵坐标绘制A-t曲线,对配合物的稳定性作出判断。

⑥标准曲线的测绘。以步骤①中试剂空白溶液(1号)为参比,用1 cm吸收池,在选定波长下测定2~6号各显色标准溶液的吸光度。在坐标纸上,以铁的浓度为横坐标,相应的吸光度为纵坐标,绘制标准曲线。

⑦铁含量的测定试样溶液按步骤①显色后,在相同条件下测量吸光度,由标准曲线计算试样中微量铁的质量浓度。

2)钼锑抗吸光光度法测磷

(1)实验原理

在一定酸度和锑离子存在的情况下,磷酸根与钼酸铵形成锑磷钼混合杂多酸,在常温下它可迅速被抗坏血酸还原为钼蓝,在650 nm波长下测定。实验的适宜酸度为0.28~0.38 mol/L H_2SO_4,适宜温度为20~60 ℃,显色时间为30~60 min,可稳定24 h,含磷5×10^{-6}%~2×10^{-4}%范围内符合线性关系。

(2)仪器和试剂

①仪器:10支25 mL比色管、吸量管、分光光度计、移液管、容量瓶等常用仪器。

②试剂:

a. 过硫酸钾；

b. 1+1 硫酸（浓硫酸与蒸馏水的体积比为 1∶1混匀）；

c. 100 g/L（10%）抗坏血酸溶液；

d. 钼酸盐溶液；

e. 磷酸盐标准溶液（浓度为 2 μg/ml）。

（3）实验步骤

①标准曲线的绘制。取 7 支 25 mL 比色管，分别加入磷酸盐标准溶液：0、0.5、1.0、3.0、5.0、10.0、15.0 mL，加水定容。此时系列标准液浓度为：0、0.04、0.08、0.24、0.4、0.8、1.2 μg/ml。

②消解。在上述比色管中加入 0.04 g 过硫酸钾，旋紧盖子，置于消解器内 120 ℃ 消解 30 min，取出冷却。

③显色测量。在比色管中加入 1 mL 抗坏血酸溶液，混匀静置 30 s，加 2 mL 钼酸盐溶液充分混匀，静置 15 min。650 nm 下，以 0 μg/mL 标准液为空白，测定吸光度。

④样品的测定。取 5 mL 试样于 25 mL 比色管内，加水定容。按上述方法操作。

⑤由标准曲线计算试样中微量磷的质量浓度。

3）水杨酸吸光光度法测铵

（1）实验原理

在亚硝基五氰络铁（Ⅲ）酸钠的存在下，铵与水杨酸和次氯酸离子的反应生成蓝色化合物，在 679 nm 下用分光光度计进行测定，在此波长处 $\varepsilon=1.5\times10^4$ L/（mol · cm）。在测定中添加酒石酸钾钠作为掩蔽剂，消除钙、镁离子的干扰。实验的适宜酸度为 pH＝11.7。

（2）仪器和试剂

①仪器：分光光度计、吸量管、移液管、容量瓶等常用仪器。

②试剂：

a. 铵氮标准溶液（浓度 1 mg/L）；

b. 显色液（水杨酸 50 g、2 mol/L 氢氧化钠 160 mL、酒石酸钾钠 50 g 共同定容于 1 000 mL 容量瓶中）；

c. 次氯酸钠溶液（有效铵浓度 0.35%）；

d. 亚硝基五氰合铁（Ⅲ）酸钠溶液。

（3）实验步骤

①向一组 6 个 10 mL 容量瓶中加入铵氮标准溶液 0、1、2、4、6、8 mL。

②显色。加入 1 mL 显色剂和 2 滴亚硝基五氰合铁（Ⅲ）酸钠溶液，混匀，再滴入 2 滴次氯酸钠溶液，加水稀释至刻度，混匀。

③60 min 后，在 679 nm 下用分光光度计进行测定溶液的吸光度。采用 1 cm 的比色皿，参比溶液使用蒸馏水。

④绘制吸光度对铵氮浓度的标准工作曲线，该曲线应笔直且通过原点。

⑤样品的测定。取 1 mL 试样于 10 mL 容量瓶内，显色、加水定容。按上述方法操作。

⑥由标准曲线计算试样中微量铵的质量浓度。

本章小结

一、吸光光度法的基本原理

1. 溶液显色的原因是溶液中物质对光的选择性吸收，在自然光下，溶液的颜色与吸收光的颜色呈互补关系。

2. 物质的吸收光谱主要由吸光物质自身的结果决定，此外，还受溶剂、温度、仪器等的影响，这些可以作为物质定性分析的依据。

3. 利用吸光光度法进行物质的定量分析的理论依据是郎伯-比尔定律：$A=kbc$。其意义是当一束平行的单色光通过均匀的、非散射的含有吸光物质的溶液时，溶液的吸光度与溶液的浓度和液层的厚度的乘积成正比。

二、显色反应和显色剂

1. 吸光光度法中对于显色反应的要求是保证灵敏，排除干扰，生成色差明显、性质温度的有色化合物。

2. 显色剂的用量、溶剂、溶液酸度、干扰离子、显色时间和温度都会对显色反应造成影响，需要采取加入掩蔽剂、控制酸度、选择合理用量等方法加以消除。

三、吸光光度分析的方法

1. 在进行吸光光度测量时，需要注意的是：以"吸收最大，干扰最小"的原则选择适合入射波长；控制读数范围为 0.2 ~ 0.8；选择合适的参比溶液。

2. 吸光光度的分析方法包括目视比色法和分光光度法。

3. 根据吸光光度法原理，可运用标准曲线法和对照样品比较法等方法对服从郎伯-比尔定律的溶液进行浓度测定。

目标检测 7

一、填空题

1. 不同浓度的同一物质，其吸光度随浓度增大而__________，但最大吸收波长__________，摩尔吸光系数__________。

2. 为了使分光光度法测定准确，吸光度应控制在 0.2 ~ 0.8 范围内，可采取的措施有__________和__________。

3. 摩尔吸光系数是吸光物质__________的度量，其值越__________，表明该显色反应越__________。

4. 某一有色溶液，在比色皿厚度为 2 cm 时，测得吸光度为 0.340。如果浓度增大 1 倍时，其吸光度 $A=$__________，$T=$__________。

5. 在紫外-可见分光光度法中，标准曲线是__________和__________之间的关系曲线。当溶液符合郎伯-比尔定律时，此关系曲线应为__________。

二、选择题

1. 硫酸铜溶液显蓝色是因为它吸收了白光中的(　　)。

A. 蓝色光　　B. 绿色光　　C. 黄色光　　D. 紫色光

2. 可见光的波长范围是(　　)。

A. 200 ~ 760 nm　　B. 400 ~ 760 nm　　C. 300 ~ 760 nm　　D. 760 ~ 40 000 nm

3. 在分光光度法中,适宜的读数范围是(　　)。

A. 0 ~ 0.2　　B. 0.1 ~ 0.4　　C. 0.3 ~ 0.7　　D. 0.2 ~ 0.8

4. 分光光度计的基本部件,不包含(　　)。

A. 电压表　　B. 电源　　C. 比色皿　　D. 分光器

5. 在显色反应中,显色剂的用量应该是(　　)。

A. 尽量少用　　B. 稍稍过量　　C. 过量很多　　D. 没有固定要求

6. 在显色反应中,对于显色时间的描述错误的是(　　)。

A. 一些反应生成的有色化合物非常稳定,测定时间比较宽松,没有严格规定

B. 生成的一些有色化合物,久置后可能褪色,所以在显色后需要尽快测定

C. 显色反应所需的时间,和温度及使用的溶剂有关

D. 显色反应大多需要一定的反应时间,所以测定时间可以多延迟一些

7. 以下说法正确的是(　　)。

A. 溶液的透光度与溶度成正比　　B. 物质的摩尔吸光系数随波长而变

C. 玻璃棱镜适合紫外分光光度计使用　　D. 物质的摩尔吸光系数与溶剂无关

8. 在紫外可见分光光度法测定中,使用参比溶液的作用是(　　)。

A. 调节仪器透光率的零点　　B. 吸收入射光中测定所需要的光波

C. 调节入射光的光强度　　D. 消除试剂等非测定物质对入射光吸收的影响

9. 在比色法中,显色反应应选择的条件不包括(　　)。

A. 显色时间　　B. 入射光波长

C. 显色的颜色　　D. 显色剂的用量

10. 酸度对显色反应影响很大,这是因为酸度的改变可能影响(　　)。

A. 反应产物的稳定性　　B. 被显色物的存在状态

C. 反应产物的组成　　D. 显色剂的浓度和颜色

三、判断题

1. 吸收光谱曲线中吸收峰随溶液浓度的增大而增高,但最大吸收波长不变。(　　)
2. 吸光光度分析中,透过光与吸收光互为互补色光。(　　)
3. 目视比色法的优点之一就是标准色阶可以长期保存。(　　)
4. 溶液的颜色越深,其吸收自身颜色的补色光越多。(　　)
5. 红色和绿色为互补色光。(　　)
6. 显色反应中摩尔吸光系数(ε)越小,灵敏度越高。(　　)
7. 透射比越大,有色物质的吸光度就越高。(　　)
8. 有色物质是否服从朗伯-比尔定律可通过绘制标准工作曲线来检验。(　　)

9. 物质摩尔吸光系数的大小，只与该有色物质的结构特性有关。 (　　)

10. 若待测物、显色剂、缓冲溶液等有吸收，可选用不加待测液而其他试剂都加的空白溶液为参比溶液。 (　　)

四、简答题

1. 吸光光度法中对于显色反应有哪几点要求？

2. 简述目视比色法的操作流程，并简要说明其优缺点。

3. 简述影响显色反应中干扰离子可能产生的影响及消除干扰的方法。

4. 简述在吸光光度法测量中，如何选定适宜的入射光波长。

5. 有色溶液出现了偏离朗伯-比尔定律的现象的原因有哪些？

五、计算题

1. 某溶液用厚度 2 cm 比色皿进行测定时，透射比 $T=60\%$，若其改用厚度 1 cm 的比色皿，透射比 T 及吸光度 A 为多少？

2. 50 mL 的溶液中含有 51 μg 的铜离子，加入显色剂反应后，用吸光光度法进行测定，在厚度为 2 cm 的比色皿中，于波长 600 nm 处测得 $T=50.5\%$，求其摩尔吸光系数 ε 的值。

3. 测定血清中的磷酸盐含量时，取血清试样 5.00 mL 于 100 mL 量瓶中，加显色剂显色后，稀释至刻度。吸取该试液 25.00 mL，测得吸光度为 0.582；另取该试液 25.00 mL，加 1.00 mL 0.050 0 mg磷酸盐，测得吸光度为 0.693。计算每毫升血清中含磷酸盐的质量。

4. 用磺基水杨酸作为显色剂，测定矿样中铁的含量，加入标准铁溶液及有关试剂后，在 50 mL 容量瓶中稀释至刻度，得到表中所列数据：

标准铁溶液质量浓度/($\mu g \cdot mL^{-1}$)	2.0	4.0	6.0	8.0	10.0	12.0
吸光度 A	0.097	0.200	0.304	0.408	0.510	0.613

称取矿样 0.386 6 g，分解后定容于 100 mL 容量瓶，吸取 5.0 mL 试液，置于 50 mL 容量瓶中，在与标样同条件显色后，测得溶液吸光度为 0.250。根据以上数据，绘制吸光光度工作曲线，并求出矿样中铁的质量分数。

第 8 章

烃

【学习目标】

- 了解有机化合物的概念、分类、特性,掌握烃结构及表示方法。
- 掌握烃的有关概念、分类、通式、命名,了解同系列及同分异构现象。
- 掌握烃的化学性质,了解重要的烃及其应用。
- 掌握脂环烃、芳香烃的命名方法和物理性质、化学性质。

8.1 有机化学概述

8.1.1 有机化学概述

化学是研究物质的组成、结构、性能及其相互转化的学科。而有机化学是研究有机化合物的化学,即研究有机化合物的组成、结构、性质、合成及其变化规律的科学。

而人们对有机物的认识是由浅入深的,最初的有机物指的是由动植物有机体得到的物质。例如,糖、酒、染料和醋等。在我国古代,周朝已经用胶,汉朝发明了造纸。这些应用都是对有机物的初步认识,是对其性质的一种运用,当时人们并不了解其结构与性质,并且这些应用均为混合物。18 世纪起,人们开始从葡萄汁中获得酒石酸、从酸牛奶中取得乳酸、从尿液中获得尿素等纯有机物质。这些最初认识的有机物质均为从有生命的物体中获得的,由于受到科学技术的限制,不能够人工合成,"有机物"这一名称由此而生。

"有机化学"这一名词由著名化学家柏则里乌斯(Berzelius)首先提出,目的是为了区别于有关其他矿物质的化学——无机化学。但他认为,有机物只能由生物细胞受一种特殊力量——"生命力"的作用才会产生出来,人工是不能合成的,这一思想曾一度统治了有机化学界,束缚了有机化学的发展。1828 年,年仅 24 岁的德国化学家魏勒(Wėhler)第一次人工合成了尿素,但这一重大发现,在当时并没有得到柏则里乌斯等化学家的认可。随着科学的发展,在有机合成的道路上,又有更多地有机物被人工合成获得。例如,1845 年,德国化学家柯尔伯(Kolbe)用碳、硫、氯气等制成了醋酸;1854 年,法国化学家贝塞罗(Bethelet)人工合成了脂肪等。至此,一个个鲜活的事例证实了有机物是完全可以由无机物人工合成,无机物与有机物之间并没有逾越不了的鸿沟,"生命力"学说才算彻底地被否定,从此有机化学进入了合成的新时代。

有机化合物简称有机物,因一般均含有碳原子,所以现代有机化学被定义为"碳化合物的化学"。有机物种类繁多,不光是在自然界中分布非常广泛,如淀粉、蛋白质、纤维素等,而且每年都有大量新的有机物被合成,如我们熟知的油漆、塑料、合成纤维等。1950 年已知化合物数目约 200 万种,1990 年达到 1 000 万种,这些化合物大多都是由人工合成。下面了解以下 3 个概念:

①有机化合物:一般指的是碳氢化合物及其衍生物。可含 C、H、O、N、P、S 等元素。

②碳氢化合物:分子中只含碳和氢两种元素的化合物,又称为烃。碳氢化合物是有机化合物的母体。如 CH_4、$H_3C—CH_3$、$H_2C═CH_2$。

③碳氢化合物的衍生物:碳氢化合物中的氢原子被其他原子或基团替代后的化合物。如由 CH_4 衍生的有机物有:$CHCl_3$、CH_3OH、CF_2Cl_2 等。

8.1.2 有机化合物的特性

1)有机物的组成

有机物的主要组成元素为 C 和 H,其次还可能含有 O、S、P、N 等。显然,有机物的元素组成种类很单一,但是有机物的数量和种类并不少。另外,由于主要组成元素(C 和 H)的原子序数小,原子半径小,原子间易形成稳定的共价键。

2)有机物的结构

①主要组成元素 C 原子在有机化合物中显四价,并且主要以共价键相结合。

例如:

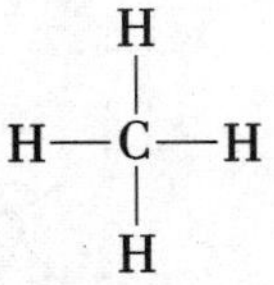

甲烷

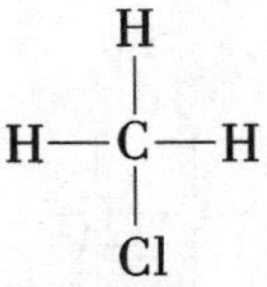

一氯甲烷

②碳原子间结合能力强,可自相结合成键,可通过单键、双键、叁键结合成链状、环状化合物,所以同分异构体特别多。

四个碳原子自相结合,有两种排列,结构如下:

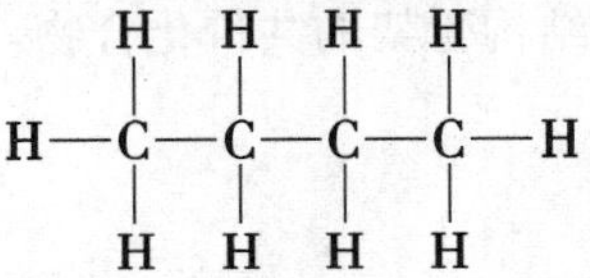

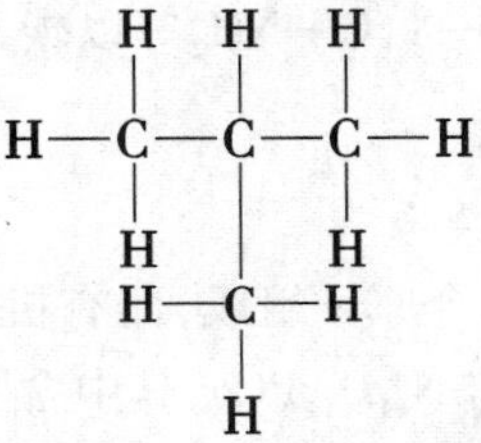

以上结构代表着分子中原子的种类、数目和排列的次序,通常把用元素符号和短线表示化合物(或单质)分子中原子的排列和结合方式的式子称为构造式,也叫结构式。

凯库勒(August Kekulë)认为,分子是由各原子结合起来的一个"建筑物",原子好像木架和砖石,不仅他们连接有一定的次序,而且建筑物有一定的式样和形象。有机物的结构式可选用以下 3 种方式来表示。

①凯库勒结构式:

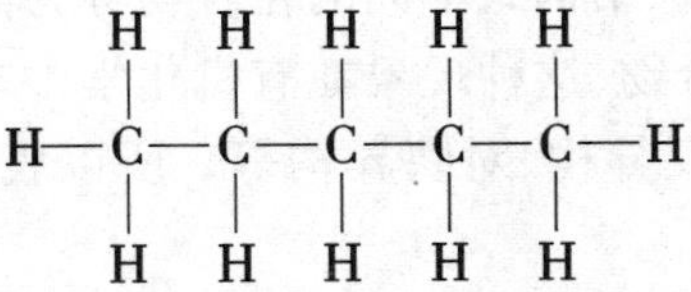

构造式

$CH_3—CH_2—CH_2—CH_2—CH_3$ 或 $CH_3CH_2CH_2CH_2CH_3$ 结构简式

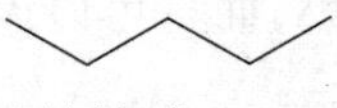

每一个节点代表一个碳原子 键线式

②路易斯电子结构式:

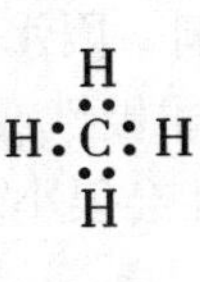

一些基本概念:

单键:两个原子各用一个电子共价成键,称为单键。如:—C—C—

双键:两个原子各用两个电子共价成键,称为双键。如:—C═C—

叁键:两个原子各用三个电子共价成键,称为叁键。如:—C≡C—

直链:像凯库勒结构式中三个或四个或更多个碳原子,相连成一条直线称为直链。

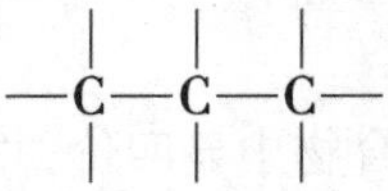

支链:像凯库勒结构式中三个碳原子相连形成一条直链,中间一个碳原子与另一个碳原子相连形成分支的链,称为支链。

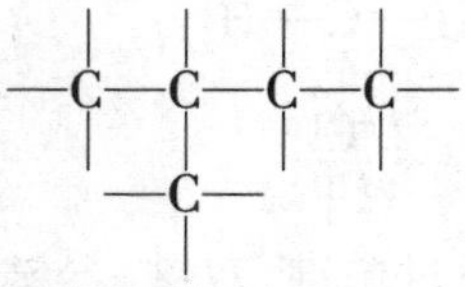

带支链

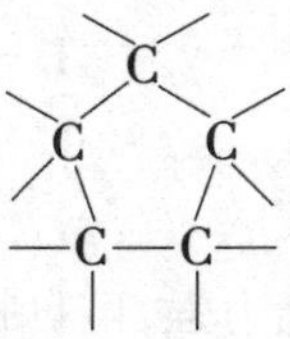

环状

③碳原子除了与氢原子结合外,还可与其他元素的原子相结合。

例如:C—OH,C—X,C—NH_2等以碳元素为结构骨架的共价化合物。

3)有机物的特点

(1)分子组成复杂

无机物大多由几个原子组成,而有机物在组成上则要复杂得多。例如,我们熟知的维生素 B_{12}的组成为 $C_{63}H_{88}N_{14}O_{14}PCo$,其中含了 9 个不对称碳原子,512 个可能的立体异构体。

(2)数目繁多,异构现象普遍存在

1999 年 12 月,由美国化学文摘收录的,从自然界得到及人工合成的化合物已达 2 230 万种之多,其中 90% 均为有机物。相比之下,无机物的组成元素有 100 多种,但总数远远不能与有机物相比。

有机物数目繁多与碳原子成键能力强有关。碳原子形成的碳链可以是链状,也可以是环状;有机物所含碳原子的数目可能很多,即使相对分子质量不大的分子,其原子间的成键方式也可能有多种不同形式。有机化合物中,分子式相同、结构式不同的化合物称为同分异构体。虽然两种异构体的分子式相同,但也属于不同的化合物,这种现象在有机化学中非常普遍,称为同分异构现象,其中包括构造异构、构象异构、顺反异构、对映异构等。所以表示一个有机物时不能用分子式,而必须要用结构式。

(3)容易燃烧,CO_2 和 H_2O 是主要燃烧产物

有机物的主要组分碳和氢原子均为易燃元素,所以大多数有机物都易燃烧,如酒精、油、燃气等。但也有例外,如 CCl_4是灭火器的主要成分,不但不易燃,而且可以灭火。

(4)难溶于水

有机物大多难溶于水,易溶于有机溶剂。因水的极性很强,如果作为溶剂,根据“相似相溶”原理,它易溶于极性强的物质,而难溶非极性或极性小的物质。有机物一般极性很弱,甚至完全没有极性,所以多数有机物的水溶性会很小。同样存在例外,如糖、酒精等。

(5)易挥发,熔点低

有机物通常以气体、液体及低熔点固体的形式存在,熔点低,很少超过 400 ℃。因其分子间作用力较小,所以挥发性大,沸点较低,如酒精。

(6)转化速度慢,副产物多

有机物的反应往往很缓慢,需要在加温、加催化剂或光照条件下才能反应,反应的时间可能是几个小时,也可能是几十个小时。且在反应时常伴随一些副反应,得到的产物常为混合物。所以有机物反应中,反应物的转化率和产物的选择性很少能达到100%。

8.1.3 有机化合物的分类

有机化合物结构复杂、种类繁多,为了便于学习及研究,对有机化合物需要进行科学分类。常用的分类方法有两种:一种是按碳架进行分类,一种是按官能团进行分类。

1)按碳架分类

根据有机物分子中的碳原子连接方式的不同,即碳的骨架不同,可把有机物分为链状和环状两种。

(1)链状化合物

有机物分子中,碳原子彼此连接形成链状结构,碳架成直链或带支链(无环)。由于此类化合物最初是从油脂中发现的,也称为脂肪族化合物。其中包括烷烃、稀烃、炔烃等。

例如:

CH_3CH_3	$CH_3CH_2CH_2CH_3$	$CH_3(CH_2)_{10}CH_3$
乙烷	丁烷	十二烷

(2)环状化合物

有机物分子中原子间彼此连接形成闭合的环状结构。根据环上是否含有碳以外的其他原子(N,S,O等),又可把环状化合物分为碳环化合物和杂环化合物。

①碳环化合物。分子中组成环的原子全是碳原子的环状化合物称为碳环化合物。根据分子中是否含有苯环结构,可分为两种:

a.脂环族化合物:碳碳原子连接成环,环内可有双键,不含有苯环结构。性质上与脂肪族化合物的性质和结构相似。例如:

b.芳香族化合物:分子中含有一个由碳原子组成的在同一平面内的闭环共轭体系(分子中含有一个或多个苯环),与脂肪族化合物的性质和结构区别较大,且具有特殊的芳香性。例如:

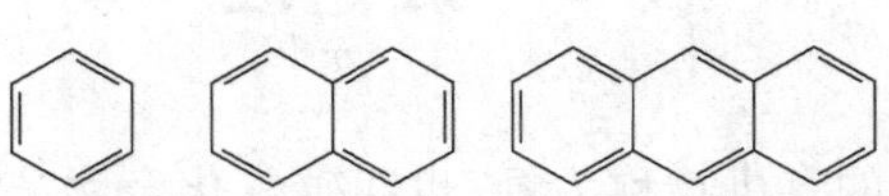

②杂环化合物。分子中组成环的原子由碳原子及其他原子(又称杂原子)共同组成。例如:

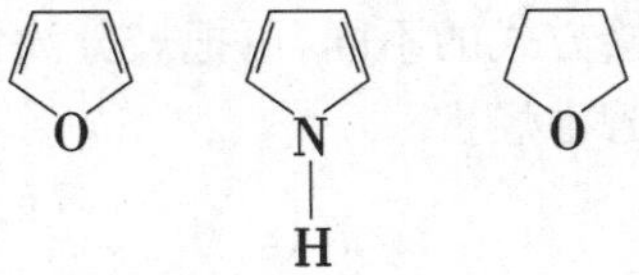

2)按官能团分类

官能团是指分子中较活泼且易发生反应的原子或基团,它代表着分子的结构特点,决定着化合物的化学性质,具有同一官能团的有机物会具有相同或相似的化学性质。所以把官能团进行分类,有助于对有机物的学习和研究。常用官能团的结构及其名称和类别,见表8.1。

表8.1 常见官能团及其优先顺序

类别	序号	官能团	词头名称	词尾名称
酸	1	—COOH	羧基	羧酸
	2	$—SO_3H$	磺基	磺酸
羧酸衍生物	3	—COOR	酯基	羧酸酯
	4	—COX	卤羧基	酰卤
	5	$—CONH_2$	氨甲酰基	酰胺
醇	6	—OH	羟基	醇
酚	7	—OH	羟基	酚
醛	8	—CHO	醛基	醛
酮	9	>C═O	羰基	酮
醚	10	—OR	烃氧基	醚
烯	11	>C═C<	—	烯
炔	12	—C≡C—	—	炔
卤代烃	13	—X	卤代	—
腈	14	—CN	氰基	腈
胺	15	$—NH_2$	胺基	胺
硝基化合物	16	$—NO_2$	硝基	—

当有机物分子中出现两种及其以上官能团时,通常要对其所包含的官能团按优先次序进行排序,序号靠前的作为母体,序号靠后的作为取代基。

8.2 链 烃

由碳和氢两种元素形成的有机物称为烃,也叫碳氢化合物。烃是最简单的有机物,可以把它看成是有机物的母体,其他的有机物可以看成是烃分子中的氢原子被其他原子或基团取代而成的衍生物。

根据有机物分子中碳原子连接方式的不同,可把烃分为链烃和环烃。链烃分为饱和烃和不饱和烃。环烃又分为脂环烃和芳香烃。

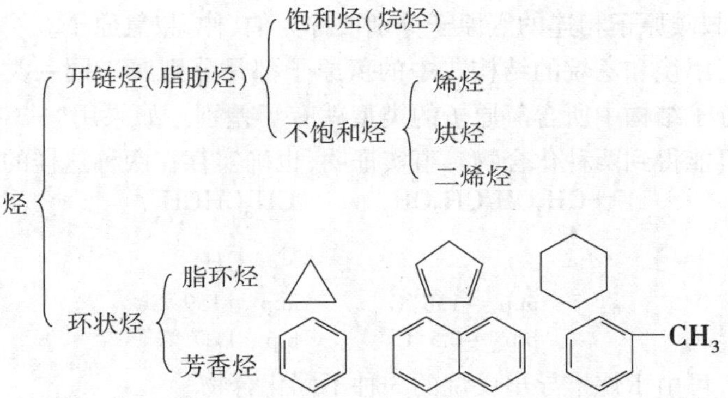

8.2.1 烷 烃

在烃分子中,碳原子的 4 个价键,除以单键互相结合成碳链外,其余的价键均被氢原子所饱和的烃称为烷烃。因此,烷烃的结构特点是碳碳单键。

在分子内如果与碳原子相结合的氢原子的数目达到最高限度,不能增加,这样的链烃称为饱和烃。

1) 烷烃的同系列和同分异构现象

(1) 烷烃的同系列

最简单的烷烃为甲烷。从甲烷开始,碳链上每增加一个碳原子,就会增加两个氢原子,因此,相邻碳原子个数的烷烃分子间均相差一个"—CH_2—"单位。

例如:	CH_4	CH_3CH_3	$CH_3CH_2CH_3$	$CH_3CH_2CH_2CH_3$
	甲烷(CH_4)	乙烷(C_2H_6)	丙烷(C_3H_8)	丁烷(C_4H_{10})
碳数	1	2	3	4
氢数	$2\times1+2$	$2\times2+2$	$2\times3+2$	$2\times4+2$

表示某一类化合物分子式的式子称为通式。烷烃的通式为:C_nH_{2n+2}。

这些结构相似,而在组成上相差"—CH_2—"基团或"—CH_2—"基团倍数的许多化合物,组成一个系列,称为同系列。同系列中的各化合物互称同系物。相邻同系物间,相差的原子团"—CH_2—"称为同系差。同系物间的化学性质有着相似之处,物理性质也随分子量增加而表现出规律性的变化。例如,甲烷、乙烷、丙烷、丁烷……均属烷烃系列。

(2) 烷烃的同分异构

按照碳原子在烷烃分子中所处的位置不同、特性不同,及所连的碳原子数目不同,可把烷烃分子中的碳原子分为 4 类:只与一个碳原子相连的碳原子称为伯碳原子,又称一级碳原子,用"1°"表示;与两个碳原子相连的碳原子称为仲碳原子,又称二级碳原子,用"2°"表示;与三个碳原子相连的碳原子称为叔碳原子,又称三级碳原子,用"3°"表示;与四个碳原子相连的碳原子称为季碳原子,又称四级碳原子,用"4°"表示。例如:

$$
\begin{array}{c}
1° \\
CH_3 \\
4°\ |\quad 2°\qquad 3° \\
CH_3\!-\!C\!-\!CH_2\!-\!CH\!-\!CH_3 \\
1°\ |\qquad\qquad |\quad 1° \\
CH_3\qquad\quad CH_3 \\
1°\qquad\qquad 1°
\end{array}
$$

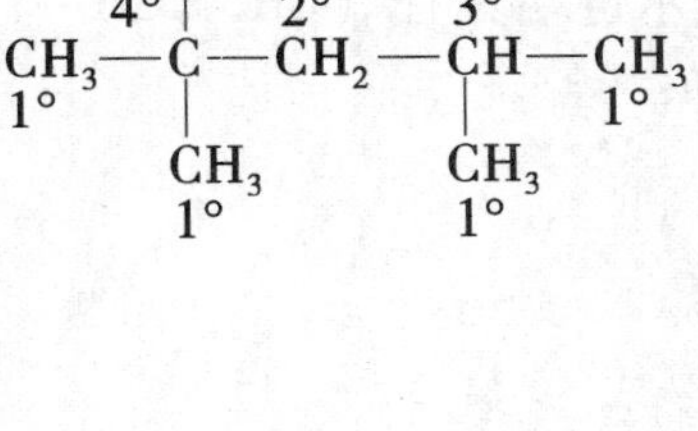

分别与伯、仲、叔碳原子相连的氢原子分别被称为伯、仲、叔氢原子。

这里可以看到,甲烷和乙烷的结构式中的氢原子都是分别属于同一类型,地位均是等同的。从丙烷开始,分子结构中所含氢原子的类型就有了差别。如果用"—CH_3"取代丙烷分子中的氢原子,就有可能得到两种化合物。事实证明,也确实存在两种这样的化合物。

$$CH_3CH_2CH_2CH_3 \qquad CH_3CHCH_3$$
$$\qquad\qquad\qquad\qquad | $$
$$\qquad\qquad\qquad\qquad CH_3$$

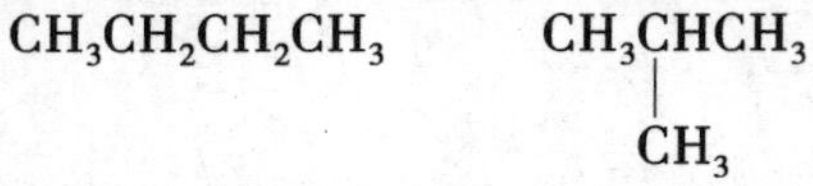

m.p −138 ℃   m.p −159 ℃
b.p −0.5 ℃   b.p 11.7 ℃

用相同的方法,可由丁烷推导出戊烷的 3 种不同化合物。

$$CH_3CH_2CH_2CH_2CH_3 \qquad CH_3CHCH_2CH_3 \qquad CH_3—\overset{\overset{\textstyle CH_3}{|}}{\underset{\underset{\textstyle CH_3}{|}}{C}}—CH_3$$
$$\qquad\qquad\qquad\qquad\quad CH_3$$

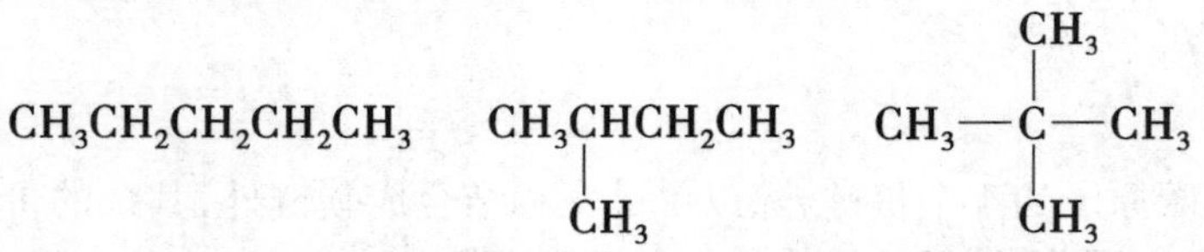

以上 3 种为分子式相同,而结构不同的化合物,称为同分异构体,简称异构体。烷烃的异构现象是由于构造不同而产生的,所以又把这种异构现象称作构造异构。同分异构现象在有机化学中非常普遍,烷烃从丁烷开始,随着碳原子数的增加,异构现象越来越复杂,同分异构体的数目也显著增加。各烷烃同分异构体的数目见表 8.2。

表 8.2　各烷烃同分异构体的数目

碳原子数	分子式	同分异构体数	碳原子数	分子式	同分异构体数
4	C_4H_{10}	2	9	C_9H_{20}	35
5	C_5H_{12}	3	10	$C_{10}H_{22}$	75
6	C_6H_{14}	5	11	$C_{11}H_{24}$	159
7	C_7H_{16}	9	12	$C_{12}H_{26}$	355
8	C_8H_{18}	18	20	$C_{20}H_{42}$	366 319

2)烷烃的命名

(1)普通命名法

普通命名法又称为习惯命名法,只适合于对结构简单的烷烃进行命名。规则如下:

①烷烃名称称为"烷",即用"烷"字来表示烷烃的同系列。

②碳原子的数目如小于 10,则以"甲、乙、丙、丁、戊、己、庚、辛、壬、癸"10 个天干名称来表示;如若碳原子的数目大于 10,则直接以"十一、十二、十三……"数字来表示。例如:

$$CH_3CH_2CH_3 \qquad\qquad CH_3(CH_2)_6CH_3 \qquad\qquad CH_3(CH_2)_{10}CH_3$$
$$\quad 丙烷 \qquad\qquad\qquad\qquad 辛烷 \qquad\qquad\qquad\qquad 十二烷$$

③为区别简单烷烃中的同分异构体,一般在名称前加上适当的词头来表示;常用的词头有:"正"表示直链烷烃;"异"表示链端具有"$(CH_3)_2CH—$"结构的烷烃;"新"表示链端有"$(CH_3)_3C—$"结构的烷烃。例如:

$$CH_3CH_2CH_2CH_2CH_3 \qquad CH_3{-}\!\!\underset{\underset{CH_3}{|}}{CH}\!\!{-}CH_2{-}CH_3 \qquad CH_3{-}\!\!\underset{\underset{CH_3}{|}}{\overset{\overset{CH_3}{|}}{C}}\!\!{-}CH_3$$

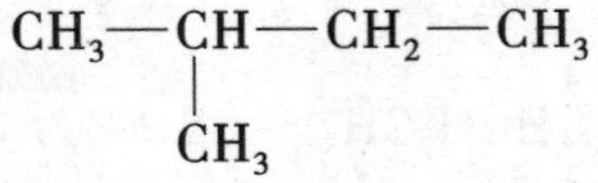

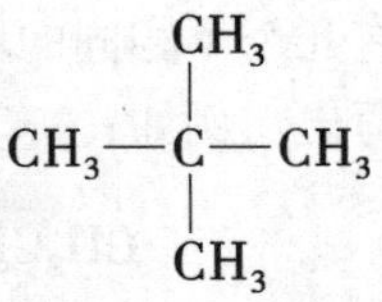

正戊烷   异戊烷   新戊烷

（2）系统命名法

为求得有机物命名上的统一，目前国际上普遍采用的是 IUPAC（International Union of Pure and Applied Chenistry）国际纯粹与应用化学联合会制定的命名原则。我国现在用的系统命名法也是根据 IUPAC 制定的原则结合我国文字特点对有机物进行命名的。具体规则如下：

①对于直链烷烃，命名方法与普通命名法是一致的，只是一般不再加"正"字。例如：

$$CH_3CH_2CH_2CH_2CH_3 \qquad\qquad CH_3(CH_2)_{10}CH_3$$

戊烷   十二烷

②对于带有支链的烷烃，首先要选主链。选分子中最长碳链（即含碳数最多）为主链，根据主链碳原子数目命名为某烷，并以其为母体，其他的支链作为取代基。例如：

$$\text{取代基} \longrightarrow \quad CH_3{-}\underset{\underset{CH_2CH_2CH_2CH_3}{|}}{\overset{\overset{CH_2CH_3}{|}}{C}}{-}CH_2{-}CH_3 \quad \longleftarrow \text{主链}$$

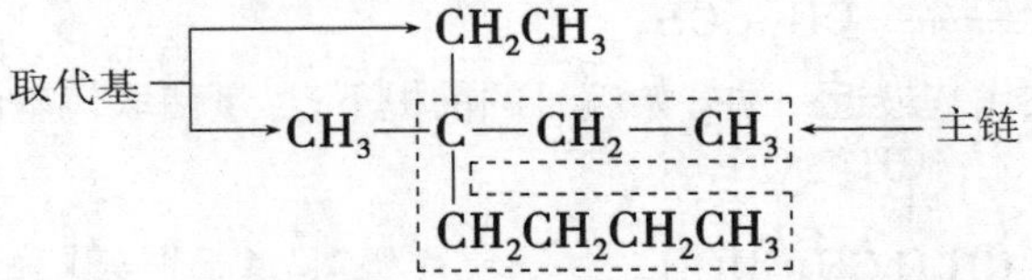

烷基：烷烃分子中去掉一个 H 原子后剩余部分称为烷基。例如：

$$-CH_3 \qquad -CH_2CH_3 \qquad -CH_2CH_2CH_3 \qquad -\underset{\underset{CH_3}{|}}{CH}CH_3$$

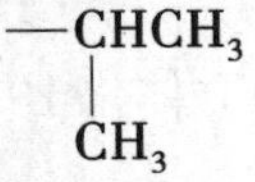

甲基   乙基   丙基   异丙基

$$-CH_2CH_2CH_2CH_3 \qquad CH_3CHCH_2CH_3 \qquad -CH_2\underset{\underset{CH_3}{|}}{\overset{\overset{CH_3}{|}}{CH}}CH_3 \qquad -\underset{\underset{CH_3}{|}}{\overset{\overset{CH_3}{|}}{C}}{-}CH_3$$

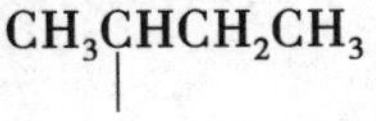

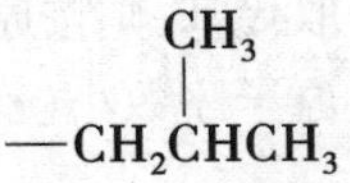

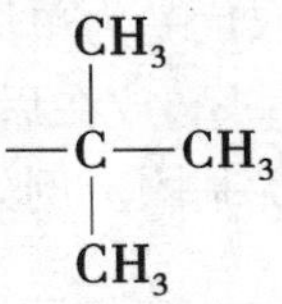

丁基   仲丁基   异丁基   叔丁基

③距离取代基最近的一端开始，把主链上的碳原子用阿拉伯数字依次编号。（支链的位号即为所连碳原子的位号）

④书写。取代基名称写在母体名称前，取代基位号写在取代基前，二者之间用"—"隔开。例如：

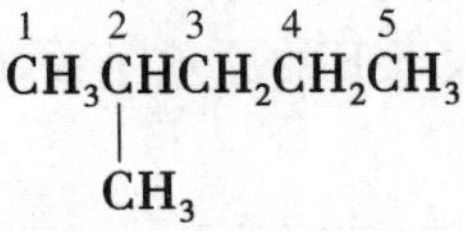

$$\overset{1}{C}H_3\overset{2}{C}H\overset{3}{C}H_2\overset{4}{C}H_2\overset{5}{C}H_3 \qquad\qquad \text{命名为：2-甲基戊烷}$$
$$\underset{\underset{CH_3}{|}}{}$$

如果含有几个相同取代基，则在取代基前加上二、三、四等字样，表示取代基的个数，表示位号的数字之间用逗号隔开。例如：

$$\overset{1}{C}H_3\overset{2}{C}H\overset{3}{C}H_2\overset{4}{C}H\overset{5}{C}H_3 \qquad \text{命名为：2,4-二甲基戊烷}$$
$$\underset{\underset{CH_3}{|}\qquad\underset{CH_3}{|}}{}$$

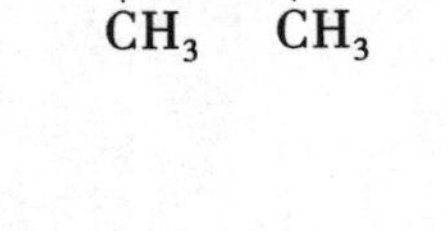

如果有几个不相同的取代基,则要按照次序规则中次序较小的放在前面,次序较大的在其后依次写出。例如:

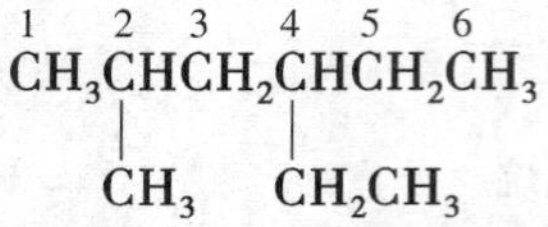

$$\overset{1}{C}H_3\overset{2}{C}H\overset{3}{C}H_2\overset{4}{C}H\overset{5}{C}H_2\overset{6}{C}H_3 \qquad 命名为:2\text{-}甲基\text{-}4\text{-}乙基己烷$$
$$\qquad |\qquad\qquad|$$
$$\qquad CH_3\qquad CH_2CH_3$$

⑤如果两个不同取代基离碳链两端同样近,则从(按次序规则)次序较小基团开始编号。例如:

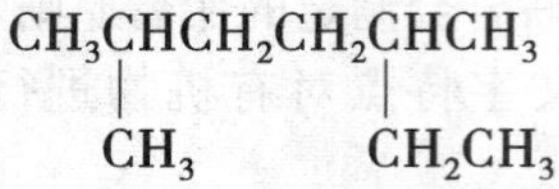

$$CH_3CHCH_2CH_2CHCH_3 \qquad 命名为:2,5\text{-}二甲基庚烷$$
$$\quad|\qquad\qquad\quad|$$
$$\quad CH_3\qquad\quad CH_2CH_3 \qquad 而不是:2\text{-}甲基\text{-}5\text{-}乙基己烷$$

⑥如果在同一分子中,含有两条以上最长碳链时,选取含支链最多的那条最长链作为主链。例如:

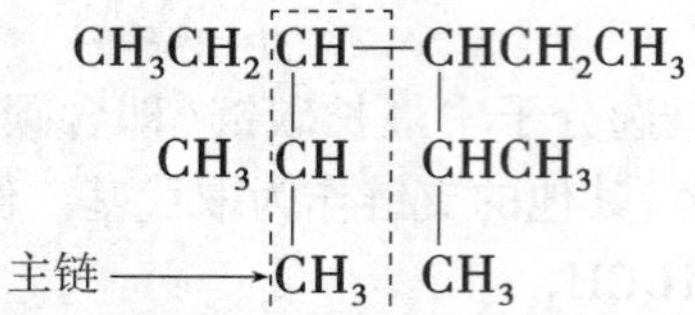

$$CH_3CH_2\text{ }CH\text{---}CHCH_2CH_3$$
$$\qquad\quad |\qquad\quad |$$
$$CH_3\text{ }CH\quad CHCH_3 \qquad\quad 2,5\text{-}二甲基\text{-}3,4\text{-}二乙基己烷$$
$$\qquad |\qquad\quad |$$
主链———→ $CH_3\text{ } CH_3$

⑦在保证从距离取代基最近一端开始编号的前提下,尽量使取代基的位次和最小。例如:

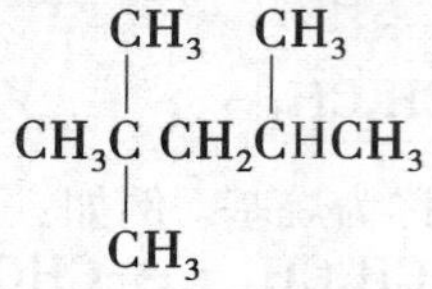

$$\qquad\quad CH_3\text{ } CH_3$$
$$\qquad\quad |\qquad |$$
$$CH_3C\text{ }CH_2CHCH_3 \qquad 命名为:2,2,4\text{-}三甲基戊烷$$
$$\qquad |$$
$$\qquad\quad CH_3 \qquad\qquad\qquad 而不是:2,4,4\text{-}三甲基戊烷$$

⑧次序规则:在立体化学中,为了确定原子或基团在空间排列的次序而制定的规则。内容如下:

a.若取代基为单原子取代基,则按原子序数的大小进行排列,原子序数大(次序大)的基团为优先基团,放在后面;原子序数小(次序小)的基团为较小基团,放在前面。同位素中质量高的为较优基团。例如:

$$I>Br>Cl>S>F>O>N>C>H$$

b.若取代基为多原子基团,则比较与碳原子直接相连的原子的次序大小。如果与碳原子直接相连的原子 B 均相同时,就要比较与 B 相连的原子的次序大小,比较时,按原子序数排列,先比较原子序数大的,若相同,再向下依次比较。

例如:—CH_2Cl 和 —CH_2F 这两个基团要比较大小,两个基团与母体相连的都是 C 原子,比较不出大小次序,因此要继续向下比较,与此 C 相连的原子分别是(Cl、H、H) 和(F、H、H),其中都含两个 H,相同。而剩下的 Cl 的原子序数大于 F 的原子序数,因此,可以确定—CH_2Cl 的优先次序大于—CH_2F。

3)烷烃的结构

(1)甲烷的结构

甲烷分子是一正四面体结构,碳原子位于正四面体的中心,4 个氢原子居于正四面体的 4 个顶点,4 个碳氢键的键长、键能完全相同,所有 H—C—H 的键角均为 109°28′。甲烷分子的模型如图 8.1 所示。

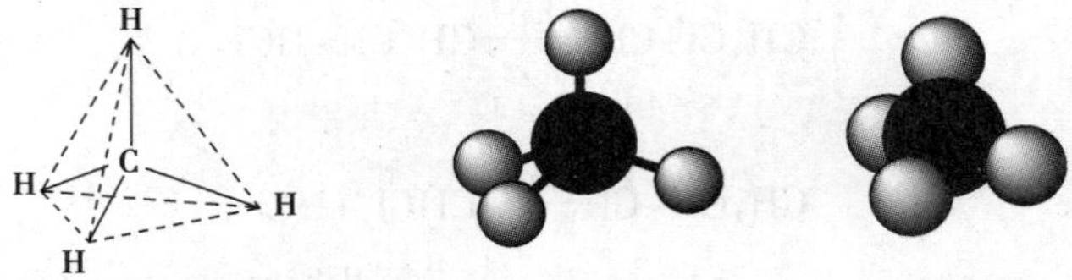

(a)甲烷分子正四面体结构示意图　(b)球棍模型（凯库勒模型）　(c)比例模型（斯陶特模型）

图 8.1　甲烷分子的模型

(2)乙烷的结构和构象

乙烷的结构和构象如图 8.2 所示。

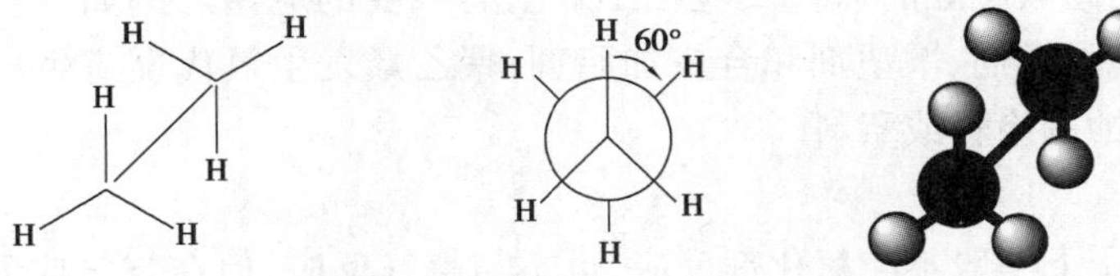

(a)锯架式　(b)纽曼投影式　(c)球棍模型

图 8.2　乙烷分子的模型

4)烷烃的物理性质

常温下，C_4以下为气体，$C_5 \sim C_{17}$为液体，C_{18}以上为固体。物质的沸点、熔点随相对分子质量的增加而升高。此外，在同分异构体中，支链程度越高的，沸点就越低。烷烃的相对密度随分子量的增大而增大，但都小于 1。烷烃是非极性化合物，几乎不溶于水，而易溶于有机溶剂——“相似相溶”。

5)烷烃的化学性质

烷烃分子结构中只含有比较牢固的碳碳 σ 键和碳氢 σ 键，非常稳定，需要较高的能量才能断裂，所以室温下烷烃一般不易反应，包括与强酸、强碱、强还原剂($Zn+HCl$、$Na+C_2H_5OH$)、强氧化剂($KMnO_4$、$K_2Cr_2O_7$)等。但若有高温、高压、光照或有催化剂的条件存在时，烷烃也能发生一些化学反应。并且这些反应在石油化工中占有重要的地位。

(1)氯代反应

烷烃分子中的氢原子被其他原子或基团所取代的反应称作取代反应。取代反应是烷烃的重要性质之一，也是整个有机化学反应中的重要反应类型之一。

烷烃分子中的氢原子被卤素原子所取代的反应称为卤代反应。卤代反应是烷烃取代反应中重要的一类，只有在漫射光、热或催化剂的作用下，才能反应。烷烃与卤素在室温或黑暗条件下是不发生卤代反应的。反应过程中，卤素原子反应难易程度为：$F_2>Cl_2>Br_2>I_2$。其中，烷烃与 F_2反应剧烈，并放出大量热甚至引起爆炸；烷烃与 I_2反应不能得到碘代烷。因此，比较有实用价值的卤代反应是烷烃与 Cl_2或 Br_2进行的氯代和溴代反应。

在漫射光、热或某些催化剂作用下，氢被氯取代：

$$CH_4+Cl_2 \xrightarrow{h\nu} \underset{\text{一氯甲烷}}{CH_3Cl}+HCl$$

$$CH_3Cl+Cl_2 \xrightarrow{h\nu} CH_2Cl_2+HCl$$

二氯甲烷

$$CH_2Cl_2+Cl \xrightarrow{h\nu} CHCl_3+HCl$$

三氯甲烷

$$CHCl_3+Cl_2 \xrightarrow{h\nu} CCl_4+HCl$$

四氯甲烷

反应时，甲烷分子中的氢原子是逐步被氯原子锁取代的，但是很难把反应控制在某一步，所以反应物为一氯甲烷、二氯甲烷、三氯甲烷和四氯甲烷的混合物。工业上把这种混合物作为溶剂使用，特别是高碳烷烃的氯代反应在工业上有重要的应用。例如，石蜡通过氯代反应生成氯代石蜡，可作阻燃剂、增塑剂和合成加脂剂；聚乙烯发生氯代反应生成氯代聚乙烯，可作耐热、耐燃、耐腐蚀的涂料或塑料。

(2)氧化反应

烷烃在常温常压下一般不与氧化剂反应，也不与氧气反应，但在空气或氧气中可以燃烧，生成二氧化碳和水。这正是天然气、汽油、柴油（主要成分为各种不同碳原子数的烷烃混合物）等作为燃料的基本原理。

$$CH_4+2O_2 \xrightarrow{\text{燃烧}} CO_2+2H_2O$$

若控制好反应条件，烷烃可以被氧化成醇、醛及酸等含氧有机物。因烷烃来源丰富，利用烷烃作为原料来制备含氧有机物是具有实际意义的。例如：

$$RCH_2—CH_2R'+2O_2 \xrightarrow[107\sim110\ ℃]{MnO_2} RCOOH+R'COOH$$

R 与 R′分别代表不同的烷基。

这样就可以石蜡（C_{20}—C_{40}烷烃混合物）等高级烷烃氧化得到高级脂肪酸，可用于制造肥皂。

无机化学中的氧化概念是以电子的得失，氧化数的变化来判断的。而有机化学中的氧化概念有所不同，在有机化学中，加氧去氢为氧化，加氢去氧为还原。

(3)裂化反应

烷烃在无氧气的条件下加热到 400 ℃ 以上，碳链断裂生成小分子的反应称为热裂化反应。裂化反应是一个很复杂的过程，属于自由基反应历程。碳原子数越多，支链越多，裂化的产物就越复杂。例如：

$$CH_3CH_2CH_2CH_3 \xrightarrow{500\ ℃} \begin{cases} CH_3CH=CHCH_3+H_2 \\ CH_3CH_3+CH_2=CH_2 \\ CH_3CH=CH_2+CH_4 \end{cases}$$

烷烃在不同的温度下得到的裂化产物也是不同的。在高于 700 ℃ 的温度下，可以把石油进行更深度的裂化，能得到更多的化工原料，包括低级烯烃。近年来，工业上又利用催化裂化代替热裂化，可把高沸点的重油分解为低沸点的汽油，从而提高石油的利用率。

8.2.2 烯 烃

分子中含有一个碳碳双键的链烃称为烯烃，含有两个双键的链烃称为二烯烃，含有3个以上双键的链烃称为多烯烃。

1)烯烃的同系列及同分异构

(1)烯烃的同系列

单烯烃的通式为 $C_nH_{2n}(n \geqslant 2)$，同系差仍然为“$-CH_2-$”。例如：

$CH_2=CH_2$	$CH_3CH=CH_2$	$CH_3CH_2CH=CH_2$	$CH_3CH=CHCH_2CH_3$
乙烯	丙烯	1-丁烯	2-戊烯

(2)烯烃的同分异构

①烯烃的碳链异构。烯烃与烷烃一样，存在碳链异构现象。例如：

$$CH_2=CHCH_2CH_2CH_3 \quad 与 \quad CH_2=\underset{\displaystyle CH_3}{\underset{|}{C}}CH_2CH_3$$

②烯烃双键官能团的位置异构。由于碳碳双键官能团的存在，烯烃还会由于双键的位置不同产生位置异构现象。例如：

$$CH_2=CHCH_2CH_3 \quad 与 \quad CH_2CH=CHCH_2$$

③烯烃的顺反异构。由于双键的存在，碳碳双键不能像碳碳单键一样自由旋转。这样，含有碳碳双键的化合物就有可能产生顺反异构。由于双键两侧的原子或基团在空间上的排列方式存在不同产生的异构现象称为顺反异构。例如：

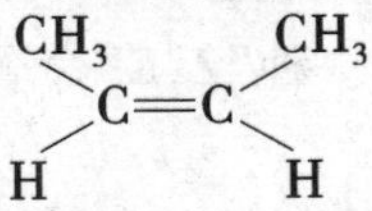

与

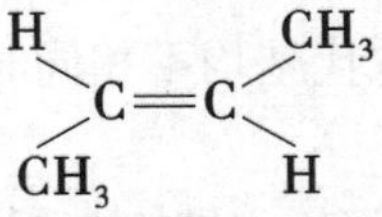

顺反异构属于立体异构的一种，若要产生顺反异构，必须满足如下两个条件：一是分子中要有限制碳原子自由旋转的因素，如双键或环；二是产生双键的两个碳原子所连原子或者基团要求不能相同。即：

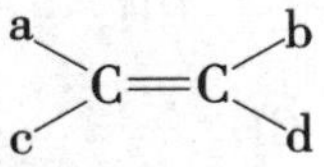

$a \neq c$，且 $b \neq d$ 时才会产生顺反异构。

2)烯烃的命名

当有机物含有官能团时，命名要充分体现出来。烯烃的官能团是碳碳双键。

(1)普通命名法

基本原则与烷烃一样。只要把名称中的“烷”字改为“烯”字即可。例如：

$CH_2=CH_2$	$CH_3CH=CH_2$
乙烯	丙烯

(2)系统命名法

系统命名方式也与烷烃类似。

①选主链：选择含有碳碳双键的最长碳链作为主链。

②编号：从距离双键最近的一端开始对主链上的碳原子进行编号。

③书写:把双键中碳原子位号较小的编号写在名称"某烯"的前面。例如:

$$CH_3CH\!=\!CHCH_2CH_3 \qquad 命名为:2\text{-}戊烯$$

若含有取代基的烯烃,取代基的命名方法和烷烃类似。

$$\overset{4}{H_3C}\!-\!\overset{\overset{\displaystyle CH_3}{|}}{\underset{\underset{\displaystyle CH_3}{|}}{\overset{3}{C}}}\!-\!\overset{2}{CH_3}\!=\!\overset{1}{CH_2} \qquad\qquad H_3C\!-\!CH_2\!-\!CH_2\!-\!\overset{3}{CH}\!-\!\overset{4}{CH_2}\!-\!\overset{5}{CH_2}\!-\!\overset{6}{CH_3}$$

$$\overset{2}{\underset{\underset{\displaystyle CH_2}{\|}}{CH}}$$

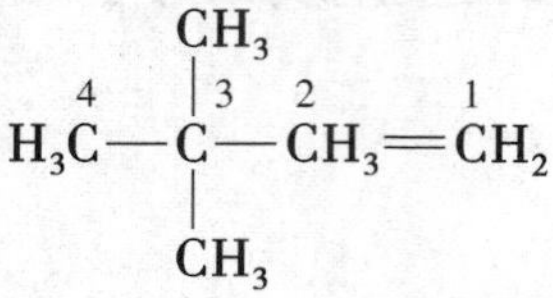

3,3-二甲基-1-丁烯 　　　　　　　　　　　　　3-丙基-1-己烯

烯基:烯烃分子中去掉一个氢原子后剩下的部分称为烯基。例如:

$$CH_2\!=\!CH\!- \qquad CH_3\!-\!CH\!=\!CH\!- \qquad CH_2\!=\!CH\!-\!CH_2\!- \qquad CH_2\!=\!\underset{\underset{\displaystyle CH_3}{|}}{C}\!-\!CH_3$$

乙烯基 　　　　　　 丙烯基 　　　　　　　　 烯丙基 　　　　　　　 异丙烯基

(3)顺反异构体的命名

对于有顺反异构的烯烃,命名时应在名称前加上表明"顺–"或"反–"的字样来加以区分。例如:

$$\underset{\underset{\displaystyle H}{|}}{\overset{\overset{\displaystyle CH_3}{|}}{C}}\!=\!\underset{\underset{\displaystyle H}{|}}{\overset{\overset{\displaystyle CH_3}{|}}{C}} \qquad\qquad \underset{\underset{\displaystyle CH_3}{|}}{\overset{\overset{\displaystyle H}{|}}{C}}\!=\!\underset{\underset{\displaystyle H}{|}}{\overset{\overset{\displaystyle CH_3}{|}}{C}}$$

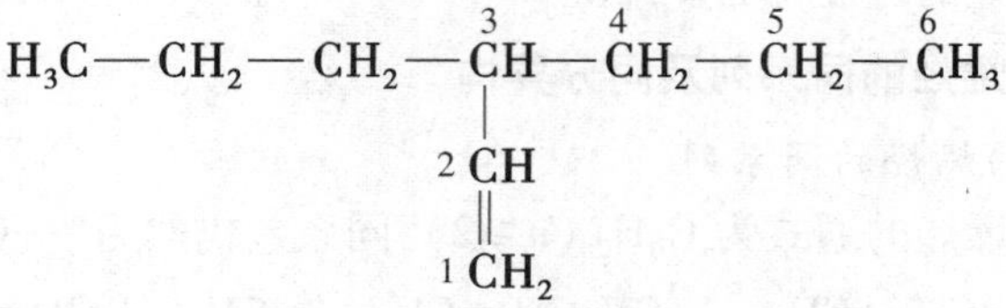

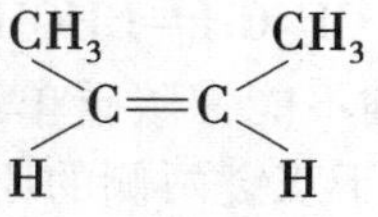

顺-2-丁烯 　　　　　　　　　 反-2-丁烯

如果双键上的 4 个取代基均不相同时,又规定了一种"Z,E"命名法,命名起来比较麻烦,在此不作赘述。

二烯烃或多烯烃的命名,主链应包括尽可能多的双键,编号时从靠近双键的一端开始。

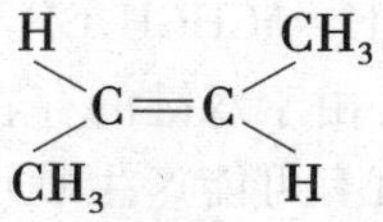

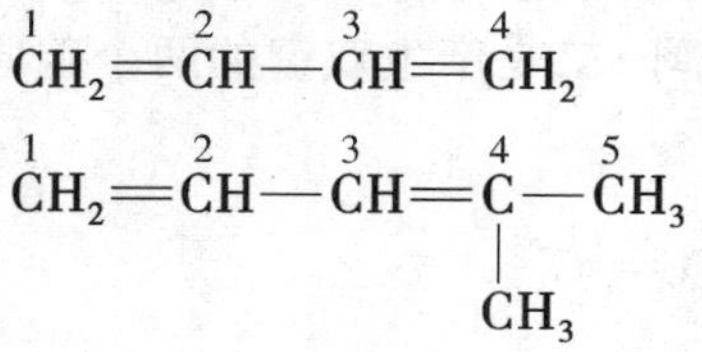

$$\overset{1}{CH_2}\!=\!\overset{2}{CH}\!-\!\overset{3}{CH}\!=\!\overset{4}{CH_2} \qquad\qquad 1,3\text{-}丁二烯$$

$$\overset{1}{CH_2}\!=\!\overset{2}{CH}\!-\!\overset{3}{CH}\!=\!\overset{4}{\underset{\underset{\displaystyle CH_3}{|}}{C}}\!-\!\overset{5}{CH_3} \qquad 4\text{-}甲基\text{-}1,3\text{-}丁二烯$$

3)烯烃的结构

双键中的碳为 sp^2 杂化,碳原子中 3 个 sp^2 杂化轨道分别与另外 3 个原子匹配成键,形成 3 个 σ 键,余下的一个 p 轨道与另一个碳中的 p 轨道匹配成键,形成一个 π 键,键角为 120°,键长约为 0.134 nm,比碳碳单键的键长 0.154 nm 要短一些,碳碳双键的键能为 610.9 kJ/mol,比碳碳 σ 键键能的两倍要小一些(2×345.6 kJ/mol)。从键能看来,双键更易断裂。乙烯的结构示意图如图 8.3 所示。

4)烯烃的物理性质

烯烃的物理性质同烷烃相似。常温下,$C_1 \sim C_4$ 的烯烃为气体,$C_5 \sim C_{18}$ 的烯烃为液体,高级烯烃为固体。不易溶于水,易溶于非极性或弱极性有机溶剂(如四氯化碳、乙醚等)。相对密度都小于1。

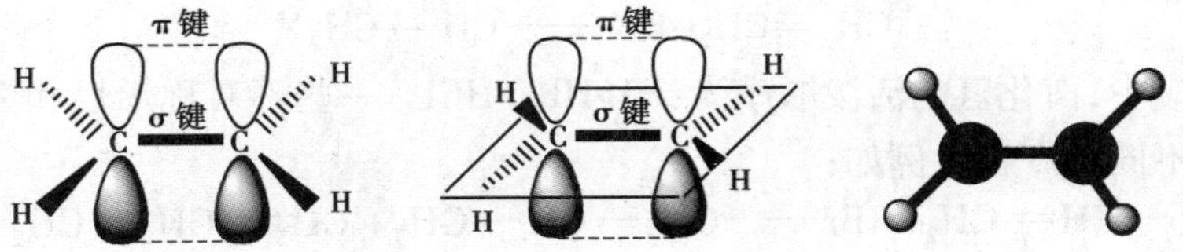

图 8.3 乙烯分子中的共价键

烯烃的熔沸点的变化规律与烷烃相近。同分异构体中，直链烯烃的沸点比含有支链的烯烃略高；双键位于链端的烯烃比双键位于链中端的烯烃的沸点略高；顺式异构体一般比反式异构体的沸点较高，而熔点较低，见表8.3。

表 8.3 部分烯烃的物理常数

名　称	结构式	熔点/℃	沸点/℃
乙　烯	$CH_2{=}CH_2$	-169	-103.7
丙　烯	$CH_2{=}CHCH_3$	-185.2	-47.4
1-丁烯	$CH_2{=}CHCH_2CH_3$	-185.3	-6.3
甲基丙烯	$CH_2{=}C(CH_3)_2$	-140.3	-6.9
1-戊烯	$CH_2{=}CH(CH_2)_2CH_3$	-138	30
1-己烯	$CH_2{=}CH(CH_2)_3CH_3$	-139.8	63.3
1-十八烯	$CH_2{=}CH(CH_2)_{15}CH_3$	17.5	179

5)烯烃的化学性质

烯烃的碳碳双键中，含有一个π键，而π键不稳定，易断裂，所以烯烃的化学性质比较活泼，易发生。

(1)加成反应

一定条件下，有机物分子中的π键断裂，π键所连的两个碳原子分别与作用的试剂分子的两部分相连，这样的反应称为加成反应。

①催化加氢。在催化剂Ni、Pt、Pd等催化剂的作用下，烯烃可与氢进行加成生产相应的烷烃。

$$R{-}CH{=}CH_2+H_2\xrightarrow[\triangle]{Ni}R{-}CH_2{-}CH_3$$

②加卤素。烯烃与卤素的加成反应，主要是与氯和溴的反应。氟反应太剧烈，容易发生分解反应，碘与烯烃不进行离子型加成反应。氯与烯烃反应较氟缓和，但也要加以稀释，溴与烯烃反应最为正常。具体做法，可把烯烃通入溴水，一般用 CCl_4 作为溶剂，溴的红棕色褪去。此反应速度快，现象非常明显，因此常用于双键的鉴别。

$$CH_2{=}CH_2+Br_2\xrightarrow{CCl_4}\underset{Br}{\underset{|}{CH_2}}{-}\underset{Br}{\underset{|}{CH_2}}$$

③加卤化氢。将卤化氢气体通入液态烯烃，或将卤化氢溶入醋酸与烯烃混合，即可发生加成反应生成一卤代烷。

$$CH_2{=}CH_2+HX \longrightarrow CH_3{-}CH_2X$$

在加成反应中，卤化氢的活泼顺序为：HI>HBr>HCl。一些不对称烯烃和卤代烃加成时可能会生成两种不同的产物。例如：

$$CH_3{-}CH{=}CH_2+HBr \longrightarrow \underset{\text{2-溴丙烷占 80\%}}{CH_3{-}\underset{\displaystyle Br}{\underset{|}{CH}}{-}CH_3} + \underset{\text{1-溴丙烷占 20\%}}{CH_3{-}CH_2{-}\underset{\displaystyle Br}{\underset{|}{CH_2}}}$$

实验证明，在丙烯的上式反应中，2-溴丙烷为主要产物。为此，俄国化学家马尔科夫尼科夫（Markovnikov）研究了大量的相关数据，于 1869 年总结出一条规则，简称马式规则：当不对称烯烃与不对称试剂（如 HX、H_2O 等）加成时，极性试剂的带负电部分主要加在含氢较少的双键碳原子上，带正电部分主要加在含氢较多的双键碳原子上，这一经验规律称为马式规则。例如：

$$(CH_3)_2C{=}CH_2+HBr \longrightarrow (CH_3)_2\underset{\displaystyle Br}{\underset{|}{C}}{-}\underset{\displaystyle H}{\underset{|}{CH_2}}$$

④与 H_2O 加成。烯烃在硫酸或磷酸的催化下，与水加成，产物为醇，同样符合马式规则。例如：

$$CH_3{-}CH{=}CH_2+H_2O \xrightarrow{H^+} CH_3{-}\underset{\displaystyle OH}{\underset{|}{CH}}{-}CH_3$$

（2）氧化反应

烯烃中的 π 键很不稳定，容易被氧化断裂。

①高锰酸钾氧化：用冷的烯 $KMnO_4$ 中性或碱性溶液氧化烯烃，使得烯烃中 π 键断裂，生成邻二醇。同时，$KMnO_4$ 紫色褪去，生成棕褐色的二氧化锰沉淀。可用来检验不饱和烃。例如：

$$CH_2{=}CH_2+KMnO_4 \xrightarrow[OH^-]{H_2O} \underset{\displaystyle OH}{\underset{|}{CH_2}}{-}\underset{\displaystyle OH}{\underset{|}{CH_2}}$$

在酸性或加热条件下，烯烃与 $KMnO_4$ 氧化产物为酸或酮，亚甲基（$=CH_2$）被氧化为 CO_2 和 H_2O。例如：

$$CH_3{-}CH{=}\underset{\displaystyle CH_3}{\underset{|}{C}}{-}CH_3+KMnO_4 \xrightarrow{H^+} CH_3COOH+CH_3{-}\underset{\displaystyle O}{\underset{\|}{C}}{-}CH_3$$

$$CH_3CH_2CH_2CH{=}CH_2+KMnO_4 \xrightarrow{H^+} CH_3CH_2CH_2COOH+CO_2+H_2O$$

此反应中，可通过不同的氧化产物推断出烯烃的结构。

②环氧乙烷的生成。在银催化剂的存在下，烯烃可被空气中的氧直接氧化成环氧化合物。例如：

$$CH_2{=}CH_2+\frac{1}{2}O_2 \xrightarrow{Ag} H_2C{-}CH_2 \text{（两碳原子经 O 相连成环）}$$

环氧乙烷在合成工业中非常有用。

（3）聚合反应

在一定条件下，烯烃小分子可按一定规律相互加成结合生成大分子的反应称为聚合反应。此反应可得到高分子化合物，用途十分广泛，高分子化合物是一专门的学科。例如：

$$n\text{CH}_2\!=\!\text{CH}_2 \xrightarrow[\text{100~150 MPa}]{\text{200~300 ℃，微量O}_2} \left[\!\!\begin{array}{c}\text{CH}_2\!-\!\text{CH}_2\end{array}\!\!\right]_n$$

单体　　　　　　　　　　　　　　　聚合物（聚乙烯）

聚乙烯的用途非常广，可用于制造塑料和绝缘材料等。

8.2.3　炔　烃

分子中含碳碳叁键（—C≡C—）的不饱和链烃称为炔烃。叁键是炔烃的官能团，其通式为 C_nH_{2n-2}（$n\geqslant2$）。

1) 炔烃的同系列及同分异构

（1）炔烃的同系列

炔烃的同系差为"—CH$_2$—"。例如：

$$\text{HC}\!\equiv\!\text{CH} \qquad\qquad \text{HC}\!\equiv\!\text{CCH}_3 \qquad\qquad \text{HC}\!\equiv\!\text{CCH}_2\text{CH}_3$$

乙炔　　　　　　　　　1-丙炔　　　　　　　　　1-丁炔

乙炔是炔烃中最简单的同系物。

（2）炔烃的同分异构

炔烃的构造异构与烯烃相似，有碳链异构。例如：

$$\text{HC}\!\equiv\!\text{CCH}_2\text{CH}_2\text{CH}_3 \quad 与 \quad \text{HC}\!\equiv\!\text{CCHCH}_3$$
$$\qquad\qquad\qquad\qquad\qquad\qquad\quad |$$
$$\qquad\qquad\qquad\qquad\qquad\qquad \text{CH}_3$$

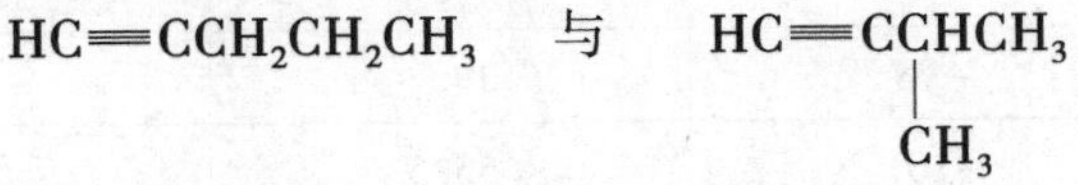

同样，也存在着由官能团的位置不同所产生的位置异构。例如：

$$\text{HC}\!\equiv\!\text{CCH}_2\text{CH}_3 \quad 与 \quad \text{H}_3\text{CC}\!\equiv\!\text{CCH}_3$$

2) 炔烃的命名

与烯烃类似，在命名时只需将"烯"字改为"炔"字即可，选主链时要选含碳碳叁键的碳链作为主链。例如：

$$\text{HC}\!\equiv\!\text{CCH}_2\text{CH}_2\text{CH}_3 \qquad \text{1-戊炔}$$

$$\text{H}_3\text{CC}\!\equiv\!\text{CCH}_2\text{CH}_3 \qquad \text{1-戊炔}$$

$$\text{HC}\!\equiv\!\text{CCHCH}_3 \qquad\quad \text{3-甲基-1-戊炔}$$
$$\qquad\quad |$$
$$\qquad\text{CH}_3$$

3) 炔烃的结构

碳碳叁键是炔烃的官能团。叁键中的碳为 sp 杂化，分子中的碳原子以两个 sp 杂化轨道分别与另外两个原子匹配成键，形成两个 σ 键，碳中余下的两个 p 轨道与另一个碳中的 p 轨道匹配成键，形成两个 π 键，键角为 180°，键长约为 0.120 nm，比碳碳单键的键长 0.154 nm 要短，比碳碳双键的键长 0.134 nm 也要短，碳碳叁键的键能为 835 kJ/mol，比碳碳单键键能的

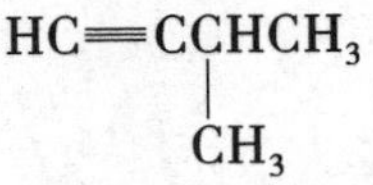

3 倍要小($3\times345.6=1\ 036.8$ kJ/mol)。从键能来看,叁键更易断裂。乙炔的结构示意图如图 8.4 所示。

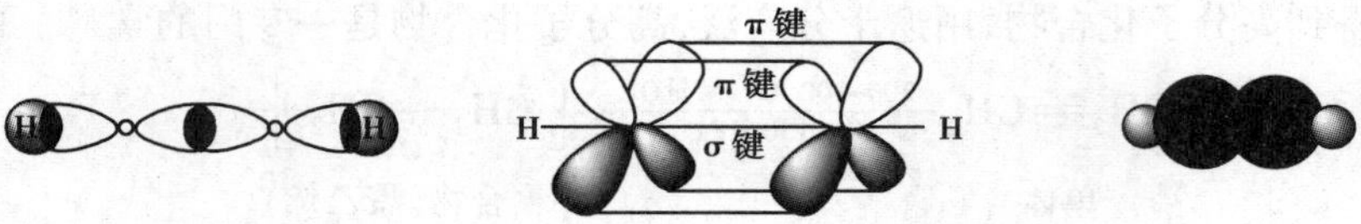

(a)乙炔分子中的σ键　(b)乙炔分子中的两个π键　(c)乙炔分子的比例模型

图 8.4　乙炔的结构示意图

乙炔分子中 3 个σ键在同一直线上,键角为 180°。

4)炔烃的物理性质

炔烃的物理性质同烯烃相似,同样是随着碳原子数的增加而呈现出规律的变化。炔烃的熔沸点均比烯烃略高,密度也稍大。溶解度比烯烃略大,但仍然是难溶于水,易溶于丙醛、乙醚等有机溶剂,见表 8.4。

表 8.4　常见炔烃的物理常数

名　称	熔点/℃	沸点/℃	相对密度(液态)/($g\cdot L^{-1}$)
乙炔	-81.5(118.7 kPa)	-83.4	0.617 9
丙炔	-102.7	-23.2	0.671 4
1-丁炔	-125.8	8.7	0.668 2
2-丁炔	-32.2	27.0	0.693 7
1-戊炔	-98	39.7	0.695
2-戊炔	-101	55.5	0.712 7
1-己炔	-132	71	0.719 5
2-己炔	-89.6	84	0.730 5
3-己炔	-105	82	0.725 5
1-庚炔	-81	99.7	0.732 8
1-辛炔	-79.3	125.2	0.747
1-壬炔	-50.0	150.8	0.760
1-癸炔	-36.0	174.0	0.765

5)炔烃的化学性质

炔烃中的叁键有两个π键,所以化学性质比相应的烷烃要活泼,与烯烃有着相似的性质。但因炔烃中的两个π键互相垂直,所以要比烯烃中的π键牢固。

(1)加成反应

①催化加氢:在催化剂 Ni、Pt、Pd 等催化剂的作用下,炔烃可与氢进行加成反应。

$$CH\equiv CH \xrightarrow[Pt]{+H_2} CH_2=CH_2 \xrightarrow[Pt]{+H_2} CH_3-CH_3$$

②加卤素：炔烃与卤素反应一般比烯烃慢。乙烯可使溴的四氯化碳溶液立即褪色，而乙炔则需要几分钟才能使得溴溴的四氯化碳溶液褪色。

$$CH\equiv CH \xrightarrow{Br_2} Br—CH=CH—Br \xrightarrow{Br_2} CHBr_2—CHBr_2$$

③加 HX：炔烃与卤代氢加成得到一卤代烯，继续加成可得二卤代烷。不对称炔烃与卤氢加成的产物也遵循马氏规则。

$$R—C\equiv CH \xrightarrow{HBr} R—\underset{}{\overset{Br}{\overset{|}{C}}}=CH_2 \xrightarrow{HBr} R—\underset{\underset{Br}{|}}{\overset{\overset{Br}{|}}{C}}—CH_3$$

乙炔一般情况下不能与 HCl 加成，需要 $HgCl_2$ 作催化剂才能发生反应。例如：

$$CH\equiv CH+HCl \xrightarrow[120\sim180\ ℃]{HgCl_2} CH_2=CHCl$$

④与 H_2O 加成：炔烃与水在汞盐催化下，发生加成反应生成烯醇式中间体后，很快异构为醛或酮。符合马式规则。例如：

$$CH\equiv CH+H_2O \xrightarrow[10\%\ H_2SO_4]{5\%\ HgSO_4} \underset{乙烯醇}{CH_2=CH—OH} \longrightarrow \underset{乙醛}{CH_3—CHO}$$

$$CH\equiv CH+H_2O \xrightarrow{Hg^{2+}} CH_2=\underset{\underset{OH}{|}}{C}—R \longrightarrow CH_3—\underset{\underset{O}{\|}}{C}—R$$

(2)氧化反应

炔烃在空气中燃烧可产生 CO_2 和 H_2O，伴随大量浓烟。例如：

$$CH\equiv CH+\frac{5}{2}O_2 \xrightarrow{点燃} 2CO_2+H_2O+Q$$

实际上，烃类物质燃烧时，可根据其火焰的明亮程度及其冒黑烟的多少进行初步判断种类。

火焰明亮程度：烷烃>烯烃>炔烃>芳香烃。

冒黑烟的多少：芳香烃>炔烃>烯烃>烷烃。

炔烃也可以与强氧化剂 $KMnO_4$ 反应，但相比烯烃较难。例如：

$$R—C\equiv C—R'+KMnO_4 \xrightarrow{H^+} RCOOH+R'COOH$$

(3)聚合反应

炔烃也能发生聚合反应，但不像烯烃那样能聚合成高分子化合物，而是相对大分子的化合物。例如：

$$CH\equiv CH+CH\equiv CH \xrightarrow[NH_4Cl]{Cu_2Cl_2} CH_2=CH—C\equiv CH$$

$$3CH\equiv CH \xrightarrow{450\sim500\ ℃}$$ 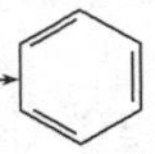

(4)金属炔化物的生成

直接与叁键相连的氢原子性质活泼，有一定酸性，可被金属离子取代生成金属炔化物。此反应可用于端基炔的鉴定，炔烃叁键碳原子上是否连有氢。例如：

$$CH\equiv CH+[Ag(NH_3)_2]NO_3 \longrightarrow CAg\equiv CAg\downarrow \text{（乙炔化银，灰白色）}$$

$$CH\equiv CH+[Cu(NH_3)_2]Cl \longrightarrow CCu\equiv CCu\downarrow \text{（乙炔化亚铜，红棕色）}$$

$$R-C\equiv CH+[Ag(NH_3)_2]NO_3 \longrightarrow R-C\equiv CAg\downarrow \text{（炔化银，灰白色）}$$

金属炔化物在湿润条件下比较稳定，干燥时遇热或撞击都易产生爆炸，生成金属和碳，所以进行炔化实验后务必立即用烯硝酸分解。

8.2.4　重要的脂肪烃

1）甲烷

甲烷，化学式为 CH_4，是结构最简单的烃（碳氢化合物），也是含碳量最小，含氢量最大的烃。俗名：天然气、沼气。广泛存在于天然气、沼气、油田气及煤矿坑井气之中，易燃烧，是优质的气体燃料，也是制造氢气、一氧化碳、碳黑、氢氰酸、乙炔及甲醛等许多化工产品的重要原料。

甲烷如燃烧不充分，会形成浓厚的炭黑，炭黑可做墨汁、颜料、橡胶的填料等。通常在天然气中，甲烷含量占 75%；沼气中甲烷含量占 50% ~70%。天然气和沼气做内燃机燃料则都是利用甲烷的易燃性。甲烷与空气混合，遇火很容易发生爆炸，所以在煤矿坑井中必须保持良好的通风，家用煤气和家用沼气时，点火应注意，防止爆炸事件发生。

从分子层面上讲，甲烷是一种比二氧化碳更加活跃的温室气体，但它在大气中数量较少。

2）乙烯

乙烯是最简单的烯烃，但在自然界中很少存在，主要存在于热裂石油气和焦炉煤气中，是石油化工中的一种基本原料。用于制造合成纤维、树脂、塑料、合成橡胶及乙醇等。

乙烯是植物体内自我产生的一种激素，很多植物器官中均含有微量乙烯。在植物体内乙烯发挥着很多种功能。在农林生产中，使用乙烯利（2-氯乙基膦酸）分解生成乙烯，主要用于未成熟的果实催熟。

$$HO-\overset{\displaystyle OH}{\underset{\displaystyle \underset{O}{\|}}{\overset{|}{P}}}-CH_2CH_2Cl+H_2O\xrightarrow[NaOH]{pH>4}CH_2=CH_2\uparrow+HCl+H_3PO_4$$

3）乙炔

乙炔俗称电石气，是最简单的炔烃，微溶于水，溶于乙醇，易溶于丙酮。乙炔的化学性质很活泼，能起加成反应和聚合反应，与空气能形成爆炸性混合物，而且爆炸范围很大（含乙炔 3% ~80% 体积）。在氧气中燃烧可产生 3 500 ℃高温，因此常被用于金属焊接和切割。乙炔还被大量用作石油化工原料，来制备聚氯乙烯、醋酸、醋酸乙烯酯和氯丁橡胶等。

工业上可由天然气和石油裂解制备乙炔，也可由生石灰和焦炭在高温炉中作用生成电石，电石再与水反应生成乙炔。

$$3C+CaO \xrightarrow{2\ 000\ ℃} CaC_2+CO$$

$$CaC_2+H_2O \longrightarrow CH\equiv CH+Ca(OH)_2$$

8.3 环 烃

由碳和氢两种元素组成的环状化合物称为环烃。根据其结构和性质不同,环烃可分为脂环烃和芳香烃两大类。脂环烃又可分为环烷烃、环烯烃和环炔烃。而芳香烃又可分为单环芳烃、多环芳烃和稠环芳烃。

8.3.1 脂环烃

脂环烃是指性质和脂肪链烃相似,含碳环结构的烃类。脂环烃及其衍生物广泛存在于石油、植物挥发油、甾体等天然化合物中。

1)分类

根据碳环数目的多少,脂环烃可分为单环脂环烃和多环脂环烃。根据碳环中是否含有不饱和键,可分为饱和脂环烃和不饱和脂环烃。

含饱和键的单环脂环烃又称为环烷烃,其通式为 C_nH_{2n}($n \geqslant 3$),与链状单烯烃互为同分异构体。例如:分子式为 C_3H_6 的烃可以是丙烯 $CH_3CH{=}CH_2$,也可以是环丙烷。例如:

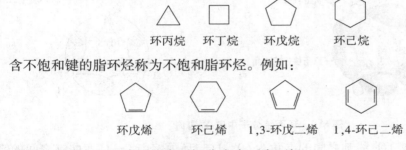

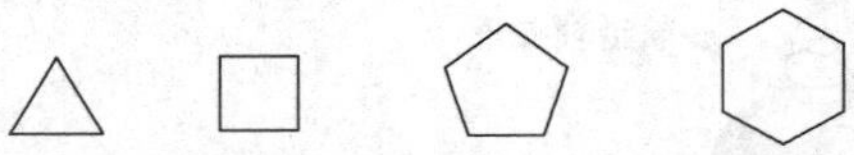

环丙烷　环丁烷　环戊烷　环己烷

含不饱和键的脂环烃称为不饱和脂环烃。例如:

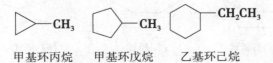

环戊烯　环己烯　1,3-环戊二烯　1,4-环己二烯

含两个或两个以上碳环的脂环烃称为多环脂环烃。

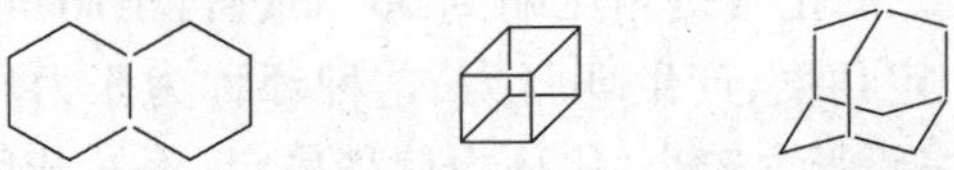

癸烷　立方烷　金刚烷

2)命名

环烷烃的命名是在碳原子数相应的烷烃名称的前面加上“环”字,称为环某烷。环上有支链时,一般是把支链当作取代基,环烷烃为母体。例如:

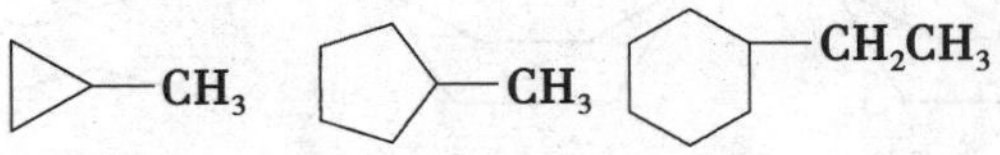

甲基环丙烷　甲基环戊烷　乙基环己烷

环上有两个或两个以上的烷基时,用1,2,3等阿拉伯数字将成环的碳原子编号,并从简单的烷基开始,应使烷基的编号具有最小位次。例如:

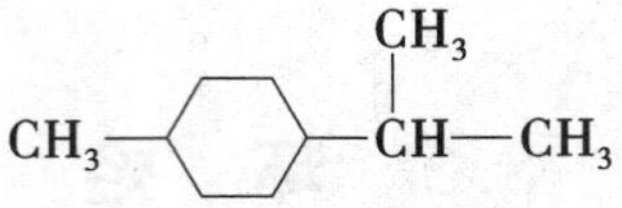

1-甲基-4-异丙基环己烷

不饱和脂环烃的命名与烯烃和炔烃的命名相似，是在相应的烯烃、炔烃名称之前冠以“环”字，编号先从不饱和碳原子开始，并通过不饱和键，使不饱和键和烷基的编号同时具有最小位次。例如：

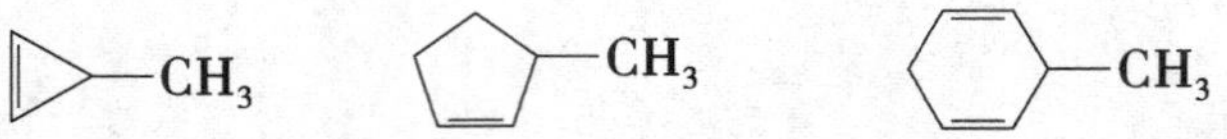

3-甲基环丙烯　　3-甲基环戊烯　　3-甲基-1,4-环己二烯

3)脂环烃的稳定性

脂环烃的稳定性与环的大小有关。三碳环为最小环，结构最不稳定，四碳环比三碳环稍稳定，五碳环和六碳环都比较稳定，七碳环以上稳定性下降。

1885 年，拜耳(A. Von Baeyer)提出的张力学说来解释这一现象。按照杂化轨道理论，环烷烃与烷烃一样，碳原子的杂化都是 sp^3 杂化。环烷烃中每个碳原子提供两个 sp^3 杂化轨道分别与相邻两个碳原子形成 2 个 C—C σ 键。但这种重叠不是直线的，而是弯曲的，即 C—C 键是弯曲的，形似香蕉，如图 8.5 所示。

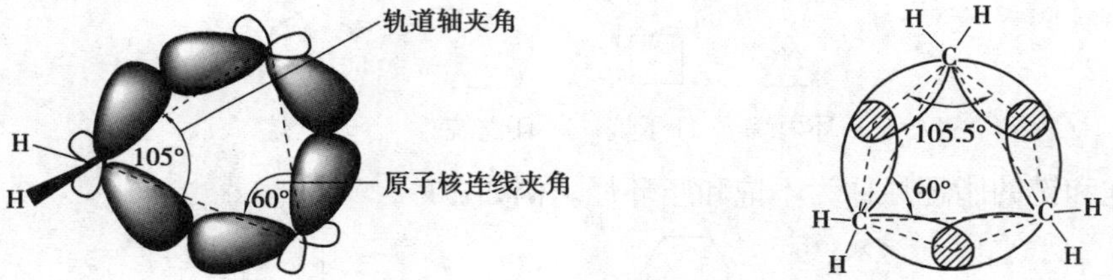

图 8.5　环丙烷分子中碳-碳弯曲

环丙烷中碳碳连接的直线键之间的夹角为 60°，这与环丙烷中 C—C 弯曲键之间的键角 109.5°产生了偏差，把 109.5°的正常键角压缩到 60°而进行正面重叠是不可能的。环上碳原子是将 SP^3 杂化轨道扭偏一定角度，产生环张力，这种环称为张力环。环丙烷环张力大，最不稳定，易开环加成；而环丁烷环张力较小，比环丙烷稍稳定，不易开环加成。

环戊烷和环己烷，虽然成环的碳原子不完全在同一平面上，但 C—C 弯曲键之间的键角均接近 109.5°，与直线键夹角的偏差都很小，基本不存在张力，为无张力环，环较稳定，较难开环加成，而以环的卤代反应为主。实际上环戊烷是以信封式结构，环己烷是以船式或椅式结构存在(见图 8.6)。

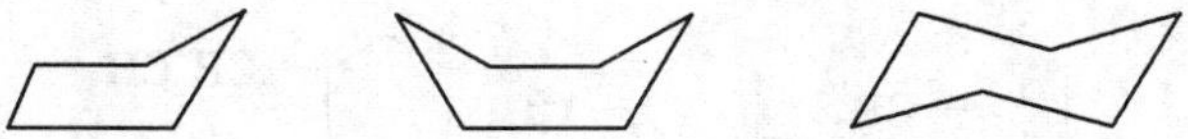

(a)信封式　　(b)船式　　(c)椅式

图 8.6　环戊烷和环己烷的碳骨架结构

4）脂环烃的物理性质

常温下环丙烷、环丁烷为气体，环戊烷、环己烷为液体，高级的环烷烃为固体。环烷烃不溶于水，相对密度小于 1 g/cm^3，与其相应碳原子数的烷烃相比，相对密度约大 20%，熔点、沸点也较高，沸点高出 10～20 ℃。

5）脂环烃的化学性质

小环环烷烃(环丙烷、环丁烷)的化学性质活泼，与不饱和链烃相似，易发生开环加成反应。较大环的环烷烃(环戊烷、环己烷)化学性质不活泼，难发生开环加成反应，而发生卤代反应。此外，所有的环烷烃也与烷烃一样，不易被高锰酸钾所氧化。

（1）加氢

在催化剂如铂、镍等的存在下，环烷烃可以开环加氢，生成烷烃。例如：

$$\triangleright + H_2 \xrightarrow[80\ ℃]{Ni} CH_3CH_2CH_3$$

$$\square + H_2 \xrightarrow[120\ ℃]{Ni} CH_3CH_2CH_2CH_3$$

$$\pentagon + H_2 \xrightarrow[300\ ℃]{Ni} CH_3CH_2CH_2CH_2CH_3$$

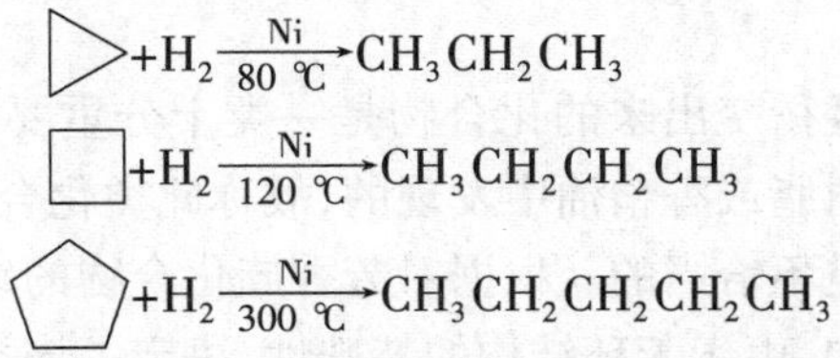

从上面的反应可以看出，环的大小不同，催化加氢的难易程度也不同。环丙烷等小环环烷烃在较低的温度下就能开环加氢生成相应的烷烃；而环戊烷等较大的环烷烃则需要在加压和较高的温度下才能起反应。环己烷也能发生类似的加成反应，但比环戊烷还要困难。高级环烷烃一般不进行催化加氢反应。

（2）加卤素

小环环烷烃加卤素比加氢容易，环丙烷及取代环丙烷在常温下易与溴发生开环加成反应。溴与环丙烷作用溴的颜色褪去，可利用这一性质鉴定环丙烷。环丁烷在加热条件下与溴也能发生类似的开环加成反应。例如：

$$\triangleright + Br_2 \xrightarrow{CCl_4} BrCH_2CH_2CH_2Br$$

$$\square + Br_2 \xrightarrow{\triangle} BrCH_2CH_2CH_2CH_2Br$$

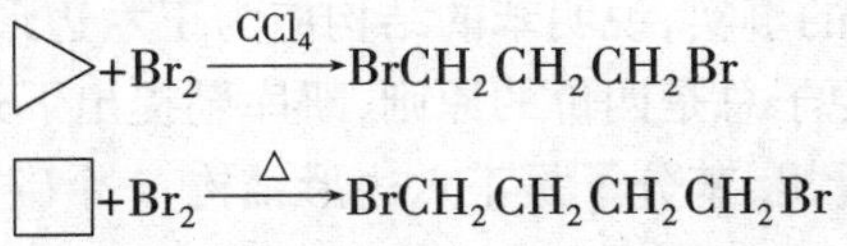

环戊烷、环己烷与溴不发生开环加成反应，在高温或光照下能发生与烷烃相似的卤代反应。例如：

$$\pentagon + Br_2 \xrightarrow[或300\ ℃]{紫外光} \pentagon\!\!-CH_3 + HBr$$

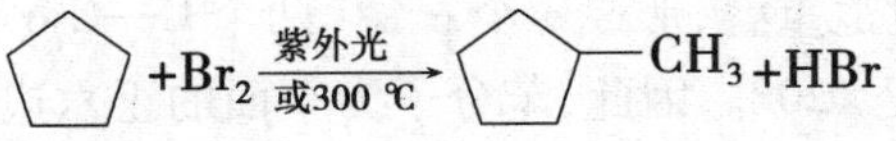

（3）加卤化氢

环丙烷在常温下能与溴化氢或碘化氢发生开环加成反应。环丁烷需在加热条件下与溴化氢或碘化氢发生开环加成反应。例如：

$$\triangleright + HBr \longrightarrow CH_3CH_2CH_2Br$$

$$\triangleright\!\!-CH_3 + Br_2 \longrightarrow CH_3CH_2\underset{\underset{Br}{|}}{C}HCH_3$$

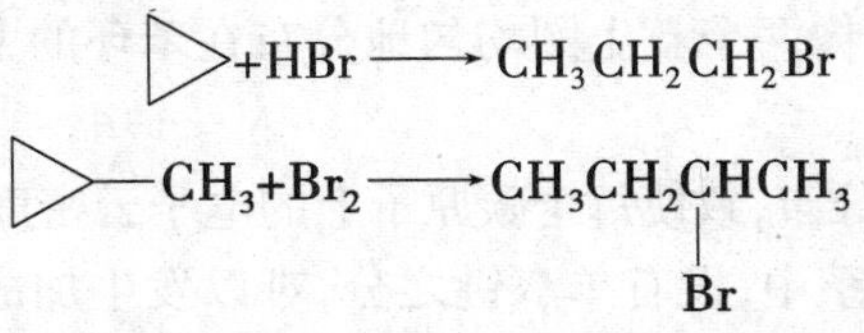

含侧链的环丙烷与卤化氢加成时，开环发生在环上含氢最多和含氢最少的两个碳原子之

间，并且卤化氢的加成遵循马氏规则，即氢原子加在连接氢原子较多的环碳原子上，卤原子加在连接氢原子较少或不含氢的环碳原子上。

比较以上反应的条件，可归纳出环烷烃开环加成反应的活性顺序为：环丙烷>环丁烷>环戊烷>环己烷。由此可见，小环化合物，结构不稳定，五元环和六元环，结构较稳定。

6）重要的脂环烃

金刚烷的碳架结构相当于是金刚石晶格网络中的一个晶胞，故得金刚烷这个名字。癸烷的分子式 $C_{10}H_{16}$，具有特殊的笼状结构。白色结晶粉末，溶于有机溶剂，不溶于水。有升华性，具有芳香味。本身具有抗病毒活性，其衍生物可用作药物，如 1-氯基金刚烷盐酸盐和 1-金刚烷基乙胺盐酸盐能防治由 A_2 病毒引起的流行性感冒。

8.3.2 芳香烃

芳香烃以及由芳香烃衍变出来的化合物是一类十分重要的环状化合物。由于它们最初是从具有芳香气味的香树脂或香精油中发现的，故称此类化合物为芳香族化合物。单凭气味或来源概括芳香烃显然是不恰当的。根据对芳香族化合物的结构分析，发现绝大多数的芳香族化合物都含有苯环结构，由于苯环结构的特殊性，决定了该类化合物性质的特殊性，即具有芳香性。因此，芳香族化合物是指大多数含苯环结构，性质具有芳香性的一大类化合物。而芳香烃是芳香族化合物的母体，是指具有芳香性性质的碳氢化合物。苯是单环芳香烃中最典型的代表物。

1）苯的结构

通过元素的定性、定量分析和相对分子质量的测定，确定苯的分子式为 C_6H_6。实验证明，苯的化学性质表现为：难发生加成反应，难发生氧化反应，易发生取代反应。

1865 年，凯库勒（Kekule）根据苯的分子式和苯的一元卤代物只有一种，邻二卤代物也只有一种，不存在同分异构体的事实，说明苯的结构应为正六边形，并且 6 个碳原子和 6 个氢原子分别是等同的。根据碳原子总是四价的原则，凯库勒提出下列苯的构造式：

从苯的凯库勒式可以看出，苯分子是正六边形结构，3 个碳碳双键和 3 个碳碳单键是交替出现的。说明苯分子中的 6 个碳原子和 6 个氢原子的地位分别是等同的。根据杂化轨道理论，苯分子中 6 个碳原子都是 sp^2 杂化，每个碳原子的 3 个 sp^2 杂化轨道与相邻两个碳原子的 sp^2 杂化轨道及氢原子的 s 轨道重叠，形成 3 个 σ 键（两个 C—C σ 键和一个 C—H σ 键），这些 σ 键在同一平面上，键角都是 120°。因此，苯分子为平面的正六边形结构，6 个 C—C σ 键和 6 个 C—H σ 键都在同一平面上，如图 8.7 所示。

此外，每个碳原子还有一个未杂化的 p 轨道，而且 p 轨道垂直于 σ 键所处的平面。相邻两个 p 轨道之间"肩并肩"从侧面重叠形成具有 6 个 π 电子的闭合环状共轭大 π 键，也称芳香大 π 键。大 π 键电子云好像两个救生圈均匀地分布在苯环的上下，组成了苯环的闭合共轭体系，如图 8.8 所示。

由于大 π 键电子云均匀分布，致使每个碳原子上的电子云密度和所有 C—C 键的键长完全相等。所以，在苯环的共轭体系中，没有单双键之分，难以发生加成反应和氧化反应，却容易发生取代反应。而且，苯环上 6 个碳氢键（C—H）的地位也是相同的，苯的邻二卤代物只有一种。

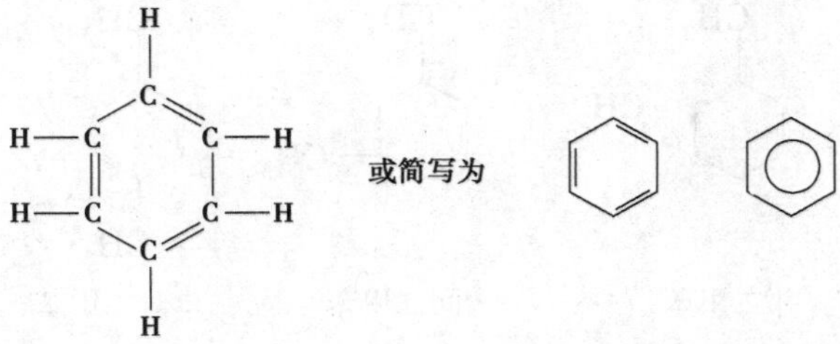

图 8.7 苯分子的平面正六边形结构

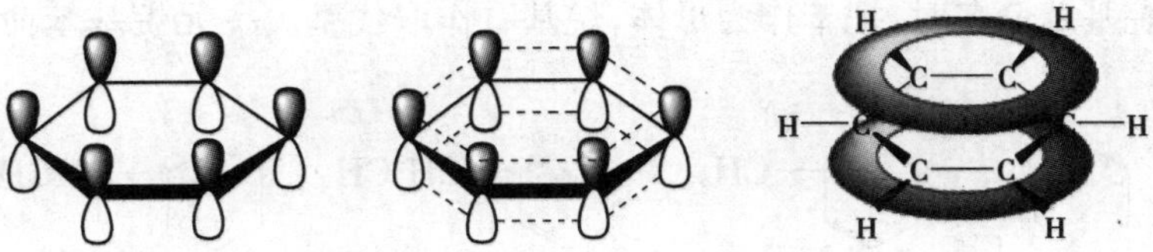

(a)苯的p轨道　(b)苯分子大π键　(c)苯分子π电子云分布

图 8.8 苯分子中大π键的形成及大π键电子云示意图

以苯为代表的芳香族化合物的特性称为芳香性。芳香性首先表现在，由于形成环状共轭体系而产生的特殊稳定性。在化学性质上的表现有：易于取代而不易加成和氧化，环不易破裂等。在结构上的表现有键长平均化。

2）单环芳烃的同分异构现象及命名

（1）同分异构现象

苯和烷基苯的通式为 C_nH_{2n-6}（$n \geq 6$）。单环芳烃的异构现象包括苯环上侧链的位置异构和侧链的碳架异构。

简单的一烷基苯只有一种，无构造异构体。例如：

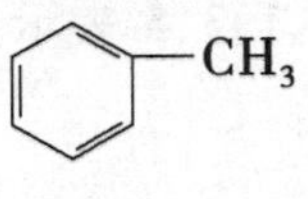

甲苯

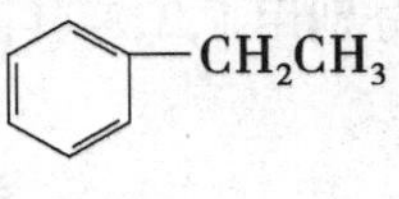

乙苯

但是当取代基含有 3 个或 3 个以上的碳原子时，由于碳链结构不同，可产生异构体。例如：

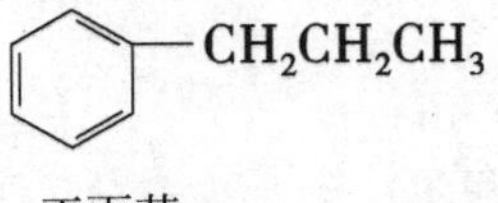

正丙苯

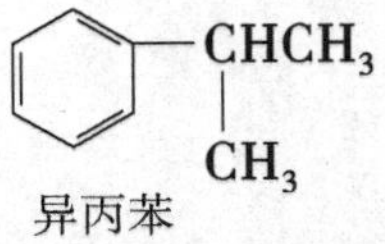

异丙苯

当苯环上连有两个或两个以上取代基时，也会产生同分异构体，例如，两个甲基取代的苯环化合物则有以下 3 种异构体。

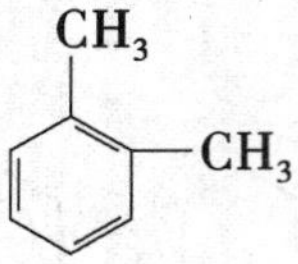

邻二甲苯

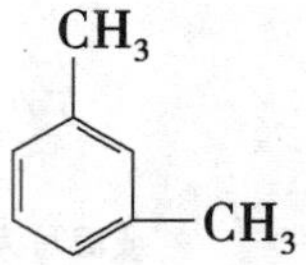

间二甲苯

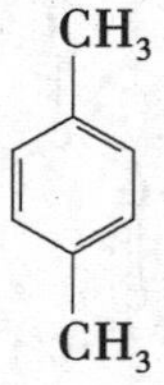

对二甲苯

(2)命名

烷基苯的命名如下：

①简单的烷基苯命名时，把苯作为母体，烷基看作取代基。一元烷基苯命名为某烷基苯，例如：

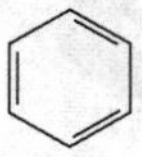

苯

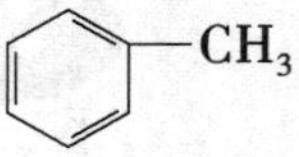

甲苯

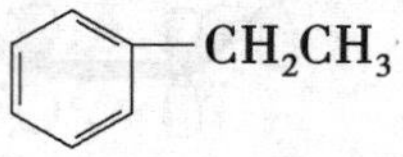

乙苯

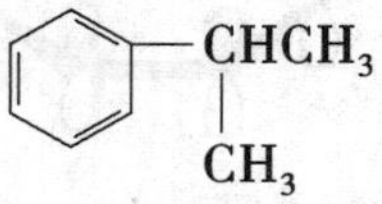

异丙苯

二元烷基苯的命名，分别用邻或1,2-；间或1,3-；对或1,4-表示苯环上两个烷基的相对位置。例如，二甲苯的3种同分异构体的命名。

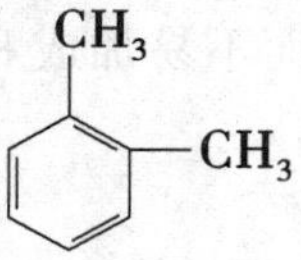

1,2-二甲苯
(邻二甲苯)

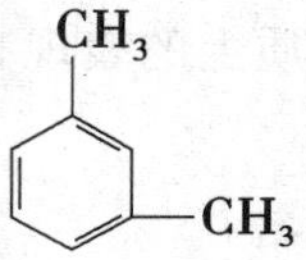

1,3-二甲苯
(间二甲苯)

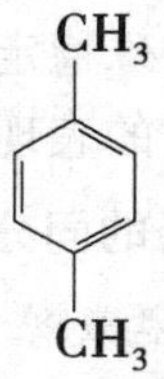

1,4-二甲苯
(对二甲苯)

三元烷基苯的命名，当苯环上3个烷基相同时，常用连、偏、均分别表示3个烷基的相对位置，或用阿拉伯数字编号，分别用1,2,3-、1,2,4-、1,3,5-表示。例如，三甲苯的3种同分异构体的命名。

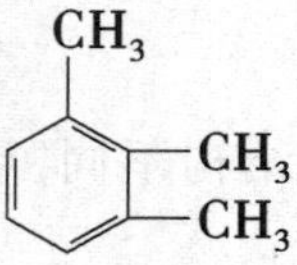

1,2,3-三甲苯
(连三甲苯)

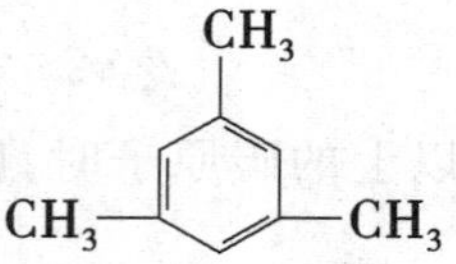

1,3,5-三甲苯
(均三甲苯)

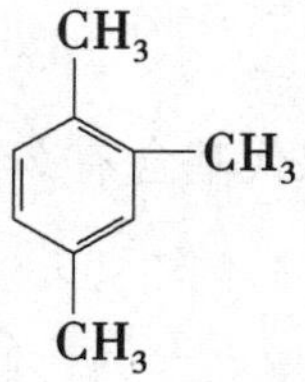

1,2,4-三甲苯
(偏三甲苯)

当苯环上3个烷基不同时，则必须用阿拉伯数字编号，从最简单的烷基开始编号，且使取代基位次和较小。例如：

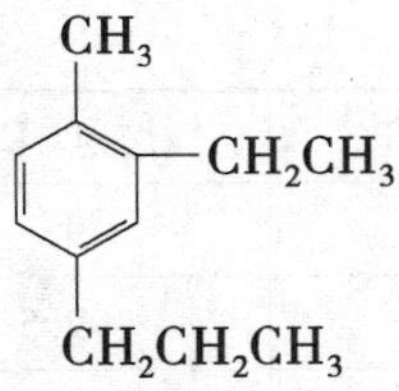

1-甲基-2-乙基-4-正丙基苯

此外，二元、三元烷基苯的命名，当其中有一个烷基为甲基时，也可用甲苯作为母体进行命名。例如：

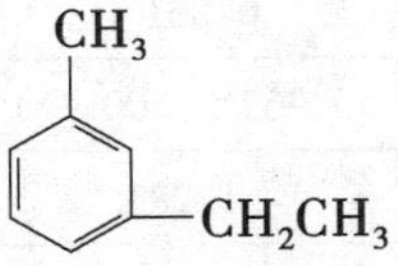

间乙基甲苯

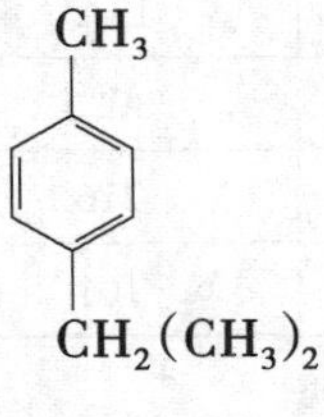

对异丙基甲苯

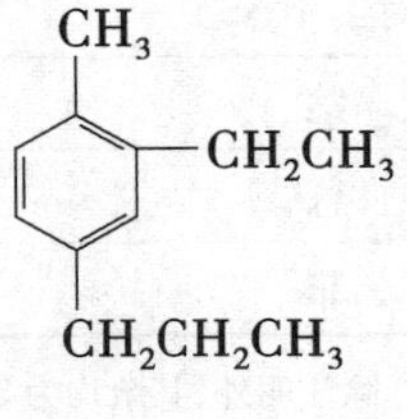

2-乙基-4-丙基甲苯

②复杂芳烃的命名，可把苯基看成是取代基。例如：

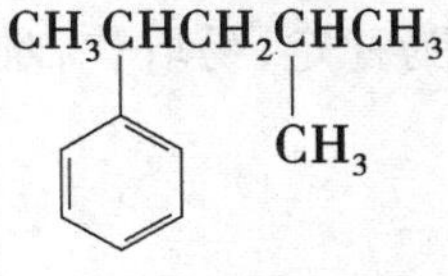

2-甲基-4-苯基戊烷

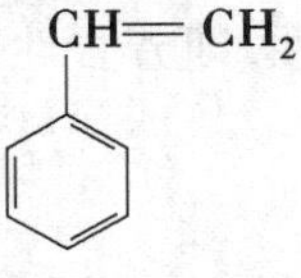

苯乙烯

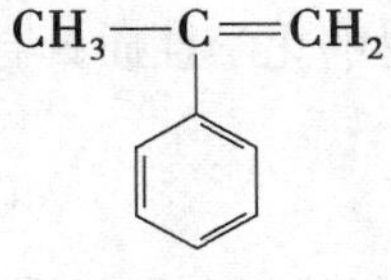

2-苯基丙烯

③芳基的命名。芳基用 Ar—表示，是指芳烃分子（Ar—H）芳环上去掉一个氢原子后剩下来的基团。苯基也可写成 C_6H_5—或 Ph—。甲苯分子侧链上去掉一个氢原子后称为苯甲基或苄基。例如：

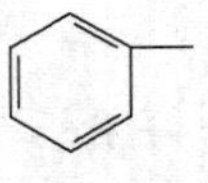

苯基

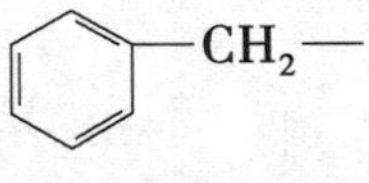

苯甲基（苄基）

3）单环芳烃的物理性质

苯及其同系物多数为无色液体，不溶于水，而易溶于乙醇、乙醚等有机溶剂。它们的相对密度一般为 0.68～0.9。其蒸气有毒，使用时要注意防护措施。易燃，火焰带黑烟。苯、甲苯等是良好的有机溶剂。在苯的同系物中，每增加一个"CH_2"单位，沸点平均升高 30 ℃左右。同碳数的各种异构体中，沸点相差不大。结构对称性好的具有较高熔点。常见单环芳烃的物理性质见表 8.5。

表 8.5　常见单环芳烃的物理性质

名称	沸点/℃	熔点/℃	相对密度*
苯	80.1	5.5	0.876 5
甲苯	110.6	−95	0.866 9

续表

名称	沸点/℃	熔点/℃	相对密度*
乙苯	136.2	-95	0.867 0
丙苯	159.2	-99.5	0.862 0
异丙苯	152.4	-96	0.861 8
邻二甲苯	144.4	-25.2	0.880 2(10 ℃)
间二甲苯	139.1	-47.9	0.864 2
对二甲苯	138.3	13.3	0.861 1
萘	218	80.5	0.962 5(100 ℃)
蒽	340	216	1.283
菲	340	101	0.980 0

注：* 除注明外，其余均为 20 ℃时的数据。

4）苯及其同系物的化学性质

苯及其同系物的化学性质具有共性，即芳香性，表现为稳定，易取代，难氧化和难加成的性质。

（1）取代反应

在一定条件下，苯环上的氢原子可被卤原子、硝基、磺酸基等基团取代。

①卤代反应。在催化剂（铁粉或三卤化铁等）的存在下，苯环上的氢原子被卤原子取代生成卤代苯，这样的反应称为卤代反应。其中卤素 X_2 一般指 Cl_2 和 Br_2。

常见的卤代反应有氯代反应和溴代反应。

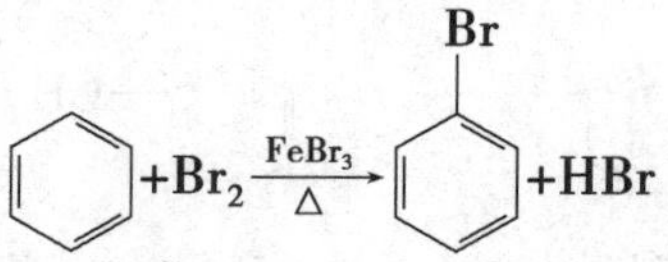

氯代反应和溴代反应分别得到产物氯苯和溴苯，它们都是有机合成中的重要原料。常利用这两个反应来制备氯苯和溴苯。

甲苯在光照或加热条件下，则卤代反应发生在苯环的侧链上。例如：

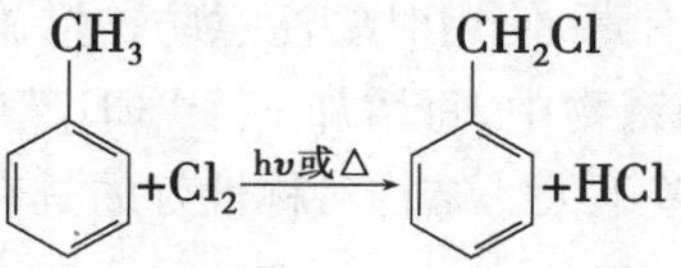

其他含侧链的化合物如乙苯、异丙苯在光照条件下也能发生类似甲苯的侧链 α-H 的卤代反应。由此可见，反应条件非常重要，如果反应条件改变，产物也就不同。烷基苯的苯环卤代反应与侧链卤代反应的历程不同，前者属于离子型的亲电取代反应，而后者与烷烃的卤代反应一样，属于游离基型的取代反应。

②硝化反应。苯与浓硝酸、浓硫酸的混合物（通常称为混酸）共热至 50～60 ℃，苯环上的

氢原子被硝基(—NO₂)取代生成硝基苯,这样的反应称为硝化反应。在硝化反应中,硝酸为硝化剂。

$$\text{苯} + HNO_3 (\text{浓}) \xrightarrow[50\sim60\,℃]{H_2SO_4\,(\text{浓})} \text{硝基苯}$$

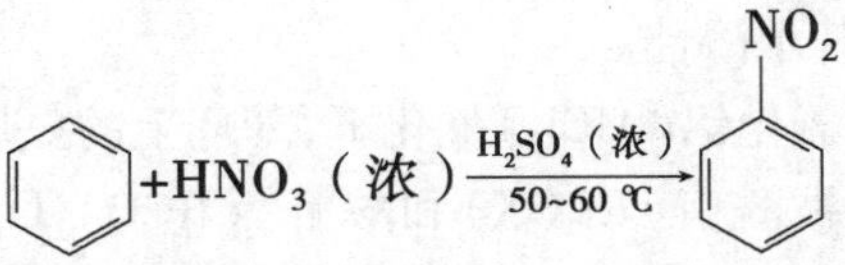

硝基苯也能继续硝化,但比苯困难,需在较高的条件下,才能反应得到间二硝基苯。

$$\text{硝基苯} + HNO_3 (\text{浓}) \xrightarrow[100\,℃]{H_2SO_4\,(\text{浓})} \text{间二硝基苯}$$

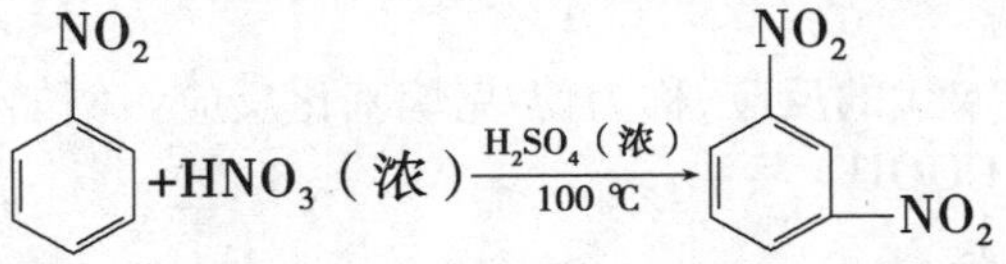

苯的同系物如甲苯的硝化比苯容易,在温度 20~30 ℃ 下,反应得到邻硝基甲苯和对硝基甲苯两种主要产物。

$$\text{甲苯} + HNO_3 \xrightarrow[30\,℃]{H_2SO_4} \text{邻硝基甲苯} + \text{对硝基甲苯}$$

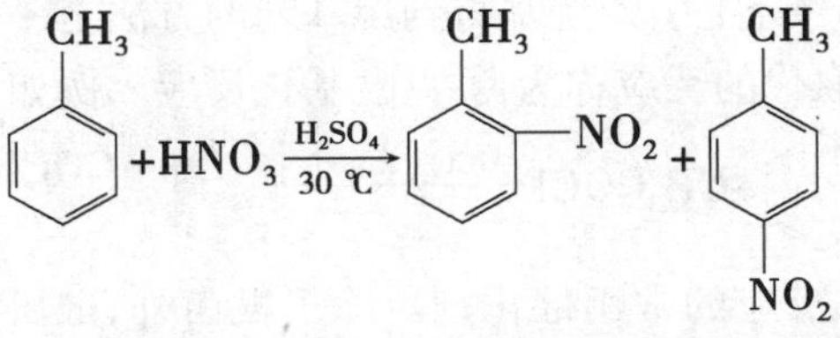

甲苯若在较高的温度(100 ℃)下,与硝-硫混酸作用则生成 2,4,6-三硝基甲苯,俗称 TNT,是一种烈性炸药。

$$\text{甲苯} + 3HNO_3 (\text{浓}) \xrightarrow[100\,℃]{H_2SO_4\,(\text{浓})} \text{2,4,6-三硝基甲苯}$$

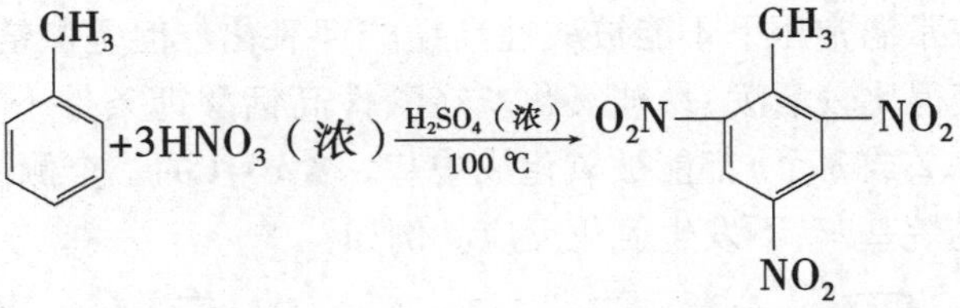

芳烃的硝化反应是一个十分重要的反应,得到的硝基化合物如硝基苯、硝基甲苯等是化学工业和制药工业的重要原料。

③磺化反应。芳烃与浓硫酸作用,加热至 70~80 ℃,苯环上的氢原子被磺酸基(—SO₃H)取代生成苯磺酸,这样的反应称为磺化反应。其中浓硫酸为磺化剂。

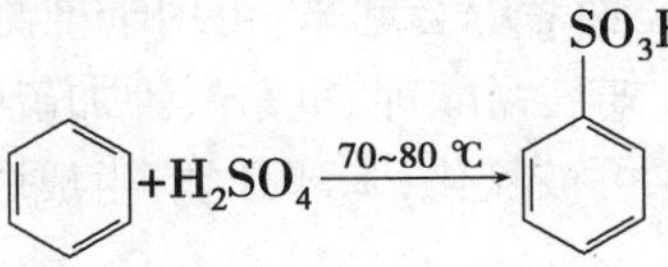

$$\text{苯} + H_2SO_4 \xrightarrow{70\sim80\,℃} \text{苯磺酸}$$

甲苯磺化在室温就可以进行。

$$\text{甲苯} + H_2SO_4 \xrightarrow{\text{室温}} \text{邻甲苯磺酸} + \text{对甲苯磺酸}$$

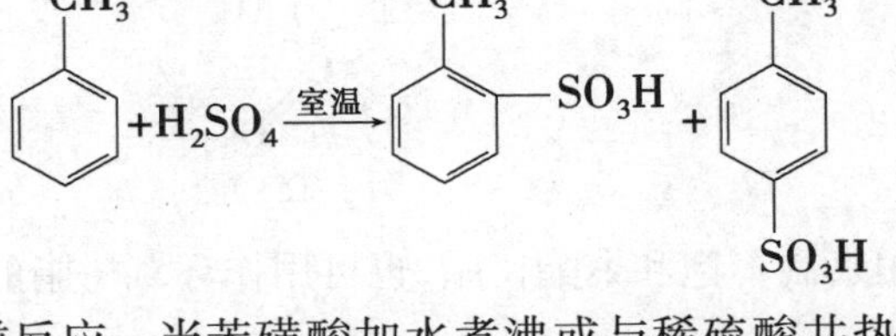

磺化反应是一个可逆反应。当苯磺酸加水煮沸或与稀硫酸共热时可水解脱去磺酸基生成苯和硫酸。在磺化反应中,为了防止生成的苯磺酸发生水解,通常用加过量浓硫酸的方法

或用发烟硫酸在室温下进行磺化反应。

苯磺酸是一种结晶性固体，酸性强似硫酸，易溶于水。因此，常常利用磺化反应在有机物或药物中引入磺酸基以增大其水溶性。

④傅-克反应。在无水三氯化铝（$AlCl_3$）催化下，苯环上的氢原子被卤代烷（R—X）中的烷基（R—）取代生成烷基苯，或被酰卤（RCOX）和酸酐[$(RCO)_2O$]中的酰基（R—CO—）取代生成芳香酮，这样的反应称为傅瑞德（C. Friedel，法国化学家）-克拉福茨（J. M. Crafts，美国化学家）反应，简称傅-克反应。

苯环上氢原子被烷基取代的反应，称为傅-克烷基化反应。例如：

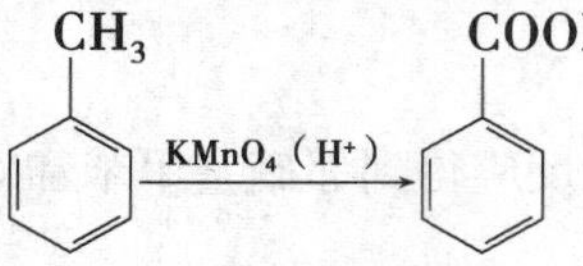
CH3
COOH
KMnO4（H+）

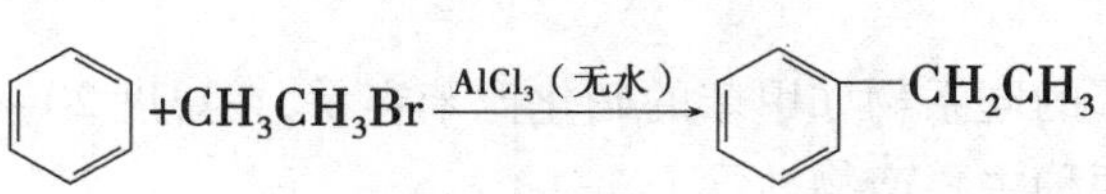
+CH3CH2Br
AlCl3（无水）
CH2CH3

傅-克烷基化反应是向芳烃上引入烷基得到烷基苯的方法之一。

苯环上氢原子被酰基取代的反应称为傅-克酰基化反应。例如：

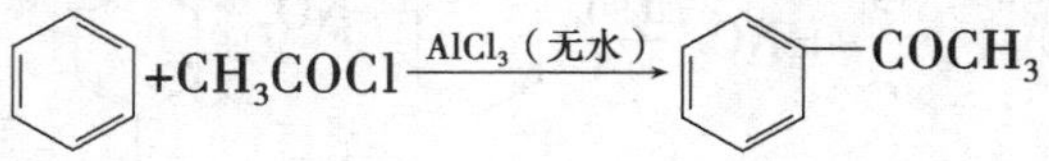
+CH3COCl
AlCl3（无水）
COCH3

无水三氯化铝是傅-克反应的常用催化剂。除了酰卤外，酸酐、酯、羧酸等也可作为酰基化试剂。

（2）氧化反应

苯环结构稳定，在常温常压下不能被酸性高锰酸钾氧化。但是侧链含 α-H 的烷基苯，受到苯环的影响，α-H 变得比较活泼，易被氧化。在酸性高锰酸钾条件下，不管侧链有多长，只要含有 α-H（可以是 1、2 或 3 个）都能被氧化成羧基。含 α-H 的一个侧链被氧化成一元羧酸，但是，侧链不含 a-H 的烷基苯，不发生氧化反应。例如：

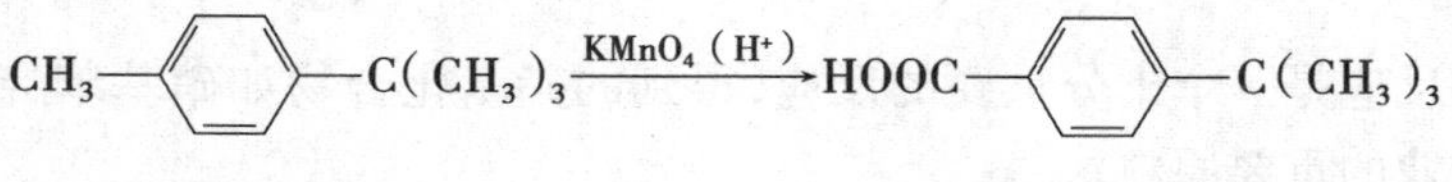
CH3
C(CH3)3
KMnO4（H+）
HOOC
C(CH3)3

对叔丁基甲苯　　对叔丁基苯甲酸

根据氧化反应产物，可以确定苯环上的侧链（烷基）数目，同时根据硝化反应产物的结构，可以确定苯环上侧链的相对位置。两者综合起来，可用于推测烷基苯的结构。

苯环一般不被常见的氧化剂（如高锰酸钾、重铬酸钾加硫酸、稀硝酸等）氧化，但在强烈条件下（如高温及催化剂作用下），也可被氧化，苯环开裂，生成顺丁烯二酸酐。

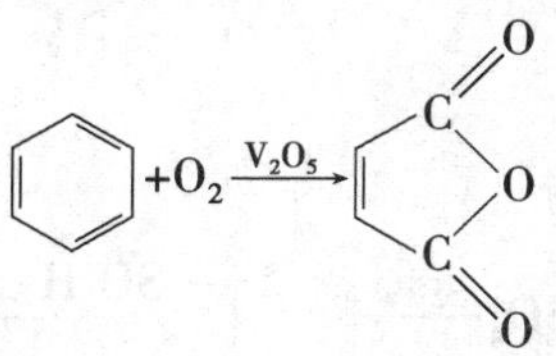
+O2
V2O5
O
C
O
C
O

顺丁烯二酸

顺丁烯二酸酐主要用来制不饱和聚酯树脂，也可用作环氧树脂的固化剂。

（3）加成反应

苯难以发生加成反应。但在适当的条件，如催化剂、高温、高压、光照等的影响下，苯可以与氢气或氯气发生加成反应。

①加氢。在催化剂(如镍)、高温、高压条件下,苯可以与氢气发生加成反应,生成环己烷。

$$\text{（苯）} + 3H_2 \xrightarrow[180\sim250\,℃]{Ni} \text{（环己烷）}$$

环己烷是合成高分子材料(如尼龙 66)的原料,也是良好的溶剂。常利用苯及其同系物的催化加氢合成环己烷及其衍生物。

②加氯。苯在紫外光照射下与氯气作用,得到六氯环己烷。

$$\text{（苯）} + 3H_2 \xrightarrow[180\sim250\,℃]{h\upsilon} \text{（六氯环己烷结构式）}$$

六氯环己烷(六六六)

六氯环己烷的分子式为 $C_6H_6Cl_6$,俗称六六六,纯品为白色粉末,工业品为淡黄色。农业上用作杀虫剂。但由于其性质稳定,在食品中常有残留氯,有毒性。在我国和其他许多国家已禁止生产和使用。

5) 苯环上亲电取代的定位规律

(1) 苯环的取代定位规律

①邻、对位定位基(第一类定位基)常见的这类基团有:—N(CH_3)$_2$、—NH_2、—OH、—OCH_3、—$NHCOCH_3$、—R、—X 等。

特点:与苯环直接相连的原子,一般都是饱和的或带有孤对电子(供电子基团)。这类定位基是供电子基团,能使苯环上电子云密度增大,对苯环有活化作用,称为致活基团。亲电取代反应比苯易进行(卤素除外)。例如:

$$\text{（甲苯）} + HNO_3 \xrightarrow{H_2SO_4} \text{（邻硝基甲苯）} + \text{（对硝基甲苯）} + H_2O$$

$$\text{（苯酚）} + HNO_3\text{(稀)} \longrightarrow \text{（邻硝基苯酚）} + \text{（对硝基苯酚）} + H_2O$$

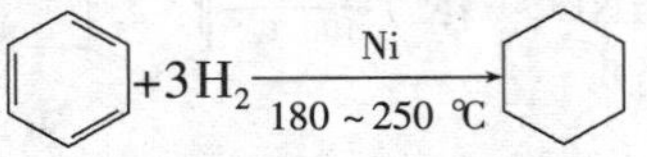

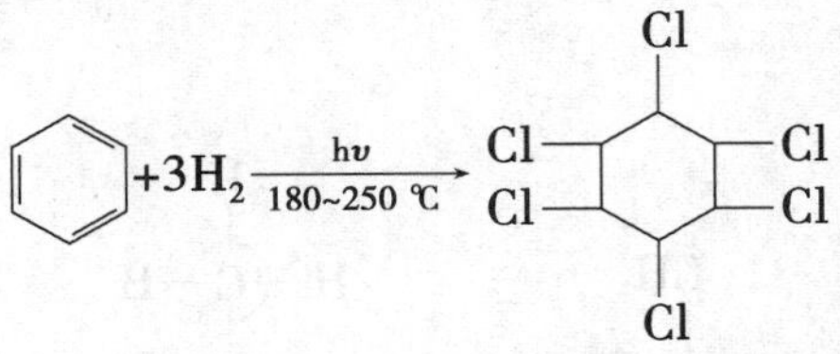

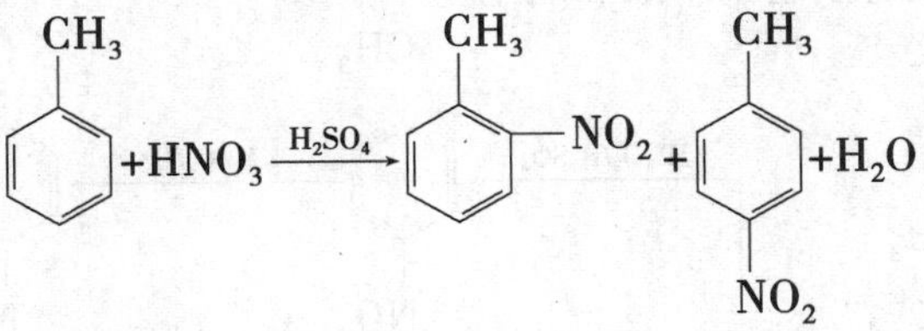

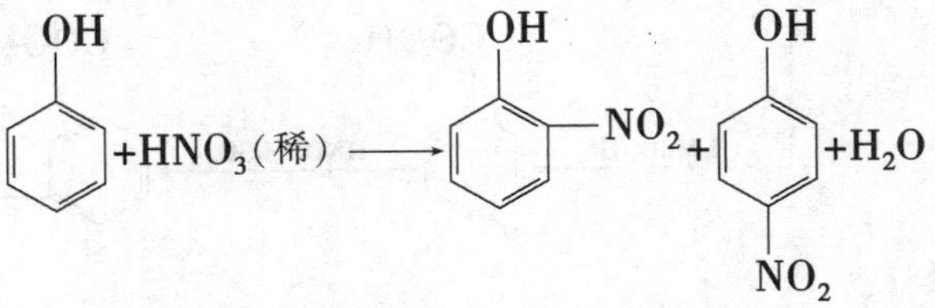

②间位定位基(第二类定位基)常见间位定位基有:—N^+(CH_3)$_3$、—NO_2、—CN、—SO_3H、—COR、—COOH、—COOR、—$CONH_2$ 等。

特点:与苯环直接相连的原子,一般是带有不饱和键或带正电荷(吸电子基团)。间位定位基是吸电子基团,能使苯环电子云密度降低,苯环钝化,称为致钝基团。亲电取代反应难以进行。

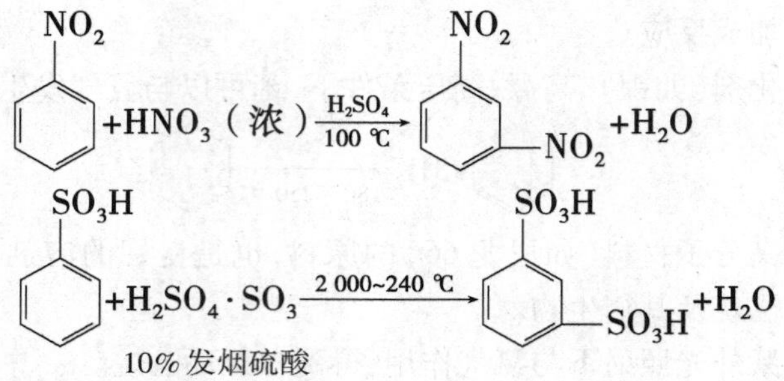

(2)定位规律的理论解释

①甲苯硝化。

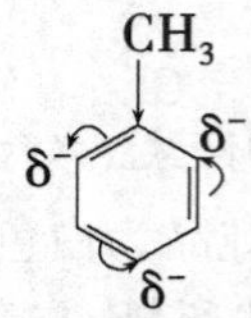

诱导效应

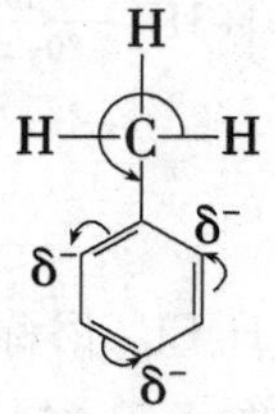

超共扼效应

②硝基苯硝化。

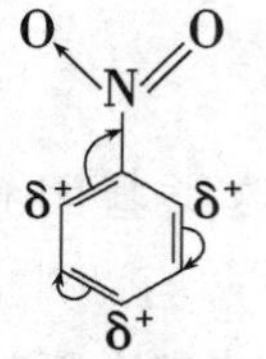

诱导效应

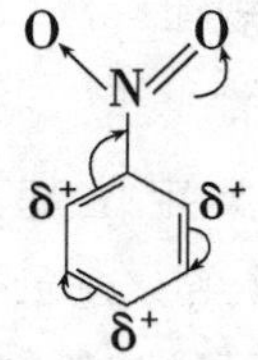

超共扼效应

(3)定位规律的应用

例如，由甲苯合成对硝基苯甲酸和间硝基苯甲酸。

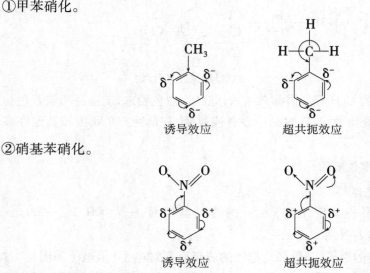

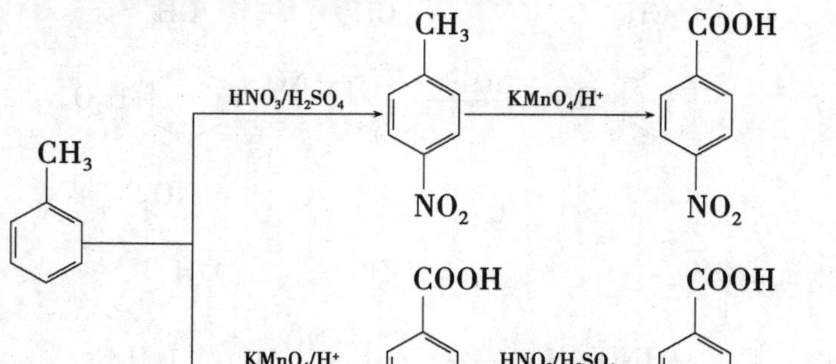

6)重要的单环芳烃

(1)苯

苯来源于炼焦工业中，从焦炉气和煤焦油中获得。随着石油化学工业的发展，苯则主要由石油的铂重整获得。

苯是无色、易燃、易挥发的液体。熔点 5.5 ℃，沸点 80.1 ℃，相对密度 0.879，不溶于水，易溶于乙醇、乙醚等有机溶剂。具有特殊气味，其蒸气有毒，苯的蒸气与空气能形成爆炸性混合物,爆炸极限为1.5% ~8.0%(体积分数)。

苯是重要的化工原料之一,它广泛用于生产合成纤维、合成橡胶、塑料、农药、医药、染料和合成洗涤剂等。苯也常用作有机溶剂。

(2)甲苯

甲苯一部分来自煤焦油,大部分从石油的铂重整获得。

甲苯是无色、易燃、易挥发的液体。沸点110.6 ℃,相对密度0.867,不溶于水,易溶于乙醇、乙醚等有机溶剂。具有与苯相似的气味,其蒸气有毒。蒸气与空气形成爆炸性混合物,爆炸极限为1.2% ~7.0%(体积分数)。

甲苯也是重要的化工原料之一,它主要用来制造三硝基甲苯(TNT),苯甲醛和苯甲酸等重要物质。甲苯可用作溶剂,也可直接作为汽油的组分。

(3)苯乙烯

苯乙烯为无色、易燃液体,沸点为145.2 ℃,相对密度0.906,难溶于水,溶于乙醇和乙醚。苯乙烯有毒,在空气中的允许浓度在0.1 mg/L以下。苯乙烯易聚合成聚苯乙烯。故生产和储存时间加阻聚剂(如对苯二酚)以防止其聚合。苯乙烯主要用于合成聚苯乙烯塑料、丁苯橡胶、ABS工程塑料和离子交换树脂等。

7)多环芳烃类

多环芳烃是指含两个或两个以上苯环的芳烃。根据苯环的连接方式不同,多环芳烃分为联苯和联多苯类、多苯代脂肪烃类和稠环芳烃类。

(1)联苯和联多苯类

联苯类衍生物及联多苯类化合物都是以联苯为母体来命名。例如:

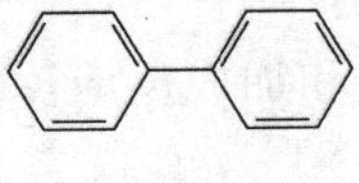

联苯

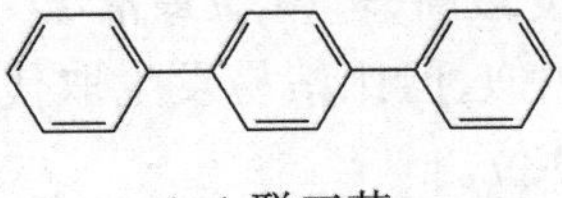

1,4-联三苯

(2)多苯代脂肪烃类

多苯代脂肪烃类是指由若干个苯环取代脂肪烃中的氢原子而形成的化合物。此类化合物以苯基作为取代基,脂肪烃为母体来命名。例如:

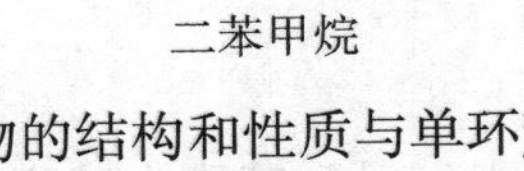

二苯甲烷

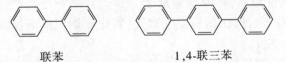

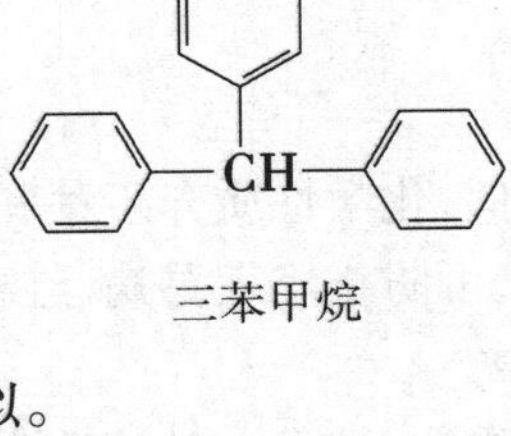

三苯甲烷

上述两类化合物的结构和性质与单环芳烃相似。

(3)稠环芳烃

稠环芳烃是指由两个或两个以上苯环共用两个相邻碳原子稠合而成。

①萘。萘是煤焦油中含量最多的化合物,在高温煤焦油中含萘约10%。萘的分子式为$C_{10}H_8$,它由两个苯环共用相邻两个碳原子稠合而成。萘的构造式和环上碳原子的编号如下:

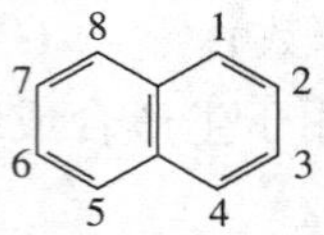

其中,碳原子的1,4,5,8位相同,称为α位;碳原子的2,3,6,7位相同,称为β位。因此,萘的一元取代物只有α和β两种异构体。例如:

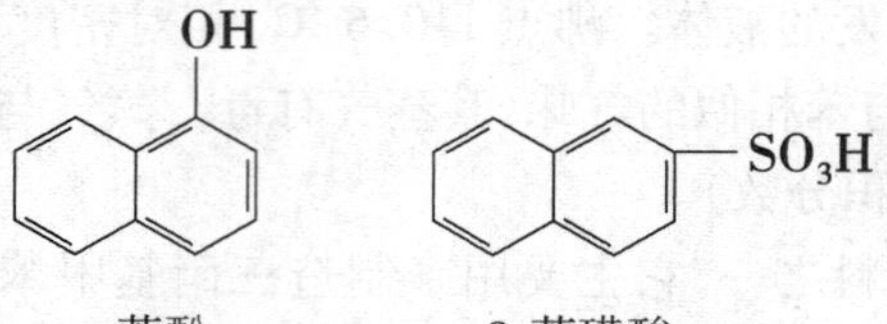

α-萘酚　　β-萘磺酸

萘为白色片状晶体,熔点80 ℃,沸点218 ℃,不溶于水,易溶于热的酒精、乙醚等有机溶剂。易挥发,易升华,有特殊气味。

②蒽。蒽存在于煤焦油中,含量约为0.25%。蒽的分子式为 $C_{14}H_{10}$,它由3个苯环稠合而成。蒽的构造式和环上碳原子的编号如下:

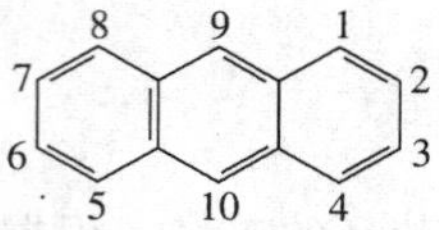

其中,碳原子的1,4,5,8位相同,称为α位;碳原子的2,3,6,7位相同,称为β位;碳原子的9,10位相同,称为γ位。

蒽的结构与萘相似。蒽分子中碳原子的电子云密度和碳碳键的键长也不完全相等。9,10位碳原子的电子云密度最高,9,10位最活泼。

蒽的化学性质与萘相似,但比萘易发生取代、氧化和加成反应。其中以氧化反应最为重要,反应主要发生在9,10位。

③菲。菲也是存在于煤焦油中。菲的分子式为 $C_{14}H_{10}$,与蒽互为同分异构体。菲分子结构中3个苯环不在一直线上,为角式稠合。菲的构造式和环上碳原子的编号如下:

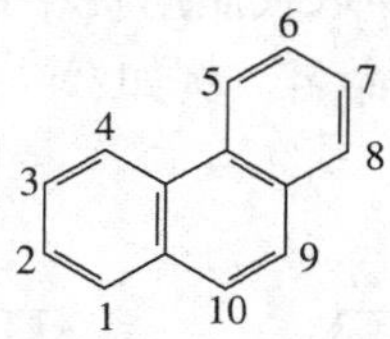

菲的结构与蒽相似,化学性质介于萘和蒽之间,9,10位比较活泼。

菲醌是一种农药,可防止小麦莠病、红薯黑斑病。

(4)其他稠环芳烃

芳烃主要来自煤焦油,其中有显著致癌作用的稠环芳烃,简称为致癌烃,它们都是蒽或菲的衍生物,如芘等。沥青、熏制品、汽车排放的废气、香烟,还有高温烧焦的食物,苯并芘含量较高,长期接触或食用,容易致癌。

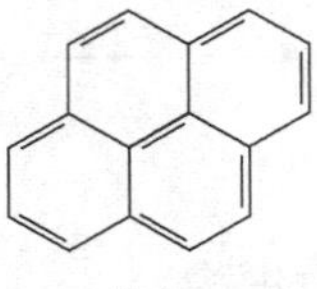

芘

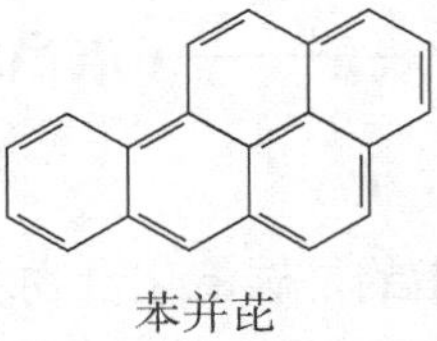

苯并芘

知识拓展

天然气水化合物——可燃冰

可燃冰学名天然气水化合物，其化学式为 $CH_4 \cdot 8H_2O$。主要成分是甲烷分子与水分子。

水分子之间以氢键结合形成笼子，以"笼式"结构将甲烷分子包裹起来。

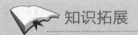

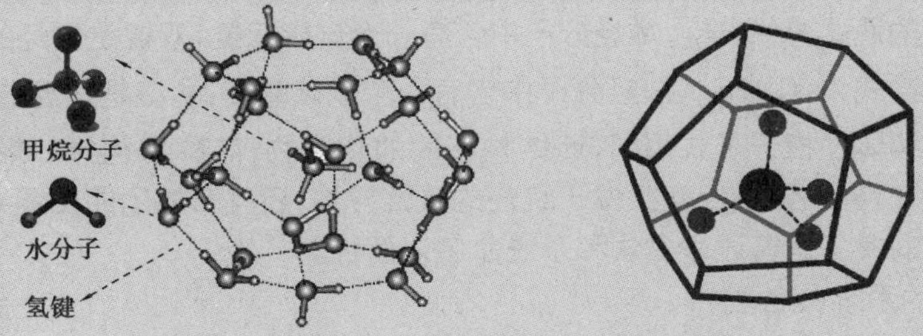

图 8.9　可燃冰晶体结构示意

可燃冰的形成与海底石油、天然气的形成过程相仿，而且密切相关。埋于海底地层深处的大量有机质在缺氧环境中，厌气性细菌把有机质分解，最后形成石油和天然气（石油气）。其中，许多天然气又被包进水分子中，因为天然气具有特殊性能，当接触冰冷的海水和在深海压力下，它和水可以在温度为 2 ~ 5 ℃内结晶，这个结晶就是"可燃冰"。因为主要成分是甲烷，因此也称为"甲烷水合物"。

"可燃冰"是未来洁净的新能源。在常温常压下它会分解成水与甲烷，"可燃冰"可以看成是高度压缩的固态天然气。从外表上看它像冰霜，从微观上看其分子结构就像一个个由若干水分子组成的笼子，每个笼子里"关"一个气体分子。目前，可燃冰主要分布在东、西太平洋和大西洋西部边缘，是一种极具发展潜力的新能源，但由于开采困难，海底可燃冰至今仍原封不动地保存在海底和永久冻土层内。

1 m^3 可燃冰可转化为 164 m^3 的天然气和 0.8 m^3 的水。科学家估计，海底可燃冰分布的范围约占海洋总面积的 10%，相当于 4 000 万 km^2，是迄今为止海底最具价值的矿产资源，足够人类使用 1 000 年。

本章小结

一、有机化学概述

1. 有机化合物：一般指的是碳氢化合物及其衍生物。

2. 烃：也称为碳氢化合物，是由碳和氢两种元素形成的有机物。

3. 有机化学：是研究有机化合物的组成、结构、性质、合成及其变化规律的科学。

4. 有机化合物的特点：组成复杂、数目繁多，易燃烧，难溶于水，易挥发、熔点低，反应慢、副产物多等。

二、链烃

1. 烃分为链烃和环烃。链烃分为饱和链烃和不饱和链烃；环烃分为脂环烃和芳香烃。

2. 烷烃的通式为：C_nH_{2n+2}，烷烃分子中只含有碳碳单键，其余的键均为氢所饱和。

3. 单烯烃的通式为：C_nH_{2n}，烯烃分子中含有一个碳碳双键，双键是烯烃的官能团。

4. 炔烃的通式为：C_nH_{2n-2}，炔烃分子中含有一个碳碳叁键，叁键是炔烃的官能团。

5. 同分异构体是指分子式相同，而结构不同的化合物，简称异构体。烯烃和炔烃由于官能团的存在，异构体不但有类似于烷烃的碳链异构，还有官能团的位置异构。

6. 脂肪烃的命名有普通命名法和系统命名法两种。

(1) 烷烃的系统命名法

①选主链，选分子中最长碳链为主链，根据主链碳原子数目命名为某烷，支链作为取代基。

②编号，距离取代基最近的一端开始，把主链上的碳原子用阿拉伯数字依次编号。

③命名，取代基名称写在母体名称前，取代基位号写在取代基前，二者之间用“-”隔开。如果含有几个相同取代基，则在取代基前加上二、三、四等字样，表示取代基的个数，表示位号的数字之间用逗号隔开。如果有几个不相同的取代基，则按次序原则较小的放在前面，次序较大的在其后依次写出。

(2) 烯烃和炔烃的系统命名法的命名方式与烷烃类似

①选主链，选择含有碳碳双键或叁键的最长碳链作为主链。

②编号，从距离双键最近的一端开始对主链上的碳原子进行编号。

③命名，把双键中碳原子位号较小的编号写在名称“某烯”或“某炔”的前面。

烷烃易发生取代反应，烯烃和炔烃已发生加成反应。

三、环烃

1. 环烃的化学性质与链烃相似，环丙烷和环丁烷易发生加成反应，开环生成开链化合物。五元环、六元环的环烷烃与烷烃相似，比较稳定，环烯烃与烯烃同样具有不饱和烃的一切性质。

2. 芳香烃易发生取代反应，不易发生加成反应。

目标检测8

一、选择题

1. 与环丁烷互为同分异构体的化合物是(　　)。

A. 丁烷　　B. 1-丁烯　　C. 2-甲基丙烯　　D. 2-甲基丙烷

2. 下列化合物中不能使溴水的红棕色褪去的是(　　)。

A. 丁烯　　B. 丙烷　　C. 环丙烷　　D. 环己烷

3. 下列化合物能使高锰酸钾紫色褪去的是(　　)。

A. 丁烷　　B. 环丁烷　　C. 2-丁烯　　D. 环丙烷

4. 五元环、六元环比三元环、四元环稳定是由于(　　)。

A. 碳原子数多　　B. 环张力大　　C. 环张力小　　D. 无张力环

5. 不能与 HBr 反应生成 2-溴丁烷的化合物是(　　)。

A. 甲基环丙烷　　B. 1-丁烯　　C. 环丁烷　　D. 2-丁烯

二、写出己烷(C_6H_{14})所有的同分异构体命名

三、找出下列化合物的同分异构体

1. 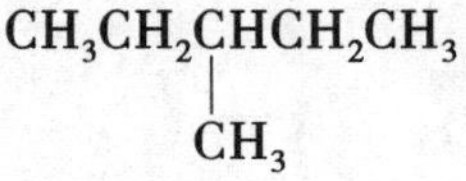

2. $CH_3(CH_2)_4CH_3$

3. 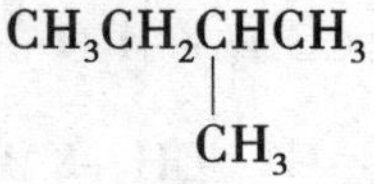

4. 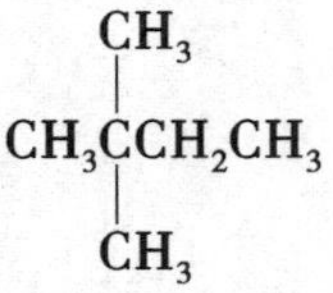

5. $CH_3CH{=}CHCH_3$

6. 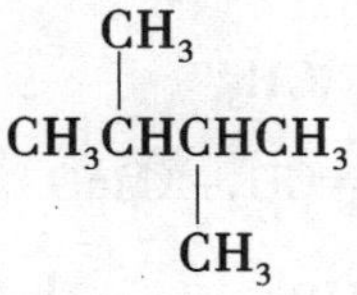

7. 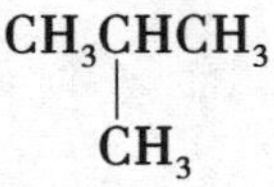

8. 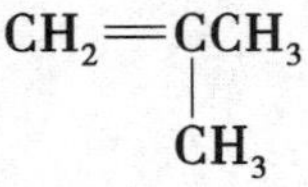

四、命名下列化合物

1. 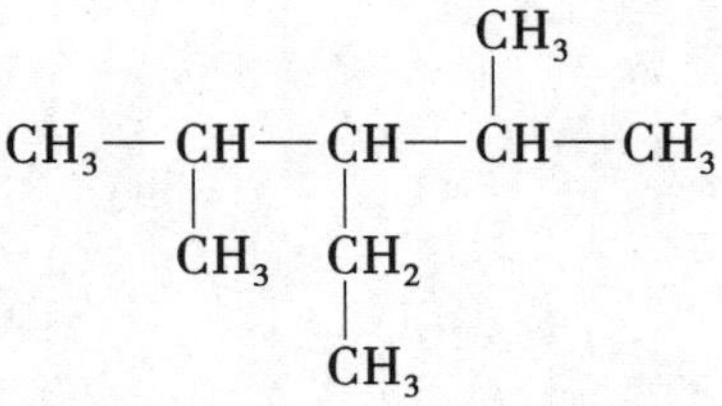

2. 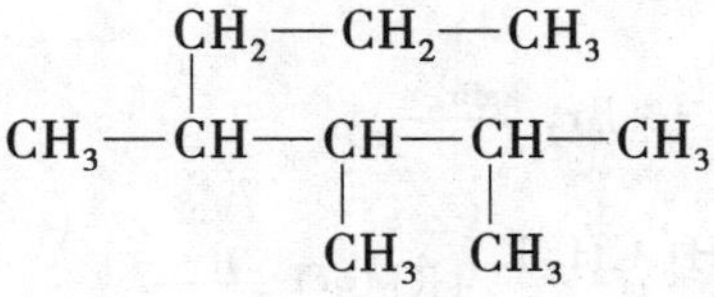

3. $(CH_3)_2C{=}CH_2$

4. 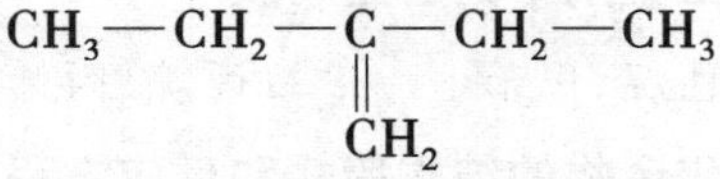

5. 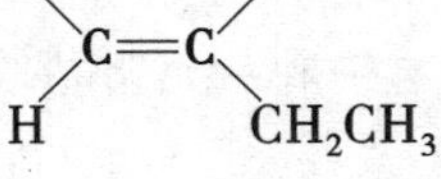

6. 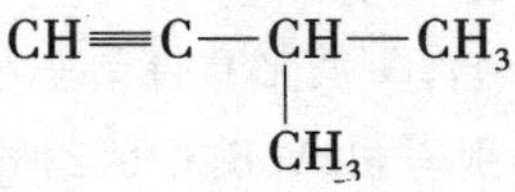

7.（三元环，两个甲基） 8. H_3C—〈环戊烷〉—CH_3

9. 〈环己烷〉 $\begin{matrix}CH_3\\CH_3\end{matrix}$ 10. 〈苯环〉—C_2H_5

11. 〈苯环〉 $\begin{matrix}C_2H_5\\CH_3\end{matrix}$ 12. H_3C—〈苯环〉—C_2H_5

13. $CH_3—C=CH—CH—CH_3$
$\qquad\quad|\qquad\qquad\ |$
$\qquad$〈苯环〉$\qquad CH_3$

14. $CH_3—CHCH_2CH—CH—CH_3$
$\qquad\quad|\qquad\quad|\quad\ |$
$\qquad\ CH_2\quad$〈苯环〉$\ CH_3$
$\qquad\quad|$
$\qquad\ CH_3$

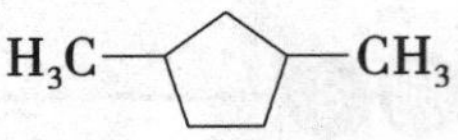

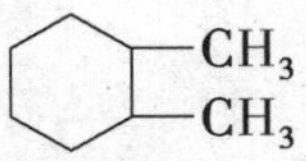

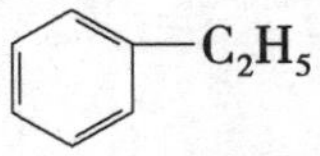

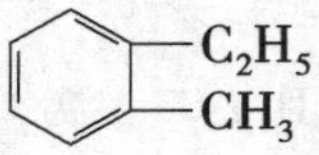

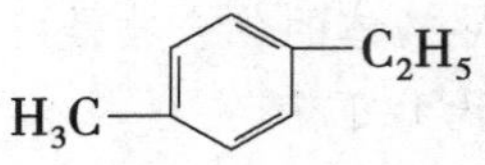

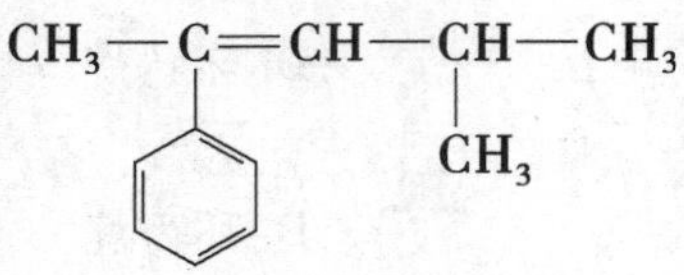

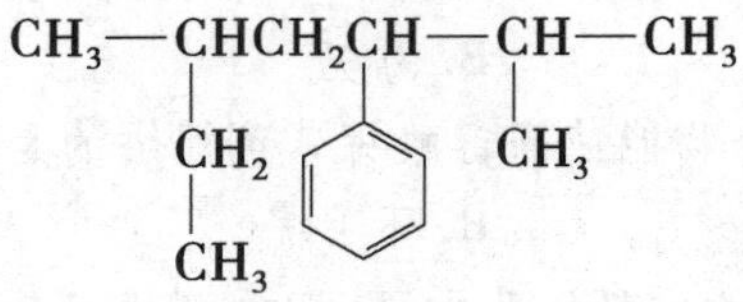

五、写出下列化合物的结构简式

1. 1,1,2-三甲基环丙烷 2. 1,2,4-三甲基环戊烷

3. 1-甲基-4-乙基-3-异丙基苯 4. 2-甲基-4-苯基-2-己烯

六、写出下列反应的主要产物

1. $CH_3—CH=CH_2+HBr \longrightarrow$

2. $CH_3CH_2CH=CH_2+Br_2 \xrightarrow{H_2O}$

3. $CH_3CH_2C\equiv CCH_3 + H_2O \xrightarrow{Hg^{2+}/H^+}$

4. $CH_3—CH=C—CH_3+KMnO_4 \xrightarrow{H^+}$
$\qquad\qquad\quad\ |$
$\qquad\qquad\ CH_3$

5. $CH_3CH_2CH=CH_2+KMnO_4 \xrightarrow{H^+}$

6. （三元环）—$CH_3+HBr \longrightarrow$

7. 〈苯环〉$+CH_3—CH_2—Br \xrightarrow{无水AlCl_3}$

8. 〈苯环〉—$C_2H_5 +HNO_3 \xrightarrow{H_2SO_4}$

9. 〈苯环〉—$C_2H_5 +Br_2 \xrightarrow{FeBr_3}$

10. 〈苯环〉—$CH(CH_3)_2+KMnO_4 \xrightarrow{H^+}$

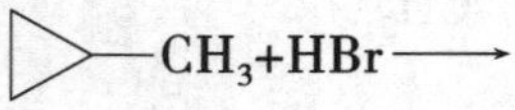

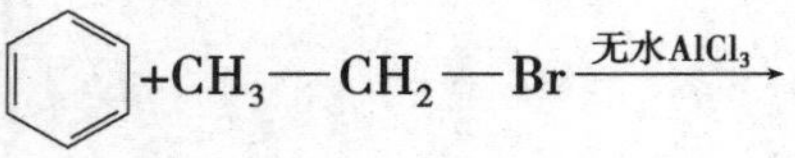

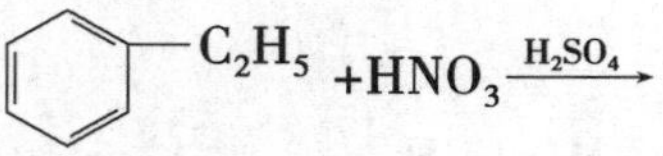

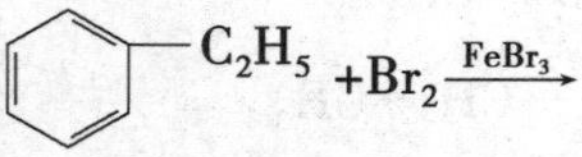

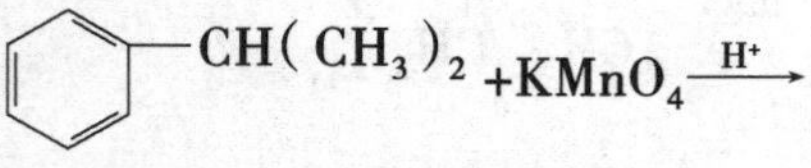

七、用化学方法鉴别下列各组物质

1. 环己烯、环己烷、甲苯 2. 丙烷、丙烯、丙炔 3. 苯乙烯、乙苯、戊烷

八、写出下列化合物的结构简式和反应方程式

分子式为 C_8H_{10} 的化合物,A 氧化只得到一种产物苯甲酸,B 只有一种一元硝基取代物,C 有两种一元硝基取代物,分别写出 A、B、C 的结构简式和反应方程式。

第 9 章
烃的衍生物

【学习目标】

- 了解烃的衍生物的有关概念。
- 掌握醇、酚、醚、醛、酮、羧酸及其衍生物的命名方法。
- 了解烃的衍生物的物理性质,熟练掌握烃的衍生物的化学性质。
- 了解重要烃的衍生物及其应用。

烃分子中的氢原子被其他原子或者原子团所取代而生成的一系列化合物称为烃的衍生物。其中取代氢原子的其他原子或原子团使烃的衍生物具有不同于相应烃的特殊性质,被称为官能团。本章烃的衍生物只介绍醇、酚、醚、醛、酮、羧酸。

9.1 醇、酚、醚

醇、酚、醚都是烃的含氧衍生物,它们的共同特点是均含有C—O单键。醇、酚都是含有官能团羟基(—OH)的化合物。羟基直接与脂肪族烃基相连的化合物称为醇,醇中的羟基(—OH)称为醇羟基。羟基直接与芳基相连的化合物称为酚,酚中的羟基(—OH)称为酚羟基。氧原子与两个烃基相连的化合物称为醚。

R—OH	Ar—OH	R—O—R
醇	酚	醚

9.1.1 醇

1)醇的定义、分类和命名

(1)定义

烃分子中不直接与芳环相连的氢原子被羟基取代的产物称为醇。通式为:R—OH;官能团为羟基(—OH)。

(2)醇的分类

①根据羟基所连烃基的不同,分为脂肪醇、脂环醇、芳香醇。例如:

$CH_3—CH(OH)—CH_3$

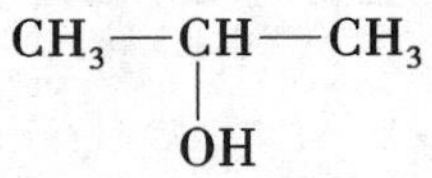

1-丙醇(饱和醇)

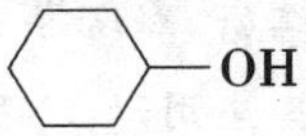

环己醇(脂环醇)

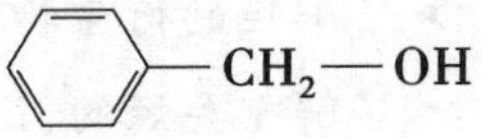

苯甲醇(芳香醇)

②根据羟基所连碳的种类分为:伯醇(一级醇)、仲醇(二级醇)、叔醇(三级醇)。例如:

$CH_3—CH_2—CH_2—OH$

1-丙醇
(正丙醇、伯醇)

$CH_3—CH(OH)—CH_3$

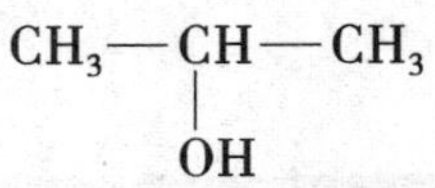

2-丙醇
(异丙醇、仲醇)

$CH_3—C(CH_3)(OH)—CH_3$

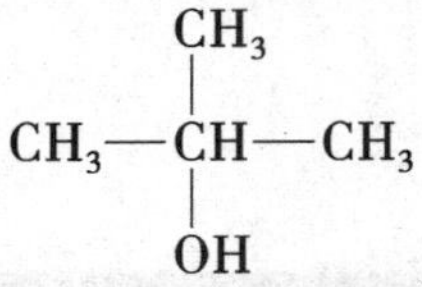

2-甲基-2-丙醇
(叔丁醇、叔醇)

③根据羟基数目可分为:一元醇、二元醇、多元醇。例如:

$CH_3—CH_2—OH$

乙醇(一元醇)

$CH_2(OH)—CH_2(OH)$

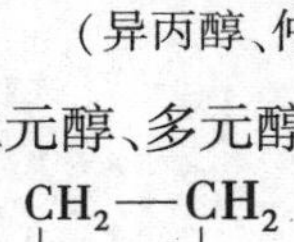

乙二醇(二元醇)

$CH_2(OH)—CH(OH)—CH_2(OH)$

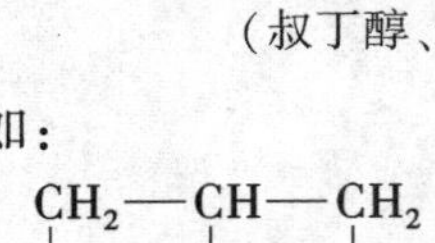

丙三醇(三元醇)

(3)醇的命名

醇的命名常用普通命名法和系统命名法。

①普通命名法:在醇字前加上烃基的名称,"基"字可省略。例如:

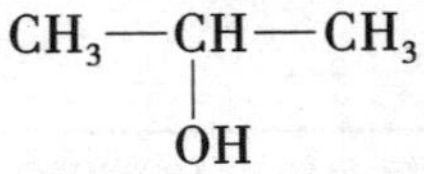

$$CH_3-CH-CH_3$$
$$\quad\quad | \quad$$
$$\quad\quad OH$$
异丙醇

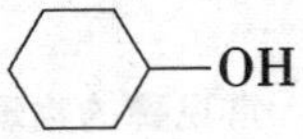

环己醇

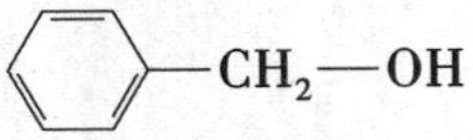

苯甲醇(苄醇)

②系统命名法:

a. 选含羟基最长的碳链为母体,根据母体碳原子数目称为"某"醇。

b. 从靠近羟基的一端开始编号,羟基位次注于某醇之前,用短线隔开;母体所连支链作为取代基,将其位次、数目和名称依次注明在母体名称前面。

c. 不饱和醇命名时,母体碳链应同时包含羟基和不饱和键,羟基位次应最小。

d. 芳香醇命名时,将芳基作为取代基。

e. 多元醇命名时,应注明羟基位次,羟基数目用中文数字注于醇字前。

例如:

$$CH_3-CH_2-CH_2-CH_2-OH$$
1-丁醇

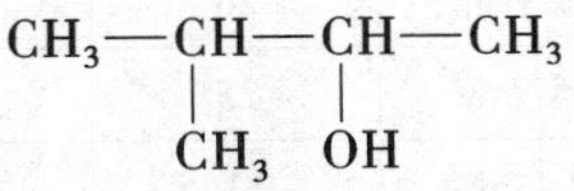

$$CH_3-CH-CH-CH_3$$
$$\quad\quad | \quad\; |$$
$$\quad\quad CH_3\; OH$$
3-甲基-2-丁醇

$$CH_3-CH-CH=C(CH_3)_2$$
$$\quad\quad\; |$$
$$\quad\quad\; OH$$
4-甲基-3-戊烯-2-醇

$$(CH_3)_2CH-\!\!\bigcirc\!\!-OH$$
4-异丙基环己醇

$$CH_3-CH-CHCH(CH_3)_2$$
$$\quad\quad | \quad\; |$$
$$\quad\quad OH\; OH$$
4-甲基-2,3-戊二醇

$$CH_2-CH_2-CH_2$$
$$| \quad\quad\quad\quad\; |$$
$$OH \quad\quad\quad\; OH$$
1,3-丙二醇

2) 醇的物理性质

低级饱和一元醇为有特殊气味的液体,十二碳以上的醇为无色无味的蜡状固体。由于醇分子中的碳氧键和氢氧键均为较强的极性键,同水分子一样,醇分子间及醇和水分子间均可以形成氢键。因此,液态醇的沸点较高,水溶性较大。

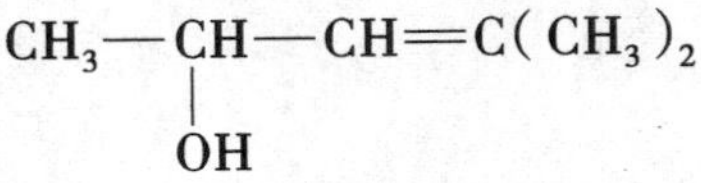

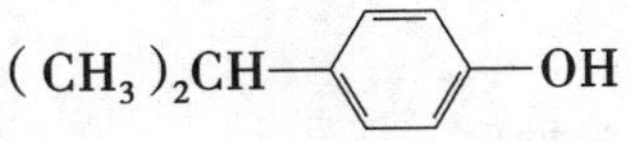

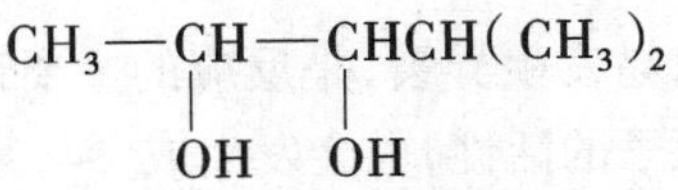

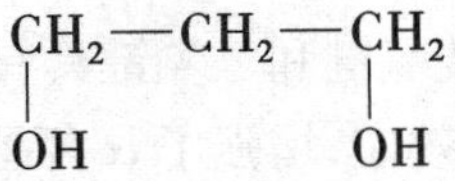

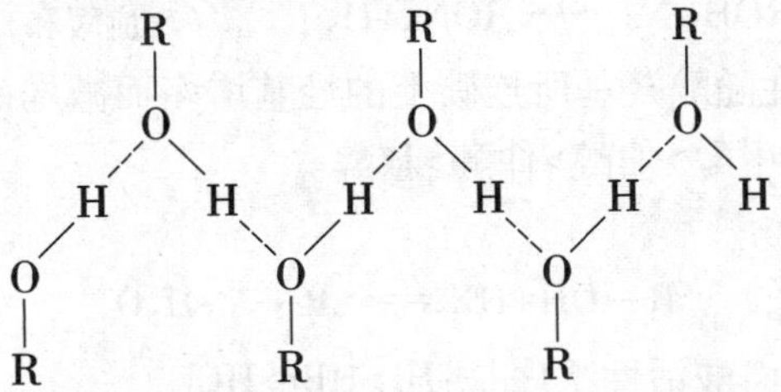

醇分子中的氢键缔合作用

羟基能与水分子形成氢键是亲水基团,通常把容易与水亲和的原子团称为亲水基(疏脂基)。常见的有:—OH、—COOH、—SO_3H、—NO_2、—C=O、—CHO、—O—、—NH_2及其衍生物等。把不溶于水的原子团称为疏水基(亲脂基)。常见的有:烃基—R 和—X。常见醇的物理常数见表9.1。

表9.1　常见醇的物理常数

名　称	熔点/℃	沸点/℃	d_4^{20}	溶解度/(g · 100 gH_2O^{-1})
甲醇	-97.8	64.7	0.792	∞
乙醇	-115	78.3	0.789	∞
正丙醇	-126.5	97.2	0.804	∞
异丙醇	-89.5	82.3	0.789	∞
正丁醇	-90	117.8	0.810	7.9
异丁醇	-108	107.9	0.802	9.5
仲丁醇	-114.7	99.5	0.808	12.5
叔丁醇	26	82.5	0.789	易溶
环己醇	25	161	0.962	3.6
乙二醇	-11.5	198	1.113	∞
丙三醇	20	290(分解)	1.261	∞

3)醇的化学性质

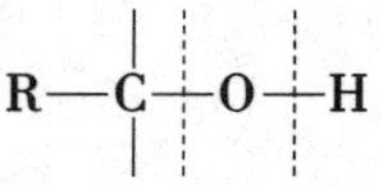

从结构看,碳氧键和氢氧键具有较强的极性,易发生异裂,是反应的主要部位。此外由羟基所产生的诱导效应,增强了α-氢原子和β-氢原子的活性,也会发生或参与某些反应。

(1)醇与金属钠的反应

醇与水相似,也可与金属钠等活泼金属反应产生氢气,但反应比水要缓和得多。这是因为醇和水相比,醇分子中的烃基具有供电性,由其产生的诱导效应(+I)使氧氢键的极性减弱所致。

$$H_2O+Na \longrightarrow NaOH+H_2\uparrow \quad (反应激烈)$$

$$ROH+Na \longrightarrow RONa+H_2\uparrow \quad (反应缓和)$$

醇分子中氢氧键的极性随醇羟基所连碳上的烃基增多而减弱。因此,不同醇与金属钠等活泼金属反应活性次序为:甲醇>伯醇>仲醇>叔醇。

(2)卤代反应

$$R—OH+HX \rightleftharpoons R—X+H_2O$$

在与同种醇反应时,氢卤酸活性次序是:HI>HBr>HCl

不同类型的醇与同种氢卤酸反应的活性次序是:叔醇>仲醇>伯醇。

例如,不同类型的醇与氯化锌的浓盐酸溶液——卢卡斯试剂(Lucas)反应,叔醇立即浑浊,仲醇几分钟之后浑浊,伯醇受热变浑浊。利用这一性质可区分伯醇、仲醇、叔醇。

（3）醇的脱水反应

①分子间脱水（取代）——生成醚。

$$CH_3CH_2OH+HOCH_2CH_3 \xrightarrow[140\ ℃]{浓\ H_2SO_4} CH_3CH_2—O—CH_2CH_3+H_2O$$

乙醚

②分子内脱水（消除）——生成烯烃（遵循扎依采夫规则）。

$$CH_3CH_2OH \xrightarrow[170\ ℃]{浓\ H_2SO_4} CH_2{=}CH_2+H_2O$$

乙烯

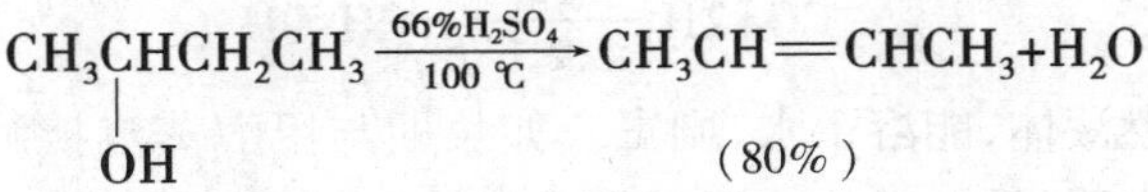

$$\underset{OH}{CH_3CHCH_2CH_3} \xrightarrow[100\ ℃]{66\%H_2SO_4} CH_3CH{=}CHCH_3+H_2O$$

（80%）

$$\underset{OH}{CH_3CH}—\overset{CH_3}{CHCH_3} \xrightarrow[87\ ℃]{44\%H_2SO_4} CH_3CH{=}\overset{CH_3}{C}—CH_3+H_2O$$

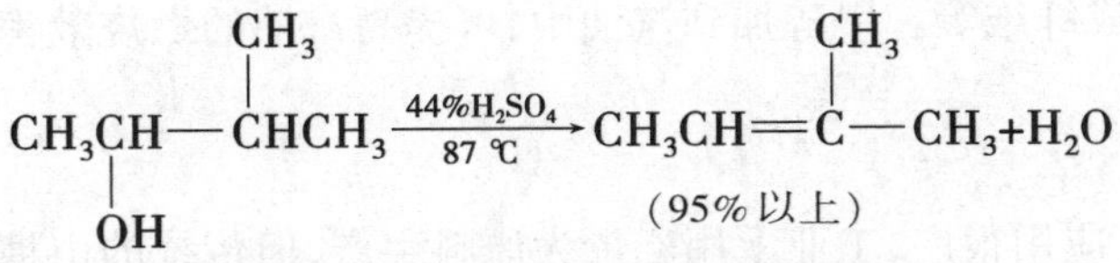

（95% 以上）

3 种类型的醇发生消除反应的活性次序是：叔醇>仲醇>伯醇。

当酸过量，温度较高时，有利于分子内脱水生成烯烃；而醇过量，温度不太高时，则利于分子间脱水生成醚。

（4）酯化反应

醇与羧酸或无机含氧酸作用生成酯的反应，称为酯化反应。

$$R—COOH+CH_3CH_2OH \xrightleftharpoons{酸} R—COOCH_2CH_3+H_2O$$

醇也可与无机酸（如硝酸、硫酸、磷酸等）反应生成无机酸酯。

$$ROH+HO—NO_2 \rightleftharpoons R—O—NO_2+H_2O$$

硝酸酯

$$ROH+HO—\overset{\overset{O}{\|}}{\underset{\underset{O}{\|}}{S}}—OH \rightleftharpoons RO—\overset{\overset{O}{\|}}{\underset{\underset{O}{\|}}{S}}—OH \xrightarrow{ROH} RO—\overset{\overset{O}{\|}}{\underset{\underset{O}{\|}}{S}}—OR$$

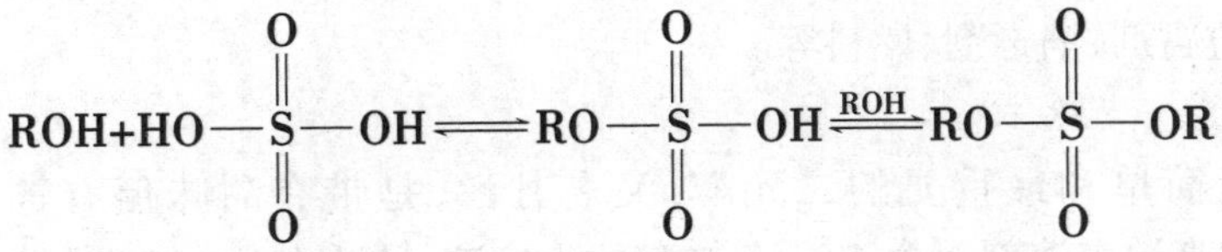

硫酸氢酯　　　　硫酸二酯

酯类化合物的存在和用途都很广泛，是一类重要的化合物，如广泛存在于植物体内的植酸（肌醇的六磷酸酯）、油脂等。某些硝酸酯可用作血管扩张剂（如亚硝酸异戊酯）。硝酸酯类具有爆炸性能（如三硝酸甘油酯）。硫酸二甲酯、硫酸二乙酯是重要的烷基化试剂。某些优良的农药为磷酸酯类化合物。

（5）氧化反应

$$CH_3CH_2OH \xrightarrow{[O]} \underset{OH}{CH_3—CH—OH} \xrightarrow{-H_2O} CH_3CHO \xrightarrow{[O]} CH_3COOH$$

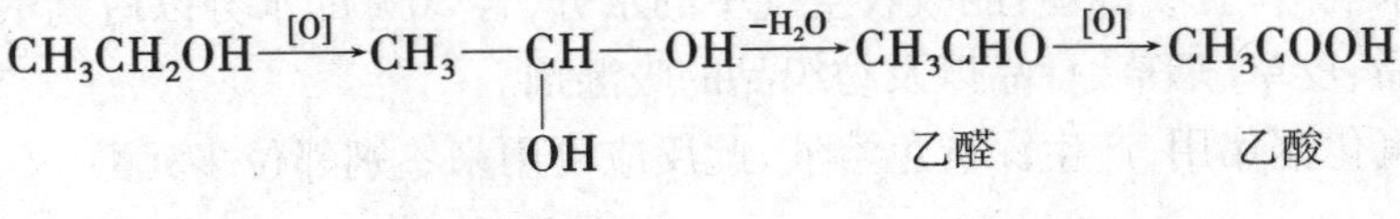

乙醛　　　乙酸

$$CH_3-\underset{\underset{CH_3}{|}}{CH}-OH \xrightarrow{[O]} CH_3-\underset{\underset{CH_3}{|}}{\overset{\overset{OH}{|}}{C}}-OH \xrightarrow{-H_2O} \underset{\text{丙酮}}{CH_3COCH_3}$$

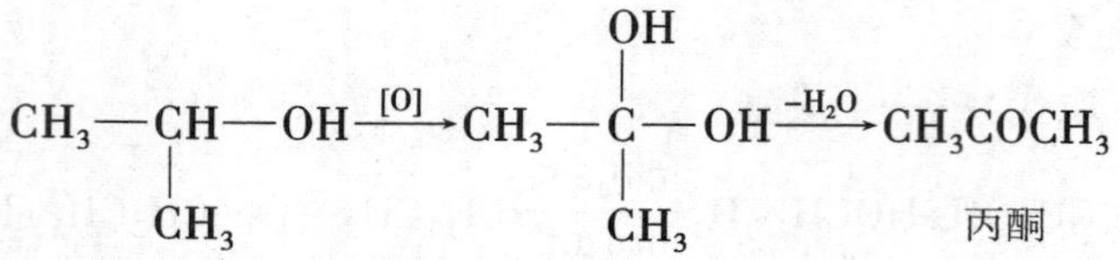

叔醇分子中无 α-氢原子,因此在同样的条件下不被氧化。

4)几种重要的醇

(1) 甲醇

甲醇最初是由木材干馏而制得,故又称为木精。目前,我国制备甲醇是用一氧化碳和氢气在高温、高压和催化剂存在的条件下合成的:

$$CO+2H_2 \xrightarrow[\text{温度、压力}]{\text{催化剂}} CH_3OH$$

甲醇是无色、易燃液体,能溶于水,剧毒。如长期与甲醇蒸汽接触,或误饮含有甲醇的饮料时,少者即可导致失明,重者致命。甲醇用途很广,大量用作溶剂和有机合成原料,如生产甲醛、有机玻璃、合成纤维等。甲醇加到汽油中,可提高汽油的燃烧效率,也可单独作汽车、飞机的燃料。

(2) 乙醇

乙醇俗称酒精,应用很广,工业上用乙烯为原料生产,但传统的由糖发酵制取仍是酒类饮料的主要来源。发酵法是通过微生物进行的复杂的生物化学过程,大致步骤如下:

$$淀粉 \xrightarrow{\text{淀粉酶}} 麦芽糖 \xrightarrow{\text{麦芽糖酶}} 葡萄糖 \xrightarrow{\text{酒化酶}} 乙醇$$

发酵液中含乙醇 10% ~ 15%,经蒸馏后能得到含 95.6% 乙醇和 4.4% 水的恒沸混合物,称为工业酒精,其恒沸点 78.15 ℃。这部分水是不能用蒸馏法去掉的,因为在恒沸点时液相组分和气相组分完全相同。要除去这部分水,必须采取破坏恒沸混合物组成的方法。例如,加入生石灰吸收其中的水分,然后再将乙醇蒸出,即可得到 99.5% 的乙醇,沸点为 78.5 ℃,俗称无水乙醇。商业上常用乙醇和水的体积关系表示酒的浓度,用"度"来表示。所谓"度"是指乙醇体积分数。

乙醇为无色易燃液体,能与水及大多数有机溶剂混溶,是有机合成的重要原料。通常可用它作为溶剂、防腐剂、消毒剂、燃料等。

(3) 乙二醇

乙二醇是最简单和最重要的二元醇,又名甘醇,是带有甜味但有毒性的液体,沸点198 ℃,是常用的高沸点溶剂。含 40% 乙二醇的水溶液,其冰点为 -25 ℃,60% 的水溶液冰点为 -49 ℃。因此,乙二醇除用作化工原料外,还是一种很好的防冻剂。冬季汽车使用的防冻剂是乙二醇的水溶液。

(4) 丙三醇

丙三醇又名甘油,为无色有甜味的黏稠液体,沸点 290 ℃,甘油以酯的形式存在于油脂中,可由油脂的皂化得到,也可以丙烯为原料合成。

甘油能与水混溶,有吸湿性,能吸收空气中的水分,含 20% 的水分以后就不再吸水。故被广泛用于化妆品、皮革、烟草、食品以及纺织品的吸湿剂。

甘油与氢氧化铜作用,产生深蓝色溶液,此反应可用来鉴别邻位多元醇。

$$CH_2-OH \qquad\qquad CH_2-O$$
$$CH-OH+Cu(OH)_2 \longrightarrow CH-O \!\!\diagdown\!\! Cu +H_2O$$
$$CH_2-OH \qquad\qquad CH_2-OH$$

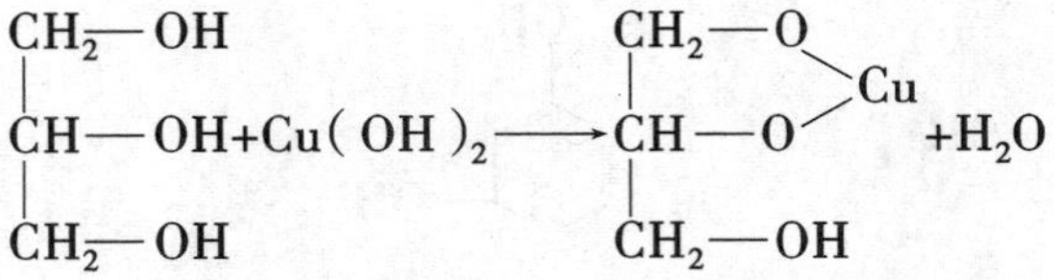

甘油铜(深蓝色)

(5)环己六醇

环己六醇俗称肌醇。白色晶体,熔点 253 ℃,密度 1.752 g/mL,味甜,溶于水和乙酸。可由玉米浸泡液中提取。

最初在肌肉中发现,几乎所有生物都含有游离态或结合态的肌醇。游离态的肌醇主要存在于肌肉、心脏、肺、肝中,肌肉肌醇是鸟类、哺乳类的必需营养源,缺乏肌肉肌醇,例如,小鼠可引起脱毛,大鼠可引起眼周围异常等症状。该品为复合维生素 B 之一,能促进细胞的新陈代谢,改善细胞营养的作用,能助长发育,增进食欲,恢复体力。并能阻止肝脏中脂肪积存,加速去除心脏中过多的脂肪,与胆碱有协同的趋脂作用,因此,用于治疗肝脂肪过多症、肝硬化症。

OH
HO   OH
HO   OH
OH

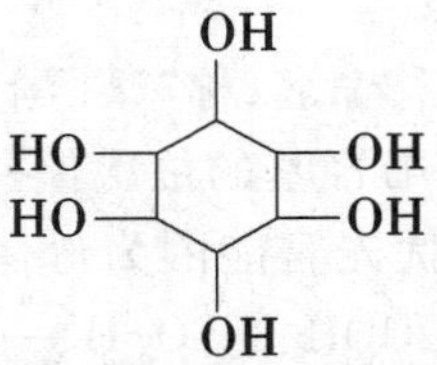

可用于婴幼儿食品及强化饮料,其用量均为 380～790 mg/kg。维生素类药及降血脂药,促进肝及其他组织中的脂肪新陈代谢,用于脂肪肝、高血脂的辅助治疗。广泛应用于食品和饮料添加剂。

环己六醇用于生化研究,制药工业;农业上用作单倍体育种的培养基;医学方面主要用于治疗肝硬化、肝炎、脂肪肝、血中胆固醇过高等症。

9.1.2 酚

1)酚的定义、分类和命名

(1)酚的定义

羟基直接与芳环相连的化合物称为酚。通式为:Ar—OH;官能团为:—OH。

(2)酚的分类

①根据酚羟基所连芳环的不同,酚分为苯酚、萘酚、蒽酚。例如:

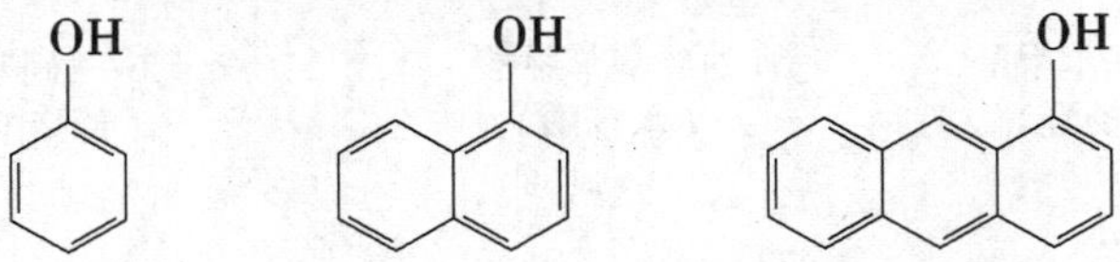

苯酚   α-苯酚   α-蒽酚

②根据酚羟基的数目,可分为一元酚和多元酚。

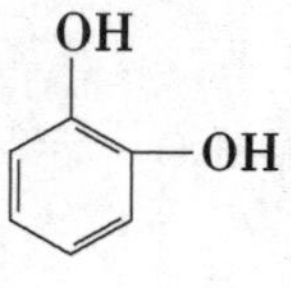

1,2-苯二酚
(邻苯二酚)

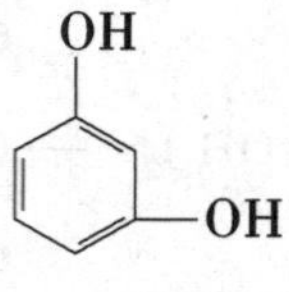

1,3-苯二酚
(间苯二酚)

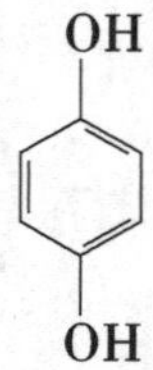

1,4-苯二酚
(对苯二酚)

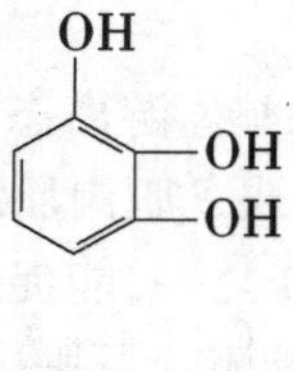

1,2,3-苯三酚
(连苯三酚)

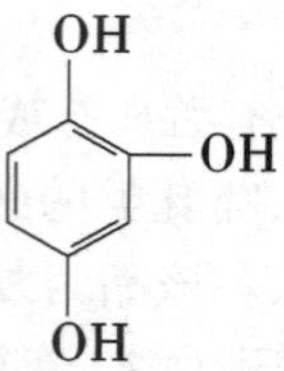

1,2,4-苯三酚
(偏苯三酚)

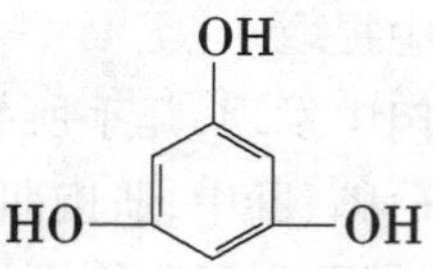

1,3,5-苯三酚
(间苯三酚)

(3)酚的命名

①一般是以酚羟基所连芳环的名称命名,称“某”酚。如苯酚、萘酚等。

②芳环上连有烷基时,酚为母体,酚羟基的位次保持最小。若芳环上还连有其他官能团时,则应根据官能团的优先次序选择优先官能团为母体官能团。母体名称由母体官能团决定。主要官能团的优先次序为:—COOH、—SO_3H、—C≡N、—CHO、>C═O、—OH(醇羟基)、—OH(酚羟基)、—NH_2、—C≡C—、—C═C—、—Cl、—NO_2。

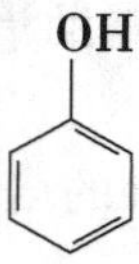

苯酚

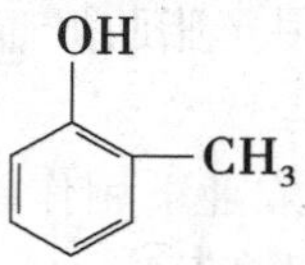

2-甲基苯酚
(邻甲苯酚)

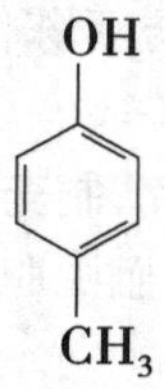

4-甲基苯酚
(对甲苯酚)

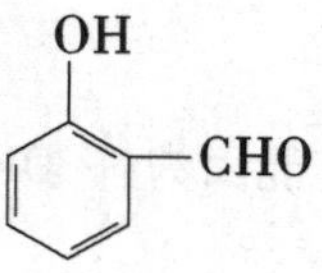

2-羟基苯甲醛
(水杨醛)

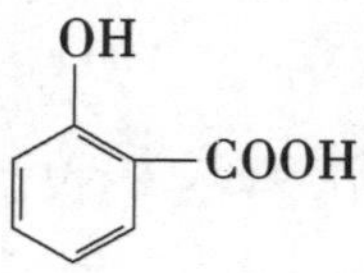

2-羟基苯甲酸
(水杨酸)

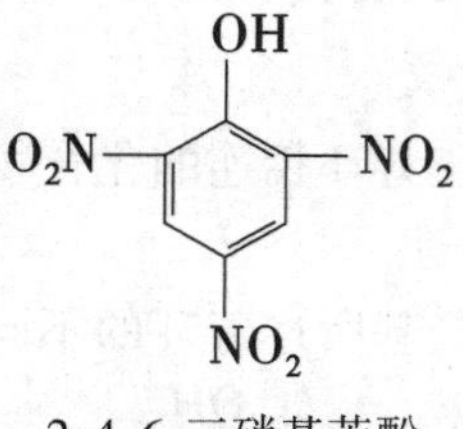

2,4,6-三硝基苯酚
(苦味酸)

2)酚的物理性质

常温下,除少数烷基酚是液体外,大多数酚都是固体。纯净的酚是无色的,但因酚容易被空气中的氧所氧化而生成有色杂质,所以酚常常带有不同程度的黄色或红色。由于酚羟基的存在,苯酚可形成分子内和分子间氢键,沸点比一般的芳烃要高,并能部分溶于水。酚羟基的增多,使酚的水溶性增大。酚能溶于乙醇、乙醚、苯等有机溶剂。一些常见酚的物理性质列于表9.2。

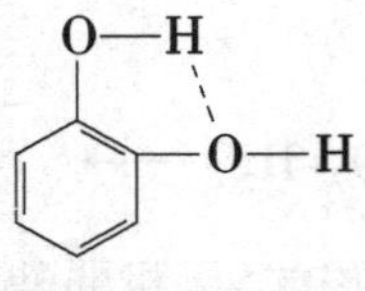

苯酚的分子内氢键

表 9.2 一些常见酚的物理性质

名 称	熔点/℃	沸点/℃	溶解度/($g\cdot 100\ g\ H_2O^{-1}$)	pK_a
苯 酚	43	181.8	8	9.98
邻甲苯酚	31	191	2.5	10.2
间甲苯酚	11.5	202.2	2.6	10.01
对甲苯酚	34.8	201.9	2.3	10.17
邻苯二酚	105	245	45.1	9.4
间苯二酚	111	281	123	9.4
对苯二酚	173	286	8	10.0
1,2,3-苯三酚	133	309	62	7.0
1,2,4-苯三酚	140		易	
1,3,5-苯三酚	218	升华	1	

3)酚的化学性质

酚和醇虽具有相同的官能团,但由于结构的差异,两者的化学性质迥然不同。氧原子的 p 轨道与芳环的 π 轨道相互交盖形成 p-π 共轭体系。

由于氧原子 p 轨道上的未共用电子对的离域,使氧原子上的电子云密度降低,并使碳氧键的极性减弱而不易断裂。因此,酚羟基很难像醇羟基那样被取代或消除。同时,氧原子电子云密度的降低又导致氧氢键的极性升高,故与醇相比,酚的酸性显著增强。

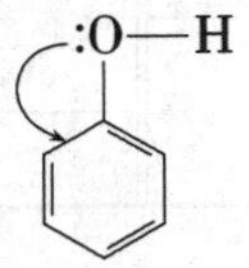

苯酚中的 p-π 共轭

(1)酸性

大多数酚的 pK_a 值都在 10 左右,酸性比水强。能与强碱的水溶液作用生成盐和水。例如:

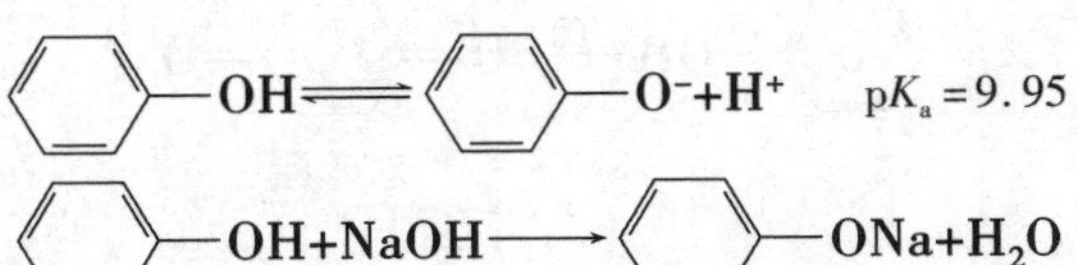

苯酚钠

苯酚的酸性比碳酸弱,不能溶于 $NaHCO_3$ 溶液中;相反,在苯酚钠的水溶液中通入 CO_2,可使苯酚重新游离出来。

$$\text{C}_6\text{H}_5-\text{ONa}+\text{CO}_2+\text{H}_2\text{O} \longrightarrow \text{C}_6\text{H}_5-\text{OH}+\text{NaHCO}_3$$

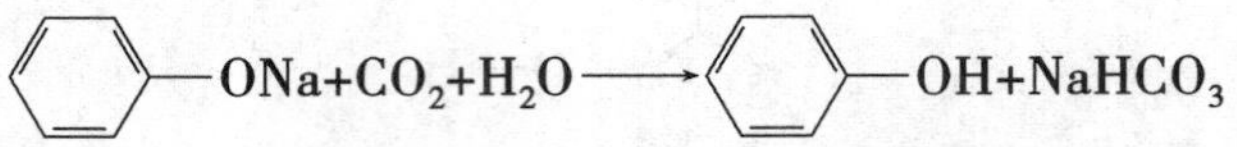

各种酸的酸性比较:无机酸>有机羧酸>无机弱酸>酚>水>醇>炔烃。

酚的酸性会因为芳环上所连的取代基的供电性不同而发生变化。当连有供电基时酸性减弱;当连有吸电基时酸性增强。例如:

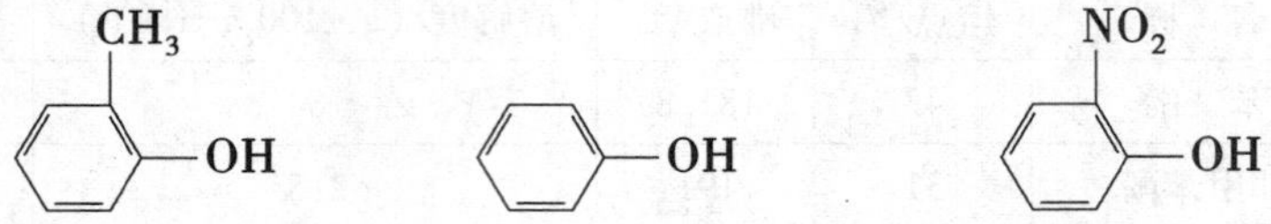

pK_a　　10.2　　　　　　　9.95　　　　　　　7.71

（2）显色反应

酚能与$FeCl_3$溶液发生显色反应,大多数酚能起此反应,不同的酚与$FeCl_3$作用产生的颜色不同。例如,苯酚显蓝紫色,邻苯二酚显深绿色,对甲苯酚显蓝色。故此反应可用来鉴定酚。

$$6\ \text{C}_6\text{H}_5-\text{OH}+\text{FeCl}_3 \longrightarrow \left[\text{Fe}(\text{O}-\text{C}_6\text{H}_5)_6\right]^{3-}+6\text{H}^++3\text{Cl}^-$$

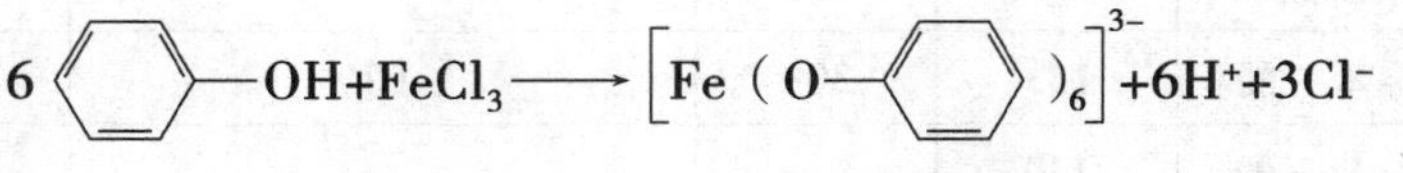

紫色

与$FeCl_3$的显色反应并不限于酚,具有烯醇式结构的脂肪族化合物也有此反应。很多酚能与三氯化铁溶液产生红、绿、蓝、紫等不同颜色。这种显色反应主要用来鉴别烯醇式结构的存在。酚和三氯化铁生成的颜色见表9.3。

表9.3　酚和三氯化铁生成的颜色

化合物	生成的颜色	化合物	生成的颜色
苯酚	紫	间苯二酚	紫
邻甲苯酚	蓝	对苯二酚	暗绿色结晶
间甲苯酚	蓝	1,2,3-苯三酚	淡棕色
对甲苯酚	蓝	1,3,5-苯三酚	紫色沉淀
邻苯二酚	绿	α-萘酚	紫色沉淀

（3）氧化反应

酚比醇容易被氧化,空气中的氧就能把酚氧化为红色至褐色的氧化产物,多元酚更容易被氧化。

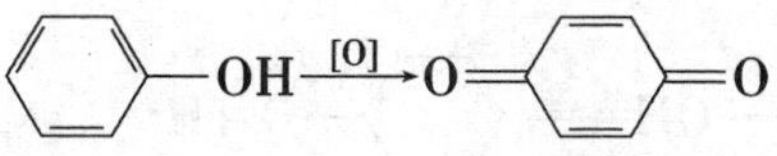

对苯醌

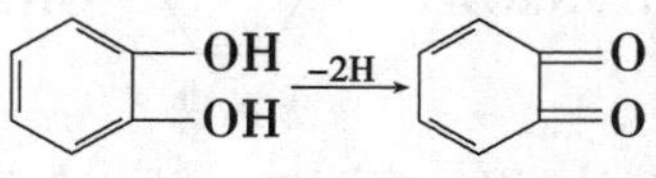

邻苯醌

(4)取代反应

受羟基的影响,苯酚比苯更容易发生取代反应。

①卤代:苯酚与溴水在常温下可立即反应生成2,4,6-三溴苯酚白色沉淀。反应很灵敏,很稀的苯酚溶液(10×10^{-6})就能与溴水生成沉淀。

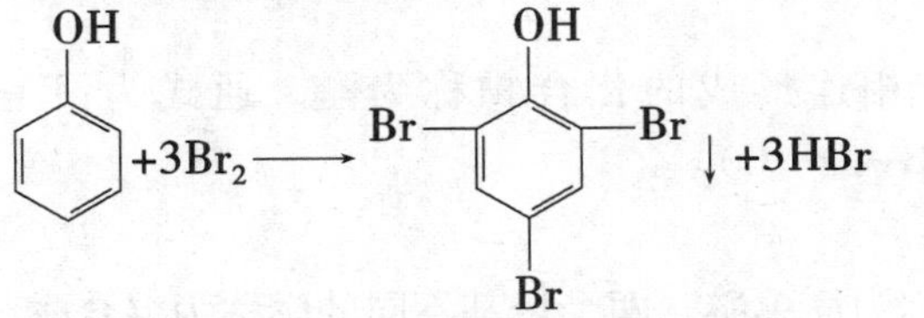

2,4,6-三溴苯酚(白色)

此反应常用于苯酚的定性和定量分析。

②硝化:苯酚比苯易硝化,在室温下即可与稀硝酸反应。

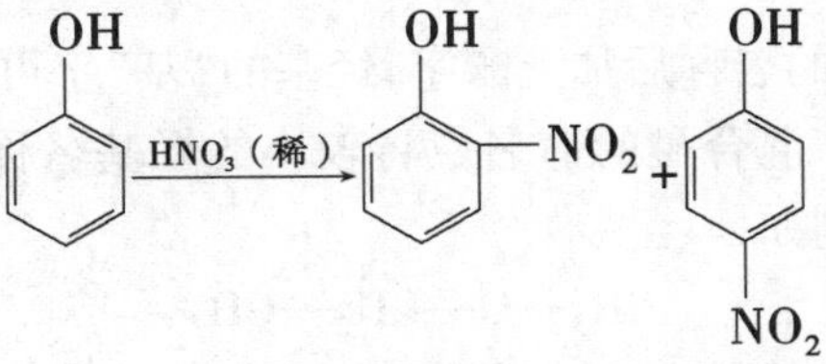

邻硝基苯酚　　对硝基苯酚

合成多硝基取代苯酚时,使用混酸,可生成2,4,6-三硝基苯酚(俗称苦味酸)。苦味酸是黄色晶体,可溶于乙醇、乙醚和热水中,有很强的酸性,苦味酸及其盐易爆炸,可用于制造炸药。

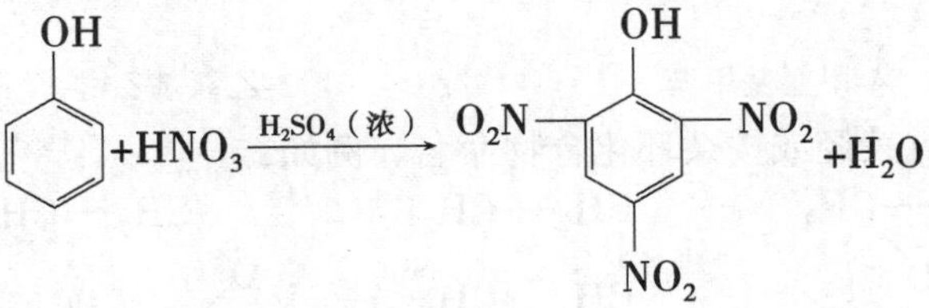

4)重要的酚

(1)苯酚

苯酚最初是由煤焦油中分馏得到,因其具有酸性,故俗称石炭酸。苯酚为无色针状结晶,熔点43 ℃,具有特殊而微带刺激性气味。苯酚能凝固蛋白质,因而具有杀菌能力。过去常用作消毒剂和防腐剂,但因其有毒现已不用。在工业上,苯酚是多种塑料、炸药和染料的合成原料。

(2)甲苯酚

甲苯酚有邻、间、对3种异构体,都存在于煤焦油中,它们的沸点很接近,不易分离,因此一般使用它们的混合物。甲苯酚的杀菌能力比苯酚强,以前医院广泛用它作消毒剂。通常用作消毒的"来苏儿"就是含有47%~53%的这3种甲苯酚异构体混合物的肥皂溶液。

(3)苯二酚

苯二酚是二元酚,有邻、间、对3种异构体,都是无色晶体。能溶于水、乙醇和乙醚等有机溶剂中。邻位和对位的苯二酚极易氧化成醌,其本身是一种还原剂,可用作显影剂和抗氧化剂。苯二酚常以游离态或化合态存在于动植物体中。

9.1.3 醚

1)醚的定义、分类和命名

(1)醚的定义

两个烃基与氧原子相连形成的化合物称为醚。通式为:R—O—R、R—O—Ar、Ar—O—Ar。官能团为醚键(C—O—C)。

(2)醚的分类

两个烃基相同的醚称为简单醚。两个烃基不同的醚称为混合醚。

①根据醚键所连烃基的不同,醚可分为脂肪醚、芳脂醚、芳香醚。

②又可根据所连烃基是否相同分为简单醚和混合醚。

(3)醚的命名

①简单醚的命名,在烃基的名称后加上醚字,烃基的"基"字可省略。命名简单脂肪醚时,表示烃基数目的二字可省略。混合醚的命名应将较小的烃基名称放在前。但对芳脂醚的命名则将芳基的名称放在前。例如:

$CH_3—O—CH_3$　　$CH_3—O—CH_2—CH_3$　　$CH_3—O—Ar$

甲醚　　甲乙醚　　苯甲醚

②结构复杂的醚用系统命名法命名时,选择较大的烃基作母体,将较小烃基与氧原子构成的原子团作为取代基,称为烃氧基。例如:

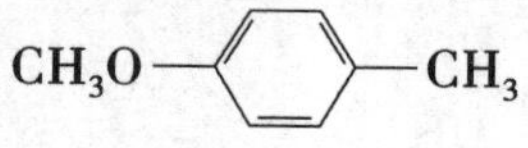

4-甲氧基甲苯

$CH_3O—CH_2—CH_2—OH$

2-乙氧基乙醇

环醚一般称为环氧某烃或按杂环化合物命名。例如:

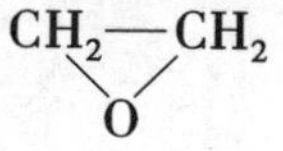

环氧乙烷

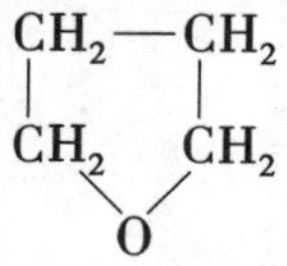

1,4-环氧丁烷
(四氢呋喃)

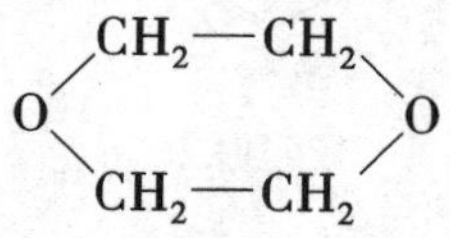

1,4-二氧六环
(二噁烷)

2)重要的醚

(1)乙醚

乙醚是最常用的一种醚,它是极易挥发的无色液体,比水轻,极易燃,微溶于水,沸点34.5 ℃。乙醚蒸汽与空气混合达一定比例时,遇火即发生爆炸。乙醚的重要用途是用作溶剂,纯乙醚在医疗上可用作麻醉剂。

(2)环氧乙烷

环氧乙烷又称氧化乙烯,是最简单、最重要的环醚,也是重要的有机合成中间体。工业上通过乙烯催化氧化制得。环氧乙烷是无色、有毒气体,沸点 11 ℃,可与水、乙醇及乙醚混溶,易燃烧,与空气混合即爆炸(爆炸极限为3% ~8%),环氧乙烷一般储存于高压钢瓶中。使用时需注意安全。

(3)除草醚

除草醚的化学名称是2,4-二氯-4′-硝基二苯醚。

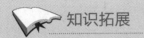

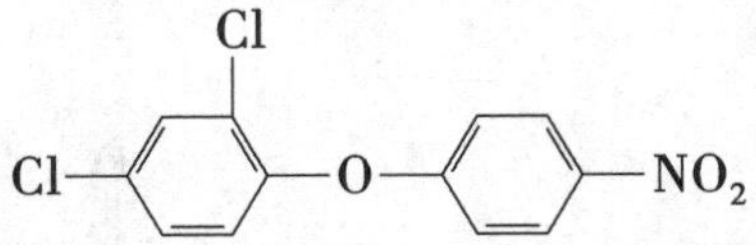

除草醚为浅黄色晶体,熔点70~71 ℃,难溶于水,而易溶于酒精等有机溶剂。它在空气中稳定,对金属无腐蚀性,对人、畜安全,对刚萌芽的稗草、鸭舌草、牛尾草等有触杀毒性,是一种常用的除草剂。

知识拓展

苯酚的故事

19世纪末期,英国爱丁堡一家医院的外科医生约瑟夫·李斯特,发现在某化工厂附近的污水沟里,沟水清澈,浮在水面上的草根很少腐烂。原来,这是从化工厂流出的石炭酸混杂在沟水里,石炭酸(即苯酚)是化工厂提炼焦油时排出的废弃物。李斯特用石炭酸对手术器械、纱布等一系列用品进行了消毒,病人手术后伤口化脓、感染的现象立即减少了,由此,这家医院手术伤口感染率一度成为全世界外科医院中最低者。石炭酸是腐蚀性很强的一种药物,所以苯酚类的消毒药只适用于外用品。

苯酚具有较强的消毒杀菌能力。1:500~1:1 000的苯酚水溶液能沉淀蛋白质,可用来杀灭细菌。苯酚对各种细菌的杀灭能力不一致,质量分数为1%的水溶液能杀灭大多数病菌,但结核杆菌需要5%的水溶液并要经过24 h才能杀死。因为苯酚具有一定的毒性和腐蚀性,所以一般用质量分数为0.5%~3%的苯酚水溶液消毒外科手术用具等。

9.2 醛和酮

醛、酮是烃的含氧衍生物,它们的共同特点是分子中都含有碳氧双键 $>C=O$,称为羰基,因此,醛、酮统称为羰基化合物。羰基碳上结合着氢原子和一个烃基的化合物是醛(甲醛除外),醛基(—CHO)是醛的官能团。羰基上结合两个烃基的化合物是酮。酮分子中的羰基又称为酮基。醛、酮能发生一些相似的化学反应,如羰基的亲核加成反应、还原反应、α-H的取代反应。但在性质上也有一定的差异,醛能被弱氧化剂氧化,而酮则不易被氧化。

9.2.1　醛和酮的定义、分类和命名

1）醛和酮的定义

羰基与两个烃基相连的化合物称为酮，通式为：$R-\overset{\displaystyle O}{\underset{\displaystyle \|}{C}}-R'$。羰基与一个烃基和一个氢

相连的化合物称为醛，通式为：$R-\overset{\displaystyle O}{\underset{\displaystyle \|}{C}}-H$。羰基与两个氢相连的化合物称为甲醛，通式为：

$H-\overset{\displaystyle O}{\underset{\displaystyle \|}{C}}-H$。它们的官能团均为羰基：$-\overset{\displaystyle O}{\underset{\displaystyle \|}{C}}-$。羰基在酮中也称为酮基；在醛中羰基和羰基氢

一起又被称为醛基。

2）醛和酮的分类

①根据羰基所连的烃基不同可分为脂肪族醛、酮和芳香族醛、酮。

②根据烃基饱和度不同可分为饱和醛、酮和不饱和醛、酮。

3）醛和酮的命名

脂肪族醛、酮的命名，多采用系统命名法，其命名规则如下：

①选择包含羰基碳原子在内的最长碳链为母体，称某醛或某酮（烯醛或烯酮）；

②母体碳原子的编号从靠近羰基的一端开始；若用希腊字母编号，则与羰基相连的碳原子为 α 位。

③命名醛时，醛基的位次可省略，酮则必须在母体名称前注明酮基的位次。

④脂环族和芳香族醛、酮命名时，将脂环或芳环看成取代基。

⑤环酮的命名和脂肪烃相似，仅在母体名称前加一个"环"字。例如：

$$CH_3-\underset{\displaystyle \underset{\displaystyle CH_3}{|}}{CH}-CH_2-\overset{\displaystyle O}{\underset{\displaystyle \|}{C}}-H \qquad CH_3-\overset{\displaystyle O}{\underset{\displaystyle \|}{C}}-\underset{\displaystyle \underset{\displaystyle CH_3}{|}}{CH}-CH_2-\overset{\displaystyle O}{\underset{\displaystyle \|}{C}}-CH_3$$

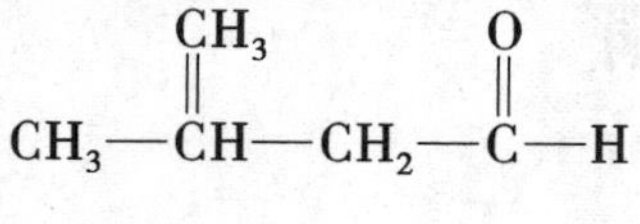

3-甲基丁醛(β-甲基丁醛)　　　　　　3-甲基-2,5-己二酮

$$CH_3-\underset{\displaystyle \underset{\displaystyle CH_2CH_3}{|}}{CH}-CH_2-\overset{\displaystyle O}{\underset{\displaystyle \|}{C}}-CH_3$$

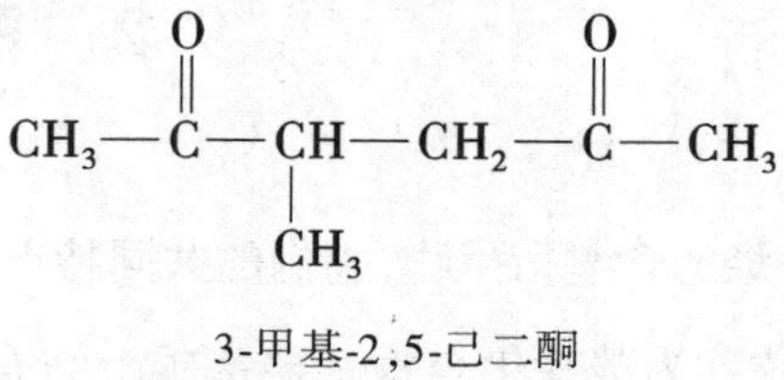

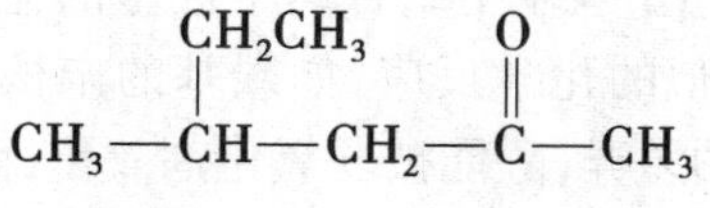

4-甲基-2-己酮

⑥对于结构简单的醛、酮，可用普通命名法命名。例如，结构简单的醛、酮，根据所含碳原子来命名。在对应的碳原子后加"醛"字。例如：

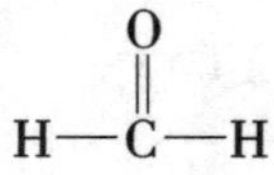

$$\underset{\text{甲醛}}{\text{H}-\overset{\overset{\displaystyle O}{\|}}{\text{C}}-\text{H}} \qquad \underset{\text{乙醛}}{\text{CH}_3-\overset{\overset{\displaystyle O}{\|}}{\text{C}}-\text{H}} \qquad \underset{\text{丙醛}}{\text{CH}_3-\text{CH}_2-\overset{\overset{\displaystyle O}{\|}}{\text{C}}-\text{H}}$$

$$\underset{\text{异丁醛}}{\text{CH}_3-\underset{\underset{\displaystyle CH_3}{|}}{\text{CH}}-\overset{\overset{\displaystyle O}{\|}}{\text{C}}-\text{H}} \qquad \underset{\text{新丁醛}}{\text{CH}_3-\underset{\underset{\displaystyle CH_3}{|}}{\overset{\overset{\displaystyle CH_3}{|}}{\text{C}}}-\overset{\overset{\displaystyle O}{\|}}{\text{C}}-\text{H}}$$

简单的酮,根据两个烃基来命名,把简单的烃基放在前面,较复杂的烃基放在后面,最后加"甲酮"("甲"字可省略)。例如:

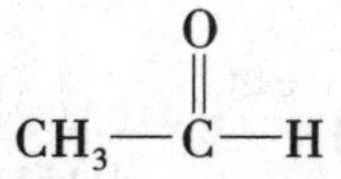

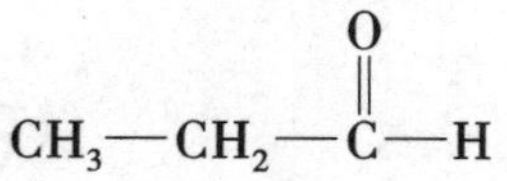

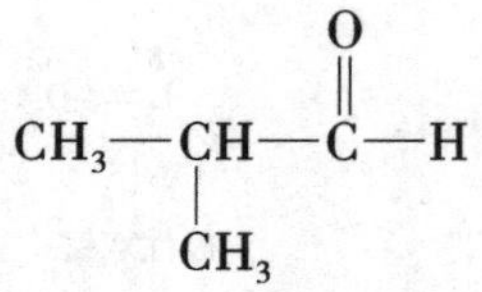

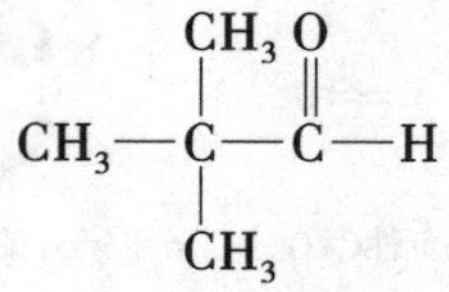

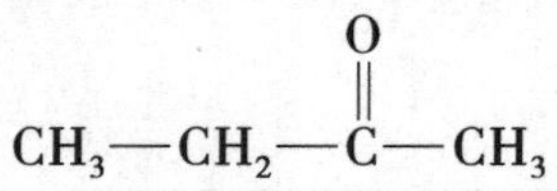

$$\underset{\text{甲乙酮}}{\text{CH}_3-\text{CH}_2-\overset{\overset{\displaystyle O}{\|}}{\text{C}}-\text{CH}_3} \qquad \underset{\text{二乙酮}}{\text{CH}_3-\text{CH}_2-\overset{\overset{\displaystyle O}{\|}}{\text{C}}-\text{CH}_2-\text{CH}_3}$$

芳香族醛、酮可将芳香基作为取代基来命名。例如:

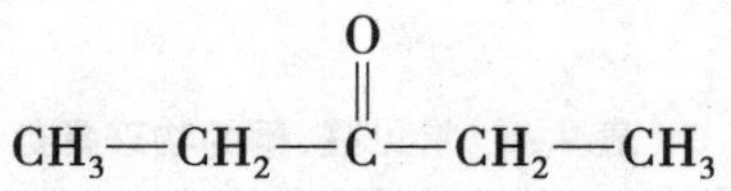

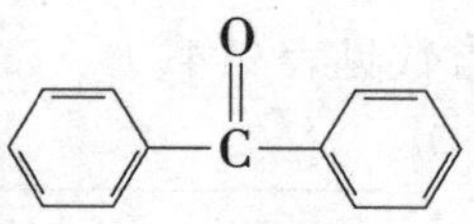

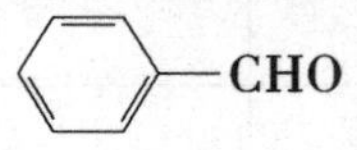

苯甲醛 — CHO   β-苯基丙烯醛 — CH=CHCHO

环酮的命名类似脂肪酮,仅在前面加上"环"字,如有取代基,编号时从羰基碳开始使取代基的位次尽可能小。

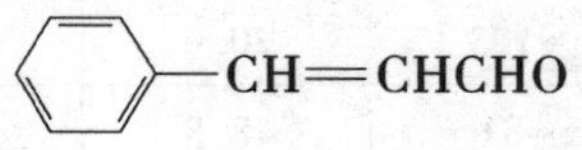

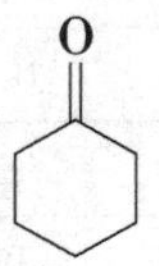

环己酮   1,3-环戊二酮   3-甲基环己酮

9.2.2 醛、酮的结构

醛、酮中都含有羰基,碳和氧以双键相结合,碳原子的 3 个 sp^2 杂化轨道分别与氧原子和其他 2 个原子(碳原子或氢原子)形成 3 个 σ 键,这 3 个 σ 键在同一个平面上。碳原子未参与杂化的 p 轨道与氧原子的 1 个 p 轨道侧面重叠形成一个 π 键。因此,羰基碳氧双键也是由 1 个 σ 键和一个 π 键组成的。由于氧原子的电负性较强,所以碳氧原子的成键电子云偏向于氧原子,而使氧原子上的电子云密度增大,所以碳氧双键是一个极性不饱和键。

9.2.3 醛、酮的性质

1)醛、酮的物理性质

除甲醛为无色气体外,十二碳以下的醛、酮为液体,高级醛、酮为固体。某些中级的醛、酮和一些芳香醛具有特殊的香味。醛和酮都不能形成分子间氢键,所以沸点比分子量相近的醇

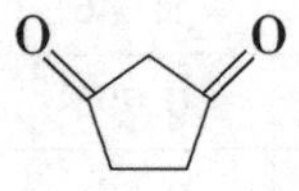

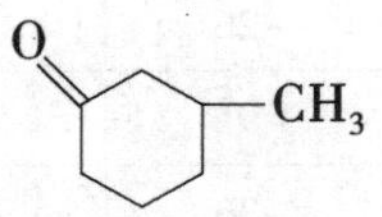

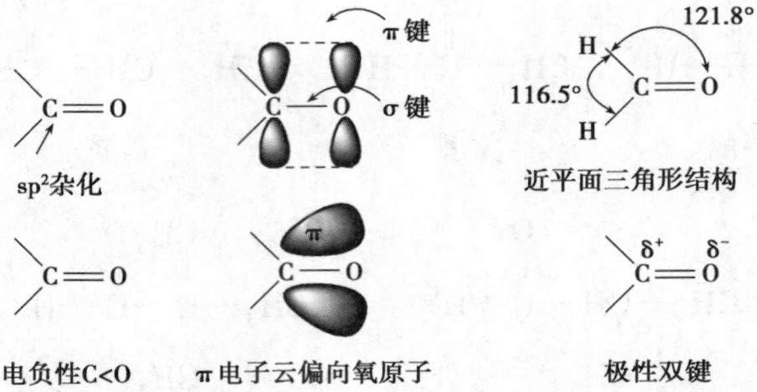

图 9.1　羰基结构示意图

低。但羰基的极性增加了醛、酮分子间的引力，因此它们的沸点比分子量相近的烷烃和醚要高。羰基是一个亲水基团，可与水分子形成氢键，故醛、酮具有一定的水溶性。常见醛、酮的物理常数见表 9.4。

表 9.4　常见醛、酮的物理常数

名称	熔点/℃	沸点/℃	D_4^{20}	溶解度/(g·100 g H_2O^{-1})
甲醛	-92	-21	0.815	55
乙醛	-123	20.8	0.783	溶
丙醛	-81	48.8	0.807	20
丁醛	-97	74.7	0.817	4
乙二醛	15	50.4	1.14	溶
丙烯醛	-87.7	53	0.841	溶
苯甲醛	-26	179	1.046	0.33
丙酮	-95	56.1	0.792	溶
丁酮	-86	79.6	0.805	35.3
2-戊酮	-77.8	102	0.812	几乎不溶
3-戊酮	-42	102	0.814	4.7

2) 醛、酮的化学性质

醛酮中的羰基由于 π 键的极化，使得氧原子上带部分负电荷，碳原子上带部分正电荷。氧原子可以形成比较稳定的氧负离子，它较带正电荷的碳原子要稳定得多，因此，反应中心是羰基中带正电荷的碳。所以羰基易与亲核试剂进行加成反应（亲核加成反应）。此外，受羰基的影响，与羰基直接相连的 α-碳原子上的氢原子（α-H）较活泼，能发生一系列反应。

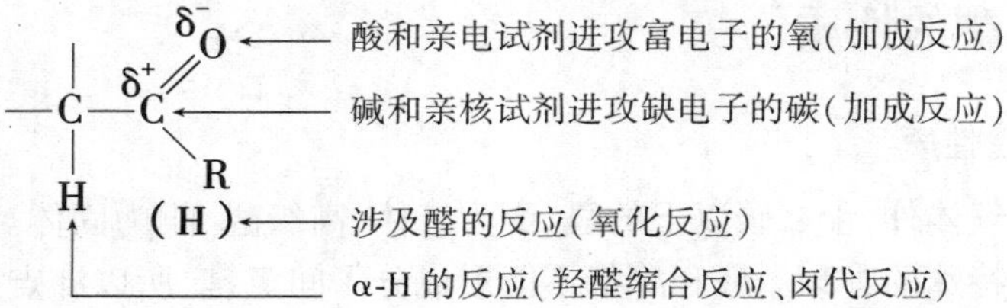

亲核加成反应和 α-H 的反应是醛、酮的两类主要化学性质。

（1）羰基的亲核加成反应

羰基能和许多极性试剂（如 HCN、$NaHSO_3$、ROH、H_2O 等）发生加成反应。

反应历程如下：

$$HY \Longrightarrow H^+ + Y^-$$

$$\underset{\delta^+}{\overset{}{C}} \!\!=\!\! \underset{\delta^-}{\overset{}{O}} + Y^- \xrightarrow{\text{慢}} \overset{O^-}{\underset{Y}{\overset{|}{C}}}$$

$$\overset{O^-}{\underset{Y}{\overset{|}{C}}} + H^+ \xrightarrow{\text{快}} \overset{OH}{\underset{Y}{\overset{|}{C}}}$$

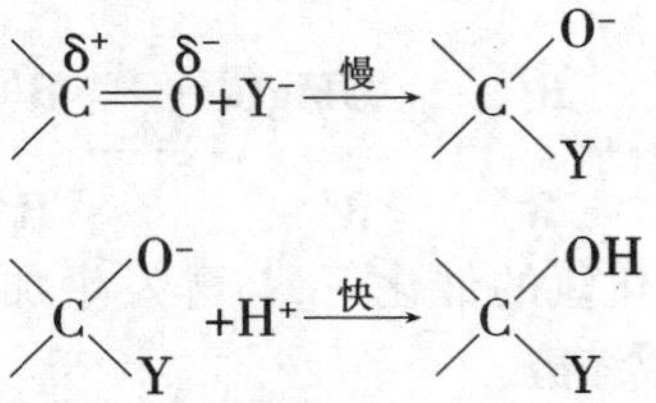

其中，Y 或 Y^- 表示亲核试剂，如 CN^-，RO^- 等。

由反应历程可以看出，亲核试剂进攻是决定整个加成反应速度的关键步骤，这种由亲核试剂首先进攻而引起的加成反应称为亲核加成反应。

①与氢氰酸的加成。醛、甲基酮及 8 个碳原子以下的环酮与氢氰酸反应生成 α-羟基腈，反应活动次序为：

$$\overset{H}{\underset{H}{C}} \!\!=\!\! O \; > \; \overset{R}{\underset{H}{C}} \!\!=\!\! O \; > \; \overset{R}{\underset{R}{C}} \!\!=\!\! O$$

$$\overset{R}{\underset{H}{C}} \!\!=\!\! O + HCN \longrightarrow \overset{R}{\underset{H}{\overset{|}{C}}}\overset{OH}{\underset{CN}{}}$$

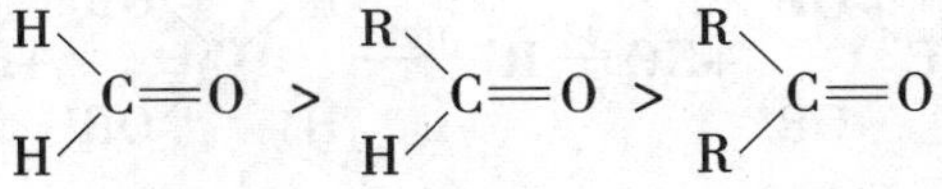

α-羟基腈水解后，可生成 α-羟基酸。

$$CH_3 \!-\! CHO + HCN \xrightarrow{NaOH} CH_3 \!-\! \overset{OH}{\overset{|}{CH}} \!-\! CN \xrightarrow{H_2O/H^+} CH_3 \!-\! \overset{OH}{\overset{|}{CH}} \!-\! COOH$$

醛、酮与氢氰酸的加成是增长碳链的方法之一。

②与饱和亚硫酸氢钠溶液的加成。醛、甲基酮及 8 个碳原子以下的环酮能发生该反应。

$$\overset{R}{\underset{H}{C}} \!\!=\!\! O + HSO_3Na \longrightarrow \overset{R}{\underset{H}{\overset{|}{C}}}\overset{OH}{\underset{SO_3Na}{}}$$

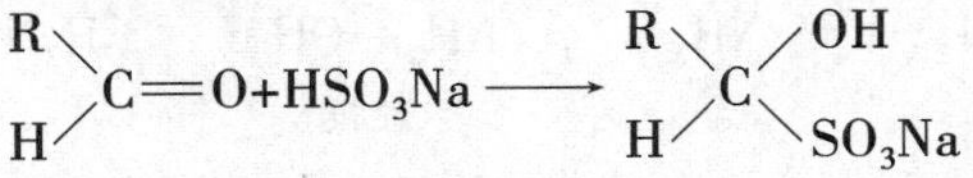

α-羟基磺酸钠不溶于饱和亚硫酸氢钠溶液而成结晶析出，它具有无机盐的性质，与稀酸或稀碱共热则分解析出原来的醛或酮。利用这一性质可分离提纯醛或甲基酮。

$$CH_3 \!-\! \overset{OH}{\overset{|}{CH}} \!-\! SO_3Na + HCl \longrightarrow CH_3 \!-\! CHO + H_2O + SO_2\uparrow + NaCl$$

③与格林试剂加成。格林试剂是较强的亲核试剂，非常容易与醛、酮进行加成反应，加成的产物不必分离便可直接水解生成相应的醇。这是实验室制备各种醇常用的方法。

$$R \!-\! C \!\!=\!\! O + R' \!-\! MgX \xrightarrow{\text{干醚}} R \!-\! \overset{|}{\underset{R'}{C}} \!-\! OMgX \xrightarrow{\text{水}} R \!-\! \overset{|}{\underset{R'}{C}} \!-\! OH$$

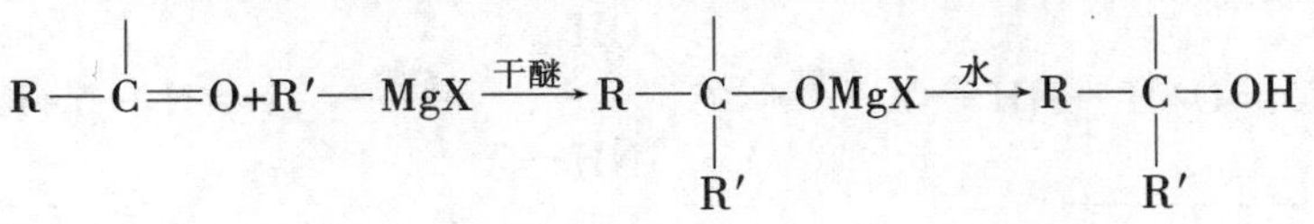

$$\underset{H}{\overset{H}{\diagdown}}C=O+RMgCl \longrightarrow \underset{H}{\overset{H}{\diagdown}}\underset{R}{\overset{OMgCl}{\diagup}}C \xrightarrow{\text{水}} RCH_2OH+Mg(OH)Cl$$

$$\underset{H}{\overset{R}{\diagdown}}C=O+R'MgCl \longrightarrow \underset{H}{\overset{R}{\diagdown}}\underset{R'}{\overset{OMgCl}{\diagup}}C \xrightarrow{\text{水}} \underset{H}{\overset{R}{\diagdown}}\underset{R'}{\overset{OH}{\diagup}}C +Mg(OH)Cl$$

$$\underset{R}{\overset{R'}{\diagdown}}C=O+R''MgCl \longrightarrow \underset{R}{\overset{R'}{\diagdown}}\underset{R''}{\overset{OMgCl}{\diagup}}C \xrightarrow{\text{水}} \underset{R}{\overset{R'}{\diagdown}}\underset{R''}{\overset{OH}{\diagup}}C +Mg(OH)Cl$$

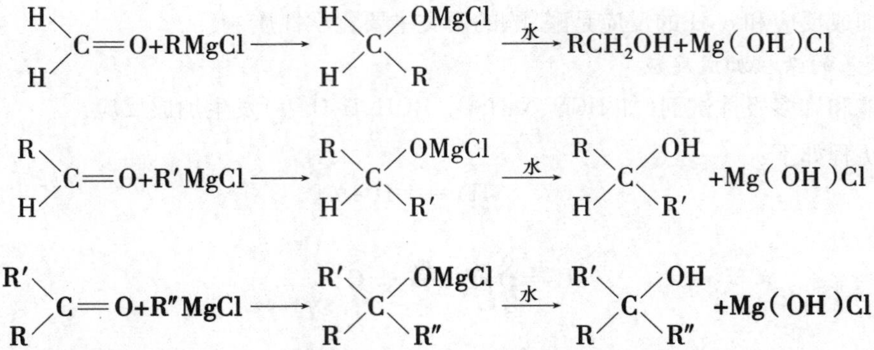

④与醇的加成。醛在干燥氯化氢的催化下,与醇发生加成反应,生成半缩醛。半缩醛又能继续与过量的醇作用,脱水生成缩醛。

醇是弱的亲核试剂,与羰基加成的活性很低,需无水氯化氢催化。

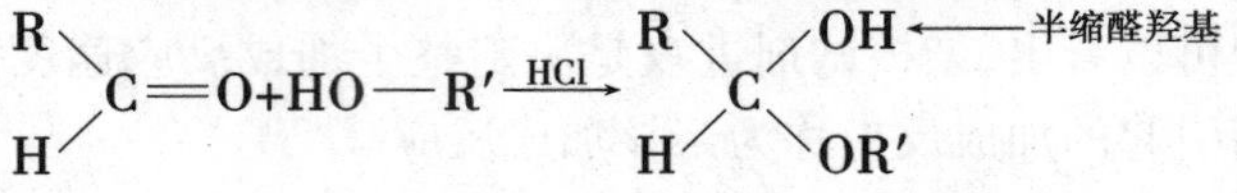

$$\underset{H}{\overset{R}{\diagdown}}C=O+HO-R' \xrightarrow{HCl} \underset{H}{\overset{R}{\diagdown}}\underset{OR'}{\overset{OH}{\diagup}}C \longleftarrow \text{半缩醛羟基}$$

半缩醛

$$\underset{H}{\overset{R}{\diagdown}}\underset{OR'}{\overset{OH}{\diagup}}C +HO-R' \xrightarrow{HCl} \underset{H}{\overset{R}{\diagdown}}\underset{OR'}{\overset{OR'}{\diagup}}C +H_2O$$

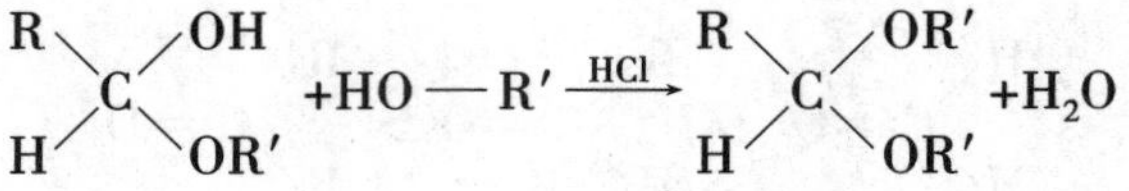

缩醛

应用:该方法可以保护醛基,使活泼的醛基在反应中不被破坏。缩醛在稀酸溶液中很容易水解成原来的醛和醇。

a.此反应是可逆反应。

b.缩醛比半缩醛稳定,但在室温下很快被无机酸分解为原来的醇和醛。

c.缩醛对碱和氧化剂稳定,可用来保护醛基。

d.酮一般不形成半缩酮或缩酮。

⑤与氨的衍生物的加成—消除反应。醛、酮与氨的衍生物发生加成反应。

常见的衍生物有:

$$\underset{\text{胺}}{R-NH_2} \qquad \underset{\text{氨}}{NH_3} \qquad \underset{\text{羟胺}}{NH_2-OH} \qquad \underset{\text{肼}}{H_2N-NH_2}$$

由于氨的衍生物都含有氨基(—NH₂),可用通式 Y—NH₂(Y 代表化合物中氨基以外的基团)来表示,它们与醛、酮的反应过程如下:

$$\underset{\text{苯肼}}{\bigcirc\!\!\!\!\bigcirc-NH-NH_2} \qquad \underset{\text{2,4-二硝基苯肼}}{O_2N-\bigcirc\!\!\!\!\bigcirc-NH-NH_2} \qquad \underset{\text{氨基脲}}{H_2N-NH-\overset{O}{\overset{\|}{C}}-NH_2}$$

$$\overset{}{\diagup}C=O+H-NH-Y \xrightarrow{\text{加成}} \underset{NH-Y}{\overset{OH}{\diagup}}C \xrightarrow{\text{消除}} \diagup C=N-Y+H_2O$$

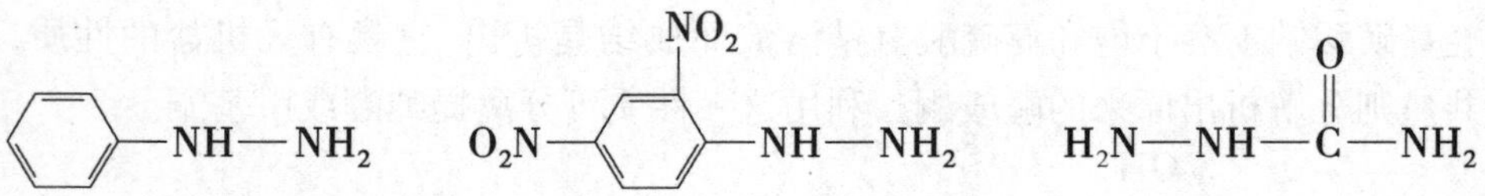

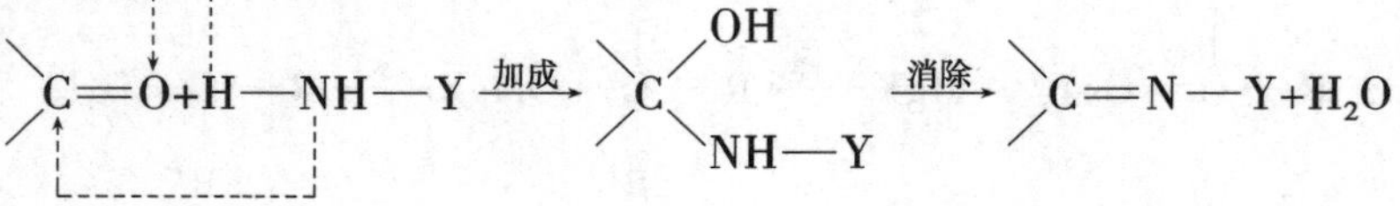

$$CH_3-CHO+H_2N-OH \longrightarrow CH_3-CH=N-OH+H_2O$$

　　　　　　　羟胺　　　　　　　　　　乙醛肟

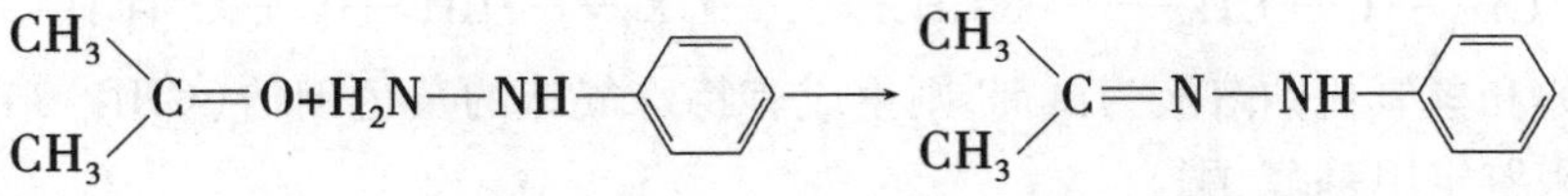

$$\underset{CH_3}{\overset{CH_3}{|}}C=O+H_2N-NH-\text{（苯环）} \longrightarrow \underset{CH_3}{\overset{CH_3}{|}}C=N-NH-\text{（苯环）}$$

　　　　　苯肼　　　　　　　　　　　　　丙酮苯腙

$$\text{（苯环）}-CHO+H_2N-R \longrightarrow \text{（苯环）}-CH=N-R$$

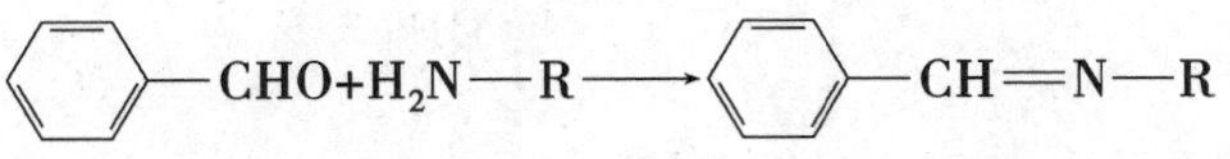

　　　　　伯胺　　　苯甲醛亚胺（schiff 希夫碱）

　　肟（醛、酮与羟胺的反应产物）、苯腙（醛、酮与苯肼、2,4-二硝基苯肼的反应产物）、缩氨脲（醛、酮与氨基脲的反应产物），大多是黄色或白色晶体，收率高、易提纯，在稀酸作用下可分解为原来的醛、酮。因此，常用于醛、酮的分离、提纯。这些产物都具有一定的熔点，故常用于各种醛、酮的鉴别，称为羰基试剂。

　　⑥与品红试剂反应。品红是一种红色的有机染料，通入二氧化硫气体于品红溶液中，亚硫酸可与品红结合成无色物质，这种无色物质的溶液称为品红试剂（希夫试剂）。

　　醛与品红试剂作用生成紫红色或桃红色的加成产物，加入浓硫酸后，颜色褪去，但甲醛与品红试剂作用生成的红色加成产物遇浓硫酸不褪色。酮与品红试剂无此反应（丙酮可缓慢作用，但加成物颜色很淡）。因此利用品红试剂可鉴别醛、酮及甲醛。

　　⑦与水的加成反应。醛、酮与水加成生成偕二醇。

$$\underset{H}{\overset{R}{|}}C=O+H-OH \Longrightarrow \underset{H}{\overset{R}{|}}C\underset{OH}{\overset{OH}{|}}$$

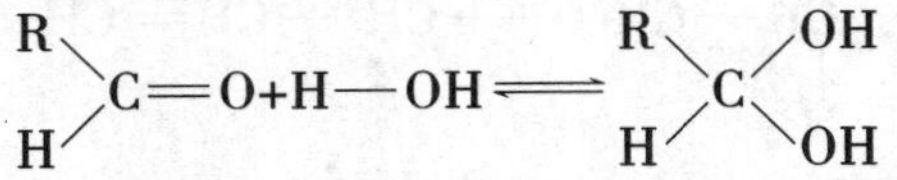

　　偕二醇不稳定，易脱水变为原来的醛或酮。但甲醛由于羰基活性大，在水溶液中主要以偕二醇的形式存在，但不能从水中分离出来。

$$\underset{H}{\overset{H}{|}}C=O+H-OH \Longrightarrow \underset{H}{\overset{H}{|}}C\underset{OH}{\overset{OH}{|}}$$

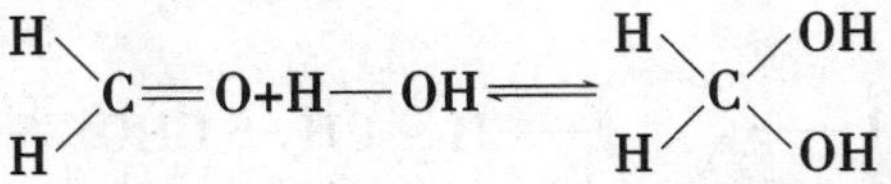

　　有的醛、酮在羰基碳原子连有吸电子基时，可形成稳定的偕二醇。例如：

$$CCl_3-CHO+H-OH \Longrightarrow \underset{H}{\overset{Cl_3C}{|}}C\underset{OH}{\overset{OH}{|}}$$

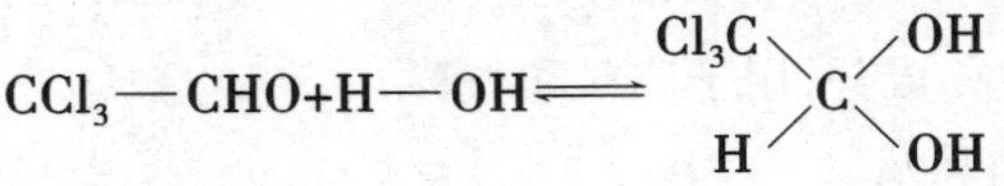

　　　　三氯乙醛　　　　　　　　　　水合三氯乙醛

　　(2) α-氢的反应

　　①卤代反应。在碱性溶液中，醛酮的 α-H 易被卤素取代，常用的试剂是卤素的碱溶液和次氯酸钠。例如：

$$CH_3-CH_2-CHO+Cl_2 \xrightarrow{OH^-} CH_3-\underset{Cl}{\overset{}{\underset{|}{C}H}}-CHO \xrightarrow[OH^-]{Cl_2} CH_3-\underset{Cl}{\overset{Cl}{\underset{|}{\overset{|}{C}}}}-CHO$$

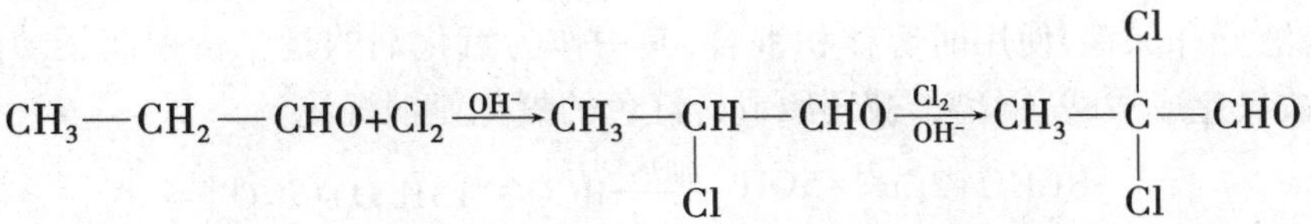

　　如果有 3 个 α-H，也即 α-C 为甲基，则 3 个 α-H 可一次被卤素取代，取代后的产物在碱性

条件下容易分解,生成三卤甲烷(卤仿)和羧酸盐。

$$CH_3-\overset{O}{\overset{||}{C}}-CH_3 \xrightarrow{OH^-,\ X_2} CH_3-\overset{O}{\overset{||}{C}}-CX_3 \xrightarrow{OH^-} CH_3-\overset{O}{\overset{||}{C}}-O^- + CHX_3$$

反应以碘和氢氧化钠溶液为试剂,则生成有特殊气味的黄色碘仿(CHI_3)结晶,称为碘仿反应。常用来鉴定甲基醛、酮。

碘和氢氧化钠反应生成次氯酸钠,能将$CH_3-\underset{\underset{OH}{|}}{CH}-R(H)$结构的醇氧化成$CH_3-\overset{\overset{|}{|}}{\underset{||}{C}}$结

构的醛和酮,所以碘仿反应也可用来鉴别具有$CH_3-\underset{\underset{OH}{|}}{CH}-R(H)$结构的醇。

②羟醛缩合反应。在稀碱的催化下,具有 α-氢原子的醛、酮可以与另一分子醛、酮的羰基加成,生成 β-羟基醛、酮,此反应称为羟醛缩合反应。

$$CH_3-\overset{O}{\overset{||}{C}}-H+H-CH_2-\overset{O}{\overset{||}{C}}-H \xrightarrow{OH^-} CH_3-\underset{\underset{OH}{|}}{CH}-CH_2-CHO$$

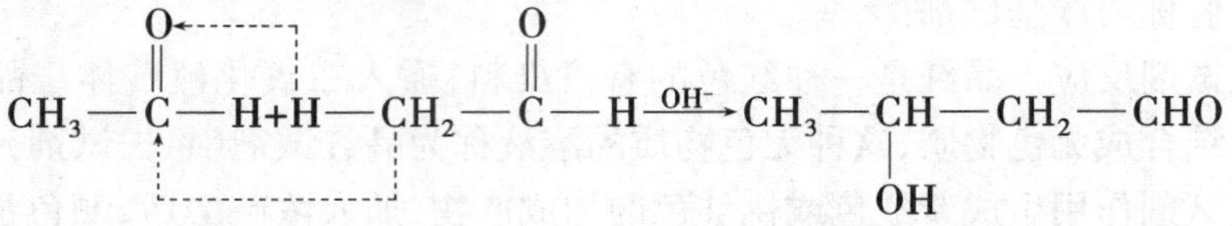

β-羟基丁醛

此反应也可用于链增长反应。

β-羟基醛、酮中的 α-H 更活泼,在稍受热的条件下能与羟基脱水生成 α,β-不饱和醛、酮。

$$CH_3-\underset{\underset{OH}{|}}{CH}-\underset{\underset{H}{|}}{CH}-CHO \longrightarrow CH_3-CH=CH-CHO+H_2O$$

不含 α-H 的醛,分子间不发生羟醛缩合反应,但可与另一种含 α-H 的醛发生不同分子间的羟醛缩合反应。

$$\text{⟨⟩}-CHO+CH_3-\overset{O}{\overset{||}{C}}-H \longrightarrow \text{⟨⟩}-\underset{\underset{OH}{|}}{CH}-CH_2-CHO \xrightarrow{-H_2O} \text{⟨⟩}-CH=CH-CHO$$

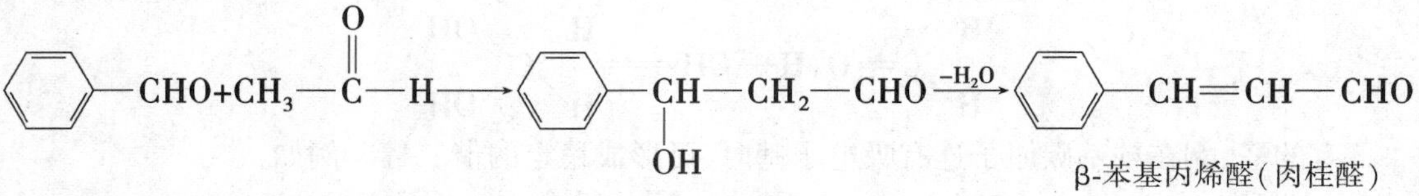

β-苯基丙烯醛(肉桂醛)

肉桂醛是桂皮油的主要成分,用于调料和香料。

(3)醛、酮的氧化还原反应

①氧化反应。醛的羰基上所连的氢原子很容易被氧化,不仅强氧化剂,即使弱氧化剂也可使其氧化,生成同碳数的酸。在相同条件下,酮则难以氧化。

常用一些弱氧化剂来鉴别醛和酮。例如:

a. 菲林试剂。由 A、B 两种溶液组成,A 为硫酸铜溶液,B 为氢氧化钠的酒石酸钾钠溶液。平时两种溶液分开保存,使用时等体积混合,其中作为氧化剂的是二价铜离子。醛与菲林试剂反应时,被氧化成羧酸,铜离子被还原成砖红色的氧化亚铜沉淀。

$$RCHO+2Cu^{2+}+5OH^- \xrightarrow{\text{加热}} RCOO^-+3H_2O+Cu_2O\downarrow$$

砖红色

b. 吐伦试剂是碱性的银氨溶液,氧化剂是银离子,它和醛作用时,醛被氧化成羧酸的铵盐,它本身被还原成金属银。如果反应的容器洁净,析出的金属银将镀在器壁上明亮如镜,因此这个反应又称为银镜反应。酮和上述弱氧化剂不反应,芳香醛只能与吐伦试剂作用,不能与菲林试剂作用。

②还原反应。醛或酮经催化加氢可被还原为伯醇或仲醇。

$$R-CHO+H_2 \xrightarrow{Ni} R-CH_2-OH \quad 伯醇$$

$$\underset{\underset{\displaystyle O}{\|}}{R-C-R}+H_2 \xrightarrow{Ni} \underset{\underset{\displaystyle OH}{|}}{R-CH-R} \quad 仲醇$$

③歧化反应。无 α-H 的醛,如甲醛、苯甲醛等,与浓碱共热时发生自身的氧化还原反应,一分子醛被氧化成羧酸的同时,另一分子的醛被还原成醇,该反应称为歧化反应。

$$HCHO+HCHO \xrightarrow{\text{浓 NaOH}} HCOONa+CH_3OH$$

$$2 \bigcirc\!\!\!-CHO \xrightarrow{\text{浓 NaOH}} \bigcirc\!\!\!-COONa+ \bigcirc\!\!\!-CH_2OH$$

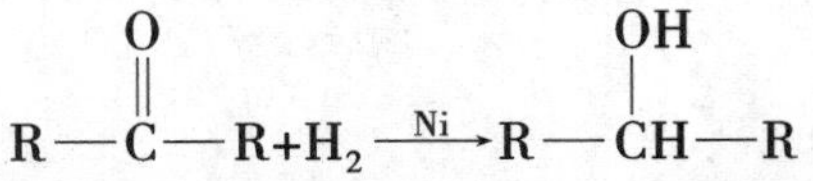

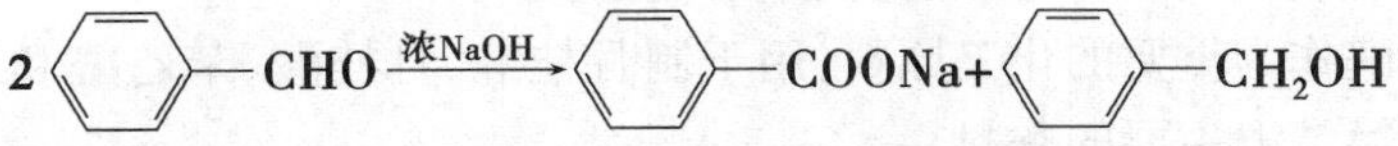

这个反应是康尼查罗(Cannizzaro)于 1853 年发现的,故称为康尼查罗反应。

9.2.4 重要的醛、酮及应用

1)甲醛

甲醛又名蚁醛,是无色、有刺激性气味、易溶于水的气体。甲醛有凝固蛋白质的作用,因而具有防腐能力,常用来保护动物标本的福尔马林就是 37% ~ 40% 的甲醛水溶液,其中掺有 8% 的甲醇,以防甲醛聚合成沉淀。

甲醛很容易发生聚合,常温下由 3 个气体分子甲醛聚合,可形成环状的三聚甲醛。

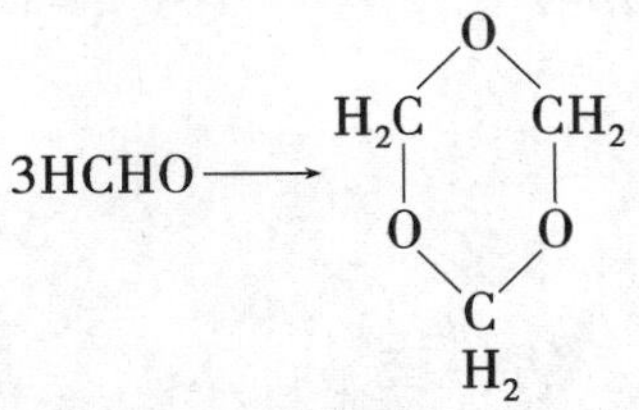

$$3HCHO \longrightarrow \text{（三聚甲醛结构式）} \quad 三聚甲醛$$

甲醛溶液久置或蒸干,也可发生多个分子聚合,产生多聚甲醛白色沉淀。

$$nHCHO \longrightarrow \left[CH_2O\right]_n$$

聚合度 n 为 8 ~ 100 的低分子量聚合物是白色固体,仍具有甲醛的刺激性气味,熔点为 20 ~ 170 ℃。在少量硫酸催化下加热可解聚而放出甲醛。在适当的催化剂如三苯基膦的作用下,甲醛的聚合度会大大提高(为 500 ~ 5 000),形成一种可塑性固体,具有很好的硬度,可代替金属材料使用。

甲醛是非常重要的化学工业合成原料,甲醛与苯酚进行缩聚形成立体交联的高分子化合物——酚醛树脂,可制备具有绝缘性能的电木。应用于尿素—甲醛树脂及三聚氰胺—甲醛树脂的合成。甲醛除用于医药上的消毒剂和防腐剂外,甲醛还用于表面活性剂、塑料、橡胶、鞣革、造纸、染料、制药、农药、照相胶片、炸药、建筑材料以及消毒、熏蒸和防腐过程中。

2）乙醛

乙醛是无色液体，有刺激性气味。可溶于水、乙醇、乙醚、丙酮和苯。易燃，易挥发。蒸汽与空气能形成爆炸性混合物。乙醛可存在于咖啡、面包、成熟的水果中，它还可以通过植物作为代谢产物而生成。乙醛易聚合，在浓硫酸作用下可形成稳定的三聚体（三聚乙醛），工业上常以形成三聚体的形式来保存乙醛，乙醛是重要的有机合成原料，用于制造醋酸、醋酐、合成树脂、橡胶、塑料、香料，也用于制革、制药、造纸、医药，还可用作防腐剂、防毒剂、显像剂、溶剂、还原剂等。

3）苯甲醛

苯甲醛是无色液体，沸点 178 ℃，有浓浓的苦杏仁气味，俗称苦杏仁油。自然界中苯甲醛常与葡萄糖、氢氰酸等结合而存在于杏、桃、李等的种仁中，尤其是苦杏仁中含量最多。

苯甲醛在室温下能被空气中的氧缓慢地氧化成苯甲酸，因此，保存时常加入少量的对苯二酚作为抗氧化剂，以阻止氧化反应的发生。

苯甲醛作为重要的化工原料，用于制月桂醛、月桂酸、苯乙醛和苯甲酸苄酯等，苯甲醛在数目上是第二大主要的香料。

4）丙酮

丙酮是无色有香味的液体，沸点 56.2 ℃，易燃烧，能与水、乙醇、乙醚等溶剂混溶，其本身也是常用的溶剂，广泛用于油漆和人造纤维工业。丙酮也是重要的有机合成原料，如用丙酮制造有机玻璃、合成树脂、合成橡胶、制备氯仿和碘仿等，在生物体内物质代谢中，丙酮是油脂的分解产物，常有少量存在于尿中，糖尿病患者尿中的丙酮含量比常人高。

目前工业上主要采用丙烯催化氧化法制备丙酮。

$$CH_3—CH═CH_2+O_2 \xrightarrow{SnCl_2、CuCl_2} CH_3—\overset{\overset{\large O}{\|}}{C}—CH_3$$

知识拓展

甲 醛

在日常生活中，对人体造成伤害的甲醛无处不在。涉及的物品包括家具、木地板；童装、免烫衬衫；快餐面、米粉；水发鱿鱼、海参、牛百叶、虾仁；甚至小汽车……不难看出，衣、食、住、行——我们生活中最重要的四件事，甲醛竟然全部染指了，无处不在的甲醛让人忧心忡忡。

甲醛为国家明文规定的禁止在食品中使用的添加剂，在食品中不得检出，但不少食品中都不同程度检出了甲醛的存在。

①存在于水发食品中。由于甲醛可以保持水发食品表面色泽光亮，可增加韧性和脆感，改善口感，还可以防腐，如果用它来浸泡海产品，可以固定海鲜形态，保持鱼类色泽。因此，甲醛已被不法商贩广泛用于泡发各种水产品中。

②存在于面食、蘑菇或豆制品中。甲醛可以增白，改变色泽，故甲醛常被不法商贩用来熏蒸或直接加入面食、蘑菇或豆制品中，不法商贩用“吊白块”熏蒸有关食品增白时，也可在食品中残留甲醛。

室内空气中甲醛已成为影响人类身体健康的主要污染物，特别是冬天的空气中甲醛对人体的危害最大。甲醛还来自生活的其他方面。

①甲醛可来自化妆品、清洁剂、杀虫剂、消毒剂、防腐剂、印刷油墨、纸张等。

②泡沫板条作房屋防热、御寒与绝缘材料时，在光与热高温下使泡沫老化、变质产生合成物而释放甲醛。

③烃类经光化合能生成甲醛气体，有机物经生化反应也能生成甲醛，在燃烧废气中也含有大量的甲醛。

④甲醛还来自于车椅座套、坐垫和车顶内衬等车内装饰装修材料，以新车甲醛释放量最突出。

⑤甲醛也来自室外空气的污染，如工业废气、汽车尾气、光化学烟雾等在一定程度上均可排放或产生一定量的甲醛。

9.3 羧酸和酯

羧酸和酯以及取代酸在自然界中广泛存在，是动、植物体内重要的生理物质，在动、植物的分解、代谢与合成的过程中起着重要的作用。

9.3.1 羧酸的定义、分类和命名

1）羧酸的定义

羧酸是烃分子中的氢原子被羧基（—COOH）所取代的化合物。其通式为 R—COOH 或 Ar—COOH；官能团为—COOH。

2）羧酸的分类

根据分子中烃基的结构和羧基的数目，羧酸可分为脂肪酸、脂环酸和芳香酸；饱和酸和不饱和酸；一元酸、二元酸和多元酸等。

$CH_3—CH_2—COOH$

一元脂肪族羧酸（饱和羧酸）

$CH_2═CH—COOH$

一元脂肪族羧酸（饱和羧酸）

一元芳香族羧酸

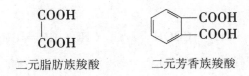

COOH
|
COOH

二元脂肪族羧酸

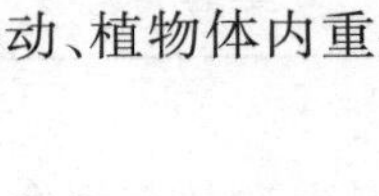

二元芳香族羧酸

3）羧酸的命名

（1）羧酸的俗名命名法

羧酸常用俗名。羧酸的俗名通常根据天然来源命名。脂肪族羧酸很早就被人们所熟知，因而常根据其来源而有俗名。常见羧酸的俗名有蚁酸、醋酸、油酸、亚油酸、安息香酸、水杨酸等。常见羧酸的俗名见表9.5。

表9.5　常见羧酸的俗名

化学式	系统名	俗名	化学式	系统名	俗名
HCOOH	甲酸	蚁酸	COOH⎪COOH	乙二酸	草酸
CH_3COOH	乙酸	醋酸	H_2C〈COOH COOH	丙二酸	胡萝卜酸
$CH_3(CH_2)_2COOH$	丁酸	酪酸	CH_2—COOH⎪CH_2—COOH	丁二酸	琥珀酸
$CH_3(CH_2)_{16}COOH$	十八酸	硬脂酸	⬡—COOH	苯甲酸	安息香酸
CH_2=CH—COOH	丙烯酸	败脂酸	⬡〈COOH COOH	邻苯二甲酸	酞酸
$CH(CH_2)_7CH_3$‖$CH(CH_2)_7COOH$	顺-十八碳-9-烯酸	油酸	⬡—CH_2=CH—COOH	3-苯丙烯酸（反式）	肉桂酸

（2）羧酸的系统命名法（羧酸的系统命名原则与醛相似）

①首先选择含有羧基的最长碳链作为主链，然后根据主链上碳原子数目称为某酸。主链碳原子的编号从羧基碳原子开始。

②脂环酸、芳香酸的命名，常以脂环或芳环作为取代基。

③不饱和羧酸的命名是选择含有不饱和键和羧基在内的最长碳链作为主链，编号仍从靠近羧基的一端开始，称为某烯酸或某炔酸。

④脂肪族二元酸的命名是选择含有两个羧基碳原子在内的最长碳链作为主链，按主链碳原子数称为某二酸。

$$H-\overset{O}{\underset{}{C}}-OH \qquad CH_3-\overset{O}{\underset{}{C}}-OH \qquad CH_3-CH_2-\overset{O}{\underset{}{C}}-OH$$

甲酸　　　　　　　　　乙酸　　　　　　　　　丙酸

$$CH_3-\overset{\overset{CH_3}{|}}{CH}-CH_2-COOH \qquad\qquad CH_3-CH=CH-COOH$$

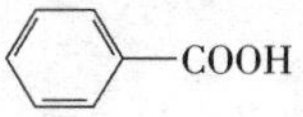

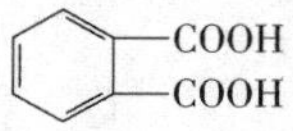

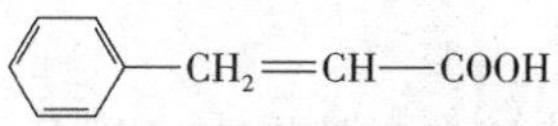

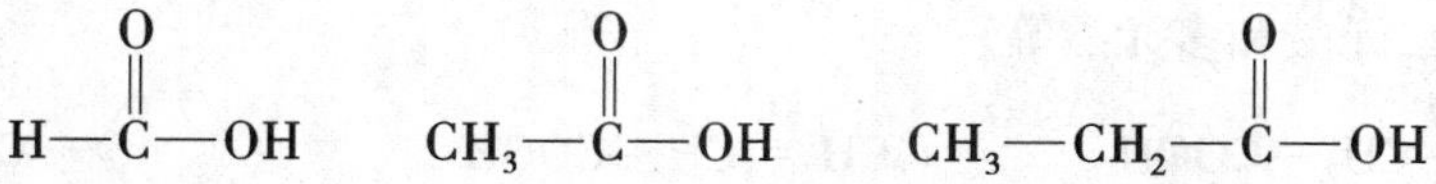

3-甲基丁酸（或 β-甲基丁酸）　　　　　　　　2-丁烯酸

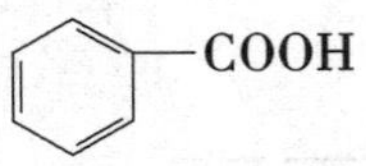

苯甲酸(安息香酸)

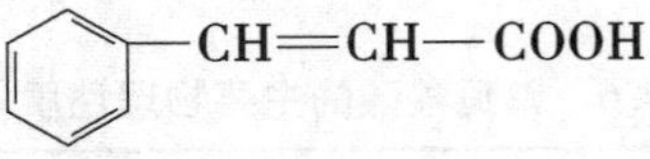

β-苯基丙烯酸(肉桂酸)

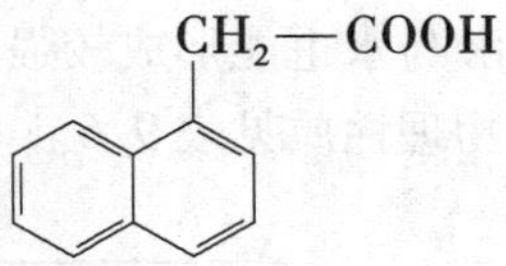

α-萘乙酸

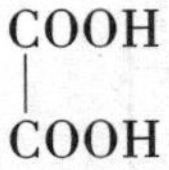

乙二酸(草酸)

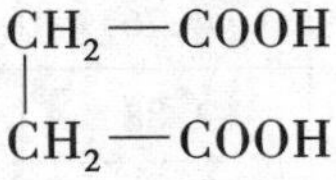

丁二酸(琥珀酸)

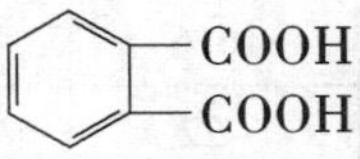

邻苯二甲酸

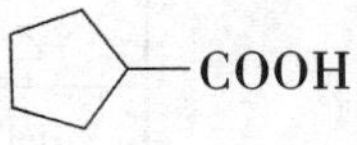

环戊基甲酸

9.3.2 羧酸的结构

羧酸是由羟基和羰基组成的，羧基是羧酸的官能团，因此，要讨论羧酸的性质，必须先分析羧基的结构。$-\overset{O}{\overset{\|}{C}}-OH$ 形式上看是由1个$-\overset{O}{\overset{\|}{C}}-$和1个—OH组成的，实质上并非两者的简单组合。

当羧基电离成负离子后，氧原子上带一个负电荷，更有利于共轭，故羧酸易离解成负离子。由于共轭作用，使得羧基不是羰基和羟基的简单加合，故羧基中既不存在典型的羰基，也不存在典型的羟基，而是两者互相影响的统一体。羧基的结构如图9.2所示。

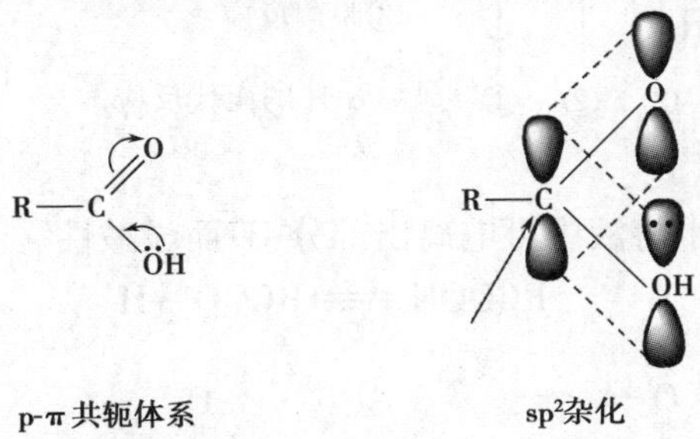

图9.2 羧基的结构为p-π共轭体

9.3.3 羧酸的性质

1) 羧酸的物理性质

饱和一元羧酸中，$C_1\sim C_3$的酸为有刺激性气味的液体，$C_4\sim C_9$的酸为具有腐败气味的油状液体，C_{10}以上的酸是无色蜡状固体。脂肪二元羧酸和芳香酸均为结晶固体。

羧酸的沸点比相应的醇高。例如，甲酸的沸点为100.5 ℃，而甲醇的沸点为64.7 ℃。这是因为羧酸能通过分子间氢键能缔合成二缔合体的缘故。

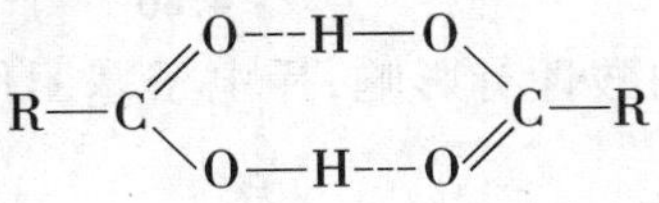

羧酸与水也能形成较强的氢键，因此，在水中的溶解度比分子量相近的醇大。常见羧酸的主要物理性质见表9.6。

表9.6　常见羧酸的主要物理性质

名　称	熔点/℃	沸点/℃	pK_{a1}	pK_{a2}
甲酸	8.4	100.5	3.77	—
乙酸	16.6	118	4.76	—
丙酸	-22	141	4.88	—
丙烯酸	13	141	4.26	—
苯甲酸	122	249	4.17	—
苯乙酸	78	265	4.31	—
乙二酸	189	—	1.46	4.40
邻苯二甲酸	206	>191(脱水)	2.95	5.28

2)羧酸的化学性质

根据羧酸的分子结构，它可以发生以下反应：

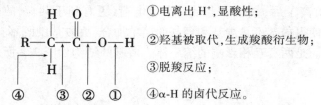

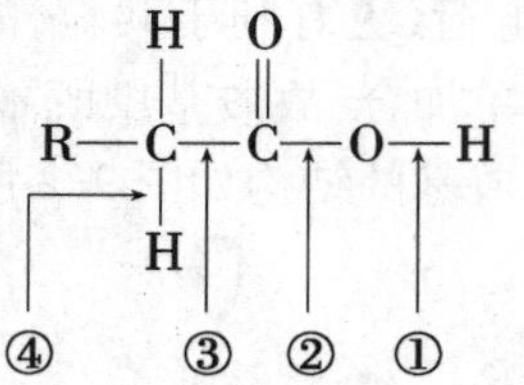

①电离出 H^+，显酸性；

②羟基被取代，生成羧酸衍生物；

③脱羧反应；

④α-H 的卤代反应。

(1)酸性

羧酸具有酸的通性，在水溶液中可电离出部分 H^+ 而显酸性。

$$RCOOH \rightleftharpoons RCOO^- + H^+$$

$$R—\overset{\overset{O}{\|}}{C}—OH + NaOH \longrightarrow R—\overset{\overset{O}{\|}}{C}—ONa + H_2O$$

$$2CH_3COOH + Zn \longrightarrow (CH_3COO)_2Zn + H_2\uparrow$$

$$2CH_3COOH + Na_2CO_3 \longrightarrow 2CH_3COONa + H_2O + CO_2\uparrow$$

除甲酸($pK_a = 3.77$)外，其他饱和一元羧酸均为弱酸(pK_a 值为4～5)。但酸性比碳酸和一般的酚类要强。当α-碳上连有供电子基时，羧酸酸性减弱；当α-碳上连有吸电子基时，羧酸的酸性增强，且吸电子基越多，距羧基越近，则酸性越强。

	H—COOH	CH_3—COOH	$(CH_3)_2$CH—COOH	$(CH_3)_3$C—COOH
pK_a	3.68	4.76	4.86	5.05

芳环上的取代基对芳香酸的酸性有影响，斥电子基团使酸性减弱，吸电子基团使酸性增强。

$$COOH \quad COOH \quad COOH \quad COOH \quad COOH$$

$$NO_2 \qquad Cl \qquad H \qquad CH_3 \qquad OCH_3$$

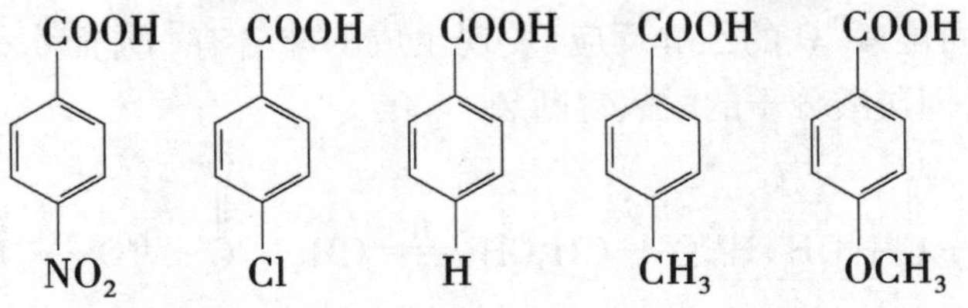

pK_a 3.42   3.93   4.17   4.39   4.47

根据诱导效应的规律,吸电子基团的吸电子能力越强,数目越多,距离羧基越近对羧基的影响越大,羧酸的酸性越强。

（2）羧酸衍生物的生成

羧酸分子中羧基上的羟基可以被卤素原子、酰氧基、烃氧基、氨基等取代,生成相应的羧酸衍生物。如酰卤、酸酐、酯、酰胺等。

$$\underset{\text{酰卤}}{R-\overset{\overset{\displaystyle O}{\|}}{C}-X} \qquad \underset{\text{酸酐}}{R-\overset{\overset{\displaystyle O}{\|}}{C}-O-\overset{\overset{\displaystyle O}{\|}}{C}-R'} \qquad \underset{\text{酯}}{R-\overset{\overset{\displaystyle O}{\|}}{C}-OR'} \qquad \underset{\text{酰胺}}{R-\overset{\overset{\displaystyle O}{\|}}{C}-NH_2}$$

①酰卤的生成。酰卤是很重要的试剂,最常见的是酰氯。它可以由羧酸与五氧化二磷、三氯化磷或亚硫酰氯等反应来制取。

$$3RCOOH+PCl_3 \longrightarrow 3R-\overset{\overset{\displaystyle O}{\|}}{C}-Cl+H_3PO_3$$

$$3RCOOH+PCl_5 \longrightarrow 3R-\overset{\overset{\displaystyle O}{\|}}{C}-Cl+POCl_3+HCl$$

$$3RCOOH+SOCl_2 \longrightarrow 3R-\overset{\overset{\displaystyle O}{\|}}{C}-Cl+SO_2\uparrow+HCl\uparrow$$

②酸酐的生成。羧酸在有脱水剂存在下加热,两分子羧酸脱去一分子水,生成酸酐。

$$2R-\overset{\overset{\displaystyle O}{\|}}{C}-OH \xrightarrow[\triangle]{P_2O_5} R-\overset{\overset{\displaystyle O}{\|}}{C}-O-\overset{\overset{\displaystyle O}{\|}}{C}-R+H_2O$$

$$2CH_3-\overset{\overset{\displaystyle O}{\|}}{C}-OH \xrightarrow[\triangle]{P_2O_5} CH_3-\overset{\overset{\displaystyle O}{\|}}{C}-O-\overset{\overset{\displaystyle O}{\|}}{C}-CH_3+H_2O$$

③酯的生成。在强酸（如浓硫酸等）的催化下,羧酸与醇作用生成酯

$$R-COOH+HO-R' \xrightarrow[\triangle]{H_2SO_4} R-\overset{\overset{\displaystyle O}{\|}}{C}-O-R'+H_2O$$

羧酸与醇的酯化反应是可逆的,其逆反应为酯的水解。羧酸发生酯化反应时分子间脱水的方式有两种可能:

$$R-\overset{\overset{\displaystyle O}{\|}}{C}-\boxed{OH+H}-OR' \qquad R-\overset{\overset{\displaystyle O}{\|}}{C}-O-\boxed{H+HO}-R'$$

    羧酸的酰氧键断裂   醇的烷氧键断裂

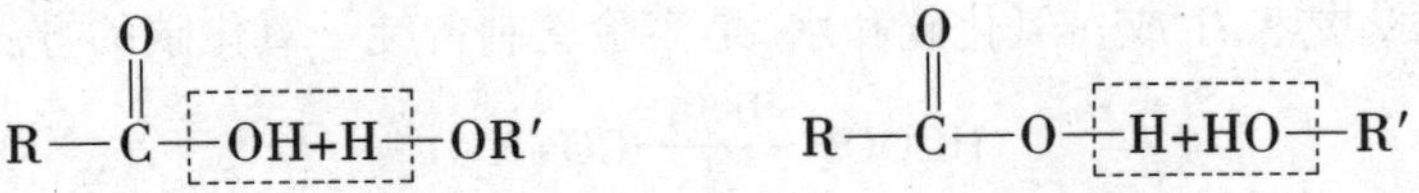

乙酸与含有同位素^{18}O的乙醇反应，发现生成的酯含有^{18}O，而水是由羧酸的羟基和醇羟基中的氢形成的，即羧酸分子的酰氧键断裂。

$$CH_3-\overset{\overset{\displaystyle O}{\|}}{C}-OH+H^{18}O-CH_2CH_3\underset{\triangle}{\overset{H^+}{\rightleftharpoons}}CH_3-\overset{\overset{\displaystyle O}{\|}}{C}-{}^{18}O-CH_2CH_3+H_2O$$

④酰胺的生成。羧酸与氨的反应羧酸的铵盐，铵盐受热脱水生成酰胺。

$$R-COOH+NH_3\longrightarrow R-\overset{\overset{\displaystyle O}{\|}}{C}-ONH_4\xrightarrow{\triangle}R-\overset{\overset{\displaystyle O}{\|}}{C}-NH_2+H_2O$$

(3)脱羧反应

$$R-COONa+NaOH\xrightarrow{\triangle}R-H+Na_2CO_3$$

当一元酸的α-碳上连有吸电子基时，比较容易脱羧。例如：

$$HOOC-COOH\xrightarrow{\triangle}HCOOH+CO_2$$

$$HOOC-CH_2-COOH\xrightarrow{\triangle}CH_3COOH+CO_2$$

(4)α-氢的卤代反应

比醛、酮卤代慢得多，需要在光或少量红磷或碘的催化下进行。此时α-氢可逐步被取代。

$$CH_3COOH\xrightarrow[P]{Cl_2}CH_2ClCOOH\xrightarrow[P]{Cl_2}CHCl_2COOH\xrightarrow[P]{Cl_2}CCl_3COOH$$

3)几种重要的羧酸

(1)甲酸

甲酸俗称蚁酸，为无色有刺激性气味液体，沸点100.5 ℃，熔点8 ℃，与水混溶，也可溶于乙醇、乙醚等有机溶剂。甲酸有较强的酸性和腐蚀性，能刺激皮肤起泡、红肿。存在于蚂蚁体液、蜂毒、毛虫的分泌物中，也广泛存在于植物界，如松叶、麻等及某些果实中。

甲酸结构特殊，其分子中既有羧基又有醛基存在。因此，甲酸除了具有羧酸的一般性质外，还具有还原性，能被吐伦试剂、菲林试剂氧化，也可使高锰酸钾溶液褪色，这些性质常用于甲酸的定性鉴定。

HCOOH

甲酸

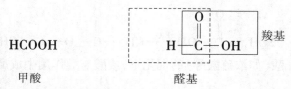

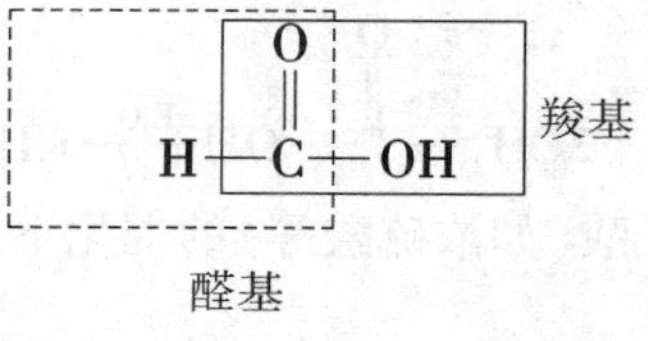

甲酸分子中有醛基，因而具有醛的性质，有还原性。

$$HCOOH\xrightarrow{KMnO_4}[H_2CO_3]\longrightarrow CO_2+H_2O$$

甲酸能使高锰酸钾溶液褪色，也能发生银镜反应，可用于甲酸的定性检验。

甲酸和浓硫酸共热，生成一氧化碳和水，是实验室制备纯一氧化碳的方法。

$$HCOOH\xrightarrow[\triangle]{H_2SO_4}CO+H_2O$$

甲酸在工业上可用来合成甲酸酯和某些染料，可作橡胶的凝聚剂和印染时的酸性还原剂。甲酸具有杀菌能力,医药上可用作消毒剂和防腐剂。

(2)乙酸

乙酸是食醋的主要成分。普通食醋含乙酸6%～8%,故乙酸俗称醋酸。乙酸为无色有刺激性气味的液体,沸点118 ℃,熔点16.6 ℃,低于熔点时无水乙酸凝结成冰状固体,俗称冰醋酸。乙酸能与水、乙醇、甘油、乙醚、四氯化碳等混溶。

乙酸广泛存在于自然界,它常以盐或酯的形式存在于植物果实和汁液内,许多微生物可将某些有机物转化为乙酸,生物体内乙酸是重要的中间代谢产物。

乙酸在工业上应用很广,是重要的有机合成原料,可用于合成染料、药物、香料等。乙酸对氧化剂较稳定,常用作酸性条件下氧化反应的溶剂。

(3)乙二酸

乙二酸常以盐的形式存在于许多草本植物的细胞膜中,俗称草酸。乙二酸为无色晶体,常含两分子结晶水,加热至105 ℃可失水而得无水草酸,其熔点为189 ℃(分解)。乙二酸易溶于水和乙醇,不溶于乙醚等非极性有机溶剂。

乙二酸分子中两个羧基直接相连,相互间影响较大,使得乙二酸在二元羧酸中酸性最强。除此之外,还具有以下特性:

①脱羧反应。乙二酸加热至150 ℃以上即脱羧生成甲酸和二氧化碳。

②还原反应。乙二酸分子中碳碳键稳定性低,易被高锰酸钾等强氧化剂氧化断裂生成二氧化碳和水。

$$5HOOC—COOH+2KMnO_4+3H_2SO_4 \longrightarrow K_2SO_4+2MnSO_4+10CO_2+8H_2O$$

这一反应是定量完成的,在定量分析中,常将乙二酸用作还原剂,来标定高锰酸钾溶液的浓度。

(4)苯甲酸

苯甲酸常以苯甲酸苄酯的形式存在于安息香胶中,故俗称安息香酸。苯甲酸为白色片状或针状结晶,略有特殊气味,熔点122 ℃,100 ℃时可升华,微溶于冷水,易溶于沸水、乙醇、氯仿和乙醚。

工业上,苯甲酸用于制造增塑剂和香料。它有抑制霉菌的作用,故苯甲酸及其钠盐常用作食品和某些药品的防腐剂。

(5)α-萘乙酸

α-萘乙酸中的α是指萘环的α位,而不是乙酸的α-碳原子,简称NAA,为白色结晶,熔点130 ℃,难溶于水,但其钠盐和钾盐易溶于水。它是一种常用的植物生长调节剂,低浓度时,可刺激植物生长,广泛用于植物组织培养和大田作物的浸种处理。高浓度时,能抑制作物生长,并可去除杂草。α-萘乙酸甲酯可防止马铃薯等储存期间发芽。

(6)2,4-二氯苯氧乙酸

2,4-二氯苯氧乙酸简称2,4-D,为白色结晶。熔点140～141 ℃,难溶于水,生产上常配制成易溶于水的钠盐或铵盐使用。2,4-D在浓度较高时能杀死多种双子叶杂草,而对禾本科单子叶植物基本无危害,可用作水稻、小麦等大田作物的除草剂;在低浓度时,对某些植物有促进开花结果、提高产率的作用。

9.3.4 酯

1）酯的概述

酸和醇反应脱水生成酯。酯又分为有机酸酯和无机酸酯。

（1）有机酸酯

在有机酸酯中，最重要的是羧酸酯，这类物质在自然界中广泛存在。酯的组成可分为两部分：一部分是羧酸在酯化反应过程中剩余的部分称为酰基，另一部分是醇在酯化反应过程中剩余的部分称为烃氧基。其通式为

$$
\begin{array}{c}
\overset{\displaystyle O}{\underset{}{\parallel}} \\
R-C\!-\!O-R'
\end{array}
$$

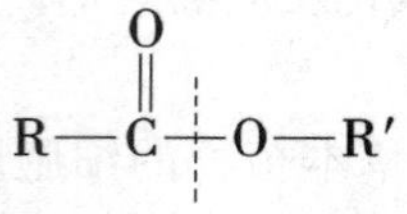

酰基　　烃氧基

酯的名称是根据组成酯的酸和醇来命名，称为"某酸某酯"。例如：

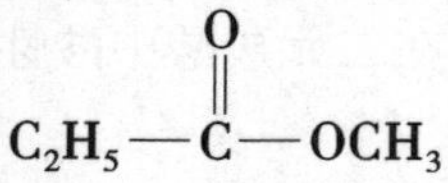

$$
C_2H_5-\overset{O}{\overset{\parallel}{C}}-OCH_3 \qquad H-\overset{O}{\overset{\parallel}{C}}-O-CH(CH_3)_2 \qquad CH_2=CH-\overset{O}{\overset{\parallel}{C}}-OCH_3
$$

丙酸甲酯　　　　　　　甲酸异丙酯　　　　　　　丙烯酸甲酯

$$
C_2H_5-\overset{O}{\overset{\parallel}{C}}-O-\phenyl \qquad CH_3-\overset{O}{\overset{\parallel}{C}}-O-CH_2-\phenyl
$$

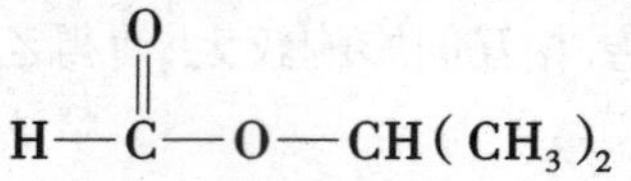

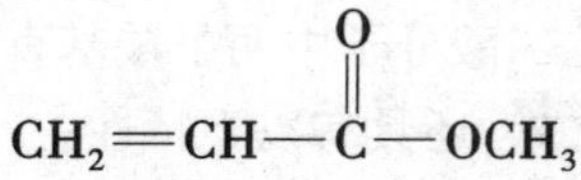

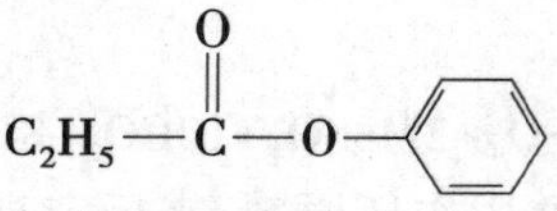

丙酸苯酯　　　　　　　　　乙酸苄酯

低级酯都是易挥发且有水果香味的液体。例如，乙酸丁酯有梨香味，乙酸异戊酯有香蕉香味，丁酸戊酯有杏香味，丁酸甲酯有菠萝香味。酯类广泛存在于各种水果中或者花草中，使它们具有不同的香味。高级脂肪酸和高级醇构成的酯称为蜡；植物油和动物脂肪都是高级脂肪酸的甘油酯。

在酸或碱的作用下，酯可以发生水解反应生成酸和醇，这是酯化反应的逆反应。

$$
CH_3-\overset{O}{\overset{\parallel}{C}}-O-CH_3+H_2O \underset{}{\overset{H^+}{\rightleftharpoons}} CH_3-\overset{O}{\overset{\parallel}{C}}-OH+HO-CH_3
$$

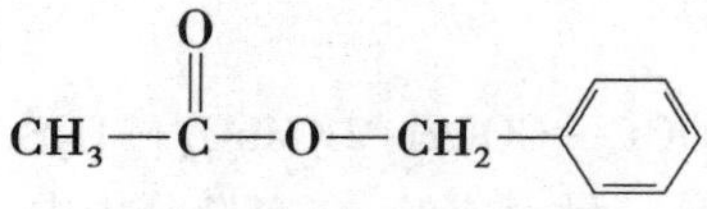

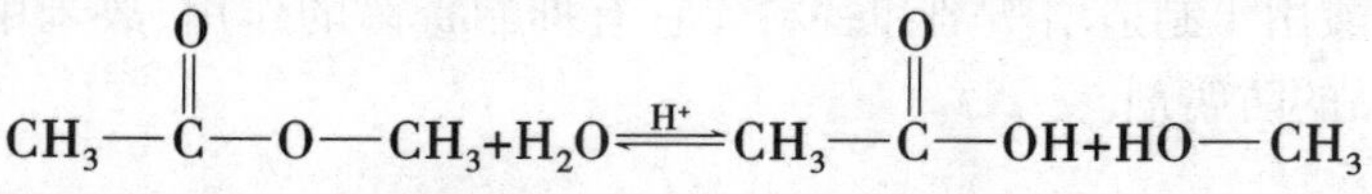

酯的酸性水解是可逆反应，碱性条件下的水解可以进行到底。

$$
CH_3-\overset{O}{\overset{\parallel}{C}}-O-CH_3+H_2O \overset{NaOH}{\longrightarrow} CH_3-\overset{O}{\overset{\parallel}{C}}-ONa+HO-CH_3
$$

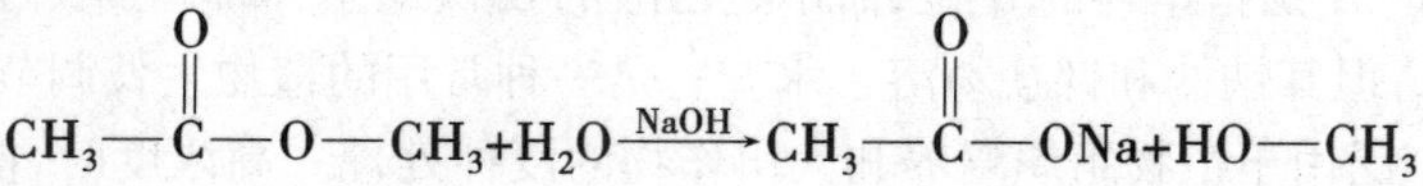

（2）无机酸酯

无机酸酯是无机含氧酸中的—OH 被烷氧基—OR 取代所生成的化合物。根据烷氧基的取代数目或种类的不同而得到不同的酯。例如：

$$
HO-\overset{O}{\underset{O}{\overset{\parallel}{\underset{\parallel}{S}}}}-OH+2HO-CH_3 \longrightarrow CH_3O-\overset{O}{\underset{O}{\overset{\parallel}{\underset{\parallel}{S}}}}-OCH_3
$$

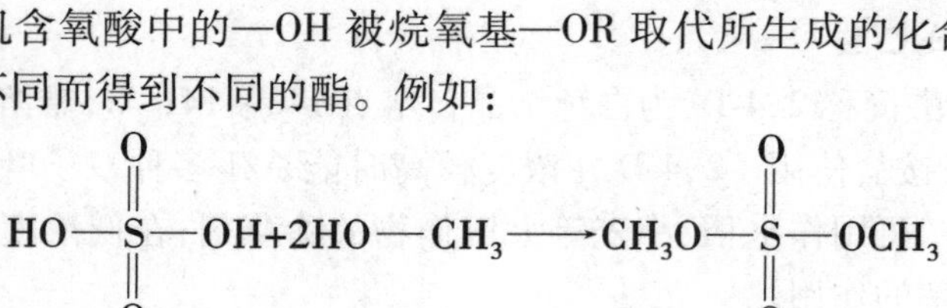

硫酸二甲酯

硫酸二甲酯属高毒类,作用与芥子气相似,急性毒性类似光气,比氯气大 15 倍。对眼睛、上呼吸道有强烈的刺激作用,对皮肤有较强腐蚀性。可引起结膜充血、水肿、角膜上皮脱落、气管、支气管上皮细胞部分坏死,穿破导致纵膈或皮下气肿。此外,还可损害肝、肾及心肌等,皮肤接触后可引起灼伤、水疱及深度坏死。

$$HO-\overset{\overset{O}{\|}}{\underset{OH}{P}}-OH+3H-OR \longrightarrow RO-\overset{\overset{O}{\|}}{\underset{OR}{P}}-OR$$

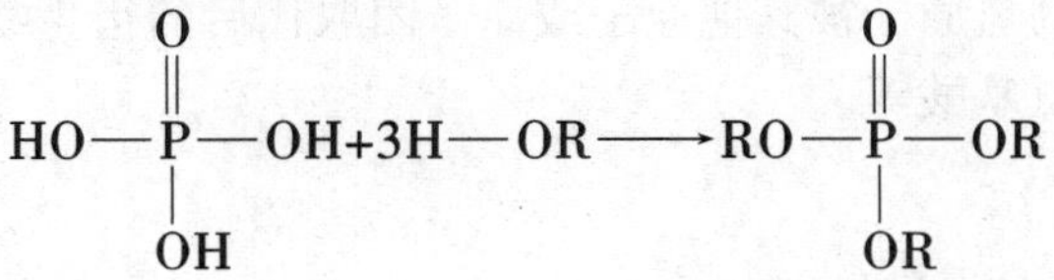

磷酸三烷基酯

抗腐蚀添加剂,又称为腐蚀抑制剂,是指加入润滑脂中以保护金属,特别是非铁金属(如铜、银),它能在金属表面上形成阻止金属和润滑脂接触的膜,三芳基或三烷基磷酸酯等。

$$\begin{array}{l} CH_2-OH \\ | \\ CH-OH \\ | \\ CH_2-OH \end{array} + \begin{array}{l} HO-NO_2 \\ HO-NO_2 \\ HO-NO_2 \end{array} \longrightarrow \begin{array}{l} CH_2-O-NO_2 \\ | \\ CH-O-NO_2+3H_2O \\ | \\ CH_2-O-NO_2 \end{array}$$

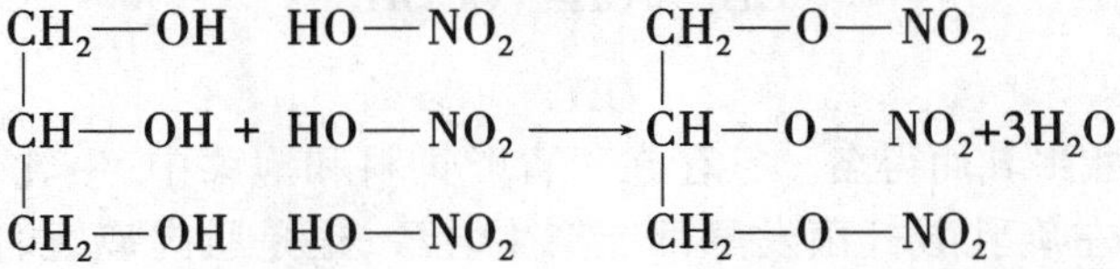

硝酸甘油酯(硝化甘油)

甘油硝化得到三硝酸甘油酯,医药上用作血管扩张药,制成 0.3% 硝酸甘油片剂,舌下给药,作用迅速而短暂,治疗冠状动脉狭窄引起的心绞痛。硝酸甘油片不能吞服,而要放在舌下含服。这是因为吞服的硝酸甘油在吸收过程必须通过肝脏,在肝脏中绝大部分的硝酸甘油被灭活,而使药效大大降低。

2)重要的酯

乙酸乙酯的结构式为

$$CH_3-\overset{\overset{O}{\|}}{C}-O-CH_2CH_3$$

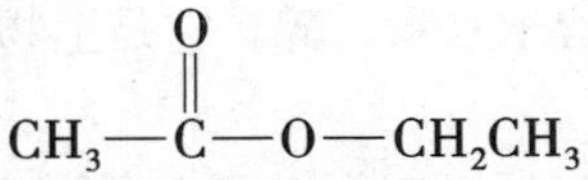

纯的乙酸乙酯是无色透明有芳香气味的液体,存在于许多酒以及菠萝、香蕉等果品中。都说陈酒很好喝,就是因为酒中含有乙酸乙酯,乙酸乙酯具有果香味,因为酒中含有少量乙酸,和乙醇进行反应生成乙酸乙酯。因为这是个可逆反应,所以要具有长时间,才会积累导致陈酒香气的乙酸乙酯。

乙酸乙酯是一种用途广泛的精细化工产品,其主要用途有:作为工业溶剂,用于涂料、粘合剂、人造纤维等产品中;作为粘合剂,用于印刷油墨、人造珍珠的生产;作为香料原料,用于配制菠萝、香蕉、草莓等水果香精和威士忌、奶油等香料。

9.3.5 取代酸

1) 取代酸的定义

羧酸分子中烃基上的氢原子被其他原子或原子团取代后的衍生物,称为取代酸。包括卤代酸、羟基酸、羰基酸和氨基酸等。

2) 重要的取代酸

(1) 羟基酸

羧酸分子中烃基上的氢原子被羟基取代后的衍生物,称为羟基酸。

①乳酸(α-羟基丙酸)。

$$CH_3—CH—COOH$$
$$|$$
$$OH$$

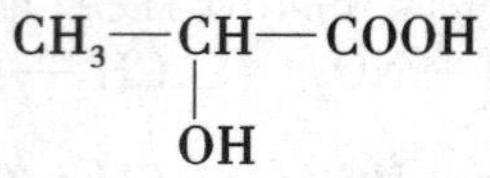

乳酸因最初取自酸牛乳而得名。它存在于青贮饲料和泡菜中;牛乳变酸,肌糖无氧酵解和葡萄糖(或蔗糖)经左旋乳酸杆菌发酵都能产生乳酸;也是肌肉疲乏时产生酸痛的化学物质。乳酸是无色黏稠液体,可溶于水、乙醇、乙醚和甘油,不溶于氯仿和油脂。乳酸的用途很广,皮革工业上作脱灰剂;其锑盐作媒染剂;它的钙盐不溶于水,工业上常用乳酸作除钙剂,而乳酸钙医学上用于治疗佝偻病等缺钙症。

②苹果酸(α-羟基丁二酸)。

$$HO—CH—COOH$$
$$|$$
$$CH_2—COOH$$

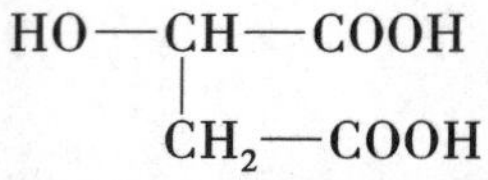

苹果酸因最初取自苹果而得名。它存在于许多未成熟的浆果中,是植物中重要的有机酸之一。天然苹果酸是无色晶体,易溶于水和乙醇。它是生物体内糖代谢的中间物质。常用于制药和食品工业。

③酒石酸即2,3-二羟基丁二酸(α,β-二羟基丁二酸)。

$$HO—CH—COOH$$
$$|$$
$$HO—CH—COOH$$

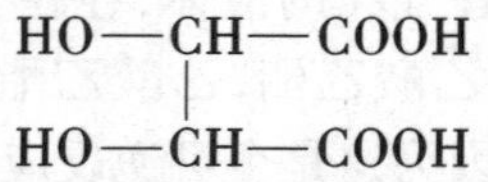

酒石酸是一种羧酸,存在于多种植物中,如葡萄和罗望子,也是葡萄酒中主要的有机酸之一。作为食品中添加的抗氧化剂,可以使食物具有酸味。酒石酸最大的用途是饮料添加剂。也是药物工业原料。在制镜工业中,酒石酸是一个重要的助剂和还原剂,可以控制银镜的形成速度,获得非常均一的镀层。

酒石酸氢钾存在于葡萄汁内,此盐难溶于水和乙醇,在葡萄汁酿酒过程中沉淀析出,称为酒石,酒石酸的名称由此而来。酒石酸主要以钾盐的形式存在于多种植物和果实中,也有少量是以游离态存在的。

酒石酸用作抗氧化增效剂、缓凝剂、鞣制剂、螯合剂、药剂。广泛用于医药、食品、制革、纺织等工业。在低温时对水的溶解度低,易生成不溶性的钙盐。

④柠檬酸(3-羟基-3-羧基戊二酸)。

$$CH_2-COOH$$
$$HO-CH-COOH$$
$$CH_2-COOH$$

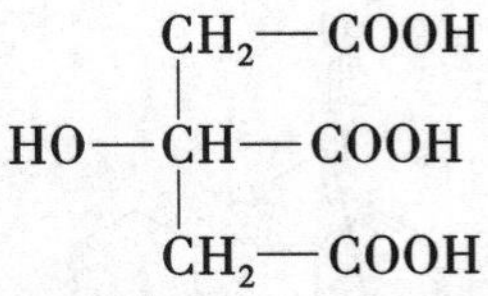

柠檬酸是一种重要的有机酸,又名枸橼酸,无色晶体,常含一分子结晶水,无臭,有很强的酸味,易溶于水。其钙盐在冷水中比热水中易溶解,此性质常用来鉴定和分离柠檬酸。结晶时控制适宜的温度可获得无水柠檬酸。在工业、食品业、化妆业等具有广泛的用途。

天然柠檬酸在自然界中分布甚广,天然柠檬酸存在于植物(如柠檬、柑橘、菠萝等)果实和动物的骨骼、肌肉、血液中。人工合成的柠檬酸是用砂糖、糖蜜、淀粉、葡萄等含糖物质发酵而制得的,可分为无水和水合物两种。纯品柠檬酸为无色透明结晶或白色粉末,无臭,有一种诱人的酸味。

柠檬酸是有机酸中第一大酸,由于物理性能、化学性能、衍生物的性能,是广泛应用于食品、医药、日化等行业最重要的有机酸。

⑤水杨酸(邻羟基苯甲酸)。

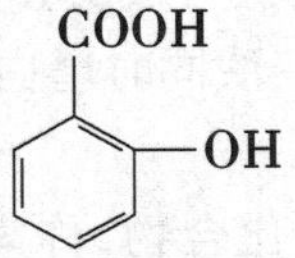

水杨酸因取自水杨柳而得名,为白色针状晶体或结晶粉末,熔点 159 ℃,79 ℃时升华,微溶于冷水,易溶于乙醇、乙醚、氯仿和沸水中。水溶液呈酸性。

水杨酸是典型的酚酸,具有酚和羧酸的性质。它与碱作用生成盐,与酸酐作用生成酚酯,其水溶液与三氯化铁作用生成紫色配合物。

水杨酸的用途很广,并具有杀菌能力,其酒精溶液可以治疗由霉菌引起的皮肤病;有解热镇痛和抗风湿作用,但对肠胃有刺激作用,常用其钠盐和衍生物。例如:

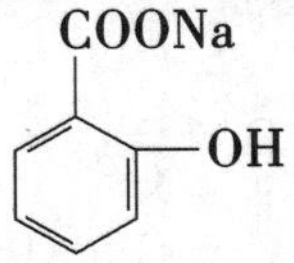

水杨酸钠　　　　水杨酸甲酯　　　　乙酰水杨酸(阿司匹林)　　　对氨基水杨酸
(抗风湿、防腐)　(抗风湿、防腐)　　　(解热止痛)　　　　　　(抗结核药)

⑥没食子酸(3,4,5-三羟基苯甲酸)和单宁。

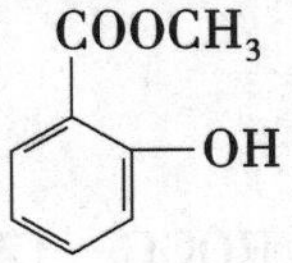

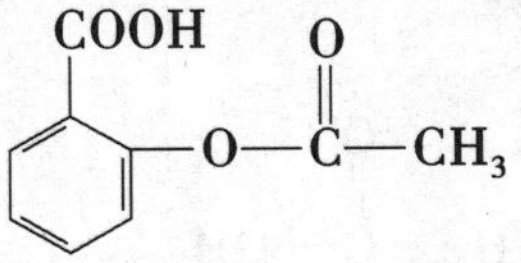

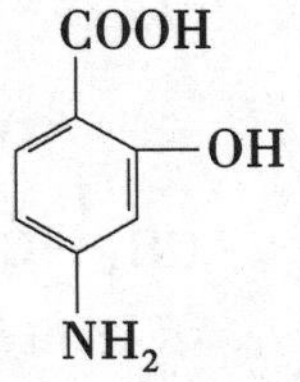

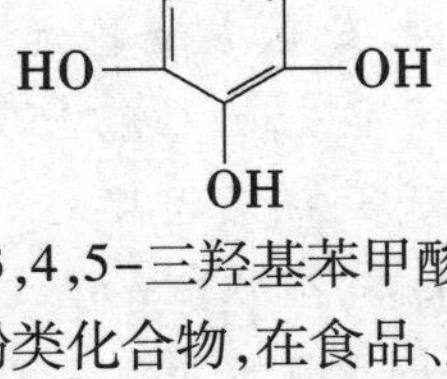

没食子酸也称"五倍子酸"、学名3,4,5-三羟基苯甲酸。广泛存在于掌叶大黄、大叶桉、山茱萸等植物中,是自然界存在的一种多酚类化合物,在食品、生物、医药、化工等领域有广泛的应用。

⑦赤霉酸。

赤霉酸分子式:$C_{19}H_{22}O_6$。

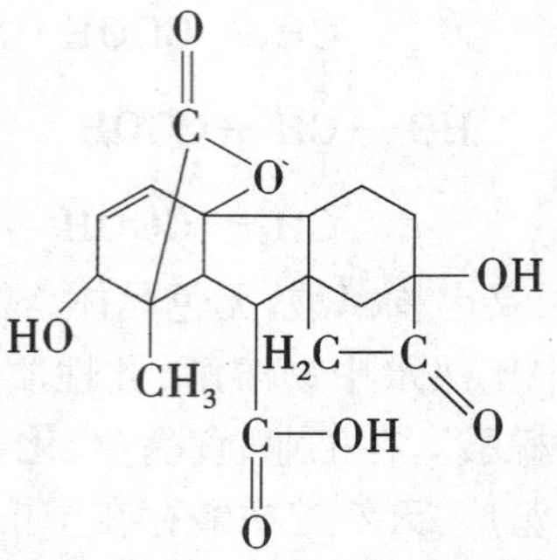

赤霉酸是一种广谱性植物生长调节剂,可促进作物生长发育,使之提早成熟、提高产量、改进品质;能迅速打破种子、块茎和鳞茎等器官的休眠,促进发芽;减少蕾、花、铃、果实的脱落,提高果实结果率或形成无籽果实。也能使某些2年生的植物在当年开花。

适用范围:可广泛应用于果树、蔬菜、粮食作物、经济作物及水稻杂交育种。

赤霉酸具有生物活性,可促进细胞寿命延长和刺激细胞的分裂,用于发制品中能促进头皮血液循环,减少头屑的生成并刺激头发生长,防止脱发。在护肤用品中使用能抑制黑色素的生成,使皮肤上有色痣斑如雀斑色泽变淡同时增白皮肤。赤霉酸可在化妆品中安全使用。

(2)羰基酸

分子中含有酮基和羧基的双官能团化合物,称为羰基酸。分子中含有醛基的称为醛酸,含有酮基的称为酮酸。

这些羰基酸在生物体内的代谢过程中有着重要的作用。它们也是复合官能团化合物,由于分子中羰基和羧基的相互影响,羰基酸除具有醛酮和羧酸的一般性能外。还有一些特性。

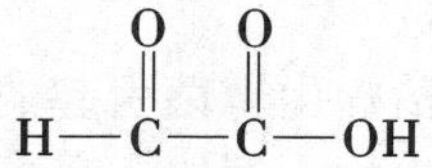

$$H-\overset{\overset{\displaystyle O}{\|}}{C}-\overset{\overset{\displaystyle O}{\|}}{C}-OH \qquad\qquad CH_3-\overset{\overset{\displaystyle O}{\|}}{C}-\overset{\overset{\displaystyle O}{\|}}{C}-OH$$

　　　乙醛酸　　　　　　　　　　　　　　丙酮酸

$$CH_3-\overset{\overset{\displaystyle O}{\|}}{C}-CH_2-\overset{\overset{\displaystyle O}{\|}}{C}-OH \qquad\qquad HOOC-CH_2-\overset{\overset{\displaystyle O}{\|}}{C}-\overset{\overset{\displaystyle O}{\|}}{C}-OH$$

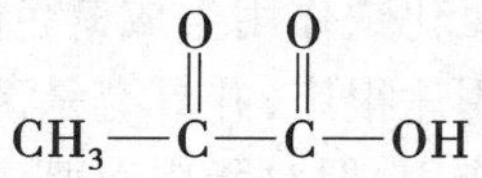

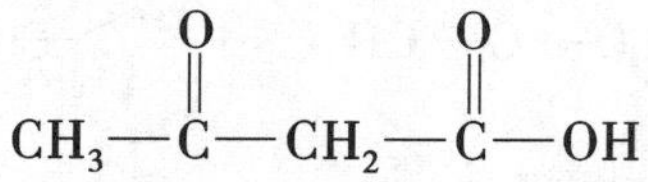

　乙酰乙酸(β-羰基丁酸)　　　　　　　草酰乙酸(α-羰基丁二酸)

知识拓展

香蕉水

香蕉水也称为天那水,是挥发性极强、易燃易爆、有毒的液体,属于危险品。其配制方法为:按重量比,取乙酸正丁酯15%,乙酸乙酯15%,正丁醇10%~15%,乙醇10%,丙酮5%~10%,苯20%,二甲苯20%,然后将其充分混匀即可制得香蕉水。

香蕉水是无色透明易挥发的液体,有较浓的香蕉气味,微溶于水,能溶于各种有机溶剂,主要用作喷漆的溶剂和稀释剂。在许多化工产品、涂料、黏合剂的生产过程中也要用到香蕉水做溶剂。

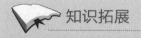

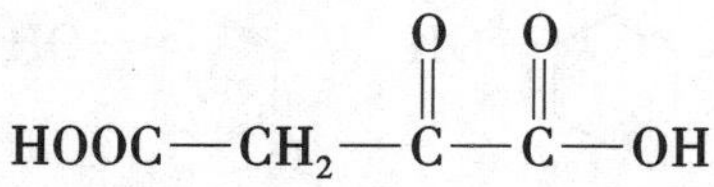

本章小结

1. 羧基(—COOH)是羧酸的官能团，羧酸具有酸的通性，烃基的结构对羧酸的酸性影响较大。羧基中的羟基被取代后生成羧酸衍生物，还可进行脱羧反应和烃基中的氢被取代的反应。

2. 羧酸衍生物包括酰卤、酸酐、酯和酰胺。

3. 羧酸分子中烃基上的氢被其他原子或基团取代后的衍生物称作取代酸。常见的取代酸是羟基酸和羰基酸。

目标检测9

一、选择题

(1) 下列化合物属于羧酸的是(　　)。

A. C_3H_7OH　　B. C_2H_5CHO　　C. C_2H_5COOH　　D. C_6H_5OH

(2) 下列化合物属于芳香族羧酸的是(　　)。

A. C_3H_7COOH　　B. C_6H_5COOH　　C. C_6H_5OH　　D. C_6H_5CHO

(3) 下列化合物属于不饱和脂肪族羧酸的是(　　)。

A. $C_6H_{11}COOH$　　B. C_7H_8COOH　　C. C_6H_5COOH　　D. C_8H_9COOH

二、写出下列有机酸的俗名

甲酸；乙酸；乙二酸；苯甲酸；十六酸；十八酸

三、用系统命名法命名下列化合物

(1) $CH_3CH(CH_2CH_3)CH(CH_3)CH_2COOH$ 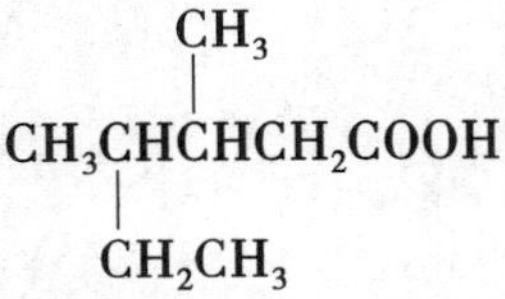

(2) $CH_3CH{=}CHCOOH$

(3) $(CH_3)_2CHCH_2CH_2COOH$

(4) 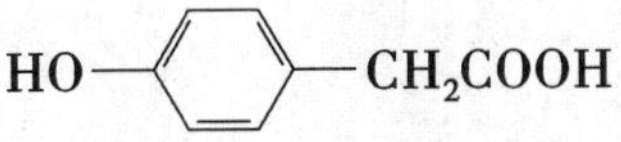(5) $CH_2{=}CHCOOCH_3$

(6) $H{-}\overset{\overset{\large O}{\|}}{C}{-}OCH_2CH_2CH_3$ (C=O) 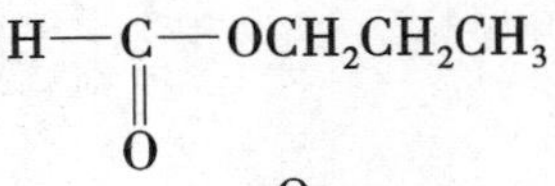

(7) $CH_2{=}CH{-}\overset{O}{\overset{\|}{C}}{-}OH$ 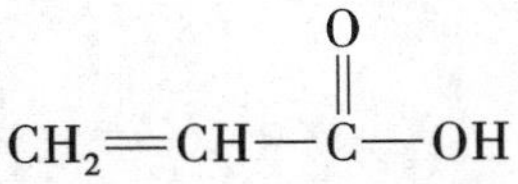

(8) $CH_2{=}CH_2\overset{O}{\overset{\|}{C}}{-}OCH_2CH_3$ 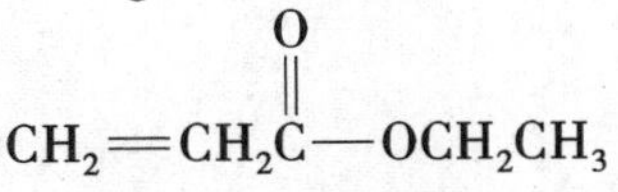

(9) 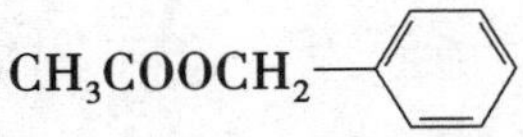(10) $CH_3COOCH(CH_3)_2$

四、写出下列化合物的结构式

(1) 2-甲基戊酸　　(2) 2,4-二甲基己酸　　(3) 2-戊烯酸

(4) 4-乙基苯甲酸　　(5) 3-硝基苯甲酸　　(6) 丙烯酸甲酯

(7)α-甲基丁酸　　(8)α,β-二甲基戊酸　　(9)甲酸苄酯

(10)苯甲酸苄酯　　(11)乳酸　　(12)柠檬酸

五、用化学方法鉴别下列各组化合物

(1)甲酸,乙酸,乙醛。　　(2)苯甲醇,苯甲醛,苯乙酸。

(3)苯酚,苯甲酸,水杨酸。

六、完成下列反应

(1) $CH_3CH_2COOH+C_2H_5OH \xrightarrow[\triangle]{H_2SO_4}$

(2) $CH_3COOH+CaCO_3 \longrightarrow$

(3) $CH_3COOH+NH_3 \longrightarrow$

(4) $CH_3COOCH_3+H_2O \xrightarrow{NaOH}$

(5) $CH_3-\underset{\displaystyle COOH}{\underset{|}{CH}}-COOH \xrightarrow{\triangle}$

七、写出下列化合物的构造式

化合物A、B的分子式都是$C_4H_6O_2$,它们都不溶于NaOH溶液,也不溶于Na_2CO_3作用,但可使溴水褪色,有类似乙酸乙酯的香味。它们与NaOH共热后,A生成CH_3COONa和CH_3CHO,B生成一个甲醇和一个羧酸钠盐。该钠盐用硫酸中和后蒸馏出的有机物可使溴水褪色。写出A、B的构造式。

八、推测下列化合物的构造式

化合物C、D的分子式为$C_4H_8O_2$,其中C容易和碳酸钠作用放出二氧化碳;D不和碳酸钠作用,但和氢氧化钠的水溶液共热生成乙醇,试推测C、D的构造式。

第10章

生物体中的重要化合物

【学习目标】

- 了解油脂的组成和结构，理解油脂的皂化反应和氢化反应。
- 理解糖类的组成、结构及分类，掌握糖的性质和用途。
- 了解氨基酸的命名和分类，理解氨基酸的两性性质。
- 理解蛋白质的结构，掌握蛋白质的盐析、变性和颜色反应。
- 了解人体所必需的营养物质，以及膳食平衡的重要性；掌握核酸的组成，了解DNA和RNA的异同。

生物体中的重要化合物主要包括:脂类、糖类、蛋白质和核酸。它们广泛存在于生物体内,是生物体进行生命活动的重要物质。脂类是人体需要的重要营养素之一,在供给人体能量方面起着重要作用。脂类也是人体细胞组织的重要组成成分,包括油脂和类脂。糖类是生物体维持生命活动所需能量的主要来源,也是构成机体的重要物质。蛋白质和核酸是生命现象和生理活动的主要物质基础。

10.1 脂类化合物

脂类化合物是油脂和类脂化合物的总称。这是一类不溶于水而易溶于醇、醚、氯仿、苯等非极性有机溶剂,并能为机体利用的重要有机化合物。

10.1.1 油脂概述

1)油脂的来源和生理作用

油脂是油和脂肪的总称,常温下呈液态的称为油,呈固态的称为脂肪。

油脂分布十分广泛,各种植物的种子、动物的组织和器官中都存在一定数量的油脂,特别是油料作物的种子和动物皮下的脂肪组织,油脂含量丰富。常见植物组织中的粗脂含量见表10.1。

表10.1 常见植物组织中的粗脂含量

植物名称	组织	粗脂肪含量/%	植物名称	组织	粗脂肪含量/%
薄荷	叶	5.0	橄榄	果实	50
大豆	种子	12~25	棉籽	种子	14~25
芝麻	种子	50~61	油茶	果实	30~35
花生	种子	40~61	向日葵	种子	50
油菜	种子	33~47	椰子	果实	65~70

油脂是重要的营养物质,具有许多生理功能,人体摄取油脂后,转换成储藏脂肪和内脏的组织脂肪,以保护内脏,提供人体需要的能量。油脂在生物体内的主要功能是供给能量,在机体内完全氧化时,1 g油脂放出的热能(38.9 kJ)比1 g糖和1 g蛋白质放出的热能(糖17.6 kJ、蛋白质16.7 kJ)的总和还要多。油脂既是热的不良导体,又是维生素A、D、E、K的吸收媒介,因此能保持体温,调节体内水分蒸发,促进脂溶性维生素的吸收。油脂还提供人体内不能合成而又必需的脂肪酸,如亚油酸、亚麻酸和花生四烯酸。

人体中的脂肪占体重的10%~20%,他们是维持生命活动的备用能源,当人进食量小,摄入食物的能量不足以支付机体消耗的能量时,此时人就会消瘦。

营养学家认为,一个正常的成年人每天摄入的油脂量,按热量计算应占总热量的15%~20%,如一个体重60 kg的人,每日摄入油脂以60~100 g为宜。

人类饮食中的油脂,主要来自奶类、肉类、种子类及部分蔬菜和食用油。除食用油脂含约100%的脂肪外,含脂肪丰富的食品为动物性食物和坚果类。动物性食物以畜肉类脂肪最丰富。猪肉含脂肪量为30%～90%,仅腿肉和瘦猪肉脂肪含量在10%左右;牛、羊肉含脂肪量比猪肉低很多,如牛肉(瘦)脂肪含量仅为2%～5%,羊肉(瘦)脂肪含量大多数为2%～4%。禽肉一般脂肪量较低,多数在10%之下,但北京烤鸭和肉鸡例外,其脂肪含量分别为38.4%和35.4%。鱼类脂肪含量基本在10%以下,多数在5%左右,所以老年人宜多吃鱼少吃肉。

2) 油脂的组成和结构

油脂不论来源和状态,它们的水解产物均有甘油和高级脂肪酸。因此,油脂是甘油和高级脂肪酸所形成的酯类化合物。其通式可表示为:

$$
\begin{array}{l}
CH_2-O-\overset{\displaystyle O}{\overset{\displaystyle \|}{C}}-R_1 \\[2mm]
CH-O-\overset{\displaystyle O}{\overset{\displaystyle \|}{C}}-R_2 \\[2mm]
CH_2-O-\overset{\displaystyle O}{\overset{\displaystyle \|}{C}}-R_3
\end{array}
$$

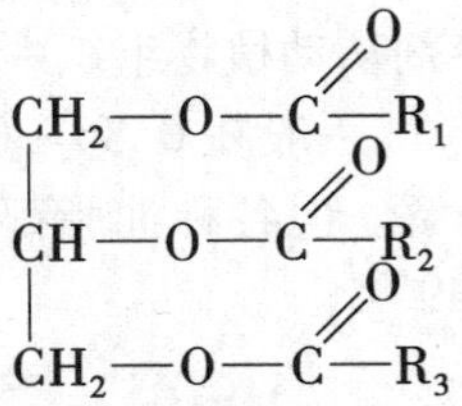

结构式中 R_1、R_2、R_3 代表高级脂肪酸的饱和或不饱和烃基,如果 R_1、R_2、R_3 相同,这样的油脂称为单纯甘油酯,如果 R_1、R_2、R_3 不相同,则称为混合甘油酯。天然油脂大多数是混合甘油酯。

组成油脂的高级脂肪酸种类很多,目前已发现的有50多种,其中绝大多数是含有偶数碳原子的饱和或不饱和的直链高级脂肪酸,带有支链、取代基和环状的脂肪酸及奇数碳原子的脂肪酸极少。油脂中重要的高级脂肪酸见表10.2。

表 10.2 油脂中重要的高级脂肪酸

类别	俗 名	系统名称	结构式	熔点/℃
饱和脂肪酸	月桂酸	十二酸	$CH_3(CH_2)_{10}COOH$	44
	肉豆蔻酸	十四酸	$CH_3(CH_2)_{12}COOH$	58
	软脂酸	十六酸	$CH_3(CH_2)_{14}COOH$	62.9
	硬脂酸	十八酸	$CH_3(CH_2)_{16}COOH$	69.9
	花生酸	二十酸	$CH_3(CH_2)_{18}COOH$	76.5
不饱和脂肪酸	油酸	9-十八碳烯酸	$CH_3(CH_2)_7CH=CH(CH_2)_7COOH$	13
	*亚油酸	9,12-十八碳二烯酸	$CH_2CH=CH(CH_2)_7COOH$ | $CH=CH(CH_2)_4CH_3$	-5
	*亚麻酸	9,12,15-十八碳三烯酸	$CH_3CH_2CH=CHCH_2CH=CHCH_2-$ $CH=CH(CH_2)_7COOH$	-11
	桐油酸	9,11,13-十八碳三烯酸	$CH_3(CH_2)_3(CH=CH)_3(CH_2)_7COOH$	71
	蓖麻油酸	12-羟基-9-十八碳烯酸	$CH_3(CH_2)_5CH(OH)CH_2-$ $CH=CH(CH_2)_7COOH$	5.5
	*花生四烯酸	5,8,11,14-二十碳四烯酸	$CH_3(CH_2)_4CH=CHCH_2CH=CHCH_2-$ $CH=CHCH_2CH=CH(CH_2)_3COOH$	-49

注:带 * 号的为必需脂肪酸。

在上述脂肪酸中,其中亚油酸和亚麻酸与花生四烯酸哺乳动物自身不能合成,必须从食物中摄取,称为必需脂肪酸。组成油脂的脂肪酸常使用俗名。

动物脂肪中,含有较多的高级饱和脂肪酸甘油酯,所以动物脂肪在常温下为固态。植物油中不饱和高级脂肪酸甘油酯含量较高,故植物油在常温下为液态。

10.1.2 油脂的性质

1)油脂的物理性质

纯净的油脂是无色、无味、无臭的物质,常因含有色素和杂质而显不同的颜色,并具有不同的气味。油脂是弱极性的化合物,不溶于水而易溶于乙醚、石油醚、汽油、苯、丙酮、氯仿、四氯化碳等有机溶剂。可以利用这些溶剂从动植物组织中提取油脂,以测定动植物组织中油脂的组成和含量。油脂的相对密度小于 1,一般在 0.86 ~ 0.95。由于油脂是混合物,所以没有明确的熔点和沸点,沸腾前即发生分解。但各种油脂都有一定的熔点范围,如花生油为 0 ~ 3 ℃、猪油为 36 ~ 46 ℃、牛油为 42 ~ 49 ℃。

2)油脂的化学性质

油脂属于酯类,能发生水解反应。油脂不饱和烃基中的碳碳双键可发生加成、氧化等反应。

（1）水解反应

油脂在酸、碱或酶的作用下可发生水解反应。在酸或酶的催化下,水解生成甘油和脂肪酸,反应为可逆反应。若在碱性条件下(加 NaOH)水解,则生成甘油和脂肪酸盐,可完全水解,产物高级脂肪酸钠盐是肥皂的主要成分,因此,常把油脂在碱性条件下的水解反应称为皂化反应。

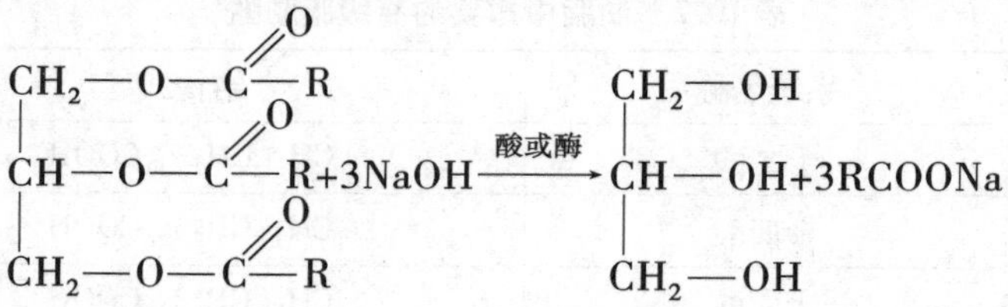

$$
\begin{array}{llll}
CH_2-O-\overset{\displaystyle O}{\overset{\|}{C}}-R & & CH_2-OH \\
CH-O-\overset{\displaystyle O}{\overset{\|}{C}}-R+3NaOH \xrightarrow{\text{酸或酶}} & CH-OH+3RCOONa \\
CH_2-O-\overset{\displaystyle O}{\overset{\|}{C}}-R & & CH_2-OH \\
\text{油脂} & & \text{甘油} & \text{脂肪酸钠}
\end{array}
$$

皂化 1 g 油脂所需要的氢氧化钾的毫克数称为皂化值。每种油脂都有一定的皂化值,根据皂化值的大小,可计算油脂的平均分子量:

$$平均分子量 = (3×56×1\ 000)/皂化值$$

由上式可知,皂化值越大,油脂平均分子量越小。油脂中含低级脂肪酸甘油酯多,因为分子量越小则一定质量的油脂中分子数目就越多,水解生成的脂肪酸也就越多,因此,皂化所需要的氢氧化钾量较高。皂化值是检验油脂质量的重要常数之一。不纯的油脂其皂化值较低,这是由于油脂中含有较多不能被皂化的杂质的缘故。

（2）加成反应

油脂中的不饱和脂肪酸烃基上的双键具有烯烃的性质,与氢气及卤素能发生加成反应。如在催化剂(Ni,Pt,Pd)作用下,油脂中的不饱和脂肪酸能加氢生成饱和脂肪酸。

①加氢。不饱和脂肪酸甘油酯加氢后可以转化为饱和程度较高的油脂,这个过程称为油脂的氢化或硬化。这种加氢后的油脂称为氢化油或硬化油。

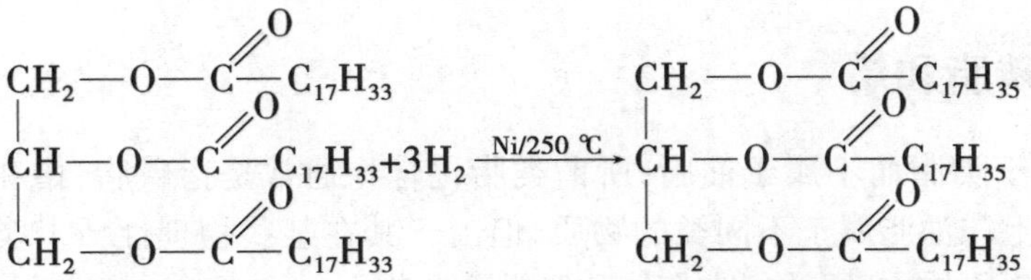

三油酸甘油酯　　　　三硬脂酸甘油酯

硬化油性质稳定，不易变质，便于贮存和运输，还可用于制造人造奶油、肥皂等。

②加碘。油脂中的碳碳双键与碘的加成反应常用来测定油脂的不饱和程度。100 g 油脂与碘起反应时所需碘的克数称为碘值。油脂的碘值越大，其成分中脂肪酸的不饱程度越高。由于碘的加成反应很慢，所以在实际测定中常用氯化碘或溴化碘的冰醋酸溶液作试剂。因为氯原子或溴原子能使碘活化，加快反应速度。

(3)油脂的酸败

油脂长期贮存，由于受到光、热、空气中的氧气和微生物的作用，会逐渐产生一种令人不愉快的气味，其酸度也明显增大，这种现象称为油脂的酸败。

油脂酸败的化学过程比较复杂，引起酸败的原因主要有两方面：一是由于油脂组成中的不饱和脂肪酸的碳碳双键被空气中的氧所氧化，生成分子量较低的醛和羧酸等复杂混合物，油脂酸败所产生的不愉快气味主要来自氧化过程中产生的低级醛和羧酸。二是由于微生物的作用，使油脂水解，并进一步生成低级的酮或羧酸。

油脂的酸败降低了油脂的食用价值。种子中的油脂发生酸败会严重影响种子的发芽率。完全避免酸败是不可能的，只能采取措施减慢。具体措施如下：

①水分：一般认为油脂含水量超过 0.2%，水解酸败作用会加强。所以，在油脂的保管和调运中，要严格防止水分的浸入。

②杂质：非脂肪物质会加速油脂的酸败，一般认为油脂中杂质以不超过 0.2% 为宜。

③空气：空气中的氧气是引起酸败变质的主要因素，因此，应严格密封储存。

④光照：日光中的紫外线有利于氧的活化和油脂中游离基的生成，加快油脂氧化酸败的速率，因此，油脂应尽量避光保存。

⑤温度：温度升高，则油脂酸败速度加快，温度每升高 10 ℃，酸败速度一般加快 1 倍。反之，则延缓或中止酸败过程。另外，包装材料应选用铁皮或钢板，还可适当添加抗氧化剂或阻氧化剂(如维生素 E、芝麻酚等)。

(4)干化作用

有些植物油(如桐油、亚麻油)在空气中可以生成一层坚韧且富有弹性的薄膜，这种现象称为油的干化作用。油的干化是一个很复杂的过程，其本质至今尚未完全了解，可认为与油脂分子中所含的具有共轭双键的不饱和脂肪酸在氧的催化下发生聚合作用有关。如桐油组分中的桐酸含有较容易发生聚合作用的共轭双键，因此桐油干燥速度快；也可能是由于氧作用于不饱和脂肪酸的双键，而使油脂分子通过氧原子结合起来构成网状结构，最终形成薄膜。

具有干性作用的油称为干性油，没有干性作用的油称为非干性油，介于二者之间的称为半干性油。这三类油可以用碘值来区分：

①干性油：碘值在 130 以上，如桐油。

②半干性油：碘值在 100~130，如棉籽油。

③非干性油：碘值在 100 以下，如花生油。

10.1.3 磷脂和蜡

磷脂和蜡属于类脂而不属于油脂,所谓类脂化合物通常是指磷脂、蜡和甾体化合物等。类脂在化学组成上与油脂属于不同类的物质,但由于其在某些物理性质上类似于油脂,且往往同油脂共存于生物体内,因此把它们统称脂类化合物。

1) 磷脂

磷脂广泛存在于植物种子、动物的脑、卵、肝和微生物体中。含磷脂较多的食物为蛋黄、肝脏、大豆、花生、麦胚。根据磷脂的组成和结构可把它分为磷酸甘油酯和神经鞘磷脂两大类。磷酸甘油酯种类很多,最重要的是卵磷脂和脑磷脂:

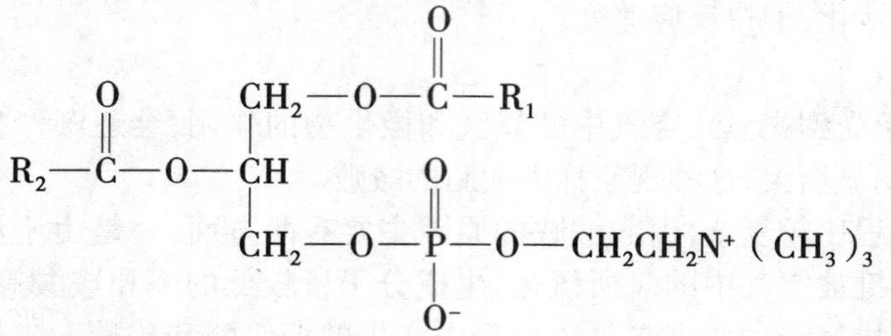

$$
\begin{array}{l}
\qquad\qquad\qquad\quad O \\
\qquad\qquad\qquad\quad \| \\
O \qquad CH_2-O-C-R_1 \\
\| \qquad\quad | \\
R_2-C-O-CH \qquad\qquad\qquad\qquad\qquad\qquad \text{卵磷脂}\\
\qquad\qquad | \qquad O \\
\qquad\qquad CH_2-O-P-O-CH_2CH_2N^+(CH_3)_3 \\
\qquad\qquad\qquad\quad | \\
\qquad\qquad\qquad\quad O^-
\end{array}
$$

$$
\begin{array}{l}
\qquad\qquad\qquad\quad O \\
\qquad\qquad\qquad\quad \| \\
O \qquad CH_2-O-C-R_1 \\
\| \qquad\quad | \\
R_2-C-O-CH \qquad\qquad\qquad\qquad\qquad\qquad \text{脑磷脂}\\
\qquad\qquad | \qquad O \\
\qquad\qquad CH_2-O-P-O-CH_2CH_2^+NH_3 \\
\qquad\qquad\qquad\quad | \\
\qquad\qquad\qquad\quad O^-
\end{array}
$$

卵磷脂水解得到甘油、脂肪酸、磷酸和胆碱。脑磷脂水解得到甘油、脂肪酸、磷酸和胆胺。在卵磷脂和脑磷脂分子中,磷酸还有一个可离解的氢,而胆碱和胆胺都为碱性基,因此,它们都以内盐形式存在。

另一类重要的磷脂是神经鞘磷脂,简称鞘磷脂。它是由磷酸、胆碱、脂肪酸和鞘氨醇组成的:

$$
\begin{array}{l}
\qquad\qquad\qquad OH \quad NH_2 \\
\qquad\qquad\qquad |\qquad\quad | \\
H \qquad\qquad CH-CH-CH_2OH \qquad \text{鞘氨醇}\\
\;\backslash\qquad/ \\
\;\; C=C \\
\;/\qquad\backslash \\
CH_3(CH_2)_{12}\quad H
\end{array}
$$

$$
\begin{array}{l}
\qquad\qquad\qquad\qquad\qquad\quad O \\
\qquad\qquad\qquad\qquad\qquad\quad \| \\
\qquad\quad OH \quad NH-CCH_2(CH_2)_{21}CH_3 \\
\qquad\qquad |\qquad\quad | \\
H \qquad\quad CH-CH \qquad\qquad O \\
\;\backslash\qquad/ \qquad\quad |\qquad\qquad\quad \| \\
\;\; C=C \qquad\quad CH_2-O-P-O-CH_2CH_2N^+(CH_3)_3 \qquad \text{神经鞘磷脂}\\
\;/\qquad\backslash \qquad\qquad\qquad\quad | \\
CH_3(CH_2)_{12}\quad H \qquad\qquad\quad O^-
\end{array}
$$

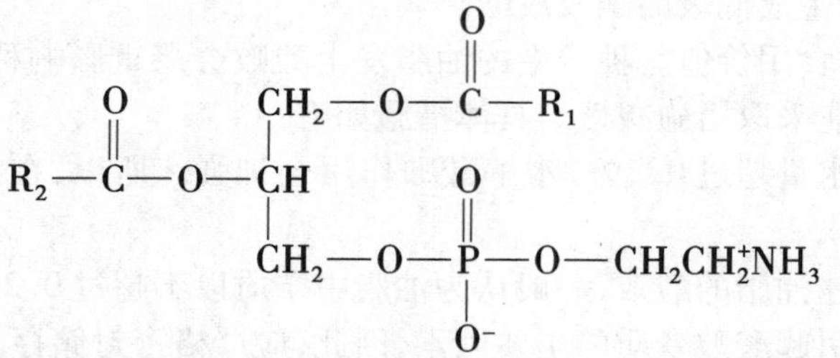

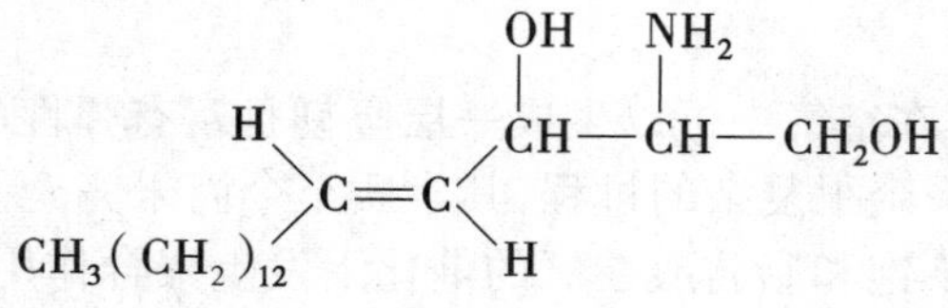

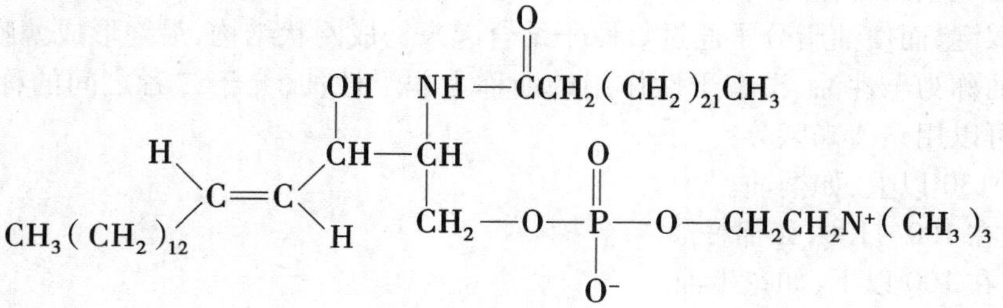

卵磷脂占人体总磷脂的一半左右，是肝脏合成脂蛋白的原料。当卵磷脂相对不足时易发生脂肪肝。脑磷脂与卵磷脂结构相近，与卵磷脂密切相关。神经磷脂存在于脑和神经组织中，是神经鞘的主要成分，参与神经的信息传递过程。

2）蜡

蜡广泛存在于动、植物界，它是高级脂肪酸与高级一元醇生成的酯。蜡按其来源分为植物蜡和动物蜡两大类。植物蜡存在于植物的叶、茎及果实的表面，是防止细菌侵害和水分散失的保护层。动物蜡存在于动物的分泌腺、皮肤、毛皮、羽毛和昆虫外骨骼的表面，也起保护作用。

组成蜡的脂肪酸和醇都在16个碳以上，且含偶数个碳原子，最常见的是软脂酸、二十六酸、十六醇、二十六醇、三十醇等。几种重要的蜡见表10.3。

表10.3　几种重要的蜡

名　称	熔点/℃	主要成分	来　源
虫蜡	81.3～84	$C_{25}H_{51}COOC_{26}H_{53}$	白蜡虫
蜂蜡	62～65	$C_{15}H_{31}COOC_{30}H_{61}$	蜜蜂腹部
鲸蜡	42～45	$C_{15}H_{31}COOC_{16}H_{33}$	鲸鱼头部
巴西棕榈蜡	83～86	$C_{25}H_{51}COOC_{30}H_{61}$	巴西棕榈叶

3）甾族化合物

甾族化合物也称类固醇化合物，是广泛存在于动植物界的一类重要的天然产物。这类化合物的特点：它们都含有一个由环戊烷与氢化菲并合的骨架，环上碳原子按以下顺序编号。

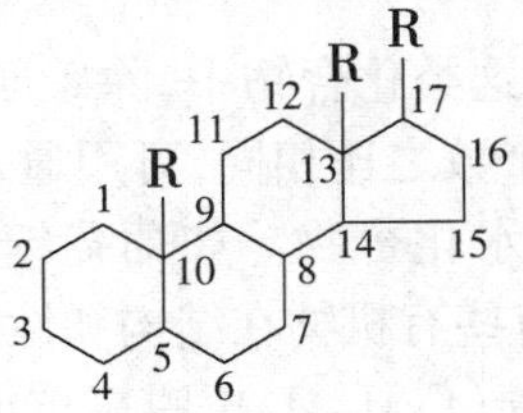

环戊烷并氢化菲（甾烷）

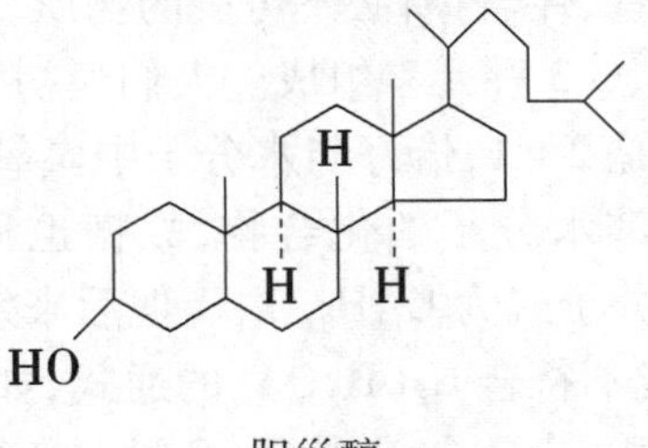

胆甾醇

几乎所有这类化合物在 C_{10} 及 C_{13} 处都有一个甲基；在 C_{17} 上连有一些不同取代基。“甾”字中的“田”表示4个环，“巛”表示 C_{10}、C_{13} 及 C_{17} 上的3个取代基。常见的甾醇、性激素和肾上腺皮质激素等都属于这一类化合物。

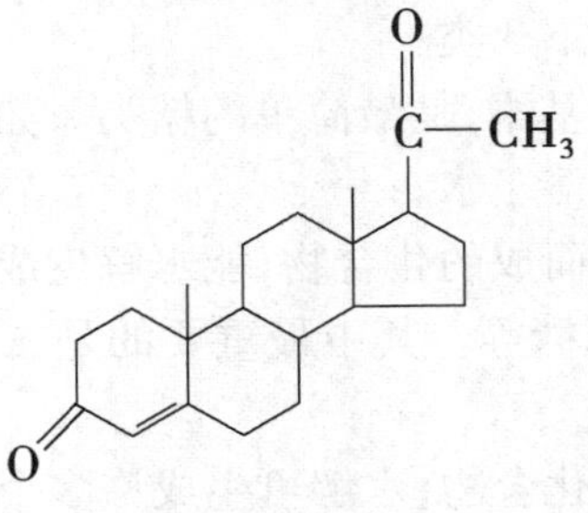

睾丸酮

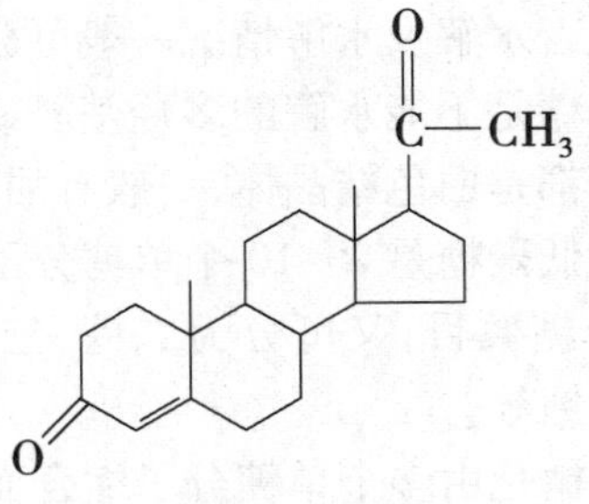

黄体酮

知识拓展

反式脂肪酸

植物油中含有不饱和脂肪酸，高温不稳定，无法长时间储存。于是人们利用氢化反应将液态植物油转化为室温下更稳定的固态氢化油——人造脂肪，并用其制作薄脆饼干、焙烤食品、油炸食物、奶油蛋糕等食品，以延长食品的保质期，使口感更好更美味。但是近年来国内外的研究表明：植物油加氢过程中，可将其中对人体健康有益的顺式不饱和脂肪酸转变成反式脂肪酸，而反式脂肪酸对人体健康危害巨大，反式脂肪酸导致心血管疾病的几率是饱和脂肪酸（动物脂肪）的3～5倍，甚至还会损害人们的认知功能、诱发肿瘤，对胎儿体重、青少年发育也有不利影响。关于反式脂肪酸对人体健康的危害有一个形象的比喻：如果在一份看上去"大油大肉"的浓汁肉排和一盘用人造脂肪做出来的炸薯条之间进行取舍，那么选择前者更有利于健康。

10.2 糖 类

糖类是自然界分布最广泛的一类有机物，几乎存在于所有生物体中，植物种子中的淀粉，根茎、叶中的纤维素，甘蔗和甜菜根部所含的蔗糖，水果中的葡萄糖和果糖都是糖类。糖是动、植物体的重要成分，也是人和动物的主要食物来源，绿色植物光合作用的主要产物就是糖类，糖是人类衣、食、住、行所必不可少的物质。

糖类由C、H、O 3种元素组成。人们最初发现在这类化合物中，除碳原子外，分子中氢和氧的原子个数比是2∶1，恰好与水分子中氢氧原子个数之比相同，可用通式$C_n(H_2O)_m$表示，形式上像碳原子和水分子的化合物，故糖也称为碳水化合物。如葡萄糖、果糖的分子式为$C_6H_{12}O_6$，蔗糖的分子式为$C_{12}H_{22}O_{11}$。但后来发现，有些有机物在结构和性质上与碳水化合物十分相似，但组成不符合$C_n(H_2O)_m$的通式，如鼠李糖（$C_6H_{12}O_5$）、脱氧核糖（$C_5H_{10}O_4$）等；而有些化合物如乙酸（$C_2H_4O_2$）、乳酸（$C_3H_6O_3$）等，分子组成虽然符合上述通式，但其结构和性质与糖相差甚远。可见碳水化合物这一名称定义糖是不确切的，由于历史沿用已久，故至今仍在使用，尤其在生命科学领域更是如此。现在关于糖类物质的确切定义是：多羟基醛或多羟基酮以及水解后生成多羟基醛或多羟基酮的一类有机化合物。

糖类根据能否水解及水解情况一般可分为以下3类：

①单糖。单糖是不能水解的多羟基醛或多羟基酮，是最简单的糖类。如葡萄糖、果糖、脱氧核糖等。单糖都是白色结晶体，一般有甜味，可溶于水。

②低聚糖。低聚糖是2～10个单糖分子缩合而成的化合物，能水解生成单糖分子。根据水解后生成的单糖数目，又可分为二糖、三糖、四糖等。其中最重要的是二糖，如蔗糖、麦芽糖、纤维二糖、乳糖等。

③多糖。多糖是由多个单糖分子缩合而成的化合物，水解可生成许多个单糖分子。如淀粉、纤维素、糖原等。

10.2.1　单糖

1) 单糖的结构

单糖是多羟基醛或多羟基酮,按其结构它可分为醛糖和酮糖两大类。根据单糖分子里碳原子的多少,又可把单糖分为丙糖、丁糖、戊糖、己糖等。一般是把两种分类方法合起来使用,例如,含 5 个碳的醛糖称为戊醛糖,含 6 个碳的酮糖称为己酮糖。

最简单的单糖是三碳糖:

$$\begin{array}{c} CHO \\ H\!-\!\!-\!\!-OH \\ CH_2OH \end{array}$$

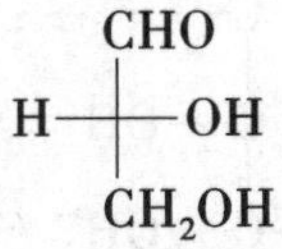

D-甘油醛

甘油醛第二个碳原子所带的 4 个原子(或原子团)各不相同,称为手性碳原子,该手性碳原子的羟基位于碳链的右侧,其构型标记为 D-型;反之,若羟基位于碳链的左侧,则标记为 L-型。

手性碳原子可以用"+"表示,交叉点代表手性碳原子。

$$\begin{array}{c} CHO \\ H\!-\!\!-\!\!-OH \\ CH_2OH \end{array}$$

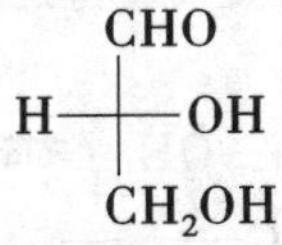

从 D-甘油醛出发,碳链增加一个碳原子,就变成了丁醛糖,以此类推,可以得到戊醛糖、己醛糖等。自然界存在的单糖大多数是 D-型糖。

自然界中分布最多的是戊醛糖和己醛糖、己酮糖。重要的单糖有葡萄糖、果糖、半乳糖、核糖、脱氧核糖等,它们的链状结构式如下:

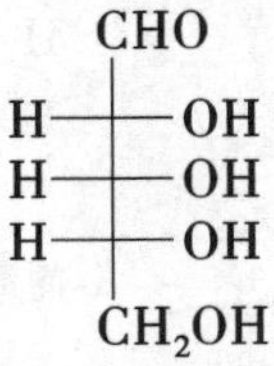

D-核糖　　　　　　　D-脱氧核糖

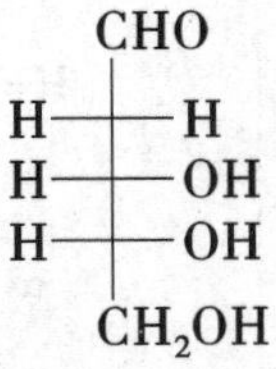

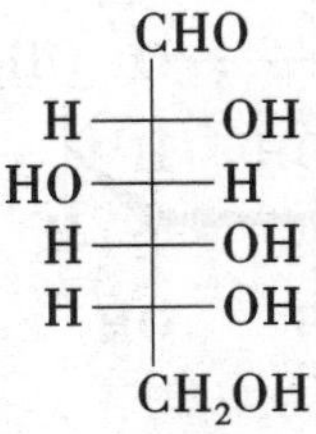

D-葡萄糖　　　　　　D-半乳糖　　　　　　D-果糖

不管是含有几个碳原子的单糖,要确定单糖分子的构型,就看倒数第二个碳原子上的羟基位置,如果倒数第二个碳原子上的羟基位于碳链的右侧,则确定为 D-型糖;如果倒数第二个

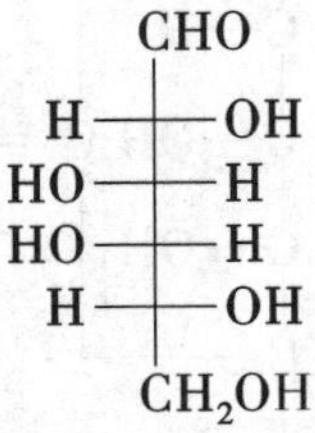

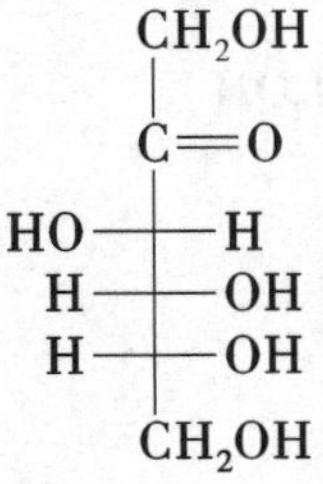

碳原子上的羟基位于碳链的左侧，则确定为 L-型糖。

单糖的链状结构不稳定，在结晶状态和生物体内主要以环状结构形式存在。单糖的环状结构是其羰基与羟基发生半缩醛反应而形成的五元和六元含氧碳环，有 α-型和 β-型两种结构，其中形成的半缩醛羟基（苷羟基）与 C_5 上的羟基处于同侧的为 α-型，处于异侧的为 β-型。单糖的 α-型和 β-型环状结构之间可以通过链状结构相互转化。

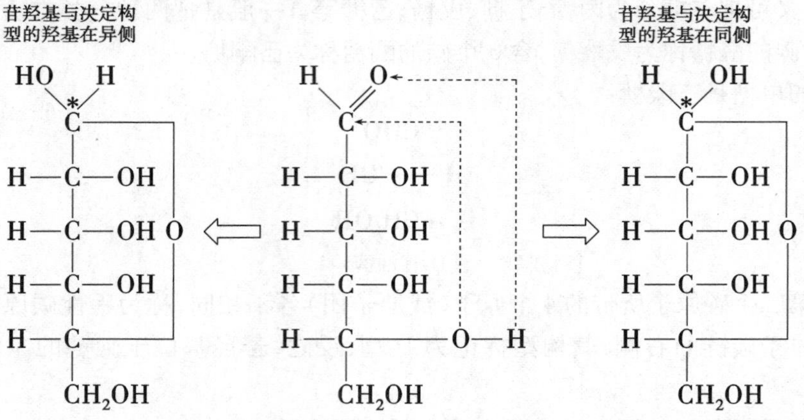

β-D-葡萄糖　　D-葡萄糖链式结构　　α-D-葡萄糖

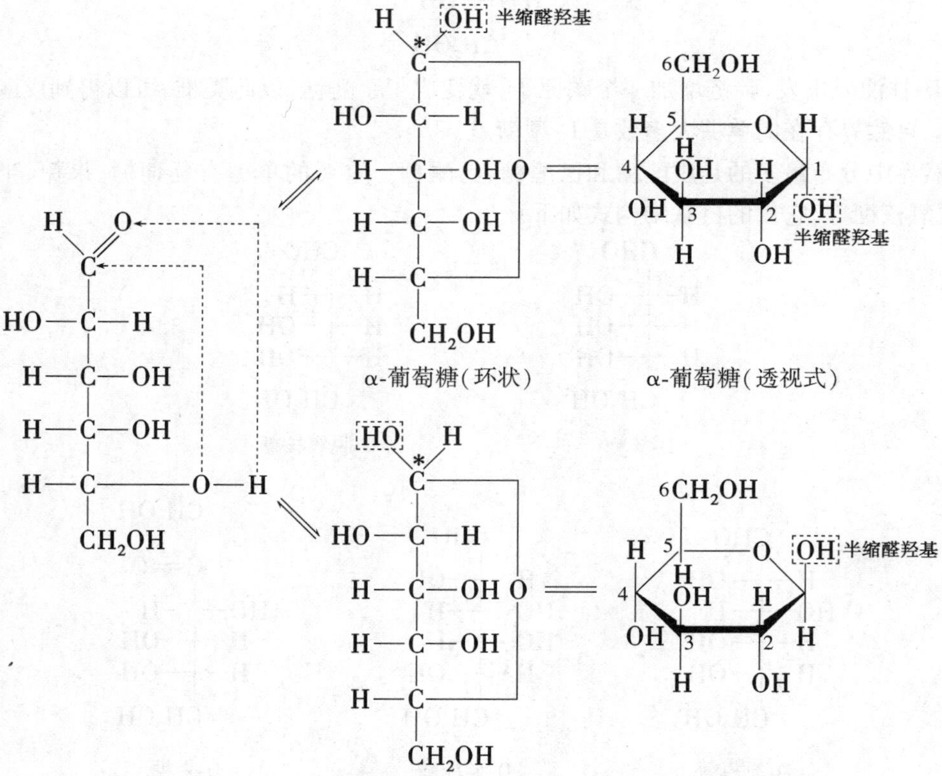

α-葡萄糖（环状）　　α-葡萄糖（透视式）

β-葡萄糖（环状）　　β-葡萄糖（透视式）

果糖的环状结构为:

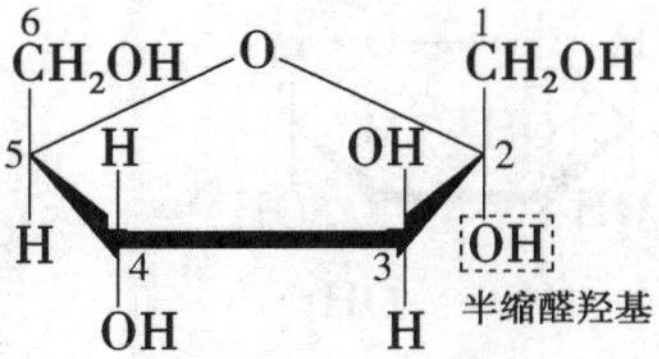

α-果糖(透视式)

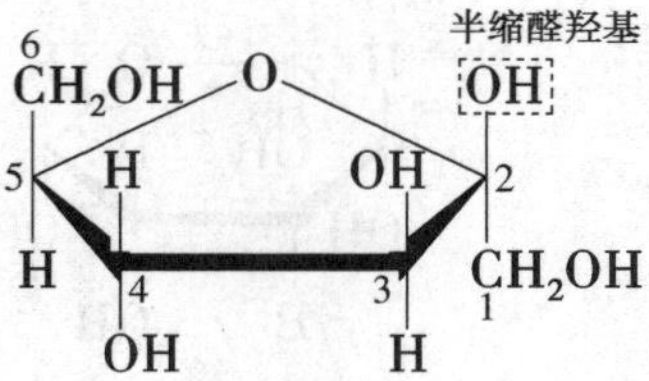

β-果糖(透视式)

核糖和2-脱氧核糖的环状结构为

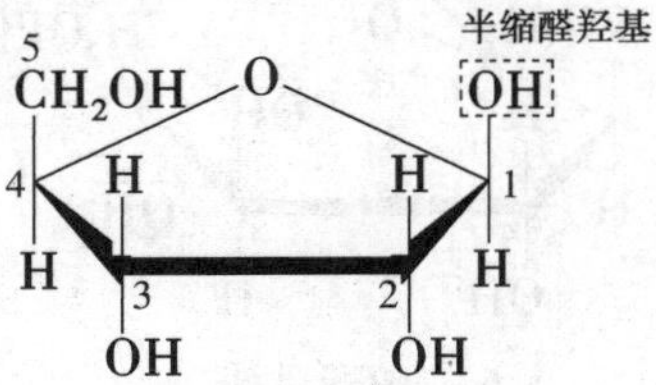

β-脱氧糖(透视式)

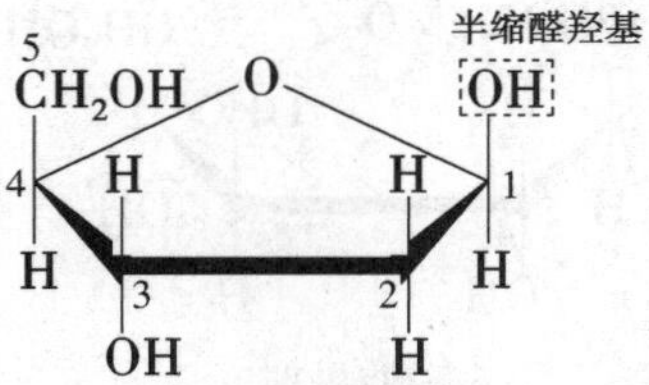

β-2-脱氧核糖(透视式)

2)单糖的性质

(1)单糖的物理性质

单糖都是无色结晶,具有吸湿性,易溶于水,难溶于乙醇,不溶于乙醚。单糖有甜味,不同的单糖甜度也不相同,如以蔗糖为100,而葡萄糖的甜度为74,果糖的甜度为173。单糖(除丙酮糖外)有旋光性。

(2)单糖的化学性质

①糖的氧化反应(还原性)。单糖是多羟基醛或多羟基酮,分子结构中具有醛基(酮糖在碱性条件下,可转化为醛糖),使用不同的氧化剂可将单糖氧化成不同的产物。例如,与托伦(Tollens)试剂及菲林(Fehlieg)试剂反应,可生成糖酸或复杂的小分子羧酸混合物和银镜或砖红色 Cu_2O 沉淀。

a. 银镜反应:在托伦试剂中加入 2 mL 10% 的葡萄糖溶液,将试管放在水浴中加热 3 ~ 5 min,可观察到银镜的出现。葡萄糖的银镜反应长期应用于制作镜子、热水瓶胆的镀银工艺。

b. 菲林反应:在菲林试剂中加入 2 mL 10% 的葡萄糖溶液,将试管放在水浴中加热 3 ~ 5 min,可观察到砖红色沉淀的出现。

$$\underset{\text{葡萄糖}}{C_6H_{12}O_6}+2Cu(OH)_2 \longrightarrow \underset{\text{葡萄糖酸}}{C_6H_{12}O_7}+\underset{\text{砖红色沉淀}}{Cu_2O\downarrow}+2H_2O$$

此反应被用于检验尿糖,还可以定量测定葡萄糖等还原糖的含量。

这种能还原斐林试剂等碱性弱氧化剂的糖称为还原糖,所有的单糖均为还原糖。在生物测定技术中,也常用斐林试剂定量地测定葡萄糖等还原性糖在生物体组织中的含量。

②成酯反应。成酯反应是指糖分子中的羟基与无机酸或有机酸反应生成酯的反应。在生物体内最常见的糖脂为糖的磷酸酯,其中,最重要的是1-磷酸葡萄糖、6-磷酸葡萄糖、6-磷酸果糖和1,6-二磷酸果糖。它们的结构为

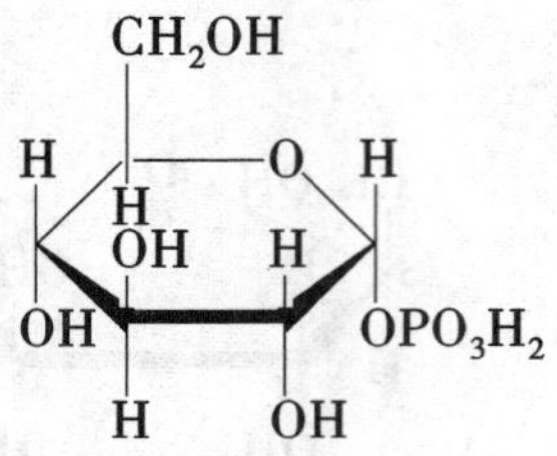

1-磷酸葡萄糖

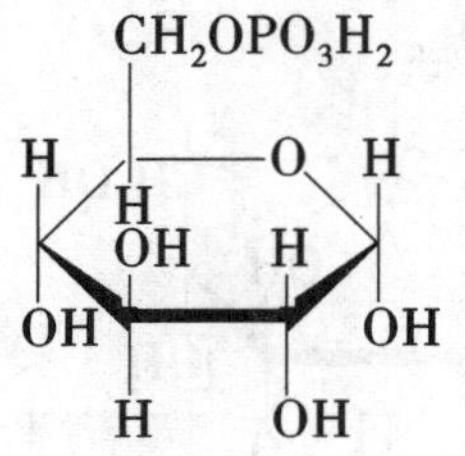

6-磷酸葡萄糖

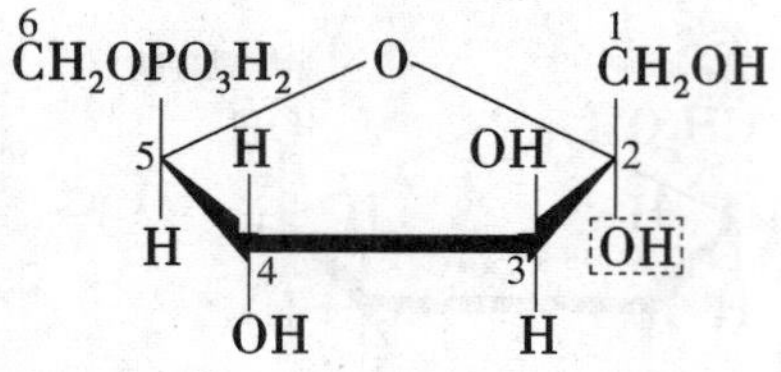

6-磷酸果糖

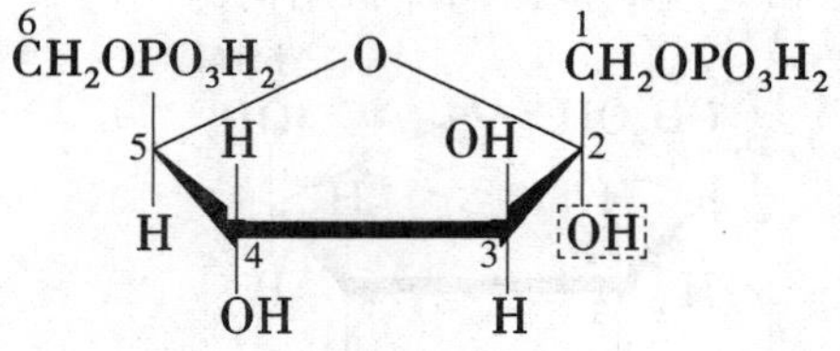

1,6-二磷酸果糖

1-磷酸葡萄糖和6-磷酸葡萄糖是生物体内糖代谢的重要中间产物。农作物施磷肥的原因之一,就是为农作物体内糖的分解与合成,提供生成磷酸葡萄糖所需要的磷酸。如果缺磷就会影响农作物体内糖的代谢作用,农作物就不能正常生长。

③成苷反应。单糖分子中的半缩醛羟基与其他基团相比,化学活泼性较强,能与含羟基化合物或者含有氨基的化合物发生反应,其结果是脱去一分子水,并形成一种新的化合物—糖苷(或称糖甙)。

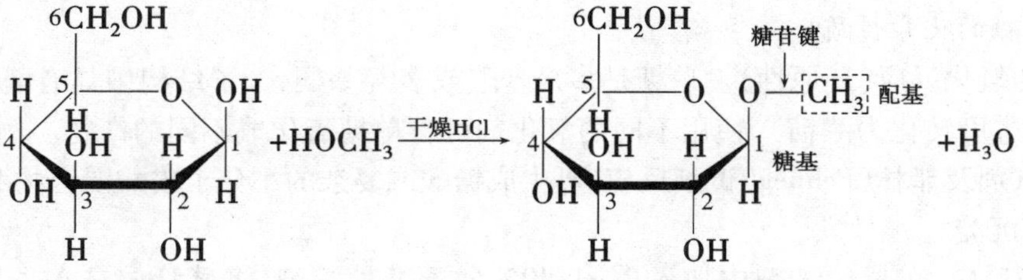

β-D-葡萄糖　　β-D-甲基葡萄糖苷

这种生成糖苷的反应称为成苷反应。糖苷是由单糖的半缩醛羟基与另一个分子(如醇、糖、嘌呤或嘧啶)的羟基、胺基或巯基缩合形成的含糖衍生物,也称配糖体。因此,一个糖苷可分为两个部分:一部分是糖的残基(糖去掉半缩醛羟基)部分,称为糖基;另一部分是配基(非糖部分),糖基与配基的连接键(C—O—C)称为糖苷键或苷键。连接糖基与配基是氧原子的糖苷称为含氧糖苷。也可以是S-苷、N-苷或C-苷。糖苷的配基也可以是糖,这样就缩合成双糖、寡糖和多糖。

糖苷广泛分布于植物的根、茎、叶、花和果实中。大多是带色晶体,能溶于水,一般味苦,有些有剧毒,水解时生成糖和其他物质。例如,苦杏仁苷 $C_{20}H_{27}NO_{11}$ 水解的最终产物是葡萄糖 $C_6H_{12}O_6$、苯甲醛 C_6H_5CHO 和氢氰酸 HCN。糖苷可用作药物,很多中药的有效成分就是糖苷,如柴胡、桔梗等。由于立体构型的不同,糖苷有 α 和 β 两种类型。

④成脎反应。前面已学过,醛或酮的羰基与苯肼反应生成苯腙。当醛糖或酮糖用苯肼处理时,也可以发生类似的反应。但反应并不停留在生成苯腙的这一步,当有过量苯肼存在时,反应生成糖脎。

$$\underset{\text{葡萄糖}}{\begin{array}{c} CHO \\ | \\ H-C-OH \\ | \\ HO-C-H \\ | \\ H-C-OH \\ | \\ H-C-OH \\ | \\ CH_2OH \end{array}} \quad +3C_6H_5-NH-NH_2 \longrightarrow \quad \underset{\text{葡萄糖脎}}{\begin{array}{c} HC=N-NH-C_5H_6 \\ | \\ C=N-NH-C_5H_6 \\ | \\ HO-C-H \\ | \\ H-C-OH \\ | \\ H-C-OH \\ | \\ CH_2OH \end{array}}$$

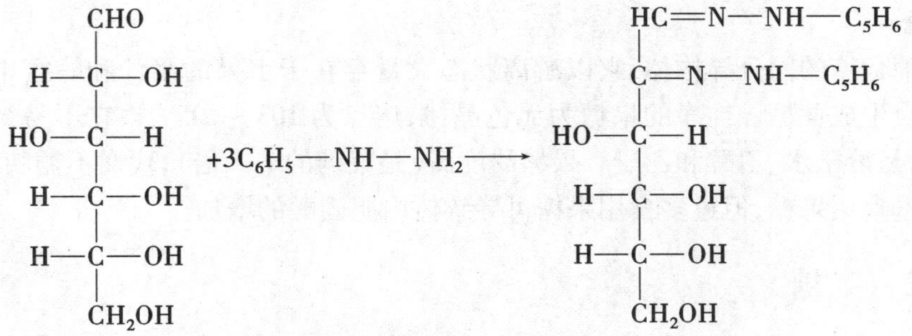

葡萄糖　　　　　苯肼　　　　　　葡萄糖脎

糖脎为淡黄色晶体,不同的糖成脎时间和结晶形状不同,结构上完全不同的糖脎熔点不同,因此利用该反应可作糖的定性鉴定。

⑤显色反应。单糖能与浓酸(如盐酸、硫酸)作用,脱水而成糠醛或其衍生物。

$$\underset{\text{己糖}}{\begin{array}{c} H \quad\quad H \\ | \quad\quad | \\ \boxed{HO}-C-C-\boxed{OH} \\ | \quad\quad | \\ \boxed{H}-C-C-\boxed{H} \\ | \quad\quad | \\ HOCH_2 \; \boxed{OH} \; \boxed{OH} \; CHO \end{array}} \xrightarrow{\text{浓HCl}} \underset{\text{5-羟甲基呋喃甲醛}}{\begin{array}{c} HC-CH \\ \| \quad\quad \| \\ HOCH_2-C \quad C-CHO \\ \diagdown O \diagup \end{array}} +3H_2O$$

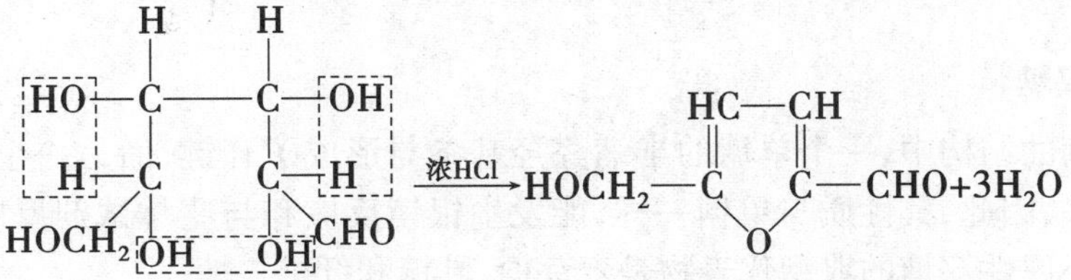

己糖　　　　　　　　　　　5-羟甲基呋喃甲醛

在一定条件下,糠醛及其衍生物能与酚类、蒽酮等缩合生成各种不同的有色物质,虽然这些有色物质的结构和生成过程尚未十分清楚,但由于反应灵敏,显色清晰,故常用来鉴别各类糖。

a.莫立许(Molisch)反应:莫立许反应是在糖的水溶液中加入 α-萘酚的乙醇溶液,然后沿试管壁慢慢加入浓硫酸,不得振摇,密度比较大的浓硫酸沉到管底。在浓硫酸与溶液的交界面很快出现美丽的紫色环。所有的糖(包括单糖、低聚糖和多糖)都能发生莫立许反应,这是鉴别糖的常用方法。

b.塞利凡诺夫(Seliwanoff)试验:在酮糖(如果糖或蔗糖)的溶液中,加入塞利凡诺夫试剂(间苯二酚的盐酸溶液),加热,很快出现鲜红色,这就是塞利凡诺夫反应。在同样的条件下醛糖看不出有什么变化,用以鉴别酮糖和醛糖。

3)重要的单糖

(1)葡萄糖

葡萄糖是自然界分布最广的单糖,广泛存在于葡萄和其他带甜味的水果中。葡萄糖为白色晶体,能溶于水,有甜味。

葡萄糖是机体吸收、利用最好的单糖;是机体内多种物质(如糖蛋白、糖脂等)的组成成分,大脑、骨髓、肺组织、红细胞等完全依靠葡萄糖来供能。人体血液中的葡萄糖称为血糖,其含量为 $4.4 \sim 6.7$ mmol/L,当血糖浓度过高时,葡萄糖可随尿排出,出现尿糖现象,若血糖浓度过低,则引起低血糖病。

葡萄糖在食品、医药工业上可直接使用,在印染制革工业中作还原剂,在制镜工业和热水瓶胆镀银工艺中常用葡萄糖作还原剂。工业上还大量用葡萄糖为原料合成维生素 C(抗坏血酸)。

(2)果糖

果糖是葡萄糖的同分异构体,它以游离状态大量存在于水果的浆汁和蜂蜜中,果糖还能与葡萄糖结合生成蔗糖。纯净的果糖为无色晶体,熔点为 103 ~ 105 ℃,它不易结晶,通常为黏稠性液体,易溶于水、乙醇和乙醚。果糖甜度高(是蔗糖的 1.7 倍),代谢不需胰岛素。故糖尿病人可适量食用果糖,但过多食用果糖可导致体内胆固醇的增加。

10.2.2 二糖

二糖又称为双糖,是两分子单糖通过苷键相连而成。组成双糖的两个单糖可以是相同的,也可以是不同的。两分子单糖通过苷键组成双糖可以有两种方式:一种方式为一分子单糖的半缩醛羟基与另一分子单糖的半缩醛的羟基脱水成苷形成的二糖,称非还原性双糖。另一种方式为一分子单糖的半缩醛羟基与另一分子单糖的醇羟基脱水生成苷键形成的双糖,称为还原性双糖。

1)还原性双糖

还原性双糖的结构中,一个单糖的半缩醛羟基参与形成了苷键,而另一个单糖的半缩醛羟基保留了下来,因此,其性质与单糖一样,能发生银镜反应和与斐林试剂反应,也可以发生成苷反应等。还原性双糖的典型代表物是麦芽糖、乳糖和纤维二糖。

(1)麦芽糖

麦芽糖是食用饴糖的主要部分,甜度为蔗糖的 40%,白色晶体,易溶于水,它是淀粉在麦芽糖酶作用下水解的产物。

麦芽糖的分子式为 $C_{12}H_{22}O_{11}$,是由一分子 α-葡萄糖 C_1上的半缩醛羟基与另一分子 α-葡萄糖 C_4上的羟基缩合脱水后通过苷键连接而成的双糖。这种苷键称为 α-1,4 苷键。

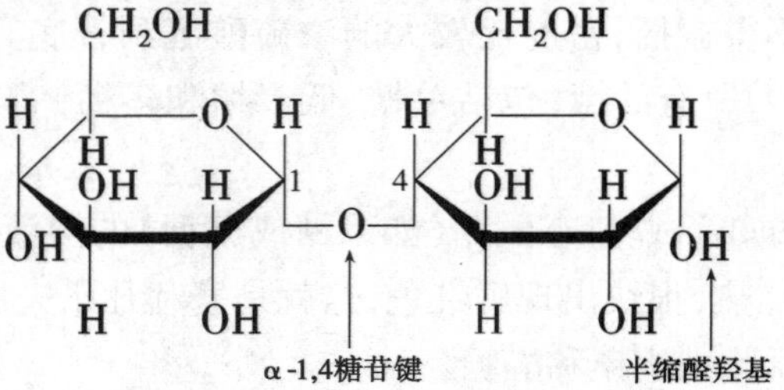

麦芽糖的结构

麦芽糖是白色结晶粉末,易溶于水,有甜味。麦芽糖分子中含有醛基,因此,具有还原性,是一种还原性二糖。主要反应有:

①水解反应:麦芽糖在强酸或麦芽糖酶的作用下,可水解生成两分子葡萄糖。

$$\underset{\text{麦芽糖}}{C_{12}H_{22}O_{11}} + H_2O \xrightarrow{\text{强酸或麦芽糖酶}} \underset{\text{葡萄糖}}{2C_6H_{12}D_6}$$

②还原性:麦芽糖可以和菲林试剂反应生成砖红色的氧化亚铜沉淀。

(2)乳糖

乳糖为哺乳动物奶汁中的主要成分,并因此而得名。牛乳中含 4% ~6%,人乳中含5% ~8%。乳糖能促进人体对钙的吸收。

乳糖是由一分子 β-半乳糖 C_1 上的半缩醛羟基与一分子 α-葡萄糖 C_4 上的羟基缩合脱水，以 β-1,4 苷键连接形成，乳糖分子中还存在一个半缩醛羟基，所以具有还原性，是还原性二糖。其结构式为

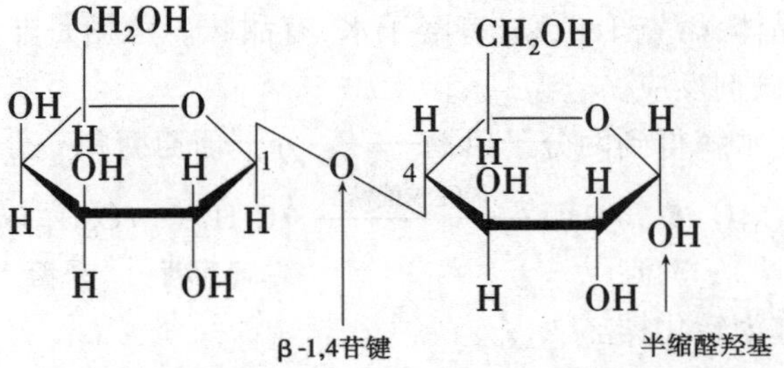

β-D-半乳糖　　　　α-D-葡萄糖

乳糖结构

乳糖为白色粉末，略有甜味（甜味为蔗糖的 70%）易溶于水，用酸或苦杏仁酶（即 β-葡萄糖酶）水解生成一分子葡萄糖和一分子半乳糖。

（3）纤维二糖

纤维二糖是纤维素的结构单位，将纤维素部分水解得纤维二糖。

纤维二糖可看成是麦芽糖的一种异构体，它是由两分子 β-葡萄糖脱去一分子水所形成的二糖，以 β-1,4 苷键连接。

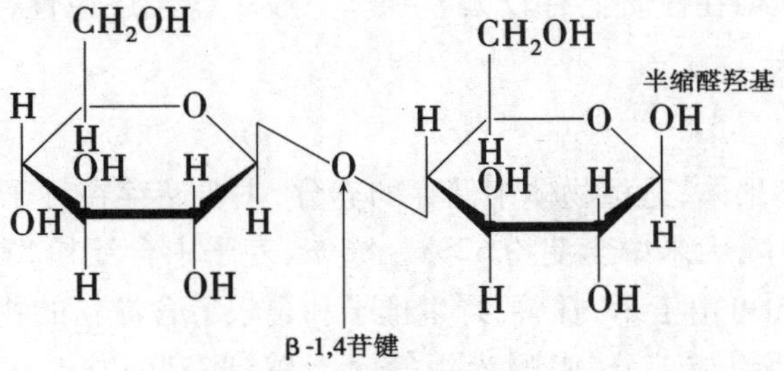

纤维二糖的结构

纤维二糖与麦芽糖相比，化学性质相似，能发生水解反应，也能发生银镜反应和与菲林试剂反应。两者的差别只在于纤维二糖不被麦芽糖酶所水解，而是被苦杏仁酶水解，得两分子葡萄糖。纤维二糖没有甜味，不能在人体内被分解。

2）非还原性二糖

非还原性二糖的代表物是蔗糖。蔗糖的分子式为 $C_{12}H_{22}O_{11}$，是由一分子葡萄糖的半缩醛羟基和一分子果糖的半缩醛羟基缩合脱水后形成的双糖。

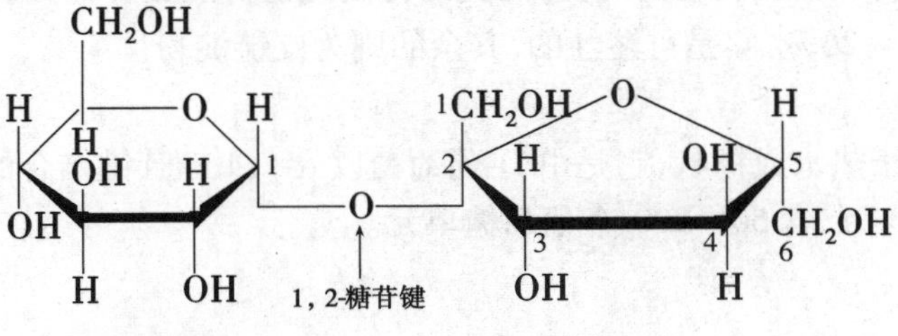

α-D-葡萄糖　　　　β-D-果糖

蔗糖的结构

蔗糖分子中，没有自由的半缩醛羟基，为非还原性双糖，不能还原托伦试剂和斐林试剂。

蔗糖广泛存在于植物（如甘蔗、甜菜等）的根、茎、花、叶、果实中，是自然界中分布最广、产量最大的双糖，是绵白糖、白砂糖、红糖（含色素、钙、铁等杂质）、冰糖、方糖等的绝对主要成分。纯的蔗糖为无色晶体，熔点 180 ℃，易溶于水，有甜味。蔗糖是非还原性糖，不能发生银镜反应，也不能和菲林试剂反应。

蔗糖在一定条件下水解得到两分子单糖——一分子葡萄糖和一分子果糖。

$$\underset{\text{蔗糖}}{C_{12}H_{22}O_{11}} + H_2O \xrightarrow{\text{稀酸或蔗糖酶}} \underset{\text{葡萄糖}}{C_6H_{12}O_6} + \underset{\text{果糖}}{C_6H_{12}O_6}$$

蔗糖的水解产物称为转化糖。

10.2.3 多糖

多糖是由成千上万个单糖分子相互脱水缩合，通过糖苷键连接而成的高分子化合物。它在自然界分布很广，如植物体内的淀粉是储藏了大量化学能的营养物质，属于储能多糖；纤维素是植物细胞壁的主要成分，属于结构多糖。这两种多糖都是由葡萄糖缩聚而成，它们的通式是$(C_6H_{10}O_5)_n$。这些多糖的分子里所包含的单糖单位$(C_6H_{10}O_5)$的数目不同，即 n 值不同，因此相互不是同分异构体。

多糖与单糖和低聚糖在性质上有较大差别。一般多糖无还原性，也不具有甜味，大多数不溶于水。

1）淀粉

淀粉是葡萄糖的高聚体，是植物体中储存的养分，主要储存在种子和块茎中，各类植物中的淀粉含量都较高，其中，大米中含淀粉 62% ~86%，麦子中含淀粉 57% ~75%，马铃薯中含淀粉则超过 90%。淀粉可由玉米、甘薯、野生橡子和葛根等含淀粉的物质中提取而得。

淀粉是食物的重要组成部分，咀嚼米饭等时会感到有些甜味，这是因为唾液中的淀粉酶将淀粉水解成了二糖——麦芽糖。食物进入胃肠后，还能被胰脏分泌出来的唾液淀粉酶水解，形成的葡萄糖被小肠壁吸收，成为人体组织的营养物。支链淀粉部分水解可产生称为糊精的混合物。糊精主要用作食品添加剂、胶水、浆糊，并用于纸张和纺织品的制造（精整）等。

淀粉除食用外，工业上用于制糊精、麦芽糖、葡萄糖、酒精等，也用于调制印花浆、纺织品的上浆、纸张的上胶、药物片剂的压制等。

淀粉有直链淀粉和支链淀粉两大类，两类的比例因植物的品种而异，一般来说，在天然淀粉中直链的占 20% ~26%，它是可溶性的，其余的则为支链淀粉。

（1）直链淀粉

直链淀粉能溶于热水成糊状，它是由 D-葡萄糖以 α-1，4 糖苷键结合的链状化合物。分子相对质量为 1 万 ~6 万，含 50 ~200 个葡萄糖单元。

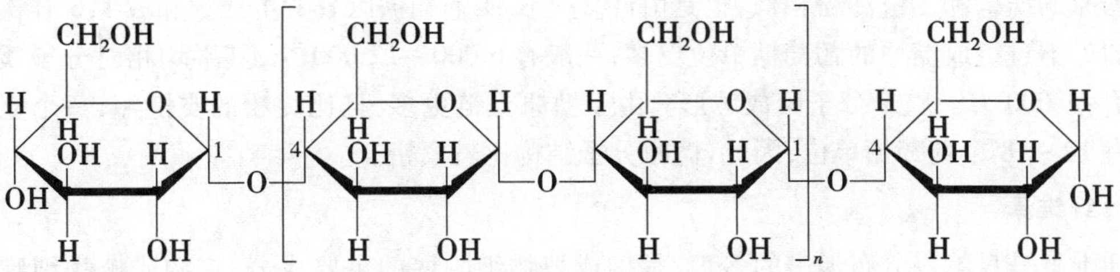

直链淀粉结构

当用碘溶液进行检测时，直链淀粉液呈显蓝色。

(2) 支链淀粉

支链淀粉是由 600～6 000 个 α-葡萄糖分子之间脱水缩合，与直链淀粉不同的是，除了以 α-1,4 糖苷键结合相连外，在分支点上以 α-1,6 糖苷键结合，形成一个树枝状的大分子。

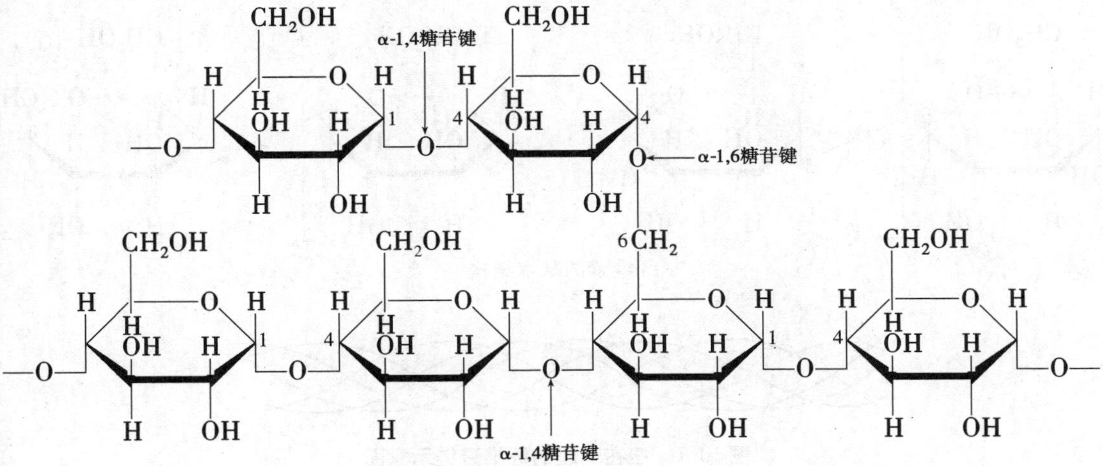

支链淀粉的结构

支链淀粉不溶于水，与水共热时膨胀成糊状。支链淀粉没有还原性，与碘作用呈紫红色。

淀粉属于有机高分子化合物，与单糖和还原性双糖不同，淀粉没有还原性，发生的主要反应有：

①显色反应：淀粉遇碘显深蓝色，此性质常可用于鉴定碘或淀粉的存在。在分析化学上，可溶性淀粉常用作碘量法分析的指示剂。

②水解反应：淀粉在酸或酶的催化下可逐步水解，生成与碘呈现不同颜色的糊精、麦芽糖，最后水解为葡萄糖。

$$\text{淀粉}\xrightarrow{\text{淀粉酶}}\text{糊精}\xrightarrow{\text{淀粉酶}}\text{麦芽糖}\xrightarrow{\text{强酸或麦芽糖酶}}\text{葡萄糖}$$

淀粉的水解对动植物的生长发育和酿造工业有着重要的意义。工业上通常用淀粉催化水解法制取葡萄糖。

2) 糖原

糖原又称动物淀粉，是动物体内储存葡萄糖的一种形式，是葡萄糖在体内缩合而成的一种多糖。糖原主要存在于肝脏和肌肉中，因此，糖原又有肝糖原和肌糖原之分。

糖原的结构和支链淀粉相似，也是由许多个 α-D-葡萄糖以 α-1,4 苷键和 α-1,6 苷键结合而成的。不过组成糖原的葡萄糖单位更多，一般有 6 000 ~ 12 000 个，其平均相对分子质量在 100 万 ~ 1 000 万。整个分子团成球形。由于糖原支链更多，且比淀粉的支链短，每个支链平均含有 12 ~ 18 个葡萄糖单位，因此，糖原分子结构比较紧密。

3）纤维素

纤维素是自然界分布最广的多糖，是构成植物细胞壁的主要成分，它构成植物细胞壁中的纤维组织，是植物的支撑物质，是木材和植物纤维的主要成分。例如，棉花几乎是纯的纤维素，亚麻中含 80% 的纤维素，木材中的纤维素含量为 40% ~ 60%。

纤维素分子是由几千个葡萄糖单元以 β-1,4 苷键连接起来的一条没有分支的链状分子，它的相对分子质量约为几十万。其结构与淀粉不同，是由 100 ~ 200 条彼此平行的纤维素分子链聚集在一起（见图 10.1），因此，纤维素具有很好的机械强度和化学稳定性。

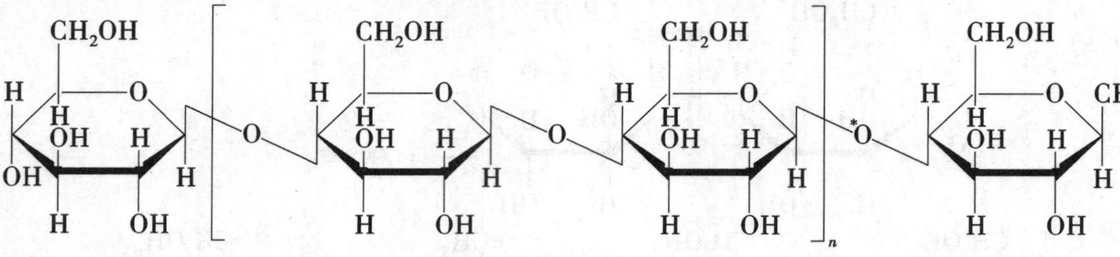

纤维素的基本结构

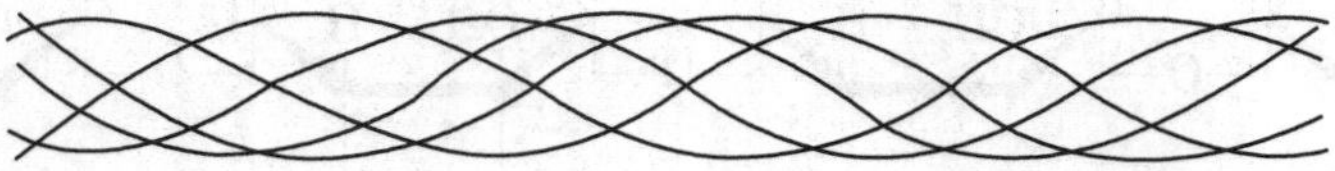

图 10.1　扭在一起的纤维素链示意图

纤维素是白色纤维状固体，不溶于水、稀酸、稀碱和一般的有机溶剂，但能吸水膨胀。

纤维素不具有还原性，可水解，但比淀粉困难，水解反应的最终产物是葡萄糖。

人的消化道中没有纤维素酶，故人不能消化纤维素，不能利用食物中的纤维素作为营养物质。但纤维素可以吸附大量水分，增加粪便量，帮助肠胃蠕动，提高消化和排泄能力，使一些有毒物和致癌物质在肠道内的停留时间缩短，从而预防肠癌发生。

草食动物（如牛、马、羊等）的消化道中含有分解纤维素的特殊微生物，这些微生物能分泌出纤维素酶，使纤维素水解生成葡萄糖，因此它们可以消化纤维素而取得营养。土壤中也存在能分解纤维素的微生物，能将一些枯枝败叶分解为腐殖质，从而增强土壤肥力。

纤维素能溶于氢氧化铜的氨溶液、氯化锌的盐酸溶液、氢氧化钠和二硫化碳等溶液中，形成黏稠状溶液。利用溶解性，可制造人造丝和人造棉等。此外，纤维素可用来制造各种纺织品、纸张、玻璃纸、无烟火药、火棉胶、赛璐珞等，也可作为人类食品的添加剂。

知识拓展

糖类的甜度和食用糖

严格地说,甜度不属于糖类的物理性质,它属于一种感觉。甜度通常用蔗糖作为参照物,以蔗糖为 100,葡萄糖是 70,麦芽糖是 35。果糖的甜度几乎是蔗糖的两倍,其他天然糖的甜度都小于蔗糖。

绵白糖是人们比较喜欢的一种食用糖。绵白糖的质地绵软、细腻,结晶颗粒细小,并在生产过程中喷入了 2.5% 左右的转化糖浆。而白砂糖的主要成分是蔗糖,故绵白糖的纯度不如白砂糖高。

红糖是没有经过高度精炼的蔗糖,虽然其貌不扬,但营养价值却比绵白糖、白砂糖高得多,红糖每百克中含钙 90 mg、含铁 4 mg,均为绵白糖、白砂糖的 3 倍。

10.3 蛋白质

蛋白质是生命现象的物质基础,是参与生物体内各种生物变化最重要的组分。蛋白质存在于一切细胞中,是构成人体和动植物的基本材料,肌肉、毛发、皮肤、指甲、血清、血红蛋白、神经、激素、酶等都是由不同的蛋白质组成的。蛋白质在有机体中承担不同的生理功能,它们供给肌体营养、输送氧气、防御疾病、控制代谢过程、传递遗传信息、负责机械运动等。核酸分子携带着遗传信息,在生物的个体发育、生长、繁殖和遗传变异等生命过程中起着极为重要的作用。

人们通过长期的实验发现,蛋白质被酸、碱或蛋白酶催化水解,最终产物都是各种氨基酸。因此,氨基酸是组成蛋白质分子的基本单位,要了解蛋白质的组成、结构和性质,必须先认识氨基酸。

10.3.1 氨基酸

组成蛋白质的氨基酸有 30 余种,其中常见的只有 20 余种,绝大多数都是 α-氨基酸。α-氨基酸可以看成是羧酸分子中 α-碳原子(与官能团直接相连的碳原子)上的氢原子被氨基($-NH_2$)取代后的产物。

1) α-氨基酸的组成、结构、分类和命名

所有的氨基酸分子中都含有碳、氢、氧、氮 4 种元素,有些还含有硫。α-氨基酸结构可用通式表示为

$$R-\underset{\underset{NH_2}{|}}{\overset{\overset{H}{|}}{C}}-COOH \quad 或 \quad R-\underset{\underset{NH_2}{|}}{CH}-COOH$$

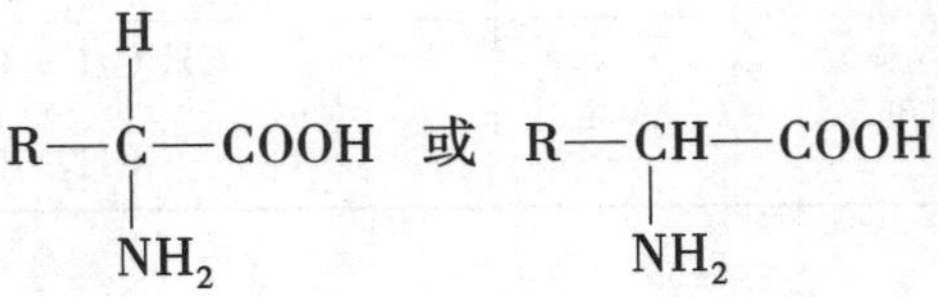

α-氨基酸中除甘氨酸(R 为氢)外,其他所有氨基酸中的 α-碳原子均为手性碳原子,而且都是 L-型。例如,L-丙氨酸的构型为

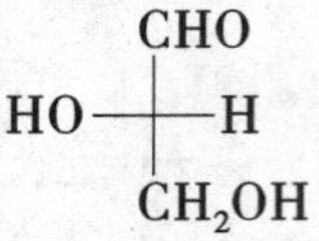

$$\underset{\text{L-甘油醛}}{\overset{\text{CHO}}{\underset{\text{CH}_2\text{OH}}{HO\text{——}H}}} \qquad \underset{\text{L-丙氨酸}}{\overset{\text{COOH}}{\underset{\text{CH}_3}{H_2N\text{——}H}}}$$

其他氨基酸的构型都取决于 α-碳原子,因此,所有的 L-型氨基酸都可以用下列通式表示其构型。

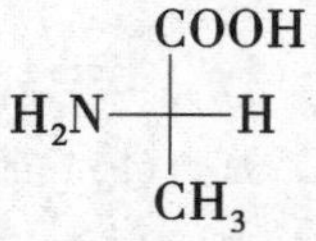

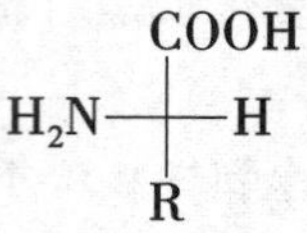

$$\underset{\text{L-氨基酸}}{\overset{\text{COOH}}{\underset{\text{R}}{H_2N\text{——}H}}}$$

D-型氨基酸和 L-型氨基酸在化学结构上区别很小,但其生理功能却大不相同。例如,乳酸菌在含有 L-亮氨酸的培养基上可以生长,而在含有 D-亮氨酸的培养基上生长受到抑制。

根据氨基酸分子中羧基和氨基的数目不同,可将 α-氨基酸分为中性氨基酸(一氨基一羧基氨基酸)、酸性氨基酸(一氨基二羧基氨基酸)、碱性氨基酸(二氨基一羧基氨基酸)。根据氨基酸分子中烃基结构的不同,又可将氨基酸分为脂肪族氨基酸、芳香族氨基酸和杂环氨基酸。

氨基酸命名通常根据其来源或性质等采用俗名,例如,氨基乙酸因具有甜味而称为甘氨酸、丝氨酸最早来源于蚕丝而得名。在使用中为了方便起见,常用英文名称缩写符号(通常为前 3 个字母)或用中文代号表示。例如,甘氨酸可用 Gly 或 G 或"甘"字来表示其名称。氨基酸的系统命名法与其他取代羧酸的命名相同,即以羧酸为母体命名。

组成蛋白质的氨基酸中,有 8 种是人体自身不能合成的,必须从食物中获取,缺乏时会影响生长发育,被称为必需氨基酸。20 种常见氨基酸的名称和结构式见表 10.4。

表 10.4　20 种常见氨基酸的名称和结构式

类　别	俗　名	英文缩写	结构式
一氨基一羧基氨基酸	甘氨酸	Gly	$\overset{\text{CH}_2\text{—COOH}}{\underset{\text{NH}_2}{\vert}}$
	丙氨酸	Ala	$\text{CH}_3\text{—CH—COOH},\ \text{NH}_2$
	亮氨酸*	Leu	$\text{CH}_3\text{CHCH}_2\text{CHCOOH},\ \text{CH}_3\ \text{NH}_2$
	异亮氨酸*	Ile	$\text{CH}_3\text{CH}_2\text{CH—CHCOOH},\ \text{CH}_3\ \text{NH}_2$
	缬氨酸*	Val	$\text{CH}_3\text{CH—CHCOOH},\ \text{CH}_3\ \text{NH}_2$

续表

类 别	俗 名	英文缩写	结构式
含硫氨基酸	半胱氨酸	Cys	$HS—CH_2—CH(NH_2)—COOH$
	蛋(甲硫)氨酸*	Met	$CH_3SCH_2CH_2CH(NH_2)COOH$
羟基氨基酸	丝氨酸	Ser	$HO—CH_2CH(NH_2)COOH$
	苏氨酸*	Thr	$CH_3CH(OH)—CH(NH_2)COOH$
酰胺型氨基酸	谷氨酰胺	Gln	$H_2NC(=O)CH_2CH_2CH(NH_2)COOH$
	天冬酰胺	Asn	$H_2NC(=O)CH_2CH(NH_2)COOH$
芳香族氨基酸	苯丙氨酸*	Phe	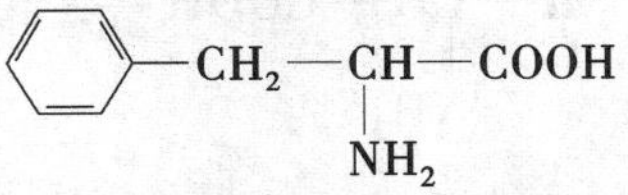
	酪氨酸	Tyr	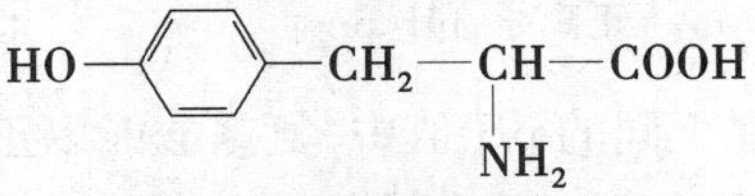
一氨基二羧基氨基酸	天冬氨酸	Asp	$HOOCCH_2CH(NH_2)COOH$
	谷氨酸	Glu	$HOOCCH_2CH_2CH(NH_2)COOH$
碱性氨基酸	赖氨酸*	Lys	$H_2N—CH_2(CH_2)_3CH(NH_2)COOH$
	精氨酸	Arg	$H_2N—C(=NH)—NH—CH_2(CH_2)_2CH(NH_2)COOH$
杂环氨基酸	脯氨酸	Pro	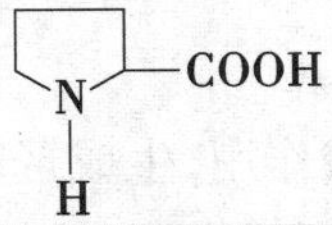
	色氨酸*	Trp	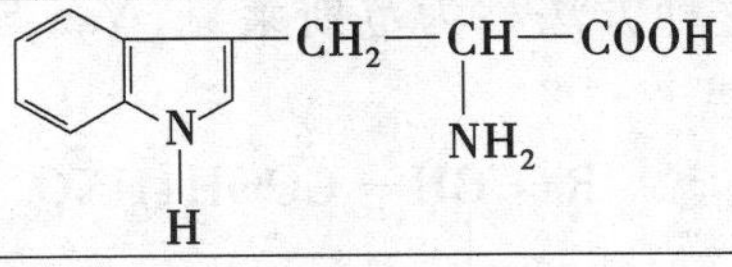
	组氨酸	His	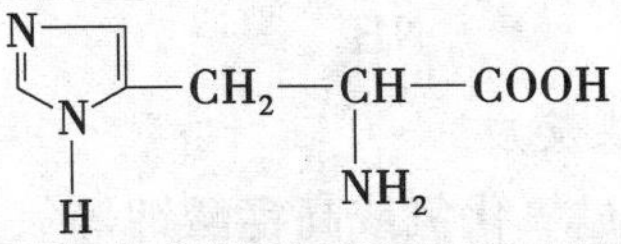

注：* 为必需氨基酸。

2) 氨基酸的性质

氨基酸都是无色晶体,大多数氨基酸可溶于水而难溶于乙醚、苯、石油醚等有机溶剂。熔点一般在 200~300 ℃,而且加热至熔点时常易分解。除甘氨酸外,其他氨基酸都有旋光性。

(1) 氨基酸的两性性质

氨基酸分子中同时含有酸性基团羧基(—COOH)和碱性基团氨基(—NH$_2$),不仅能与强碱或强酸反应生成相应的盐,表现出两性性质外,还可在分子内形成内盐。

$$R—CH—COOH \Longleftrightarrow R—CH—COO^-$$
$$\qquad | \qquad\qquad\qquad\qquad |$$
$$\quad NH_2 \qquad\qquad\qquad\quad {}^+NH_3$$

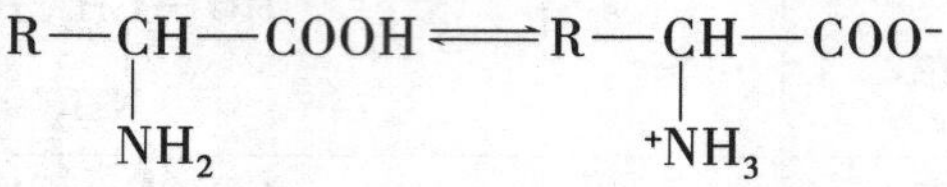

内盐(两性离子偶极离子)

氨基酸内盐分子是既带有正电荷又带有负电荷的离子,称为两性离子或偶极离子。固体氨基酸以偶极离子形式存在,静电引力大,具有很高的熔点,可溶于水而难溶于有机溶剂。在酸性溶液中它的羧基负离子可接受质子,发生碱式电离带正电荷;而在碱性溶液中,发生酸式电离带负电荷。偶极离子加酸和加碱时引起的变化,可用下式表示为

$$R—CH—COOH \xrightarrow[H^+]{OH^-} R—CH—COO^- \xrightarrow[H^+]{OH^-} R—CH—COO^-$$
$$\quad | \qquad\qquad\qquad\qquad | \qquad\qquad\qquad\qquad |$$
$${}^+NH_3 \qquad\qquad\qquad {}^+NH_3 \qquad\qquad\qquad {}^+NH_3$$

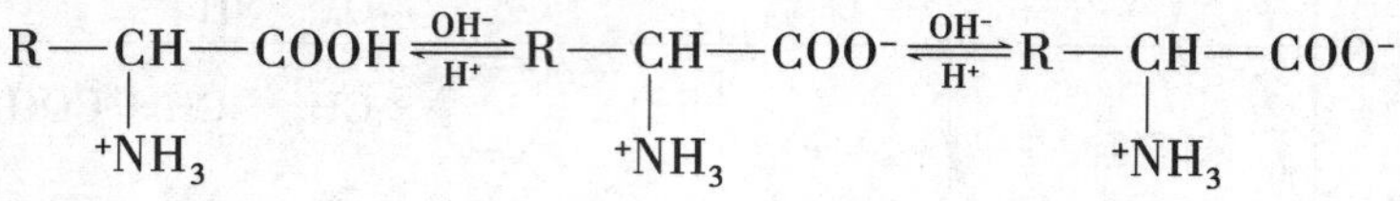

正离子,pH<p*I*   偶极离子,p*I*   负离子,pH<p*I*

因此,在不同的 pH 值中,氨基酸能以正离子、负离子及偶极离子 3 种不同形式存在。如果把氨基酸溶液置于电场中,它的正离子会向阴极移动,负离子则会向阳极移动。当调节溶液的 pH 值,使氨基酸以偶极离子形式存在时,它在电场中既不向阴极移动,也不向阳极移动,此时溶液的 pH 值称为该氨基酸的等电点,通常用符号 p*I* 表示。

一般中性氨基酸的等电点为 5~6.3,酸性氨基酸的等电点为 2.8~3.2,碱性氨基酸的等电点为 7.6~10.8。在等电点时,氨基酸本身处于电中性状态,此时溶解度最小,容易沉淀析出。由于各种氨基酸结构不同,因而等电点不同。分步调节等电点可以在含有多种氨基酸的混合溶液中逐个分离出每一种氨基酸。也可利用在同一个 pH 值的溶液中,各种氨基酸所带净电荷的不同,它们在电场中移动的方向和速度也不同,可通过电泳法分离各种氨基酸混合物。

(2) 与亚硝酸反应

氨基酸与亚硝酸作用,生成羟基酸,同时放出氮气。测定所生成氮气的量,可以计算氨基酸的含量,这种方法称为范斯莱克(Van Slyke)法。可用于除脯氨酸外所有氨基酸的定量测定。

$$R—CH—COOH + HNO_2 \longrightarrow R—CH—COOH + N_2\uparrow + H_2O$$
$$\quad | \qquad\qquad\qquad\qquad\qquad\qquad\qquad | $$
$$\quad NH_2 \qquad\qquad\qquad\qquad\qquad\qquad NH_2$$

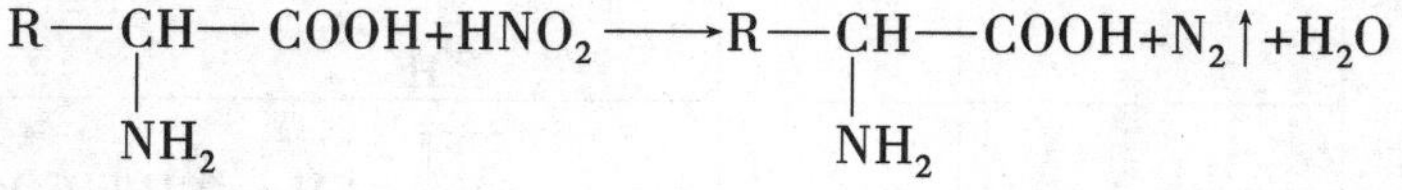

(3) 脱氨基反应

氨基酸与过氧化氢或高锰酸钾等氧化剂作用,使氨基氧化脱氨,而后生成酮酸并放出氨气。因此,该反应称为氧化脱氨反应。

$$R-\underset{\underset{NH_2}{|}}{C}H-COOH \xrightarrow[-H_2O]{[O]} R-\underset{\underset{NH}{||}}{C}-COOH \xrightarrow[-NH_3]{H_2O} R-\underset{\underset{O}{||}}{C}-COOH$$

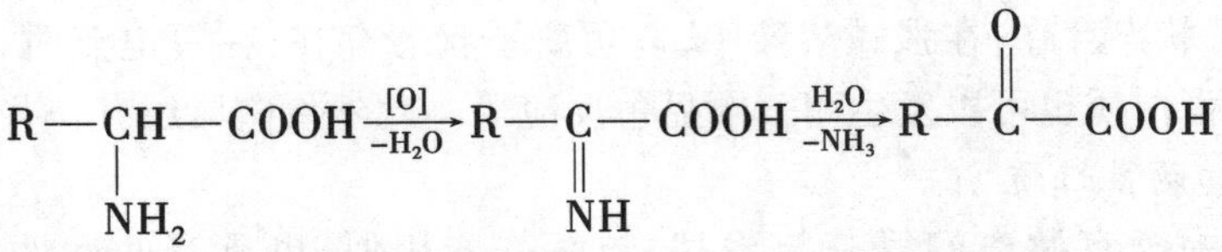

在生物体内蛋白质分解代谢过程中,在酶的催化下也发生氧化脱氨反应。

（4）脱羧基反应

将氨基酸小心加热或在高沸点溶剂中回流,可脱去二氧化碳而得胺。例如,赖氨酸脱羧后便得戊二胺(尸胺)。细菌或生物体内,在脱羧酶作用下,氨基酸也能发生脱羧反应。

$$\underset{\underset{NH_2}{|}}{C}H_2CH_2CH_2CH_2\underset{\underset{NH_2}{|}}{C}H-COOH \xrightarrow{\triangle} \underset{\underset{NH_2}{|}}{C}H_2CH_2CH_2\underset{\underset{NH_2}{|}}{C}H_2+CO_2$$

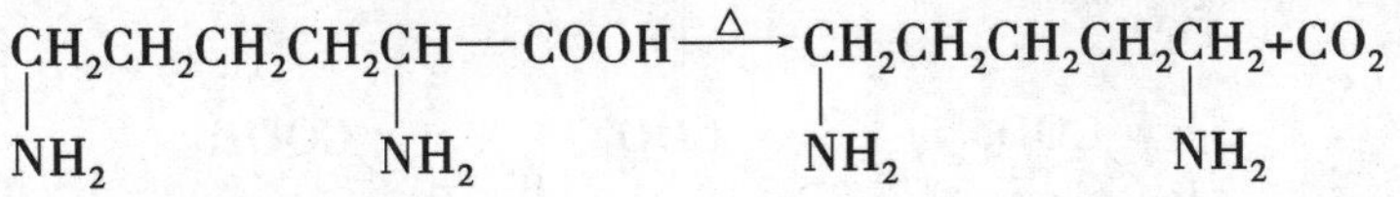

（5）与水合茚三酮的显色反应

大多数 α-氨基酸与水合茚三酮的弱酸性溶液共热,生成蓝紫色物质。这个反应非常灵敏,在 570 nm 波长下进行比色,可用于氨基酸的定性及定量测定。

$$\text{茚三酮} + R-\underset{\underset{NH_2}{|}}{C}H-COOH \xrightarrow[100\ \text{℃}]{弱酸} \text{(产物)} + RCHO + CO_2\uparrow$$

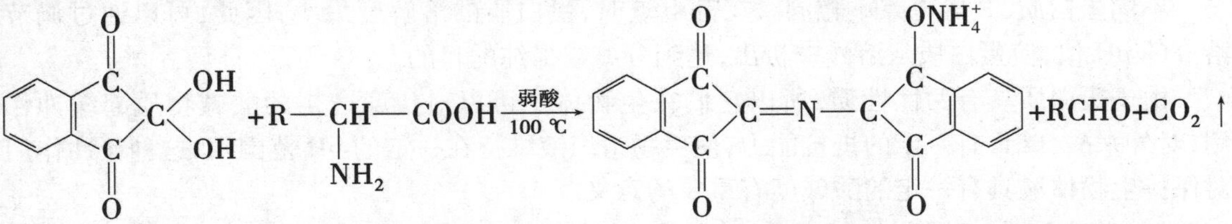

氨基酸都可以和水合茚三酮试剂发生显色反应,脯氨酸与水合茚三酮反应时,生成黄色化合物。

10.3.2 蛋白质

蛋白质种类繁多,结构复杂,目前只能根据蛋白质的形状、溶解性及化学组成粗略分类。蛋白质根据其形状可分为球状蛋白质(如卵清蛋白)和纤维蛋白质(如角蛋白);根据化学组成又可分为简单蛋白质和结合蛋白质。仅由氨基酸组成的蛋白质称为简单蛋白质。由简单蛋白质与非蛋白质成分(称为辅基)结合而成的复杂蛋白质,称为结合蛋白质。

蛋白质在生物体内的功能是多种多样的,如有的负责输送氧气(色蛋白)。有的在新陈代谢中起调节或催化作用(激素或酶),有的能预防疾病的发生(抗体),有的则与生物的遗传有关(核蛋白)等。

1) 蛋白质的元素组成

各种蛋白质经元素分析,发现其元素的成分很近似,测得的百分组成如下:C = 50% ~ 55%,H = 6.0% ~ 7.3%,O = 19% ~ 24%,N = 13% ~ 19%,S = 0 ~ 4%,有的蛋白质中还含有磷、铁、铜、锌、锰等元素。

不同蛋白质中的含氮量相当接近,其平均值为 16%,即 1 g 氮相当于 6.25 g 蛋白质。这样在分析一个样品的蛋白质含量时,只要测定样品中的含氮量,就可算出其中蛋白质的大致含量。

2) 蛋白质的性质

蛋白质由氨基酸组成,所以它有与氨基酸类似的性质,比如,也有两性和等电点,在强酸溶液中,以正离子状态存在;在强碱溶液中,以负离子状态存在;在等电点时,溶解度最小,可从溶液中析出。蛋白质也可以发生茚三酮显色反应等。此外蛋白质还有一些特殊的性质。

(1)蛋白质的两性性质

蛋白质分子中含有游离的氨基与羧基,与氨基酸相似,也具有两性性质,有它们的等电点。

$$Pr\begin{array}{c} COOH \\ | \\ NH_2 \end{array}$$

$$Pr\begin{array}{c} COO^- \\ | \\ NH_2 \end{array} \underset{OH^-}{\overset{H^+}{\rightleftharpoons}} Pr\begin{array}{c} COO^- \\ | \\ NH_3^+ \end{array} \underset{OH^-}{\overset{H^+}{\rightleftharpoons}} Pr\begin{array}{c} COOH \\ | \\ NH_3^+ \end{array}$$

阴离子　　　　　　　两性离子　　　　　　　阳离子

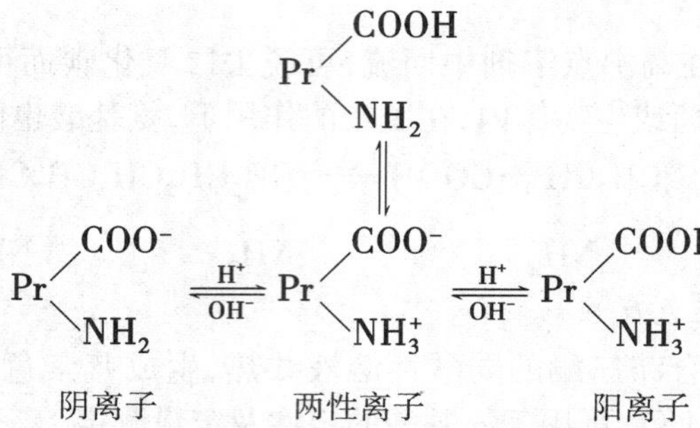

不同蛋白质,其等电点不相同。在等电点时,蛋白质的溶解度最小,因此,可以通过调节溶液的 pH 值,使蛋白质从溶液中析出,达到分离或提纯的目的。

由于蛋白质具有两性性质,所以它们在生物体中可以对代谢产生的酸碱物质起缓冲作用,对外来酸、碱具有一定的抵抗能力,使生物组织液维持在一定的 pH 范围内,这种缓冲作用对保持生物体液具有一定的酸碱度有重要的意义。

(2)胶体性质

蛋白质分子的直径一般在 1 ~ 100 nm,恰好在胶体粒子的直径范围。因此,蛋白质溶液为胶体溶液,具有胶体溶液的一切性质,例如,具有丁达尔(Tyndall)现象,布朗(Brown)运动和不能透过半透膜等。维持蛋白质胶体溶液稳定性的因素有两个:

①保护性水膜:蛋白质分子的表面有许多亲水基团,例如,—COOH、—NH₂、—NH—等,它们能吸引水分子,使蛋白质胶粒的外围形成一层水膜。因此,在蛋白质胶粒互相碰撞时不能聚集沉淀。

②粒子带同性电荷:蛋白质分子中有许多可电离的基团,在一定的酸性环境或碱性环境中以同性电荷离子状态存在。它们互相排斥,也不易聚集而沉淀。

蛋白质的胶体性质决定了蛋白质分子不能通过半透膜,因此,可以用透析法提纯蛋白质。

(3)蛋白质的沉淀作用

在一定条件下,除去蛋白质外围的水膜和电荷,蛋白质分子可沉淀析出,这就是蛋白质的沉淀作用。蛋白质的沉淀作用可分为可逆沉淀和不可逆沉淀两种。

①可逆沉淀:可逆沉淀是指沉淀出来的蛋白质分子的构象基本上没有变化,仍具有原来的生物活性,当除去沉淀因素以后,蛋白质沉淀又会重新溶解,例如,调节蛋白质胶体溶液的 pH 使其达到该蛋白质的等电点。此时,由于蛋白质胶粒失去了同性电荷的保护,而不太稳定;若再加脱水剂,脱去胶粒外围的水膜,蛋白质胶粒就会聚集沉淀。

使蛋白质胶体溶液发生可逆沉淀的方法主要有以下两种:

a. 盐析:向蛋白质胶体溶液中加入碱金属或碱土金属的中性盐或硫酸铵等,由于电解质离子的水化能力比蛋白质强,可以使蛋白质胶粒脱水;同时,电解质离子又可以中和蛋白质胶粒的电荷,从而使蛋白质胶粒失去了两个稳定因素而聚集沉淀。这就是盐析作用。不同蛋白质盐析时,需要盐的浓度不同,因此,可以利用不同浓度的盐溶液,对蛋白质混合溶液进行分段盐析,从而达到分离蛋白质的目的。

b.加入水溶性有机溶剂:由于水溶性有机溶剂(如乙醇与水的亲和力)比蛋白质强,所以可以脱去蛋白质胶粒的水膜,而使蛋白质溶液的稳定性大大降低。这种沉淀如果时间短,它是可逆的;否则,便不可逆。

②不可逆沉淀:不可逆沉淀是指沉淀了的蛋白质,分子构象发生了变化,失去了原有的生物活性,这时即使除去沉淀因素,蛋白质沉淀也不能重新溶解。使蛋白质胶体溶液发生不可逆沉淀的方法如下:

a.物理因素:蛋白质胶体溶液受到紫外线或 X-射线照射、加热等都会发生不可逆沉淀,这是由于蛋白质分子中某些副键被破坏,使疏水基露在表面的缘故。

b.加入沉淀剂:能使蛋白质发生不可逆沉淀的试剂有很多种,主要包括生物碱、重金属盐,酸性或碱性染料,此外,一些有机溶剂也可使蛋白质沉淀。

如果向蛋白质胶体溶液中加入三氯乙酸、苦味酸、单宁酸等生物碱试剂,蛋白质可以和这些试剂结合生成不可逆沉淀:

$$Pr \underset{NH_2}{\overset{COOH}{<}} + Cl_3CCOOH \longrightarrow \left[Pr \underset{NH_3^+}{\overset{COOH}{<}} \right] Cl_3CCOO^- \downarrow$$

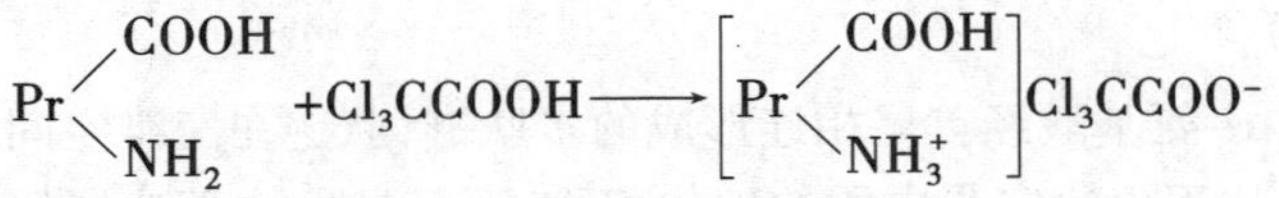

蛋白质胶体溶液若遇 Hg^{2+},Cu^{2+},Pb^{2+},Ag^+ 等重金属盐,也生成不可逆沉淀:

$$2Pr \underset{NH_2}{\overset{COOH}{<}} + Cu^{2+} \longrightarrow \left[Pr \underset{NH_3^+}{\overset{COO^-}{<}} \right]_2 Cu^{2+} \downarrow + 2H^+$$

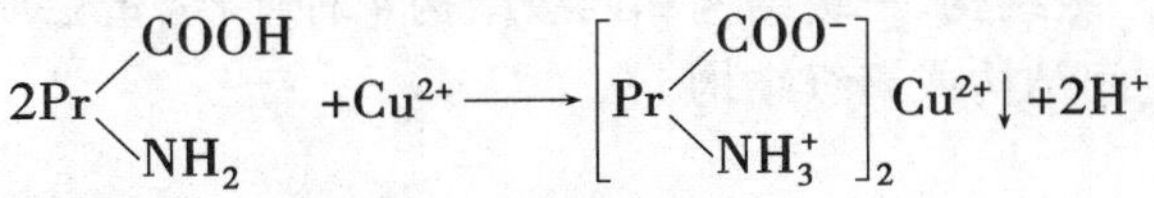

重金属有杀菌的作用,即是由于它能沉淀蛋白质。

在碱性溶液中蛋白质呈阴离子状态存在,更容易和 Cu^{2+} 等重金属离子结合,故在碱性环境中有利于沉淀。

酸性染料的阴离子或碱性染料的阳离子都能和蛋白质结合生成不溶性盐而沉淀,利用这个性质可以选用适当的染料对生物体细胞或组织进行染色。

蛋白质也可以和苯酚或甲醛作用生成不可逆沉淀,因此,可以用苯酚作灭菌剂,用甲醛水溶液保存生物标本。

酒精、丙酮等对水的亲和力很大,可以夺取水化膜中的水,故蛋白质的水化膜被破坏,使蛋白质沉淀出来。

(4)蛋白质的变性

蛋白质由于受物理或化学因素的影响,而导致理化性质的改变和生理活性的丧失,称为蛋白质的变性。变性后的蛋白质称为变性蛋白质,蛋白质的变性是不可逆的。

引起蛋白质变性的因素很多,物理因素有加热、高压、剧烈振荡、超声波、紫外线或 X-射线照射等;化学因素有强酸、强碱、重金属离子、生物碱试剂和有机溶剂等。

医学临床上用酒精、蒸煮、紫外线消毒灭菌;农业上用福尔马林、波尔多液杀菌,都是利用蛋白质的变性原理,使细菌体内的蛋白质变性,使其失去生物学活性。

(5)蛋白质的水解

蛋白质在稀酸、稀碱或酶的作用下都可以水解得到一系列中间产物,最终生成 α-氨基酸:

蛋白质→蛋白→蛋白胨→多肽→二肽→ α-氨基酸

蛋白质的水解反应,对于蛋白质的研究以及蛋白质在生物体中的代谢,都具有十分重要的意义。人和动物摄入的蛋白质,在酶的作用下可水解生成 α-氨基酸从而被吸收。

(6)蛋白质的颜色反应

蛋白质可与许多化学试剂反应,显出一定的颜色。例如,蛋白质与水合茚三酮试剂发生显色反应,还能与硫酸铜的碱性溶液发生反应,生成紫色化合物。这些性质是检验蛋白质最通用的方法,常用于蛋白质的定性及定量分析,蛋白质的重要颜色反应见表 10.5。

表 10.5 蛋白质的重要颜色反应

反应名称	试 剂	现 象	反应基团	使用范围
茚三酮反应	水合茚三酮试剂	蓝紫	游离氨基	氨基酸、蛋白质、多肽
二缩脲反应	稀碱、稀硫酸铜溶液	粉红、蓝紫	两个以上肽键	多肽、蛋白质
黄蛋白反应	浓硝酸、加热、稀 NaOH	黄、橙黄	苯基	含苯基结构的多肽及蛋白质

3)蛋白质的结构

蛋白质分子是由 α-氨基酸经首尾相连形成的多肽链,肽链在三维空间具有特定的复杂而精细的结构。这种结构不仅决定蛋白质的理化性质,而且是生物学功能的基础。蛋白质的结构通常分为一级结构、二级结构、三级结构和四级结构 4 种层次,蛋白质的二级、三级、四级结构又统称为蛋白质的空间结构或高级结构。

(1)一级结构

蛋白质的一级结构是指蛋白质分子中氨基酸的排列顺序及连接方式。蛋白质是由 α-氨基酸组成的,α-氨基酸分子间可以发生脱水反应生成肽链。

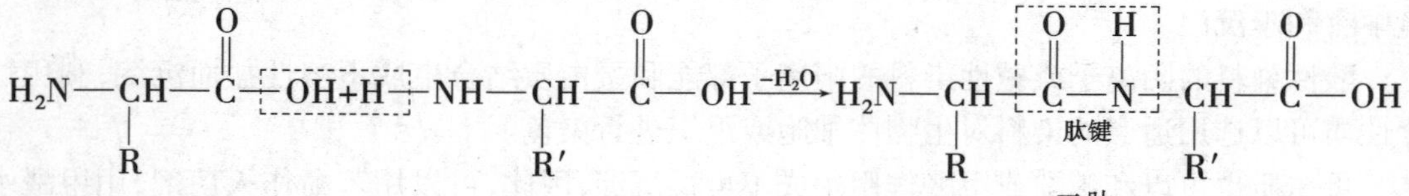

二肽

氨基酸分子之间以肽键形式首尾相连形成的化合物称为肽,由两个氨基酸缩合形成的肽称为二肽,由 3 个氨基酸缩合形成的肽称为三肽,由多个氨基酸缩合形成的肽称为多肽。肽链中每个氨基酸都失去了原有结构的完整性,因此,肽链中的氨基酸通常称为氨基酸残基。肽链的一端含有游离的氨基,称为氨基端或 N-端;另一端含有游离的羧基,称为羧基端或 C-端。例如:

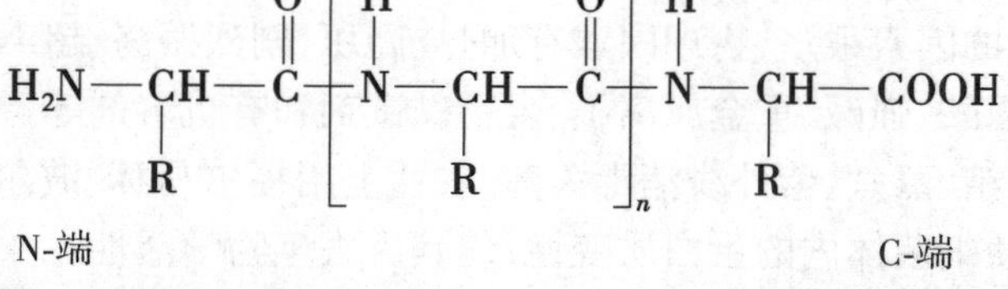

肽的命名,是从 N-端开始,由左至右依次将每个氨基酸单位写成“某氨酰”,最后一个氨基酸单位的羧基是完整的,写为“某氨酸”。例如:

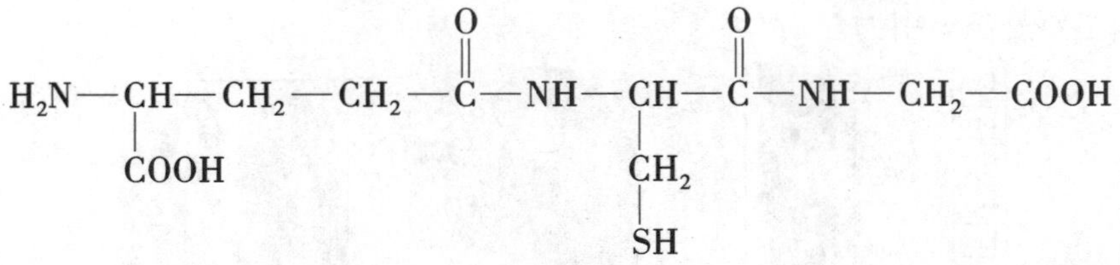

谷氨酸　　　　半胱氨酸　　　　甘氨酸

命名为:谷氨酰半胱氨酰甘氨酸(简称:谷·胱·甘肽),英文缩写符号:Glu-Cys-Gly。

(2)蛋白质的空间结构

蛋白质分子的二级结构是指蛋白质分子在一级结构基础上,肽键按一定的规律进行卷曲、折叠或缠绕所形成的有规则的空间结构。蛋白质都有二级结构,例如,纤维蛋白(存在毛发等中)的二级结构主要是α-螺旋和β-折叠(见图10.2)。维持二级结构的力是肽键之间的氢键。

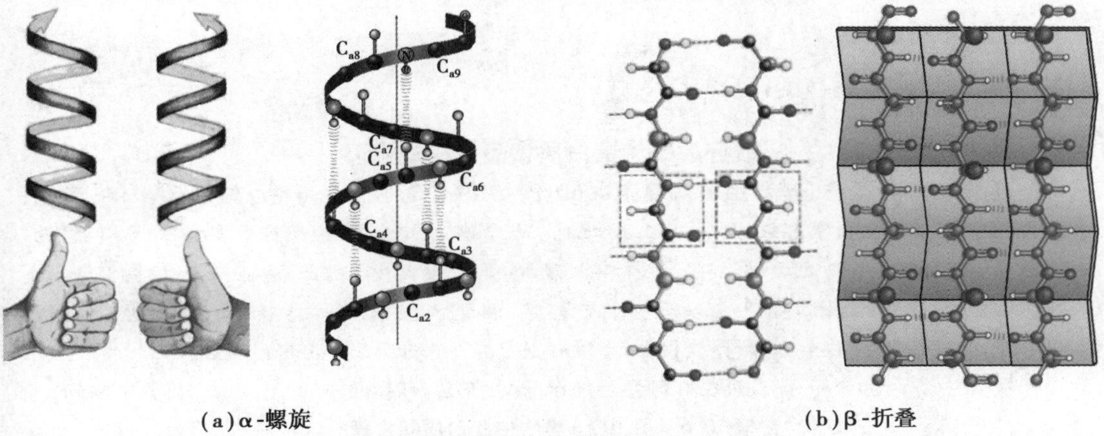

(a)α-螺旋　　　　(b)β-折叠

图10.2　蛋白质的二级结构

实际上,蛋白质分子很少以简单的α-螺旋或β-折叠型结构存在,而是在二级结构的基础上进一步卷曲折叠,构成具有特定构象的紧凑结构。蛋白质的三级结构是指在二级结构的基础上进一步卷曲缠绕形成的不规则的复杂结构,如图10.3所示。

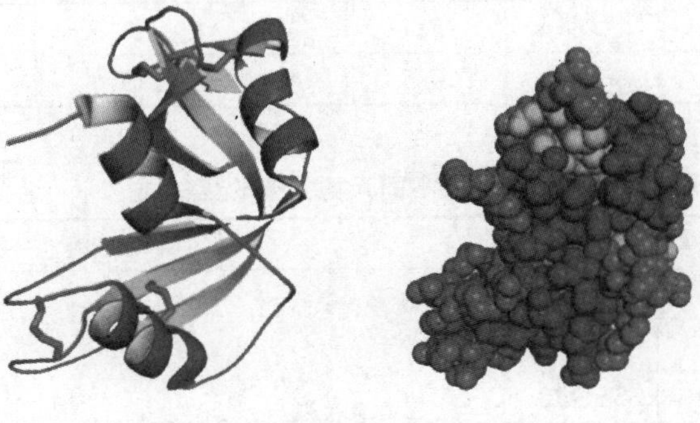

图10.3　蛋白质的三级结构

维持三级结构的力来自氨基酸侧链之间的相互作用,包括二硫键、氢键、正负离子间的静电引力、疏水基团间的亲和力。

蛋白质分子中作为一个整体所含有的不止一条肽链。由多条肽链(三级结构)聚合而形成特定构象的分子称为蛋白质的四级结构(见图10.4)。其中,每条肽链称为一个亚基,维护四级结构的主要是静电引力。

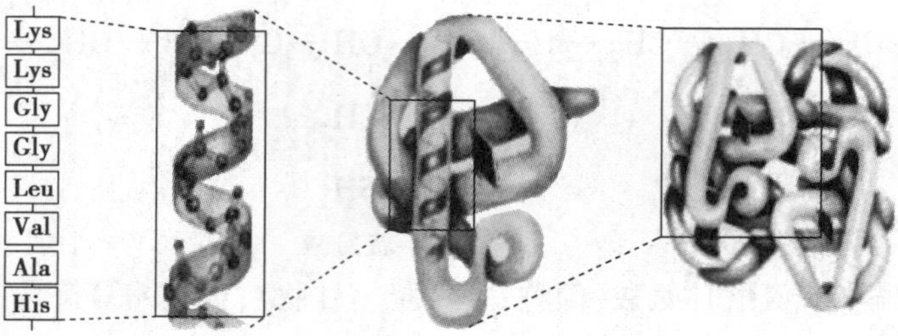

图 10.4　蛋白质的四级结构

蛋白质的生理活性是由二级、三级、四级结构来决定的，如果空间结构被破坏，蛋白质就会失去其生理活性。

知识拓展

最好的天然蛋白质食品——螺旋藻

螺旋藻营养丰富，其蛋白质含量高达60%～70%，是小麦的6倍，猪肉的4倍，鱼肉的3倍，且消化吸收率高达95%以上。此外，还含有人体必需的不饱和脂肪酸和丰富的维生素、矿物质、微量元素等。经国内外大量科研试验证明，螺旋藻在降低胆固醇和血脂，抗癌，治疗贫血及微量元素缺乏，增进免疫，调整代谢机能等方面都有积极作用，被联合国粮农组织和联合国世界食品协会推荐为"二十一世纪最理想的食品"。

食物中蛋白的含量及不同人群对蛋白质的需求情况，可参看表10.6和表10.7中所示。

表 10.6　每 100 g 食物中蛋白质的含量

食　物	含量/g	食　物	含量/g	食　物	含量/g	食　物	含量/g
燕麦	15.6	黄豆	36.3	猪肉(瘦)	16.7	牛肉(瘦)	20.3
莲子	16.6	蚕豆	28.2	猪血	18.9	羊肉(瘦)	17.3
鲢鱼	17.0	花生	26.2	猪心	19.1	鸡肉	23.3
海参(干)	76.5	核桃	15.4	猪肝	21.3	鸡蛋	14.7
龙虾	16.4	豆腐皮	50.5	猪肾	15.5	鸭肉	16.5

表 10.7　不同人群需要的蛋白质

日推荐量			食物来源
组别	龄/岁	蛋白质/g	鱼、蛋类、豆制品、坚果(如花生、向日葵籽、杏仁)、肉类(如牛肉、猪肉、鸡肉、羊肉)、小麦、乳制品等
婴儿	0～1	13～35	
儿童	1～10	35～70	
青少年	11～18	70～90	
成人		70～90	
孕妇		65～95	
乳母		95～100	

10.4 核 酸

核酸(Nucleic acid)是生命现象非常重要的生物大分子。生命活动主要通过蛋白质来体现,但生物体的遗传特征则主要由核酸决定。核酸主要以与蛋白质结合成核蛋白的形式存在于细胞中,它是 1868 年瑞士科学家米歇尔(F. Miescher)首先从细胞核中分离出来的具有酸性的物质,所以称为核酸。如今,核酸不仅存在于细胞核内,在细胞质,特别是细胞质的粒质中,也含有丰富的核酸。核酸是蛋白质生物合成不可缺少的物质,也是生物遗传的物质基础。核酸是支配人体整个生命活动的本源物质,被现代科学称为"生命之源""生命之本"。

10.4.1 核酸的元素组成

经过元素分析,核酸分子中除含 C、H、O、N 4 种元素之外,还含有大量的 P,个别的还含有 S。其中,含 N 15% ~16%,含 P 9% ~10%。

10.4.2 核酸的构成

核蛋白是一种结合蛋白,核酸就是它的非蛋白部分,可由核蛋白水解获得,后者还可以再彻底水解得到碱基和核糖。

$$核蛋白 \xrightarrow{H_2O} \begin{cases} 蛋白质 \\ 核酸 \xrightarrow{H_2O} 核苷酸 \xrightarrow{H_2O} \begin{cases} 磷酸 \\ 核苷 \xrightarrow{H_2O} \begin{cases} 碱基 \\ 戊糖 \end{cases} \end{cases} \end{cases}$$

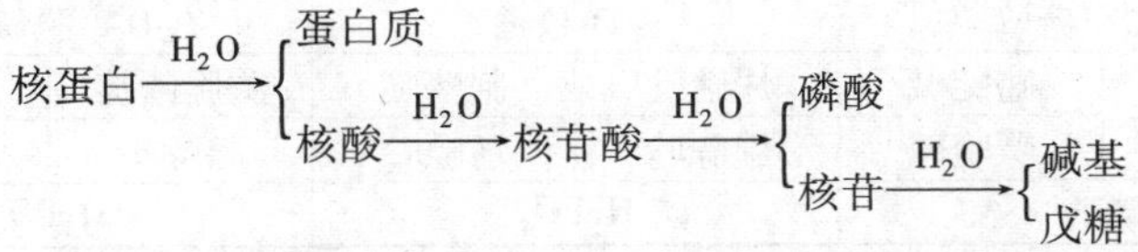

从上可以看出,核酸是多聚核苷酸,而核苷酸是它的基本结构单位。因此,核酸是由核苷酸组成,而核苷酸又是由碱基、戊糖及磷酸组成。

1)戊糖——核糖和脱氧核糖

核酸中的戊糖部分分为核糖及脱氧核糖,因此核酸也分为核糖核酸(Ribonucleic Acid,RNA)和脱氧核糖核酸(Deoxyribonucleic Acid,DNA)两大类。

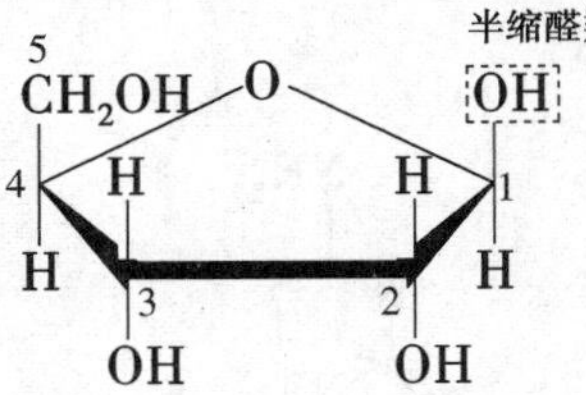

β-脱氧糖(透视式)   β-2-脱氧核糖(透视式)

2)碱基

碱基(base):构成核苷酸的碱基分为嘌呤(purine)和嘧啶(pyrimidine)两类。前者主要指腺嘌呤(Adenine,A)和鸟嘌呤(Guanine,G),DNA 和 RNA 中均含有这两种碱基。后者主要指胞嘧啶(Cytosine,C)、胸腺嘧啶(Thymine,T)和尿嘧啶(Uracil,U),胞嘧啶存在于 DNA 和 RNA 中,胸腺嘧啶只存在于 DNA 中,尿嘧啶则只存在于 RNA 中。这 5 种碱基的结构如下:

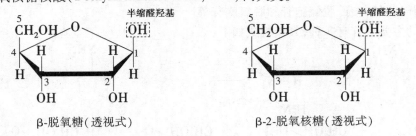

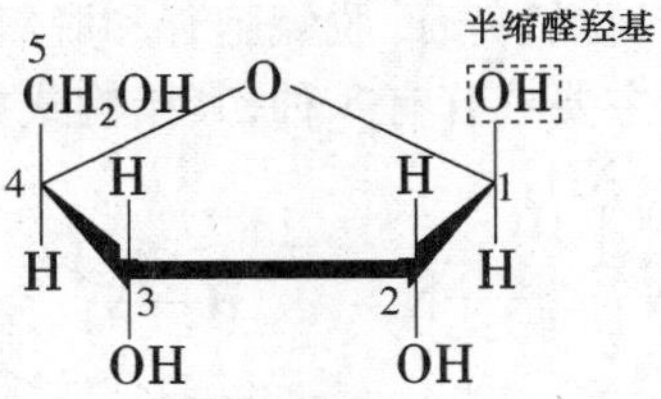

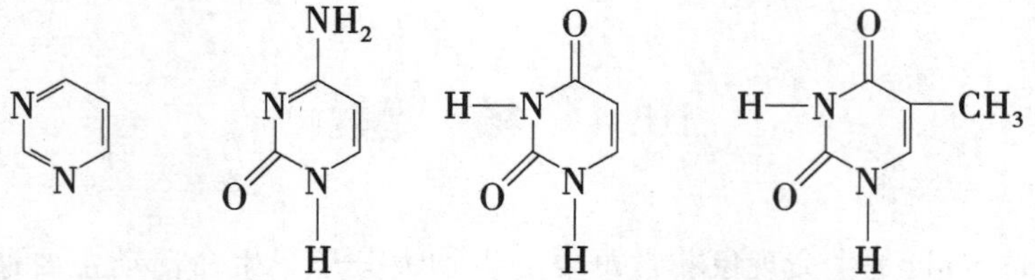

嘧啶　　C 胞嘧啶　　U 尿嘧啶　　T 胸腺嘧啶

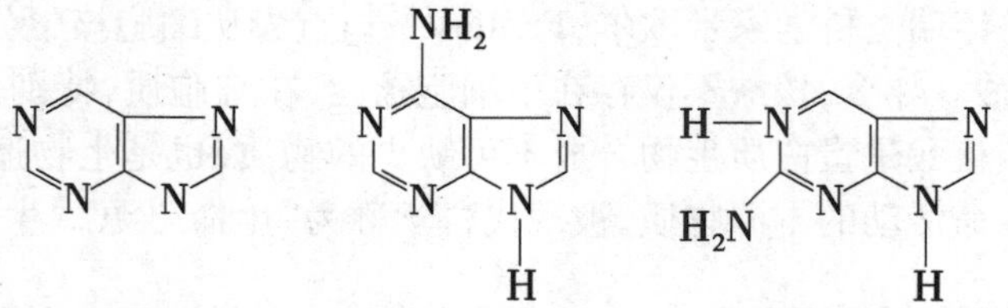

嘌呤　　A 腺嘌呤　　G 鸟嘌呤

除了上述 5 种基本碱基外，核酸中还有少量的由基本碱基经过修饰衍生的碱基(大多数是甲基化的碱基)，称为稀有碱基，如黄嘌呤、次黄嘌呤、二氢尿嘧啶、甲基胞嘧啶等。

3)磷酸

两类核酸中所含的磷都以磷酸的形式参与组成。磷酸与戊糖以酯键结合形成戊糖的磷酸酯。由上述可知，两种核酸 RNA 和 DNA 在碱基组成上也有差异。其组成见表 10.8。

表 10.8　RNA 与 DNA 在化学组成上的异同

类　别		RNA		DNA	
戊　糖		β-D-核糖		β-D-2-脱氧核糖	
含氮碱	嘧啶碱	尿嘧啶	胞嘧啶	胸腺嘧啶	胞嘧啶
	嘌呤碱	腺嘌呤	鸟嘌呤	腺嘌呤	鸟嘌呤
磷酸		H_3PO_4		H_3PO_4	

4)核苷

核苷(nucleoside)是一种糖苷，由戊糖和碱基缩合而成。戊糖与碱基之间以糖苷键相连接。

核苷根据所含的碱基和戊糖来命名。如腺嘌呤与核糖缩合生成的核苷称为腺嘌呤核糖核苷，简称腺苷。同样，其他核糖核苷可简称为鸟苷、胞苷、尿苷等。脱氧核糖核苷可分别简称为脱氧腺苷、脱氧鸟苷、脱氧胞苷和脱氧胸苷等。

核酸中的主要核苷有 8 种，其结构式如下：

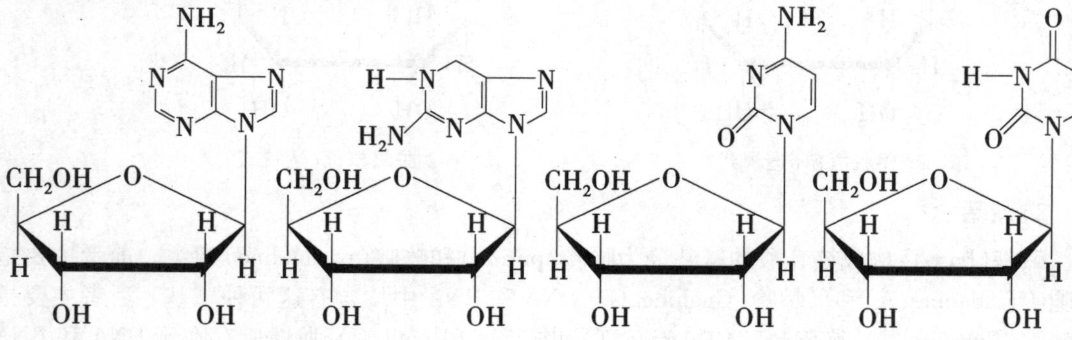

腺苷　　鸟苷　　胞苷　　尿苷

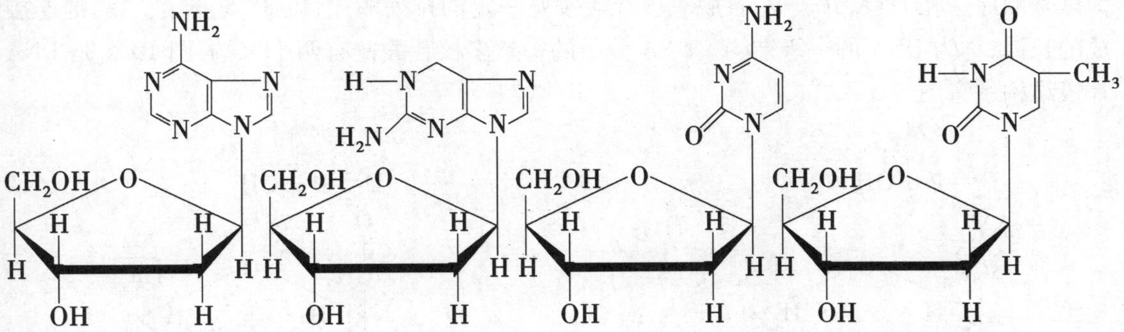

脱氧腺苷　　脱氧鸟苷　　脱氧胞苷　　脱氧胸腺

5）核苷酸

核苷酸是核苷与磷酸残基构成的化合物，即核苷的磷酸酯。核苷酸是核酸分子的结构单元。DNA 分子中是含有 A、G、C、T 4 种碱基的脱氧核苷酸；RNA 分子中则是含 A、G、C、U 4 种碱基的核苷酸。磷酸腺苷的结构式如下：

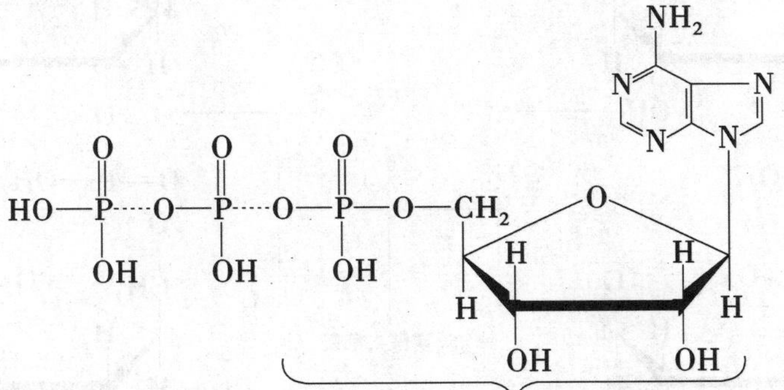

6）DNA 与 RNA 的结构

核酸的相对分子质量因来源不同而异。RNA 主要存在于细胞质中，相对分子质量一般在 20 000～500 000；DNA 主要存在于细胞核中，相对分子质量一般在 6 000 000～300 000 000。DNA 是由 4 种主要的碱基：腺嘌呤、鸟嘌呤、胞嘧啶及胸腺嘧啶；而 RNA 是由腺嘌呤、鸟嘌呤、胞嘧啶及尿嘧啶组成。从组成上不难看出，除戊糖不同外，就是 RNA 中没有胸腺嘧啶，而 DNA 中没有尿嘧啶。核酸是由许多核苷酸以一定顺序连接，并具有特征的三维结构的高分子化合物，其结构复杂，人类尚未完全了解清楚，在此只介绍一级结构和二级结构。

（1）一级结构

DNA 的一级结构是指 DNA 分子中核苷酸的排列顺序，由脱氧腺苷一磷酸（dAMP）、脱氧鸟苷一磷酸（dGMP）、脱氧胞苷一磷酸（dCMP）、脱氧胸苷一磷酸（dTMP）4 种核苷酸组成，DNA 顺序（或序列）是这一概念的简称。由于核苷酸之间的差异仅仅是碱基的不同，故可称为碱基顺序。在 DNA 分子中,各脱氧核苷酸按照一定的排列顺序,以 3′,5′-磷酸二酯键连接成的长链,称为 DNA 的一级结构。DNA 分子的每条多核苷酸链有两个末端,图 10.5 是 DNA 片段结构示意图。

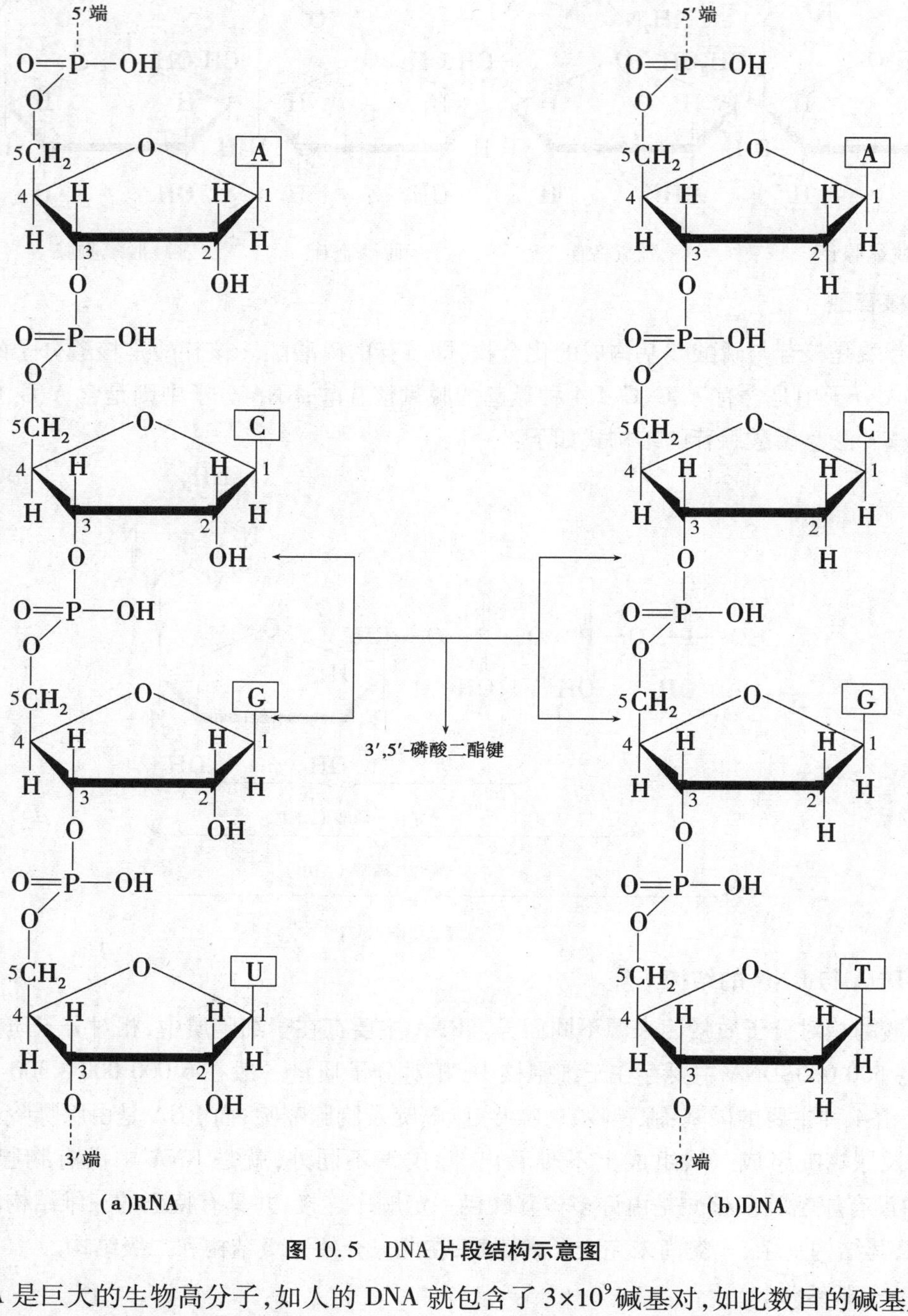

图 10.5　DNA 片段结构示意图

DNA 是巨大的生物高分子,如人的 DNA 就包含了 3×10^9 碱基对,如此数目的碱基所能容纳的信息量之大是可想而知的。生物世界里形形色色的遗传信息都包含在组成 DNA 的 A、G、C、T 这 4 种核苷酸的排列顺序之中。DNA 分子中不同排列顺序的 DNA 区段构成特定的功能单位,这就是基因,不同基因的功能各异,各自分布在 DNA 的一定区域。基因的功能取决于 DNA 的一级结构,要想解释基因的生物学含义,就必须弄清 DNA 顺序。因此,DNA 顺序测定是分子遗传学中一项既重要又基本的课题。

RNA 的一级结构核糖核苷酸通过磷酸二酯键相连形成的长链由腺苷一磷酸(AMP)、鸟苷一磷酸(GMP)、胞苷一磷酸(CMP)、尿苷一磷酸(UMP)4 种核苷酸组成。

(2)二级结构

1953 年,华特生(Watson)和克里克(Crick)以非凡的洞察力,在前人研究的基础上,以立体化学上的最适构型建立了一个与 DNA X-射线衍射资料相符的分子模型 DNA 双螺旋结构模型(见图 10.6)。

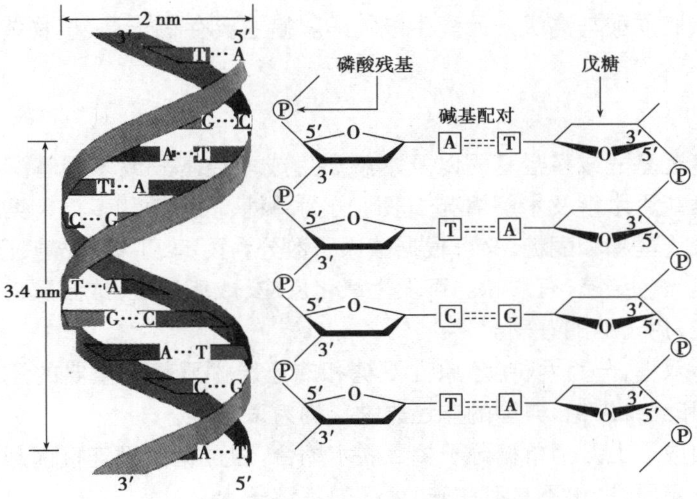

图 10.6 DNA 的双螺旋结构模型

DNA 的碱基组成具有以下特点:

①腺嘌呤与胸腺嘧啶及鸟嘌呤与胞嘧啶的摩尔数相等(A=T,G=C);

②嘌呤碱和嘧啶碱的摩尔数相等(A+G=T+C);

③不同种属的生物碱基组成不同;

④同一个体的不同器官、不同组织的 DNA 碱基组成相同,称为 Chargaff 规则。

DNA 的双螺旋结构是在分子水平上阐述遗传(基因复制)的基本特征的 DNA 二级结构。它使神秘的基因成为了真实的分子实体,是分子遗传学诞生的标志,开拓了分子生物学发展的未来。由双螺旋结构可知,当一条多核苷酸的碱基序列确定后,即可推知另一条主链的碱基序列,这就决定了 DNA 能控制遗传信息,具有高度的保真性。DNA 双螺旋结构的确立,不仅揭示了 DNA 分子结构特征,而且科学地阐明了 DNA 的遗传功能,是现代分子生物学的里程碑。

本章小结

一、脂类化合物

1. 脂类是油脂和类脂化合物的总称。

2. 油脂是甘油和高级脂肪酸所形成的酯类化合物。组成油脂的高级脂肪酸种类很多,其中亚油酸和亚麻酸与花生四烯酸哺乳动物自身不能合成,必须从食物中摄取,称为必需脂肪酸。

3. 油脂属于酯类,能发生水解反应。油脂中不饱和烷基中的碳碳双键可以发生加成、氧化等反应。油脂保存不当会引起酸败。

4. 磷脂属于类脂,最重要的是卵磷脂和脑磷脂。

5. 蜡是高级脂肪酸与高级一元醇生成的酯。蜡主要存在于动、植物体的表面起保护作用。

二、糖类

1. 糖类是多羟基醛或多羟基酮以及水解后生成多羟基醛或多羟基酮的一类有机化合物。根据糖类能否水解及水解情况一般可分为单糖、低聚糖和多糖3类。

2. 单糖可分为醛糖和酮糖,又可根据碳原子数分为丙糖、丁糖、戊糖、己糖等。

3. 单糖都是无色结晶,有甜味。可发生氧化反应、成酯反应、成苷反应、成脎反应,也可发生颜色反应,用于糖的鉴别。

4. 二糖也叫双糖,分为两种:还原性双糖和非还原性双糖。重要的还原性双糖主要有麦芽糖、乳糖和纤维二糖,典型的非还原性二糖为蔗糖。

5. 多糖是由成千上万个单糖分子相互脱水缩合,通过糖苷键连接而成的高分子化合物。一般多糖无还原性,也不具有甜味,大多数不溶于水。

6. 典型的多糖有淀粉、纤维素、糖原等。

三、蛋白质

1. 蛋白质是生命现象的物质基础,氨基酸是组成蛋白质分子的基本单位。蛋白质是由多种 α-氨基酸组成的一类复杂天然高分子化合物。

2. 组成蛋白质的氨基酸都是 α-氨基酸,常见的 α-氨基酸有20种,其中有8种是人体自身不能合成的,必须从食物中获取,称为必需氨基酸。

3. 氨基酸都是无色晶体,化学性质包括两性和等电点、氨基与羧基的反应、与亚硝酸反应、脱氨基反应、脱羧基反应、与水合茚三酮的显色反应。

4. 蛋白质的结构通常分为一级结构、二级结构、三级结构和四级结构4种层次,蛋白质的一级结构是指蛋白质分子中氨基酸的排列顺序及连接方式。蛋白质的二级、三级、四级结构又统称为蛋白质的空间结构或高级结构,如果空间结构被破坏,蛋白质就会失去其生理活性。

5. 蛋白质的主要性质包括:蛋白质的两性性质、胶体性质、沉淀作用、变性、水解、颜色反应。

四、核酸

1. 生物体的遗传特征主要由核酸决定,是生物遗传的物质基础。

2. 核酸由核苷酸组成,而核苷酸又由碱基、戊糖及磷酸组成。

3. 核酸中的戊糖部分分为核糖及脱氧核糖,所以核酸也分为核糖核酸(RNA)和脱氧核糖核酸(DNA)两大类。

4. 碱基:构成核苷酸的碱基分为嘌呤和嘧啶两类。嘌呤是指腺嘌呤(A)和鸟嘌呤(G),DNA 和 RNA 中均含有这两种碱基。后者包括胞嘧啶(C)、胸腺嘧啶(T)和尿嘧啶(U),胞嘧啶存在于 DNA 和 RNA 中,胸腺嘧啶只存在于 DNA 中,尿嘧啶则只存在于 RNA 中。

5. DNA 分子中是含有 A、G、C、T 4 种碱基的脱氧核苷酸;RNA 分子中则是含 A、G、C、U 4 种碱基的核苷酸。

6. DNA 的一级结构是指 DNA 分子中核苷酸的排列顺序,由脱氧腺苷-磷酸(dAMP)、脱氧鸟苷-磷酸(dGMP)、脱氧胞苷-磷酸(dCMP)、脱氧胸苷-磷酸(dTMP)4 种核苷酸组成,DNA 顺序(或序列)是这一概念的简称。

7. DNA 的二级结构是双螺旋结构,碱基配对(A=T,G=C)。

目标检测10

一、名词解释

皂化反应;成苷反应;成脎反应;两性性质;蛋白质的一级结构;基因

二、选择题

1. 下列物质属于多糖的是(　　)。

A. 蔗糖　　B. 葡萄糖　　C. 淀粉　　D. 果糖

2. 下列物质中能够发生银镜反应的是(　　)。

A. 蔗糖　　B. 麦芽糖　　C. 淀粉　　D. 纤维素

3. 糖类、脂肪和蛋白质是维持人体生命活动必需的三大营养物质。以下叙述正确的是(　　)。

A. 植物油不能使溴的四氯化碳溶液褪色

B. 葡萄糖能发生氧化反应和水解反应

C. 淀粉水解的最终产物是葡萄糖

D. 蛋白溶液遇硫酸铜产生的沉淀能重新溶于水

4. 蛋白质一级结构中的主键是

A. 盐键　　B. 氢键　　C. 肽键　　D. 配位键

5. 淀粉的基本组成单位为 D-葡萄糖,它在直链淀粉中的主要连接方式为(　　)。

A. β-1,4-苷键　　B. α-1,4-苷键　　C. α-1,6-苷键　　D. β-1,6-苷键

6. 下列物质属于油脂的是(　　)。

A. 煤油　　B. 润滑油　　C. 凡士林　　D. 牛油

7. 下列反应属于皂化反应的是(　　)。

A. 乙酸乙酯在碱性条件下水解　　B. 硬脂酸甘油酯在酸性条件下水解

C. 软脂酸甘油酯在碱性条件下水解　　D. 油酸甘油酯在酸性条件下水解

8. 下列叙述中错误的是(　　)。

A. 油脂的水解又称油脂的皂化　　B. 油脂兼有酯类和烯烃的性质

C. 油脂的氢化又称油脂的硬化　　D. 油脂属于混合物

9. 医院里检验糖尿病患者的方法是在病人尿液中加入某种试剂后加热,观察其现象,则加入的试剂是(　　)。

A. 盐酸溶液　　B. 新制 $Cu(OH)_2$ 悬浊液

C. 酸性 $KMnO_4$ 溶液　　D. 溴水

10. 下列有关蛋白质的叙述正确的是(　　)。

A. 通过盐析作用析出的蛋白质再难溶于水

B. 蛋白质溶液不能发生丁达尔现象

C. 蛋白质溶液的蛋白质能透过半透膜

D. 天然蛋白质水解的产物都是 α-氨基酸

三、填空题

1. 油脂的结构简式可以表示为:__________,油脂中含有较多不饱和脂肪酸成分的甘油酯,在常温下一般呈__________态,通常称之为__________,含较多饱和脂肪酸成分的甘油酯,常温下一般呈__________态,通常称之为__________。

2. 葡萄糖可以与__________试剂发生银镜反应。还可以和__________试剂作用生成砖红色沉淀。

3. 根据能否水解以及水解的程度,糖可以分为单糖、低聚糖和多糖 3 种,葡萄糖属于__________,蔗糖属于__________,而淀粉属于__________。

4. __________是组成蛋白质的基本单位,由于分子中既含有羧基又含有__________,所以具有两性。

5. 单糖是不能水解的__________或__________。重要的单糖有__________、__________和核糖。

6. 核酸由核苷酸组成,而核苷酸又是由__________、__________、__________组成。

四、鉴别下列各组化合物

1. 葡萄糖、果糖　　2. 葡萄糖、蔗糖、淀粉

五、写出葡萄糖的链状结构、环状半缩醛结构和透视式

六、回答下列问题

1. 植物油和动物脂肪储存时,哪一种易发生酸败?说明原因,并说明如何防止油脂酸败。

2. 在某蛋白质的水溶液中加入碱至 pH=7 时,有沉淀析出,这是什么原因?未加碱之前,

此蛋白质在溶液中以何种离子形式存在？

七、分析下列问题

写出下列介质氨基酸的主要存在形式。应如何调整到等电点？

1. 赖氨酸在 pH=5 的溶液中。
2. 谷氨酸在 pH=10 的溶液中。
3. 天门冬氨酸在 pH=7 的溶液中。

八、写出 DNA 和 RNA 在化学组成上的主要差别

实习实训

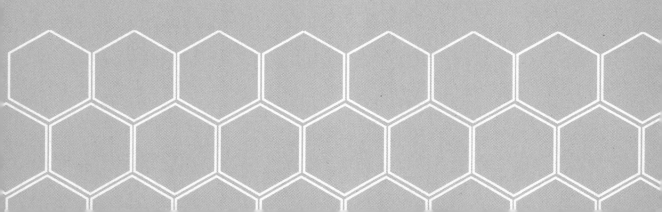

实习实训1　溶液的配制与稀释

【实训目的】

1. 学会取用固体试剂及倾倒液体试剂的方法。
2. 初步学会吸量管、移液管和容量瓶的使用方法。
3. 熟悉溶液浓度的计算,掌握一定浓度溶液的配制方法和基本操作。

【实训原理】

在化学实训中,常常需要配制各种溶液来满足不同实训的要求。如果实训对溶液浓度的准确性要求不高,一般利用台秤、量筒、带刻度烧杯等低准确度的仪器配制就能满足需要。如果实训对溶液浓度的准确性要求较高,如定量分析实训,这就须使用分析天平、移液管、容量瓶等高准确度的仪器配制溶液。无论是粗配还是准确配制一定体积、一定浓度的溶液,首先要计算所需试剂的用量,包括固体试剂的质量和液体试剂的体积,然后再进行配制。

1)由固体试剂配制溶液

(1)质量分数(质量百分比浓度)

计算出配制一定质量分数的溶液所需固体试剂的质量和蒸馏水的质量,将蒸馏水质量换算成体积。用台秤称取所需固体试剂,倒入烧杯中;用量筒量取所需蒸馏水,倒入烧杯中,搅动,使固体完全溶解即得所需溶液。将溶液倒入试剂瓶中,贴上标签备用。

$$x=\frac{\text{固体溶质的质量}}{\text{溶液的质量}}$$

(2)物质的量浓度

粗略配制:计算出配制一定体积溶液所需固体试剂的质量,用台秤称取所需固体试剂,倒入带刻度的烧杯中,加入少量蒸馏水搅动使固体完全溶解后(如果溶解过程放热,需冷却),用蒸馏水稀释至刻度,即得所需的溶液。然后将溶液移入试剂瓶中,贴上标签备用。

准确配制:计算出配制给定体积准确浓度溶液所需固体试剂的质量,用分析天平准确称取所需固体试剂质量,倒入干净烧杯中,加入少量蒸馏水搅动使固体完全溶解后(如果溶解过程放热,需冷却),将溶液转移至容量瓶(与所配溶液体积相对应)中,用少量蒸馏水洗涤烧杯2~3次,冲洗液也移入容量瓶中,再加蒸馏水至标线处,盖上塞子,将溶液摇匀即得所需的溶液。然后将溶液移入试剂瓶中,贴上标签,备用。

$$c=\frac{\text{溶质的物质的量}}{\text{溶液的体积}}$$

2)由液体(或浓溶液)试剂配制溶液

(1)质量分数(质量百分比浓度)

计算出配制一定质量分数的溶液所需液体试剂的体积和蒸馏水的体积,用量筒量取所需蒸馏水倒入烧杯中，再用量筒量取所需液体试剂倒入烧杯中，搅动均匀即得所需溶液。将溶液倒入试剂瓶中，贴上标签备用。

$$c_{原} = \frac{\rho x}{M} \times 1\ 000 \qquad V_{原} = \frac{c_{新} V_{新}}{c_{原}}$$

式中 ρ——液体试剂或浓溶液的密度；

x——溶质的质量分数；

M——溶质的摩尔质量。

(2)物质的量浓度

粗略配制：根据液体(或浓溶液)试剂的相对密度，从有关表中查出其相应的质量分数，算出配制一定物质的量浓度的溶液所需液体(或浓溶液)用量，用量筒量取所需的液体(或浓溶液)，倒入装有少量水的有刻度烧杯中混合，如果溶液放热(浓硫酸，冷却)，需冷却至室温后，再用水稀释至刻度。搅动使其均匀，然后移入试剂瓶中，贴上标签备用。

准确配制：当用较浓的准确浓度的溶液配制较稀准确浓度的溶液时，先计算，然后用处理好的移液管吸取所需溶液，注入给定体积的洁净的容量瓶中，再加蒸馏水至标线处，摇匀后，倒入试剂瓶，贴上标签备用。

计算出配制给定体积准确浓度溶液所需固体试剂的质量，用分析天平准确称取所需固体试剂质量，倒入干净烧杯中，加入少量蒸馏水搅动使固体完全溶解后(如果溶解过程放热，需冷却)，将溶液转移至容量瓶(与所配溶液体积相对应)中，用少量蒸馏水洗涤烧杯 2～3 次，冲洗液也移入容量瓶中，再加蒸馏水至标线处，盖上塞子，将溶液摇匀即得所需的溶液。然后将溶液移入试剂瓶中，贴上标签备用。

$$V_{原} c_{原} = V_{新} c_{新}$$

【仪器及试剂】

1)仪器用具

台称、电子天平、烧杯、量筒、容量瓶、吸量管、洗耳球、称量瓶、试剂瓶、胶头滴管、玻璃棒等。

2)试剂

固体药品：NaOH(分析纯)、$CuSO_4$；液体药品：HCl(浓)。

【过程设计】

1)粗略配制 50 mL 0.2mol/L 的 $CuSO_4$ 溶液

算出配制此溶液所需的固体硫酸铜的质量，用台式天平迅速称出所需硫酸铜，倒入干燥小烧杯(100 mL)，用量筒将所需蒸馏水的大部分加到烧杯中，搅拌溶解，冷至室温，用量筒量取剩余部分蒸馏水倒入烧杯即可。

2)准确配制一定浓度溶液

(1)准确配制 2.0 mol/L NaOH 溶液 100 mL

用分析天平准确称取一定量 NaOH(分析纯)试样于 100 mL 烧杯中,用适量蒸馏水溶解后,将 NaOH 溶液定量转入100 mL容量瓶中,振荡,最后用滴管慢慢滴加蒸馏水至标线,摇匀,然后倒入试剂瓶中,贴好标签备用。

(2)准确配制 2.0 mol/L HCl 溶液 100 mL

计算配制 2.0 mol/L HCl 溶液所需浓 HCl 溶液体积,用吸量管吸取浓 HCl 溶液转入 100 mL 容量瓶中,用蒸馏水稀释至刻度。

(3)用上述 NaOH 溶液配制 0.1 mol/L 的 NaOH 溶液 100 mL

计算配制 0.1 mol/L NaOH 所需上述 NaOH 溶液体积,然后用处理好的移液管吸取所需溶液注入给定体积的洁净的容量瓶中,再加蒸馏水至标线处,摇匀后,倒入试剂瓶,贴上标签,备用。

【数据记录与结果处理】

实训表 1.1　实训数据记录表

溶　液	用　量	浓　度
$CuSO_4$(粗配)	$CuSO_4$固体用量________ g 需水________ mL	0.2 mol/L
NaOH(准确)	NaOH 固体计算用量________ g NaOH 固体实际质量________ g	________ mol/L(实际浓度)
HCl(准确)	需浓 HCl ________ mL	________ mol/L(实际浓度)
NaOH(准确)	需上述 NaOH 溶液________ mL	0.1 mol/L

【注意事项】

1. 氢氧化钠为碱性化学物质,浓盐酸为酸性化学物质,注意不要溅到手上、身上、以免腐蚀。一旦不慎将氢氧化钠溅到手上和身上,要用较多的水冲洗,再涂上硼酸溶液。称量时,使用烧杯放置。

2. 注意移液管的使用。

3. 配好的溶液要及时装入试剂瓶中,盖好瓶塞并贴上标签,放在相应的试剂柜中。

【实训思考】

1. 用容量瓶配制溶液时,是否先将洗净的容量瓶干燥?是否用被稀释液润洗?为什么?

2. 某同学在配制硫酸铜溶液时，用分析天平称取了硫酸铜晶体的质量，用量筒量取蒸馏水来配制溶液，此操作是否准确，为什么？

实习实训 2 氯化钠的提纯

【实训目的】

1. 掌握提纯 NaCl 的原理和方法，测定产品的产率和纯度检验方法。
2. 学习溶解、沉淀、减压过滤、蒸发、结晶和烘干等基本操作。
3. 了解 SO_4^{2-}、Ca^{2+}、Mg^{2+} 等离子的鉴定。

【实训原理】

粗食盐中含有不溶性杂质（如泥沙等）和可溶性杂质（主要是 Ca^{2+}、Mg^{2+}、SO_4^{2-}）。

不溶性杂质可以将粗食盐溶于水后用过滤的方法除去。Ca^{2+}、Mg^{2+}、SO_4^{2-} 等离子可选择适当的试剂使它们分别生成难溶化合物的沉淀而被除去。

首先，在粗食盐溶液中加入稍微过量的 $BaCl_2$ 溶液，除去 SO_4^{2-}，反应式为：

$$Ba^{2+}+SO_4^{2-} \xlongequal{} BaSO_4\downarrow$$

然后，在溶液中再加入 NaOH 和 Na_2CO_3 溶液，除去 Ca^{2+}，Mg^{2+} 和过量的 Ba^{2+}：

$$Ca^{2+}+CO_3^{2-} \xlongequal{} CaCO_3\downarrow$$

$$Mg^{2+}+2OH^- \xlongequal{} Mg(OH)_2\downarrow$$

$$Ba^{2+}+CO_3^{2-} \xlongequal{} BaCO_3\downarrow$$

过量的 NaOH 和 Na_2CO_3 用盐酸中和。

粗食盐中的 K^+ 和上述沉淀剂不起作用，仍留在母液中。由于 KCl 在粗食盐中的含量较少，在蒸发浓缩和结晶过程中绝大部分仍留在溶液中，与结晶分离。

【仪器及试剂】

1）仪器用具

台秤、酒精灯、烧杯、玻璃棒、量筒、布氏漏斗、吸滤瓶、循环水真空泵、蒸发皿、试管、滴管、盐勺、滴瓶、pH 试纸、滤纸等。

2）试剂

粗食盐、2mol/L HCl、2 mol/L NaOH、1 mol/L $BaCl_2$、1 mol/L Na_2CO_3、2 mol/L HAc、饱和 $(NH_4)_2C_2O_4$、镁试剂 I 等。

【过程设计】

1）粗食盐的溶解

在台秤上称取 5.00 ~ 8.00 g 粗食盐，放入烧杯中，加入 20 ~ 30 mL 蒸馏水，用玻璃棒搅拌，并加热使其溶解。

2）沉淀 SO_4^{2-}

将溶液加热至近沸，在不断搅拌下缓慢逐滴加入 1 mol/L 的 $BaCl_2$溶液（为 3 ~ 5 mL），继续小火加热 5 min，静置陈化。

3）滤除 SO_4^{2-} 及不溶性杂质

待上层溶液澄清时，向上层清液中加入 1 ~ 2 滴 $BaCl_2$溶液，检验 SO_4^{2-} 是否除净。若清液没有出现浑浊现象，说明 SO_4^{2-} 已沉淀完全；若清液变浑浊，则表明 SO_4^{2-} 尚未除尽，需再滴加 $BaCl_2$溶液以除去剩余的 SO_4^{2-}。重复陈化、检验步骤，直到 SO_4^{2-} 沉淀完全为止。用普通漏斗过滤，弃去沉淀，保留滤液。

4）Ca^{2+}、Mg^{2+}、Ba^{2+} 的除去

在上述滤液中加入 1 mL 2 mol/L 的 NaOH 溶液和 3 mL 1 mol/L 的 Na_2CO_3溶液，加热至近沸。待沉淀沉降后，仿照 2）中的方法用 Na_2CO_3 检验 Ba^{2+} 等离子已沉淀完全后，继续用小火加热 5 min，用普通漏斗过滤，弃去沉淀，保留滤液。

5）OH^-、CO_3^{2-} 的除去

在滤液中逐滴加入 2 mol/L HCl，充分搅拌，并用搅棒蘸取滤液在 pH 试纸上检验，使滤液呈微酸性（pH = 3 ~ 4）为止。

6）蒸发、浓缩、结晶

将调好酸度的滤液置于蒸发皿中，加热蒸发，浓缩至稀糊状，但切忌不可将溶液蒸干。冷却到室温后，用布氏漏斗抽滤，使结晶尽量抽干。

7）干燥与称量

将结晶重新置于干净的蒸发皿中，改用小火加热蒸发皿，待快不冒小气泡时，可在蒸发皿上放置表面皿，防止氯化钠晶体飞溅。干燥后冷却至室温称重。

8）计算收率

$$\text{收率} = \frac{\text{提纯后的精盐质量}}{\text{粗食盐质量}} \times 100\%$$

9）产品纯度的检验

取产品和原料各 1 g，分别溶于 5 mL 蒸馏水中，然后进行下列离子的定性检验。

（1）SO_4^{2-} 的检验

各取溶液 1 mL 于试管中，分别加入 2 mol/L HCl 2 滴和 1 mol/L $BaCl_2$溶液 2 滴。比较两溶液中沉淀产生的情况。

(2) Ca^{2+}的检验

各取溶液 1 mL，加 2 mol/L HAc 使其呈酸性，再分别加入饱和$(NH_4)_2C_2O_4$溶液 3～4 滴，若有白色 CaC_2O_4沉淀产生，表示有 Ca^{2+}存在。比较两溶液中沉淀产生的情况。

(3) Mg^{2+}的检验

各取溶液 1 mL，加入 2 mol/L NaOH 溶液 5 滴和镁试剂 I 2 滴，若有天蓝色沉淀生成，表示有 Mg^{2+}存在。比较两溶液的颜色。

【数据记录与结果处理】

实训表 2.1 粗食盐提纯记录表

空蒸发皿质量/g	粗盐质量/g	蒸发皿+精盐质量/g	精盐质量/g	收率/%

实训表 2.2 产品纯度检验记录表

检验项目	现 象	结论(相应离子是否除尽)
SO_4^{2-}		
Ca^{2+}		
Mg^{2+}		

【注意事项】

1. 滴加试剂后，要振荡、混合均匀。
2. 不要立即把蒸发皿直接放在实训台上，以免烫坏实训台。

【实训思考】

1. 中和过量的 NaOH 和 Na_2CO_3，为什么只选 HCl 溶液，用其他酸是否可以？
2. 在除去 Ca^{2+}、Mg^{2+}、SO_4^{2-}时，为什么先除去 SO_4^{2-}？
3. 在【过程设计】第 6 步中为什么要切忌不可将溶液蒸干？

实习实训 3 电子分析天平使用与称量技术

【实训目的】

1. 了解电子分析天平的基本构造。
2. 学会用增量法、减量法称量试样。

【实训原理】

电子分析天平是最新一代天平，它是利用电子装置完成电磁力补偿的调节，使物体在重力场中实现力的平衡，或通过电磁力矩的调节，使物体在重力场中实现力矩的平衡。自动调零、自动校准、自动去皮和自动显示称量结果是电子天平最基本的功能。这里的“自动”，严格地说，应该是“半自动”，因为需要经人工触动指令键后方可自动完成指定的动作。

1）直接法称量

直接法适用于称量洁净干燥的器皿，块状的金属，不易潮解或升华的整块固体试样。调整天平零点后，把被称物用一干净的纸条套住（也可采用戴一次性手套、专用手套、用镊子或钳子等方法），放在天平称盘中央，直接称量其质量。记录称量结果（准确至0.1 mg）。

2）固定质量称量法（增量法）

固定质量称量法适用于称取指定质量的试样。适合于称取本身不宜吸水，并在空气中性质稳定的细粒或粉末状试样，在分析化学实训中，当需要用直接配制法配制指定浓度的标准溶液时，通常用此方法来称取基准物。其操作步骤如下：先称出容器（如表面皿、铝勺、硫酸纸）的质量。再用牛角勺将试样慢慢加入盛放试样的表面皿（或其他器皿、硫酸纸）中。少量加样后，判断加入的量距指定的质量差多少。用牛角匙逐渐加入试样，当所加试样与指定质量相差不到10 mg时，极其小心地将盛有试样的牛角勺伸向左称盘的容器上方2～3 cm处，勺的另一端顶在掌心上，用拇指、中指及掌心拿稳牛角勺，并用食指轻弹勺柄，将试样慢慢抖入容器中，直至天平平衡。然后，取出表面皿，将试样直接转入接收器。

3）差减称量法（减量法）

差减称量法即称取试样的量是由两次称量之差而求得。此方法比较简便、快速、准确，在化学实验中常用来称取待测样品和基准物，是最常用的一种称量法。它与上述两种方法不同，称取样品的质量只需控制在一定要求范围内即可。操作步骤如下：用手拿住表面皿的边沿，连同放在上面的称量瓶一起从干燥器里取出。用小纸片夹住称量瓶，打开瓶盖，将稍多于需要量的试样用牛角匙加入称量瓶（在台秤上粗称），盖上瓶盖，用清洁的纸条叠成约1 cm宽的纸带套在称量瓶上，左手拿住纸带尾部把称量瓶放到天平左盘的正中位置，天平平衡，称出称量瓶加试样的准确质量（准确到0.1 mg），记下读数设为 W_1。左手仍用纸带将称量瓶从称盘上拿到接收器上方，右手用纸片夹住瓶盖柄打开瓶盖，瓶盖不能离开接收器上方。将瓶身慢慢向下倾斜，并用瓶盖轻轻敲击瓶口，使试样慢慢落入容器内，不要把试样撒在容器外。当估计倾出的试样已接近所要求的质量时（可从体积上估计），慢慢将称量瓶竖起，用盖轻轻敲瓶口，使粘附在瓶口上部的试样落入瓶内，然后盖好瓶盖，将称量瓶再放回天平左盘上称量。需准确称取其质量，设此时质量为 W_2。则倒入接收器中的质量为（W_1-W_2）。按上述方法连续操作，可称取多份试样。

【仪器及试剂】

1）仪器用具

电子分析天平、称量瓶、锥形瓶、小烧杯、药匙、毛刷、纸条等。

2)试剂

氯化钠、石英砂、硼砂等。

【过程设计】

1)准确称取1.258 5 g石英砂1份(增量法)

①将一干燥洁净的小烧杯放在电子分析天平的称盘上,利用TAR键调天平至零点。

②用药匙将试样少量多次加到小烧杯瓶中,直到显示出所设定的试样量。

注意:天平的使用、称量瓶的使用和样品加入的操作技巧等由老师指导。

2)准确称取0.4~0.6 g硼砂3份(减量法)

①取一只洁净、干燥的称量瓶,先在台秤上粗称其质量,加入0.5 g左右的硼砂,后在分析天平上准确称量(准确至0.1 mg),记下质量为 W_1 g。

②从称量瓶中小心倾斜轻敲出0.4~0.6 g硼砂试样于一洁净的100 mL锥形瓶中,并准确称出称量瓶和剩余试样的质量 W_2 g。(W_1-W_2)即为第一份试样的质量。

③重复①、②步操作,称出第二、三份试样。将有关数据分别填入相应的表中。

④称量完毕后,检查天平盘内和大理石底面上有无脏物,如有用毛刷清除。

⑤最后,用罩布将天平罩好,在天平使用簿上填写使用记录。请指导教师检查签名后,方可离开。

【数据记录与结果处理】

实训表3.1　固定质量称量法(增量法)记录表

项　目	第一份	第二份	第三份
试样质量/g			
称量后天平零点/mg			

实训表3.2　差减称量法(减量法)记录表

项　目	第一份	第二份	第三份
称量瓶+试样质量(倾出前)m_1/g			
称量瓶+试样质量(倾出后)m_2/g			
试样质量(m_1-m_2)/g			
称量后天平零点/mg			

【注意事项】

1. 天平在校准后,切不可轻易移动天平,否则校准工作需重新进行。

2. 严禁不使用称量纸(瓶)直接称量,每次称量后,请清洁天平,避免对天平造成污染而影响称量精度。

【实训思考】

1. 使用分析天平时,以下操作是否允许?为什么?

(1)在天平门没有关闭时读取读数。

(2)用手直接拿取称量瓶或称量物。

2. 什么情况下用直接法称量?什么情况下则需用减量法称量?

3. 用减量法称取试样时,若称量瓶内的试样吸湿,将对称量结果造成什么误差?若试样敲落在烧杯内再吸湿,对称量结果是否有影响?

知识链接

TP-214 型电子分析天平的使用方法

TP-214 型电子分析天平是多功能、上皿式常量分析天平,感量为 0.1 mg,最大载荷为 210 g。从左到右控制键分别为:开/关键(ON/OFF)、功能键(FUNCTION)、清除键(CF)、打印键(PRINT)、去皮/调零键(TARE)、重量显示屏。

电子分析天平外形

电子分析天平的显示屏及控制板

电子分析天平调平状态

一般情况下,只能用开/关键、去皮调零键和校准/调整键。使用时的操作步骤如下:

1. 检查水平仪,如不水平,应通过调节天平前边左、右两个水平支脚而使其达到水平状态。天平后面的水平仪内的气泡位于圆环的中央表示水平调好。

2. 接通天平电源:按 ON/OFF 键。在天平预热30 min后,天平达到所需的操作温度后在执行量测作业。首先按"TARE"键将天平去皮,天平显示为 0.0000 g。

3. 天平去皮归零后,可将待测物品放入天平称盘上,待显示数据稳定后即为物品总量。

4. 量测完毕后,先取出测量物品,然后按 ON/OFF 键关闭电源。最后将电源变压器插头拔出,切断电源。

5. 如果量测后,称盘表面有污染物,切断天平电源后用一块浸有中性清洗剂如肥皂水的布清洁称盘,清洗干净后,用柔软的干布将天平擦干,最后拿出称盘并清洗。清洗作业时动作一定要轻。

6. 如果天平长时间没有用过，或天平移动位置，应进行一次校准。校准要在天平预热30 min后进行，程序是：调整水平，按下“开/关”键，显示稳定后如不为零，则按一下“TARE”键，稳定地显示“0.0000 g”后，按一下校准键(CAL)，天平将自动进行校准。10 s左右，“CAL”消失，表示校准完毕，应显示出“0.0000 g”。如果显示不正好为零，可按一下“TARE”键，然后即可进行称量。

实习实训4　酸度计的使用及溶液pH的测定

【实训目的】

1. 学会酸度计的使用方法。
2. 能正确测定溶液pH值。

【实训原理】

酸度计是利用pH复合电极对被测溶液中氢离子浓度产生不同的直流电位，通过前置放大器输入A/D转换器，以达到pH测量的目的，最后由数字显示pH值。

【仪器及试剂】

1) 仪器用具

pHS-3C酸度计、温度计、小烧杯等。

2) 试剂

标准缓冲溶液、池塘水、0.001 mol/L HCl溶液、0.0001 mol/L NaOH溶液等。

【过程设计】

1) pHS-3C酸度计的使用

①将多功能架插入电极架插座中，并拧好。

②将pH复合电极安装在电极架上。

③用蒸馏水清洗电极。

④连接电源线，并打开仪器开关，仪器显示“pHS-3C”字样；接下来会显示上次标定后的斜率以及EO值；然后进入测量状态，显示当前的电位值或pH值(其中，显示屏上方为电位值或者pH值，下方为设定的温度值)。

⑤在测量状态下，按“mV/pH”键可以切换显示电位以及pH值。

⑥设置温度,按“温度△”或“温度▽”键调节显示值,使温度显示被测溶液的温度,按“确认”键,即完成当前温度的设置,按“mV/pH”键放弃设置,返回测量状态。

⑦标定。仪器使用前需要标定,分为一点标定和二点标定。标定步骤如下:

a. 清洗电极,将电极插入标准缓冲溶液 1 中(pH=6.86);

b. 用温度计测出被测溶液的温度,按“温度”,使温度显示被测溶液的温度;

c. 待读数稳定后按“定位”键,仪器显示“Std YES”字样,按“确认”键进入标定状态,仪器自动识别并显示当前温度下的标准 pH 值;

d. 按“确认”键完成一点标定(斜率为 100.00%)(即两次“确认”);

e. 如果需要二点标定,则继续下面的操作;

f. 再次清洗电极,将电极插入标准缓冲溶液 2 中;

g. 用温度计测出被测溶液的温度,按“温度”键,使温度显示为被测溶液的温度;

h. 待读数稳定后按“斜率”键,仪器提示“Std YES”字样,按“确认”键进入标定状态,仪器自动识别并显示当前温度下的标准 pH 值。

i. 按“确认”键完成二点标定。

⑧测量 pH 值或电极电位。

⑨清洗电极,擦干后戴上电极保护套,拆卸电极支架,将酸度计装入盒子以备下次使用。

2)实训测试项目

①测定池塘水在 20 ℃、30 ℃、40 ℃下的 pH 值。

②测定 0.001 mol/L HCl 溶液的 pH 值。

③测定 0.000 1 mol/L NaOH 溶液的 pH 值。

【数据记录与结果处理】

实训表 4.1 溶液 pH 值测定数据记录表

项　目	温度/℃	pH 值
池塘水	20	
	30	
	40	
0.001 mol/L HCl	室温	
0.000 1 mol/L NaOH	室温	

【注意事项】

1. 电极在测量前必须用已知 pH 值的标准缓冲溶液进行定位校准,其值越接近被测值越好。

2. 取下电极套后,应避免电极的敏感玻璃泡与硬物接触,因为任何破损或擦毛都使电极失效。

3. 测量后，及时将电极保护套套上，电极套内应放少量内参比补充液以保持电极球泡的湿润。切忌浸泡在蒸馏水中。

4. 复合电极的内参比补充液为 3 mol/L 氯化钾溶液，补充液可以从电极上端小孔加入。复合电极不使用时，拉上橡皮套，防止补充液干涸。

【实训思考】

为什么测量溶液 pH 时，应尽量选用 pH 与它相近的标准缓冲溶液来校正 pH 计？

实习实训 5　滴定分析基本操作练习

【实训目的】

1. 学习滴定管的准备和滴定操作。
2. 初步学会准确地确定终点的方法。
3. 熟悉甲基橙和酚酞指示剂的使用和终点的变化。

【实训原理】

中和反应 $aA+bB =\!=\!= cC+dH_2O$ 当达到等当点时，A 的物质的量为 nA 与 B 的物质的量 nB 之比为 a/b。$c_A \cdot V_A = a/b \cdot c_A \cdot V_B$。由此可见，酸碱溶液通过滴定，确定它们中和时所需的体积比，即可确定它们的浓度比。如果其中以溶液的浓度已知，则另以溶液的浓度可求出。中和反应的滴定终点借助指示剂的颜色变化来确定。

【仪器及试剂】

1）仪器用具

酸式滴定管、碱式滴定管、20 mL 移液管、锥形瓶等。

2）试剂

0.1 mol/L HCl 溶液、0.1 mol/L、NaOH 溶液、2 g/L 酚酞指示剂、1 g/L 甲基橙指示剂等。

【过程设计】

1. 用0.1 mol/L NaOH 润洗碱式滴定管 2 ~ 3 次（每次用量 5 ~ 10 mL）⟶装液至“0”刻度线以上⟶排除管尖的气泡⟶调整液面至 0.00 刻度或稍下处，静置 1 min 后，记录初始读数。

2. 用0.1 mol/L HCl 润洗酸式滴定管 2 ~ 3 次（每次用量 5 ~ 10 mL）⟶装液至“0”刻度线以上⟶排除管尖的气泡⟶调整液面至 0.00 刻度或稍下处，静置 1 min 后，记录初始读数。

3. 用移液管称取 20.00 mL NaOH 于 100 mL 锥形瓶中──→滴加 2 滴甲基橙指示剂──→用 HCl 滴定至橙色(30 s 内不褪色)──→记录读数,反复练习至熟练,要求 $E_r \leqslant |\pm 0.1\%|$。

4. 用移液管称取 20.00 mL HCl 于 100 mL 锥形瓶中──→滴加 2 滴酚酞指示剂──→用 NaOH 滴定至微红色(30 s 内不褪色)──→记录读数,反复练习至熟练,要求 $E_r \leqslant |\pm 0.1\%|$。

【数据记录与结果处理】

实训表 5.1　HCl 滴定 NaOH 数据记录表　(指示剂:甲基橙)

项目＼次序	Ⅰ	Ⅱ	Ⅲ
V_{NaOH}/mL			
HCl 初读数/mL			
HCl 终读数/mL			
V_{HCl}/mL			
V_{NaOH}/V_{HCl}			
$\overline{V}_{NaOH}/\overline{V}_{HCl}$			
个别测定误差			
平均偏差			
相对平均偏差			

实训表 5.2　NaOH 滴定 HCl 数据记录表　(指示剂:酚酞)

项目＼次序	Ⅰ	Ⅱ	Ⅲ
V_{HCl}/mL			
NaOH 初读数/mL			
NaOH 终读数/mL			
V_{NaOH}/mL			
V_{NaOH}/V_{HCl}			
$\overline{V}_{NaOH}/\overline{V}_{HCl}$			
个别测定误差			
平均偏差			
相对平均偏差			

【注意事项】

1. 滴定管使用前先润洗，后装入操作液，先赶走气泡，再调零。
2. 平行试验每次从 0.00 mL 开始。
3. 规范滴定操作，注意观察终点前后颜色的变化。

【实训思考】

1. 滴定管和移液管均需用待装溶液润洗 3 次的原因何在？滴定用的锥形瓶也要用待装溶液润洗吗？

2. 以下情况对滴定结果有何影响？

(1)滴定管中留有气泡。

(2)滴定近终点时，没有用蒸馏水冲洗锥形瓶的内壁。

(3)滴定完后，有液滴悬挂在滴定管的尖端处。

(4)滴定过程中，有一些滴定液自滴定管的旋塞处渗漏出来。

实习实训 6　盐酸标准溶液的配制与标定

【实训目的】

1. 学会标准溶液的配制方法，掌握盐酸溶液标定过程及原理。
2. 学会酸式滴定管的基本操作，掌握滴定过程及指示剂选择原则和变色原理。
3. 进一步熟悉分析天平、容量瓶、移液管、量筒等的操作。

【实训原理】

滴定分析法中，标准溶液的配制有两种方法。由于盐酸不符合基准物质的条件，只能用间接法配制，再用基准物质来标定其浓度。标定盐酸常用的基准物质有无水碳酸钠 Na_2CO_3 和硼砂 $Na_2B_4O_7 \cdot 10H_2O$。采用硼砂较易提纯，不易吸湿，性质比较稳定，而且摩尔质量很大，可以减少称量误差。硼砂与盐酸的反应为

$$Na_2B_4O_7 \cdot 10H_2O + 2HCl = 4H_3BO_3 + NaCl + 5H_2O$$

在化学计量点时，由于生成的硼酸是弱酸，溶液的 pH 值约为 5，可用甲基红作指示剂。

本实训采用称取硼砂后直接用盐酸的方法进行操作，根据所称硼砂的质量和滴定所用盐酸溶液的体积，可以求出盐酸溶液的准确浓度。

【仪器及试剂】

1)仪器用具

10 mL 量筒、烧杯、试剂瓶、50 mL 酸式滴定管、250 mL 容量瓶、20 mL 移液管、250 mL 锥

形瓶等。

2)试剂

0.1 mol/L HCl 溶液、硼砂(分析纯)、甲基红指示剂(0.1%乙醇溶液)等。

【过程设计】

1)配制 0.1 mol/L 盐酸 250 mL

用量筒量取计算所需体积的浓盐酸,注入事先盛有少量蒸馏水的烧杯中,稀释后转入250 mL的容量瓶中定容。将所配溶液转入洁净的试剂瓶中,用玻璃瓶塞塞住瓶口,摇匀,贴好标签,待标定。

2)盐酸的标定

从称量瓶中用差减法准确称取纯净硼砂 3 份,每份重 0.3~0.4 g(称至小数点后 4 位),置于锥形瓶中,加 20 mL 蒸馏水使之溶解(可稍加热以加快溶解,但溶解后需冷却至室温),加入甲基红指示剂 2 滴,用待定的盐酸溶液滴定,至溶液颜色由黄色变为橙色,30 s 不褪色,即为滴定终点。记录所消耗盐酸的体积,平行滴定 3 次。同时做空白试验。

3)根据试验结果计算 HCl 溶液浓度

$$c_{HCl} = \frac{m \times 2\ 000}{(V_1 - V_2) \times 381.37}$$

式中 m——硼砂的质量,g;

V_1——盐酸标准滴定溶液用量,mL;

V_2——空白试验中盐酸标准滴定溶液用量,mL。

【数据记录与结果处理】

实训表 6.1 盐酸标准溶液标定数据记录表

项目 \ 次数	1	2	3
硼砂称重初读数/g			
硼砂称重终读数/g			
硼砂质量/g			
消耗 HCl 终读数/mL			
消耗 HCl 初读数/mL			
消耗 HCl 体积/mL			
c_{HCl}/(mol·L^{-1})			
平均 c_{HCl}/(mol·L^{-1})			
相对平均偏差			

注:* 要求相对平均偏差≤0.2%。

【注意事项】

1. 称量硼砂时,必须采用减量法称量。
2. 接近终点时,滴定速度应减慢。

【实训思考】

1. 为什么不能用直接法配制盐酸标准溶液?
2. 实训中所用锥形瓶是否需要烘干? 加入蒸馏水的量是否需要准确?

实习实训 7   氢氧化钠标准溶液的配制与标定

【实训目的】

1. 学会标准溶液的配制方法,掌握氢氧化钠溶液标定过程及原理。
2. 学会碱式滴定管的基本操作,掌握滴定过程及指示剂选择原则和变色原理。
3. 进一步熟悉分析天平、容量瓶、移液管、量筒等的操作。

【实训原理】

大多数物质的标准溶液不宜用直接法配制,可选用标定法。即先配成近似所需浓度的溶液,再用基准物质或已知准确浓度的标准溶液标定其准确浓度。NaOH 标准溶液在酸碱滴定中最常用,但 NaOH 固体易吸收空气中的 CO_2 和水蒸气,故只能选用标定法来配制。其浓度一般为 $0.01 \sim 1$ mol/L,通常配制 0.1 mol/L 的溶液。

常用标定碱标准溶液的基准物质有邻苯二甲酸氢钾、草酸等。本实训选用邻苯二甲酸氢钾作基准物质,其反应为

$$\underset{}{\bigcirc}\!\!\begin{array}{l}\text{COOH}\\\text{COOK}\end{array} + \text{NaOH} \longrightarrow \underset{}{\bigcirc}\!\!\begin{array}{l}\text{COONa}\\\text{COOK}\end{array} + \text{H}_2\text{O}$$

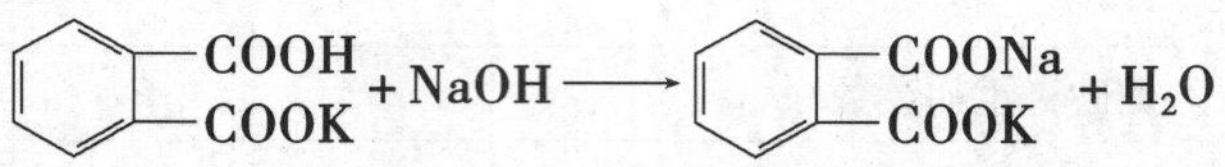

化学计量点时,计量点时由于弱酸盐的水解,溶液呈弱碱性($pH=9.20$),可选用酚酞作指示剂。

【仪器及试剂】

1) 仪器用具

台秤、烧杯、试剂瓶、50 mL 碱式滴定管、250 mL 容量瓶、25 mL 移液管、250 mL 锥形瓶等。

2) 试剂

NaOH(分析纯)、酚酞指示剂(0.2% 乙醇溶液)、甲基橙指示剂(0.2% 水溶液)、邻苯二甲酸氢钾(分析纯)等。

【过程设计】

1)0.1 mol/L NaOH 溶液的配制

用台秤迅速称取 4 g NaOH 固体于 100 mL 小烧杯中,加约 30 mL 去离子水(煮沸以除去其中的 CO_2)溶解,然后转移至试剂瓶中,用去离子水稀释至 1 000 mL,摇匀后,用橡皮塞塞紧。贴好标签,备用。

2)氢氧化钠溶液的标定

用差减法准确称取 0.4～0.6 g 已烘干的邻苯二甲酸氢钾 3 份,分别放入 3 个已编号的 250 mL 锥形瓶中,加 20～30 mL 水溶解(若不溶可稍加热,冷却后),加入 1～2 滴酚酞指示剂,用 0.1 mol/L NaOH 溶液滴定至呈微红色,30 s 不褪色,即为终点。记录所消耗氢氧化钠的体积,平行滴定 3 次。

3)根据试验结果计算 NaOH 溶液浓度

$$c_{\text{NaoH}} = \frac{m}{(V_1 - V_2) \times 0.204\ 2}$$

式中 m——邻苯二甲酸氢钾的质量,g;

V_1——氢氧化钠标准滴定溶液用量,mL;

V_2——空白试验中氢氧化钠标准滴定溶液用量,mL;

0.204 2——与 1 mmol 氢氧化钠标准滴定溶液相当的基准邻苯二甲酸氢钾的质量,g。

【数据记录与结果处理】

实训表 7.1　氢氧化钠标准溶液标定数据记录表

项目＼次数	1	2	3
邻苯二甲酸氢钾称重初读数/g			
邻苯二甲酸氢钾称重终读数/g			
邻苯二甲酸氢钾质量/g			
消耗 NaOH 终读数/mL			
消耗 NaOH 初读数/mL			
消耗 NaOH 体积/mL			
$c_{\text{NaOH}}/(\text{mol}\cdot\text{L}^{-1})$			
平均 $c_{\text{NaOH}}/(\text{mol}\cdot\text{L}^{-1})$			
相对平均偏差			

注:*要求相对平均偏差≤0.2%。

【注意事项】

1. 称量邻苯二甲酸氢钾时,必须采用减量法称量。
2. 整个过程滴定速度不能太慢。

【实训思考】

1. 与其他基准物质比较,邻苯二甲酸氢钾有哪些优点?
2. 称取 NaOH 及邻苯二甲酸氢钾各用什么天平? 为什么?
3. 标定 NaOH 溶液,邻苯二甲酸氢钾的质量是怎样计算得来的?

实习实训 8　食醋总酸度的测定

【实训目的】

1. 学会酸度计的使用方法。能正确测定 pH 值。
2. 了解强碱滴定弱酸的反应原理及指示剂的选择。
3. 学会食醋中总酸度的测定方法。

【实训原理】

食醋中的主要成分是醋酸,此外,还含有少量的其他弱酸(如乳酸等),醋酸为有机弱酸($K_a=1.8\times10^{-5}$),用 NaOH 标准溶液滴定,在化学计量点时溶液呈弱碱性,滴定突跃在碱性范围内,化学计量点时 pH 约为 8.7 选用酚酞作指示剂,可测出酸的总量。结果按醋酸计算。反应式为

$$CH_3COOH+NaOH = CH_3COONa+H_2O$$

【仪器及试剂】

1) 仪器用具

50 mL 碱式滴定管、25 mL 移液管、250 mL 容量瓶、250 mL 锥形瓶等。

2) 试剂

0.1 mol/L 氢氧化钠标准溶液、白醋(市售)、酚酞指示剂(0.2% 乙醇溶液)等。

【过程设计】

1. 准确移取食用白醋 25.00 mL 置于 250 mL 容量瓶中,用蒸馏水稀释至刻度摇匀。用 25 mL移液管分别取 3 份上述溶液置于 250 mL 锥形瓶中,加入 2 ~ 3 滴酚酞指示剂,用 NaOH

标准溶液滴定至呈微红色并保持30 s不褪色,即为终点。计算每100 mL食用白醋中含醋酸的质量。

2. 根据试验结果计算食醋总酸度。

$$c_{HAc} = \frac{c_{NaOH} \times V_{NaOH}}{V_{HAc}}$$

式中 c_{NaOH}——氢氧化钠标准溶液的浓度,mol/L;

V_{NaOH}——消耗氢氧化钠标准溶液体积,mL;

V_{HAc}——白醋体积,mL。

【数据记录与结果处理】

实训表8.1 食用白醋含量的测定数据记录表

项目 \ 次数	1	2	3
V_{HAC}/mL	50.00		
$c_{NaOH}/(mol \cdot L^{-1})$			
V_{NaOH}(始)/mL			
V_{NaOH}(终)/mL			
V_{NaOH}/mL			
$c_{HAC}/(mol \cdot L^{-1})$			
$c_{HAC}/(mol \cdot L^{-1})$			
相对平均偏差			

【注意事项】

1. 食醋必须稀释,不能直接滴定。
2. 稀释后,如果食醋呈浅黄色且混浊时,终点颜色略暗。

【实训思考】

1. 测定食用白醋含量时,为什么选用酚酞作指示剂?能否选用甲基橙或甲基红?
2. 强碱滴定弱酸与强碱滴定强酸相比,滴定过程中pH变化有哪些不同点?
3. 测定醋酸含量时,所用的蒸馏水不能有二氧化碳,为什么?

实习实训9　铵盐含氮含量的测定(甲醛法)

【实训目的】

1. 了解氮含量的测定原理,掌握间接滴定的原理。
2. 掌握铵盐含量的计算。
3. 进一步掌握天平、移液管的使用。

【实训原理】

常用的含氮化肥有 NH_4Cl、$(NH_4)_2SO_4$、NH_4NO_3、NH_4HCO_3 和尿素等,其中 NH_4Cl、$(NH_4)_2SO_4$和 NH_4NO_3是强酸弱碱盐。由于 NH_4^+的酸性太弱($K_a = 5.6\times10^{-10}$),因此,不能直接用 NaOH 标准溶液滴定,但用甲醛法可间接测定其含量。尿素通过处理也可以用甲醛法测定其含氮量。甲醛与 NH_4^+作用,生成质子化的六次甲基四胺($K_a = 7.1\times10^{-6}$)和 H^+,其反应如下:

$$4NH_4^+ + 6HCHO = (CH_2)_6N_4H^+ + 3H^+ + 6H_2O$$

所生成的 H^+和$(CH_2)_6N_4H^+$,以酚酞为指示剂,可用 NaOH 标准溶液滴定,其反应如下:

$$(CH_2)_6N_4H^+ + 3H^+ + 4OH^- = (CH_2)_6N_4 + 4H_2O$$

【仪器及试剂】

1)仪器用具

分析天平、20 mL 移液管、量筒、锥形瓶、碱式滴定管等。

2)试剂

固体 NH_4NO_3、0.1 mol/L 氢氧化钠标准溶液、酚酞指示剂(0.2%乙醇溶液)、甲醛等。

【过程设计】

1. 取原装甲醛(40%)的上层清液于烧杯中,用水稀释一倍,加入1~2滴0.2%酚酞指示剂,用0.1 mol/L NaOH 溶液中和至甲醛溶液呈淡红色。

2. 准确称取硝酸铵样品2.0~3.0 g(若是硫酸铵,称样量应先估算),放入100 mL 烧杯中,加30 mL 水溶解。将溶液定量转移至250 mL 容量瓶中,用水稀释至刻度,摇匀。

3. 用移液管吸取上述试液25.00 mL 至锥形瓶中,加1~2滴甲基红指示剂,溶液呈红色,用0.1 mol/L NaOH 溶液中和至红色转为金黄色,此时消耗的氢氧化钠体积不记录,然后加5 mL中性甲醛溶液,摇匀,放置1 min。在溶液中加2滴酚酞指示液,用 $c(NaOH) = 0.1$ mol/L NaOH 标准溶液滴定至溶液呈浅粉色30 s 不褪即为终点,平行测定3次,同时作空白,要求相对平均偏差不大于0.5%。

4. 根据试验结果进行计算。

$$w_{NH_4NO_3}=\frac{c_{NaOH}(V_{NaOH})-V_{空白}\times10^{-3}\times M_{NH_4NO_3}}{m\times\frac{25}{250}}\times100\%$$

式中 $w_{NH_4NO_3}$——NH_4NO_3的质量分数,%;

c_{NaOH}——NaOH 标准滴定溶液的浓度,mol/L;

V_{NaOH}——滴定时消耗 NaOH 标准滴定溶液的体积,mL;

$V_{空白}$——空白实验滴定时消耗 NaOH 标准滴定溶液的体积,mL;

$m_{样品}$——试样的质量,g;

$M_{NH_4NO_3}$——NH_4NO_3的摩尔质量,g/mol。

【数据记录与结果处理】

实训表 9.1　铵盐含氮含量测定记录表

记录项目	1	2	3
倾样前称量瓶+NH_4NO_3/g			
倾样后称量瓶+NH_4NO_3/g			
$M_{NH_4NO_3}$/g			
V_{NaOH}/mL			
$V_{空白}$/mL			
c_{NaOH}/(mol·L^{-1})			
$w_{NH_4NO_3}$/%			
NH_4NO_3的平均质量分数/%			
相对平均偏差			

【注意事项】

1. 甲醛法只适用于强酸铵盐中氮含量的测定。
2. 测定前,必须先去除甲醛中的游离酸。

【实训思考】

1. 铵盐中氮的测定为何不采用 NaOH 直接滴定法?

2. 为什么中和甲醛试剂中的甲酸以酚酞作指示剂;而中和铵盐试样中的游离酸则以甲基红作指示剂?

3. NH_4NO_3、NH_4Cl 或 NH_4HCO_3中的含氮量测定,能否用甲醛法?

实习实训 10　果蔬中总酸度的测定

【实训目的】

1. 学会果蔬样品的预处理方法。
2. 掌握用酸碱滴定法测果蔬样品中总酸度的原理和方法。
3. 能规范记录数据并进行数据处理。

【实训原理】

根据酸碱中和原理，用碱标准溶液滴定试样液中的酸时，以酚酞为指示剂。当滴定至终点溶液呈浅红色，且 30 s 不褪色时，根据滴定时消耗的标准 NaOH 溶液的体积，可算出试样中的总酸度。其反应如下：

$$HAc+NaOH \longrightarrow NaAc+H_2O$$

【仪器及试剂】

1）仪器用具

碱式滴定管、锥形瓶、移液管、量筒、烧杯、容量瓶、胶头滴管、洗耳球、水浴锅、铁架台、电子天平、玻璃棒、小纸片、干燥的纱布等。

2）试剂

0.100 0 mol/L NaOH 标准溶液、酚酞指示剂、果蔬试样、无 CO_2 的蒸馏水等。

【过程设计】

1）试样处理

取水果试样，需去皮、去柄、去核，切成块状，置于搅拌机中捣碎并混匀。准确移取 25 mL 水果试样，加 100 mL 无 CO_2 的蒸馏水，稀释定容为 250 mL 溶液。然后倒入烧杯中在 75 ~ 80 ℃水浴上加热 30 min。冷却后过滤，滤液倒入容量瓶中备用。

2）滴定

准确吸取 20 mL 滤液 3 份于 250 mL 锥形瓶中，各加 25 mL 水稀释。加 1 ~ 2 滴酚酞指示剂，用 NaOH 标准溶液滴定至终点，至粉红色 30 s 不褪色。记录 NaOH 消耗量的体积，平行测定 3 次。

3）根据试验结果进行计算

$$c_{NaOH} = m_{KHC_8H_4O_4}/(V_{NaOH} \times M_{KHC_8H_4O_4}) \times 1\ 000$$

$$\rho_{HAc} = (c_{NaOH} \times V_{NaOH} \times M_{Hac} \times 10^{-3})/(20.00/250.0 \times 25.00)$$

【数据记录与结果处理】

实训表 10.1　水果总酸度测定数据记录表

项目 \ 次数	Ⅰ	Ⅱ	Ⅲ
水果稀释液的体积/mL			
消耗 NaOH 的体积 V_{NaOH}/mL			
$\rho_{HAc}/(g \cdot L^{-1})$			
$\rho_{HAc}/(g \cdot L^{-1})$			

【注意事项】

1. 注意碱式滴定,滴定前要赶走气泡,滴定过程不要形成气泡。

2. NaOH 标准溶液滴定 HAc,属于强碱滴定弱酸,CO_2的影响严重,注意除去所用碱标准溶液和蒸馏水中的 CO_2。

【实训思考】

1. 本实训中为什么选用酚酞作指示剂? 其选择原则是什么? 根据选择原则选用其他指示剂可以吗? 如果可以请举例说明。

2. 溶解基准物质时加入 20 ~ 30 mL 水,是用量筒量取还是用移液管移取? 为什么?

实习实训 11　重铬酸钾法测铁

【实训目的】

1. 掌握重铬酸钾标准溶液的配制及使用。

2. 学习矿石试样的酸溶法和重铬酸钾法测定铁的原理及方法。

3. 了解二苯胺磺酸钠指示剂的作用原理。

【实训原理】

铁矿石经硫磷混酸及硝酸溶解后,首先用 $SnCl_2$溶液还原大部分 Fe^{3+}。为了控制 $SnCl_2$的用量,加入 $SnCl_2$使溶液呈浅黄色(说明这时尚有少量 Fe^{3+}),然后加入 $TiCl_3$溶液,使其少量铁均还原成 Fe^{2+},为使反应完全,$TiCl_3$要过量,而过量的 $TiCl_3$溶液用微量铜离子催化溶液中溶

解氧，氧化除去，该过程以指示剂靛红二磺酸钠变蓝说明 $TiCl_3$ 已被除尽。其反应式为

$$2Fe^{3+}+Sn^{2+}+6Cl^{-} = 2Fe^{2+}+SnCl_6^{2-}$$

$$4Ti^{3+}+2H_2O+O_2 \longrightarrow Cu^{2+} \cdot 4TiO^{2+}+4H^{+}$$

$$Fe^{3+}+Ti^{3+}+H_2O = Fe^{2+}+TiO^{2+}+2H^{+}$$

【仪器及试剂】

1）仪器用具

烘干箱、称量瓶、电子天平、干燥器、电热板、酸式滴定管、锥形瓶、移液管、烧杯、容量瓶、胶头滴管、铁架台、玻璃棒等。

2）试剂

$SnCl_2$ 溶液 10%（10 g $SnCl_2 \cdot 2H_2O$ 固体溶于 50 mL 浓盐酸中，用水稀释至 100 mL，加纯锡几粒）、$TiCl_3$ 溶液 1∶1（将市售 $TiCl_3$ 溶液与等量盐酸（1∶1）混合）0.2% $CuSO_4$ 溶液、靛红二磺酸钠指示剂（将 0.25 g 指示剂溶于 100 mL 水中加 1∶1 H_2SO_4 溶液 5 滴）、1∶1 硫磷混酸（将 150 mL 浓硫酸缓缓加入 700 mL 水中，冷却后再加入 150 mL 浓磷酸）、浓硝酸、二苯胺磺酸钠指示剂 0.5%、HCl（浓）。

【过程设计】

1. 0.02 mol/L $K_2Cr_2O_7$ 标准溶液的配制。

精确称取已在 150～180 ℃烘干 2 h，放在干燥器中冷却至室温的 $K_2Cr_2O_7$ 1.4～1.5 g 用于 100 mL 烧杯中，加蒸馏水溶解后，移入 250 mL 容量瓶中，用水稀释到刻度混匀。

2. 准确称取 0.2～0.3 g 试样置于 250 mL 锥形瓶中，用少量水润湿加入浓盐酸溶液 10 mL，盖上表面皿，低温加热溶解后，用少量水洗表面皿及瓶壁，加热至沸，摇匀。趁热滴加 10% $SnCl_2$，至溶液由黄色变成浅黄色，继续滴加 $TiCl_3$ 溶液至 Fe^{3+} 的黄色恰好消失，并过量 2 滴，将溶液用水冷却到室温，并加水 70 mL，加入 10 mL 硫磷混酸，0.25% 靛红二磺酸钠指示剂 2 滴，摇匀，放置溶液由蓝色变为无色，加入 0.2% $CuSO_4$ 2 滴，摇匀，放置溶液变蓝，加 0.5% 二苯胺磺酸钠 5 滴，用重铬酸钾标准溶液滴定至紫色即为终点。

3. 根据滴定结果，计算铁矿石中铁的含量。

$$Fe\% = \frac{(cV)_{K_2Cr_2O_7} M_{6Fe}/1\,000}{W} \times 1\,000$$

式中　M_{Fe}——铁原子的摩尔质量（55.85 g/mol）。

【数据记录与结果处理】

实训表 11.1　$K_2Cr_2O_7$ 标准溶液的配制记录表

称量瓶+样品/g		样品重（W_1-W_2）	浓度	
W_1				
W_2				

实训表 11.2　铁矿石中铁的测定数据记录表

称量瓶+样品/g	样品总量（W_n-W_{n-1}）	样品序号	滴定剂用量	计算结果	平均值	平均相对偏差
W_1		1				
W_2						
W_2		2				
W_3						
W_3		3				
W_4						

【注意事项】

1. 在盐酸溶样时，应置于低温，不能煮沸，以避免三氯化铁部分挥发。

2. 溶矿时，如有不溶的黑色颗粒，须过滤，用氢氟酸、硫酸处理后，再用焦硫酸钾熔融，合并入主液中。

3. 还原必须有足量的盐酸存在，氯化亚锡必须盐酸稍过量，但不能过量太多。

【实训思考】

1. 在预处理时为什么 $SnCl_2$ 溶液要趁热逐滴加入？

2. 在滴定前加入 H_3PO_4 的作用是什么？

实习实训 12　维生素 C 含量的测定

【实训目的】

1. 学习定量测定维生素 C 的原理和方法。

2. 掌握微量滴定法的操作技术。

3. 了解水果及蔬菜中维生素 C 的含量情况。

【实训原理】

维生素 C 具有很强的还原性，在中性和微酸性环境中，能将染料 2,6-二氯酚靛酚还原成无色的还原型的 2,6-二氯酚靛酚，同时被氧化成脱氢维生素 C。氧化型的 2,6-二氯酚靛酚在酸性溶液中呈现红色，在中性或碱性溶液中呈蓝色。当溶液由无色变为微红色时即表示溶液中的维生素 C 刚好全部被氧化，此时即为滴定终点。从滴定时 2,6-二氯酚靛酚溶液的消耗量，可计算出被检物质中还原型维生素 C 的含量。

【仪器及试剂】

1）仪器用具

研钵、天平、50 mL 容量瓶、量筒、刻度吸管、100 mL 锥形瓶、玻棒、5 mL 微量滴定管、漏斗、新鲜蔬菜或新鲜水果、滤纸等。

2）试剂

2% 草酸溶液、1% 草酸溶液、标准维生素 C 溶液（准确称取 10 mg 纯抗坏血酸（应为洁白色，发黄则不能用）溶于 1% 草酸溶液中，并稀释至 100 mL，贮于棕色瓶中，冷藏。最好临用前配制）、0.1% 2,6-二氯酚靛酚溶液（准确称取 250 mg 2,6-二氯酚靛酚溶于 150 mL 含有 52 mg $NaHCO_3$ 的热水中，冷却后加水稀释至 250 mL，滤去不溶物，贮于棕色瓶中冷藏（4 ℃）约可保存一周。每次使用时，以标准抗坏血酸标定）。

【过程设计】

1）提取

水洗干净整株新鲜蔬菜（或整个新鲜水果），用纱布或吸水纸吸干表面水分。然后用天平准确称取蔬菜（水果）约 0.5 g，放在研钵中，加 2% 草酸 5 ~ 10 mL，研磨成浆状。滤纸过滤，将滤液滤入 50 mL 容量瓶中。滤饼可用少量 2% 草酸洗 2 ~ 3 次。最后用 2% 草酸溶液稀释到刻度并混匀。

2）标准液的滴定

准确吸取标准抗坏血酸溶液 1.0 mL（含 0.1 mg 抗坏血酸）置 100 mL 锥形瓶中，加 9 mL 1% 草酸，用微量滴定管以 0.1% 2,6-二氯酚靛酚钠溶液滴定至淡红色，并保持 15 s 不褪色，即达终点。由所用染料的体积计算出 1 mL 染料相当于多少毫克抗坏血酸（取 10 mL 1% 草酸作空白对照，按以上方法滴定）。

3）样品的滴定

准确吸取滤液两份，每份 10 mL 分别放入两个锥形瓶（100 mL）内，滴定方法同前。另取两份 10 mL 1% 草酸作空白对照滴定。

4）计算

$$\text{维生素 C 含量(mg/100 g 样品)} = \frac{V_A - V_B \times C \times T \times 100}{D \times W}$$

式中 V_A——滴定样品提取液所用染料的平均毫升数；

V_B——滴定空白对照所用染料的平均毫升数；

C——样品提取液总的毫升数；

D——滴定时所取样品提取液的毫升数；

W——待测样品的质量，g；

T——为 1 mL 染料能氧化抗坏血酸的毫克数。

【注意事项】

1. 某些水果、蔬菜(如橘子、西红柿)浆状物泡沫太多,可加数滴丁醇或辛醇。

2. 整个操作过程要迅速,防止还原型抗坏血酸被氧化。滴定过程一般不超过 2 min。因为在本滴定条件下,一些非维生素 C 的还原性物质也可与 2,6-二氯酚靛酚发生反应,影响结果。

3. 滴定所用 2,6-二氯酚靛酚的量应在 1~4 mL,超出或低于此范围的,应增减样品液用量或改变提取液稀释度。

4. 2% 草酸有抑制抗坏血酸氧化酶的作用,而 1% 草酸无此作用。

【数据记录与结果处理】

实训表 12.1　维生素 C 含量的测定数据记录表

项　目	Ⅰ	Ⅱ	Ⅲ
待测样品质量/g			
滴定初始读数/mL			
滴定终点读数/mL			
消耗滴定剂体积/mL			
维生素 C 含量/%			
维生素 C 平均含量/%			
平均相对偏差/%			

【实训思考】

1. V_c 理化性质最重要的是哪一点？为何用草酸来提取？

2. 为了准确测定维生素 C 的含量,实训过程中应注意哪些操作步骤？为什么？

实习实训 13　水中总硬度及 Ca^{2+}、Mg^{2+} 含量的测定

【实训目的】

1. 了解水的硬度的测定意义和常用的硬度表示方法。

2. 掌握 EDTA 法测定水的硬度的原理、方法和计算。

3. 了解金属指示剂的特点,掌握铬黑 T 和钙指示剂的应用。

【实训原理】

一般含有钙、镁盐类的水称为硬水。用来衡量水中钙、镁盐类含量高低的称为硬度,硬度有暂时硬度和永久硬度之分。由钙、镁的酸式碳酸盐引起的称为暂时硬度;由钙、镁的硫酸盐、氯化物、硝酸盐引起的称为永久硬度。暂时硬度和永久硬度的总和称为“总硬”。由镁离子形成的硬度称为“镁硬”,由钙离子形成的硬度称为“钙硬”。

水中钙、镁离子含量,可采用 EDTA 为标准溶液的配位滴定法来测定。钙硬测定原理同以 $CaCO_3$为基准 EDTA 标准溶液的标定。总硬则以铬黑 T 为指示剂,调节溶液 pH≈10,以 EDTA 标准溶液滴定之。根据消耗 EDTA 标准溶液的体积和浓度,即可计算水的总硬;镁硬=总硬-钙硬。

水的硬度表示方法有多种,各国因其习惯的不同而有所不同。我国目前常用的表示方法:以度(°)计,1 硬度单位表示十万份水中含 1 份 CaO,1°=10 ppm CaO(ppm 为百分之一,为 parts per million 的缩写)。

【仪器及试剂】

1)仪器用具

50 mL 酸式滴定管、台秤、分析天平、锥形瓶、25 mL 移液管、250 mL 容量瓶、烧杯、试剂瓶、100 mL 量筒、表面皿。

2)试剂

0.01 mol/L EDTA 标准溶液、0.01 mol/L $CaCO_3$标准溶液、1∶1的盐酸(V∶V)、1∶1氨水、$NH_3 \cdot H_2O$-NH_4Cl 缓冲溶液(pH≈10,称取固体氯化铵 67 g,溶于少量水中,加浓氨水 570 mL,用水稀释至 1 L)、10% NaOH 溶液、钙指示剂、铬黑 T 指示剂、K-B 指示剂(称取 0.2 g 酸性铬蓝 K 和 0.4 g 萘酚绿 B 于小烧杯中,加水溶解后,稀释至 100 mL)等。

【过程设计】

1)0.01 mol/L EDTA 标准溶液的配制

称取 1.8~2.0 g 分析纯的乙二胺四乙酸二钠溶于 100 mL 温水中,再加入 400 mL 水,摇匀。如需久贮,最好贮存于聚乙烯塑料瓶中为佳。

2)0.01 mol/L $CaCO_3$标准溶液的配制

准确称量 0.26~0.30 g $CaCO_3$,置于 100 mL 烧杯中,慢慢滴加 1∶1 HCl 5 mL 使 $CaCO_3$完全溶解(必要时可在小烧杯顶部倒扣一个表面皿,微微加热),定量转移到 250 mL 容量瓶中,3 次洗涤烧杯的水都要转入,定容到 250 mL。

3)EDTA 溶液浓度的标定

准确量取 20.00 或 25.00 mL 钙标准溶液于锥形瓶中,加入 10 mL 氨性缓冲溶液(pH=10),再加入 4~5 滴 K-B 指示剂,用 EDTA 溶液(装在酸式滴定管中)滴定,滴定至溶液颜色由紫红色恰变为蓝绿色。至少平行测定 3 次,至相对平均偏差小于 0.2% 为止。

4）总硬度的测定

量取澄清的水样 50 mL，放入 250 mL 锥形瓶中，加入 5 mL NH_3-NH_4Cl 缓冲溶液，摇匀。再加入少许铬黑 T 固体指示剂，边加边摇，至溶液呈酒红色，以 0.01 mol/L EDTA 标准溶液滴定至纯蓝色，即为终点，记下消耗 EDTA 的体积。

5）钙硬度的测定

量取澄清的水样 50 mL，放入 250 mL 锥形瓶内，加 5 mL 10% NaOH 溶液，摇匀，再加入少许钙指示剂，边加边摇匀至溶液呈淡红色。用 0.01 mol/L EDTA 标准溶液滴定至纯蓝色，即为终点，记下消耗的 EDTA 体积。

6）镁硬度的测定

总硬－钙硬＝镁硬

7）结果计算

$$\rho_{Ca}=\frac{c_{EDTA}\times V_2\times M_{Ca}\times 1\ 000}{V_{水}}$$

$$\rho_{Mg}=\frac{c_{EDTA}\times (V_1-V_2)\times M_{Mg}\times 1\ 000}{V_{水}}$$

$$总硬度(°)=\frac{c_{EDTA}\times V_1\times M_{CaO}\times 100}{V_{水}}$$

式中　c_{EDTA}——EDTA 标准溶液的浓度，mol/L；

V_1——铬黑 T 终点 EDTA 的用量，mL；

V_2——钙指示剂终点 EDTA 的用量，mL；

$V_{水}$——水样体积，mL；

M_{Ca}——Ca 的摩尔质量，g/mol；

M_{Mg}——Mg 的摩尔质量，g/mol；

M_{CaO}——CaO 的摩尔质量，g/mol。

【数据记录与结果处理】

实训表 13.1　EDTA 标准溶液配制与标定数据记录表

项　目	Ⅰ	Ⅱ	Ⅲ
钙标准溶液浓度/($mol \cdot L^{-1}$)			
V_{CaCO_3}/mL			
V_{EDTA}/mL			
平均 V_{EDTA}/mL			
c_{EDTA}/($mol \cdot L^{-1}$)			
相对偏差/%			
平均相对偏差/%			

实训表 13.2 水的总硬度测定数据记录表

项 目	Ⅰ	Ⅱ	Ⅲ
EDTA 的浓度/($mol \cdot L^{-1}$)			
移取水试样体积/mL			
V_{EDTA}/mL			
$CaCO_3$含量/($mg \cdot mL^{-1}$)			
$CaCO_3$平均含量/($mg \cdot mL^{-1}$)			
相对偏差/%			
平均相对偏差/%			
总硬度			
钙硬			
镁硬			

【注意事项】

1. 自来水样较纯,杂质少,可省去水样酸化、煮沸、加 Na_2S 掩蔽等步骤。

2. 如果 EBT 指示剂在水平中变色缓慢,则可能是由于 Mg^{2+} 含量低,这时应在滴定前加入水量 Mg^{2+}-EDTA 溶液。

3. 开始滴定时滴定速度宜稍快,接近终点时滴定速度宜慢,每加 1 滴 EDTA 溶液后,都要充分摇匀。

【实训思考】

1. 配位滴定中为什么要加入缓冲溶液?

2. 为什么滴定 Ca^{2+}、Mg^{2+} 总量时要控制 $pH \approx 10$,而滴定 Ca^{2+} 分量时要控制 pH 为 12 ~ 13?若 pH>13 时,测 Ca^{2+} 对结果有何影响?

实习实训 14 吸光光度法测定水和废水中总磷

【实训目的】

1. 掌握钼锑抗钼蓝光度法测定总磷的原理和操作方法。
2. 掌握用过硫酸钾消解水样的方法。
3. 掌握分光光度计操作技术。

【实训原理】

在天然水和废水中,磷几乎都以各种磷酸盐的形式存在,分别是正磷酸盐,缩合磷酸盐

（焦磷酸盐、偏磷酸盐和多磷酸盐）以及与有机物相结合的磷酸盐。它们普遍存在于溶液、腐殖质粒子、水生生物或其他悬浮物中。关于水中磷的测定，通常按其存在形态，分别测定总磷，溶解性正磷酸盐和总溶解性磷。本实训采用过硫酸钾氧化-钼锑抗钼蓝光度法测定总磷。在微沸（最好是在高压釜内经 120 ℃加热）条件下，过硫酸钾将试样中不同形态的磷氧化为磷酸根。在酸性条件下，正磷酸盐与钼酸铵反应（以酒石酸锑钾为催化剂），生成磷钼杂多酸，被抗坏血酸还原，变成蓝色络合物，即磷钼蓝。其钼蓝浓度的多少与磷含量成正相关，以此测定水样中的总磷。相关反应式如下：

$$K_2S_2O_8+H_2O \longrightarrow 2KHSO_4+1/2O_2$$

$$P(\text{缩合磷酸盐或有机磷中的磷})+2O_2 \longrightarrow PO_4^{3-}$$

$$PO_4^{3-}+12MoO_4^{2-}+24H^++3NH_4^+ \longrightarrow (NH_4)_3PO_4 \cdot 12MoO_3+12H_2O$$

本方法的最低检出浓度为 0.01 mg/L，测定上限为 0.6 mg/L，适用于测定地面水、生活污水及日化、磷肥、机械加工表面的磷化处理、农药、钢铁、焦化等行业的工业废水中的正磷酸盐分析。砷含量大于 2 mg/L 时，可用硫代硫酸钠除去干扰；硫化物含量大于 2 mg/L，可以通入氮气除去干扰；若是铬含量大于 50 mg/L，可用亚硫酸钠除去干扰。

【仪器及试剂】

1）仪器用具

分光光度计、50 mL 容量瓶、刻度吸量管等。

2）试剂

$K_2S_2O_8$ 50 g/L、H_2SO_4[（3+7），（1+1），（1 mol/L）]、NaOH（1 mol/L，6 mol/L）、酚酞（10 g/L，95%的乙醇溶液）。

抗坏血酸溶液（100 g/L）：用少量水将 10 g 抗坏血酸溶解于烧杯中，并稀释至 100 mL，储存于棕色细口瓶中，待用。此溶液在较低温度下可稳定 3 周，如果发现变黄，则应重新配制。

钼酸铵溶液：溶解 13 g 钼酸铵 $(NH_4)_6Mo_7O_{24} \cdot 4H_2O$ 于 100 mL 水中，另溶解 0.35 g 酒石酸锑钾[$KSbC_4H_4O_7 \cdot 1/2H_2O$]于 100 mL 水中。在不断搅拌下，将钼酸铵溶液徐徐加入 300 mL 的（1+1）硫酸中，再加入酒石酸锑钾溶液，混匀，储存于棕色细口瓶中，置于冷处保存，至少可以稳定 2 个月。

磷标准储备溶液（P，30 μg/mL）：将装有磷酸二氢钾的称量瓶置于 105～110 ℃的干燥箱中，干燥 2 h，取出冷却后放入干燥器中。准确称取（0.131 7 ±0.001）g 经过干燥的磷酸二氢钾置于烧杯中，加水溶解后转移至 1 000 mL 容量瓶中，加入约 800 mL 水，5 mL H_2SO_4（1+1），再用水稀释至刻度，摇匀。

磷标准工作溶液（P，3.0 μg/mL）：准确吸取磷标准储备溶液 25.00 mL 于 250 mL 容量瓶中，用水稀释至刻度，摇匀。使用当天配制。

【过程设计】

1）水样的采取、消解及预处理

从水样瓶中分取 25.00 mL 混匀的水样（含磷≤30 μg）于 250 mL 烧杯中，加水至 50 mL，加数粒玻璃珠，加 1 mL(3+7) H_2SO_4 和 5 mL 50 g/L $K_2S_2O_8$。置于可调温电炉或电热板上加热至沸，保持微沸 30～40 min，至体积约 10 mL 为止。冷却后，加 1 滴酚酞，边摇边滴加 NaOH 溶液至刚呈微红色，再滴加 1 mol/L H_2SO_4 使红色刚好褪去。

2）制作标准曲线

取 7 只 50 mL 容量瓶，分别加入磷标准操作溶液 0.00 mL、1.00 mL、3.00 mL、5.00 mL、7.00 mL、10.00 mL。

（1）显色

向容量瓶中加入 1 mL 10% 抗坏血酸溶液，混匀，30 s 后加 2 mL 钼酸铵溶液充分混匀，加水至 50 mL，放置 15 min。

（2）测定

使用光程为 1 cm 比色皿，于 700 nm 波长处，以试剂空白溶液为参比，测定吸光度。以磷含量为横坐标，吸光度值为纵坐标，绘制标准曲线。

3）试样测定

对已经处理的样品，按步骤（1）、（2）进行显色和测定吸光度。从标准曲线上查出磷的含量。

【数据记录与结果处理】

实训表 14.1 标准曲线的制作数据记录表

编 号	1#	2#	3#	4#	5#	6#
V/mL	0.00	1.00	3.00	5.00	7.00	10.00
浓度/(ug · mL^{-1})						
吸光度 A						

实训表 14.2 试样测定结果记录表

处理水样体积/mL				
吸光度 A				

【注意事项】

1. 为了防止光电管疲劳，不测定时必须将试样室盖打开，使光路切断，以延长光电管的使用寿命。

2. 取拿比色皿时，手指只能捏住比色皿的毛玻璃面，而不能碰比色皿的光学表面。

【实训思考】

1. 本实训测定吸光度时，以试剂空白溶液为参比，这同以水作参比时相比较，在扣除试剂空白方面，做法有何不同？

2. 分光光度计的主要部件有哪些？

知识链接

722 型分光光度计的使用方法

1. 预热仪器

将选择开关置于"T"，打开电源开关，使仪器预热 20 min。为了防止光电管疲劳，不要连续光照，预热仪器时和不测定时应将试样室盖打开，使光路切断。

2. 选定波长

根据实验要求，转动波长手轮，调至所需要的单色波长。

3. 固定灵敏度挡

在能使空白溶液很好地调到"100%"的情况下，尽可能采用灵敏度较低的挡，使用时，首先调到"1"挡，灵敏度不够时再逐渐升高。但换挡改变灵敏度后，须重新校正"0%"和"100%"。选好的灵敏度，实验过程中不需再变动。

4. 调节 $T=0\%$

轻轻旋动"0%"旋钮，使数字显示为"00.0"(此时试样室是打开的)。

5. 调节 $T=100\%$

将盛蒸馏水(或空白溶液，或纯溶剂)的比色皿放入比色皿座架中第一格内，并对准光路，把试样室盖子轻轻盖上，调节透过率"100%"旋钮，使数字显示正好为"100.0"。

6. 吸光度的测定

将选择开关置于"A"，盖上试样室盖子，将空白液置于光路中，调节吸光度调节旋钮，使数字显示为".000"。将盛有待测溶液的比色皿放入比色皿座架中的其他格内，盖上试样室盖，轻轻拉动试样架拉手，使待测溶液进入光路，此时数字显示值即为该待测溶液的吸光度值。读数后，打开试样室盖，切断光路。重复上述测定操作 1～2 次，读取相应的吸光度值，取平均值。

7. 浓度的测定

选择开关由"A"旋置"C"，将已标定浓度的样品放入光路，调节浓度旋钮，使得数字显示为标定值，将被测样品放入光路，此时数字显示值即为该待测溶液的浓度值。

8. 关机

实验完毕，切断电源，将比色皿取出洗净，并将比色皿座架用软纸擦净。

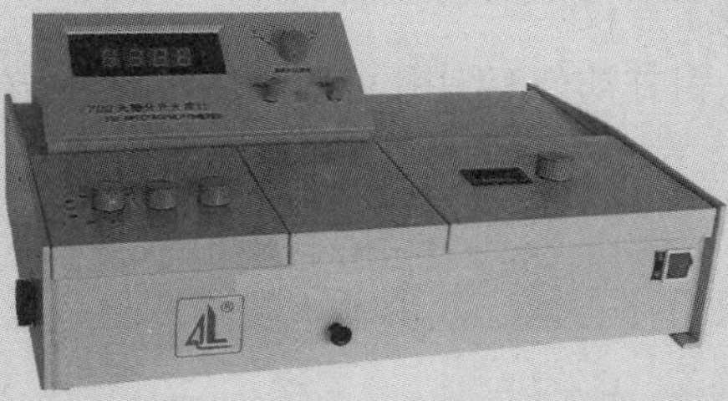

实习实训 15　熔点的测定技术

——用毛细管法测定苯甲酸的熔点

【实训目的】

1. 了解熔点测定的基本原理和意义。
2. 掌握熔点测定的基本方法。

【实训原理】

熔点是指物质在大气压力下固态与液态处于平衡时的温度。固体物质熔点的测定通常是将晶体物质加热到一定温度,晶体就开始由固态转变为液态,测定此时的温度就是该晶体物质的熔点。

纯净的固体有机物,一般都有固定的熔点,而且熔点范围(又称熔程或熔距,是指由始熔至全熔的温度间隔)很小,一般不超过 0.5 ~1 ℃;若物质不纯时,熔点就会下降[可以用拉乌尔(Raoult)定律来解释],且熔点范围就会扩大。利用这一性质来判断物质的纯度和鉴别未知化合物。例如,在实际工作中得到一个未知化合物,测得其熔点与某一已知化合物的熔点相同或十分相近时,将未知样品与已知样品等量混合后测定其混合熔点。若熔点没有变化,且熔点范围不超过 1 ℃时,一般可以认为二者是同一物质,如果混合熔点发生变化,熔点范围大,则可判定它们不是同一物质。这种鉴定方法称为混合熔点法。

有少数易分解的化合物,虽然很纯净,但也没有固定的熔点,熔点范围也较大。这是因为它们受热后,在尚未熔化之前就局部分解了,由于分解产物的存在,相当于给样品掺入了杂质。这类物质分解的迟早与加热的速率有关,往往是加热快,测得的熔点高,加热慢测得的熔点低。

有时在测定熔点时,发现样品熔化过程有颜色变化,或有气体放出,说明物质发生了分解,此时的温度是其分解点,报告熔点时应该说明,例如 220 ℃(分解)。

【仪器及试剂】

仪器:提勒(Thiele)熔点管、温度计(200 ℃)、表面皿、玻璃管(0.5 cm×40 cm)、酒精灯、铁架台、毛细管、橡皮圈、显微熔点仪。

试样:苯甲酸(分析纯)、粗甘油(热浴用,可用液体石蜡、浓硫酸或磷酸代替)。

【过程设计】

毛细管法测熔点的方法如下:

1)热浴的准备与安装

把提勒熔点管(b 形管)垂直固定在铁架台上,装入浴液至液面刚到侧管上口沿(见实训

图15.1)；

2)样品的装填

选取一根直径约1 mm,长9~10 cm的毛细管,用灯焰将其一端熔封。再取待测样品少许放在干净的表面皿上,研细(否则会使测定熔程增大)聚成小堆,使毛细管的开口端插入样品粉末堆中数次,至毛细管内样品的高度为2~3 mm为止,然后把毛细管翻转过来,开口端朝上,熔封端朝下,将其投入一根直立于实验台面的30~40 cm长的玻璃管内,让其自由下落,使样品粉末填入管底,夯实。填好的毛细管,应使样品柱表面光滑、均匀、紧密(这是确保实验准确度的关键步骤之一),否则会使导热不迅速、不均匀,测定结果有偏差。

3)实验装置的安装

把装填好的毛细管用小橡皮圈固定在温度计的一侧,让样品柱紧贴在温度计水银球的中央部位,如实训图15.1所示(橡皮圈应尽量套在靠近毛细管的开口端,切勿让其接触浴液面),然后用开口塞子把温度计固定好,使温度计及样品管垂直悬浸在热浴中,温度计的水银球应处在提勒管两侧口的中间部位,不与浴壁接触,样品柱应面对观察者。

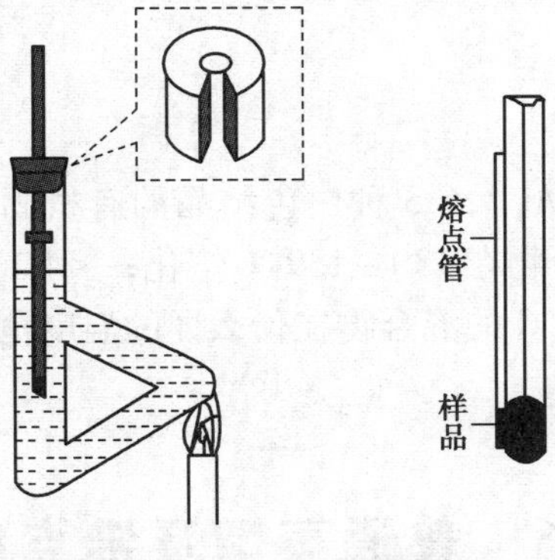

实训图15.1 熔点测定装置

4)加热操作与观测

安装好装置后,把灯焰固定在其侧管外端下方加热(见实训图15.1),这样浴液因受热发生循环流动而起传热搅拌作用。开始可较快加热(每分钟升温4~6 ℃),接近熔点约10 ℃时,改用小火加热(每分钟升温1~2 ℃),越接近熔点(约2 ℃)升温速度越慢(每分钟0.2~0.3 ℃)(注意:正确掌握升温速度是准确测定熔点的关键),此期间要特别注意观察样品;当发现样品柱面由光滑变粗糙,出现塌落、凹陷现象,且伴有小液珠出现时,表示样品已开始熔化(初熔),记录此时温度,继续小心加热,直到样品全部转化成为透明液体时(全熔),记录此温度,此即样品的熔点。

第二次测定时,浴液温度需冷至熔点以下30 ℃左右,且须更换毛细管(因为有时某些化合物部分分解,有些经加热会转变为具有不同熔点的其他结晶形式),两次结果差别应在1 ℃以内。

5)测定项目

①测定苯甲酸的熔点(mp 122 ℃)。

②由老师提供未知物1~2个,测定熔点并鉴定之。

在测混合熔点鉴别未知物时，可把两个样品1∶1混合，和它们的纯样品分别装在3支毛细管中，同时捆在1支温度计上，同时测定，若无下降现象，说明是同一物质；反之，则不是同一物质。在测定熔点相差10 ℃以上的样品时，也可采用这样的方法，一次测2～3个样品。

6）拆卸仪器时的注意事项

①让仪器自然冷却后再拆卸。

②严禁热仪器与冷水接触，尤其是热温度计遇冷水极易炸裂。

③浴液要回收，但必须让其自然冷却到接近室温后方可倒入回收瓶中。

【实训思考】

1. 为什么装填毛细熔点管的固体样品要在洁净的表面皿上粉碎？可以在滤纸上粉碎样品吗？

2. 为什么测定熔点用的毛细样品管要装填紧密？这一操作对熔点测定有哪些影响？

3. 用毛细管法测定纯化合物的熔点时，在什么样的错误操作下，会造成下列结果：

（1）比正确熔点高

（2）比正确熔点低；

（3）熔点范围大（超过几度）。

4. 在3个瓶子中分别装有A，B，C 3种白色结晶的有机固体，每一种都在149～150 ℃熔化。一种1∶1的A与B的混合物在130～139 ℃熔化；一种1∶1的A与C的混合物在149～150 ℃熔化。那么，1∶1的B与C的混合物在什么样的温度范围内熔化呢？你能说明A、B、C是同一种物质吗？

实习实训16　普通蒸馏及沸点的测定技术

——常量法测乙醇的沸点

【实训目的】

1. 了解蒸馏的原理及沸点的意义。

2. 掌握蒸馏装置仪器选择、连接和拆卸。

3. 掌握常量法测定沸点、分离提纯乙醇以及简单蒸馏的基本操作。

【实训原理】

水和乙醇沸点不同，用蒸馏或分馏技术，可将乙醇溶液分离提纯。当溶液的蒸汽压与外界压力相等时，液体开始沸腾。以此原理用微量法测定乙醇的沸点。

【仪器及试剂】

仪器：250 mL圆底烧瓶、接液管、温度计、接收器、直形冷凝管、酒精灯、铁架台、沸点管、韦氏分馏柱。

材料:小橡皮圈、沸石。

药品:40%酒精溶液(工业级)。

【过程设计】

1)蒸馏与分馏

①取150 mL 40%的酒精样品注入250 mL磨口圆底烧瓶中,放入2~3粒沸石。

②分别按照简单蒸馏(见实训图16.1)和分馏(见实训图16.2)装置图及注意事项安装好仪器。

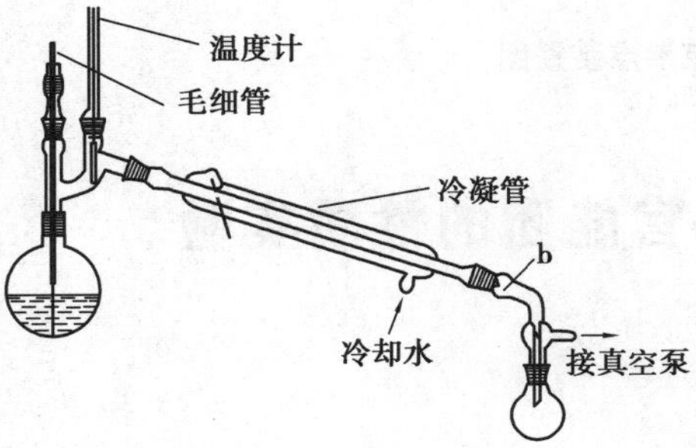

实训图16.1 蒸馏装置图

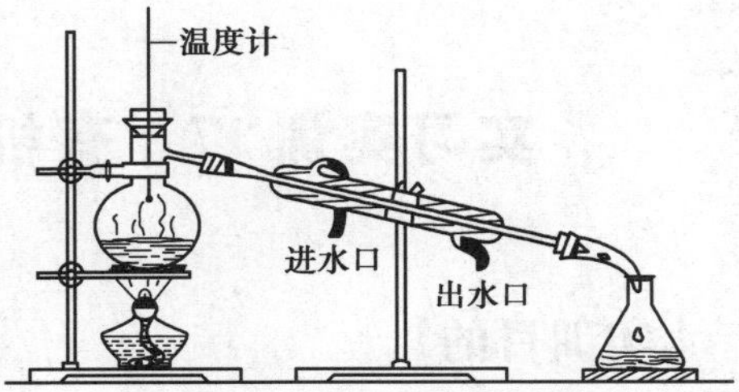

实训图16.2 分馏装置图

③用酒精灯在石棉网下加热,并调节加热速度使馏出液体的速度控制在1~2滴/s。记录温度刚开始恒定而馏出的一滴馏液时的温度和最后一滴馏液流出时的温度。当具有此沸点范围(沸程)的液体蒸完后,温度下降,此时可停止加热。同时收集好除去前馏分后的馏液。千万不可将蒸馏瓶里的液体蒸干,以免引起液体分解或发生爆炸。

④称量所收集馏分的质量或量其体积,并计算回收率。

2)微量法测乙醇沸点

沸点测定有常量法和微量法两种,常量法可借助简单蒸馏或分馏进行。微量法测定沸点(装置见实训图16.3)是置1~2滴乙醇样品于沸点管中,再放入一根上端封闭的毛细管,然后将沸点管用小橡皮圈缚于温度计旁,放入热浴中进行缓慢加热。加热时,由于毛细管中的气体膨胀,会有小气泡缓缓逸出,在到达该液体的沸点时,将有一连串的小气泡快速地逸出。此时可停止加热,使浴温自行冷却,气泡逸出的速度即渐渐减慢。当气泡不再冒出而液体刚要进入毛细管的瞬间(即最后一个气泡缩至毛细管中时),表示毛细管内的蒸汽压与外界压力相等,此时的温度即为该液体的沸点。

【实训思考】

1.蒸馏或分馏时,为什么先要在蒸馏烧瓶中放入2~3粒沸石?加入沸石有何作用?

2.若用微量法重复测定乙醇的沸点,沸点管中的样品是否需要更换?为什么?

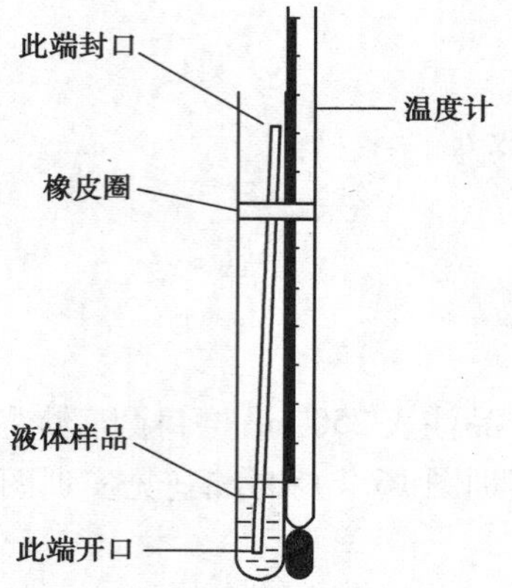

实训图 16.3　微量法测定沸点装置图

实习实训 17　有机化合物官能团的性质实验

【实训目的】

学习通过特征反应检验官能团的性质。

【实训原理】

确定一个有机化合物的结构,可采用波谱分析(如红外光谱、核磁等)和元素分析的方法。而对其官能团进行分析也是重要的方法之一。

有机化合物的化学性质是指有机化合物能够发生的一些化学反应。有机化学反应大多发生在分子中的官能团上。不同官能团具有不同的特性,可以发生不同的反应。相同官能团在不同的化合物中,由于受分子中其他部分的影响不同,反应性能也会有所差异。利用官能团的这些特性反应,可对其进行定性鉴定。

有机化合物官能团的性质鉴定,其操作简便、反应迅速,对确定有机化合物的结构非常有用。官能团的定性鉴定是利用有机化合物中官能团所特有的不同特性,即能与某些试剂作用产生特殊的颜色或沉淀等现象,反应具有专一性,结果明显。并非所有反应都能用于官能团的鉴定,只有那些反应迅速、灵敏度高、现象变化明显、操作安全方便的反应才可用来鉴定有机物。

有机反应大多数是分子反应,分子中直接发生变化的部分一般都是在官能团上,由于同一官能团存在于不同化合物时会受到分子其他部分的影响,反应性能不可能完全相同,因此在定性实验中例外情况也是常见的。此外,定性试验中还存在着不少干扰因素。基于这些原因,常常需要采用几种不同的方法来检验同一官能团,以达到准确判断官能团的目的。

【仪器及试剂】

$KMnO_4$(1%)、丙酮、正氯丁烷、仲氯丁烷、叔氯丁烷、正溴丁烷、氯苄、三氯甲烷、苯甲酰氯、$AgNO_3$(5%乙醇溶液)、HNO_3(5%)、苄醇、正丁醇或正戊醇、仲丁醇或仲戊醇、叔丁醇或叔戊醇、乙醇、甘油、庚醇、二氧六环、苯酚、间苯二酚、对间苯二酚、邻硝基苯酚、NaOH(10%)、HCl(10%)、水杨酸、对羟基苯甲酸、乙酰乙酸乙酯、三氯化铁(10%)、正丁醛、氨水(2%)、甲醛水溶液、乙醛水溶液、苯甲醛、H_2SO_4(20%)。

【过程设计】

1)卤代烃的性质试验及硝酸银试验

试样:正氯丁烷,仲正氯丁烷,叔氯丁烷,正溴丁烷,氯苄,三氯甲烷,苯甲酰氯。

步骤:

①在小试管(洗净、并用蒸馏水冲洗过的干燥试管)中加入5% $AgNO_3$乙醇溶液1 mL,再加入试样2~3滴(固体试样先用乙醇溶解),振荡,仔细观察生成卤化银沉淀的时间并作记录。

②10 min后,将未产生沉淀的试管在70 ℃水溶上加热5 min左右,观察有无沉淀生成,仍无沉淀生成者,可认为不是卤代烃。

③若有沉淀生成,再加5% HNO_3溶液1滴,观察沉淀是否溶解,不溶解者可初步判断为卤代烃。

④根据试验结果请排列以上卤代烷反应活泼性次序,并说明原因。

2)醇的性质试验

(1)Lucsas试验

试样:正丁醇或正戊醇,仲丁醇或仲戊醇,叔丁醇或叔戊醇。

步骤:

①在干燥的小试管中加入试样5~6滴及Lucsas试剂2 mL,塞住试管口,振荡,静置,观察出现混浊和卤代烷分层的速度。

②静置后立即浑浊或分层者为叔醇。

③若静置后不见浑浊,置于水浴中温热2~3 min,振荡,再观察,并记录浑浊和分层所需的时间。

④根据出现混浊或分层的速度,最后分层者仲醇,不发生反应的为伯醇。

(2)硝酸铈铵试验

10个碳以下的醇能与硝酸铈铵作用,使溶液呈橙黄色。

试样:乙醇,甘油,苄醇,庚醇。

步骤:

①在小试管中加入试样2滴或固体试样30~50 mg,加水2 mL溶解(不溶于水的样品,以2 mL二氧六环溶解)。

②再加硝酸铈铵试剂0.5 mL,振荡,观察颜色变化,溶液呈红至橙黄色表示有醇存在。

③同时做空白试验对比,并作记录。

3)酚的性质试验

(1)氢氧化钠试验

试样:苯酚,间苯二酚,对苯二酚,邻硝基苯酚。

步骤:

①在小试管中加入试样0.1 g,加入5滴水,振摇后得一乳浊液(苯酚难溶于水),用pH值试纸测试水溶液的pH值。

②若试样不溶于水,则可逐滴加入10% NaOH溶液,观察是否溶解,有无颜色变化。

③然后再加10% HCl溶液使其呈酸性,观察有何现象发生,并作记录。

(2)三氯化铁试验

试样:苯酚,间苯二酚,对苯二酚,邻硝基苯酚,水杨酸,对羟基苯甲酸,乙酰乙酸乙酯。

步骤:

①在小试管中加入1%试样溶液0.5 mL。

②再加三氯化铁溶液2滴观察有何现象发生,并作记录。

4)醛和酮的性质试验

(1)亚硫酸氢钠试验

试样:丙酮,正丁醛。

步骤:

①在小试管中加入饱和$NaHSO_3$溶液2 mL和试样1 mL。

②再用力振荡,置于冰水浴中冷却,观测有结晶析出(可酌加乙醇促使结晶),并作记录。

(2)Tollen试验

试样:甲醛水溶液,乙醛水溶液,丙酮,苯甲醛。

步骤:

①在干净小试管中加入试样5% $AgNO_3$溶液1 mL和10% NaOH溶液1滴,即有沉淀析出。

②逐滴加入2%氨水,边加边摇,直至生成的氧化银沉淀刚好完全溶解。

③然后加入试样2滴(不溶于水的试样先用0.5 mL乙醇溶解),静置,观测现象。

④若无银镜生成,将试管置于沸水浴中加热2 min,试管壁有银镜形成或生成黑色金属银沉淀,则表明试样为醛,并作记录。

实习实训18 糖的性质

【实训目的】

1. 验证糖类物质的主要化学性质。
2. 进行糖类物质的鉴别试验。

【仪器及试剂】

1)仪器

18 mm×150 mm和10 mm×100 mm试管、250 mL烧杯、酒精灯、显微镜、表面皿、玻璃棒、

pH 试纸。

2)药品

0.5 mol/L 和 0.1 mol/L 果糖溶液、0.3 mol/L 和 0.06 mol/L 蔗糖溶液、班氏试剂、托伦试剂、浓硫酸、塞利凡诺夫试剂、浓盐酸、酒精-乙醚(体积比 1∶3)、斐林试剂 A 和 B、0.5 mol/L 和 0.1 mol/L 葡萄糖溶液、0.3 mol/L 和 0.06 mol/L 麦芽糖溶液、100 g/L 和 20 g/L 淀粉溶液、莫立许试剂、碘溶液、苯肼试剂、1.8 mol/L 醋酸钠、2.5 mol/L 氢氧化钠溶液。

【过程设计】

1)糖的还原性

(1)与斐林试剂的反应

取斐林溶液 A 和 B 各 2.5 mL 混合均匀后,分装于 5 支试管,编号,放在水浴中温热。再分别滴加 0.1 mol/L 葡萄糖,0.1 mol/L 果糖,0.06 mol/L 麦芽糖,0.06 mol/L 蔗糖溶液和 20 g/L淀粉溶液各 5 滴,摇匀,放在水浴中加热 2 ~ 3 min,观察并解释发生的变化。

(2)与班氏试剂的反应

取试管 5 支,编号。各加班氏试剂 1 mL,用小火微微加热到沸,再分别加入上述的各种糖溶液和淀粉溶液各 5 滴,摇匀,放在水浴中加热 2 ~ 3 min,观察并解释发生的变化。

(3)与托伦试剂的反应

取管壁干净的试管 5 支,编号。各加托伦试剂 2 mL,再分别加入上述各种糖溶液和淀粉溶液各 5 滴,把试管放在 60 ℃的热水浴中加热数分钟,观察并解释发生的变化。

2)糖的颜色反应

(1)莫立许反应

取试管 5 支,编号,分别加入 0.5 mol/L 葡萄糖,果糖;0.3 mol/L 麦芽糖,蔗糖和 100 g/L 淀粉各 1 mL,再各加 2 滴莫立许试剂,摇匀。把盛有糖溶液的试管倾斜成 45°角,沿管壁慢慢加入浓硫酸 1 mL,使硫酸与糖溶液之间有明显的分层,观察两层之间的颜色变化。数分钟内如无颜色出现,可在水浴上温热再观察变化(注意不要振动试管)并加以解释。

(2)塞利凡诺夫反应

取试管 5 支,编号,各加塞利凡诺夫试剂 1 mL,再分别加入上述0.1 mol/L葡萄糖,果糖,0.06 mol/L 麦芽糖,蔗糖和 20 g/L 淀粉溶液各 5 滴,摇匀,浸在沸水浴 2 ~ 3 min。观察并解释发生的变化。

(3)淀粉与碘的反应

往试管中加水 4 mL,1 滴碘液和 1 滴 20 g/L 淀粉溶液,观察颜色变化。将此溶液稀释到浅蓝色,加热,再冷却。观察并解释发生的变化。

3)蔗糖与淀粉的水解

①在试管中加入 0.3 mol/L 蔗糖溶液 4 mL,浓盐酸 1 滴,摇匀,放在沸水浴中加热 3 ~ 5 min。放冷,取出 2 mL,用氢氧化钠溶液中和至弱酸性,加班氏试剂 1 mL,摇匀,放在水浴中加热,观察并解释发生的变化。

②在试管中加入 20 g/L 淀粉溶液 4 mL,浓盐酸 2 滴,摇匀。放在沸水浴中加热,取出少

许，用碘溶液试验不变色；取出 2 mL，用氢氧化钠溶液中和至弱碱性，加班氏试剂 1 mL，摇匀，放在水浴中加热，观察并解释发生的变化。

【注意事项】

1. 班氏试剂比较稳定，可以储存，而且遇还原糖时反应灵敏。

2. 莫立许反应很灵敏，但不专一，不少非糖物质也能得到阳性结果，所以反应阳性不一定是糖，而反应阴性则肯定不是糖。糖与无机酸作用生成糠醛及其衍生物，莫立许试剂中的α-萘酚与它起缩合反应而生成紫色化合物。

3. 塞利凡诺夫试剂是间苯二酚的盐溶液。与己糖共热之后先生成 5-羟甲基糠醛，后者与间苯二酚缩合生成分子式为 $C_{12}H_{10}O_4$ 的化合物。由于在同样条件下，5-羟甲基糠醛的生成速度，酮糖比醛糖快 15 ~ 20 倍，因此在短时间内，酮糖已呈红色而醛糖还未变，可用来鉴别酮糖。

【实训思考】

1. 用什么方法可证明化合物是糖、还原糖或非还原糖、醛糖或酮糖？

2. 在糖的还原性试验中，蔗糖与斐林试剂，班氏试剂或托伦试剂长时间加热后，也可能会得到阳性结果，这是什么原因？

3. 斐林试剂与班氏试剂有哪些异同点？

实习实训 19　蛋白质的性质

【实训目的】

通过实训了解蛋白质的呈色，主要有双缩脲反应、茚三酮反应、黄蛋白反应等，进一步掌握蛋白质的有关性质。

【实训原理】

蛋白质是氨基酸通过肽键的结构连接起来的，氨基酸以及这些肽键与化学试剂作用而产生颜色，简称呈色反应，氨基酸呈色反应非常灵敏，常用作检查蛋白质和某些氨基酸的反应，也可作为定量测定的依据。

【仪器及试剂】

1）仪器

试管、试管架、酒精灯、试管夹、天平、胶头滴管、滤纸、酒精灯、剪刀、水浴锅。

2）试剂

尿素、10% NaOH、0.5% 硫酸铜溶液、卵清蛋白质、1% 丙氨酸溶液、0.1% 茚三酮溶液、浓

HNO_3、40% NaOH。

【过程设计】

分别以以下几个小实验进行。

1)双缩脲反应

原理:将尿素加热,则两分子的尿素放出一分子的氨而形成双缩脲。双缩脲在碱性溶液中能与铜盐结合为紫色的复杂化合物,这一呈色反应称双缩脲反应。

双缩脲反应不仅只为双缩脲所有,其他含有两个以上—CO—NH—基(肽键)的物质均可呈现此反应,蛋白质和肽(三肽以上)则属此类物质,若蛋白质溶液中含有铵盐和$(NH_4)_2SO_4$则产生蓝色铜铵复盐使结果不易观察,此时可用多量的 NaOH 溶液将氨驱除使反应正常进行。

操作:

①取少许固体尿素,放在干燥小试管中,在酒精灯弱火上加热,以排除氨,此时尿素溶解,直至熔融物质呈白色而硬化时,停止加热。冷却后,分装在另一支试管中。

②在其一内加入 10% NaOH 溶液,振摇溶解,再加入 0.5% $CuSO_4$溶液 2 滴振摇,注意观察颜色($CuSO_4$溶液不能加过量,否则产生蓝色的氢氧化铜而掩了反应的颜色),并解释。

③于另一试管中加入 10% NaOH 溶液 1 mL 振摇溶解,再加入 0.5% $CuSO_4$溶液 2 滴,注意颜色的变化,然后逐滴加卵清蛋白溶液,观察颜色变化,并解释之。

2)茚三酮反应[1]

原理:大多数蛋白质或其水解产物及α-氨基酸均能与茚三酮作用产生蓝紫色化合物。此反应常用来检验或氨基酸的存在。此反应在 pH 为 5~7 的条件下进行。

水合茚三酮+AA ——→还原型水合茚三酮+茚三酮——→带色化合物

操作:取干净滤纸一小片滴上 1% 丙氨酸溶液 1 滴,以小火烘干。冷后加 1~2 滴 0.1% 茚三酮溶液,再以小火烘干(勿烧焦),观察其颜色出现。

3)黄色反应

①取 1 支试管,加蛋白质溶液[2] 1 mL,加入浓硝酸 5 滴,有何现象?将试管放入沸水浴中加热,有何变化?冷却后,再逐滴加入 10% 氢氧化钠溶液直至反应液呈碱性,这时又有何变化?

②剪下实验者本人指甲少许,放入 1 支试管中,再加 5~10 滴浓硝酸,放置 10 min 后,观察颜色变化。

4)蛋白质的盐析作用[3]

①取 1 支试管,加入 5 mL 蛋白质-氯化钠溶液[4] 和 5 mL 饱和硫酸铵溶液,混匀。静置 10 min,观察球蛋白沉淀析出,过滤,然后在滤液中逐渐加入固体硫酸铵,边加边摇,直至饱和(需硫酸铵 1~2 g),此时,清蛋白沉淀析出。

②另取 1 支试管,加 2~3 mL 水,滴加 10 滴清蛋白混浊液,摇匀。观察清蛋白沉淀是否溶解。

5)蛋白质的变性

(1)热固

取1支试管,加2 mL蛋白质溶液,然后在沸水浴中加热5～10 min,有何变化?

(2)重金属盐沉淀蛋白质

取3支试管,各加入1 mL蛋白质溶液,分别加2滴1%硫酸铜溶液、1%硝酸银溶液和1%醋酸铅溶液,有何现象?用水稀释,观察沉淀能否溶解。

(3)有机酸沉淀蛋白质

在2支试管中,各加10滴蛋白质溶液,然后分别加10滴10%三氯乙酸溶液及0.5%磺基水杨酸溶液,观察沉淀析出。

(4)生物碱试剂——苦味酸沉淀蛋白质

取1支试管加入1 mL蛋白质溶液及4～5滴1%醋酸,再加入5～10滴饱和苦味酸溶液观察现象。

【注意事项】

1. 茚三酮试剂配制后,要在两天内使用,放置过久易变质失效。

2. 蛋白质溶液:取25 mL鸡蛋清,加水100 mL,搅匀后,用水浸湿的纱布过滤,即得蛋白质溶液。

3. 蛋白质遇重金属盐生成难溶于水的化合物。重金属盐沉淀蛋白质的作用是不可逆的,然而由于沉淀上吸附有离子,会使它溶于过量的某些沉淀剂中,所以使用醋酸铅或硫酸铜沉淀蛋白质时,不可过量,否则会引起沉淀的再溶解。

4. 取两个鸡蛋,将蛋清与700 mL蒸馏水及300 mL饱和氯化钠溶液混合均匀,通过数层纱布过滤。蛋白质的氯化钠溶液中含有清蛋白和球蛋白。

【实训思考】

1. 解释黄蛋白反应中出现的现象。

2. 为什么鸡蛋清可以用做铅、汞等重金属盐中毒时的解毒剂?

实习实训20　从茶叶中提取咖啡因

【实训目的】

1. 学习从茶叶中提取咖啡因的基本原理和方法,了解咖啡因的一般性质。

2. 掌握用索氏提取器提取有机物的原理和方法。

3. 进一步熟悉萃取、蒸馏、升华等基本操作。

【实训原理】

咖啡因又称咖啡碱,是一种生物碱,存在于茶叶、咖啡、可可等植物中。例如,茶叶中含有

1% ~5% 的咖啡因，同时还含有单宁酸、色素、纤维素等物质。

咖啡因是弱碱性化合物，可溶于氯仿、丙醇、乙醇和热水中，难溶于乙醚和苯(冷)。纯品熔点 235 ~236 ℃，含结晶水的咖啡因为无色针状晶体，在 100 ℃时失去结晶水，并开始升华，120 ℃时显著升华，178 ℃时迅速升华。利用这一性质可纯化咖啡因。咖啡因的结构式为

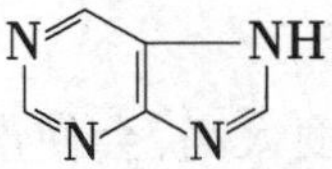

嘌呤

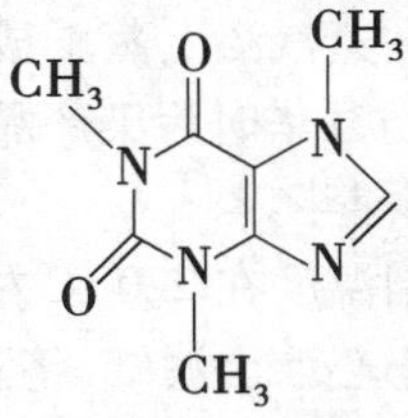

咖啡因(1,3,7-三甲基-2,6-二氧嘌呤)

咖啡因是一种温和的兴奋剂，具有刺激心脏、兴奋中枢神经和利尿等作用。提取咖啡因的方法有碱液提取法和索氏提取器提取法。本实验以乙醇为溶，用索氏提取器提取，再经浓缩、中和、升华，得到含结晶水的咖啡因。工业上咖啡因主要是通过人工合成制得。它具有刺激心脏、兴奋大脑神经和利尿等作用。故可以作为中枢神经兴奋药，它也是复方阿司匹林等药物的组分之一。

【仪器及试剂】

1)仪器

索氏提取器(见实训图 20.1)、圆底烧瓶、量筒、烧杯、蒸发皿、玻璃漏斗、蒸馏瓶、电热炉、电子天平、玻璃棒、温度计、升华装置(见实训图 20.2)。

2)试剂

茶叶、95% 乙醇、生石灰。

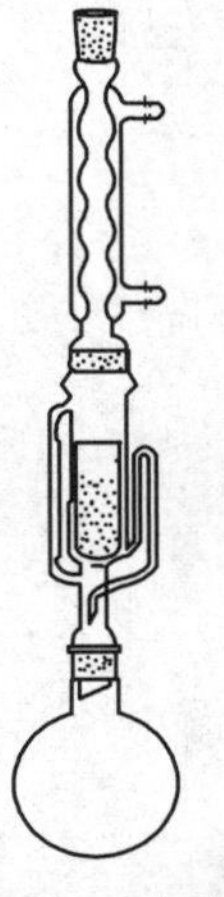

实训图 20.1　索氏提取器

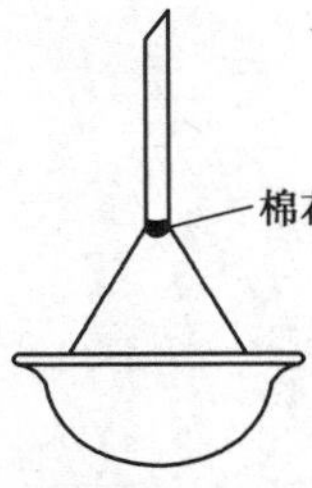

实训图 20.2　升华装置

【过程设计】

1. 取 4 包(2.0 g/包)放入索氏提取器的套筒中，在套筒中加入 30 mL 乙醇，在圆底烧瓶中加入 50 mL 乙醇，水浴加热，回流提取，直到提取液颜色较浅为止，大概 6 或 7 次，带冷凝液

刚刚虹吸下去时停止加热。

2. 把提取液转移到 100 mL 蒸馏瓶中,进行蒸馏,待蒸出 60 ~ 70 mL 乙醇时(瓶内剩余约 5 mL),停止蒸馏,把残留液趁热倒入盛有 3 ~ 4 g 生石灰的蒸发皿中(可用少量蒸出的乙醇洗蒸馏瓶,洗涤液一并倒入蒸发皿中)。

3. 搅拌成糊状,然后放在蒸汽浴上蒸干成粉状(不断搅拌,压碎块状物,注意着火!)。擦去蒸发皿前沿上的粉末(以防升华时污染产品),蒸发皿上盖一张刺有许多小孔的滤纸(孔刺向上),再在滤纸上罩一玻璃漏斗。

4. 用小火加热升华,控制温度在 220 ℃左右。如果温度太高,会使产物冒烟炭化。当滤纸上出现白色针状结晶时,小心取出滤纸,将附在上面的咖啡因刮下。

5. 如果残渣仍为绿色可再次升华,直到变成棕色为止。合并几次升华的咖啡因。

【注意事项】

1. 搭装置时必须小心,以免将脂肪提取器的虹吸管折断。

2. 滤纸套筒大小要适中,既要紧贴器壁,又能方便取放。滤纸套中的茶叶高度不得超过虹吸管。

3. 瓶中乙醇不可蒸得太干,否则残液很黏,不易倒出,且损失较大。

4. 在焙炒时,火不可太大,否则咖啡因将会损失。

5. 升华是本实验成败的关键,在整个升华过程中,都必须用小火间接加热。假如温度太高,会使产品发黄。

6. 在蒸发皿上覆盖刺有小孔的滤纸是为了避免已升华的咖啡因回落入蒸发皿中,纸上的小孔应保证蒸汽通过。漏斗颈塞棉花,为防止咖啡因蒸汽逸出。

【实训思考】

1. 提取咖啡因时,生石灰起什么作用?

2. 从茶叶中提取的粗咖啡因有绿色光泽,为什么?

3. 什么样的固体物质才可采用升华法来精制?

【目标检测】参考答案

【目标检测0】

一、填空题

1. 组成、结构、性质、变化　2. 工艺化学时期、近代化学时期、现代化学时期　3. 28、常量、微量　4. 能源、结构、调节　5. 水、矿物质、蛋白质、脂肪、糖、维生素、膳食纤维　6. 工业废水、生活污水　7. 臭氧层、酸雨、温室

二、判断题

1—6　×√××√√

三、选择题

1—7　DBABCCA

四、简答题

1. 答：菠菜中有草酸，豆腐中有石膏（$CaSO_4$）和卤水（$MgCl_2$），草酸与 $CaSO_4$ 和 $MgCl_2$ 发生反应生成不溶入水的草酸镁或草酸钙，沉积血管壁，影响血液循环。

2. 答：基础化学包括无机化学、分析化学和有机化学内容。它的主要任务是：通过学习，掌握化学的基本理论、基本知识、基本技能。无机化学的主要任务是对元素及其化合物的性质和反应进行实验研究和理论解释；分析化学包括定性分析和定量分析两大内容，定性分析的任务是鉴定物质的化学组成，定量分析的任务是测定物质中有关组分的含量；有机化学的主要任务是掌握有机物的一般特点、结构性质、命名方法、反应规律。

【目标检测1】

一、填空题

1. 质子，质子　2. $1s^22s^22p^63s^23p^63d^5 4s^1$，四，ⅦB，d，金属　3. Zn，四，ⅡB

4. (1) 不正确，违反了能量最低原理　(2) 正确
(3) 不正确，违反了泡利不相容原理　(4) 不正确，违反了能量最低原理
(5) 不正确，违反了洪特规则

5.

原子序数	电子排布式	周期	族	区	金属还是非金属
15	$1s^22s^22p^63s^23p^3$	三	ⅤA	p	非金属
23	$1s^22s^22p^63s^23p^63d^3 4s^2$	四	ⅤB	d	金属
53	$1s^22s^22p^63s^23p^63d^{10}4s^24p^64d^{10}5s^25p^5$	五	ⅦA	p	非金属

6.

元素	周期	族	最高氧化值	电子排布式	价层电子构型	原子序数
A	3	ⅡA	+2	$1s^22s^22p^63s^2$	$3s^2$	12
B	4	ⅦB	+7	$1s^22s^22p^63s^23p^63d^54s^2$	$3d^54s^2$	25
C	4	ⅡB	+2	$1s^22s^22p^63s^23p^63d^{10}4s^2$	$3d^{10}4s^2$	30

二、判断题

1—5　×××√×　6—11　×√××××

三、选择题

1—5　DCBBC　6—10　DDDAB　11—15　BABBA　16—20　ACCBB　21—23　DAC

四、简答题

1.(1)26　(2)$1s^22s^22p^63s^23p^63d^64s^2$　$3d^64s^2$　(3) 四周期　Ⅷ族　Fe_2O_3

2.四种元素 A 为铯 Cs,B 为锶 Sr,C 为硒 Se,D 为氯 Cl

(1)原子半径从小到大的顺序 Cl→Se→Sr→Cs

(2)第一电离能由小到大的顺序 Cs→Sr→Se→Cl

(3)电负性由小到大的顺序 Cs→Sr→Se→Cl

(4)金属性由弱到强的顺序 Cl→Se→Sr→Cs

【目标检测 2】

一、填空题

1.(1)不变　(2)增大,增大　(3)不变,不变　(4)减小,减小

2.(1)2 ~ 3 min,因该反应是放热反应,此时温度高。4 ~ 5 min,因为此时 H^+ 浓度小。

(2)$v_{HCl}=0.1$ mol/(L · min)

(3)A,B

3.t_1-t_2:反应放热,使温度升高,速率加快;t_2-t_3:随反应的进行,H^+ 浓度降低,速率减慢。

4.0.1a mol/(L · min)　0.3a mol/(L · min)　0.2a mol/(L · min)　1 : 3 : 2

5.(1)增大 c_{N_2} 或 c_{H_2}　(2)适当升高温度　(3)增大压强　(4)使用催化剂

6.(1)固　(2)固或液,气　(3)$n>2$ 或 $n\geqslant3$　(4)放

7.(1)0.2 mol　(2)SO_2,NO_2　(3)1.9

8.(1) $K=\dfrac{c_{CO}\cdot c_{H_2}^3}{c_{CH_4}\cdot c_{H_2O}}$　(2)正反应是吸热反应,则升高温度,平衡向正反应移动,平衡常数 K 增大;平衡常数 K 是温度的函数,则降低反应的水碳比,平衡常数 K 不变　(3)当恒压时,由 t_1 到 t_2,CH_4 平衡含量降低,说明 $t_1<t_2$;因为在恒温下,压强增大,平衡向逆反应方向移动。CH_4 平衡含量增大,则图像如右　(4)防止催化剂中毒

二、选择题

1—5　BCDDC　6—10　DAADC　11—15　DBBBC　16—20　CDDAB　21—25 ADBBC　26—32　CBCACDC

三、计算题

1. $v_{N_2}=\frac{0.2}{2}=0.1\ mol/(L\cdot min)$

$v_{H_2}=\frac{0.6}{2}=0.3\ mol/(L\cdot min)$

$v_{NH_3}=\frac{0.4}{2}=0.2\ mol/(L\cdot min)$

$v_{N_2}:v_{H_2}:v_{NH_3}=0.1:0.3:0.2=1:3:2$

2. $v_{H_2}=1.2\ mol/(L\cdot s)$

【目标检测3】

一、名词解释(略)

二、填空题

1. 电解质②④⑦⑧⑪⑫　非电解质①③⑤⑥⑨⑩

2. 水、熔融、强电解质、弱电解质、$MgCl_2 \longrightarrow Mg^{2+}+2Cl^-$

3. 溶质、物质的量、mol/L

4. H^+、Fe^{2+}、SO_4^{2-}、$Fe+2H^+ \longrightarrow Fe^{2+}+H_2$

5. <、酸、酸性、>、碱、碱性

6. ≤、≥、2∶1、20∶1

7. 7.35～7.45;酸中毒;碱中毒

8. (1)$H_3[AlF_6]$;(2)$[Ni(en)_3]Cl_2$;(3)$[Ni(H_2O)_4Cl_2]Cl$;(4)$(NH_4)_4[Fe(CN)_6]$

9. CO;C;4;四羰基合镍(Ⅳ)

10. C_2O_4;C;3;三草酸合铝(Ⅲ)酸钾

三、判断题

1—5　×√××√　6—10　×√×××　11—14　√√×√

四、选择题

1—5　BBCCB　6—10　DADBC　11—16　DDCDBD

五、(略)

六、(略)

七、(略)

八、简答题

1. 答:在一支试管中取少量酒精,加入少量无水硫酸铜的白色粉末,如果变成蓝色,说明酒精中含有水分,如果不变颜色,说明为无水酒精。

2. 答:在一定温度下,两杯氯化钠溶液的密度不同,就是因为浓度不同造成的,溶液中氯化钠的含量越多,浓度越大,其密度也随之增大。

3. 答:量取液体时,首先必须把量筒放平稳,观察量筒中液体的体积数,必须使视线与量筒内液体的凹液面最低处保持水平,再读出所取液体的体积数才是正确的。

4. 答:取两支洁净的试管,各取等体积两种酸溶液用蒸馏水分别稀释100倍。然后用pH

试纸分别测其 pH 值,pH 值变化大的那瓶是盐酸。

5. 答:a. 计算　b. 称量　c. 溶解(稀释)　d. 移液　e. 定容　f. 摇匀。仪器:天平(含称量纸)、药匙、容量瓶、烧杯、玻璃棒、胶头滴管。

6. 答:缓冲溶液能起缓冲作用与它的组成有关。例如,由 HAc 和 NaAc 组成的缓冲溶液中含有大量的 HAc 和 Ac^- 离子,当向这种缓冲溶液中加入少量的酸(H^+)时,溶液中含有的大量的 Ac^- 离子可以结合这些 H^+ 形成 HAc 分子;溶液的 pH 值几乎不会改变。反之,当向这种缓冲溶液中加入少量的碱(OH^-)时,OH^- 将与溶液中 HAc 结合形成水和 Ac^-,溶液的 pH 值也不会发生大的变化,这就是缓冲作用。

7. 答:pH 是指溶液中氢离子浓度的负对数用 $pH=-\lg c_{H^+}$ 表示;pOH 是指溶液中氢氧根离子浓度的负对数用 $pOH=-\lg c_{OH^-}$ 表示;pK_w 是指水的离子积常数的负对数。三者之间的关系是:$pH+pOH=-\lg(c_{H^+}\cdot c_{OH^-})=-\lg K_w$;所以 $pH+pOH=14=pK_w$。

8. 答:影响盐类水解的因素 4 个方面即盐的本性,盐浓度,温度及酸碱度。用纯碱去油污,通常用热水,实际上是升高温度,增大盐类的水解作用。实验室配制氯化铁溶液要加盐酸,主要是抑制盐类水解,防止溶液浑浊。

9. 答:(1)硫酸铵:酸性(强酸弱碱盐)$NH_4^+ + H_2O \rightleftharpoons NH_3\cdot H_2O + H^+$

(2)硫化钾:碱性(强碱弱酸盐)$S^{2-} + H_2O \rightleftharpoons HS^- + OH^-$

(3)氯化钾:中性(强酸强碱盐、不水解)

(4)碳酸氢钠:碱性(强碱弱酸盐)$HCO_3^- + H_2O \rightleftharpoons H_2CO_3 + OH^-$

10. 答:锅炉水垢的主要成分为 $CaCO_3$、$CaSO_4$、$Mg(OH)_2$,在处理水垢时,通常先加入饱和 Na_2CO_3 溶液浸泡,浸泡后锅炉水垢的主要成分变为 $CaCO_3$、$Mg(OH)_2$,因为 $CaSO_4$ 会转变成更难溶的 $CaCO_3$。$CaSO_4 + Na_2CO_3 \rightleftharpoons CaCO_3 + Na_2SO_4$

向处理后的水垢中加入氯化铵溶液,氯化铵溶液的作用是消除水垢,因为氯化铵水解呈酸性,所以水解出的氢离子可以消除水垢(以碳酸钙为主要成分,还有氢氧化镁)。

11. 答:硫酸钡不溶于水也不溶于酸,身体不能吸收,因此,服用 $BaSO_4$ 不会中毒。而 $BaCO_3$ 进入人体后会和胃酸中的盐酸发生反应:$BaCO_3 + 2HCl = BaCl_2 + H_2O + CO_2$,而 $BaCl_2$ 能溶于水,会被人体吸收而导致中毒。Ba 是重金属,离子状态有毒。

九、计算题

1. 答案:59.34 mL、961 g

2. 答案:19%;2.19 mol/L;2.39 mol/kg;0.04、0.96

3. 答案:3.7

4. 答案:1

5. 答案:0.44 mol/L

6. 答案:0.129 mol/L

7. 答案:(1)2　(2)3.65　(3)12　(4)10.63

8. 答案:$V_{HCl}=68$ mL,$V_{NaOH}=32$ mL

9. 答案:(1)11.35　(2)1.8

10. 答案:65.1 mL,26.8 g

【目标检测4】

一、填空题

1. 铜;$Hg^{2+}+Cu$══$Hg+Cu^{2+}$;小;逆方向

2. >

二、选择题

1—2　BD

三、判断题

1—3　×√×

四、简答题(略)

五、计算题

1. 1.45 V;1.01 V

2. (1)$K=10^{10.67}$,反应完全;
   (2)$K=10^{10.72}$,较为完全

【目标检测5】

一、填空题

1. 方法　2. 仪器　3. 偶然　4. 试剂　5. ±1%;±0.1%　6. 正　7. 三　8. 15

二、选择题

1—5　CABCB　6—8　DBB

三、判断题

1—5　×√××√

四、简答题

1. 减小偶然误差、校准仪器、进行空白试验、进行对比试验及改进分析方法。

2. 略

五、计算题

1. 甲的准确度比乙高;甲的精密度比乙高

2. $0.358\times25.4\times8.45\times1.26\approx96.8$

3. $8.02-5.02=3.00$

【目标检测6】

一、名词解释

标准溶液——已知准确浓度的试剂溶液

滴　　定——把标准溶液通过滴定管滴加到被测溶液中去的过程

化学计量点——理论上被测成分和标准溶液恰好完全反应的时刻

滴定终点——滴定时指示剂发生颜色转变的时刻

终点误差——化学计量点和滴定终点之差

基准物质——可用直接法配制标准溶液的物质

标　　定——用基准物质测定试剂溶液准确浓度的过程

酸碱指示剂——借助于颜色的变化指示溶液 pH 值的物质

突　　跃——化学计量点附近 pH 值的骤变过程

突跃范围——±0.1% 误差范围内产生的 pH 变化区间

二、填空题

1. 酸碱滴定法,氧化还原滴定法,配位滴定法,沉淀滴定法。

2. 纯度高,性质稳定,组成固定,直接配制法,间接配制法,间接配制法。

3. 指示剂本性,pH 值,两,本性,用量,温度,变色范围窄,变色敏锐,终点颜色易观察。

4. 滴定剂用量和溶液 pH 值的对应关系 ±0.1% 误差范围内产生的 pH 值变化。

5. 间接法,间接滴定。

6. 高锰酸钾法,重铬酸钾法,碘量法。

7. 自身指示剂,氧化还原指示剂,特殊指示剂。

8. 乙二胺四乙酸,六,1∶1,五圆。

9. 控制溶液的酸度,利用掩蔽作用。

10. 鉴定物质的成分,测定各组分的含量,化学分析法,仪器分析法。

11. 酚酞,无色,浅红色。

12. 配位,单齿,多齿,多齿。

13. 使指示剂的变色范围全部或部分落在滴定曲线的突跃范围之内。0.01 ~0.1 mol/L。

14. 普遍性,性质稳定,组成固定,带电易溶。

三、判断题

1—5　×√××√　6—10　××√×√　11—17　√×××√××

四、选择题

1—5　BCDCC　6—10　BACCC　11—14　ACDB

五、应用题

1. 4.20 mL　2. 20.00 mL　3. 0.102 9 mol/L　4. 8.10%　5. 14.71 g　6. 0.018 15 mol/L

7. 总硬度 185.8 mg/L　Ca 含量:114.0 mg/L　Mg 含量:71.83 mg/L

【目标检测 7】

一、填空题

1. 增大;不变;不变　2. 改变溶液浓度;改变比色皿厚度　3. 吸光能力;大(小);灵敏(不灵敏)　4. 0.680;20.9%　5. 浓度;吸光度;一条直线

二、选择题

1—5　CBABB　6—9　DBDC　10　ABCD

三、判断题

1—5　√√×√×　6—10　××√×√

四、简答题(略)

五、计算题

1. 77% 、0.11

2. $1.9×10^4$ L/(mol·cm)

3. 0.167 mg

4. 标准曲线：

$w_{Fe} = 1.29\%$

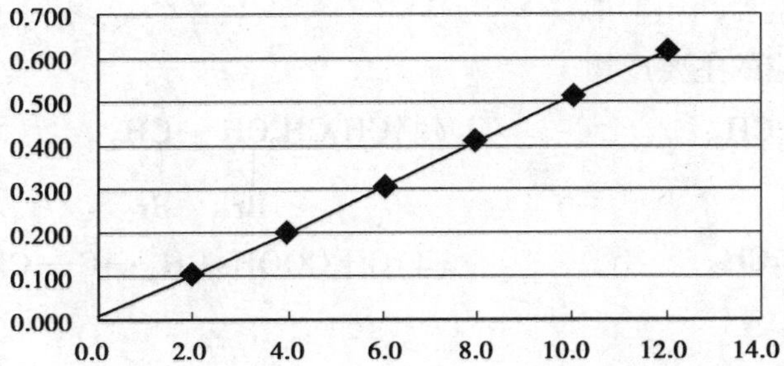

【目标检测8】

一、选择题

1—5 BDCCC

二、写出己烷(C_6H_{14})所有的同分异构体命名

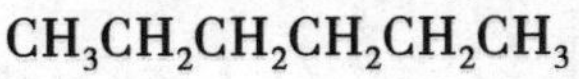

$CH_3CH_2CH_2CH_2CH_2CH_3$　　　$CH_3CH_2CH_2CHCH_3$　　　$CH_3CH_2CHCH_2CH_3$

$\qquad\qquad\qquad\qquad\qquad\qquad\quad$ | $\qquad\qquad\qquad$ |

$\qquad\qquad\qquad\qquad\qquad\qquad\quad CH_3$ $\qquad\qquad\qquad CH_3$

$\qquad\qquad$己烷 $\qquad\qquad\qquad$ 2-甲基戊烷 $\qquad\qquad$ 3-甲基戊烷

$\qquad\qquad\quad CH_3$ $\qquad\qquad\qquad CH_3$

$\qquad\qquad\quad$ | $\qquad\qquad\qquad\quad$ |

$CH_3CHCHCH_3$ $\qquad\quad CH_3CH_2CCH_3$

$\qquad\qquad$ | $\qquad\qquad\qquad\qquad$ |

$\qquad\qquad CH_3$ $\qquad\qquad\qquad\qquad CH_3$

2,3-二甲基丁烷 $\qquad\qquad$ 3,3-二甲基丁烷

三、下列化合物为同分异构的有

(1)(2)(4)(6)为同分异构体;(5)(8)为同分异构体。

四、命名下列化合物

(1)2,4-二甲基-3-乙基-戊烷 $\qquad$ (2)2,3,4-三甲基-庚烷

(3)2-甲基-1-丙烯 $\qquad\qquad\qquad$ (4)2-乙基-1-丁烯

(5)反-2-戊烯 $\qquad\qquad\qquad\qquad$ (6)3-甲基-1-丁炔

(7)1,1-二甲基环丙烷 $\qquad\qquad$ (8)1,3-二甲基环戊烷

(9)1,2-二甲基环己烷 $\qquad\qquad$ (10)乙苯

(11)1-甲基-2-乙基苯(或2-乙基甲苯) $\qquad$ (12)1,4-二甲苯(或对二甲苯)

(13)4-甲基-2-苯基-2-戊烯 $\qquad$ (14)2,4-二甲基-3-苯基庚烷

五、写出下列化合物的结构简式

(1) [结构图]

(2) [结构图]

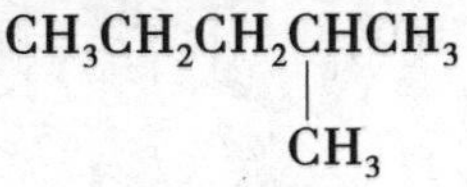

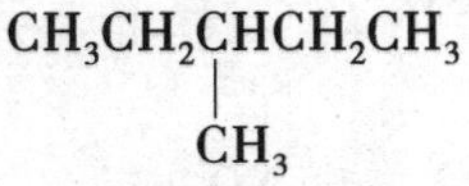

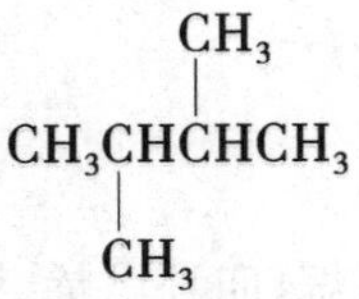

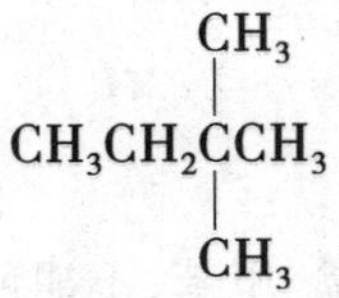

(3) 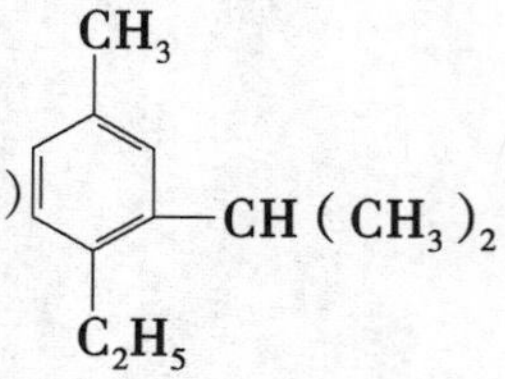

(4) 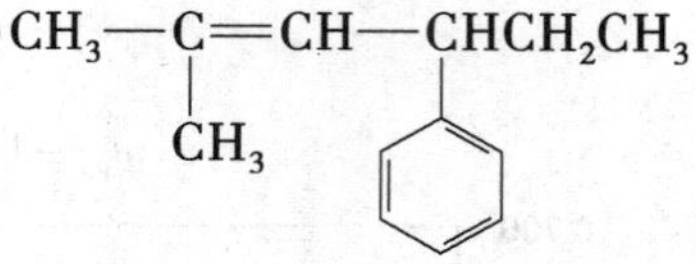

六、写出下列反应的主要产物

(1) $CH_3-\underset{\displaystyle Br}{\underset{|}{CH}}-CH_3$

(2) $CH_3CH_2\underset{\displaystyle Br}{\underset{|}{CH}}-\underset{\displaystyle Br}{\underset{|}{CH_2}}$

(3) $CH_3CH_2\underset{\displaystyle O}{\underset{\|}{C}}CH_2CH_3$

(4) $CH_3COOH+CH_3-\underset{\displaystyle O}{\underset{\|}{C}}-CH_3$

(5) $CH_3CH_2COOH+CO_2+H_2O$

(6) $CH_3-CH_2-\underset{\displaystyle Br}{\underset{|}{CH}}-CH_3$

(7) 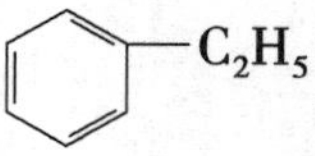 $+HBr$

(8) 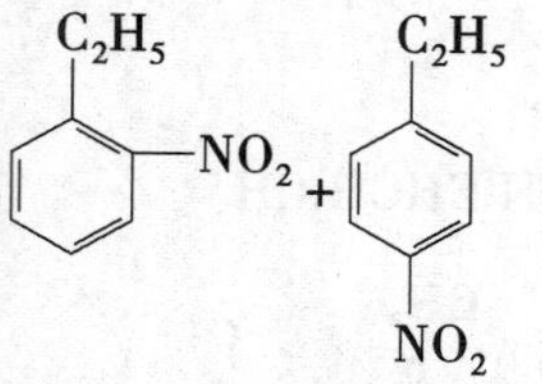

(9) 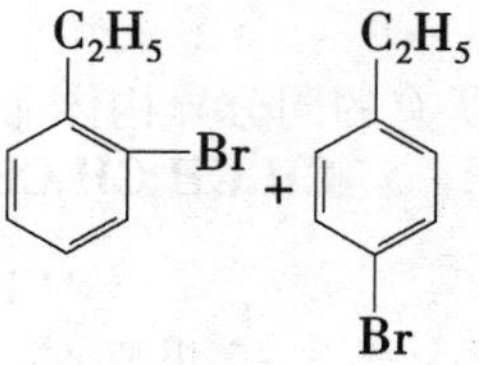

(10) 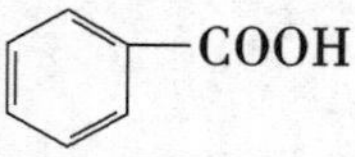

七、用化学方法鉴别下列各组物质

(1)分别滴加高锰酸钾紫红色褪去的是环己烯、甲苯,不褪色的是环己烷;向环己烯、甲苯中滴加溴的四氯化碳溶液褪色的是环己烯,不褪色的是甲苯。

(2)首先将3种气体分别通入高锰酸钾溶液,紫红色褪去的是丙烯和丙炔,不褪色的是丙烷;再把丙烯和丙炔分别通入硝酸银的氨溶液中,生成灰白色沉淀的是丙炔,没出现沉淀的是丙烯。

(3)向3种液体分别滴加高锰酸钾,紫红色褪去的是苯乙烯、乙苯,不褪色的是戊烷;分别向苯乙烯、乙苯中滴加溴的四氯化碳溶液褪色的是苯乙烯,不褪色的是乙苯。

八、

A. 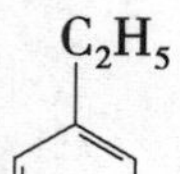 B. 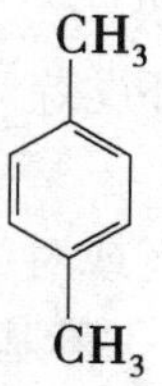 或 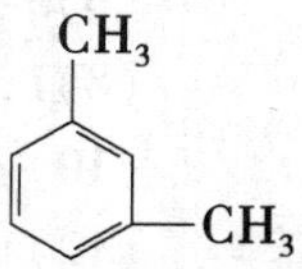 C. 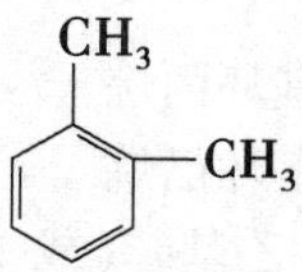

A. 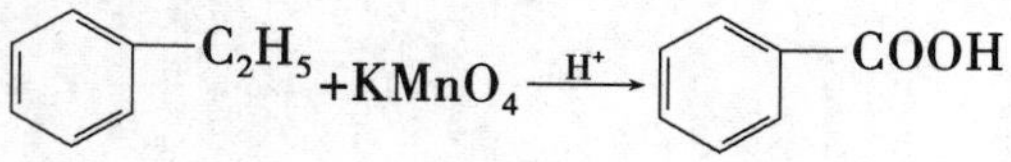

B.

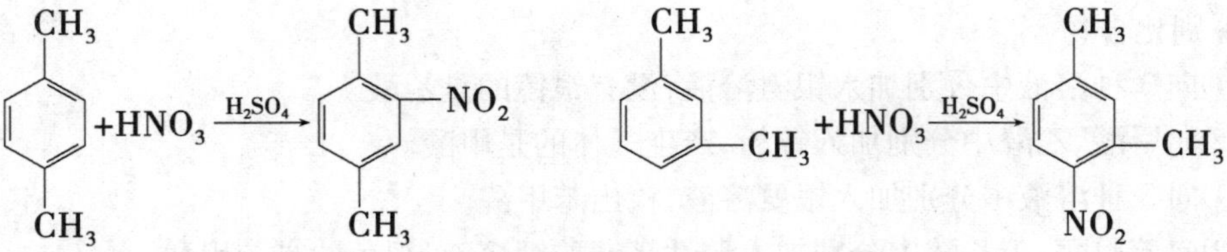

C.

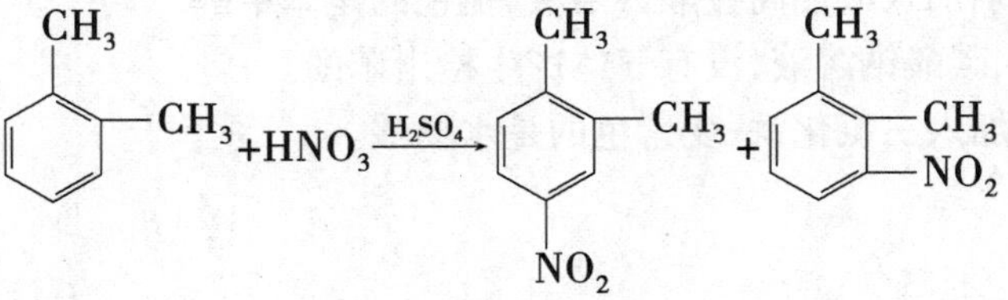

【目标检测 9】

一、选择题

1—3　CBC

二、写俗名

蚁酸　　醋酸　　草酸　　安息香酸　　软脂酸　　硬脂酸

三、命名

(1) 3,4-二甲基己酸　　　　　　(2) 2-丁烯酸

(3) 4-甲基戊酸　　　　　　　　(4) 4-羟基苯乙酸

(5) 丙烯酸甲酯　　　　　　　　(6) 甲酸丙酯

(7) 丙烯酸　　　　　　　　　　(8) 丙烯酸乙酯

(9) 乙酸苯甲酯　　　　　　　　(10) 乙酸异丙酯

四、写结构式

(1) $CH_3CH_2CH_2\underset{\underset{CH_3}{|}}{C}HCOOH$

(2) $CH_3CH_2\underset{\underset{CH_3}{|}}{C}HCH_2\underset{\underset{CH_3}{|}}{C}HCOOH$

(3) $CH_3CH_2CH=CHCOOH$

(4)

(5)

(6) $CH_2=CHCOOCH_3$

(7) $CH_3CH_2\underset{\underset{CH_3}{|}}{C}HCOOH$

(8) $CH_3\underset{\underset{CH_3}{|}}{C}HCH_2\underset{\underset{CH_3}{|}}{C}HCOOH$

(9) $HCOOCH_2$

(10) $-COOCH_2$

(11) $CH_3-\underset{\underset{OH}{|}}{C}H-COOH$

(12) $HO-\underset{\overset{\overset{\textstyle CH_2-COOH}{|}}{\underset{\underset{CH_2-COOH}{|}}{|}}}{C}H-COOH$

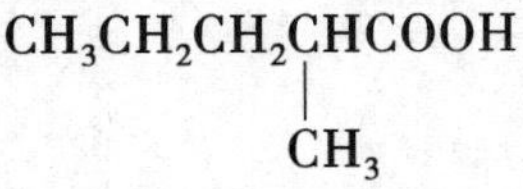

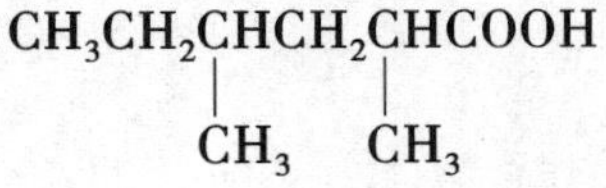

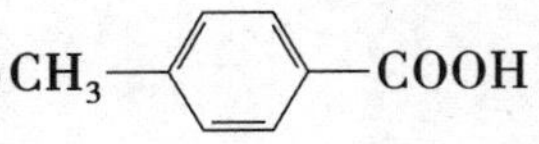

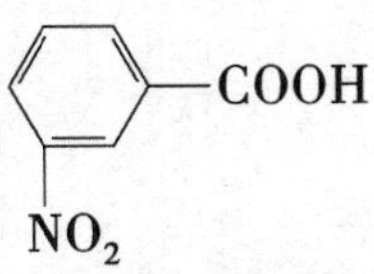

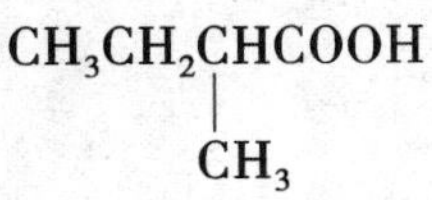

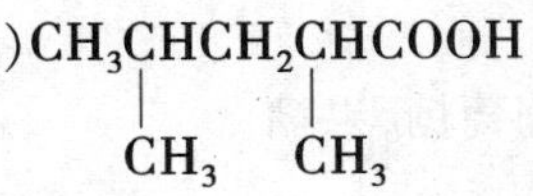

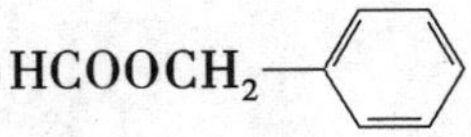

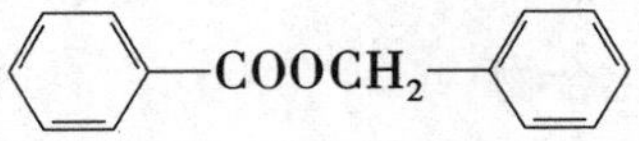

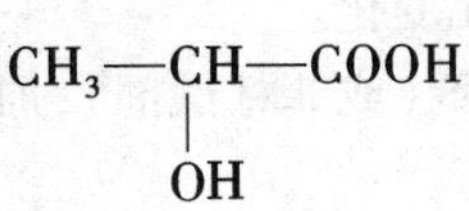

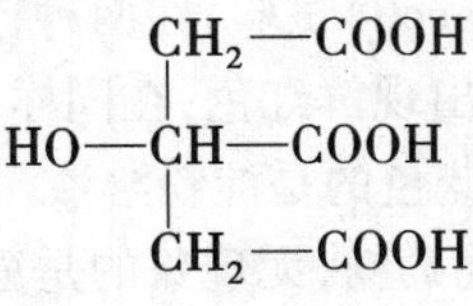

五、鉴别化合物

（1）①向 3 种溶液中分别加入银氨溶液，没有银镜的是乙酸。

　　②向甲酸、乙醛中分别加入锌粉，产生气体的是甲酸。

（2）①向 3 种溶液中分别加入银氨溶液，检出苯甲醛。

　　②向苯甲醇、苯乙酸中分别加入酸性高锰酸钾溶液，褪色的是苯甲醇。

（3）①向 3 种溶液中分别加入碳酸钠溶液，没有气体产生检出苯酚。

　　②苯甲酸、水杨酸中分别加入三氯化铁，变紫色的是水杨酸。

六、完成反应

（1）$CH_3CH_2COOC_2H_5 + H_2O$

（2）$(CH_3COO)_2Ca + CO_2 + H_2O$

（3）$CH_3CONH_2 + H_2O$

（4）$CH_3COONa + HOCH_3$

（5）CH_3CH_2COOH

七、A：$CH_3COOCH{=}CH_2$　　　　　B：$CH_2{=}CHCOOCH_3$

八、C：$CH_3CH_2CH_2COOH$　　　　　D：$CH_3COOCH_2CH_3$

【目标检测 10】

一、略

二、选择题

1—5　CBCDB　6—10　DCABD

三、填空题

1.

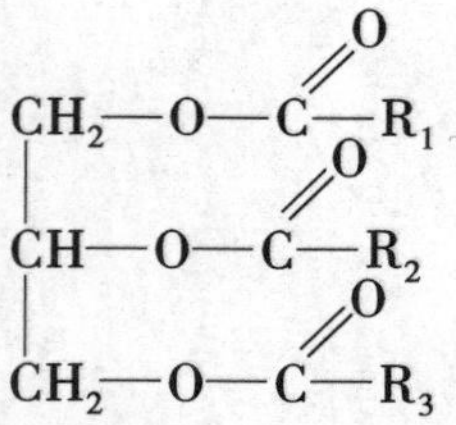

$$
\begin{array}{l}
CH_2{-}O{-}\overset{\displaystyle O}{\overset{\|}{C}}{-}R_1 \\
CH{-}O{-}\overset{\displaystyle O}{\overset{\|}{C}}{-}R_2 \\
CH_2{-}O{-}\overset{\displaystyle O}{\overset{\|}{C}}{-}R_3
\end{array}
$$
　液，油，固，脂肪

2. 托伦，菲林

3. 单糖，低聚糖，多糖

4. 氨基酸，氨基

5. 多羟基醛，多羟基酮，葡萄糖，果糖

6. 碱基、戊糖、磷酸

四、鉴别下列各组化合物

1. 利用塞利凡诺夫（Seliwanoff）试验：在两种糖的溶液中，加入塞利凡诺夫试剂（间苯二酚的盐酸溶液），加热，果糖很快出现鲜红色，在同样条件下葡萄糖无变化。

2. 首先加入碘溶液，产生蓝色的是淀粉溶液。再加入托伦试剂（或菲林试剂），加热，有银镜（或砖红色沉淀）产生的是葡萄糖，无现象的是蔗糖。

五、略

六、答:植物油易酸败,因为在植物油中有不饱和键,容易发生氧化反应等。要防止油脂酸败的发生:

1.在油脂的保管和调运中,要严格防止水分的浸入。

2.非脂肪物质会加速油脂的酸败,油脂中杂质以不超过0.2%为宜。

3.应严格密封储存。

4.油脂应尽量避光保存。

5.温度升高,则油脂酸败速度加快;反之,则延缓或中止酸败过程。另外,包装材料应选用铁皮或钢板,还可适当添加抗氧化剂或阻氧化剂(如维生素E、芝麻酚等)。

七、写出下列介质氨基酸的主要存在形式。应如何调整到等电点?

1.赖氨酸的等电点为9.74,在pH=5的溶液中以阳离子形式存在。

2.谷氨酸的等电点为3.22,在pH=10的溶液中以阴离子形式存在。

3.天门冬氨酸等电点为2.77,在pH=7的溶液中以阴离子形式存在。

八、答:蛋白质在等电点时溶解度最小,在该蛋白质的水溶液中加入碱至pH=7时,有沉淀析出,这是因为蛋白质达到了等电点。未加碱之前,此蛋白质在溶液中以阳离子形式存在。

九、答:DNA主要由脱氧核糖核酸和碱基组成,4种碱基包括:腺嘌呤、鸟嘌呤、胞嘧啶及胸腺嘧啶;而RNA则是由核糖核酸和碱基组成,4种碱基包括:腺嘌呤、鸟嘌呤、胞嘧啶及尿嘧啶组成。从组成上不难看出,除戊糖不同外,就是RNA中没有胸腺嘧啶,而DNA中没有尿嘧啶。

【实习实训】参考答案

【实习实训 1】

1. 不需要,但要洗干净,因为稀释时需加水。不能用被稀释溶液润洗,用被稀释溶液润洗相当于多加了被稀释溶液,使稀释的浓度不准确。

2. 不正确。因为一方面硫酸铜晶体含有结晶水(如果知道含有几个结晶水,已经换算过去则没有问题),另一方面,量筒是粗量器,误差很大,不可用量筒配溶液。

【实习实训 2】

1. 因为选用 HCl 溶液,会与过量的 NaOH 和 Na_2CO_3 反应生成 NaCl,不会引入新的杂质。其他酸不可以,会引入新的杂质,影响提纯质量。

2. 如果先加 Na_2CO_3 除去 Ca^{2+}、Mg^{2+} 的话会有 CO_3^{2-} 剩余,而再加入 $BaCl_2$ 除去 SO_4^{2-} 和 CO_3^{2-} 时,Ba^{2+} 就会相对过量,而且过量的 Ba^{2+} 无法用 HCl 除去。

3. 因为如果第 6 步中将溶液蒸干,可溶性的杂质(KCl 等)就不能去除掉。

【实习实训 3】

1. (1)不允许。因为在未关闭天平门时读数,可能会由于气流流动的影响,造成读数不准确。(2)不允许。用手直接拿取称量瓶或称量物,会使手上的污染物(汗液等)黏附在瓶壁上,最终影响称量结果的准确性。

2. 直接法适用于称量洁净干燥的器皿,块状的金属,不易潮解或升华的整块固体试样。减量法比较简便、快速、准确,在化学实验中常用来称取待测样品和基准物,是最常用的一种称量法。

3. 若称量瓶内的试样吸湿,会使称量结果偏小。若试样敲落在烧杯内再吸湿,对称量结果没有影响。

【实习实训 4】

使用 pH 计时用中性(6.86)定位,再根据被测样品的酸碱性选择 4.01 或 9.18 的标定。之所以用标准溶液定位,原因是用已知 pH 值的缓冲溶液将 pH 计校正到该 pH 下,才会使测定的样品准确度高。

【实习实训 5】

1. 滴定管和移液管使用前需用待装液润洗,而锥形瓶或烧杯则不需用待装液润洗。因为滴定管和移液管是准确的量器,如果不进行润洗,体积量准确了,但是浓度变化了,量得再准也没有意义。锥形瓶是反应器,对进入其中的溶液的浓度没有要求,但是不能改变两种反应物的物质的量,润洗后,残留的溶液中含有溶质,就改变了反应物的物质的量,反而影响了实验结果。

2.(1)偏小;(2)偏大;(3)偏大;(4)偏大。

【实习实训6】

1. HCl 是气体,难以准确称量;市售盐酸浓度不确定,且易挥发,因此,不能直接配制准确浓度的 HCl 标准溶液。只能先配制近似浓度的溶液,然后用基准物质标定其准确浓度。

2. 不需要烘干。不需要准确。

【实习实训7】

1. 邻苯二甲酸氢钾易制得纯品,在空气中不吸水,易保存,摩尔质量大,与 NaOH 反应的计量比为 1∶1。

2. 称取 NaOH 用台秤,因为是粗配 NaOH,且称样量较大。称取邻苯二甲酸氢钾用分析天平,因为需要准确称量,且称样量小。

3. 据终点误差 E_r 0.1%时,要求消耗 0.1 mol/L NaOH 的 $V_{NaOH}=20\sim30$ mL,据此可求出邻苯二甲酸氢钾的质量。

【实习实训8】

1. 因为用 0.1 mol/L NaOH 滴定 HAC 的突跃范围为 pH=7.7~9.7,酚酞的变色范围部分落在突跃范围之内,故可用作指示剂。而用甲基橙和甲基红的变色范围没有落在突跃范围之内,故不能用来指示终点。

2. 强碱滴定弱酸,溶液的 pH 逐渐增大,到滴定终点时溶液的 pH>7;强碱滴定强酸,溶液 pH 逐渐增大,滴定终点时 pH=7;滴定弱酸比滴定强酸的曲线要平缓得多。

3. 测定醋酸含量时,所用的蒸馏水不能含有二氧化碳,否则会溶于水中生成碳酸,将同时被滴定。

【实习实训9】

1. 由于 NH_4^+ 的酸性太弱($K_a=5.6\times10^{-10}$),$c\cdot K_a<10^{-8}$,故不能在水溶液中直接用 NaOH 溶液准确滴定。

2. 中和甲醛中的游离酸用酚酞指示剂,使处理试样和测定方法一致,以减小方法误差。中和 $(NH_4)_2SO_4$ 试样中的游离酸,以甲基红作指示剂,用 NaOH 溶液中和。若用酚酞作指示剂,将有部分 NH^{4+} 被中和,测定结果偏低。

3. NH_4NO_3 和 NH_4Cl 中均属于强酸弱碱的盐,其含氮量,可以用甲醛法测定。NH_4HCO_3 中的含氮量不能直接用甲醛法测定。因 $NH_4HCO_3+HCHO\longrightarrow(CH_2)_6N_4H^++H_2CO_3$ 产物 H_2CO_3 易分解且酸性太弱,不能被 NaOH 准确滴定。

【实习实训 10】

1. 因为醋酸是弱酸,用氢氧化钠滴定时终点生成强碱弱酸盐(醋酸钠),溶液 pH 为弱碱性。酚酞的变色范围为 9 ~ 10,刚好是弱碱性,所以滴定的终点刚好在指示剂的变色范围内(滴定突跃)。

2. 因为这时所加的水只是溶解基准物质,而不会影响基准物质的量。因此,加入的水不需要非常准确。所以可以用量筒量取。

【实习实训 11】

1. 用 $SnCl_2$ 还原 Fe^{3+} 时,溶液的温度不能太低,否则,反应速度慢,黄色褪去不易观察,易使 $SnCl_2$ 过量。

2. 因随着滴定的进行,Fe(Ⅲ)的浓度越来越大,$FeCl_4^-$ 的黄色不利于终点的观察,加入 H_3PO_3 可使 Fe^{3+} 生成无色的 $Fe(HPO_4)_2^-$ 络离子而消除。同时由于 $Fe(HPO_4)_2^-$ 的生成,降低了 Fe^{3+}/Fe^{2+} 电对的电位,使化学计量点附近的电位突跃增大,指示剂二苯胺磺酸钠的变色点落入突跃范围之内,提高了滴定的准确度。

【实习实训 12】

1. 维生素 C 在空气中极易被氧化,尤其是在碱性条件下更快,而在酸性介质中,它受空气氧化的速度稍慢,较为稳定,所以用 2% 的草酸来配制维生素 C 标准溶液是为了减慢它的氧化速度,减少实验误差。2% 草酸有抑制抗坏血酸氧化酶的作用。

2. (1)在操作过程中某些步骤一定要快,避免维生素 C 的氧化,因为维生素 C 具有还原性,还要向样品中加入草酸溶液,保护维生素 C。

(2)对于维生素 C 标准溶液要现用现配,尽量精确,避免维生素 C 氧化,避免因为标准溶液的误差造成的误差。

(3)整个操作过程要迅速,防止还原型抗坏血酸被氧化。滴定过程一般不超过 2 min。滴定所用的染料不应小于 1 mL 或多于 4 mL,如果样品含维生素 C 太高或太低时,可酌情增减样液用量或改变提取液稀释度。

(4)本实训必须在酸性条件下进行。在此条件下,干扰物反应进行得很慢。

【实习实训 13】

1. 各种金属离子与滴定剂生成络合物时都应有允许最低 pH 值,否则就不能被准确滴定。而且还可能影响指示剂的变色点和自身的颜色,导致终点误差变大,甚至不能准确滴定。因此,酸度对络合滴定的影响是多方面的,需加入缓冲溶液予以控制。

2. 因为滴定 Ca^{2+}、Mg^{2+} 总量时,要用铬黑 T 作指示剂,铬黑 T 在 pH 为 8 ~ 11 呈蓝色,与金属离子形成的配合物为紫红色,终点时溶液为蓝色。所以溶液的 pH 值要控制为 10。测定 Ca^{2+} 时,要将溶液的 pH 控制至 12 ~ 13,主要是让 Mg^{2+} 完全生成 $Mg(OH)_2$ 沉淀。以保证准确

测定 Ca^{2+} 的含量。在 pH 为 12 ~ 13 间钙指示剂与 Ca^{2+} 形成酒红色配合物，指示剂本身呈纯蓝色，当滴至终点时溶液为纯蓝色。但 pH>13 时，指示剂本身为酒红色，而无法确定终点。

【实习实训 14】

1. 不同之处在于试剂空白不止含有水，还含有其他物质，比如无机盐、缓冲液等，而这些物质都有吸光值，该实验测定的是磷浓度，所以空白试剂必须把样品废水中除了磷以外的有吸光值的杂质因素扣除，而用水时就没有考虑这些杂质，算出来的其实是磷加上其他有吸光值的杂质的总吸光值。

2. 分光光度计的主要部件有：光源、单色器、吸收池、检测系统、信号显示系统。

【实习实训 15】

1. 不可以。

2. 如果不装填密实，会产生空隙，不易传热，会导致熔点偏低，熔程变宽。

3. 装样不均匀，没有压实；毛细管没有位于温度计汞柱的中央；试样不纯。

4. B 与 C 1∶1的混合物在 130 ~ 139 温度范围内熔化，A 与 C 是同一物质，B 不是。

【实习实训 16】

1. 液体中被融解的气体，在加热的过程中会体积膨胀，突然迸出，通过沸石的多孔结构，这些气体会逐步释放，防止突然迸发，一般沸石可用瓷砖碎片代替。

2. 重复测定沸点时，沸点管中样品需要更换。因为乙醇易挥发，无水乙醇也容易吸收空气中的水分，故测定沸点后的乙醇需要更换。

【实习实训 18】

1. 银镜反应可以使酮鉴别出来；再与苯肼反应，羟基醛会进一步生成脎，糖（脎）是不溶于水的黄色晶体。

2. 在长时间的加热过程中，蔗糖样品发生水解，从而得到葡萄糖与果糖。

3. 斐林试剂和双缩脲试剂都由 NaOH 溶液和 $CuSO_4$ 溶液组成。斐林试剂是即配即用试剂，$CuSO_4$ 溶液浓度为 0.05 g/mL，它在加热条件下与醛基反应，被还原成砖红色的沉淀，可用于鉴定可溶性还原糖的存在。用斐林试剂鉴定可溶性还原糖时，溶液的颜色变化过程为：浅蓝色→棕色→砖红色（沉淀）。

双缩脲试剂 $CuSO_4$ 溶液浓度为 0.01 g/mL，可用于鉴定生物组织中是否含有蛋白质，蛋白质的肽键在碱性溶液中能与 Cu^{2+} 络合成紫红色的化合物。颜色深浅与蛋白质浓度成正比。

斐林试剂和班氏试剂都能用于鉴定可溶性还原糖，但两者配制方法不一样。

【实习实训 19】

1. 蛋白质分子中一般有苯环存在。在使用浓硝酸时，不慎溅在皮肤上而使皮肤呈现黄色，就是由于浓硝酸和蛋白质发生了颜色反应的缘故。

2. 因为重金属会使蛋白质变性失去活性，从而危害人体。而鸡蛋清含大量蛋白质，可以中和毒性。

【实习实训 20】

1. 吸收水分，防止升华时产生水雾，污染容器壁；中和丹宁等酸性物质；咖啡因是以盐的形式存在，而生石灰是碱，加碱能增加咖啡因的溶解度。

2. 有色素存在，需要进一步纯化，萃取、凝胶除色素、活性炭除色素都是可以的。

3. 升华法只能用于不太高的温度下有足够大的蒸汽压力（在熔点前高于 266.69 Pa）的固态物质。比如咖啡因、萘、樟脑等。

附　录

附录1　弱电解质的解离常数

（近似浓度0.01～0.003 mol/L，温度298 K）

名　称	化学式	解离常数(*K*)	p*K*
醋酸	HAc	1.76×10^{-5}	4.75
碳酸	H_2CO_3	$K_1=4.30\times10^{-7}$	6.37
		$K_2=5.61\times10^{-11}$	10.25
草酸	$H_2C_2O_4$	$K_1=5.90\times10^{-2}$	1.23
		$K_2=6.40\times10^{-5}$	4.19
亚硝酸	HNO_2	4.6×10^{-4}(285.5 K)	3.37
磷酸	H_3PO_4	$K_1=7.52\times10^{-3}$	2.12
		$K_2=6.23\times10^{-8}$	7.21
		$K_3=2.2\times10^{-13}$(291 K)	12.67
亚硫酸	H_2SO_3	$K_1=1.54\times10^{-2}$(291 K)	1.81
		$K_2=1.02\times10^{-7}$	6.91
硫酸	H_2SO_4	$K_2=1.20\times10^{-2}$	1.92
硫化氢	H_2S	$K_1=9.1\times10^{-8}$(291 K)	7.04
		$K_2=1.1\times10^{-12}$	11.96
氢氰酸	HCN	4.93×10^{-10}	9.31
铬酸	H_2CrO_4	$K_1=1.8\times10^{-1}$	0.74
		$K_2=3.20\times10^{-7}$	6.49
硼酸*	H_3BO_3	5.8×10^{-10}	9.24
氢氟酸	HF	3.53×10^{-4}	3.45
过氧化氢	H_2O_2	2.4×10^{-12}	11.62
次氯酸	HClO	2.95×10^{-5}(291 K)	4.53
次溴酸	HBrO	2.06×10^{-9}	8.69
次碘酸	HIO	2.3×10^{-11}	10.64
碘酸	HIO_3	1.69×10^{-1}	0.77

续表

名　称	化学式	解离常数(K)	pK
砷酸	H_3AsO_4	$K_1=5.62\times10^{-3}$(291 K)	2.25
		$K_2=1.70\times10^{-7}$	6.77
		$K_3=3.95\times10^{-12}$	11.40
亚砷酸	$HAsO_2$	6×10^{-10}	9.22
铵离子	NH_4^+	5.56×10^{-10}	9.25
氨水	$NH_3\cdot H_2O$	1.79×10^{-5}	4.75
联胺	N_2H_4	8.91×10^{-7}	6.05
羟氨	NH_2OH	9.12×10^{-9}	8.04
氢氧化铅	$Pb(OH)_2$	9.6×10^{-4}	3.02
氢氧化锂	LiOH	6.31×10^{-1}	0.2
氢氧化铍	$Be(OH)_2$	1.78×10^{-6}	5.75
	$BeOH^+$	2.51×10^{-9}	8.6
氢氧化铝	$Al(OH)_3$	5.01×10^{-9}	8.3
	$Al(OH)_2^+$	1.99×10^{-10}	9.7
氢氧化锌	$Zn(OH)_2$	7.94×10^{-7}	6.1
氢氧化镉	$Cd(OH)_2$	5.01×10^{-11}	10.3
乙二胺*	$H_2NC_2H_4NH_2$	$K_1=8.5\times10^{-5}$	4.07
		$K_2=7.1\times10^{-8}$	7.15
六亚甲基四胺*	$(CH_2)_6N_4$	1.35×10^{-9}	8.87
尿素*	$CO(NH_2)_2$	1.3×10^{-14}	13.89
质子化六亚甲基四胺*	$(CH_2)_6N_4H^+$	7.1×10^{-6}	5.15
甲酸	HCOOH	1.77×10^{-4}(293 K)	3.75
氯乙酸	$ClCH_2COOH$	1.40×10^{-3}	2.85
氨基乙酸	NH_2CH_2COOH	1.67×10^{-10}	9.78
邻苯二甲酸*	$C_6H_4(COOH)_2$	$K_1=1.12\times10^{-3}$	2.95
		$K_2=3.91\times10^{-6}$	5.41
柠檬酸	$(HOOCCH_2)_2$ $C(OH)COOH$	$K_1=7.1\times10^{-4}$	3.14
		$K_2=1.68\times10^{-5}$(293 K)	4.77
		$K_3=4.1\times10^{-7}$	6.39
α-酒石酸	$(CH(OH)COOH)_2$	$K_1=1.04\times10^{-3}$	2.98
		$K_2=4.55\times10^{-5}$	4.34

续表

名　称	化学式	解离常数(K)	pK
8-羟基喹啉*	C_9H_6NOH	$K_1=8\times10^{-6}$	5.1
		$K_2=1\times10^{-9}$	9.0
苯　酚	C_6H_5OH	1.28×10^{-10}(293 K)	9.89
对氨基苯磺酸*	$H_2NC_6H_4SO_3H$	$K_1=2.6\times10^{-1}$	0.58
		$K_2=7.6\times10^{-4}$	3.12
乙二胺四乙酸(EDTA)*	$(CH_2COOH)_2NH^+CH_2C$	$K_5=5.4\times10^{-7}$	6.27
	$H_2NH^+(CH_2COOH)_2$	$K_6=1.12\times10^{-11}$	10.95

资料来源：摘自 R. C. Weast, Handbook of Chemistry and Physics D-165, 70th. edition, 1989—1990.

*摘自其他参考书。

附录 2　常见配离子的稳定常数

配离子	$K_{稳}$	$\lg K_{稳}$	配离子	$K_{稳}$	$\lg K_{稳}$
1:1			$[NiY]^{2-}$	4.1×10^{18}	18.61
$[NaY]^{3-}$	5.0×10^{1}	1.69	$[FeY]^{-}$	1.2×10^{25}	25.07
$[AgY]^{3-}$	2.0×10^{7}	7.30	$[CoY]^{-}$	1.0×10^{36}	36.0
$[CuY]^{2-}$	6.8×10^{18}	18.79	$[CaY]^{-}$	1.8×10^{20}	20.25
$[MgY]^{2-}$	4.9×10^{8}	8.69	$[InY]^{-}$	8.9×10^{24}	24.94
$[CaY]^{2-}$	3.7×10^{10}	10.56	$[TlY]^{-}$	3.2×10^{22}	22.51
$[SrY]^{2-}$	4.2×10^{8}	8.62	$[TlHY]^{-}$	1.5×10^{23}	23.17
$[BaY]^{2-}$	6.0×10^{7}	7.77	$[CuOH]^{+}$	1×10^{5}	5.00
$[ZnY]^{2-}$	3.1×10^{16}	16.49	$[AgNH_3]^{+}$	2.0×10^{3}	3.30
$[CdY]^{2-}$	3.8×10^{16}	16.57	$[Hg(SCN)_4]^{2-}$	7.7×10^{21}	21.88
$[HgY]^{2-}$	6.3×10^{21}	21.79	$[HgCl_4]^{2-}$	1.6×10^{15}	15.20
$[PbY]^{2-}$	1.0×10^{18}	18.0	$[HgI_4]^{2-}$	7.2×10^{29}	29.86
$[MnY]^{2-}$	1.0×10^{14}	14.00	$[Co(CNS)_4]^{2-}$	3.8×10^{2}	2.58
$[FeY]^{2-}$	2.1×10^{14}	14.32	$[Ni(CN)_4]^{2-}$	1×10^{22}	22.0
$[CoY]^{2-}$	1.6×10^{16}	16.20			

续表

配离子	$K_{稳}$	lg $K_{稳}$	配离子	$K_{稳}$	lg $K_{稳}$
1:2			1:4		
$[Cu(NH_3)_2]^+$	7.4×10^{10}	10.87	$[Cu(NH_3)_4]^{2+}$	4.8×10^{12}	12.68
$[Cu(CN)_2]^-$	2.0×10^{38}	38.3	$[Zn(NH_3)_4]^{2+}$	5×10^{8}	8.69
$[Ag(NH_3)_2]^+$	1.7×10^{7}	7.24	$[Cd(NH_3)_4]^{2+}$	3.6×10^{6}	6.55
$[Ag(En)_2]^+$	7.0×10^{7}	7.84	$[Zn(CNS)_4]^{2-}$	2.0×10^{1}	1.30
$[Ag(CNS)_2]^-$	4.0×10^{8}	8.60	$[Zn(CN)_4]^{2-}$	1.0×10^{16}	16.0
$[Ag(CN)_2]^-$	1.0×10^{21}	21.0	$[Cd(SCN)_4]^{2-}$	1.0×10^{3}	3.0
$[Au(CN)_2]^-$	2×10^{38}	38.30	$[CdC1_4]^{2-}$	3.1×10^{2}	2.49
$[Cu(En)_2]^{2+}$	4.0×10^{19}	19.60	$[CdI_4]^{2-}$	3.0×10^{6}	6.43
$[Ag(S_2O_3)_2]^{3-}$	1.6×10^{13}	13.20	$[Cd(CN)_4]^{2-}$	1.3×10^{18}	18.11
1:3			$[Hg(CN)_4]^{2-}$	3.3×10^{41}	41.51
$[Fe(CNS)_3]^0$	2.0×10^{3}	3.30	1:6		
$[CdI_3]^-$	1.2×10^{1}	1.07	$[Cd(NH_3)_6]^{2+}$	1.4×10^{6}	6.15
$[Cd(CN)_3]^-$	1.1×10^{4}	4.04	$[Co(NH_3)_6]^{2+}$	2.4×10^{4}	4.38
$[Ag(CN)_3]^{2-}$	5×10^{0}	0.69	$[Ni(NH_3)_6]^{2+}$	1.1×10^{8}	8.04
$[Ni(En)_3]^{2+}$	3.9×10^{18}	18.59	$[Co(NH_3)_6]^{3+}$	1.4×10^{35}	35.15
$[A1(C_2O_4)_3]^{3-}$	2.0×10^{16}	16.30	$[A1F_6]^{3-}$	6.9×10^{19}	19.84
$[Fe(C_2O_4)_3]^{3-}$	1.6×10^{20}	20.20	$[Fe(CN)_6]^{3-}$	1×10^{42}	42.0
			$[Fe(CN)_6]^{4-}$	1×10^{35}	35.0
			$[Co(CN)_6]^{3-}$	1×10^{64}	64.0
			$[FeF_6]^{3-}$	1.0×10^{16}	16.0

注:式中 Y^{4-} 表示 EDTA 的酸根;En 表示乙二胺。

摘自 KYPNJIEHKO《KPATKNN CHPABOQHNK IIO XNMNN》增订第 4 版,1974.

附录 3 标准电极电势(298.16 K)

1. 在酸性溶液中

电极反应	$E^{\ominus}$/V	电极反应	$E^{\ominus}$/V
$Ag^+ + e^- = Ag$	0.799 6	$Cd^{2+} + 2e^- = Cd(Hg)$	−0.352 1
$Ag^{2+} + e^- = Ag^+$	1.980	$Ce^{3+} + 3e^- = Ce$	−2.483
$AgAc + e^- = Ag + Ac^-$	0.643	$Cl_2(g) + 2e^- = 2Cl^-$	1.358 27
$AgBr + e^- = Ag + Br^-$	0.071 33	$HClO + H^+ + e^- = 1/2Cl_2 + H_2O$	1.611
$Ag_2BrO_3 + e^- = 2Ag + BrO_3^-$	0.546	$HClO + H^+ + 2e^- = Cl^- + H_2O$	1.482
$Ag_2C_2O_4 + 2e^- = 2Ag + C_2O_4^{2-}$	0.464 7	$ClO_2 + H^+ + e^- = HClO_2$	1.277
$AgCl + e^- = Ag + Cl^-$	0.222 33	$HClO_2 + 2H^+ + 2e^- = HClO + H_2O$	1.645
$Ag_2CO_3 + 2e^- = 2Ag + CO_3^{2-}$	0.47	$HClO_2 + 3H^+ + 3e^- = 1/2Cl_2 + 2H_2O$	1.628
$Ag_2CrO_4 + 2e^- = 2Ag + CrO_4^{2-}$	0.447 0	$HClO_2 + 3H^+ + 4e^- = Cl^- + 2H_2O$	1.570
$AgF + e^- = Ag + F^-$	0.779	$ClO_3^- + 2H^+ + e^- = ClO_2 + H_2O$	1.152
$AgI + e^- = Ag + I^-$	−0.152 24	$ClO_3^- + 3H^+ + 2e^- = HClO_2 + H_2O$	1.214
$Ag_2S + 2H + 2e^- = 2Ag + H_2S$	−0.036 6	$ClO_3^- + 6H^+ + 5e^- = 1/2Cl_2 + 3H_2O$	1.47
$AgSCN + e^- = Ag + SCN^-$	0.089 51	$ClO_3^- + 6H^+ + 6e^- = Cl^- + 3H_2O$	1.451
$Ag_2SO_4 + 2e^- = 2Ag + SO_4^{2-}$	0.654	$ClO_4^- + 2H^+ + 2e^- = ClO_3^- + H_2O$	1.189
$Al^{3+} + 3e^- = Al$	−1.662	$ClO_4^- + 8H^+ + 7e^- = 1/2Cl_2 + 4H_2O$	1.39
$AlF_6^{3-} + 3e^- = Al + 6F^-$	−2.069	$ClO_4^- + 8H^+ + 8e^- = Cl^- + 4H_2O$	1.389
$As_2O_3 + 6H^+ + 6e^- = 2As + 3H_2O$	0.234	$Co^{2+} + 2e^- = Co$	−0.28
$HAsO_2 + 3H^+ + 3e^- = As + 2H_2O$	0.248	$Co^{3+} + e^- = Co^{2+}$(2 mol/L H_2SO_4)	1.83
$H_3AsO_4 + 2H^+ + 2e^- = HAsO_2 + 2H_2O$	0.560	$CO_2 + 2H^+ + 2e^- = HCOOH$	−0.199
$Au^+ + e^- = Au$	1.692	$Cr^{2+} + 2e^- = Cr$	−0.913
$Au^{3+} + 3e^- = Au$	1.498	$Cr^{3+} + e^- = Cr^{2+}$	−0.407
$AuCl_4^- + 3e^- = Au + 4Cl^-$	1.002	$Cr^{3+} + 3e^- = Cr$	−0.744
$Au^{3+} + 2e^- = Au^+$	1.401	$Cr_2O_7^{2-} + 14H^+ + 6e^- = 2Cr^{3+} + 7H_2O$	1.232
$H_3BO_3 + 3H^+ + 3e^- = B + 3H_2O$	−0.869 8	$HCrO_4^- + 7H^+ + 3e^- = Cr^{3+} + 4H_2O$	1.350
$Ba^{2+} + 2e^- = Ba$	−2.912	$Cu^+ + e^- = Cu$	0.521
$Ba^{2+} + 2e^- = Ba(Hg)$	−1.570	$Cu^{2+} + e^- = Cu^+$	0.153
$Be^{2+} + 2e^- = Be$	−1.847	$Cu^{2+} + 2e^- = Cu$	0.341 9
$BiCl_4^- + 3e^- = Bi + 4Cl^-$	0.16	$CuCl + e^- = Cu + Cl^-$	0.124
$Bi_2O_4 + 4H^+ + 2e^- = 2BiO^+ + 2H_2O$	1.593	$F_2 + 2H^+ + 2e^- = 2HF$	3.053
$BiO^+ + 2H^+ + 3e^- = Bi + H_2O$	0.320	$F_2 + 2e^- = 2F^-$	2.866

续表

电极反应	$E^{\ominus}$/V	电极反应	$E^{\ominus}$/V
$BiOCl+2H^++3e^-$ ══ $Bi+Cl^-+H_2O$	0.158 3	$Fe^{2+}+2e^-$ ══ Fe	−0.447
$Br_2(aq)+2e^-$ ══ $2Br^-$	1.087 3	$Fe^{3+}+3e^-$ ══ Fe	−0.037
$Br_2(l)+2e^-$ ══ $2Br^-$	1.066	$Fe^{3+}+e^-$ ══ Fe^{2+}	0.771
$HBrO+H^++2e^-$ ══ Br^-+H_2O	1.331	$[Fe(CN)_6]^{3-}+e^-$ ══ $[Fe(CN)_6]^{4-}$	0.358
$BrO_3^-+6H^++5e^-$ ══ $1/2Br_2+3H_2O$	1.482	$FeO_4^{2-}+8H^++3e^-$ ══ $Fe^{3+}+4H_2O$	2.20
$BrO_3^-+6H^++6e^-$ ══ Br^-+3H_2O	1.423	$Ga^{3+}+3e^-$ ══ Ga	−0.560
$Ca^{2+}+2e^-$ ══ Ca	−2.868	$2H^++2e^-$ ══ H_2	0.000 00
$Cd^{2+}+2e^-$ ══ Cd	−0.403 0	$H_2(g)+2e^-$ ══ $2H^-$	−2.23
$CdSO_4+2e^-$ ══ $Cd+SO_4^{2-}$	−0.246	$HO_2+H^++e^-$ ══ H_2O_2	1.495
$H_2O_2+2H^++2e^-$ ══ $2H_2O$	1.776	$O_2+4H^++4e^-$ ══ $2H_2O$	1.229
$Hg^{2+}+2e^-$ ══ Hg	0.851	$O(g)+2H^++2e^-$ ══ H_2O	2.421
$2Hg^{2+}+2e^-$ ══ Hg_2^{2+}	0.920	$O_3+2H^++2e^-$ ══ O_2+H_2O	2.076
$Hg_2^{2+}+2e^-$ ══ $2Hg$	0.797 3	$P(red)+3H^++3e^-$ ══ $PH_3(g)$	−0.111
$Hg_2Br_2+2e^-$ ══ $2Hg+2Br^-$	0.139 23	$P(white)+3H^++3e^-$ ══ $PH_3(g)$	−0.063
$Hg_2Cl_2+2e^-$ ══ $2Hg+2Cl^-$	0.268 08	$H_3PO_2+H^++e^-$ ══ $P+2H_2O$	−0.508
$Hg_2I_2+2e^-$ ══ $2Hg+2I^-$	−0.040 5	$H_3PO_3+2H^++2e^-$ ══ $H_3PO_2+H_2O$	−0.499
$Hg_2SO_4+2e^-$ ══ $2Hg+SO_4^{2-}$	0.612 5	$H_3PO_3+3H^++3e^-$ ══ $P+3H_2O$	−0.454
I_2+2e^- ══ $2I^-$	0.535 5	$H_3PO_4+2H^++2e^-$ ══ $H_3PO_3+H_2O$	−0.276
$I_3^-+2e^-$ ══ $3I^-$	0.536	$Pb^{2+}+2e^-$ ══ Pb	−0.126 2
$H_5IO_6+H^++2e^-$ ══ $IO_3^-+3H_2O$	1.601	$PbBr_2+2e^-$ ══ $Pb+2Br^-$	−0.284
$2HIO+2H^++2e^-$ ══ I_2+2H_2O	1.439	$PbCl_2+2e^-$ ══ $Pb+2Cl^-$	−0.267 5
$HIO+H^++2e^-$ ══ I^-+H_2O	0.987	PbF_2+2e^- ══ $Pb+2F^-$	−0.344 4
$2IO_3^-+12H^++10e^-$ ══ I_2+6H_2O	1.195	PbI_2+2e^- ══ $Pb+2I^-$	−0.365
$IO_3^-+6H^++6e^-$ ══ I^-+3H_2O	1.085	$PbO_2+4H^++2e^-$ ══ $Pb^{2+}+2H_2O$	1.455
$In^{3+}+2e^-$ ══ In^+	−0.443	$PbO_2+SO_4^{2-}+4H^++2e^-$ ══ $PbSO_4+2H_2O$	1.691 3
$In^{3+}+3e^-$ ══ In	−0.338 2	$PbSO_4+2e^-$ ══ $Pb+SO_4^{2-}$	−0.358 8
$Ir^{3+}+3e^-$ ══ Ir	1.159	$Pd^{2+}+2e^-$ ══ Pd	0.951
K^++e^- ══ K	−2.931	$PdCl_4^{2-}+2e^-$ ══ $Pd+4Cl^-$	0.591
$La^{3+}+3e^-$ ══ La	−2.522	$Pt^{2+}+2e^-$ ══ Pt	1.118
Li^++e^- ══ Li	−3.040 1	Rb^++e^- ══ Rb	−2.98
$Mg^{2+}+2e^-$ ══ Mg	−2.372	$Re^{3+}+3e^-$ ══ Re	0.300
$Mn^{2+}+2e^-$ ══ Mn	−1.185	$S+2H^++2e^-$ ══ $H_2S(aq)$	0.142
$Mn^{3+}+e^-$ ══ Mn^{2+}	1.541 5	$S_2O_6^{2-}+4H^++2e^-$ ══ $2H_2SO_3$	0.564

续表

电极反应	$E^\ominus$/V	电极反应	$E^\ominus$/V
$MnO_2+4H^++2e^-$ ══ $Mn^{2+}+2H_2O$	1.224	$S_2O_8^{2-}+2e^-$ ══ $2SO_4^{2-}$	2.010
$MnO_4^-+e^-$ ══ MnO_4^{2-}	0.558	$S_2O_8^{2-}+2H^++2e^-$ ══ $2HSO_4^-$	2.123
$MnO_4^-+4H^++3e^-$ ══ MnO_2+2H_2O	1.679	$2H_2SO_3+H^++2e^-$ ══ $H_2SO_4^-+2H_2O$	−0.056
$MnO_4^-+8H^++5e^-$ ══ $Mn^{2+}+4H_2O$	1.507	$H_2SO_3+4H^++4e^-$ ══ $S+3H_2O$	0.449
$MO^{3+}+3e^-$ ══ MO	−0.200	$SO_4^{2-}+4H^++2e^-$ ══ $H_2SO_3+H_2O$	0.172
$N_2+2H_2O+6H^++6e^-$ ══ $2NH_4OH$	0.092	$2SO_4^{2-}+4H^++2e^-$ ══ $S_2O_6^{2-}+2H_2O$	−0.22
$3N_2+2H^++2e^-$ ══ $2NH_3(aq)$	−3.09	$Sb+3H^++3e^-$ ══ $2SbH_3$	−0.510
$N_2O+2H^++2e^-$ ══ N_2+H_2O	1.766	$Sb_2O_3+6H^++6e^-$ ══ $2Sb+3H_2O$	0.152
$N_2O_4+2e^-$ ══ $2NO_2^-$	0.867	$Sb_2O_5+6H^++4e^-$ ══ $2SbO^++3H_2O$	0.581
$N_2O_4+2H^++2e^-$ ══ $2HNO_2$	1.065	$SbO^++2H^++3e^-$ ══ $Sb+H_2O$	0.212
$N_2O_4+4H^++4e^-$ ══ $2NO+2H_2O$	1.035	$Sc^{3+}+3e^-$ ══ Sc	−2.077
$2NO+2H^++2e^-$ ══ N_2O+H_2O	1.591	$Se+2H^++2e^-$ ══ $H_2Se(aq)$	−0.399
$HNO_2+H^++e^-$ ══ $NO+H_2O$	0.983	$H_2SeO_3+4H^++4e^-$ ══ $Se+3H_2O$	0.74
$2HNO_2+4H^++4e^-$ ══ N_2O+3H_2O	1.297	$SeO_4^{2-}+4H^++2e^-$ ══ $H_2SeO_3+H_2O$	1.151
$NO_3^-+3H^++2e^-$ ══ HNO_2+H_2O	0.934	$SiF_6^{2-}+4e^-$ ══ $Si+6F^-$	−1.24
$NO_3^-+4H^++3e^-$ ══ $NO+2H_2O$	0.957	(quartz)$SiO_2+4H^++4e^-$ ══ $Si+2H_2O$	0.857
$2NO_3^-+4H^++2e^-$ ══ $N_2O_4+2H_2O$	0.803	$Sn^{2+}+2e^-$ ══ Sn	−0.137 5
Na^++e^- ══ Na	−2.71	$Sn^{4+}+2e^-$ ══ Sn^{2+}	0.151
$Nb^{3+}+3e^-$ ══ Nb	−1.1	Sr^++e^- ══ Sr	−4.10
$Ni^{2+}+2e^-$ ══ Ni	−0.257	$Sr^{2+}+2e^-$ ══ Sr	−2.89
$NiO_2+4H^++2e^-$ ══ $Ni^{2+}+2H_2O$	1.678	$Sr^{2+}+2e^-$ ══ $Sr(Hg)$	−1.793
$O_2+2H^++2e^-$ ══ H_2O_2	0.695	$Te+2H^++2e^-$ ══ H_2Te	−0.793
$Te^{4+}+4e^-$ ══ Te	0.568	$V^{3+}+e^-$ ══ V^{2+}	−0.255
$TeO_2+4H^++4e^-$ ══ $Te+2H_2O$	0.593	$VO^{2+}+2H^++e^-$ ══ $V^{3+}+H_2O$	0.337
$TeO_4^-+8H^++7e^-$ ══ $Te+4H_2O$	0.472	$VO_2^++2H^++e^-$ ══ $VO^{2+}+H_2O$	0.991
$H_6TeO_6+2H^++2e^-$ ══ TeO_2+4H_2O	1.02	$V(OH)_4^++2H^++e^-$ ══ $VO^{2+}+3H_2O$	1.00
$Th^{4+}+4e^-$ ══ Th	−1.899	$V(OH)_4^++4H^++5e^-$ ══ $V+4H_2O$	−0.254
$Ti^{2+}+2e^-$ ══ Ti	−1.630	$W_2O_5+2H^++2e^-$ ══ $2WO_2+H_2O$	−0.031
$Ti^{3+}+e^-$ ══ Ti^{2+}	−0.368	$WO_2+4H^++4e^-$ ══ $W+2H_2O$	−0.119
$TiO^{2+}+2H^++e^-$ ══ $Ti^{3+}+H_2O$	0.099	$WO_3+6H^++6e^-$ ══ $W+3H_2O$	−0.090
$TiO_2+4H^++2e^-$ ══ $Ti^{2+}+2H_2O$	−0.502	$2WO_3+2H^++2e^-$ ══ $W_2O_5+H_2O$	−0.029

续表

电极反应	$E^{\ominus}/V$	电极反应	$E^{\ominus}/V$
$Tl^{+}+e^{-}=Tl$	-0.336	$Y^{3+}+3e^{-}=Y$	-2.37
$V^{2+}+2e^{-}=V$	-1.175	$Zn^{2+}+2e^{-}=Zn$	-0.761 8

2. 在碱性溶液中

电极反应	$E^{\ominus}/V$	电极反应	$E^{\ominus}/V$
$AgCN+e^{-}=Ag+CN^{-}$	-0.017	$Cu(OH)_2+2e^{-}=Cu+2OH^{-}$	-0.222
$[Ag(CN)_2]^{-}+e^{-}=Ag+2CN^{-}$	-0.31	$2Cu(OH)_2+2e^{-}=Cu_2O+2OH^{-}+H_2O$	-0.080
$Ag_2O+H_2O+2e^{-}=2Ag+2OH^{-}$	0.342	$[Fe(CN)_6]^{3-}+e^{-}=[Fe(CN)_6]^{4-}$	0.358
$2AgO+H_2O+2e^{-}=Ag_2O+2OH^{-}$	0.607	$Fe(OH)_3+e^{-}=Fe(OH)_2+OH^{-}$	-0.56
$Ag_2S+2e^{-}=2Ag+S^{2-}$	-0.691	$H_2GaO_3^{-}+H_2O+3e^{-}=Ga+4OH^{-}$	-1.219
$H_2AlO_3^{-}+H_2O+3e^{-}=Al+4OH^{-}$	-2.33	$2H_2O+2e^{-}=H_2+2OH^{-}$	-0.827 7
$AsO_2^{-}+2H_2O+3e^{-}=As+4OH^{-}$	-0.68	$Hg_2O+H_2O+2e^{-}=2Hg+2OH^{-}$	0.123
$AsO_4^{3-}+2H_2O+2e^{-}=AsO_2^{-}+4OH^{-}$	-0.71	$HgO+H_2O+2e^{-}=Hg+2OH^{-}$	0.097 7
$H_2BO_3^{-}+5H_2O+8e^{-}=BH_4^{-}+8OH^{-}$	-1.24	$H_3IO_3^{2-}+2e^{-}=IO_3^{-}+3OH^{-}$	0.7
$H_2BO_3^{-}+H_2O+3e^{-}=B+4OH^{-}$	-1.79	$IO^{-}+H_2O+2e^{-}=I^{-}+2OH^{-}$	0.485
$Ba(OH)_2+2e^{-}=Ba+2OH^{-}$	-2.99	$IO_3^{-}+2H_2O+4e^{-}=IO^{-}+4OH^{-}$	0.15
$Be_2O_3^{2-}+3H_2O+4e^{-}=2Be+6OH^{-}$	-2.63	$IO_3^{-}+3H_2O+6e^{-}=I^{-}+6OH^{-}$	0.26
$Bi_2O_3+3H_2O+6e^{-}=2Bi+6OH^{-}$	-0.46	$Ir_2O_3+3H_2O+6e^{-}=2Ir+6OH^{-}$	0.098
$BrO^{-}+H_2O+2e^{-}=Br^{-}+2OH^{-}$	0.761	$La(OH)_3+3e^{-}=La+3OH^{-}$	-2.90
$BrO_3^{-}+3H_2O+6e^{-}=Br^{-}+6OH^{-}$	0.61	$Mg(OH)_2+2e^{-}=Mg+2OH^{-}$	-2.690
$Ca(OH)_2+2e^{-}=Ca+2OH^{-}$	-3.02	$MnO_4^{-}+2H_2O+3e^{-}=MnO_2+4OH^{-}$	0.595
$Ca(OH)_2+2e^{-}=Ca(Hg)+2OH^{-}$	-0.809	$MnO_4^{2-}+2H_2O+2e^{-}=MnO_2+4OH^{-}$	0.60
$ClO^{-}+H_2O+2e^{-}=Cl^{-}+2OH^{-}$	0.81	$Mn(OH)_2+2e^{-}=Mn+2OH^{-}$	-1.56
$ClO_2^{-}+H_2O+2e^{-}=ClO^{-}+2OH^{-}$	0.66	$Mn(OH)_3+e^{-}=Mn(OH)_2+OH^{-}$	0.15
$ClO_2^{-}+2H_2O+4e^{-}=Cl^{-}+4OH^{-}$	0.76	$2NO+H_2O+2e^{-}=N_2O+2OH^{-}$	0.76
$ClO_3^{-}+H_2O+2e^{-}=ClO_2^{-}+2OH^{-}$	0.33	$NO+H_2O+e^{-}=NO+2OH^{-}$	-0.46
$ClO_3^{-}+3H_2O+6e^{-}=Cl^{-}+6OH^{-}$	0.62	$2NO_2^{-}+2H_2O+4e^{-}=N_2^{2-}+4OH^{-}$	-0.18
$ClO_4^{-}+H_2O+2e^{-}=ClO_3^{-}+2OH^{-}$	0.36	$2NO_2^{-}+3H_2O+4e^{-}=N_2O+6OH^{-}$	0.15
$[Co(NH_3)_6]^{3+}+e^{-}=[Co(NH_3)_6]^{2+}$	0.108	$NO_3^{-}+H_2O+2e^{-}=NO_2^{-}+2OH^{-}$	0.01
$Co(OH)_2+2e^{-}=Co+2OH^{-}$	-0.73	$2NO_3^{-}+2H_2O+2e^{-}=N_2O_4+4OH^{-}$	-0.85
$Co(OH)_3+e^{-}=Co(OH)_2+OH^{-}$	0.17	$Ni(OH)_2+2e^{-}=Ni+2OH^{-}$	-0.72

续表

电极反应	$E^\ominus$/V	电极反应	$E^\ominus$/V
$CrO_2^-+2H_2O+3e^- = Cr+4OH^-$	-1.2	$NiO_2+2H_2O+2e^- = Ni(OH)_2+2OH^-$	-0.490
$CrO_4^{2-}+4H_2O+3e^- = Cr(OH)_3+5OH^-$	-0.13	$O_2+H_2O+2e^- = HO_2^-+OH^-$	-0.076
$Cr(OH)_3+3e^- = Cr+3OH^-$	-1.48	$O_2+2H_2O+2e^- = H_2O_2+2OH^-$	-0.146
$Cu^{2}+2CN^-+e^- = [Cu(CN)_2]^-$	1.103	$O_2+2H_2O+4e^- = 4OH^-$	0.401
$[Cu(CN)_2]^-+e^- = Cu+2CN^-$	-0.429	$O_3+H_2O+2e^- = O_2+2OH^-$	1.24
$Cu_2O+H_2O+2e^- = 2Cu+2OH^-$	-0.360	$HO_2^-+H_2O+2e^- = 3OH^-$	0.878
$P+3H_2O+3e^- = PH_3(g)+3OH^-$	-0.87	$2SO_3^{2-}+3H_2O+4e^- = S_2O_3^{2-}+6OH^-$	-0.571
$H_2PO_2^-+e^- = P+2OH^-$	-1.82	$SO_4^{2-}+H_2O+2e^- = SO_3^{2-}+2OH^-$	-0.93
$HPO_3^{2-}+2H_2O+2e^- = H_2PO_2^-+3OH^-$	-1.65	$SbO_2^-+2H_2O+3e^- = Sb+4OH^-$	-0.66
$HPO_3^{2-}+2H_2O+3e^- = P+5OH^-$	-1.71	$SbO_3^-+H_2O+2e^- = SbO_2^-+2OH^-$	-0.59
$PO_4^{3-}+2H_2O+2e^- = HPO_3^{2-}+3OH^-$	-1.05	$SeO_3^{2-}+3H_2O+4e^- = Se+6OH^-$	-0.366
$PbO+H_2O+2e^- = Pb+2OH^-$	-0.580	$SeO_4^{2-}+H_2O+2e^- = SeO_3^{2-}+2OH^-$	0.05
$HPbO_2^-+H_2O+2e^- = Pb+3OH^-$	-0.537	$SiO_3^{2-}+3H_2O+4e^- = Si+6OH^-$	-1.697
$PbO_2+H_2O+2e^- = PbO+2OH^-$	0.247	$HSnO_2^-+H_2O+2e^- = Sn+3OH^-$	-0.909
$Pd(OH)_2+2e^- = Pd+2OH^-$	0.07	$Sn(OH)_3^{2-}+2e^- = HSnO_3^{2-}+3OH^-+H_2O$	-0.93
$Pt(OH)_2+2e^- = Pt+2OH^-$	0.14	$Sr(OH)+2e^- = Sr+2OH^-$	-2.88
$ReO_4^-+4H_2O+7e^- = Re+8OH^-$	-0.584	$Te+2e^- = Te^{2-}$	-1.143
$S+2e^- = S^{2-}$	-0.476 27	$TeO_3^{2-}+3H_2O+4e^- = Te+6OH^-$	-0.57
$S+H_2O+2e^- = HS^-+OH^-$	-0.478	$Th(OH)_4+4e^- = Th+4OH^-$	-2.48
$2S+2e^- = S_2^{2-}$	-0.428 36	$Tl_2O_3+3H_2O+3e^- = 2Tl^++6OH^-$	0.02
$S_4O_6^{2-}+2e^- = 2S_2O_3^{2-}$	0.08	$ZnO_3^{2-}+2H_2O+2e^- = Zn+4OH^-$	-1.215
$2SO_3^{2-}+2H_2O+2e^- = S_2O_4^{2-}+4OH^-$	-1.12		

资料来源：摘自 R. C. Weast. Handbook of Chemistry and Physics，D-151. 70th ed. 1989—1990.

附录4　难溶电解质的溶度积（18～25 ℃）

化合物		溶度积 $K_{sp}^\ominus$	化合物		溶度积 $K_{sp}^\ominus$
氯化物	$PbCl_2$	1.6×10^{-5}	铬酸盐	$BaCrO_4$	1.6×10^{-10}
	AgCl	1.56×10^{-10}		Ag_2CrO_4	9×10^{-12}
	Hg_2Cl_2	2×10^{-18}		$PbCrO_4$	1.77×10^{-14}

续表

化合物		溶度积 $K_{sp}^{\ominus}$	化合物		溶度积 $K_{sp}^{\ominus}$
溴化物	$AgBr$	7.7×10^{-13}		$MgCO_3$	2.6×10^{-5}
	PbI_2	1.39×10^{-8}		$BaCO_3$	8.1×10^{-9}
碘化物	AgI	1.5×10^{-18}	碳酸盐	$CaCO_3$	8.7×10^{-6}
	Hg_2I_2	1.2×10^{-28}		Ag_2CO_3	8.1×10^{-12}
氰化物	$AgCN$	1.2×10^{-16}		$PbCO_3$	3.3×10^{-14}
硫氰化物	$AgSCN$	1.16×10^{-12}		MgC_2O_4	8.57×10^{-5}
	Ag_2SO_4	1.6×10^{-8}	草酸盐	$BaC_2O_4\cdot2H_2O$	1.2×10^{-7}
	$CaSO_4$	2.45×10^{-5}		$CaC_2O_4\cdot2H_2O$	2.57×10^{-9}
硫酸盐	$SrSO_4$	2.8×10^{-7}		$AgOH$	1.52×10^{-8}
	$PbSO_4$	1.06×10^{-8}		$Ca(OH)_2$	5.5×10^{-6}
	$BaSO_4$	1.08×10^{-10}		$Mg(OH)_2$	1.2×10^{-11}
	MnS	1.4×10^{-15}		$Mn(OH)_2$	4.0×10^{-14}
	FeS	3.7×10^{-19}		$Fe(OH)_3$	1.64×10^{-14}
	ZnS	1.2×10^{-23}	氢氧化物	$Pb(OH)_2$	1.6×10^{-17}
硫化物	PbS	3.4×10^{-28}		$Zn(OH)_2$	1.2×10^{-17}
	CuS	8.5×10^{-45}		$Cu(OH)_2$	5.6×10^{-20}
	HgS	4×10^{-53}		$Cr(OH)_2$	6×10^{-31}
	Ag_2S	1.6×10^{-49}		$Al(OH)_3$	1.3×10^{-33}
磷酸盐	$MgNH_4PO_4$	2.5×10^{-13}		$Fe(OH)_3$	1.1×10^{-36}

说明：数据主要参照 R. C. Weast CRC Handbook of Chemistry and Physics，63th ed. B242，1982-1983.

元素周期表

原子序数 —— 92 U —— 元素符号，灰色指放射性元素
元素名称加 * 的是人造元素 —— 铀
$5f^36d^17s^2$ —— 外层电子层分布，括号指可能的电子层分布
238.0 —— 相对原子质量

金属　稀有气体　非金属　过渡元素

周期＼族	IA 1	IIA 2	IIIB 3	IVB 4	VB 5	VIB 6	VIIB 7	VIII 8	9	10	IB 11	IIB 12	IIIA 13	IVA 14	VA 15	VIA 16	VIIA 17	0 18	电子层	0族电子数
1	1 H 氢 $1s^1$ 1.008																	2 He 氦 $1s^2$ 4.003	K	2
2	3 Li 锂 $2s^1$ 6.941	4 Be 铍 $2s^2$ 9.012											5 B 硼 $2s^22p^1$ 10.81	6 C 碳 $2s^22p^2$ 12.01	7 N 氮 $2s^22p^3$ 14.01	8 O 氧 $2s^22p^4$ 16.00	9 F 氟 $2s^22p^5$ 19.00	10 Ne 氖 $2s^22p^6$ 20.18	L K	8 2
3	11 Na 钠 $3s^1$ 22.99	12 Mg 镁 $3s^2$ 24.31											13 Al 铝 $3s^23p^1$ 26.98	14 Si 硅 $3s^23p^2$ 28.09	15 P 磷 $3s^23p^3$ 30.97	16 S 硫 $3s^23p^4$ 32.06	17 Cl 氯 $3s^23p^5$ 35.45	18 Ar 氩 $3s^23p^6$ 39.95	M L K	8 8 2
4	19 K 钾 $4s^1$ 39.10	20 Ca 钙 $4s^2$ 40.08	21 Sc 钪 $3d^14s^2$ 44.96	22 Ti 钛 $3d^24s^2$ 47.87	23 V 钒 $3d^34s^2$ 50.94	24 Cr 铬 $3d^34s^2$ 52.00	25 Mn 锰 $3d^54s^2$ 54.94	26 Fe 铁 $3d^64s^2$ 55.85	27 Co 钴 $3d^74s^2$ 58.93	28 Ni 镍 $3d^84s^2$ 58.69	29 Cu 铜 $3d^{10}4s^2$ 63.55	30 Zn 锌 $3d^{10}4s^2$ 65.39	31 Ga 镓 $4s^24p^1$ 69.72	32 Ge 锗 $3s^24p^2$ 72.61	33 As 砷 $3s^24p^3$ 74.92	34 Se 硒 $3s^24p^4$ 78.96	35 Br 溴 $3s^24p^5$ 79.90	36 Kr 氪 $3s^24p^6$ 83.80	N M L K	8 18 8 2
5	37 Rb 铷 $5s^1$ 85.47	38 Sr 锶 $5s^2$ 87.62	39 Y 钇 $4d^15s^2$ 88.91	40 Zr 锆 $4d^25s^2$ 91.22	41 Nb 铌 $4d^46s^1$ 92.91	42 Mo 钼 $4d^55s^1$ 95.94	43 Te 锝 $4d^55s^2$ 〔97.99〕	44 Ru 钌 $4d^75s^1$ 101.10	45 Rh 铑 $4d^85s^1$ 102.91	46 Pd 钯 $4d^{10}$ 106.42	47 Ag 银 $4d^{10}5s^1$ 107.87	48 Cd 镉 $4d^{10}5s^2$ 112.41	49 In 铟 $5s^25p^1$ 114.82	50 Sn 锡 $5s^25p^2$ 118.71	51 Sb 锑 $5s^25p^3$ 121.76	52 Te 碲 $5s^25p^4$ 127.60	53 I 碘 $5s^25p^5$ 126.90	54 Xe 氙 $5s^25p^6$ 131.29	O N M L K	8 18 18 8 2
6	55 Cs 铯 $6s^1$ 132.91	56 Ba 钡 $6s^2$ 137.33	57~71 La~Lu 镧系	72 Hf 铪 $5d^26s^2$ 178.49	73 Ta 钽 $5d^36s^2$ 180.95	74 W 钨 $5d^46s^2$ 183.84	75 Re 铼 $5d^56s^2$ 186.21	76 Os 锇 $5d^66s^2$ 190.23	77 Ir 铱 $5d^76s^2$ 192.22	78 Pt 铂 $5d^96s^1$ 195.08	79 Au 金 $5d^{10}6s^1$ 196.97	80 Hg 汞 $5d^{10}6s^2$ 200.59	81 Tl 铊 $6s^26p^1$ 204.38	82 Pb 铅 $6s^26p^2$ 207.20	83 Bi 铋 $6s^26p^3$ 208.98	84 Po 钋 $6s^26p^4$ 〔209.21〕	85 At 砹 $6s^26p^5$ 〔210.0〕	86 Rn 氡 $6s^26p^6$ 〔222.0〕	P O N M L K	8 18 32 18 8 2
7	87 Fr 钫 $7s^1$ 〔223.0〕	88 Ra 镭 $7s^2$ 〔226.0〕	89~103 Ac~Lr 锕系	104 Rf 𬬻* $(6d^27s^2)$ 〔261〕	105 Db 𬭊* $(6d^37s^2)$ 〔262〕	106 Sg 𬭳* $(6d^47s^2)$ 〔263〕	107 Bh 𬭛* $(6d^57s^2)$ 〔264〕	108 Hs 𬭶* $(6d^67s^2)$ 〔265〕	109 Mt 鿏* $(6d^77s^2)$ 〔268〕	110 Ds 𫟼* 〔269〕	111 Rg 𬬭* 〔272〕	112 Uub * 〔277〕								

镧系	57 La 镧 $5d^16s^2$ 138.91	58 Ce 铈 $4f^15d^16s^2$ 140.12	59 Pr 镨 $4f^36s^2$ 140.91	60 Nd 钕 $5f^46s^2$ 144.24	61 Pm 钷 $4f^46s^2$ 〔147〕	62 Sm 钐 $4f^66s^2$ 150.36	63 Eu 铕 $4f^76s^2$ 151.96	64 Gd 钆 $4f^75d^16s^2$ 157.25	65 Tb 铽 $4f^46s^2$ 158.93	66 Dy 镝 $4f^{10}6s^2$ 162.50	67 Ho 钬 $4f^{11}6s^2$ 164.93	68 Er 铒 $4f^{12}6s^2$ 167.26	69 Tm 铥 $4f^{13}6s^2$ 168.93	70 Yb 镱 $4f^{14}6s^2$ 173.04	71 Lu 镥 $4f^{14}5d^16s^2$ 174.97
锕系	89 AC 锕 $6d^17s^2$ 〔227.0〕	90 Th 钍 $6d^27s^2$ 〔232.04〕	91 Pa 镤 $5f^26d^17s^1$ 〔231.04〕	92 U 铀 $5f^36d^17s^2$ 〔238.03〕	93 Np 镎 $5f^46d^17s^2$ 〔237.0〕	94 Pu 钚 $5f^67s^2$ 〔239.24〕	95 Am 镅* $5f^77s^2$ 〔243.0〕	96 Cm 锔* $5f^26d^17s^2$ 〔247〕	97 Bk 锫* $5f^97s^2$ 〔247〕	98 Cf 锎* $5f^{10}7s^2$ 〔252〕	99 Es 锿* $5f^{11}7s^2$ 〔252〕	100 Fm 镄* $5f^{12}7s^2$ 〔257〕	101 Md 钔* $(5f^{13}7s^2)$ 〔258〕	102 No 锘* $(5f^{14}7s^2)$ 〔259〕	103 Lr 铹* $(5f^{14}6d^17s^2)$ 〔262〕

注：
1. 相对原子质量录自2002年国际原子量表。
2. 中括号内的数据为放射性元素的半衰期最长的同位素的质量数。

参考文献

[1] 赵玉娥,等. 基础化学[M]. 北京:化学工业出版社,2009.
[2] 方俊天,等. 基础化学[M]. 北京:化学工业出版社,2012.
[3] 汪小兰,等. 基础化学[M]. 北京:高等教育出版社,1995.
[4] 李霞. 化学[M]. 北京:北京教育出版社,2007.
[5] 许雅周. 无机化学[M]. 上海:华东师范大学出版社,2006.
[6] 吴华. 基础化学[M]. 北京:化学工业出版社,2008.
[7] 黄月华. 无机及分析化学[M]. 武汉:华中科技大学出版社,2011.
[8] 叶芬霞. 无机及分析化学[M]. 北京:高等教育出版社,2004.
[9] 杨宏孝. 无机化学简明教程[M]. 天津:天津大学出版社,1997.
[10] 黄秀锦. 无机及分析化学[M]. 北京:科学出版社,2007.
[11] 张凤. 无机与分析化学[M]. 北京:中国农业出版社,2011.
[12] 叶芬霞. 无机及分析化学[M]. 北京:高等教育出版社,2005.
[13] 黄尚勋. 无机及分析化学[M]. 北京:中国农业出版社,2000.
[14] 刘凤楼. 有机化学[M]. 北京:中国农业出版社,2000.
[15] 张坐省. 有机化学[M]. 2 版. 北京:中国农业出版社,2006.
[16] 吴显荣. 基础生物化学[M]. 2 版. 北京:中国农业出版社,1999.
[17] R. T. 莫里森. 有机化学(上册)[M]. 北京:科学出版社,1983.
[18] 李靖靖,李伟华. 有机化学[M]. 北京:化学工业出版社,2010.
[19] 邢其毅. 基础有机化学[M]. 4 版. 北京:高等教育出版社,2005.
[20] 汪小兰. 有机化学[M]. 4 版. 北京:高等教育出版社,2010.